Grundzüge der Zerspanungslehre

Theorie und Praxis der Zerspanung für Bau und Betrieb von Werkzeugmaschinen

Zweite, vollständig neu bearbeitete Auflage

Von

Dr.-Ing. habil. Max Kronenberg

Beratender Ingenieur in Cincinnati, Ohio, USA.
Registered Professional Engineer, State of Ohio
Member: A. S. M. E.; A. S. T. E.; Am. Ordnance Ass., Sigma Xi

Erster Band

Einschneidige Zerspanung

Mit deutschem
und englischem Vorwort

Mit 293 Abbildungen

Springer-Verlag Berlin Heidelberg GmbH

Ursprünglich erschienen bei Springer-Verlag OHG., Berlin/Göttingen/Heidelberg 1954
Softcover reprint of the hardcover 2nd edition 1954

ISBN 978-3-642-49037-8 ISBN 978-3-642-92628-0 (eBook)
DOI 10.1007/978-3-642-92628-0

Library of Congress Catalog Card Number:
54—11960
Washington D. C., U.S.A.

MEINER FRAU
UND DEN KINDERN
GEWIDMET

Vorwort zur zweiten Auflage.

Seit Erscheinen der ersten Auflage dieses Buches vor mehr als 25 Jahren sind große Fortschritte auf dem Gebiete der Zerspanung gemacht worden, von denen viele dazu beigetragen haben, die hier entwickelten Grundsätze weiter auszubauen. Es ist damals dargelegt worden, daß es möglich ist, Zerspanungsvorgänge in wissenschaftlich begründete Zusammenhänge zu bringen und daß es nicht mehr nötig sei, mehr oder weniger zufällige und oft unzusammenhängende Werte als Grundlage für den Bau und Betrieb von Werkzeugmaschinen annehmen zu müssen.

Die freundliche Aufnahme, die die 1. Auflage in den Industrieländern gefunden hat, und die Übersetzungen in mehrere Fremdsprachen sowie die Übernahme der Formeln und Tabellen in andere Veröffentlichungen, wie z. B. Dubbels Taschenbuch, The Tool Engineers Handbook und andere, dürfen wohl als Zeichen dafür angesehen werden, daß diesen Grundsätzen zugestimmt worden ist.

Die Entwicklung der spanabhebenden Bearbeitung hat es natürlich erforderlich gemacht, die vorliegende Auflage vollständig neu zu bearbeiten, wobei es jedoch möglich war, die Grundsätze beizubehalten und trotzdem die neuen Erkenntnisse einzubeziehen. Nach wie vor bieten die Festwerte für Schnittgeschwindigkeit und Schnittdruck (C_v und C_{k_s}) und die Exponenten die beste Handhabe, um Versuche aus verschiedenen Teilen der Welt auf einen „*gemeinsamen Nenner*“ zu bringen, so daß sie miteinander verglichen und ausgewertet werden können. Nach wie vor können auf diese Weise grundlegende Schlüsse abgeleitet und Werte für Werkstattpraxis und weitere Forschung entwickelt werden.

In diesem Sinne ist es schon in der 1. Auflage z. B. möglich gewesen, die Versuche von Klopstock über den Schnittdruck mit den Versuchen von Stanton und Heyde (England) so zu vereinen, daß sich Formeln für die Abhängigkeit des Schnittdruckes vom Spanwinkel ableiten ließen, die dann in Schnittdrucktafeln ihren praktischen Niederschlag fanden. In ähnlicher Weise wurden auch Schnittgeschwindigkeitstafeln auf Grund verschiedenster Daten aufgestellt.

Die oben erwähnten Gesetze für Schnittgeschwindigkeit und Schnittdruck und die Festwerte (C_v, C_{k_s}) sind in der Neuauflage so erweitert worden, daß sie außer der Größe des Spanquerschnittes (wie in der 1. Auflage) auch seine Form (Schlankheitsgrad) erfassen. Auf diese Weise können selbst Unterlagen (wie die AWF 158-Richtwerte), die die Schnittiefe unberücksichtigt lassen, untersucht und mit anderen verglichen werden, z. B. mit KLOPSTOCKS Untersuchungen an der T. H. Berlin, die keine Extrapolation erfordern, da sie bis zu über 8000 kg durchgeführt wurden oder mit den ASME-Werten, BOSTONS Versuchen und anderen.

Aus den Zahlenwerten dieses Buches ist es ersichtlich, daß wir heutzutage 6- bis 7mal soviel Spanvolumen (cm^3/min) minutlich abnehmen können wie vor 25 Jahren. Diese Entwicklung ist dadurch möglich geworden, daß wir jetzt Werkzeuge und Werkzeugmaschinen zur Verfügung haben, die 6- bis 7mal soviel PS-Leistung ertragen und aufbringen können wie früher.

Die je PS erzielbare minutliche Spanmenge ($cm^3/min/PS$) ist — für gleichen Werkstoff und gleichen Spanwinkel — unverändert geblieben, da ihr Reziprokwert, der spezifische Schnittdruck, von der Entwicklung nicht beeinflußt werden konnte. Da es wünschenswert ist, daß diese oft übersehene Reziprozität deutlich zum Ausdruck kommt, ist sie an den Anfang des Abschnittes „Schnittdruck“ gestellt worden, um so mehr, als die Standzeit hier nicht hineinspielt.

Das Buch ist jetzt in eine physikalische und eine technische Zerspanungslehre unterteilt worden, obgleich die Grenze nicht immer scharf zu ziehen ist.

Man wird bemerken, daß Beiträge zur physikalischen Zerspanungslehre z. T. auf Physiker zurückzuführen sind, nicht auf Ingenieure. Hieraus entstanden Schwierigkeiten für beide Seiten wegen der verschiedenen Benennungsweise. In dieses Gebiet gehört z. B. der bedauerlicherweise beliebt gewordene Begriff des Reibungsbeiwertes der Zerspanung. Der Betriebsingenieur verbindet mit einer *Zunahme* des Reibungsbeiwertes eine *Zunahme* der Reibungskraft. In der Zerspanung tritt jedoch oft eine Umkehr dieser Beziehung ein, und zwar m. E. deswegen, weil der gleitende Körper (Span) plastisch verformt wird, was nicht der Fall ist bei sonstiger Reibung.

In physikalischen Abhandlungen auf dem Gebiete der Zerspanung findet man auch z. B. oft den Begriff der „Arbeit per Volumeneinheit zerspanten Werkstoffes“. Dies ist eine Größe, die mit dem spezifischen Schnittdruck identisch und unter diesem Namen dem Ingenieur wesentlich vertrauter ist. Es ist daher sehr erwünscht, daß eine Brücke geschlagen wird zwischen Ingenieur und Physiker, und ich hoffe, daß das Buch auch dazu beitragen möge.

Die physikalische Zerspanungslehre, die in den Vereinigten Staaten stark entwickelt wurde, hat uns wesentlich neue Erkenntnisse gebracht, indem sie z. B. zeigte, daß es möglich ist, Schnittdruckwerte aus dem Stauchfaktor ohne Versuche abzuleiten. Auch die Dimensionsanalyse (oder Ähnlichkeitsmechanik), die m. W. von mir erstmalig im Jahre 1939 auf die Zerspanung angewandt wurde, hat wesentliche neue Erkenntnisse auch hinsichtlich unerforschter Gebiete ermöglicht.

Die Ausführungen über negative Spanwinkel und die Gründe für das Auftreten von Zugspannungen in der Spanfläche sind im zweiten Teil behandelt worden, obgleich sie teilweise in die theoretische Zerspanungslehre gehören.

Besonderer Beachtung sei Diagramm Abb. 253 empfohlen, da aus ihm die wesentlichsten Beziehungen der angewandten Zerspanungslehre am leichtesten erkannt werden können. Wenn man sich dieses Diagramm einprägt, kann man viele Zusammenhänge leichter übersehen.

Die Zerspanungsgesetze des Bohrens, Fräsens, Räumens usw., die sich in mancher Hinsicht aus denen des Drehens ableiten lassen, sollen im 2. Band behandelt werden. Einige solche Zusammenhänge lassen sich bereits aus der Geometrie der Schneide erkennen und sind daher in diesem Band behandelt.

Für den täglichen Gebrauch in Werkstatt und Ingenieurbüro sind die wichtigsten Werte für Schnittgeschwindigkeit und Schnittdruck in Form von einfachen Tabellen und die wichtigsten Gleichungen für sie in Anhang A zusammengestellt; andere Tabellen sind in Anhang B zu finden.

Bei der Abfassung der Neuauflage wurden Erkenntnisse und Erfahrungen, die in beruflicher Arbeit in zahlreichen Werkstätten und Laboratorien der metallverarbeitenden Industrien in den Vereinigten Staaten und in Europa angewendet wurden, so weit verwendet, wie es mit Rücksicht auf vertrauliche Behandlung angebracht erschien. Benutzt wurde auch der Inhalt der Vorträge vor der American Society of Mechanical Engineers, der American Society of Tool Engineers, vor dem Massachusetts Institute of Technology, der University of California in Berkeley und in Los Angeles und dem Verein Deutscher Ingenieure; gelegentlich wurde auch auf meine früheren Vorlesungen an der Technischen Hochschule Berlin über Werkzeugmaschinen und Zerspanung zurückgegriffen, ebenso auf eigene Veröffentlichungen in der Fachpresse.

Da es nicht möglich ist, hier die vielen Firmen aufzuführen, mit denen mich Berufsarbeit zusammenführte, sei hier nur der Zusammenarbeit mit Ludw. Loewe & Co., Niles Werke Berlin, Magdeburger Werkzeugmaschinen-Fabrik, Nema-Werke, Deutsche Reichsbahn, The Cincinnati Milling Machine Co., The R. K. Le Blond Machine Tool Co., The Bryant Chucking Grinder Co. und The United States Army Ordnance Corps als einigen der wichtigsten gedacht.

Es ist mir eine angenehme Pflicht, den Herren Dr.-Ing. e. h. JULIUS SPRINGER und Prof. Dr.-Ing. OTTO KIENZLE für die Anregung zur Abfassung der Neuauflage und dem Springer-Verlag für die Ausstattung des Buches meinen Dank auszusprechen.

Cincinnati (Ohio), im August 1954.

M. Kronenberg.

Preface to the Second Edition.

One of the main objectives of the first edition of this book was the derivation of scientific metal cutting laws and their practical application to the operation and design of machine tools.

For this purpose cutting speed and cutting force factors (C_v, C_{k_s}) and exponents had been established as a means for determining a "*common denominator*" for evaluation and comparison of metal cutting data from the industrial countries. In this way machine shops and engineering offices were no longer limited to the use of data of an often accidental nature, but could refer to a logical system of information.

The wide response accorded the first edition in the industrial countries, the translations into several foreign languages, and the fact that abstracts were published in leading textbooks such as Dubbel's Handbook, The Tool Engineers Handbook and others, may be taken as an indication that the principles had been accepted.

Although the progress made in the machining of metals rendered it necessary to revise the new edition completely, it was possible to retain these earlier principles and to expand them for covering later results. Basic conclusions can be derived in this way and data developed for machine shop practice and for further research.

As an example, KLOPSTOCK's cutting force investigations were again integrated with the tests by Stanton & Heyde (England) so that it was possible to establish formulas for the relationship between true rake and cutting force and to prepare from them simple cutting force tables which include—as before—the socalled "size effect". In a similar manner new cutting speed tables for ready use have been prepared on the basis of comparison and evaluation of data from various sources.

The two machining constants (C_v, C_{k_s}) and the cutting speed and cutting force laws have been so amended in this edition as to include the shape of the chip cross sectional area in addition to its magnitude (as in the first edition). In this way it was also possible to cover data, such as AWF 158-series, where the depth of cut was omitted, and to compare them with other data such as KLOPSTOCK's tests, which do not require extrapolation because they cover forces up to 20000 lbs, or with the ASME data, BOSTON's tests and many others.

It will be seen from the test data and derivations for cutting speed and tool life that we are removing metal (in^3/min) at a rate of approximately 6 to 7 times the rate of 25 years ago. This development is due to the fact that we now have available tools and machine tools capable of withstanding and delivering 6 to 7 times the horsepower of earlier days.

However, for a given material and a given tool geometry, the metal removal *per horsepower* (in^3/min/HP) has not changed because the cutting force has not been affected by the above development. It is necessary to realize that the specific cutting force and the metal removal factor (in^3/min/HP) are nothing else but inverse values of the same quantity multiplied by a constant. It was held advisable to discuss this fact at the beginning of the chapter on cutting force, rather than in connection with cutting speed, because tool life does not enter here.

The book is now divided into two major sections, one covering basic metal cutting science and the other covering applied metal cutting science. It will be noted that contributions to the basic metal cutting science are sometimes due to investigations by physicists rather than by engineers. Some difficulties arise from partly different terminologies of these two branches of science. Consider the unfortunate use of the term "Coefficient of Friction" in metal cutting. Tool- and Production-Engineers are used to associate a *reduction* in the coefficient of friction with a *reduction* in the friction force. In metal cutting, however, this relationship—in my opinion—is often inverted due to the plastic deformation of the gliding body (chip), a deformation, which does not occur in ordinary friction.

Another such discrepancy derives from the term, used by physicists, "work done per unit volume of metal removed" which is identical with what is known to tool engineers as the "specific cutting force". On the other hand tool engineers sometimes do not appreciate the contributions by physicists. It is thus desirable to bridge the gap between tool engineer and physicist and it is hoped that this book will also be useful in this respect.

Basic metal cutting science, due to rapid progress in the United States, has helped in finding new facts, as in the case of chip compression and cutting force. Dimensional analysis which to the author's knowledge had been applied by him for the first time to metal cutting (1939) has likewise greatly contributed to drawing conclusions and opening new approaches to research. Furthermore, the investigations of what is happening at the shear plane have shed new light on the problems and are covered in the section on basic metal cutting research, while the investigations on negative rakes and stresses in the tool face and on vibrations have been included in the section on applied metal cutting.

Drilling, milling, broaching and their relationships to turning will be included in volume II. Some of them, however, which can readily be derived from tool geometry will be found in this volume.

Diagram 253 and the conclusions derived therefrom are considered basic information on applied metal cutting, permitting one to judge many relationships involved in machining operations if the general design of the diagram is kept in mind. Tables for ready use in engineering offices and machine shops will be found in Appendices A and B.

The author's practical experience with many machine shops and laboratories of the metal working industries in the United States and in Europe has been incorporated, except in cases of consulting work which cannot be discussed beyond the interest of the respective organizations. It is not possible to list all of them, but the author wishes to express his appreciation to Ludw. Loewe & Co., Niles Works Berlin, MWF-Works, Nema Works, German Railroad System, The Cincinnati Milling Machine Co., The R. K. LeBlond Machine Tool Co., The Bryant Chucking Grinder Co., The United States Army Ordnance Corps, among many others.

Use has also been made of the contents of the author's papers presented before The American Society of Mechanical Engineers, The American Society of Tool Engineers, Mass. Institute of Technology, University of California at Berkeley and Los Angeles, Verein Deutscher Ingenieure and many other learned societies. Occasionally, the author's early research work on machine tools as a Professor at the Engineering College, University of Berlin, has been used and so have his publications in technical magazines.

Finally, the author wants to acknowledge that Dr. Ing. h. c. JULIUS SPRINGER and Prof. Dr. Ing. OTTO KIENZLE suggested the publication of the second edition of this book.

Cincinnati, Ohio, August 1954.

M. Kronenberg.

Vorwort zur ersten Auflage.

Das vorliegende Buch soll den Versuch einer Systematik der Zerspanung darstellen. Zu diesem Zwecke mußte aus der großen Fülle der vorhandenen und ständig neu erscheinenden Arbeiten der wesentliche Kern herausgeschält und nach einheitlichen Gesichtspunkten behandelt werden. Es zeigte sich dabei, daß es nicht möglich war, einen großen Teil der Untersuchungen und Abhandlungen für die Praxis nutzbar zu machen, da viele aufgestellte Gesetze zu kompliziert für die praktische Anwendung waren, oder nur für gewisse Sonderfälle gelten konnten oder durch zu starke Vereinfachungen wesentliche Abweichungen von der Wirklichkeit brachten.

Das allmähliche Erscheinen der Richtwerte für Spanquerschnitt und Schnittgeschwindigkeit des Ausschusses für wirtschaftliche Fertigung (AWF) zu Berlin, an denen ich zuerst als Mitarbeiter, später als Obmann des Ausschusses für Maschinenarbeit mitgewirkt habe, bot die Gelegenheit, die mir bis dahin vorschwebenden Gedanken über einfache, aber genügend genaue Gesetze der Zerspanung zu prüfen und Gesetze im Vergleich mit anderen Forschungsergebnissen abzuleiten.

Soweit die Gesetze für die Anwendung im Betriebe noch nicht genügend einfach erscheinen, konnten jeweils einfache Tabellen und Diagramme entwickelt werden.

Während die AWF-Richtwerte aus der Praxis heraus entstanden sind, ist die Untersuchung der Dreharbeit, insbesondere des Schnittdruckes, von Dr. KLOPSTOCK auf Grund wissenschaftlicher Forschung im Versuchsfeld für Werkzeugmaschinen der Technischen Hochschule in Berlin unter Leitung von Prof. SCHLESINGER und Prof. KURREIN vorgenommen worden. Es ist meine Ansicht, daß diese beiden Arbeiten die wesentlichste Grundlage unserer heutigen Kenntnisse der Zerspanung darstellen, so daß man durch Vergleich beider und kritischer Hinzuziehung weiterer Untersuchungen (wie z. B. der von STANTON und HEYDE in Manchester) zu den Gesetzen der Zerspanung geangen konnte.

Ich bin mir wohl bewußt, daß wir noch nicht von einer endgültigen Lösung *aller* mit der Zerspanung zusammenhängenden Fragen sprechen können. Hierzu fehlt es z. B. noch an Untersuchungen über Fräsen (über die kürzlich Dr.-Ing. BECKH neue einleitende Versuche veröffentlichte), Bohren, Hobeln, Schleifen, soweit sie von der Dreharbeit abweichen. Da aber anzunehmen ist — und die bisher erst teilweise veröffentlichten Bohr- und Schleifversuche von SCHLESINGER und KURREIN sowie die obigen Fräsversuche bestätigen es —, daß auch bei diesen Arten der Zerspanung ähnliche und gleiche Gesetze wie beim Drehen gelten, wird man auf Grund der Untersuchungen der Dreharbeit und der Gesetze auch Schlüsse auf jene ziehen können. Die bisher vorliegenden Arbeiten über vom Drehen abweichende Zerspanungsvorgänge sind sonst noch sehr spärlich, so daß es nur an einigen Stellen möglich war, auf diese zu verweisen.

Ich hoffe, daß die Gesetze der Zerspanung einen Kristallisationspunkt weiterer Forschungen, auf die im Text auch hingewiesen ist, bilden können, und daß die Nutzanwendungen für Betrieb und Konstruktion ihren Teil zur wirtschaftlichen Fertigung bei der spangebenden Formung — als der wichtigsten Quelle der maschinellen Produktion — beitragen mögen.

Hinzugefügt sei, daß meine von der Technischen Hochschule zu Berlin genehmigte Dissertation: „Theorie der Dreharbeit und ihre praktische Anwendung im Betrieb" in das vorliegende Buch mit hineingearbeitet worden ist.

Den Inhalt meiner Vorträge vor dem VDI in Chemnitz und Leipzig und vor der A.D.B. in Berlin, Mannheim, Saarbrücken, Frankfurt a. M. und Dresden habe ich gleichfalls verwandt.

Es ist mir eine angenehme Pflicht, *der Arbeitsgemeinschaft Deutscher Betriebsingenieure in Berlin* für die Anfertigung verschiedener im Text benannter Zeichnungen sowie der Verlagsbuchhandlung JULIUS SPRINGER für ihre große Mühewaltung auch an dieser Stelle meinen Dank auszusprechen.

Berlin W 50, im Februar 1927.

M. Kronenberg.

Inhaltsverzeichnis.

Seite

Einleitung.

Erster Teil.

Physikalische Zerspanungslehre.

(Grundlagenforschung.)

Zweiter Teil.

Technische Zerspanungslehre.

Drehen.

Anhang A.

Anhang B.

Zusammenstellung der gewählten Formelgrößen[1].

Be-nennung	Bedeutung	Anmerkung
a	Tangente des Neigungswinkels einer Geraden	Aus $y = ax + b$ (Gleichung der Geraden)
b	Achsenabschnitt einer Geraden	
a	Axialwinkel (= axial rake)	
b	Breite des Spanes	
B	Bogenspandicke	
BHN	Brinellhärte (Brinell Hardness Number)	In USA gebräuchlich, s. auch „H"
C	Eine nicht näher definierte Konstante	
C	Bearbeitungswert (Winkelgrad)	
C_0, C_1, C_2	Konstante in Gleichungen der Dimensionsanalyse	
c	Spezifische Wärme $\left(\frac{\text{cal}}{\text{g} \cdot {}^\circ\text{C}}\right)$	
C_v	Spezifische Schnittgeschwindigkeit m/min bei einem Spanquerschnitt von $F = 1$ mm², einer Standzeit von 60 Min. und einem Schlankheitsgrad $G = 5:1$	
C_{vR}	C_v bezogen auf einen reduzierten Spanquerschnitt	
C_{va}	C_v für ein anderes Werkzeug, z. B. hochwertiges Hartmetall anstatt mittelwertigem Hartmetall	
C_{k_s}	Spezifischer Schnittdruck kg/mm² bei einem Spanquerschnitt von $F = 1$ mm² und einem Schlankheitsgrad $G = 5:1$ (zur Berechnung des Hauptschnittdruckes P)	
$C_{k_{s_2}}$	C_{k_s} zur Berechnung des Vorschubdruckes (P_2)	
$C_{k_{s_3}}$	C_{k_s} zur Berechnung des Rückdruckes (P_3)	
C_T	TAYLOR-Konstante der Schnittgeschwindigkeits-Standzeit-Beziehung	
C_N	Spezifische Leistung in PS/mm² (aus C_v und C_{k_s})	$C_N = \frac{C_v \cdot C_{k_s}}{4500}$
C_{Na}	Entspricht C_N bei einem anderswertigen Werkzeug	
d	Durchmesser in mm	
d_e	Durchmesser der Eindrucksfläche bei der Brinellprobe (mm)	
D	Durchmesser der Brinellkugel (mm)	
e	Eckenwinkel (am Drehstahl und Messerkopfzahn)	

[1] Die nur als Zitat oder gelegentlich erwähnten Formelgrößen sind hier nicht aufgeführt. Sie sind an der jeweiligen Stelle im Text erklärt.

Benennung	Bedeutung	Anmerkung
$f(\ldots)$	Funktion von $(\ldots)$	
f	Exponent des Spanquerschnittes $\left(=\frac{1}{\varepsilon_v}\right)$ in Schnittgeschwindigkeitsformeln	$f=\frac{1}{2}(p+q)$
f_s	Exponent des Spanquerschnittes $\left(=\frac{1}{\varepsilon_{k_s}}\right)$ in Formeln für den Schnittdruck	$f_s=\frac{1}{2}(p_s+q_s)$
f_N	Exponent des Spanquerschnittes $\left(=\frac{1}{\varepsilon_N}\right)$ in Formeln für die Schnittleistung	$f_N=1-f_s-f$
f_r	Frequenz in Hertz (Schwingungen je Sek.)	
F	Spanquerschnitt (mm²) (= Schnittiefe × Vorschub)	$F=t\times s$
F_N	Spanquerschnitt, der sich mit einer am Drehstahl zur Verfügung stehenden Leistung bei zugehöriger Schnittgeschwindigkeit erzielen läßt (Grundwert)	
F_{Na}	Entspricht F_N für ein anderswertiges Werkzeug (vgl. C_{va})	
$F\cdot v$	Minutliches Spanvolumen in cm³/min	$\mathrm{mm}^2\cdot\frac{\mathrm{m}}{\mathrm{min}}=\frac{\mathrm{cm}^3}{\mathrm{min}}$
g	Gramm	
g	Exponent des Schlankheitsgrades G des Spanquerschnittes (in Schnittgeschwindigkeitsformeln)	$g=\frac{1}{2}(p-q)$
g_s	Exponent des Schlankheitsgrades G des Spanquerschnittes (in Formeln für den Schnittdruck)	$g_s=\frac{1}{2}(p_s-q_s)$
g_N	Exponent des Schlankheitsgrades G des Spanquerschnittes (in Formeln für die Schnittleistung)	$g_N=g+g_s$
G	Schlankheitsgrad des Spanquerschnittes $\left(=\frac{\text{Schnittiefe}}{\text{Vorschub}}\right)$	$G=\frac{t}{s}$
$G_\varkappa$	Entspricht G für Einstellwinkel $\varkappa$	
G_m	Minutliches Spangewicht (kg/min)	$G_m=0{,}001\,F\cdot v\cdot\sigma$
h	Spezifische Wärme je Volumeneinheit	$h=c\cdot\sigma$
h	Höhe des Spanes	
H	Brinellhärte (kg/mm²) (in USA BHN)	
H	Vereinigter Wärmewert	$H=c\cdot\sigma\cdot W$
H_e	Minutlich erzeugte Wärmemenge beim Zerspanen (kcal/min)	
H_s	Minutlich im Span abgeleitete Wärmemenge (kcal/min)	
H_w	Minutlich im Werkzeug abgeleitete Wärmemenge (kcal/min)	
k_s	Spezifischer Schnittdruck in kg/mm² für jeden Spanquerschnitt	
k_{s_e}	Entspricht k_s in englischem Maßsystem (Lbs/in²)	
k_z	Zugfestigkeit in kg/mm² bzw. kg/cm²	
L	Länge (Einheit in Dimensionsanalyse)	
L l	Drehlänge (mm)	

Benennung	Bedeutung	Anmerkung
L_e	Spezifische Leistung in englischem Maßsystem (HP/in³/min)	$L_e = \frac{1}{M_e}$
m	Exponent der dimensionslosen Größe Q_4. (Ergibt Standzeitexponent für ein „verallgemeinertes TAYLOR-Gesetz"; vgl. Größe y)	$m = \frac{0{,}5 - y}{2(1-y)}$
M	Masse (Einheit in Dimensionsanalyse)	
M	Spezifische Spanmenge [cm³/min/PS] (= minutliches Spanvolumen je PS)	
M_e	Entspricht M in englischem Maßsystem [in³/min/HP]	
n	Umdrehungen je Minute	
n	Exponent der dimensionslosen Größe Q_2	
N	Leistung am Drehstahl in PS	
p	Exponent des Vorschubes in Schnittgeschwindigkeitsformeln	
p_s	Exponent des Vorschubes in Formeln für den Schnittdruck	
P	(Haupt-) Schnittdruck (kg)	
P_2	Vorschubdruck (kg)	
P_3	Rückdruck (= Schaftdruck) (kg)	
P_s	Scherkraft in Scherebene des Spanes (kg) (vgl. S_s)	
P_d, P_D	Kraft senkrecht zur Scherebene des Spanes (kg) (vgl. S_n)	
P_N	Schnittdruck normal ($\perp$) zur Spanfläche des Werkzeuges (kg)	
P_T	Schnittdruck (= Reibungskraft) tangential ($\parallel$) zur Spanfläche des Werkzeuges (kg)	
P_R	Resultierender Schnittdruck (kg) (aus P_N und P_T oder $P P_2 P_3$, oder P_s und P_d)	
P_k	Kugeldruck der Brinellprobe (kg)	
P_b	Biegungskraft (kg)	
q	Exponent der Schnittiefe in Schnittgeschwindigkeitsformeln	
q_s	Exponent der Schnittiefe in Formeln für den Schnittdruck	
Q	Dimensionslose Größe	
r	Radialwinkel (= radial rake)	
r	Radius (Halbmesser) der Stahlnase in mm	
s	Vorschub (mm/U)	
s_e	Vorschub in englischem Maßsystem (inch/revol.)	$s_e = \frac{s}{25{,}4}$
S_s	Schubspannung (oder mittlerer Scherwiderstand) in der Scherfläche des Spanes (kg/mm²) (vgl. P_s)	In USA vielfach in Gebrauch
S_n, S_N	Druckspannung, normal ($\perp$) zur Scherfläche (kg/mm²) (vgl. P_d)	
S_w	Wärmespannung (kg/mm²)	
t	Schnittiefe (mm)	

Benennung	Bedeutung	Anmerkung
t_1	Schnittiefe (mm) beim Hobeln	Entspricht d. Vorschub beim Drehen in zweidimensionaler Betrachtung (vgl. Abb. 1)
t_2	Spandicke (mm)	siehe Abb. 1
t_e	Schnittiefe in englischem Maßsystem (inches)	$t_e = \frac{t}{25,4}$
T	Zeit (Einheit in Dimensionsanalyse)	
T	Zeit in Minuten	
T_e	Temperatur der Zerspanung	
T_L	Standzeit des Drehstahles in Minuten (Schneidhaltigkeit)	
T_{Vol}	Standzeit des Drehstahles in cm^3 (oder in^3) zerspanten Werkstoffes	
v	Schnittgeschwindigkeit (m/min) (Zeiger 60, 120 usw. zur Kennzeichnung einer Standzeit in Min.) („Werkzeuglinie“)	Gemessen am größten Drehdurchmesser, der im Schnitt steht
v_N	Leistungausnutzende Schnittgeschwindigkeit (m/min) („Maschinenlinie“)	
v_K	Schnittgeschwindigkeit, bei der sowohl die Leistung ausgenutzt, als auch die Standzeit eingehalten wird (Koppelschnittgeschwindigkeit) (m/min)	
W	Wärmeleitfähigkeit	$\frac{\text{cal}}{\text{cm/sek/°C}}$
W	Wertigkeitszahl (Verhältnis der zulässigen Schnittgeschwindigkeit zweier Werkzeuge für gleiche Standzeit)	
x	Exponent des Vorschubes in Formeln für den Vorschub- und Rückdruck	
y	Exponent der Schnittiefe in Formeln für den Vorschub- und Rückdruck	
y	Exponent der Standzeit (T_L) in der TAYLOR-Gleichung für die Schnittgeschwindigkeits-Standzeit-Beziehung	
α	Freiwinkel des Drehstahles	
β	Keilwinkel des Drehstahles	
γ	Spanwinkel des Drehstahles	
ε_v	Wurzelexponent der Schnittgeschwindigkeit (vgl. f)	$\varepsilon_v = \frac{1}{f}$
ε_{k_s}	Wurzelexponent des Schnittdruckes (vgl. f_s)	$\varepsilon_{k_s} = \frac{1}{f_s}$
ε_N	Wurzelexponent der Schnittleistung (vgl. f_N)	$\varepsilon_N = \frac{1}{f_N}$
η	Wirkungsgrad	

Benennung	Bedeutung	Anmerkung
η	Wirkungsgrad der Wärmeableitung im Span	$\eta = \frac{H_s}{H_e}$
η_2	Verhältnis des Vorschubdruckes zum (Haupt-) Schnittdruck	$\eta_2 = \frac{P_2}{P}$
η_3	Verhältnis des Rückdruckes zum (Haupt-) Schnittdruck	$\eta_3 = \frac{P_3}{P}$
Θ	Temperatur (Einheit in Dimensionsanalyse)	
Θ, r	Polarkoordinaten (zur Spannungsermittlung in Drehstählen)	
λ	Stauchfaktor des Spanes [in USA wird oft der Umkehrwert von λ benutzt und mit r_c (cutting ratio) bezeichnet]	$\lambda = \frac{t_2}{t_1}$
λ	Neigungswinkel der Schneide (in Grad)	
λ'	Überhöhungswinkel (in Grad)	
μ	Angeblicher Reibungsbeiwert (vgl. τ)	$\mu = \operatorname{tg} \tau$
ϱ_1	Winkel von P_R gegen die Vertikale bei $\beta = 50°$	
ϱ_2	desgl. bei $\beta = 75°$	
σ	Spezifisches Gewicht	
σ	Schrägwinkel am Drehstahl (= oblique rake)	
σ_r	Radiale Spannung im Drehstahl	
τ_1	Drehungswinkel von P_R in Grad	
τ	Winkel zwischen P_N und P_R (oft unzutreffenderweise als Reibungswinkel der Zerspanung bezeichnet) = angeblicher Reibungswinkel	
φ	Stufensprung (Verhältnis der größeren zur kleineren von zwei aufeinanderfolgenden Drehzahlen)	
Φ	Scherwinkel des Spanes	
ω	Winkel zwischen P_T und P_R	$\omega = 90 - \tau$

Einleitung.

Abgrenzung und Wesen von physikalischer und technischer Zerspanungslehre.

Der wichtigste Teil der maschinellen Bearbeitung ist die spanabhebende Formung durch Drehen, Hobeln, Fräsen, Räumen, Bohren, Schleifen usw., deren wissenschaftliche Erkenntnis man in dem Begriff „Zerspanungslehre“ zusammenfaßt. Man kann sie heutzutage in zwei umfangreiche Untergebiete unterteilen, nämlich in die „*Physikalische* Zerspanungslehre“ und die „*Technische* Zerspanungslehre“. Man kann auch von einer *theoretischen* Zerspanungslehre und einer *angewandten* Zerspanungslehre sprechen, obgleich sich eine scharfe Grenze zwischen diesen beiden Teilen unserer Wissenschaft nicht immer leicht ziehen läßt.

Auch in vielen anderen Gebieten der Naturwissenschaften findet sich diese Zweiteilung, und man versucht sich darüber klarzuwerden, in welchem Maße jede zum Fortschritt beiträgt und beitragen sollte[1].

In der Metallbearbeitung kann man Untersuchungen über den Molekular- und Atomzusammenhang, den Scherwinkel, den Stauchfaktor, über Reibungserscheinungen, Wärmeentwicklung, Dimensionsanalyse und ähnliches in das Gebiet der Physikalischen Zerspanungslehre eingliedern.

Untersuchungen über Standzeit und Schnittgeschwindigkeit, über Spanquerschnitt, Vorschub, Schnittiefe, Schnittdruck, Leistung und ihre Anwendung und Auswirkungen in der Praxis gehören dagegen in die *Technische* Zerspanungslehre. In der Grundlagenforschung versuchen wir den Ursachen der Erscheinungen nachzugehen, während wir in der praktischen Zerspanungslehre die Zusammenhänge und gegenseitige Beeinflussung der verschiedenen Bearbeitungsgrößen aufdecken wollen, um dem Betrieb und der Industrie Handhaben für Hebung der Wirtschaftlichkeit zu geben.

[1] Gibson, R. E.: The Arts and the Sciences, The Johns Hopkins University, in „American Scientist“, Juli 1953.

Erster Teil.

Physikalische Zerspanungslehre.

(Grundlagenforschung.)

1. Zerspanungsmechanik.

a) Geschichtliche Entwicklung.

H. TRESCA stellte schon im Jahre 1873 Untersuchungen über Zerspanungsvorgänge[1] an, jedoch ist es erst in dem letzten Jahrzehnt möglich gewesen, tiefergehende Theorien zu entwickeln. TRESCA hatte den Stauchvorgang bereits richtig erkannt, der mit der Zerspanung von Metallen verknüpft ist. Er schrieb:

Mit dem Vorlauf des (Hobel-)Stahls beginnt der Werkstoff über die Spanfläche zu fließen, wobei er längs einer schrägen Ebene abschert. Die Länge des Spanes ist nur $^1/_2$ bis $^1/_3$ des vom Stahl zurückgelegten Weges.

Wir werden im nachstehenden sehen, daß die Feststellung einer solchen Stauchung auch größenordnungsmäßig richtig war und daß Stauchfaktoren zwischen 2,0 und 3,0 recht häufig vorkommen.

Außer TRESCA haben sich THIME (1877), HAUSSNER (1892), REULEAUX, TALLNER, SCHMIDHAMMER, KURREIN, ECKHARDT und andere mit dem Scherproblem befaßt, ohne jedoch nachhaltige Schlußfolgerungen zu ziehen. COKER[2] hat die Scherfläche an elastischen Modellen nachgewiesen, die von der Stahlspitze ausgehend schräg zur Oberfläche verläuft.

Der finnische Ingenieur V. PIISPANEN hat die Scherplantheorien weiter ausgebaut und mit mir im Jahre 1936 darüber korrespondiert.

Zur gleichen Zeit hat M. E. MERCHANT an diesen Fragen gearbeitet[3]. KRYSTOFF[4] hat offensichtlich auch zum gleichen Zeitpunkt diese Theorien

---

[1] TRESCA, H.: Mémoire sur le rabotage des métaux. Bulletin de la Société d'Encouragement pour l'Industrie Nationale. 1873.

[2] COKER, E. G., u. K. C. CHAKKO: An account of some experiments on the action of cutting tools. Proc. Instn. mech. Engrs. April 1922 S. 567—621.

[3] MERCHANT, M. E., u. N. ZLATIN: New Methods of Analysis of Machining Processes. Exp. Stress Analysis Bd. 3 Nr. 2 (1946). — M. E. MERCHANT: Basic Mechanics of Metal Cutting Processes. J. Appl. Mechan. Sept. 1944 S. A 168 bis A 175, vgl. dort Fußnote 9.

[4] KRYSTOFF, J.: Technologische Mechanik der Zerspanung. Berichte über betriebswissenschaftliche Arbeiten Bd. 12. VDI-Verlag 1939.

weiterentwickelt. Seither haben sich viele andere mit diesem Teil der Zerspanungslehre befaßt und die Wärmeentwicklung, Atomtheorie, Mikrostruktur und andere Gesichtspunkte mit hingebracht.

Einige — teilweise noch unerfüllt gebliebene — Erwartungen werden zu besprechen sein, die sich an diese Theorien knüpfen.

b) Scherwinkel und Stauchfaktor.

Scherplantheorien befassen sich fast ausschließlich mit Fließspänen ohne Aufbauschneide, weil große mathematische Schwierigkeiten zu überwinden sind für die theoretische Untersuchung des Abreißspanes. Außerdem lassen sich die Einflüsse der Aufbauschneide noch nicht in die Scherplantheorien einbeziehen. Man begnügt sich ferner auch mit dem zweidimensionalen Fall, läßt also die dritte Kraftkomponente aus und behandelt den Zerspanungsvorgang wesentlich als einen Hobelvorgang. Dies erscheint durchaus angebracht nach dem Grundsatz, daß eine vereinfachte Theorie oft bessere Übersicht gewährt und vorzuziehen ist als eine genauere Theorie, die auch möglich wäre, aber verwickelter ist.

Man vernachlässigt auch die Tatsache, daß die Schnittkraft eine verteilte Last darstellt, die man durch eine Einzelresultante ersetzt. ERNST und MERCHANT haben sich hiermit befaßt und gezeigt, daß diese Annäherung recht genau und zulässig ist[1].

Anfänge, um die Scherplantheorie auf den Abreißspan auszudehnen, sind von FIELD und MERCHANT gemacht worden[2]. Vor kurzem haben sowohl LEE[3] als auch COOK[4] und seine Mitarbeiter diese Untersuchungen etwas weiter ausgebaut.

Die Kraftverhältnisse bei der Zerspanung der Metalle können unter diesen Umständen aus den Beziehungen der Abb. 1 abgeleitet werden. In ihr ist die resultierende Schnittkraft P_R in verschiedene Komponentensysteme zerlegt. Ein solches System besteht aus P_N und P_T, den Schnittkräften, die man normal und tangential zur Spanfläche des Werkzeuges ansetzen kann. Die gleiche Resultante P_R kann man auch in den Hauptschnittdruck P und den Vorschubdruck P_2 zerlegen, und schließlich kann die resultierende Schnittkraft P_R in eine Kraft P_S (Scherkraft in der Scherfläche) und in eine dazu senkrechte Druckkraft auf die Scherfläche (P_D) zerlegt werden.

---

[1] ERNST u. M. E. MERCHANT: Chip Formation, Friction and Finish. Amer. Soc. Metals, Transactions 1941. Machining of Metals S. 368.

[2] FIELD, M., u. M. E. MERCHANT: Mechanics of Formation of the discontinuous chip in metal cutting. Trans. Amer. Soc. mech. Engrs. 1949 (Juli) S. 421ff.

[3] LEE, E. H.: A plastic flow problem arising in the theory of discontinous machining. Trans. Amer. Soc. mech. Engrs. Bd. 76 (Februar 1954) S. 189ff.

[4] COOK, N. H., I. FINNIE u. M. C. SHAW: Discontinuous Chip Formation. Trans. Amer. Soc. mech. Engrs. Bd. 76 (Februar 1954) S. 153ff.

Aus der Abb. 1 ist ferner ersichtlich, daß die Schnittiefe t_1 vor Entstehung des Spanes in die Spandicke t_2 übergeht nach der Bildung

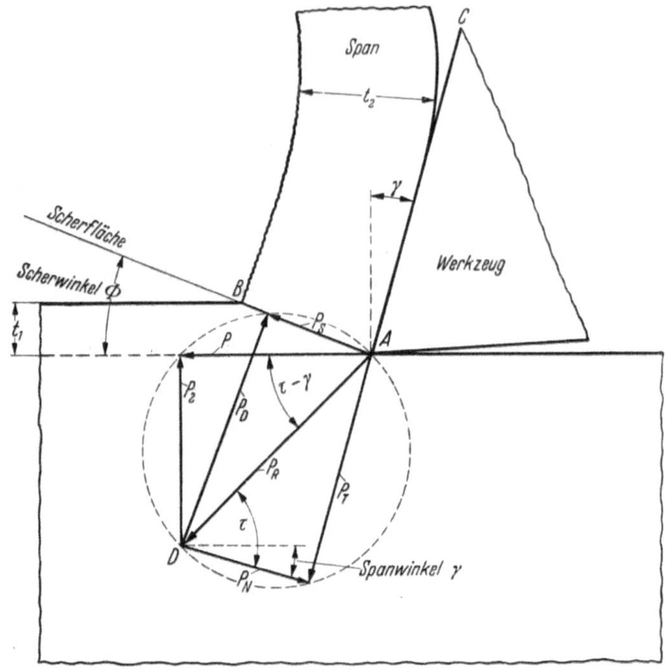

Abb. 1. Die drei Kraftkomponentensysteme des resultierenden Schnittdruckes P_R bei zweidimensionaler Zerspanung. (t_1 entspricht dem Vorschub beim Drehen.)

des Spanes, wobei zu beachten ist, daß die hier als Schnittiefe dargestellte Dimension dem Vorschub beim Drehen entspricht.

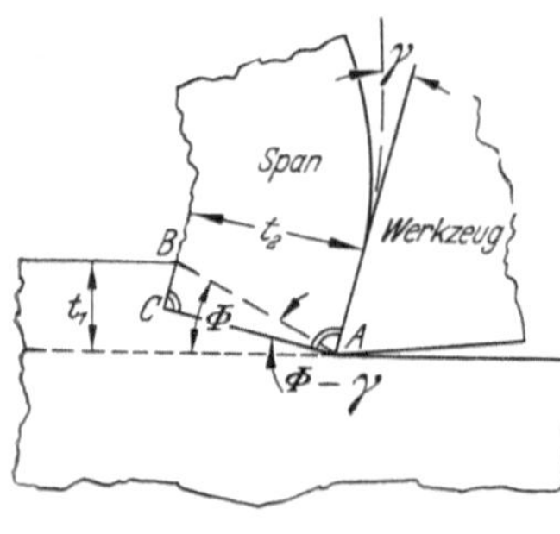

Abb. 2. Ableitung der Scherwinkelgleichung.

Nennt man das Verhältnis $\frac{t_2}{t_1} = \lambda$ die Stauchung oder den Stauchfaktor des Spanes, so folgt aus dem $\triangle ABC$ der Abb. 2

$$t_2 = AB \cdot \cos(\Phi - \gamma),$$

$$t_1 = AB \cdot \sin\Phi,$$

$$\frac{t_2}{t_1} = \lambda = \frac{\cos(\Phi - \gamma)}{\sin\Phi}. \tag{1}$$

Durch Auflösen nach Φ ergibt sich die Beziehung

$$\operatorname{tg}\Phi = \frac{\cos\gamma}{\lambda - \sin\gamma}, \tag{2}$$

d. h., man erhält den Wert des Scherwinkels Φ als Funktion des Stauchfaktors (λ) und des Spanwinkels (γ) am Werkzeug.

Der Zusammenhang zwischen Stauchfaktor λ und Abscherwinkel Φ wird übersichtlich, wenn man Gl. (2) graphisch darstellt, wie in Abb. 3 für die drei Spanwinkel $+20°$, $0°$, $-20°$ gezeigt. Es wird ersichtlich, daß der Einfluß des Spanwinkels sich mit zunehmender Stauchung λ stark vermindert. Aus der Formel (2) folgt auch, daß für den Spanwinkel $\gamma = 0°$ der cotangens des Scherwinkels Φ gleich dem Stauchfaktor wird. Je größer der Scherwinkel Φ wird, desto geringer ist die Stauchung.

Einige Versuchswerte, die die Veränderung des Stauchfaktors λ zeigen, sind in Abb. 4 ausgewertet aus Daten von Merchant und Zlatin[1]. Der Werkstatt ist es bekannt, daß Kupfer „schlecht" zu bearbeiten ist. Abb. 4 zeigt, daß dieses Metall einen sehr hohen Stauchfaktor aufweist (größer als 7,0) gegenüber SAE 1035, Aluminium und Messing, deren Stauchfaktoren zwischen 2,8 und 1,8 liegen, wenn die Bearbeitung mit den am Kopf der Abb. 4 genannten Werten erfolgt.

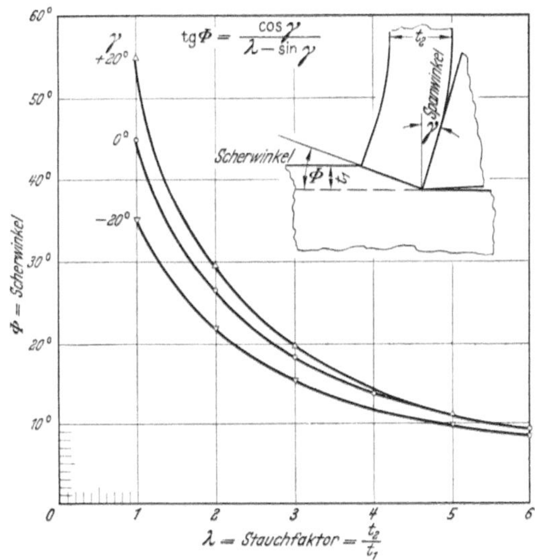

Abb. 3. Diagramm zur Bestimmung des Scherwinkels aus dem Stauchfaktor.

Die zweite Spalte der Abb. 4 zeigt, wie stark der Stauchfaktor von Kupfer fällt, wenn Diamantwerkzeuge benutzt werden, nämlich von $\lambda > 8{,}0$ bis auf $\lambda = 1{,}8$. Dagegen hat die Verwendung von Diamantwerkzeugen nur einen unerheblichen Einfluß auf λ bei Aluminiumbearbeitung.

Unter den Schneidflüssigkeiten setzt Tetrachlorkohlenstoff den Stauchfaktor bei Aluminiumbearbeitung mit Schnellstahl am meisten herab. Leider schließen die sonstigen chemischen Eigenschaften von Tetrachlorkohlenstoff die praktische Verwendung dieser Flüssigkeit im Betrieb aus.

Einige Werte für die Veränderung des Stauchfaktors mit ansteigender Schnittgeschwindigkeit und ansteigendem Vorschub sind in Abb. 5

---

[1] Merchant u. Zlatin: Zitiert S. 2, dort Tab. I bis III.

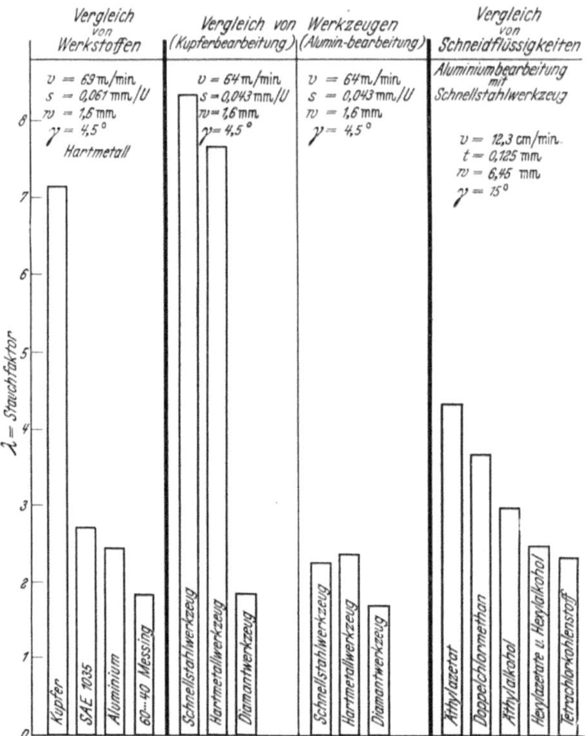

Abb. 4. Vergleich von gemessenen Stauchfaktoren.

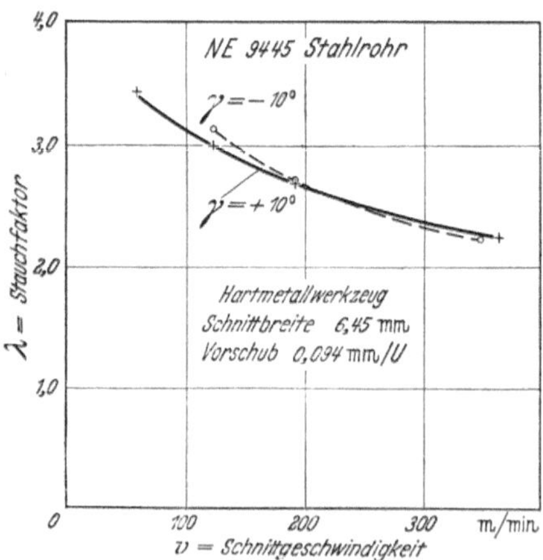

Abb. 5. Abhängigkeit des Stauchfaktors von der Schnittgeschwindigkeit.

und 6 dargestellt. LEYENSETTERS[1] Versuche stimmen nur in gewissen Fällen mit diesen Abbildungen überein. Er hat Kurven erhalten, die ein Maximum für den Stauchfaktor in Abhängigkeit von der Schnittgeschwindigkeit v darstellen (Abb. 7 und 8).

Man darf jedoch aus dem Stauchfaktor allein nicht auf Bearbeitbarkeit schließen, obgleich eine Abnahme der Stauchung oft von einer Abnahme des Schnittdruckes, der Tem-

[1] LEYENSETTER: Spanverformungsmessungen beim Drehen. Z. VDI, 1. Mai 1951, S. 377.

peratur und der PS begleitet ist. Die Standzeit des Werkzeuges kann jedoch an Hand von λ nicht hinreichend beurteilt werden.

Während die amerikanischen Versuche gemäß Abb. 4 nur bei Kupferbearbeitung eine erhebliche Änderung des Stauchfaktors mit der Art des Werkzeuges ergeben, kam LEYENSETTER zu dem Ergebnis, daß sich die Spanstauchung völlig ändert, je nachdem ob Hartmetall- oder Schnellstahlmeißel benutzt werden.

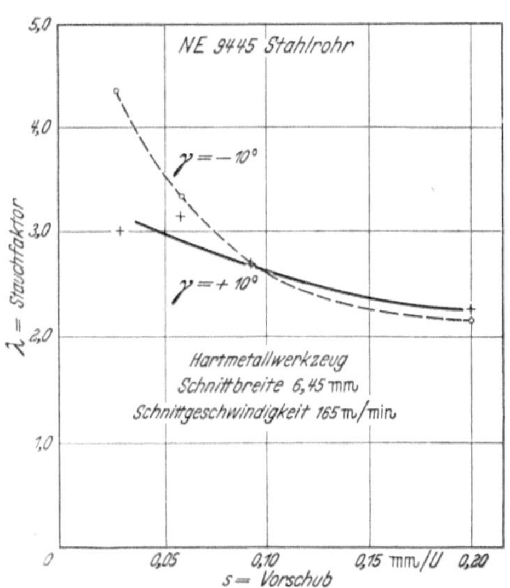

Abb. 6. Abhängigkeit des Stauchfaktors vom Vorschub.

Die Beziehungen zwischen Spanwinkel γ und Stauchfaktor λ für verschiedene Werkstoffe hat auch HEMSCHEIDT[1] untersucht, wie in Abb. 9 dargestellt. Man erkennt, daß der Stauchfaktor — wie zu erwarten — mit steigendem Spanwinkel fällt.

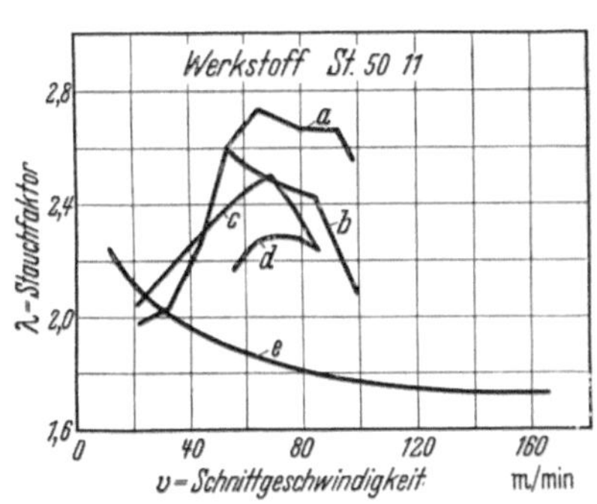

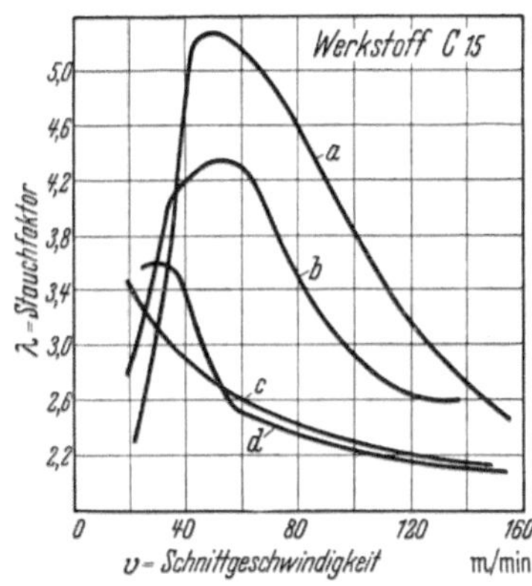

Abb. 7 u. 8. Stauchfaktor und Schnittgeschwindigkeit (nach LEYENSETTER).

Abb. 7.

a Drehstahl nach jeder *v*-Erhöhung nachgeschliffen,
b u. *c* dito, nicht nachgeschliffen
d Drehstahl nicht nachgeschliffen bei fallendem *v*
} Schnellstahl

e Nicht nachgeschliffen. Steigende und fallende Schnittgeschwindigkeit } Hartmetall

Abb. 8.

a steigende Schnittgeschwindigkeit
b fallende Schnittgeschwindigkeit
} Schnellstahl

c steigende Schnittgeschwindigkeit
d fallende Schnittgeschwindigkeit
} Hartmetall

$\gamma = 14°$; $t = 3$ mm; $s = 0{,}42$ mm/U.

[1] HEMSCHEIDT, H.: Spanflächenausbildung und Spanformen. Dissertation Aachen 1941. Siehe auch H. OPITZ: Wirtschaftliche Fertigung und Forschung S. 179. München: Carl Hanser Verlag 1949.

Da die Werkstoffe mit höherer Festigkeit geringere Stauchfaktoren in HEMSCHEIDTS Versuchen aufweisen, so dürfte eine bessere Oberfläche auf ihnen zu erzielen gewesen sein als auf den Kohlenstoffstählen StC 35.61 und St 34.11. Die spezifischen Schnittdrücke der letzteren sind trotzdem geringer als die der legierten Stähle, wie später noch erörtert werden wird.

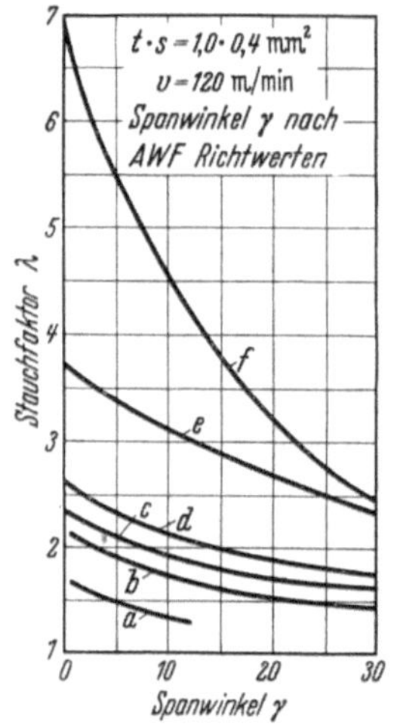

Abb. 9. Stauchfaktor λ in Abhängigkeit vom Spanwinkel γ (nach H. HEMSCHEIDT).

a	Leg. Stahl	$\sigma_B = 126$ kg/mm²;
b	Leg. Stahl	$\sigma_B = 100$ kg/mm²;
c	Leg. Vergüt.-Stahl	$\sigma_B = 100$ kg/mm²;
d	VC Mo 135	$\sigma_B = 80$ kg/mm²;
e	St C 35.61	$\sigma_B = 35$ kg/mm²;
f	St 34.11	$\sigma_B = 34$ kg/mm².

c) Die Zerspanungsgeschwindigkeiten.

Der Stauchfaktor λ bestimmt auch die Spangeschwindigkeit (v_c) und die Schergeschwindigkeit (v_s). Unter Spangeschwindigkeit versteht man die Geschwindigkeit, mit der der Span über die Spanfläche fließt; Schergeschwindigkeit ist die Geschwindigkeit, mit der das Material schert. Die Beziehungen zwischen diesen beiden Geschwindigkeiten und der Schnittgeschwindigkeit sind leicht abzuleiten, wie aus Abb. 10 ersichtlich.

Nach den Lehren der Kinematik müssen die Vektoren dieser drei Geschwindigkeiten ein geschlossenes Dreieck bilden (ABC) (Abb. 11).

Aus dem Sinussatz folgt daher:

$$\frac{v_c}{v} = \frac{\sin \Phi}{\cos(\Phi - \gamma)}. \qquad (3)$$

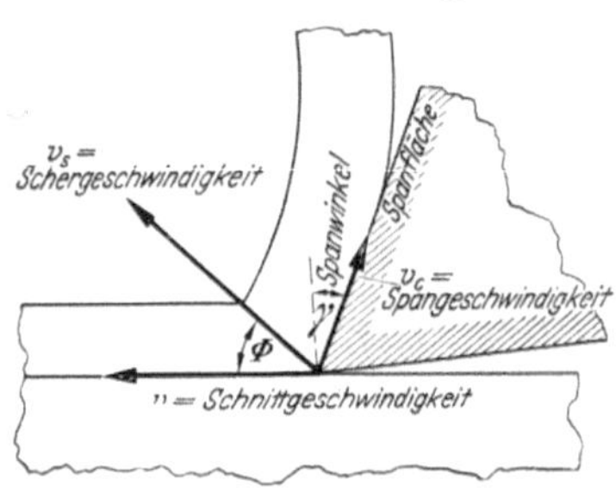

Abb. 10. Die drei Geschwindigkeiten der Zerspanung.

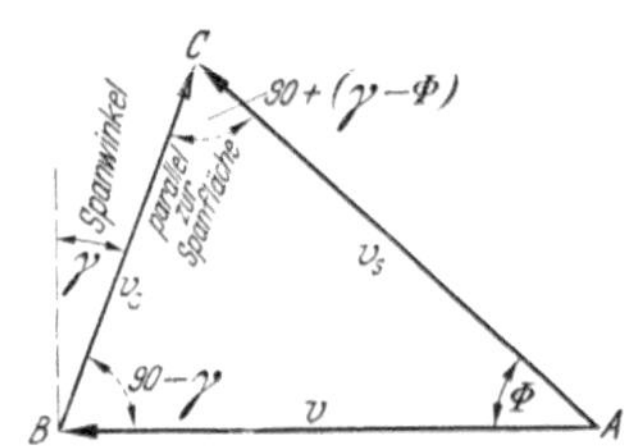

Abb. 11. Vektordiagramm der drei Geschwindigkeiten der Zerspanung.

Setzt man Gl. (1) für die rechte Seite, so ergibt sich

$$v_c = \frac{v}{\lambda}. \qquad (4)$$

Dies ist eine wichtige Gleichung, die bisher zu wenig Beachtung gefunden hat. Gl. (4) besagt, daß die Spangeschwindigkeit v_c aus der

Schnittgeschwindigkeit durch Division mit dem Stauchfaktor gefunden werden kann. Da der Stauchfaktor größer als 1,0 und meistens größer als 2,0 ist, so folgt, daß *der Span mit erheblich kleinerer Geschwindigkeit über die Spanfläche fließt, als der Schnittgeschwindigkeit entspricht.* Man kann also sagen, daß der Span durch die Spanfläche „gebremst" wird. Darauf wird noch mal bei Erörterung der Meßmethoden für den Stauchfaktor λ zurückgegriffen.

Ebenso folgt aus Abb. 11 für die Schergeschwindigkeit

$$\frac{v_s}{v} = \frac{\cos\gamma}{\cos(\Phi - \gamma)}. \tag{5}$$

Für den Fall, daß der Spanwinkel $\gamma = 0°$ ist, ist die Schergeschwindigkeit nur wenig größer (2% bis 16%) als die Schnittgeschwindigkeit, je nach Größe des Scherwinkels. Mit positivem Spanwinkel von $+ 20°$ wird im Bereich der meistens vorkommenden Scherwinkel zwischen 15° und 30° die Schergeschwindigkeit etwa 5% kleiner als die Schnittgeschwindigkeit, während mit negativem Spanwinkel von $- 20°$ die Schergeschwindigkeit bis zu 50% größer als die Schnittgeschwindigkeit werden kann.

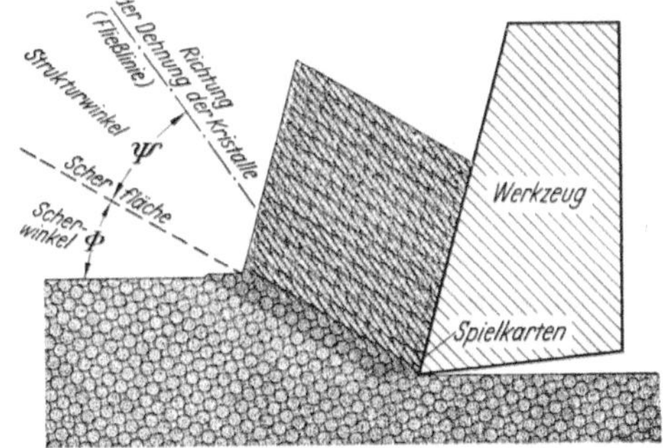

Abb. 12. Modell zur Darstellung der Abscherrichtung des Spanes und der Dehnung der Kristalle.

Es erscheint m. E. möglich, daß die größere Schergeschwindigkeit im Falle der negativen Spanwinkel zur größeren Wärmeentwicklung beiträgt und daher eine schnellere Abstumpfung der Werkzeuge verursacht als bei positivem Spanwinkel.

Es muß hier auch beachtet werden, daß zum Vorgang der Spanbildung durch Abscheren auch die Dehnung der Kristalle hinzutritt, die nicht mit der Richtung des Abscherplanes übereinstimmt. Am Beispiel eines Haufens von Spielkarten (Abb. 12[1]) kann das gezeigt werden. Die Mikrophotographie eines Spanes (Abb. 13) bestätigt die Erscheinung[2].

Der Winkel ψ zwischen dem Abscherplan und der Richtung der Kristalldehnung hat folgende Beziehung zur Dehnung:

$$\cot\psi = \varepsilon.$$

---

[1] MERCHANT: J. appl. Physics Bd. 16 Nr. 5 (1945) S. 267/75 u. Nr. 6 S. 318/24.

[2] Vgl. auch OPITZ u. HUCKS: Zerspanungsvorgang als Problem der Mohrschen Gleitflächentheorie. Werkstattstechnik u. Maschinenbau Juni 1953, Abb. 9.

Andererseits besteht gemäß Abb. 14 die folgende Beziehung

$$\frac{\Delta s}{\Delta x} = \varepsilon\,. \tag{6}$$

Man kann annehmen, daß die Dicke Δx der Scherfläche etwa dem mittleren Abstand der Einkristalle entspricht (2 bis 3 μ), so daß sich eine recht erhebliche Schubdehnungsänderung ergibt, die wesentlich größer ist als in anderen Prozessen, wo Metall zerrissen wird wie im Zugversuch. Die beim Zerspanen erzeugte Wärme wirkt dem jedoch entgegen, so daß man tatsächlich die Wirkung der Schubdehnungsänderung und der Wärme vernachlässigen und sich auf gewöhnliche Zugversuchsdaten beschränken kann.

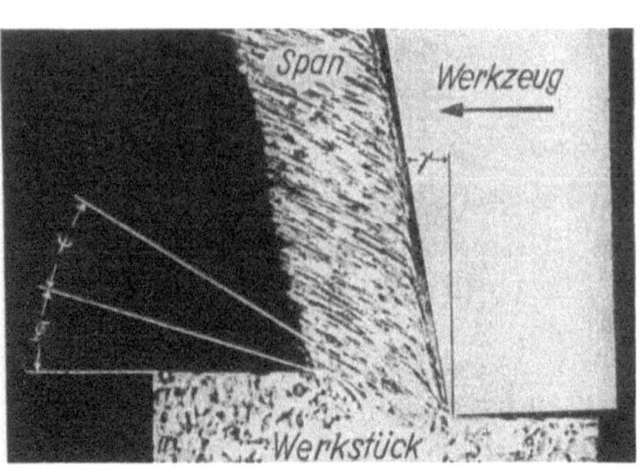

Abb. 13. Mikrophotographie, die die Abscherrichtung des Spanes und die Dehnung der Kristalle zeigt.

Diagramm Abb. 15[1] gestattet es, die Schubdehnung graphisch zu bestimmen.

Die obigen Betrachtungen über die Scherplantheorien setzen voraus, daß der Schub in einer *Ebene* stattfindet. Ob das tatsächlich der Fall ist, ist noch nicht geklärt. Es mag eine Schubfläche entstehen, die gekrümmt ist, wie in Abb. 16 gezeigt. In solchem Fall würde sich auch das Aufrollen des Spanes erklären lassen aus den verschiedenen Geschwindigkeitsrichtungen an Punkten *A* und *B*. Weniger wahrscheinlich erscheint die Bildung einer entgegengesetzten Krümmung der Scherfläche wie in Abb. 17.

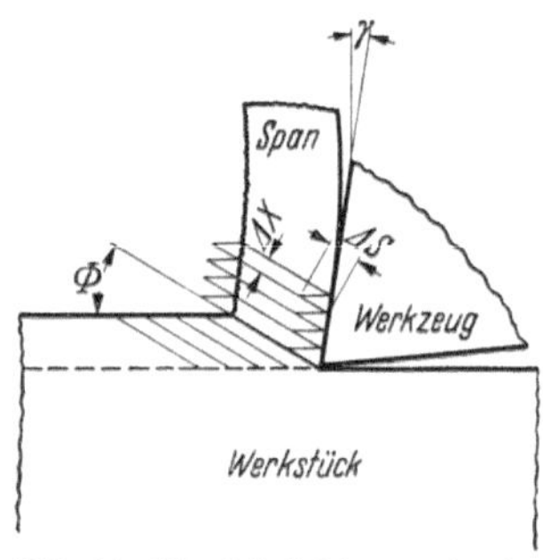

Abb. 14. Die Schubdehnung in der Zerspanung ($\Delta x \to 0$).

Es genügt jedoch vorläufig, sich mit dem Fall der Scherebene zu befassen und weitere Komplikationen zu vermeiden, obgleich diese darauf hinweisen, daß die Annahmen unserer Theorien teilweise unsicher sind. Das gestattet es auch, Vereinfachungen einzuführen, um zu vermeiden, daß wir „den Wald vor Bäumen nicht sehen".

---

[1] ZLATIN u. MERCHANT: Nomographs for Analysis of Metal Cutting Processes. Mech. Engng. November 1945.

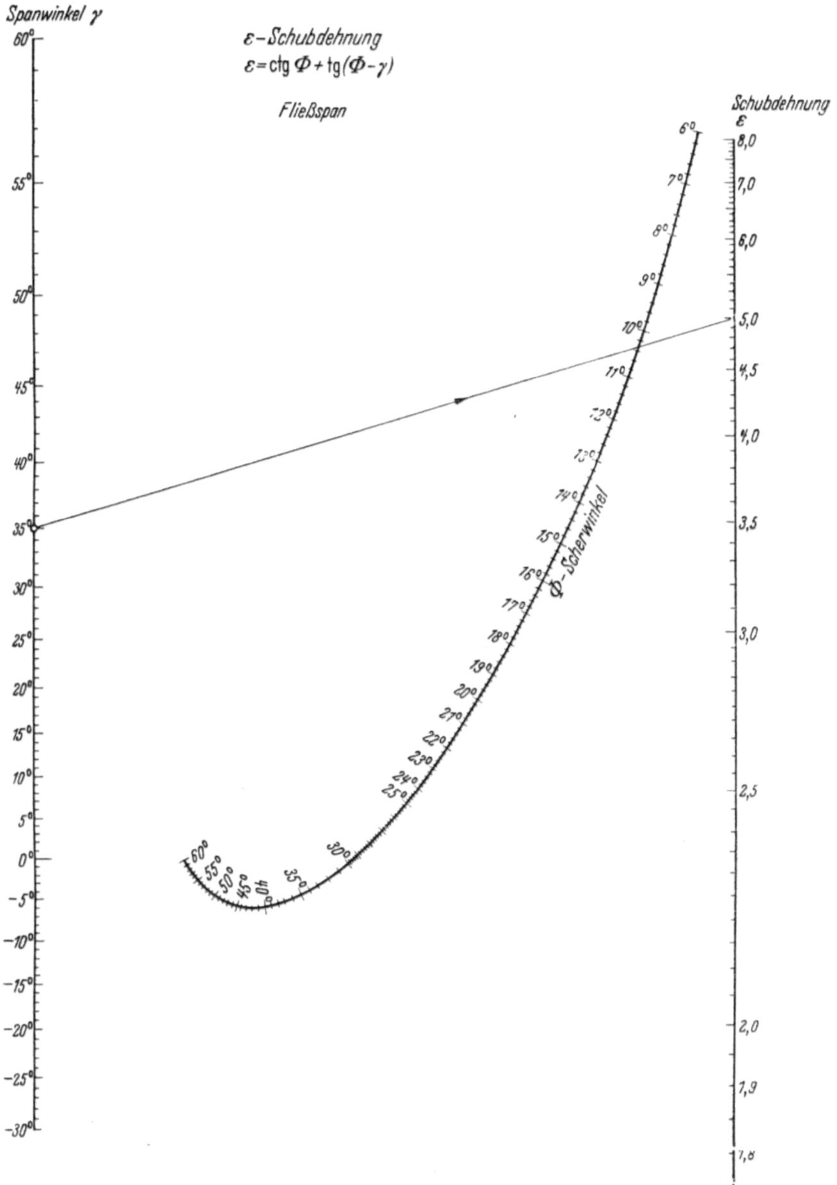

Abb. 15. Schubdehnungsdiagramm.

d) Ermittlung des Stauchfaktors.

Wie schon oben gesagt wurde, ist der Stauchfaktor zwar kein Kennzeichen für die *Standzeit*, jedoch ist er recht gut zu gebrauchen für andere Hauptkennzeichen der Bearbeitbarkeit, nämlich den spezifischen Schnittdruck, das Spanvolumen per PS per min, und die Temperatur. Im allgemeinen zeigt eine Verringerung des Stauchfaktors eine Verringerung des Schnittdruckes und der Temperatur an und eine Vergrößerung des Scherwinkels, jedoch muß man sich davor hüten, weitgehende Schlüsse aus Kleinversuchen ohne Dimensionsanalyse zu ziehen.

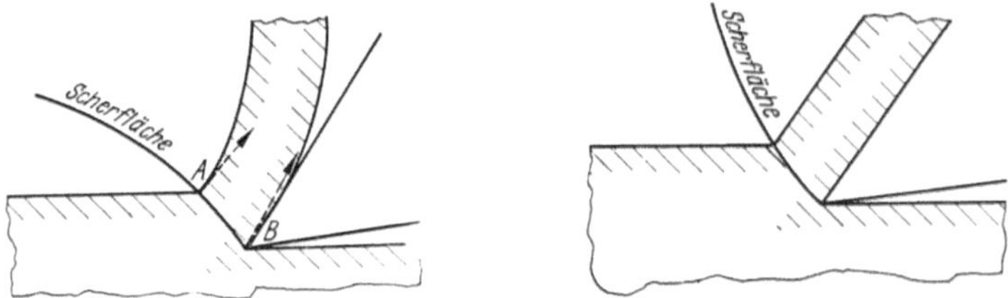

Abb. 16 u. 17. Beispiele gekrümmter Scherflächen.

Zahlreiche Methoden sind für die Ermittlung des Stauchfaktors entwickelt worden. Eine hier vorgeschlagene Methode beruht auf der Erkenntnis der oben abgeleiteten Gl. (4):

$$v_c = \frac{v}{\lambda},$$

woraus folgt:

$$\lambda = \frac{v}{v_c}. \qquad (7)$$

Wenn man also die Spanablaufsgeschwindigkeit (v_c) mißt und sie in die Schnittgeschwindigkeit v hineindividiert, so erhält man den Stauchfaktor λ. Man hat eine Stoppuhr und eine Schnur nötig zu diesem Verfahren. Die Zeit muß genau gestoppt werden und die Länge des aufgerollten Spanes ermittelt werden, wodurch man die Spanablaufgeschwindigkeit erhält. Man mißt die Spanlänge am besten auf der „glatten" Seite des Spanes und beachtet die Abflußrichtung des Spanes, d. h., merkt sich, welche Kante des Spanes vom Innendurchmesser (beim Drehen) und welche vom Außendurchmesser stammt (kann mit Farbenanstrich erleichtert werden). Dementsprechend hat man die Schnittgeschwindigkeit v für den Innen- oder Außendurchmesser in Gl. (7) einzusetzen.

Übrigens ist es bei allen Methoden für Stauchfaktorermittlung notwendig, darauf zu achten, daß die Schneide 0° Neigung hat, weil andernfalls ein spiralförmiger Span entsteht, der sich schlecht messen läßt und für den die Formeln auch nicht genau genug sind. Ein großer Radius an der Drehstahlnase verringert die Genauigkeit aller Methoden gleichfalls.

Eine andere Methode der Stauchfaktorbestimmung besteht darin, einen Span bekannter Länge genau — auf der chemischen Waage! — zu wiegen. Der Stauchfaktor folgt dann aus:

$$\lambda = \frac{100 \cdot m}{F \cdot \sigma \cdot L}, \tag{8}$$

wobei

m Gewicht des Spanes (g),
L Länge des Spanes (cm),
F berechneter Spanquerschnitt $t \cdot s$ (mm^2),
σ spezifisches Gewicht (g/cm^3).

Ein Span von 3 bis 10 cm Länge ist am bequemsten zu messen. Kürzere Späne geben gewöhnlich keine hinreichende Meßgenauigkeit, während größere umständlich zu handhaben sind.

Eine weitere Methode beruht auf der Messung der „Spanlänge“ vor und nachdem das Material abgetrennt ist. Der Stauchfaktor ist das Verhältnis dieser beiden Längen. Der abgewickelte Weg, den ein Fräserzahn am Werkstück beschreibt, folgt aus

$$L = D \arcsin \frac{W}{D}, \tag{9}$$

wo

D Fräserdurchmesser (Messerkopf),
W Breite des Werkstücks, vorausgesetzt, daß der Fräser auf Werkstückmitte steht.

In Dreharbeiten muß der Spanweg praktischerweise unterbrochen werden, um die nicht zusammengedrückte Länge später feststellen zu können. Man fräst eine sehr schmale Nut längs der Werkstückoberfläche. Diese Nut hinterläßt Marken an einer Seite des Spanes in einem Abstand, der einer Umdrehung des Werkstückes entspricht. Man macht diese Nut etwa $1^1/_2$ mm breit mit 60° eingeschlossenem Winkel. Der Stauchfaktor wird gefunden, indem man den Abstand der Marken mißt und dessen Wert in die Länge hineindividiert, die dem Umfang des Werkstücks entspricht.

Beobachtung der Spanbildung durch ein Mikroskop kann auch zur Bestimmung des Stauchfaktors benutzt werden. Wenn man die Schneide anvisiert, so kann man nach einiger Übung den Scherwinkel Φ direkt messen und daraus — mittels Formel (1) — den Stauchfaktor bestimmen.

e) Reibung und anscheinende Reibungskoeffizienten.

Erhebliche Literatur ist über den Reibungskoeffizienten der Zerspanung veröffentlicht worden und daraus Schlußfolgerungen gezogen worden, denen man nicht immer zustimmen kann.

Merchant hat folgende Formel angegeben, wobei er die Kraftkomponenten P und P_2 der Abb. 1 benutzt:

$$\mu = \operatorname{tg} \tau = \frac{P_2 + P \operatorname{tg} \gamma}{P - P_2 \operatorname{tg} \gamma}. \tag{10}$$

Wesentlich übersichtlichere Verhältnisse ergeben sich jedoch, wenn man die Schnittdruckkomponenten P_N und P_T mißt; STANTON und HEYDE haben solche Messungen im Jahre 1925 durchgeführt und sie sind bereits in der 1. Auflage der „Zerspanungslehre" ausführlich analysiert worden. Das Verhältnis der Schnittdruckkomponenten ist

Tabelle 1. *Anscheinende Reibungskoeffizienten der Zerspanung, abgeleitet aus Versuchen von Stanton und Heyde*[1].

Werkstoff	$\frac{P_T}{P_N}$ (Verhältnis)	μ (vereinheitlichte Formel)	μ=Zahlenwerte für anscheinenden Reibungskoeffizienten für Spanwinkel $\gamma = 30°$	Spanwinkel $\gamma = 20°$	Spanwinkel $\gamma = 10°$
				$\gamma = 80° - \beta$	
Chromnickelstahl	$\frac{105}{\sqrt[30]{\frac{\beta}{50}} \cdot 78 \left(\frac{\beta}{50}\right)^{1,6}}$	$\frac{1,345}{\left(\frac{\beta}{50}\right)^{1,633}}$	1,35	1,0	0,77
Nickelstahl	$\frac{104}{82 \left(\frac{\beta}{50}\right)^{1,34}}$	$\frac{1,265}{\left(\frac{\beta}{50}\right)^{1,34}}$	1,27	0,99	0,81
Weicher Stahl	$\frac{87}{73 \left(\frac{\beta}{50}\right)^{1,52}}$	$\frac{1.19}{\left(\frac{\beta}{50}\right)^{1,52}}$	1,19	0,89	0,71
Rohr (geglüht)	$\frac{90 \left(\frac{\beta}{50}\right)^{\frac{1}{18,5}}}{74 \left(\frac{\beta}{50}\right)^{1,66}}$	$\frac{1,22}{\left(\frac{\beta}{50}\right)^{1,60}}$	1,22	0,91	0,71
Mittlerer Stahl	$\frac{96 \left(\frac{\beta}{50}\right)^{\frac{1}{6,5}}}{80 \left(\frac{\beta}{50}\right)^{1,4}}$	$\frac{1,20}{\left(\frac{\beta}{50}\right)^{1,25}}$	1,20	0,95	0,76
		Mittelwert für Stahl:	1,24	0,95	0,75
Bronze	$\frac{104}{113 \left(\frac{\beta}{50}\right)^{1,11}}$	$\frac{0,92}{\left(\frac{\beta}{50}\right)^{1,11}}$	0,92	0,75	0,63
Kupfer	$\frac{38 \left(\frac{\beta}{50}\right)^{1,2}}{51 \left(\frac{\beta}{50}\right)^{1,6}}$	$\frac{0,745}{\left(\frac{\beta}{50}\right)^{0,4}}$	0,745	0,695	0,655
Gußeisen	$\frac{62}{42,5 \left(\frac{\beta}{50}\right)^{1,7}}$	$\frac{1,46}{\left(\frac{\beta}{50}\right)^{1,7}}$	1,46	1,06	0,825

[1] Siehe Abb. 193 bis 201.

damals absichtlich nicht als Reibungskoeffizient bezeichnet worden. Es ergibt sich zu:

$$\mu = \operatorname{tg}\tau = \frac{P_T}{P_N}. \qquad (11)$$

Tab. 1 gibt die „Reibungskoeffizienten" wieder, die aus STANTON und HEYDES Versuchen abgeleitet worden sind, wobei die im Abschnitt „Schnittdruck" ermittelten Formeln für P_T und P_N eingesetzt wurden.

Wenn der Reibungswinkel τ aus der Tab. 1 ermittelt und in Abhängigkeit vom Spanwinkel γ aufgetragen wird, so ergeben sich gerade Linien (Abb. 18) mit folgenden Formeln (Tab. 2):

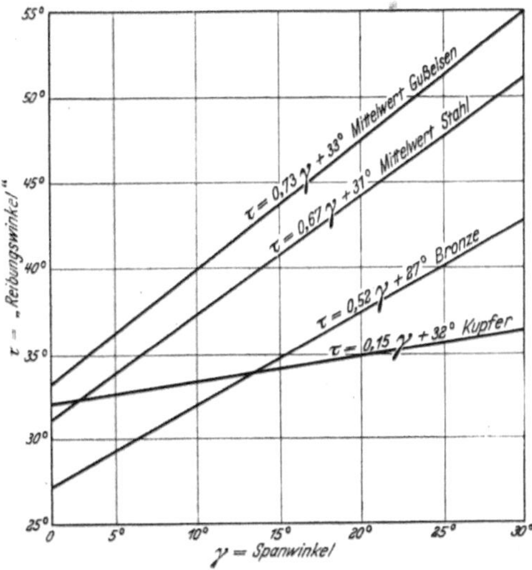

Abb. 18. Abhängigkeit des anscheinenden Reibungswinkels τ von Spanwinkel γ (ausgewertet aus Tab. 1).

Tabelle 2.

Werkstoff	Formel für anscheinenden Reibungswinkel τ
Stahl (Mittelwert)	$\tau = 0{,}73\,\gamma + 33°$
Gußeisen	$\tau = 0{,}67\,\gamma + 31°$
Bronze	$\tau = 0{,}52\,\gamma + 27°$
Kupfer	$\tau = 0{,}15\,\gamma + 32°$

Aus Versuchen von SHAW und Mitarbeitern[1] kann man die Geraden der Abb. 19 erhalten für SAE 1112 bei sehr kleiner Schnittgeschwindigkeit und für verschiedene Kühlmittel.

Die folgenden Gleichungen ergeben sich hieraus:

Tabelle 3.

Kühlmittel	Gleichung für anscheinenden Reibungswinkel
Benzin	$\tau = 0{,}60\,\gamma + 26°$
(Trocken)	$\tau = 0{,}60\,\gamma + 23°$
Ethanol	$\tau = 0{,}60\,\gamma + 17°$
Tetrachlorkohlenstoff	$\tau = 0{,}67\,\gamma + 7{,}6°$

Der Einfluß der verschiedenen Kühlmittel auf den „Reibungswinkel" wird durch die formelmäßige Gegenüberstellung besonders

[1] SHAW, M. C., N. H. COOK u. I. FINNIE: Shear Angle Relationship in Metal Cutting, Presented at ASME Meeting Cincinnati (Ohio), 15. bis 19. Juni 1952. Paper Nr. 52-SA-51.

deutlich. Benzin ist das schlechteste und Tetrachlorkohlenstoff das beste Kühlmittel.

Bei der Untersuchung von SAE 4340 ergaben sich folgende Werte in Abhängigkeit vom Spanwinkel γ:

Tabelle 4.

Spanwinkel γ	Anscheinender Reibungswinkel τ	Anscheinender Reibungskoeffizient μ
$-20°$	30°	0,58
$-5°$	36°	0,725
0°	38°	0,78
$+5°$	42°	0,90
$+20°$	50°	1,19

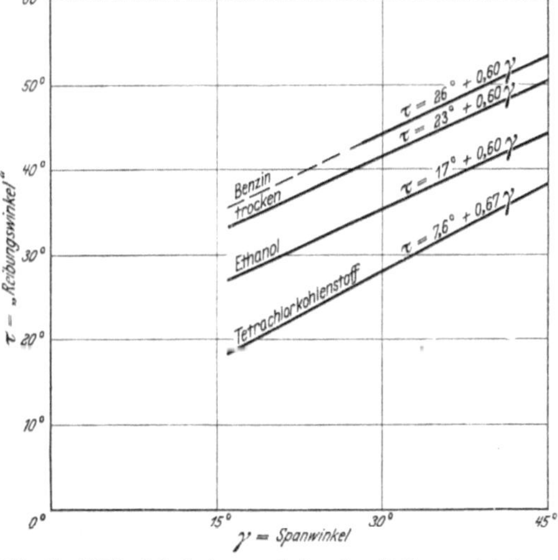

Abb. 19. Abhängigkeit des anscheinenden Reibungswinkels τ von Spanwinkel γ bei sehr kleinen Schnittgeschwindigkeiten und verschiedenen Schneidflüssigkeiten für SAE 1112.

Aus den vorangegangenen Ableitungen wäre zu folgern, daß der *Reibungskoeffizient mit zunehmendem Spanwinkel steigt!*

Ich kann mich daher der herrschenden Ansicht über den Reibungskoeffizienten nicht anschließen und werde ihn — bis weiteres Material vorliegt — den „anscheinenden“ Reibungskoeffizienten nennen.

Es widerspricht dem „Fingerspitzengefühl“, anzunehmen, daß die Reibung an der Spanfläche zunimmt, wenn der Spanwinkel zunimmt. Es müßte eher umgekehrt sein!

Sieht man sich daraufhin die aus Stanton und Heydes Versuchen abgeleiteten Diagramme an[1], so erkennt man, daß die Reibungskraft oder Kraftkomponente P_T, d. h. die der Spanfläche *tangentiale Kraft, im wesentlichen unverändert bleibt mit sich änderndem Spanwinkel! Dagegen fällt* P_N (die auf der Spanfläche senkrecht stehende Kraft) *mit größer werdendem Spanwinkel, wie man erwarten würde, wegen der verringerten Stauchung. Da jedoch* P_N *im Nenner der Gleichung für den*

[1] Siehe Abb. 193 bis 201.

Reibungskoeffizienten steht, so nimmt er rechnungsmäßig zu, was aber nicht besagt, daß die Reibungskraft P_T zunimmt. Sie bleibt — wie diese und weitere Versuche zeigen — fast konstant!

Aus diesem Grunde erscheint es mir angebracht, wie gesagt, nur von einem anscheinenden Reibungskoeffizienten zu sprechen. *Der praktische Betriebsmann ist — wie viele andere auch — geneigt, anzunehmen, daß eine Erhöhung des Reibungskoeffizienten gleichbedeutend ist mit Erhöhung der Reibungskraft. Das ist durchaus nicht zutreffend, wie ausgeführt.* Wir sollten daher sehr sorgsam mit dem Ausdruck „Reibungskoeffizienten" umgehen, um Verwirrung zu vermeiden.

Der sogenannte Reibungskoeffizient steigt oft nur deshalb, weil die Normalkraft P_N schneller fällt als die Reibungskraft P_T, obgleich beide fallen[1]. *Durch den Anstieg des sogenannten Reibungskoeffizienten ergibt sich also der irreführende Anschein, als ob sich die Reibungsverhältnisse verschlechtert hätten, während sie sich tatsächlich verbessert haben!*

Aus den oben angeführten Versuchsdaten von SHAW und Mitarbeitern kann man die tangentiale Kraftkomponente P_T und die normale Kraftkomponente P_N ebenfalls berechnen (vgl. Tab. 5).

Tabelle 5.

Kühlmittel	Spanwinkel γ	Reibungskraft P_T kg	Normalkraft P_N kg	Zunahme in % P_T	P_N	Anscheinender Reibungskoeffizient $\mu = \frac{P_T}{P_N}$
Trocken . . .	45°	250	208	23%	120%	1,2
	30°	258	300			0,86
	16°	310	460			0,67
Ethanol . . .	45°	167	173	12%	110%	0,97
	30°	160	235			0,68
	16°	187	364			0,52
Tetrachlorkohlenstoff	45°	131	168	Abnahme	Zunahme	0,78
	30°	101	204	62%	120%	0,49
	16°	84	262			0,32
	0°	50	370			0,13

Demnach ist auch nach diesen Versuchen — wie ein Vergleich der Prozentzahlen für P_T und P_N zeigt — der Abfall des Reibungskoeffizienten mit abfallendem Spanwinkel auf die *große Veränderung*

[1] Vgl. M. KRONENBERG: Discussion of paper presented by Shaw and Loewen „On the Analysis of Cutting Tool Temperatures", ASME Meeting Columbus (Ohio), 28. bis 30. April 1953. Trans. Amer. Soc. mech. Engrs. Febr. 1954 S. 227.

M. KRONENBERG: The Coefficient of Friction in metal cutting needs reinterpretation. The Tool Engineer Okt. 1953 S. 49/50; desgl. Der irreführende Reibungsbeiwert in der Zerspanung. Werkstattstechnik u. Maschinenbau Jan. 1954 S. 2 u. 3.

der Kraft P_N zurückzuführen, *nicht* (oder in nur geringem Maße) *auf die Veränderung der Reibungskraft* P_T. Bei Tetrachlorkohlenstoff nimmt die Reibungskraft sogar ab, wenn der Spanwinkel abnimmt.

Wenn man, wie es oft geschieht, die Kräfte P und P_2 mißt, erschwert man die Übersicht, während Messungen von P_N und P_T es ermöglichen, zu übersichtlichen Schlußfolgerungen zu kommen.

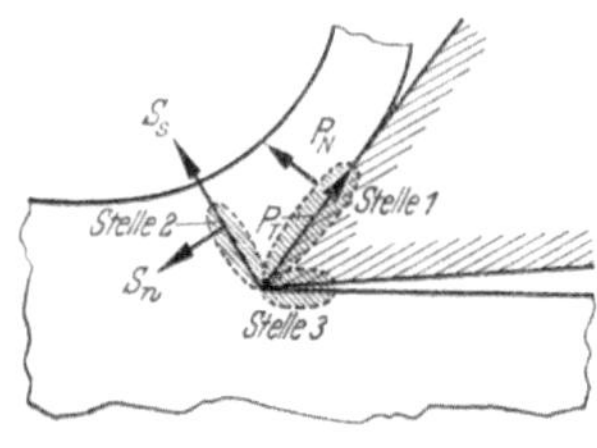

Abb. 20. Wärmequellen der Zerspanung.

Noch ein anderer Gesichtspunkt kommt m. E. hinzu. Wir sollten es vermeiden, von „dem" Reibungskoeffizienten zu sprechen. Wie Abb. 20 zeigt, können wenigstens zwei (möglicherweise drei) Stellen in Frage kommen, an denen Reibung stattfindet, nämlich an Stelle *1*, zwischen Werkzeug und Span, ferner an Stelle *2*, d. h. entlang der Scherfläche, in der die Scherkraft und die dazu senkrechte Druckkraft wirkt. Reibungswinkel τ_s und Reibungskoeffizient μ_s an der Scherfläche sind daher:

$$\mu_s = \operatorname{tg} \tau_s = \frac{S_s}{S_n}. \tag{12}$$

wenn S_s und S_n die Spannungen bedeuten, in Richtung und senkrecht zur Scherfläche von der Größe A_s.

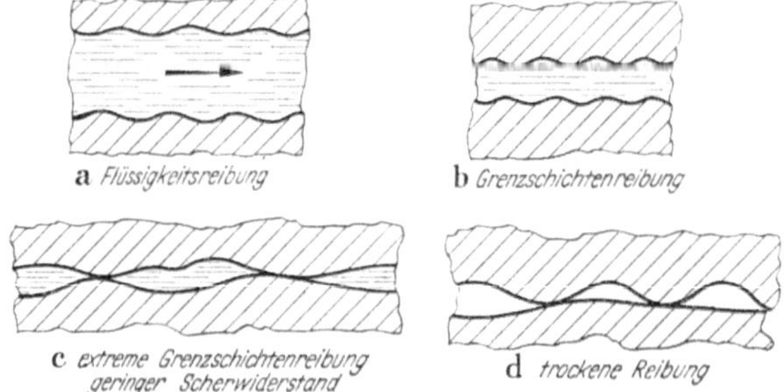

Abb. 21. Die vier Arten gleitender Reibung.

Als dritte Reibungsstelle käme die Reibung zwischen Freifläche und Werkzeug in Frage. Hier gehen die Ansichten noch weit auseinander, indem von einigen Fachleuten die Reibung an Stelle *3* als vernachlässigbar angesehen wird, von anderen dagegen nicht.

f) Reibungstheorien.

Die vier bekannten Arten gleitender Reibung sind in Abb. 21 wiedergegeben, von ihnen kommen nur die beiden letztgenannten in der Zerspanung in Frage (Abb. 21c und 21d).

Da alle sauber bearbeiteten Oberflächen Unregelmäßigkeiten aufweisen, so ist die tatsächliche Berührungsfläche erheblich kleiner als die theoretische. Die „Berge“ werden plastisch verformt, wobei die Verformung von der Oberflächenhärte abhängt.

Die tragbare Belastung (Normalkraft P_N) der tatsächlichen Berührungsfläche A_r muß gerade gleich sein dem Produkt aus der tatsächlichen Fläche und ihrer Härte:

$$P_N = A_r \cdot H\,. \tag{13}$$

Andererseits haben HOLM und BOWDEN gezeigt, daß die Hauptursache von Reibung nicht das Ineinandergreifen von „Bergen“ ist, sondern ihr momentanes Verschweißen, deren Scherwiderstand ϱ ist.

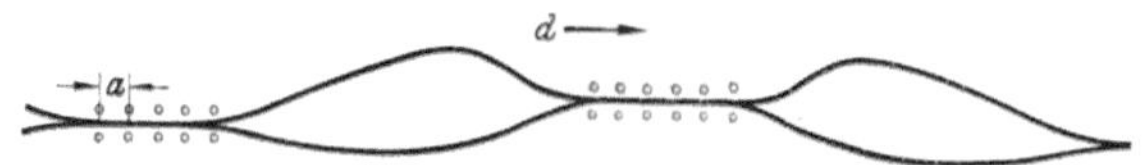

Abb. 22. Vorstellung der Atombegegnung an den wirklichen Berührungspunkten zweier aufeinandergleitender Flächen.

Dazu kommt ein Reibungswiderstand, der vom „Durchpflügen“ (P_f) der härteren „Berge“ durch die weicheren herrührt. Die Tangentialkraft P_T ist daher:

$$P_T = \varrho \cdot A_r + P_f\,. \tag{14}$$

Dividiert man die Gln. (13) und (14), so erhält man den „Reibungskoeffizienten“ zu:

$$\mu = \operatorname{tg} \tau = \frac{P_T}{P_N} = \frac{\varrho}{H} + \frac{P_f}{P_N}\,. \tag{15}$$

Der Hauptanteil des Reibungskoeffizienten ist gewöhnlich vom Verhältnis des Scherwiderstands (ϱ) der momentan verschweißten „Berge“ und ihrer Härte H abhängig.

Man stellt sich oft vor, daß hohe Reibung oder ein großer Reibungskoeffizient auch notwendigerweise eine starke Abnutzung der aufeinandergleitenden Flächen bedeutet. HOLM hat darüber gearbeitet und Abb. 22 entwickelt, um seine Theorien darzustellen.

Wenn die obere Fläche um einen Betrag d gegen die untere verschoben wird, so begegnet jedes Atom der oberen Fläche $\frac{d}{a}$ Atomen der unteren, wenn a den Atomabstand bezeichnet. Die Gesamtzahl der Berührungen für alle Atome der wirklichen Berührungsfläche ist nach HOLM $\frac{A_r \cdot d}{a^3}$. Wenn das Volumen des durch Abnutzung entfernten Metalls während der Verschiebung d mit Vol bezeichnet wird, so ist die Anzahl der abgenutzten Atome $\frac{\text{Vol}}{a^3}$.

Bezeichnet man mit Z die Anzahl der abgenutzten Atome je Gesamtzahl der Atomberührungen, so folgt

$$Z = \frac{\text{Vol}}{a^3} : \frac{A_r \cdot d}{a^3} = \frac{\text{Vol}}{d \cdot A_r}. \tag{16}$$

Nach Gl. (13) ist die wirkliche Berührungsfläche A_r:

$$A_r = \frac{P_N}{H},$$

so daß sich mit Gl. (16) ergibt:

$$Z = \frac{\text{Vol} \cdot H}{P_N \cdot d}. \tag{17}$$

Die Dicke h des abgenutzten Materials für eine Verschiebung um d und der anscheinenden Berührungsfläche A folgt aus:

$$h = \frac{\text{Vol}}{A} = \frac{Z \cdot P_N \cdot d}{H \cdot A}. \tag{18}$$

Setzt man $\frac{P_N}{A} = K_d$ spezifischen Druck zwischen den Flächen, so erhält man:

$$h = \frac{Z \cdot d \cdot K_d}{H}. \tag{19}$$

Aus HOLMS Versuchen ergab sich, daß Z von der Belastung unabhängig ist und erheblich größer für das weichere von zwei aufeinandergleitenden Metallen. Wasserdampf hat einen erheblichen Einfluß auf Z.

Aus Gl. (19) folgt daher:

1. Abnutzung ist umgekehrt proportional zur Härte; 2. Abnutzung ist proportional zum spezifischen Druck.

Angewandt auf ein Werkzeug ergeben sich folgende Schlußfolgerungen aus diesen Theorien für die Mikroübertragung von Abnutzungspartikeln von einer Oberfläche zur anderen; sie hängt ab von:

1. der Normalkraft und der Größe der wirklichen Berührungsfläche; 2. der Härte und daher der Temperatur am Werkzeug, da Härte von Temperatur beeinflußt wird; 3. dem Härteverhältnis von Span und Werkzeug; 4. der Zusammensetzung und Struktur des bearbeiteten Metalls und den „atmosphärischen" Umständen an der Schneide; beide ändern Z.

Es ist ferner festgestellt worden, daß ein Atom das System als abgenutztes Partikel für jede 1000ste von 10000 Begegnungen der Atome verläßt.

Ein Partikel, das von der einen zur anderen Oberfläche wandert, ist nicht immer ein Abnutzungspartikel. Ein einziges Partikel kann sehr oft zwischen den Oberflächen hin- und herwandern, bevor es tatsächlich das System verläßt.

g) Die Hauptgleichung der physikalischen Zerspanungslehre.

Der Scherwinkel Φ (Abb. 1) hat schon seit 1877 das Interesse der Forschung erregt[1]. THIME schrieb, daß der Winkel β (vgl. Abb. 23) vom Spanwinkel abhängt. Er stellte fest, daß die Summe $\beta + \varepsilon$ fast konstant war (nämlich 145°) für alle von ihm untersuchten Werkstoffe, wie Gußeisen, Stahl, Zink, Bronze, Stahlguß. Im Jahre 1896 veröffentlichte G. SELLERGREN[2] eine Arbeit, in der er zu dem Ergebnis kam, daß der Scherwinkel Φ (Abb. 24) sich etwas mit den Versuchswerten ändert und daß der Winkel β bis zu 90° beträgt, aber meistens zwischen 70° und 80° liegt.

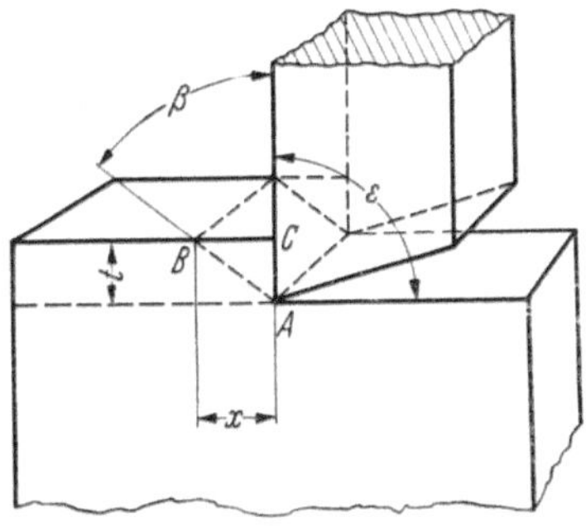

Abb. 23. Scherwinkel nach THIME.

OKOSHI und FUKUI[3] stellten auch fest, daß der Scherwinkel Φ sich mit dem Spanwinkel γ ändert und ein Maximum für alle Materialien aufweist für $\gamma = 30°$. Bei Gußeisen wäre der maximale Scherwinkel 46°, bei Messing 40°, bei Aluminium 26° und bei weichem Stahl 21°. Da die Abscherfläche AB in Abb. 1 kleiner wird, wenn der Abscherwinkel Φ größer wird, so müßte man aus OKOSHIS Versuchen schließen, daß ein Spanwinkel von 30° für alle Materialien der günstigste sei, weil dann der Abscherwinkel am größten ist. Dieses Ergebnis ist jedoch von keiner anderen Seite bestätigt worden und auch nicht aus der Praxis zu schließen.

O. W. BOSTON kam zu dem Ergebnis, daß der Abscherwinkel meistens zwischen 24° und $31^1/_2$° liegt, obgleich auch so kleine (d. h. ungünstige) Winkel wie 10° von ihm gemessen wurden[4].

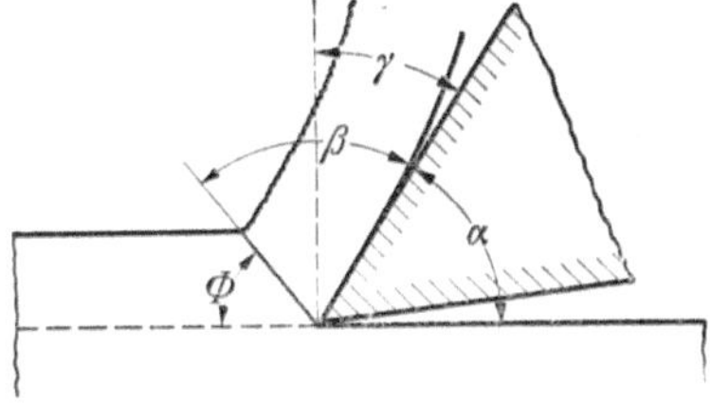

Abb. 24. Scherwinkel nach SELLERGREN.

Die Abhängigkeit des Abscherwinkels Φ vom Reibungswinkel τ und dem Spanwinkel γ ist von HERMAN

---

[1] THIME, J.: Mémoires sur le rabotage des métaux. St. Petersburg 1877.

[2] SELLERGREN, G., Stockholm: Untersuchung der Metallschnittkräfte. Z. öst. Ing.- u. Archit.-Ver. August 1896 S. 473—478.

[3] OKOSHI, M., u. SH. FUKUI: Research on the cutting action of a planing tool. Sci. Pap. Inst. phys. chem. Res. Bd. 22 (1933) S. 97—166.

[4] BOSTON, O. W.: What happens when metal is cut? Trans. Amer. Soc. mech. Engrs. MSP 52-11 1930 S. 135.

im Jahre 1907[1] in folgende Gleichung gekleidet worden:

$$\Phi = 90 - \frac{(90 - \gamma) + \tau + \tau_1}{2}, \tag{20}$$

wobei

τ Reibungswinkel für die Reibung an der Spanfläche (Stelle *1* in Abb. 20),
τ_1 Reibungswinkel für die Reibung in der Abscherfläche (Stelle *2* in Abb. 20).

HERMAN scheint keine Versuche vorgenommen zu haben, sondern nimmt für $\operatorname{tg} \tau = 0{,}2$ und für $\operatorname{tg} \tau_1 = 1{,}0$ an. Damit ergibt sich ein Abscherwinkel

$$\Phi = 17^\circ + \frac{\gamma}{2},$$

ein Wert, der sich nicht mit unseren Versuchen deckt. Es ist jedoch bemerkenswert, daß HERMAN zwei verschiedene Reibungszahlen annimmt, entsprechend den beiden wichtigsten „Stellen“ der Zerspanung. Dieser Gedanke ist von keinem der späteren Forscher benutzt worden.

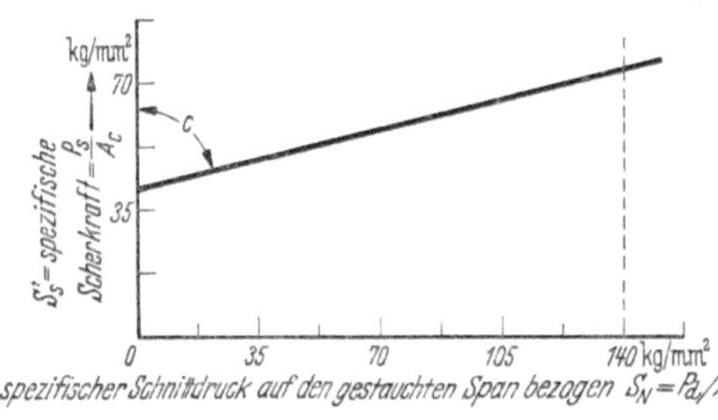

Abb. 25. Der „Bearbeitungswert C“. (Er stellt einen Neigungswinkel dar.)

Neben PIISPANEN[2], der sich meistens der graphischen Darstellung bediente, hat M. E. MERCHANT[3] sich besonders mit der Aufstellung der Beziehung zwischen Scherwinkel Φ, Reibungswinkel τ und Spanwinkel γ befaßt. Seine Gleichung lautet:

$$\Phi = \tfrac{1}{2}[C - \tau + \gamma], \tag{21}$$

wobei C einen „Bearbeitungswert“ darstellt, der im wesentlichen von den Eigenschaften des Materials abhängt, besonders von den plastischen Eigenschaften. Es ist jedoch darauf hinzuweisen[4], daß der Ausdruck „Bearbeitungswert“ nicht als Kennzeichen für Bearbeitbarkeit angesehen werden darf. Obgleich der Bearbeitungswert C vom Material abhängt, bestehen noch andere Größen, die die Bearbeitbarkeit beeinflussen.

Der Wert für C wird gefunden, indem man die spezifische Scherkraft S_s' in der Abscherfläche in Abhängigkeit von der Druckspannung S_N aufträgt. Meines Erachtens sollte man S_N als den spezifischen Schnittdruck bezeichnen, bezogen auf den Querschnitt A_C des gestauchten

[1] HERMAN: Z. VDI 1907 S. 1072.

[2] PIISPANEN, V.: Lastunmuodostumisen Teoriaa. Teknillen Aikakauslehti Bd. 27 (1937) S. 315ff. und persönlicher Schriftwechsel 1936.

[3] Siehe Fußnote 1, S. 9, dort Gl. (33).

[4] Tool Engineer's Handbook, Section 17 S. 312.

Spanes. Dieses ergibt gewöhnlich eine Gerade, wie beispielsweise in Abb. 25 gezeigt, für die Bearbeitung von NE 9445 mit Hartmetall. In dem Beispiel ist $C = 77°$. Ein Mittelwert für Stahl ist $C = 75°$.

Bevor MERCHANT Gl. (21) für den Scherwinkel ableitete, hatte er eine etwas vereinfachte Formel entwickelt, die nicht den Einfluß des spezifischen Schnittdrucks auf die Scherfestigkeit erfaßt[1]. Sie lautet:

$$\Phi = 45° - \frac{\tau}{2} + \frac{\gamma}{2}. \tag{22}$$

Es ist leicht ersichtlich, im Vergleich mit Gl. (21), daß $C = 90°$ ist in Gl. (22), d. h. in Abb. 25 würde die Gerade parallel zur x-Achse laufen.

KRYSTOFFS[2] Formel für die Abhängigkeit zwischen Abscherwinkel Φ, Reibungswinkel τ und Spanwinkel γ ergibt — bei Einsetzung der hier benutzten Formelgrößen — die folgende Gleichung:

$$\Phi = 45 - \tau + \gamma. \tag{23}$$

Diese Gleichung weicht zwar von den Ergebnissen von MERCHANT und PIISPANEN ab, sie ist aber kürzlich von LEE und SHAFFER[3] ebenfalls wieder abgeleitet worden. KRYSTOFF kam zu seiner Formel auf Grund der Annahme, daß die Schnittkraft, entsprechend dem Druckversuch, mit der Schubfläche einen Winkel von 45° einschließt.

Zahlreiche weitere Gleichungen für diese Beziehungen sind in den letzten Jahren noch abgeleitet worden. Nämlich von G. V. STABLER[4]:

$$\Phi = 45 - \tau + \frac{\gamma}{2}, \tag{24}$$

eine weitere von HUCKS[5]

$$\Phi = 45° - \frac{\operatorname{arc\,tg} 2\mu}{2} + \gamma. \tag{25}$$

SHAW, COOK und FINNIE[6] schlagen folgende Gleichung vor:

$$\Phi = 45 - \tau + \gamma + \eta', \tag{26}$$

wobei η' der Winkel ist, der von der Schubfläche und der Richtung der maximalen Schubkraft eingeschlossen wird.

Solch ein zusätzlicher Winkel (η') entsteht beim Zerspanungsvorgang nach Ansicht von SHAW und Mitarbeitern — in Gegensatz zu HUCKS —, weil die Beziehungen zwischen Schervorgang und Reibung etwas anders

---

[1] ERNST, H., u. M. MERCHANT, zitiert S. 3, dort S. 304.

[2] KRYSTOFF, J., zitiert S. 2, dort Gl. (15), S. 11. VDI-Verlag 1939.

[3] LEE, E. H., u. B. W. SHAFFER: Trans. Amer. Soc. mech. Engrs. 1951 (51-A-5).

[4] STABLER, G. V.: Geometry of Cutting Tools. Proc. Instn. mech. Engrs., Lond. Bd. 165 (1951) S. 14.

[5] HUCKS, H., Dr.-Ing.: Dissertation T.H. Aachen, Febr. 1951. Desgl.: Werkst. u. Betr. 1952 Heft 1, Gl. (4).

[6] SHAW, COOK u. FINNIE, zitiert S. 15.

verlaufen als beim Druckversuch. Die Reibung ist beim Zerspanen grundsätzlich anders als bei gewöhnlichen Gleitvorgängen, wie SHAW, COOK und FINNIE gefunden haben und wie auch aus den von mir vorgenommenen Untersuchungen (siehe Tab. 1 bis 5) hervorgeht.

Beim Zerspanen ändert sich die Härte des Spanes und nimmt zu infolge der zunehmenden Stauchung und Behinderung des freien Flusses des Spanes, wenn der Winkel BAC zwischen Abscherfläche und Spanfläche des Werkzeuges verringert wird. Dieser Winkel BAC in Abb. 1 hat die Größe $90 - \Phi + \gamma$. Verringert man also den Spanwinkel γ, so nimmt die Härte des Spanes zu.

Der Winkel BAD in Abb. 1 ist der Winkel zwischen Scherkraft P_s und resultierendem Schnittdruck P_R und gestattet am besten einen anschaulichen *Vergleich der obigen Formeln (20) bis (26) für den Schervorgang.* Aus dieser Abbildung ist ersichtlich, daß:

$$\sphericalangle\, BAD = \Phi + \tau - \gamma\,. \tag{27}$$

Ferner ist ersichtlich, daß

$$\operatorname{tg} BAD = \frac{P_D}{P_S} = \frac{\text{Druck auf Scherfläche}}{\text{Scherkraft}}\,.$$

Dividiert man Zähler und Nenner durch den Querschnitt der Scherebene, so erhält man

$$\operatorname{tg} BAD = \frac{\text{Druckspannung}}{\text{Schubspannung}} = \frac{S_n}{S_s}\,. \tag{28}$$

KRYSTOFF nimmt an, daß $\sphericalangle\, BAD = 45°$ ist; das würde verlangen, daß die Druckspannung gleich der Schubspannung ist (wegen $\operatorname{tg} 45° = 1{,}0$).

Aus MERCHANTS ursprünglicher Formel (22) folgt

$$\sphericalangle\, BAD = 90 - \Phi\,,$$

und aus seiner späteren Formel (21) folgt:

$$\sphericalangle\, BAD = C - \Phi\,.$$

SHAW und Mitarbeiter kamen zu dem Ergebnis, daß

$$\sphericalangle\, BAD = 45 + \eta'\,.$$

Tab. 6 gibt Werte an für das Verhältnis von Druckspannung zu Schubspannung ausgewertet aus SHAWS Versuchen.

Wenn man MERCHANTS Versuche in ähnlicher Weise auswertet (z. B. Abb. 5 in Appl. Physics 1945 S. 318 bis 324), so erhält man für NE 9445 Steel:

$$\frac{S_n}{S_s} = \operatorname{tg} BAD = 1{,}75\,,$$

d. h., die Druckspannung S_n wäre erheblich *größer* als die Schubspannung S_s. In diesem Fall ergibt sich $\sphericalangle\, BAD = 60^1/_4°$, d. h., der

Winkel η', den SHAW negativ fand, würde hier positiv sein, nämlich $60^1/_4{}^\circ - 45^\circ = +15^1/_4{}^\circ$.

Es wird weitere Forschungsarbeit nötig sein, um die Fragen des Scherwinkels und des $\sphericalangle BAD$ zu klären. Möglicherweise spielt die Aufbauschneide hier eine Rolle. Für die Praxis kann jedoch das Folgende über den Scherwinkel Φ gesagt werden:

1. Der Scherwinkel kann nicht 0° werden, da sonst kein Abscheren mehr stattfindet. 2. Der Scherwinkel wird gewöhnlich nicht kleiner als 10° (siehe auch Abb. 3). 3. Der Scherwinkel liegt meistens zwischen 15° und 30° für trockenen Schnitt. 4. Unter sehr günstigen Kühlungsverhältnissen (Tetrachlorkohlenstoff) wird der Scherwinkel bis zu 50° groß.

Tabelle 6.

Spanwinkel	Kühlmittel	η'	Winkel $BAD = 45^\circ + \eta'$	$\frac{\text{Druckspannung}}{\text{Schubspannung}} = \frac{S_n}{S_s}$
45° 30°	Benzin	$-\frac{1}{2}$° $-7{,}4$°	44,5° 37,6°	0,985 0,780
45° 30° 16°	Trocken	$-1{,}2$° $-7{,}1$° $-10{,}2$°	43,8° 37,9° 34,8°	0,96 0,785 0,70
45° 30° 16°	Ethanol	$-3{,}2$° $-9{,}4$° $-12{,}7$°	41,8 35,6 32,3	0,895 0,715 0,631
45° 30° 16° 0°	Tetrachlorkohlenstoff	$-4{,}7$° $-10{,}7$° $-14{,}7$° $-18{,}8$°	40,3° 34,3° 30,3° 26,2°	0,845 0,685 0,586 0,494

h) Praktische Anwendung der Zerspanungsmechanik.

Angesichts der manchmal verwickelten Ergebnisse der theoretischen Zerspanungsforschung mag es erscheinen, als ob die Zusammenhänge mit der Praxis recht fragwürdig sind und als ob wir uns sozusagen im Kreise herumdrehen, ohne von der Stelle zu kommen. Es soll daher hier gezeigt werden, wie m. E. der erwünschte Zusammenhang zwischen Theorie und Praxis entwickelt werden kann, d. h., daß es doch schon möglich ist, eine Brücke zwischen den beiden Zweigen der Zerspanungslehre zu bauen. Das ist durchaus noch nicht immer der Fall, aber Forschung kann nicht nur mit der Absicht sofortiger praktischer Ergebnisse betrieben werden, sondern muß auch dann unternommen werden, wenn es zunächst erscheint, als ob die Untersuchungen nur „graue Theorien" seien.

Stauchfaktoruntersuchungen können als Beispiel zur Herstellung der oben erwähnten Verbindung zwischen Theorie und Praxis dienen. Auf

Grund der theoretischen Überlegungen ergibt sich z. B. folgende Gleichung für die Hauptkomponente P (Abb. 1) des Schnittdruckes:

$$P = F \cdot S_s \cdot [\mathrm{tg}(C - \Phi) + \mathrm{ctg}\,\Phi], \tag{29}$$

worin C den sogenannten Bearbeitungswert (Abb. 25) bedeutet und S_s die Schubspannung. In erster Annäherung ist es jedoch zulässig, diese Schubspannung gleich der Zugfestigkeit des Werkstoffes (k_z) zu setzen. Dividiert man beide Seiten der Gl. (29) durch den Spanquerschnitt F, so erhält man links den Schnittdruck je mm² des Spanquerschnittes, d. h. den spezifischen Schnittdruck k_s. Somit wird:

$$k_s = k_z\,[\mathrm{tg}(C - \Phi) + \mathrm{ctg}\,\Phi]. \tag{30}$$

In zahlreichen Versuchen bei der Cincinnati Milling Machine Co.[1] an Stahlsorten von SAE 1010 bis zu SAE 52100 ist festgestellt worden, daß die in Gl. (29) erwähnte Bearbeitungsgröße C zwischen einem Kleinstwert von 69,6° und einem Größtwert von 81,2° schwankt; als angemessener Mittelwert kann $C = 75°$ angesehen werden. Setzt man diesen Wert für C in Gl. (30) ein, so erhält man:

$$k_s = k_z \cdot [\mathrm{tg}(75° - \Phi) + \mathrm{ctg}\,\Phi]. \tag{31}$$

Der Stauchfaktor λ ist, wie oben ausgeführt [Gl. (2)], mit dem Scherwinkel Φ und dem Spanwinkel γ verbunden durch:

$$\mathrm{tg}\,\Phi = \frac{\cos\gamma}{\lambda - \sin\gamma},$$

woraus sich, zwecks einfacherer Berechnung mit ctg Φ, ergibt:

$$\lambda = \mathrm{ctg}\,\Phi \cdot \cos\gamma + \sin\gamma = \frac{\cos(\Phi - \gamma)}{\sin\Phi}. \tag{32}$$

Um die Verhältnisse übersehen zu können, ist es am besten, zunächst eine Tabelle aufzustellen und diese dann in ein Diagramm mit Auslassung überflüssiger Zwischenwerte zu entwickeln, wie im Beispiel in Tab. 7 gezeigt ist:

Tabelle 7.

Scherwinkel Φ	$75° - \Phi$	$\mathrm{tg}(75° - \Phi)$	ctg Φ	Gemäß Gl. (31) $\frac{k_s}{k_z}$ = Summe Kolonnen $c + d$	Gemäß Gl. (32) Stauchfaktor λ für $\gamma = -20°$	$\gamma = 0°$	$\gamma = +20°$
a	*b*	*c*	*d*	*e*	*f*		
10°	65°	2,15	5,67	7,82	$\lambda = 5{,}00$	$\lambda = 5{,}67$	$\lambda = 5{,}67$
15°	60°	1,73	3,73	5,46	3,16	3,73	3,85
20°	55°	1,43	2,75	4,18	2,24	2,75	2,91
30°	45°	1,00	1,73	2,73	1,29	1,73	1,97
40°	35°	0,700	1,19	1,89	—	1,19	1,46
45°	30°	0,577	1,00	1,577	—	1,00	1,28
50°	25°	0,466	0,839	1,305	—	—	1,13

[1] Vgl. Tool Engineer's Handbook S. 314 Tabelle 17-4. McGraw-Hill Co. New York.

In Abb. 26 ist Kolonne *e* der Tab. 7 aufgetragen in Abhängigkeit der drei Kolonnen *f*, so daß sich — unter Ausschaltung des für theoretische Betrachtungen wichtigen Scherwinkels Φ — eine unmittelbare Beziehung zwischen dem Verhältnis (k_s/k_z) und dem Stauchfaktor ergibt für den Bereich der praktisch vorkommenden Spanwinkel $\gamma = -20°$ bis $\gamma = +20°$. *Abb. 26 ist somit ein allgemeingültiges Diagramm für fließspanbildende Stähle, das es gestattet, ohne Vornahme von Schnittdruckversuchen den Schnittdruck aus dem Stauchfaktor* λ *annähernd zu berechnen für jede gegebene Zerreißfestigkeit* k_z *und den Spanwinkelbereich von* $+20°$ *bis* $-20°$.

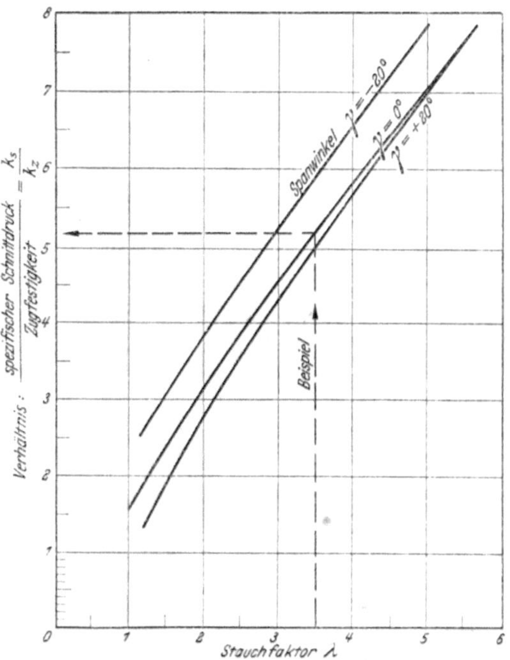

Abb. 26. Diagramm zur praktischen Bestimmung des spezifischen Schnittdruckes aus dem Stauchfaktor ohne Schnittdruckmessungen. (Aus der physikalischen Zerspanungsforschung entwickelte Annäherungswerte.)

Das eingezeichnete Beispiel läßt erkennen, daß bei einem Stauchfaktor $\lambda = 3{,}5$ und einem Spanwinkel von $\gamma = 0°$ der spezifische Schnittdruck 5,2mal so groß ist wie die Zugfestigkeit. Bei einem Material von z. B. $k_z = 50$ kg/mm² würde mit diesem Stauchfaktor $k_s = 260$ kg/mm² sein. Wählt man die Schnittbedingungen so, daß der Spanquerschnitt 1 mm² wird, so kann man sofort aus dem Diagramm den noch später zu besprechenden C_{k_s}-Wert für den Schnittdruck ermitteln. Es zeigt sich hier eine sehr gute Übereinstimmung zwischen Theorie und Praxis.

Vergrößert man den Spanwinkel γ von 0° auf +20°, so wird sich auch der Stauchfaktor λ etwas ändern und schätzungsweise von $\lambda = 3{,}5$ auf $\lambda = 3{,}0$ fallen. Damit verringert sich das k_s/k_z-Verhältnis auf 4,3, d. h., der spezifische Schnittdruck für einen Werkstoff mit $k_z = 50$ kg/mm² würde nur noch 215 kg/mm² betragen [vgl. hierzu Schnittdrucktafel Nr. 104 (Anhang A), die aus praktischen Versuchen ausgewertet wurde].

In älteren Handbüchern des Werkzeugmaschinenbaues findet man sogenannte „Faustwerte“ für den spezifischen Schnittdruck in Abhängigkeit von der Zerreißfestigkeit k_z; für Stahl ist beispielsweise ein

Bereich k_s/k_z von 2,5 bis 3,2 angegeben[1]. Das würde, wie aus Abb. 26 ersehen werden kann, auf Stauchfaktoren von $\lambda = 1{,}5$ bis 2,0 schließen lassen für 0° Spanwinkel und $\lambda = 1{,}8$ bis 2,3 für 20° Spanwinkel. Das sind recht niedrige Werte, die die Unzuverläßlichkeit der damaligen Unterlagen zeigt. Solch niedrige Spanstauchungen erhält man bei hohen Schnittgeschwindigkeiten, die damals noch nicht möglich waren. Jedoch muß man beachten, daß Abb. 26 eine Vereinfachung insofern enthält, als ein Mittelwert für $C = 75°$ gewählt wurde. Wollte man neben dem Stauchfaktor λ auch C bestimmen, so käme man schneller zum Ziele durch direkte Schnittdruckmessungen. Weitere Versuche auf verschiedenen Stählen sind in Tab. 8 hinsichtlich der Beziehung $\frac{k_s}{k_z}$ zu λ ausgewertet:

Tabelle 8.

Werkstoff	k_s	k_z	$\frac{k_s}{k_z}$	Stauchfaktor λ	Spanwinkel	$\frac{k_s}{k_z \cdot \lambda}$
NE 9445	257	59	4,35	2,78	10°	1,56
NE 9445	275	67,5	4,06	2,50	10°	1,63
NE 9442	260	66	3,94	2,56	10°	1,53
SAE 1035	310	85	3,76	2,70	$4^1/_2$°	1,40
					Mittelwert für Stahl:	$\sim 1{,}5$

Es zeigt sich, daß $\frac{k_s}{k_z \cdot \lambda} = \sim 1{,}5$ ist für Stahl, wie auch als Mittelwert aus Abb. 26 gefolgert werden kann, d. h. *als Überschlagswert kann man den spezifischen Schnittdruck für Stahl erhalten durch Multiplizieren des Stauchfaktors mit der Zerreißfestigkeit und einem Zuschlag von 50%.*

Brandenberger[2] kommt auf Grund einer neuen von ihm aufgestellten Elastizitätstheorie zu dem Schluß, daß der spezifische Schnittdruck nur anscheinend ein Vielfaches der Zugfestigkeit ist, weil das Material beim Zerspanen nicht den ursprünglichen Querschnitt beibehält, sondern auf einen größeren Querschnitt gestaucht wird. Daher kommt nicht die auf den ursprünglichen Querschnitt (des Zugversuches) bezogene Zugfestigkeit k_z in Betracht, sondern die im wirksamen Querschnitt beim Bruch auftretende Zerreißfestigkeit. Die Stauchung λ ist demnach das Verhältnis des spezifischen Schnittdruckes (k_s) zur „wirklichen" Zerreißfestigkeit (k_{zw}) bezogen auf den wirksamen Querschnitt.

Wir können diese Beziehung in folgende Formel kleiden:

$$\frac{k_s}{k_{zw}} = \lambda, \tag{33}$$

[1] Siehe Tab. 55.

[2] Brandenberger, H.: Die Kraftverhältnisse bei der Zerspanung. Schweiz. techn. Z. 1945 Nr. 10.

wobei

$$k_{zw} = a \cdot k_z \tag{34}$$

und

k_{zw} Zugfestigkeit bezogen auf wirksamen Querschnitt,
k_z Zugfestigkeit bezogen auf ursprünglichen Querschnitt,

daher

$$\frac{k_s}{k_z} = a \cdot \lambda . \tag{35}$$

Nach den Berechnungen, die in Tab. 8 enthalten sind, wäre also $a = 1,5$ für Stahl als erste Annäherung. BRANDENBERGERS Elastizitätstheorie gliedert sich also den hier dargelegten Zusammenhängen über die praktische Anwendung der Zerspanungsmechanik bereits gut ein!

2. Rückwirkung der Zerspanung auf die Eigenschaften der Werkstoffe.

Während wir gewohnt sind, die Zerspanungsvorgänge in Abhängigkeit von den verschiedenen Werkstoffeigenschaften, besonders der Härte, Festigkeit, Wärmeleitfähigkeit usw., zu betrachten, hat man in den letzten Jahren auch angefangen, sich mit der umgekehrten Beziehung zu befassen, nämlich mit der Frage, welche Rückwirkung ein Zerspanungsvorgang auf den bearbeiteten Werkstoff hat.

E. G. HERBERT[1] hat sich als einer der ersten damit befaßt, festzustellen, wie sich die Härte eines Werkstückes unter dem Einfluß der Zerspanung ändert, wobei er seinen Pendelhärtemesser benutzte. Jedoch hat er seine Aufmerksamkeit besonders auf die Härte der Späne gerichtet und weniger auf die Härteerhöhung des Werkstückes. Er fand, daß die Härte an der Abtrennstelle des Spanes bei Stahl bis zu 115% größer war als die ursprüngliche Härte; bei Messing wurden nur 12,5% Härteerhöhung festgestellt, während bei Gußeisen keine Härteerhöhung ermittelt wurde.

SIEBEL und LEYENSETTER[2] haben Versuche angestellt, um festzustellen, welche Änderungen die Dauerfestigkeit (Wechselfestigkeit) erfährt durch Änderung der Schnittgeschwindigkeit beim Drehen. Solche Einflüsse konnten nur bei kleinen Vorschüben (0,03 mm/U) und angemessener Schnittiefe von 1 mm festgestellt werden, nicht bei großen Vorschüben und kleinen Schnittiefen. Bei diesen „ergebnislosen" Versuchen war m. E. das Verhältnis von Vorschub zu Schnittiefe „unwerkstattmäßig", nämlich 0,18 mm/U zu 0,20 mm Schnittiefe, sie sollen daher hier aus den Betrachtungen ausgelassen werden. Die „erfolgreichen" Versuche mit 0,03 mm/U und 1 mm Schnittiefe andererseits

[1] HERBERT, E. G., u. M. KRONENBERG: Änderung der Härte der Werkstoffe bei spanabhebender Bearbeitung. Masch.-Bau Betrieb Bd. 6 (1927) Heft 20 u. 21.

[2] SIEBEL, E., u. W. LEYENSETTER: Einfluß der Schnittgeschwindigkeit auf die Dauerfestigkeit von Prüfstäben. Z. VDI Bd. 80 (1936) S. 697.

zeigten eine bis zu 25% betragende Erhöhung der Biegewechselfestigkeit, wenn die Schnittgeschwindigkeit von 20 m/min bis auf 126,5 m/min gesteigert wurde. Obgleich die Änderung des Stauchfaktors mit der Schnittgeschwindigkeit nicht einheitlich ist (s. Abb. 5, 7 und 8), könnte eine Verringerung des Stauchfaktors ein Kennzeichen für Oberflächenverbesserung durch Verringerung der Werkstoffverformung in der Randzone sein, so daß eine Erhöhung der Wechselfestigkeit erwartet werden darf, wenn die Werkstoffverformung verringert wird durch Schnittgeschwindigkeitserhöhung. Bei großen Schnittgeschwindigkeiten können die Kristalle durchschlagen werden, während sie bei kleinen herausgerissen werden, möglicherweise im Zusammenhang mit der Erscheinung, daß die Spannungen in einem Körper bis zu 100% größer sind, wenn die Last schnell wirkt (Stoß), als wenn sie langsam wirkt.

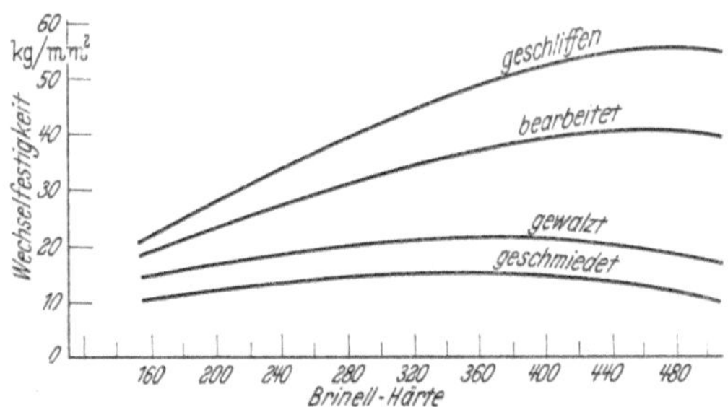

Abb. 27. Einfluß der Bearbeitung auf die Wechselfestigkeit.

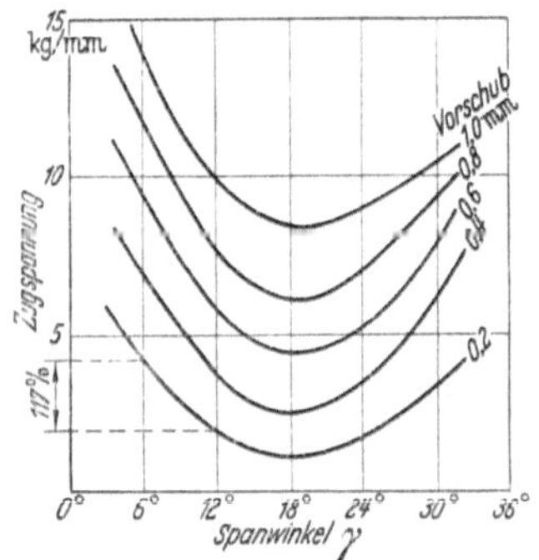

Abb. 28. Bearbeitungsspannungen im Werkstück in Abhängigkeit vom Spanwinkel (nach HENRIKSEN). $v = 8{,}8$ m/min; $t = 0{,}5$ mm.

Amerikanische Automobilfabriken berücksichtigen den Einfluß der Bearbeitung auf die Dauerwechselfestigkeit, wie aus Abb. 27 hervorgeht[1]. Je höher die Brinellhärte ist, desto größer ist der Einfluß der Bearbeitung auf die Dauerwechselfestigkeit.

HENRIKSEN[2] hat die Spannungen gemessen, die durch Hobeln und Drehen verschiedener Werkstoffe in den Werkstoffen hervorgerufen werden und ist damit in ein Gebiet eingedrungen, das wegen seiner Wichtigkeit im Ingenieurwesen noch erheblich erweiterter Untersuchungen bedarf. Theoretische Untersuchungen solcher Art sind auch von THOMSEN[3] an der University of California durchgeführt worden. HENRIKSENS

[1] LIPSON, NOLL u. CLOCK: Stress and Strength of Manufactured Parts S. 36. New York: McGraw-Hill Co. 1950.

[2] HENRIKSEN, E. K.: Residual stresses in machined surfaces. Trans. Danish Academy Technical Sciences 1948 Nr. 7. Kopenhagen: Kommission Hos G. E. C. Gad.

[3] THOMSEN, E. G.: Residual stresses in machined surfaces. Abstracts of the Conference on Metal Cutting. Mass. Inst. of Technology Juni 1952.

Versuche erstreckten sich auf geradschneidige Stähle und solche mit abgerundeter Spitze, wobei er den Einfluß verschiedener Abrundungen, Vorschübe, Schnittiefen, Spanwinkel und Materialien untersuchte. Beim Hobeln mit Stählen mit 1 mm Stahlnasenradius stellte er z. B. fest, daß die Spannung im Werkstück erheblich vom Spanwinkel γ beeinflußt wird (Abb. 28). *Eine Spanwinkeländerung von nur 6° veränderte die Spannung im Werkstück um mehr als 100% bei kleinen Vorschüben (0,2 mm/U).* Mit diesem Hobelstahl ergab sich ein deutliches Spannungsminimum bei einem Spanwinkel von etwa 18°. Eine Erklärung, warum das Minimum besteht, ist noch nicht möglich. Beim Drehen ist z. B. solch ein Einfluß des Spanwinkels nicht gefunden worden, während die Einflüsse der anderen Größen auf die Spannung, wie Vorschub, Stahlnasenradius usw., sich beim Drehen und Hobeln in gleicher Weise bemerkbar machen.

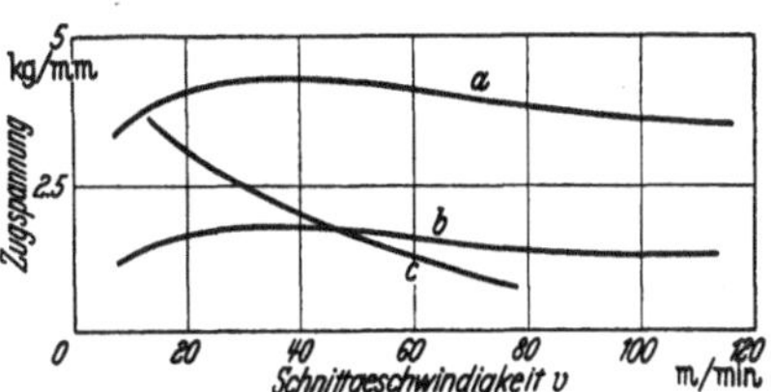

Abb. 29. Bearbeitungsspannungen im Werkstück in Abhängigkeit von der Schnittgeschwindigkeit (nach HENRIKSEN).

a = 0,12% C-Stahl; γ = 24°; s = 0,25 mm;
b = 0,37% C-Stahl; γ = 12°, 24° u. 36°; s = 0,25 mm;
c = 0,37% C-Stahl; γ = 12°; s = 0,5 mm.

Die *Schnittiefe* hat sehr geringen Einfluß auf die Spannungen beim Drehen und Hobeln mit abgerundetem Stahl, jedoch einen starken Einfluß beim Hobeln mit quadratischem Stahl. Der *Freiwinkel* beeinflußt die Spannungen nicht, ebensowenig eine *Krümmung* der Spanfläche. Zunehmender *Vorschub* verursacht eine Spannungserhöhung im Werkstück in einem nicht ganz proportionalen Maße, während mit zunehmendem *Radius der Stahlnase* die Spannungen im Werkstück kleiner werden. Dieses Ergebnis ist von Werkstattinteresse insofern, als viele Betriebsleute geneigt sind, einen kleinen Stahlnasenradius zu wählen, wenn eine saubere Oberfläche erwünscht ist, also gerade das Entgegengesetzte tun, was in bezug auf geringe Spannung erwünscht ist.

Zunehmende *Schnittgeschwindigkeit* beim Drehen verringert die Spannung im Werkstück nur bei Vorschüben, die größer sind als 0,5 mm/U (Abb. 29). Das ist zwar nicht ganz im Einklang mit den Schlußfolgerungen, die LEYENSETTER zog, mit Bezug auf die Größenordnung des Vorschubes (nur bei kleinen Vorschüben fand er eine Steigerung der Wechselfestigkeit mit zunehmender Schnittgeschwindigkeit) jedoch stimmen sowohl HENRIKSEN als LEYENSETTER darin überein, daß *große Schnittgeschwindigkeiten* die Spannungen im Werkstück vermindern und die Wechselfestigkeit erhöhen.

Nach HENRIKSENS Arbeit können die Spannungen im Werkstoff durch Zerspanung Größenwerte erreichen, die der zulässigen Spannung nahekommen, wie Tab. 9 zeigt.

Tabelle 9.

Spanwinkel	Schnittgeschwindigkeit m/min	Schnitttiefe mm	Vorschub mm	Lineare Spannung für SAE 1020 kg/mm	Tiefe der Oberflächenhärte mm	Spannung kg/mm²
6°	174	3,17	0,25	4,5	0,051	88
15°	12,1	0,127	?	8	0,127	63

Obgleich wir noch keinen fest formulierbaren Zusammenhang zwischen Spannungen, Wechselfestigkeit und Stauchfaktor ableiten können, dürfte es sich sehr empfehlen, die Untersuchungen über diese Beziehungen zu vervollkommnen. *Es wäre sehr erwünscht, wenn man aus dem Stauchfaktor heraus Feststellungen über die Änderungen der Spannungen und der Wechselfestigkeit im Werkstück als Folge des Zerspanungsverfahrens machen könnte.* Versager und Brüche in wichtigen Maschinenelementen, wie z. B. Kurbelzapfen, mögen so vermieden werden können und damit unter Umständen nicht nur Kosten, sondern auch Leben erspart werden.

3. Dimensionsanalyse der Zerspanung.

a) Das Wesen der Dimensionsanalyse.

Dimensionsanalyse oder Ähnlichkeitsmechanik ist m. W. zum erstenmal im Jahre 1939 von mir auf dem Gebiete der Zerspanung angewandt worden in einer Untersuchung für die Cincinnati Milling Machine Co. Eine Teilveröffentlichung der seitdem erweiterten Studien erfolgte jedoch erst 1949[1].

Betriebsingenieure sind nur wenig vertraut mit der Dimensionsanalyse, weil frühere Veröffentlichungen sich nicht mit Zerspanungsproblemen, sondern mit Problemen befaßten, die für Wärmekraftingenieure von Interesse sind. Es besteht jedoch kein Grund, diese bequeme Methode nicht auch auf die Zerspanung anzuwenden.

Obwohl Erfahrung in der Auswahl der physikalischen Größen erforderlich ist, ist die Wahrscheinlichkeit, wesentliche physikalische Größen zu übersehen, in gewissem Grad durch im Verfahren liegende Eigenschaften vermindert. Beispielsweise kann man oft annehmen, daß wesentliche Größen in den Annahmen übersehen worden sind, wenn gemessene Werte der dimensionslosen Größen keine Kurve oder gerade Linien in graphischer Auftragung ergeben.

Es kann auch der Fall eintreten, daß die einfachen Gleichungen, die in der Dimensionsanalyse vorkommen, sich nicht lösen lassen; das

[1] Kronenberg: Math. cuts cost of machining studies. Amer. Mach. 22. Sept. 1949.

zeigt an, daß die gewählten physikalischen Größen unzureichend sind, um eine dimensionslose Ziffer zu bilden. Dann muß man die ursprünglichen Annahmen abändern.

Der Wert der Dimensionsanalyse ist sowohl theoretischer als auch praktischer Natur. Man kann mit der Dimensionsanalyse verläßliche theoretische Zusammenhänge ableiten und auch praktische Schlüsse ziehen aus unvollkommenen Versuchen, so daß man nicht nur erheblich an Kosten und Zeit für Versuche spart, sondern vor allem auch neue Gebiete der Forschung öffnen kann.

Beispielsweise kann man Beziehungen zwischen Schnittgeschwindigkeit, Vorschub, Schnittiefe, Spanquerschnitt, Standzeit und anderen Größen ableiten oder voraussagen durch Inbeziehungsetzen ihrer physikalischen Größen, ausgedrückt in Einheiten der Länge (L), Masse (M), Zeit (T) und Temperatur (Θ). Man braucht danach nur einige Bestätigungsversuche vorzunehmen, um evtl. Abweichungen von den Voraussagen zu finden.

Einige Beispiele sollen die Anwendung der Dimensionsanalyse auf verschiedene Zerspanungsprobleme zeigen, weil aus ihnen wesentliche Schlußfolgerungen gezogen werden können[1].

b) Dimensionsanalyse von Werkzeugtemperaturen.

Man kann annehmen, daß die Temperatur eines Schneidwerkzeuges von den in Tab. 10 aufgeführten Größen wesentlich beeinflußt wird.

Tabelle 10.

Dimensionen der physikalischen Größen, die die Werkzeugtemperatur beeinflussen.

Physikalische Größe	Symbol	Dimension
Temperatur	T_e	Θ
Spanquerschnitt	F	L^2
Schnittgeschwindigkeit	v	$L\,T^{-1}$
Spezifischer Schnittdruck	k_s	$M\,L^{-1}\,T^{-2}$
Wärmeleitfähigkeit des bearbeiteten Werkstoffes	W	$M\,L\,T^{-3}\,\Theta^{-1}$
Spezifische Wärme je Einheitsvolumen des bearbeiteten Werkstoffes ($\sigma \cdot c$)	h	$M\,L^{-1}\,T^{-2}\,\Theta^{-1}$

Der spezifische Schnittdruck k_s hängt dabei von der mittleren Scherfestigkeit des Werkstoffes ab, u. U. multipliziert mit einer Größe, die vom Scherwinkel Φ und den Werkzeugwinkeln abhängt. Die spezifische Wärme h je Einheitsvolumen ist das Produkt aus spezifischem Gewicht (σ) und spezifischer Wärme (c). Die Wärmeleitfähigkeit des Werkzeuges hat erfahrungsgemäß wenig Einfluß und ist daher hier vernachlässigt worden.

[1] Dimensionen von physikalischen Größen, die in der Zerspanungsforschung öfters auftreten, sind in Tab. 107 im Anhang B mit deutschen und amerikanischen Benennungen zusammengestellt.

Zwischen den aufgeführten sechs Größen müssen bestimmte Beziehungen bestehen gemäß dem Grundsatz dimensionaler Homogenität, der besagt, daß die Ausdrücke auf den beiden Seiten einer richtigen physikalischen Gleichung die gleiche Dimension haben müssen.

Im Beispiel mit sechs physikalischen Größen und vier Dimensionen (Länge, Masse, Zeit, Temperatur) ergibt die mathematische Ableitung, daß nur zwei dimensionslose Größen zu ermitteln sind, um alle sechs physikalischen Größen in logische Beziehung zu bringen. Die beiden dimensionslosen Größen sollen mit Q_1 und Q_2 bezeichnet werden. Es ist zulässig, irgendwelche fünf der sechs Größen für Q_1 und Q_2 zu wählen und ihre Gleichungen wie folgt anzusetzen:

$$Q_1 = v^a \cdot k_s^b \cdot W^c \cdot h^d \cdot T_e, \tag{36}$$

$$Q_2 = v^e \cdot k_s^f \cdot W^g \cdot h^i \cdot F. \tag{37}$$

Die Exponenten a, b, c und d in Gl. (36) und e, f, g und i in Gl. (37) müssen so bestimmt werden, daß Q_1 und Q_2 dimensionslos werden. Das ist sehr einfach. Wenn man die Dimensionen von Tab. 10 in die Gleichungen einsetzt, so ergibt sich:

$$Q_1 = L^a\, T^{-a} \cdot M^b\, L^{-b}\, T^{-2b} \cdot M^c\, L^c\, T^{-3c}\, \Theta^{-c} \cdot M^d\, L^{-d}\, T^{-2d}\, \Theta^{-d} \cdot \Theta.$$

Faßt man die Exponenten der einzelnen Dimensionen zusammen und setzt sie gleich Null, so ergibt sich:

Exponenten der L-Größen (Längengrößen):

$$a - b - d = 0.$$

Exponenten der T-Größen (Zeitgrößen):

$$-a - 2b - 3c - 2d = 0.$$

Exponenten der M-Größen (Massengrößen):

$$b + c + d = 0.$$

Exponenten der Θ-Größen (Temperaturgrößen):

$$-c - d + 1{,}0 = 0.$$

Aus diesen vier Gleichungen folgt:

$$a = 0; \quad b = -1{,}0; \quad c = 0; \quad d = +1{,}0.$$

a war der Exponent der Schnittgeschwindigkeit v, die also in Q_1 nicht auftritt, da $v^0 = 1{,}0$, b war der Exponent des spezifischen Schnittdruckes k_s, der wegen $b = -1{,}0$ im Nenner erscheint, die Wärmeleitfähigkeit W fällt aus Q_1 heraus wegen $c = 0$, und schließlich erscheint die spezifische Wärme h im Zähler wegen $d = +1{,}0$. Es ergibt sich somit aus Gl. (36):

$$Q_1 = \frac{h \cdot T_e}{k_s}. \tag{38}$$

Nach gleichem Verfahren ergibt sich

$$e = +2{,}0; \quad f = 0;$$

$$g = -2{,}0 \quad \text{und} \quad i = +2{,}0,$$

und daher aus Gl. (37):

$$Q_2 = \frac{v^2 \cdot h^2 \cdot F}{W^2}. \qquad (39)$$

Die beiden Größen Q_1 und Q_2 müssen nun in Beziehung gebracht werden. Rechnet man z. B. Q_1 und Q_2 für zahlreiche Daten aus GOTTWEINs Versuchen[1] aus und trägt sie im doppellogarithmischen Netz auf, so ergibt sich eine Gerade, wobei die Versuchsdaten gut verteilt um diese Gerade herum liegen, obgleich sie sich auf verschiedene Schnittgeschwindigkeiten, Spanquerschnitte, spezifische Schnittdrücke, Temperaturen usw. beziehen (Abb. 30).

Solche Zusammenhänge kann man nur durch Dimensionsanalyse ableiten; andernfalls benötigt man mehrere Diagramme, um die Verhältnisse darzustellen, ohne dann jedoch eine gegenseitige Abhängigkeit zu erhalten.

Die Gleichung der Geraden (Abb. 30) lautet:

$$Q_1 = C_0 \cdot Q_2^n. \qquad (40)$$

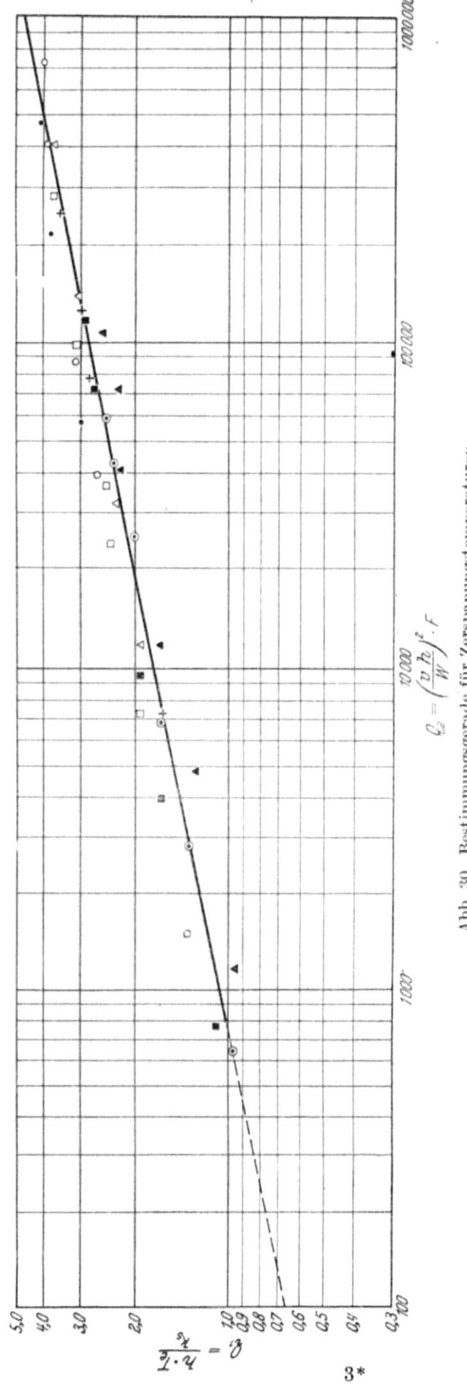

Abb. 30. Bestimmungsgerade für Zerspanungstemperaturen.

[1] GOTTWEIN: Messung der Schneidentemperatur beim Abdrehen von Metallen. Masch.-Bau Betrieb 1925 S. 1129.

Die Konstante C_0 zeigt die Größe von Q_1 an für den Fall, daß $Q_2 = 1{,}0$. Durch Extrapolation kann dieser Wert bestimmt werden.

Für grundlegende Erkenntnisse und Schlußfolgerungen ist jedoch der Exponent n oft wichtiger hier als die Größe von C_0. Der Exponent n hat gemäß Abb. 30 einen Wert von 0,22.

Die allgemeine Formel für alle genannten Versuche, die die Temperatur mit den fünf anderen physikalischen Größen verbindet, lautet daher:

$$\frac{h \cdot T_e}{k_s} = C_0 \left[\frac{v^2 \cdot h^2 \cdot F}{W^2}\right]^n. \tag{41}$$

Bei Auflösung nach der Temperatur T_e ergibt sich:

$$\boxed{T_e = \frac{C_0 \cdot v^{2n} \cdot k_s \cdot F^n}{W^{2n} \cdot h^{1-2n}}.} \tag{42}$$

Unter Einsetzung von $n = 0{,}22$:

$$\boxed{T_e = \frac{C_0 \cdot k_s \cdot v^{0,44} \cdot F^{0,22}}{W^{0,44} \cdot h^{0,56}}.} \tag{43}$$

Die folgenden Schlüsse können nunmehr bereits gezogen werden:

1. Die Größe, die die Schnittemperatur am meisten beeinflußt, ist der *spezifische Schnittdruck* k_s (und damit auch die Schubfestigkeit des zerspanten Werkstoffes). Die Temperatur ändert sich direkt proportional zum spezifischen Schnittdruck oder der Schubfestigkeit.

2. Die beiden *wärmetechnischen Größen* h (spezifische Wärme je Einheitsvolumen) und W (Wärmeleitfähigkeit) haben den zweitgrößten Einfluß. Je kleiner sie sind, desto höher wird die Temperatur, und zwar etwa entsprechend der Quadratwurzel aus diesen Größen. Werkstoffe mit kleiner spezifischer Wärme je Einheitsvolumen und schlechter Wärmeleitfähigkeit erzeugen daher erhebliche Temperaturen. Das trifft auf Titan zu und erklärt dessen schlechte Bearbeitbarkeit.

Die spezifische Wärme c nimmt mit der Temperatur zu, so daß eine Gleichung, die c auf der rechten Seite enthält, keine unabhängige Gleichung darstellen würde. Erfreulicherweise fällt die Wärmeleitfähigkeit W mit steigender Temperatur, so daß das Produkt $c \cdot W$ fast konstant wird. Abb. 31 zeigt Werte für ferritisches Eisen. Da in Gl. (43) der Exponent von h $(= \sigma \cdot c)$ und W fast gleich ist, so hat die Temperatur kaum Einfluß auf den Nenner der Gleichung, was obige Schlußfolgerungen zulässig macht.

3. Die *Schnittgeschwindigkeit* v hat erheblich mehr Einfluß auf die Temperatur als der *Spanquerschnitt*. Die Temperatur ändert sich etwa

proportional mit der Quadratwurzel aus der Schnittgeschwindigkeit, aber nur mit etwa der vierten Wurzel aus dem Spanquerschnitt F!

Beispielsweise, wenn das Verhältnis zweier Schnittgeschwindigkeiten 2 : 1 ist, so ist das entsprechende Temperaturverhältnis $\left(\frac{2}{1}\right)^{0,44} = 1,36$. Das heißt, daß Verdoppelung der Schnittgeschwindigkeit die Temperatur um 36% erhöht. Dagegen ergibt sich für den Fall, daß das Verhältnis zweier Vorschübe 2 : 1 (oder der Spanquerschnitte), eine Temperaturerhöhung von nur $\left(\frac{2}{1}\right)^{0,22} = 1,17$, d. h. 17%.

Eine exponentielle Beziehung wie zwischen Q_1 und Q_2, d. h. eine Gerade in doppellogarithmischem Netz, findet man oft in der Zerspanung[1]. Es wäre daher möglich gewesen, solch eine Beziehung von vornherein anzunehmen. Solche Hypothese würde es erlaubt haben, die Gln. (40), (41) und (42) sogar ohne Versuche aufzustellen. Man hätte dann nur einige Versuchsreihen durchzuführen gehabt mit Änderung der Schnittgeschwindigkeit. Dadurch hätte man einen Anhalt für den Exponenten n erhalten. Einige weitere Versuche mit Änderung des Vorschubes hätten genügt, um die Beziehungen zu bestätigen. Man sieht, daß Dimensionsanalyse berufen ist, erheblich an Zeit und Kosten bei Zerspanungsversuchen zu sparen und wichtige Erkenntnisse vorwegzunehmen.

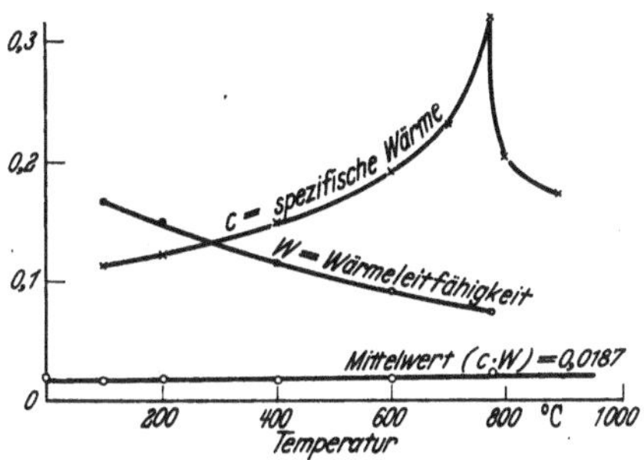

Abb. 31. Spezifische Wärme und Wärmeleitfähigkeit für ferritisches Eisen.

Kürzlich haben Shaw und Loewen eine Arbeit vorgetragen[2], die sich mit den Temperaturen bei der Zerspanung befaßt. Sie haben eine sehr ausführliche mathematische Untersuchung angestellt und sie auch im Laboratorium des Massachusetts Institute of Technology geprüft. Die vollständige Formel, die sie ableiteten, haben sie schließlich in die folgende vereinfacht, die die wichtigsten Größen umfaßt:

$$T_s = \frac{S_s \cdot v^{0,50} \cdot t_1^{0,50} \cdot \vartheta^{0,50}}{W^{0,50} \cdot h^{0,50} \cdot J}, \tag{44}$$

wobei S_s die Schubfestigkeit und t_1 die Schnittiefe (bzw. der Vorschub beim Drehen) ist. Wie ersichtlich, besteht eine weitgehende Über-

[1] Kronenberg: Machining with single point tools. The Tool Engineer Jan./Febr. 1940 und Trans. Amer. Soc. Met. Sept. 1940; ebenfalls: Tool Engineers Handbook Section 17.

[2] Shaw u. Loewen: On the analysis of cutting tool temperatures. Trans. Amer. Soc. mech. Engrs. Febr. 1954 S. 222.

einstimmung mit den oben abgeleiteten Gln. (42) und (43) mit Ausnahme des Exponenten für die Schnittiefe t_1, der in meinen Gleichungen nur halb so groß ist (0,22) wie der für die Schnittgeschwindigkeit v (0,44). Bei SHAW und LOEWEN sind diese Exponenten gleich. Jedoch scheint mir die Gleichheit der Exponenten für t_1 und v nicht richtig zu sein. Nicht nur aus der Dimensionsanalyse, sondern auch aus der Praxis und vielen Versuchen wissen wir, daß die Schnittgeschwindigkeit einen erheblich größeren Einfluß auf die Temperatur hat als der Vorschub und nicht den gleichen, wie sich aus der SHAW-LOEWEN-Formel ergeben würde. Im Schlußwort zur Diskussion ihres Vortrages ist das auch zum Ausdruck gebracht worden.

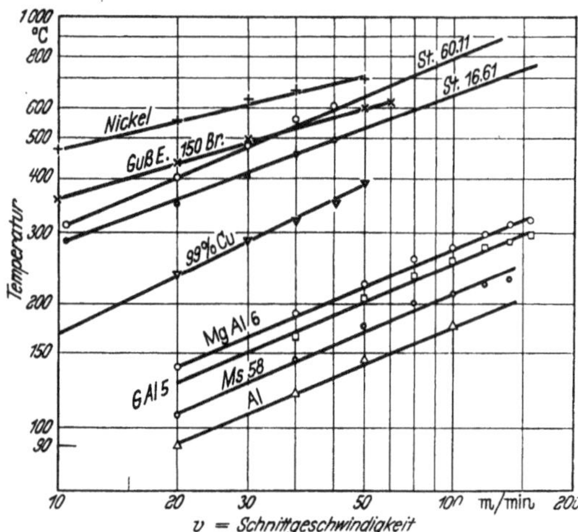

Abb. 32. Anstieg der Temperatur mit der Schnittgeschwindigkeit (ausgewertet aus Daten von R. WALLICHS und SCHAUMANN).

Exponenten für $T_e = f(v^x)$:
0,28 bei Nickel;
0,36 bei Ge;
0,43 bei St 60.11;
0,36 bei St 16.61;
0,45 bei Cu;
0,40 bei Leichtmetallen.

Abb. 32 stellt eine Auswertung von Daten dar, die R. WALLICHS und SCHAUMANN veröffentlicht haben[1]. Es ergibt sich, daß die Temperatur für St 60.11 mit der 0,43-ten Potenz der Schnittgeschwindigkeit ansteigt, was eine gute Bestätigung der hier theoretisch abgeleiteten Gl. (43) ist. Die entsprechenden Exponenten für andere Metalle sind: 0,28 bei Nickel; 0,36 bei Gußeisen; 0,36 bei St 16.61; 0,45 bei Kupfer und 0,40 bei Leichtmetallen.

Aus Messungen von SCHWERD[2] ergeben sich Exponenten von 0,34 und 0,31 für die Schnittgeschwindigkeits-Temperaturbeziehung und aus denen von E. G. HERBERT[3] solche von 0,35 und 0,43. Dagegen liegen die von CHAO und TRIGGER veröffentlichten Exponenten von 0,195 bis 0,212 recht niedrig[4].

[1] WALLICHS, R., u. SCHAUMANN: Zerspanbarkeitsprüfung durch Schnitttemperatur und Werkzeugverschleiß. Stahl u. Eisen 1939.

[2] SCHWERD, F.: Zerspanungsuntersuchungen. Z. VDI 1933 S. 214.

[3] HERBERT, E. G.: The measurement of cutting temperatures. Proc. Instn. mech. Engrs., Lond. 19. und 25. Febr. 1926.

[4] CHAO, B. T., u. K. J. TRIGGER: Cutting Temperatures. Trans. Amer. Soc. mech. Engrs. Paper 50-A-43.

Im allgemeinen deuten geringe Abweichungen dieser Exponenten auch auf entsprechende Unterschiede des Exponenten der TAYLOR-Geraden hin.

c) Theoretische Untersuchung der Standzeit-Schnittgeschwindigkeits-Beziehungen.

Recht interessante weitere Untersuchungen können mittels der Dimensionsanalyse hinsichtlich der Standzeit des Werkzeuges angestellt werden. In diesem Falle ist es praktisch, die oben besprochenen Wärmewerte W und h in eine einzige Größe H zusammenzufassen und das Produkt als neue Dimension einzuführen. Man erhält dann folgende Dimensionstabelle (Nr. 11) der Einflußgrößen:

Tabelle 11.

Physikalische Größe	Symbol	Dimension
1. Temperatur	T_e	Θ
2. Standzeit	T_L	T
3. Spanquerschnitt	F	L^2
4. Schnittgeschwindigkeit	v	$L\,T^{-1}$
5. Spezifischer Schnittdruck	k_s	$M\,L^{-1}\,T^{-2}$
6. Vereinigter Wärmewert ($H = W \cdot h = W \cdot \sigma \cdot c$)	H	$M^2\,T^{-5}\,\Theta^{-2}$

Es ergibt sich für die dimensionslosen Größen Q_3, Q_4 nach Anwendung des oben genauer erläuterten Verfahrens der Dimensionsanalyse:

$$Q_3 = \frac{T_e \cdot H^{1/2}}{T_L^{1/2} \cdot k_s \cdot v}, \tag{45}$$

$$Q_4 = \frac{F}{v^2\, T_L^2}. \tag{46}$$

Nehmen wir an, daß Q_3 und Q_4 in exponentieller Beziehung stehen mit einem Exponenten m und einer Konstanten C_1, so wird

$$Q_3 = C_1 \cdot Q_4^m, \tag{47}$$

und somit:

$$T_e = \frac{F^m \cdot v \cdot T_L^{0,5} \cdot k_s \cdot C_1}{v^{2m}\, T_L^{2m} \cdot H^{1/2}}$$

$$\boxed{T_e = \frac{k_s \cdot C_1 \cdot F^m}{H^{0,5}} \cdot v^{1-2m} \cdot T_L^{0,5-2m}\,.} \tag{48}$$

Wir setzen uns nun die Aufgabe, festzustellen, in welcher Weise sich die Schnittgeschwindigkeit v und die Standzeit T_L ändern können, ohne daß die Temperatur T_e sich ändert. Für einen gegebenen Spanquerschnitt ist F konstant, und für einen gegebenen Werkstoff sind k_s

und H konstant. Das heißt, der Wert des Bruches in Gl. (48) ist zunächst eine Konstante. Wir können ihn daher vorläufig ersetzen durch:

$$\frac{k_s \cdot C_1 \cdot F^m}{H^{0,5}} = C_2 \tag{49}$$

und erhalten aus Gl. (48):

$$v^{1-2m} \cdot T_L^{0,5-2m} = \frac{T_e}{C_2}. \tag{50}$$

Soll nun die Temperatur T_e konstant sein, wie unsere Aufgabe verlangt, so erhält man:

$$v^{1-2m} \cdot T_L^{0,5-2m} = \text{konst}. \tag{51}$$

Wie schon gesagt, ist es eine der wichtigsten Eigenschaften einer Dimensionsanalyse, daß sie es gestattet, Annahmen zu machen und Schlüsse zu ziehen, für die man dann später bei weiterer Prüfung praktische Bestätigung mit Stichprobenversuchen sucht. Solch ein Schluß erweist sich oft als zutreffend, gestattet wesentliche Ausblicke und erspart längere Rechnungen.

Wir nehmen also auf Grund unserer weiter oben gewonnenen Einsicht an, daß der Exponent m ebenfalls 0,22 sein könnte und erhalten als Bedingung für konstante Temperatur

$$v^{0,56} \cdot T_L^{0,06} = \text{konst}.$$

Diese Gleichung kann noch umgeformt werden durch Division der Exponenten in:

$$v \cdot T_L^{0,107} = \text{konst}. \tag{52}$$

Man wird erkennen, daß Gl. (52) mit der altbekannten TAYLOR-Gleichung für die Standzeit identisch ist:

$$v \cdot T_L^y = C_T, \tag{53}$$

wobei C_T die TAYLOR-Konstante bedeutet. *Die Dimensionsanalyse führt also in einfacher Weise zur* TAYLOR-*Gleichung.*

d) Verallgemeinerung der TAYLOR-Gleichung.

Der Exponent y in TAYLORS Gleichung ändert sich — wie die praktische Erfahrung und Versuche gezeigt haben — mit dem Werkstoff[1], und man kann somit *noch einen Schritt weiter gehen mit der Dimensionsanalyse* als der Ableitung der Gl. (53).

Aus Gl. (51) kann man die folgende Formel erhalten, die eine *Erweiterung und Verallgemeinerung der* TAYLOR-*Formel für die Standzeit*

[1] Vgl. Abschnitt „C_v-Werte und Brinellhärte".

darstellt und die daher „Verallgemeinerte TAYLOR-*Gleichung" genannt sei:*

$$v \cdot T_L^{\frac{0{,}5-2m}{1{,}0-2m}} = C_T. \tag{54}$$

Durch Vergleich der Gln. (53) und (54) ergibt sich somit als Exponent der Standzeit T_L:

$$y = \frac{0{,}5 - 2m}{1 - 2m} \tag{55}$$

und durch Auflösung nach m:

$$m = \frac{0{,}5 - y}{2(1 - y)}. \tag{56}$$

Der größte praktisch vorkommende TAYLOR-Exponent ist $y = {}^1/_2$. Somit erhält man aus Gl. (56) folgende Tab. 12 für die Werte des Exponenten m der Temperaturgleichung (48):

Tabelle 12.

TAYLOR-Exponent y	$^1/_2$	$^1/_{2,5}$	$^1/_3$	$^1/_5$	$^1/_6$	$^1/_8$	$^1/_{10}$	$^1/_{12,5}$	$^1/_{100}$	$^1/_\infty$
	0,5	0,4	0,333	0,2	0,167	0,125	0,100	0,08	0,01	0
Temperatur-Exponent m	0	0,083	0,125	0,188	0,200	0,214	0,222	0,228	0,246	0,250

Diese Tabelle gibt nunmehr die Möglichkeit, Betrachtungen über die mutmaßliche Richtung der Beziehungsgeraden zwischen den dimensionslosen Größen Q_3 und Q_4 anzustellen. Da aus der Praxis bekannt ist, daß der Exponent der TAYLOR-Geraden zwischen $^1/_{2,5}$ (= 0,4) und $^1/_{12,5}$ (= 0,08) liegt, ergibt sich aus Tab. 12 die Vermutung, daß m [(der Exponent der Gl. (47) und der Temperaturgleichung (48)] zwischen 0,083 und 0,228 liegen wird! (Abb. 33.)

Obgleich m. W. keine Versuche vorliegen, in denen alle Größen, die in der Temperaturgleichung (48) *vorkommen, gemessen worden sind, können wir mit ziemlicher Sicherheit Voraussagungen über das Ergebnis solcher Versuche machen! Es sind demnach nur Stichprobenversuche nötig.* Unsere Vermutung, daß der Exponent m in der Nähe von 0,2 liegt, wird auch durch die Lage der Geraden für die Q_1-Q_2-Beziehung bestätigt (Abb. 30).

In einem Aufsatz geht H. HUCKS[1] auf die Gl. (43) ein und meint, daß sie nicht auf andere Werkstoffe übertragen werden kann, so daß man sich auf einen Werkstoff beschränken muß. Wie jedoch hier eben gezeigt, wird der Exponent m wahrscheinlich nicht größer werden als 0,250 (praktisch $m < 0{,}230$) und wird gewöhnlich nicht kleiner sein

[1] HUCKS, H.: Schneidentemperaturen und Standzeiten spanabhebender Werkzeuge. Techn. Mitt. Bd. 45 (1952) Heft 9/10 S. 270—273.

als 0,125, in Ausnahmefällen 0,083. Die Beschränkung auf einen Werkstoff ist nicht nötig. Sein Verfahren, aus einer gegebenen Standzeitgeraden mit Hilfe der Messung von Schneidentemperaturen Standzeiten für andere Spanquerschnitte zu ermitteln, wird durch die weitere Analyse unterstützt.

Es sind jedoch noch weitere Untersuchungen möglich. In Abb. 33 sind auch noch einige weitere Geraden im log-log-Feld gezeichnet, die praktisch bisher noch keine Bestätigung gefunden haben. Es ist jedoch wichtig, sie zu erörtern, um einen neuen Ausblick zu bekommen. Die

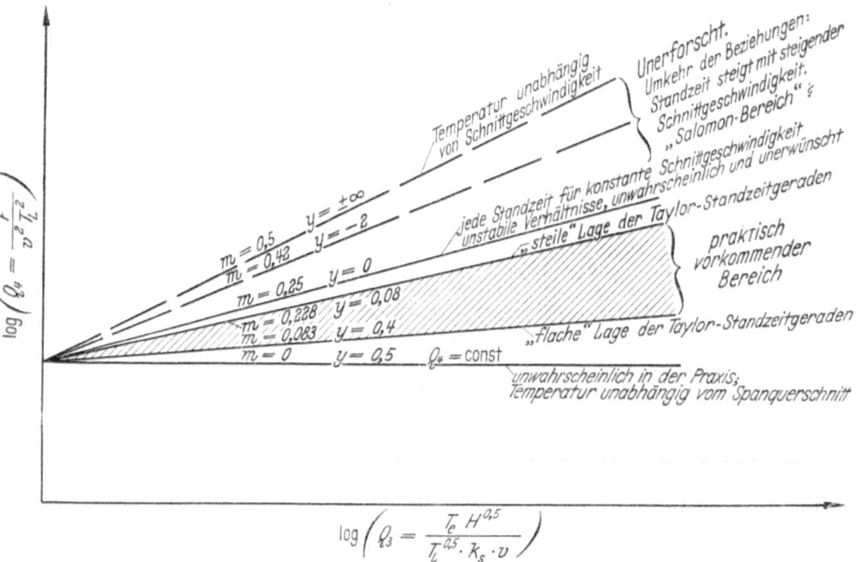

Abb. 33. Mutmaßliche Richtung der Bestimmungsgeraden für die Schnittemperatur T_e und der sie beeinflussenden Zerspanungsgrößen. [Ohne Versuche, mit Hilfe der Dimensionsanalyse abgeleitet; Darstellung der Gl. (48).]

Gerade mit einem Exponenten $m = 0{,}25$ würde eine Temperaturgleichung Gl. (48) ergeben, aus der die Standzeit T_L herausfällt. Das bedeutet, daß die Standzeit sehr unstabil wäre und nur bei *einer einzigen* Schnittgeschwindigkeit Zerspanung möglich wäre. In der TAYLOR-Formel würde der Exponent $y = 0$ werden, d. h., man erhält eine senkrechte T_L-v-Gerade im log-log-Feld, was unerwünscht ist wegen der Unstabilität der Standzeit (siehe Abb. 34).

Unterhalb des „praktischen Bereiches“ in Abb. 33 ist eine Gerade für $m = 0$ gezeichnet. In diesem Fall würde Q_4 von Q_3 unabhängig sein, d. h. Q_4 würde konstant werden und die Temperatur würde vom Spanquerschnitt unabhängig werden. Das ist unwahrscheinlich. Die entsprechende TAYLOR-Gerade $v \cdot T_L^{0,5} = C_T$ würde sehr „flach“ liegen, wie aus Abb. 34 ersichtlich.

Geht man zum anderen Extrem über, nämlich der Geraden mit $m = 0{,}5$ in Abb. 33, so ergibt sich eine Temperaturgleichung (48), aus der die Schnittgeschwindigkeit v herausfällt. Das ist zwar ein erstrebenswerter Zustand, er ist aber bisher nicht erreicht worden. Die Taylor-Gerade in Abb. 34 würde parallel zur v-Achse liegen, d. h., daß dieselbe Standzeit bestehen würde für alle Schnittgeschwindigkeiten.

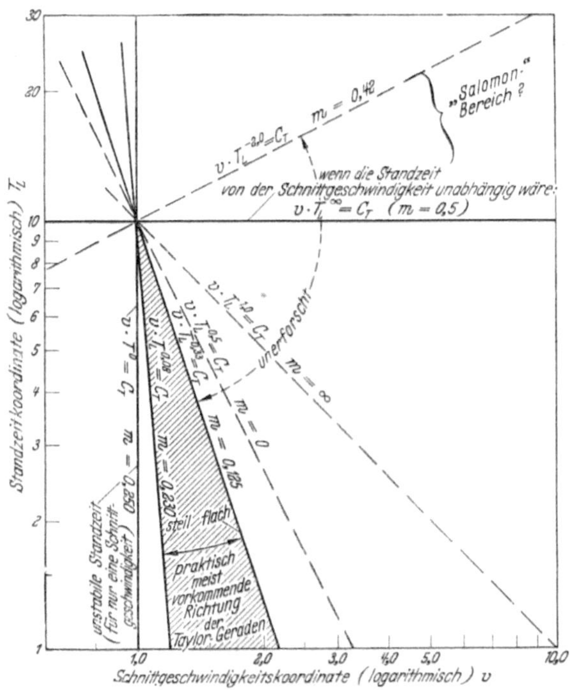

Abb. 34. Richtung der tatsächlichen und der theoretisch möglichen Taylor-Standzeitgeraden.

Schließlich ist noch eine Gerade mit $m = 0{,}42$ in Abb. 33 eingezeichnet. Sie ergibt eine Taylor-Gerade, bei der Temperatur *und* Standzeit ansteigen würden, wenn die Schnittgeschwindigkeit steigt, etwa gemäß $v \cdot T_L^{-2,0} = C_T$. Solche Beziehung ist bisher teilweise in dem Salomon-Patent DRP. 523594 vor mehr als 25 Jahren gefunden worden[1], wo Standzeit und Schnittgeschwindigkeit steigen, während jedoch die Temperatur fällt. Wie man sieht, weist die Dimensionsanalyse auch in dieser Hinsicht neue Wege auf, die noch weiterer Erforschung bedürfen.

[1] Vgl. auch E. J. Tangermann: Are we slowpokes at machining? Amer. Mach. 29. Dez. 1949.

e) Analyse der TAYLOR-Konstanten C_T.

Aus Gl. (50) kann der Schluß gezogen werden, daß die Konstante C_T der TAYLOR-Gleichung, die man bisher als Schnittgeschwindigkeit für $T_L = 1$ Min. Standzeit definiert hat, folgende Größe hat:

$$C_T = \left[\frac{T_e}{C_2}\right]^{\frac{1}{1-2m}}$$

oder mit Einsetzen von Gl. (49):

$$C_T = \left[\frac{T_e \cdot H^{0,5}}{F^m \cdot k_s \cdot C_1}\right]^{\frac{1}{1-2m}}. \tag{57}$$

Hierin tritt eine Konstante C_1 auf [vgl. Gl. (47)], die vermutlich die physikalischen Eigenschaften des Werkzeugmaterials, der Kühlung und dergleichen erfaßt.

Es ist somit ersichtlich, daß *die* TAYLOR-*Gerade im log-log-Feld eine Gerade konstanter Temperatur ist*, wenn sich die anderen Größen der Formel (57) nicht ändern. Die Richtigkeit dieser Schlußfolgerung wurde vor einiger Zeit durch Versuche am Massachusetts Institute of Technology bestätigt. Dort wurde festgestellt[1], daß die Beziehung zwischen Schnittgeschwindigkeit und Temperatur in der Berührungsebene von Span und Werkzeug eine logarithmische Gerade darstellt, ausgenommen in Fällen, in denen der Vorschub geändert wurde. Diese letztere Erscheinung steht gleichfalls in Einklang mit Gl. (57), da k_s sich ändert, wenn der Spanquerschnitt sich ändert und demgemäß auch die TAYLOR-Konstante C_T.

In einigen Fällen hat man bekanntlich gefunden, daß sich eine Kurve statt einer Geraden im log-log-Feld für die T_L-v-Beziehung ergibt. Das heißt, daß das Produkt der Gl. (50) $v^{1-2m} \cdot T_L^{0,5-2m}$ nicht konstant ist. Folglich ist auch der Wert von C_T und daher der des Bruches in Gl. (57) nicht konstant, sondern ändert sich. Das deutet darauf hin, daß die Temperatur nicht konstant bleibt oder daß sich die anderen Einflußgrößen ändern, besonders, daß sich Temperatur T_e und spezifischer Schnittdruck k_s ändern.

f) Analyse der Standzeit-Temperaturbeziehung.

Gl. (48) kann auch noch dazu benutzt werden, um Schlüsse über die Standzeit-Temperaturbeziehung zu ziehen. Durch Auflösung nach der Standzeit (T_L) erhält man

$$T_L = \left[\frac{T_e \cdot H^{0,5}}{F^m \cdot k_s \cdot C_1 \cdot v^{(1-2m)}}\right]^{\frac{1}{0,5-2m}}. \tag{58}$$

[1] Vgl. Trans. Amer. Soc. mech. Engrs., Jan. 1951, S. 51 Conclusion Nr. 6.

Da nach obigen Ausführungen (siehe Abb. 34) der Wert m zwischen 0,125 und 0,230 liegt, so ergibt sich, daß die *Standzeit sich proportional der 4. bis 25. Potenz der Temperatur ändert.* R. WALLICHS und H. SCHAUMANN haben eine Abhängigkeit mit der 20. Potenz tatsächlich gefunden[1]. Das ist eine gute Bestätigung sowohl der Dimensionsanalyse als auch der Versuche und stimmt auch mit den obigen Ableitungen für m überein. Wir erhalten hier $m = 0{,}225$, was auf einen TAYLOR-Exponenten von etwa $y = 0{,}1$ hinweist (siehe Tab. 12).

Aus der Gl. (58) ist schließlich noch zu folgern, daß eine geringe Erhöhung der Temperatur, die ein Werkzeug aushalten kann, eine erhebliche Verbesserung der Standzeit ergibt. Beispielsweise, bei Erhöhung der zulässigen Temperatur von 600° C auf 660° (= 10% Temperaturerhöhung) erhöht sich die Standzeit für einen Mittelwert von $m = 0{,}2$ um:

$$\frac{T_{L_2}}{T_{L_1}} = \left(\frac{T_{e_2}}{T_{e_1}}\right)^{\frac{1}{0{,}5-2m}} = 1{,}1^{10} = 2{,}6 \text{ oder } 160\%! \tag{59}$$

4. Wärmetechnische Untersuchungen der Zerspanung.

a) Temperatur und Wärme in Span und Werkzeug.

In jedem Zerspanungsvorgang, der *schwingungsfrei* erfolgt, wird die gesamte an der Schneide verfügbare Energie in Wärme umgesetzt. Die Wärme entsteht an drei Orten, nämlich an der Berührungsfläche von Span und Spanfläche (Reibungswärme), ferner in der Abscherfläche durch die Zerstörung des molekularen und möglicherweise Atomzusammenhanges des Werkstoffes. Außerdem entsteht Reibungswärme an der Freifläche aus der Berührung mit dem Werkstück (Abb. 20).

Die minutlich erzeugte Wärmemenge (H_e) ergibt sich daher aus dem Produkt von Schnittgeschwindigkeit (v), Schnittdruck ($F \cdot k_s$) und dem mechanischen Wärmeäquivalent (427 Cal = 1 mkg):

$$H_e = \frac{F \cdot v \cdot k_s}{427} \text{ Cal/min}. \tag{60}$$

Andererseits ist die im Span minutlich abgeleitete Wärmemenge (H_s) gleich dem Produkt aus der Spantemperatur (T_s) und dem minutlich erzeugten Spangewicht (G_m), multipliziert mit der spezifischen Wärme (c):

$$H_s = T_s \cdot G_m \cdot c\,,$$

wo

$$G_m = \frac{F \cdot v \cdot \sigma}{1000} \text{ kg/min}.$$

[1] WALLICHS, R., u. H. SCHAUMANN: Vortrag Hauptversammlung 1938 Deutsche Gesellschaft für Metallkunde.

Somit wird

$$H_s = \frac{F \cdot v \cdot \sigma \cdot T_s \cdot c}{1000}.$$

Nennt man das Verhältnis der im Span abgeleiteten Wärme zur erzeugten Gesamtwärme η, so ist:

$$\eta = \frac{H_s}{H_e} = \frac{0{,}427 \cdot \sigma \cdot T_s \cdot c}{k_s}. \tag{61}$$

Gl. (61) gestattet es, sich einen Überblick zu verschaffen über den Prozentsatz der im Span abgeleiteten Wärmemengen, wobei man Versuche heranziehen kann, in denen alle diese Größen gleichzeitig gemessen wurden. H. I. BRAKENBURG und G. M. MEYER[1] fanden bereits im Jahre 1911 Werte, aus denen sich η errechnen läßt, nämlich:

Tabelle 13.

Schnittgeschwindigkeit m/min	Gesamterzeugte Wärmemenge kcal	Im Span abgeleitete Wärmemenge kcal	η
3,0	17,2	10,4	0,61
23,0	21,6	16,7	0,78

Diese wenigen Werte zeigen bereits an, daß ein sehr großer Prozentsatz der erzeugten Wärme im Span abgeführt wird, woraus aber *nicht* zu folgern ist, daß die Span*temperatur* höher ist als die des Werkzeuges! Im Gegenteil, die *Spantemperatur ist immer erheblich geringer als die des Werkzeuges*[2].

Tabelle 14.

Versuch Nr.	Schnittgeschwindigkeit v m/min	Spanquerschnitt F mm²	Spezifischer Schnittdruck k_s kg/mm²	Spantemperatur T_s (° C)	$\eta = \frac{0{,}427 \cdot T_s \cdot \sigma \cdot c}{k_s}$
1	17,6	1,61	67,9	134	0,69
2	14,5	2,46	58,3	128	0,77
3	14,1	2,74	56,4	129	0,81
4	14,0	2,96	55,2	128	0,81
5	17,9	1,9	63,7	133	0,73
6	23,7	0,89	90,5	155	0,58
7	18,9	1,48	70,4	130	0,65
8	25,7	0,87	91,4	129	0,50
				Mittel:	0,70

[1] BRAKENBURG u. MEYER: The heat generated in the process of cutting metal. Engineering 13. Jan. 1911. Vgl. auch R. J. PIGOTT: Report on the present status and future problems of the art of cutting metal. Mit Beiträgen von R. E. FLANDERS, F. E. CARDULLO u. a. m. Mech. Engn. 1924 S. 20—30 u. 57.

[2] Siehe hierzu auch E. BICKEL u. M. WIDMER: Temperatur an der Werkzeugschneide. Industrielle Organisation 1951 Nr. 8.

Weitere Versuche, die die Berechnung von η ermöglichen, hat FRIEDRICH[1] veröffentlicht für Temperaturen von Gußeisenspänen, wobei Mittelwerte für $\sigma = 7{,}05$ und $c = 0{,}116$ für die η-Berechnung benutzt worden sind. Hiernach gehen zwischen 50% und 81% der Gesamtwärme mit dem Span ab (Tab. 14). Versuche, die KLEIN[2] angestellt hat, ergeben folgende Berechnung für Zerspanung von EN 15, mit $\sigma = 8{,}1$ und $c = 0{,}135$ (Tab. 15):

Tabelle 15.

Schnittgeschwindigkeit v m/min	Spanquerschnitt F mm²	Spezifischer Schnittdruck k_s kg/mm²	Spantemperatur T_s °C	η
20	4	187,5	275	0,69
40	4	165,0	263	0,74
60	4	153,0	244	0,75
			Mittel:	0,73

Da natürlich nicht mehr Wärme im Span abgeführt werden kann als erzeugt wird, kann η nicht größer als 1,0 werden, so daß man aus Gl. (61) eine Höchsttemperatur des Spanes ermitteln kann, indem man $\eta = 1{,}0$ setzt:

$$T_{s\max} = \frac{k_s}{0{,}427 \cdot \sigma \cdot c}.$$

Je höher also die spezifische Wärme c und das spezifische Gewicht σ ist und je kleiner der spezifische Schnittwiderstand k_s, desto niedriger liegt die mögliche Höchsttemperatur des Spanes. BRANDENBERGER[3] hat darauf auch hingewiesen.

Bei dieser Gelegenheit ist es auch interessant, sich über die Wärmespannungen Rechenschaft zu geben, die auftreten müssen. Allgemein ist die entstehende Wärmespannung S_w in einem Körper

$$S_w = T \cdot \alpha \cdot E,$$

wo

T Temperaturzunahme (° C),
α Ausdehnungskoeffizient (cm/cm/° C),
E Elastizitätsmodul (kg/cm²).

Für Flußstahl wäre dies mit $\alpha = 11{,}5 \cdot 10^{-6}$, $E = 2{,}2 \cdot 10^6$:

$$S_w = 0{,}25\,T \text{ kg/mm}^2.$$

Bei 500° C Temperaturzunahme wird

$$S_w = 125 \text{ kg/mm}^2.$$

---

[1] FRIEDRICH: Z. VDI 1914 S. 456.

[2] KLEIN: Schnittkraft und Temperatur an der Werkzeugschneide. Werkstattstechnik 1937 S. 469.

[3] BRANDENBERGER: Wärmevorgänge bei der Zerspanung. Werkstattstechnik 1932 S. 278.

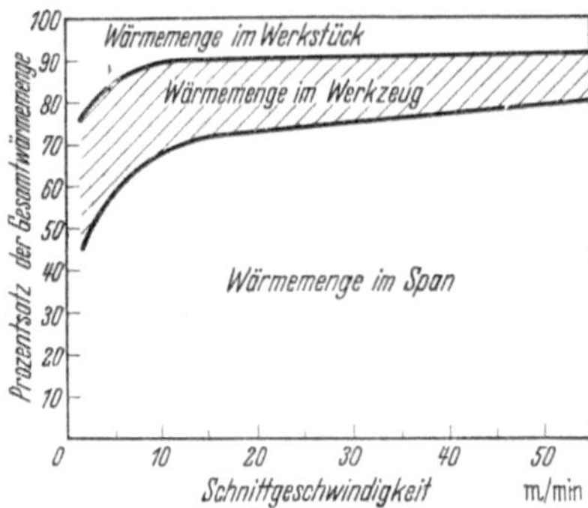

Abb. 35. Verteilung der beim Bohren entstehenden Wärme bei zunehmender Schnittgeschwindigkeit (nach A. O. SCHMIDT).

Die tatsächliche Spantemperatur ist von der Schnittgeschwindigkeit oft unabhängig, wie A. O. SCHMIDT[1] ermittelt hat. Er fand, daß sie ziemlich konstant bleibt für Schnittgeschwindigkeiten über 60 m/min. Das Diagramm Abb. 35 bestätigt unsere obigen Ableitungen, nämlich, daß bis zu 80% der Wärme im Span abgeleitet wird und etwa je 10% in Werkzeug und Werkstück.

Die Temperaturverhältnisse zeigt Diagramm Abb. 36, woraus hervorgeht, daß bei niedrigen Schnittgeschwindigkeiten (60 m/min) *die Werkzeugtemperatur etwa 60% höher ist als die Spantemperatur, bei hohen Schnittgeschwindigkeiten um 300 m/min bis 140%.*

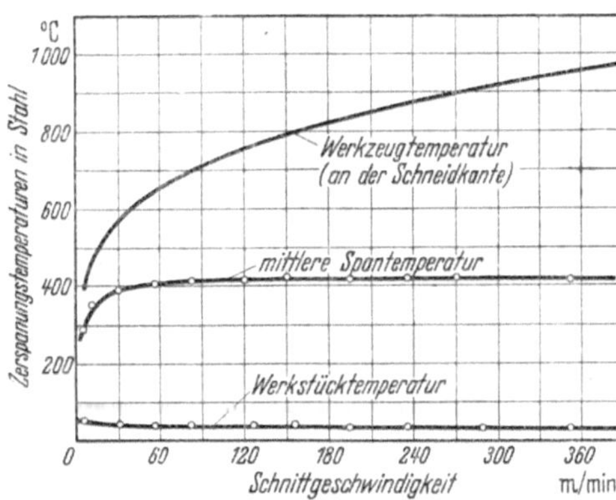

Abb. 36. Temperaturverteilung beim Fräsen von Stahl mit steigender Schnittgeschwindigkeit (nach A. O. SCHMIDT).

Ein Mittelwert, der für viele Betriebsingenieure als „Faustregel" von Interesse ist, besagt demnach, daß die Werkzeugtemperatur doppelt so groß ist wie die Spantemperatur (Abb. 37). *Die Wärmemenge im Werkzeug ist dagegen gewöhnlich nur etwa 10% der gesamten erzeugten Wärme gegen etwa 80% im Span bei heutigen Schnittgeschwindigkeiten.*

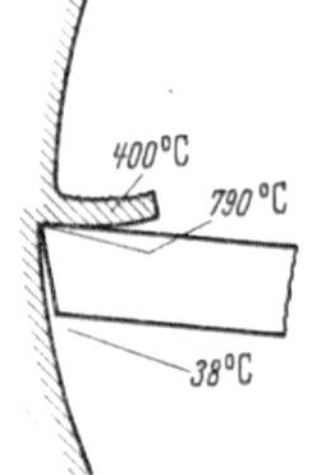

Abb. 37. Temperaturverteilung bei Schnittgeschwindigkeit 140 m/min (nach A. O. SCHMIDT).

Wie die Abb. 35, 36 und 37 und die vorstehenden Tabellen erweisen, gelten diese Wärme- und Temperaturverteilungsverhältnisse ziemlich allgemein, d. h. sowohl für Drehen als auch für Fräsen und Bohren.

Untersuchungen, die R. HAHN[2] vorgenommen hat über die Beziehungen zwischen Spantemperatur und

[1] SCHMIDT, A. O.: Heat in Metal Cutting. Published by The American Society for Metals.

[2] HAHN, R.: On the temperature developed at the shear plane in metal cutting, Proceedings 1st Natl. Congress of Applied Mechanics.

Scherzonentemperatur sind in Abb. 38 wiedergegeben. Die Kurve *3* stellt die Temperatur in der Abscherzone dar. Sie liegt, wie erwartet, unterhalb der Spantemperaturkurve *1*.

Die gestrichelte obere Kurve *2* ist die Abschertemperatur, ermittelt unter der Annahme, daß alle Energie in der Abscherzone in Spanwärme umgesetzt wird. Diese Kurve ist die obere Grenze für die berechnete

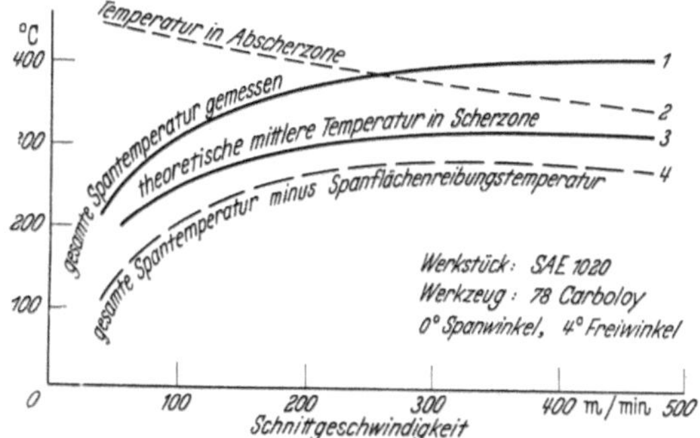

Abb. 38. Zerspanungstemperaturen (nach R. HAHN).

Scherzonentemperatur. Die untere gestrichelte Kurve *4* stellt die Spantemperatur dar, vermindert um einen Betrag, der der gesamten Reibungswärme an der Spanfläche entspricht.

Aus den Versuchen, die BICKEL und WIDMER[1] sowohl zerspanungstechnisch als auch mit einem Elektrolytbad (Abb. 39 und 40) vor-

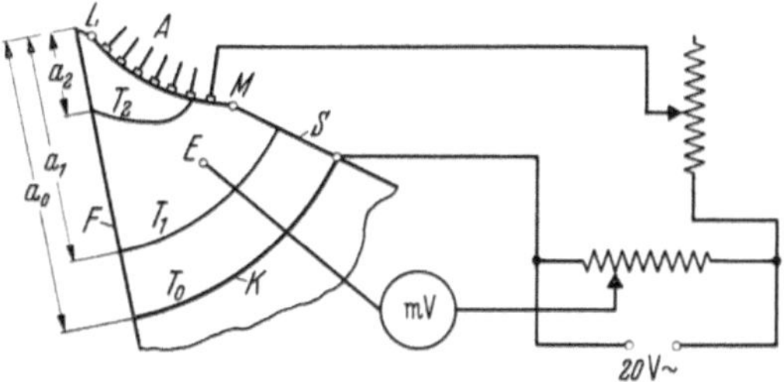

Abb. 39. Schema des Elektrolytbades zur Ermittlung von Schneidentemperaturen (nach E. BICKEL)
T_1 = Isotherme 1; K = Kathodenbogen;
T_2 = Isotherme 2; a_0 = Abstand des Kathodenbogens von der Schneide;
a_1 = Abstand von T_1 von der Schneide;
a_2 = Abstand von T_2 von der Schneide;

genommen haben, ergibt sich gleichfalls das oben genannte Temperaturverhältnis zwischen Werkzeug und Span. Sie fanden im Span eine Temperatur von 341° C bis 371° C und im Werkzeug einen Höchstwert von 727° C, was einem Temperaturverhältnis von ungefähr 2 : 1 entspricht. Die Werkzeugtemperatur fällt auf 290° C in einer Entfernung von etwa 6 mm von der Meißelspitze (Abb. 41).

[1] Zitiert S. 46, Fußnote 2, dort Abb. 1 und 6.

Thermoelektrische Messungen ergeben jedoch ungenaue Ergebnisse, wenn die Kontaktstelle durch Auskolkung der Spanfläche ihre Größe ändert. Dies macht sich besonders bei großen Spanquerschnitten störend bemerkbar.

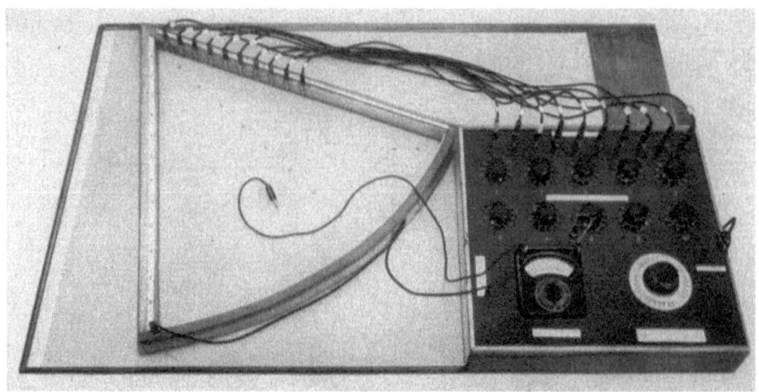

Abb. 40. Elektrolytbad zur Ermittlung der Schneidentemperatur (nach E. BICKEL).

K. R. BLAKE hat versucht, eine Verbindung aufzudecken zwischen der Gitterenergie des Moleküls und der Zerspanungswärme in einem lebhaft umstrittenen Vortrag[1].

b) Kühlung und Schmierung.

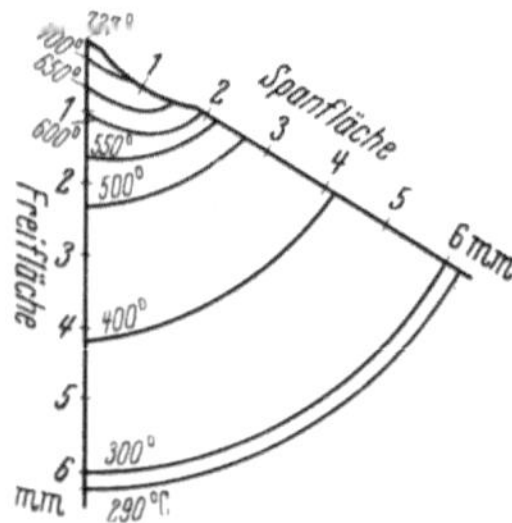

Abb. 41. Temperaturfeld im Drehstahl nach 18 Min. Eingriffszeit (nach E. BICKEL). ($v = 36$ m/min; $s = 0{,}5$ mm/U; $t = 5$ mm. St 50.11. Standzeit 45 Min. Schnellstahlwerkzeug.)

Eines der Gebiete der Zerspanungswissenschaft, das verhältnismäßig am wenigsten *theoretisch* erforscht ist, obwohl sehr viele praktische Versuche gemacht worden sind, ist der Einfluß der Schneidflüssigkeiten auf die Zerspanungsvorgänge. Die Methoden, die für solche Untersuchungen zur Verfügung stehen, sind erst im Anfangsstadium der Entwicklung und u. a. von SHAW und seinen Mitarbeitern[2] gefördert worden, die die thermoelektrische Meßmethode m. W. zum erstenmal auf Zerspanung mit Schneidflüssigkeiten ausgedehnt haben. Die Schwierigkeiten sind jedoch noch nicht ganz überwunden und liegen besonders in der Möglichkeit eines Kurzschlusses durch die Flüssigkeit hindurch.

---

[1] BLAKE: Dynatomics — a new concept in metal removal. ASTE Annual Meeting, März 1952.

[2] SHAW, M. C., J. D. PIGOTT u. L. P. RICHARDSON: Effect of Cutting Fluid on Chip-Tool Interface Temperature. Trans. Amer. Soc. mech. Engrs. Jan. 1951.

Ebenso ist die Frage noch umstritten, ob die Schneidflüssigkeiten kühlen oder schmieren oder ob sie beides tun, und wenn so, wieviel Anteil der Kühlung und wieviel der Schmierung zuzuschreiben ist.

Weiterhin verdient das Problem der Eindringung der Schneidflüssigkeit zwischen Spanfläche und Span der weiteren Aufklärung. Wenn man bedenkt, daß *die höchsten spezifischen Kräfte, die in der Technik vorkommen, sich in der kleinen Berührungsfläche von Span und Werkzeug vorfinden*, muß man fragen, wie die Flüssigkeit gegen solch hohe Drücke vordringen kann. Außerdem sind die Temperaturen in dieser kleinen Fläche ja so hoch, daß Verdampfung eintreten muß.

Für den Fall, daß bei der Zerspanung Aufbauschneiden auftreten (s. Abb. 232), ist jedoch m. E. eine Erklärung leichter, weil die überhängende Aufbauschneide eine dauernde feste Berührung zwischen Freifläche und Werkstück nicht zuläßt, so daß Flüssigkeit eindringen kann.

Man stellt sich z. Z. auch vor, daß Kapillarität eine Rolle spielt, um die Schneidflüssigkeit an die Spanfläche heranzubringen. Dies ist dargestellt in Abb. 42. Die mikroskopischen Berge und Täler, die an der Berührungsstelle bestehen, bilden ein Labyrinth feiner Kapillaren, so daß die Oberflächenspannung in der Flüssigkeit und das Druckgefälle zwischen Außenluft und Vakuum in den Kapillaren von 1 at das Eindringen besorgen kann[1], worauf Verdampfen erfolgt. Es ist auch fraglich, *wo* die Schneidflüssigkeit eintritt. In Abb. 42 bestehen zwei Möglichkeiten, eine bei A, die andere bei B. Der Ablauf des Spanes von B nach A wirkt der Eindringung der Schneidflüssigkeit entgegen, und ebenso wirkt die Vorschubbewegung des Werkzeuges einer Eindringung bei B entgegen. Die Spanablaufgeschwindigkeit v_c ist nach Gl. (4) wesentlich kleiner als die Schnittgeschwindigkeit v und hängt vom Stauchfaktor λ ab (d. h. v_c ist etwa $1/2$ bis $1/3$ der Schnittgeschwindigkeit als Mittelwert); dagegen ist die Berührungsfläche bei B erheblich kleiner als die bei A, so daß die größere Wahrscheinlichkeit für das Eindringen der Schneidflüssigkeit bei B spricht, d. h. an der Freifläche, wenigstens bei niedrigen Schnittgeschwindigkeiten.

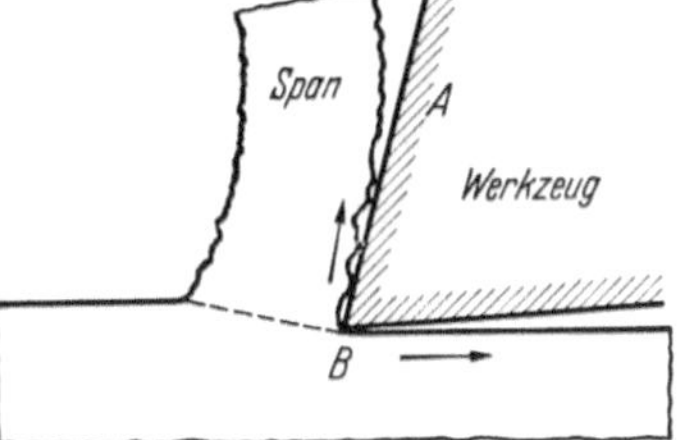

Abb. 42. Eintrittsmöglichkeiten für die Schneidflüssigkeit.

Die von PIGOTT[2] entwickelte Hochdruck-Düsenschmierung der Freifläche beruht auf solchen Ansichten. Die Düsenöffnungen haben etwa

[1] Die Frage des voreilenden Risses spielt hier auch hinein (s. Anm. zu Abb. 226).

[2] PIGOTT, R. J. S.: New Developments in Cutting Metal. A.S.M.E. Meeting Cincinnati Juni 1952.

0,3 mm bis 0,4 mm Durchmesser. Der Druck beträgt etwa 20 kg/cm² und darüber.

Eine *chemische Reaktion* zwischen der Schneidflüssigkeit, dem Spanmaterial und dem Werkzeugmaterial ist auch möglich. In solchem Fall wären die sehr dünnen Schichten, die sich auf dem Span bilden würden, die wahren Ursachen für verringerte Reibung zwischen Span und Werkzeug bei Verwendung von Schneidflüssigkeiten.

Die Theorie einer solchen Schicht von geringer Schubfestigkeit, die eine momentane Verschweißung der Oberflächen verhindert, wird durch Versuche mit Tetrachlorkohlenstoff unterstützt, obgleich diese Flüssigkeit wegen ihrer gesundheitlichen Nebenwirkungen wirtschaftlich unbrauchbar als Schneidflüssigkeit ist.

Tetrachlorkohlenstoff bildet Eisenchlorid, wenn es als Schneidflüssigkeit beim Zerspanen von Stahl benutzt wird. Eisenchlorid hat sehr geringe Schubfestigkeit. Jedoch konnte dies nur bei Schnittgeschwindigkeiten unter etwa 12 m/min festgestellt werden. Darüber hinaus hat Tetrachlorkohlenstoff offensichtlich nicht genügend Zeit zur Reaktion und bildet kein Eisenchlorid. Die nachstehende Tab. 16 ist eine Auswertung der Versuche und zeigt die prozentuale Verringerung des Schnittdruckes bei verschiedenen Werkstoffen und mit verschiedenen Schneidflüssigkeiten bei 0,14 m/min Schnittgeschwindigkeit, einer Schnittiefe von 0,08 mm und einer Schnittbreite von 6,25 mm bei einem Spanwinkel von 15°.

Tabelle 16. *Schnittdruckverminderung als Anzeichen der Reibungsverminderung durch chemische Reaktion zwischen Werkstoff und Schneidflüssigkeit.*

Schneidflüssigkeit	Reines Aluminium %	Kupfer %	SAE 1020 %	Rostfreier Stahl 18–8 %	Rostfreier Stahl 18–8 Stauchfaktor λ
Trocken	0	0	0	0	3,3
Tetrachlorkohlenstoff	49	90	46	55	2,04
Terpentin	60	84	35	11	—
Paraffinöl	34	48	35	32	—
Petroleum	11	52	17	11	—
Wasser	49	58	30	34	—
Benzin	Zunahme 6	58	Zunahme 20	5	4,35

▭ = praktisch wirksamste Reibungsverminderung, wenn Tetrachlorkohlenstoff wegen gesundheitlicher Nebenwirkungen unberücksichtigt bleibt.

Die chemische Ursache der Wirksamkeit der Schneidflüssigkeiten hat sich in Versuchen gezeigt, deren Ergebnisse in Abb. 43 wiedergegeben sind. Wie man sieht, sinkt der anscheinende Reibungskoeffizient mit steigender Anzahl der C-Atome in der Schneidflüssigkeit. Schnittbedingungen waren: 6,25 mm Schnittbreite, 0,02 mm Schnittiefe, 0,02 m/min Schnittgeschwindigkeit auf Reinaluminium von Rockwell-Härte H 50, mit Schnellstahl 18–4-1; 15° Spanwinkel und 5° Freiwinkel.

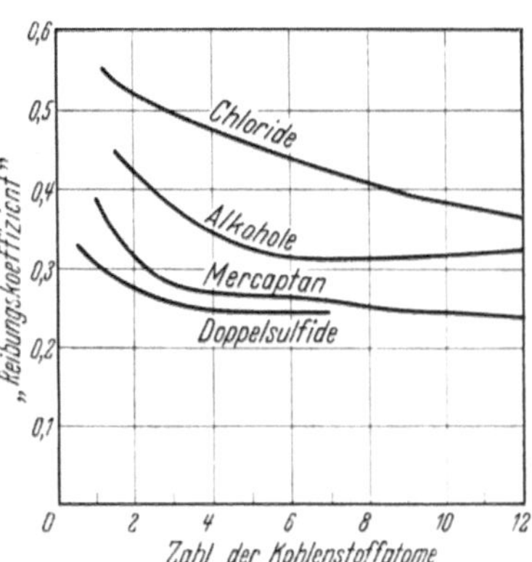

Abb. 43. Abfall des angeblichen Reibungskoeffizienten mit steigender Anzahl der Kohlenstoffatome beim Zerspanen von Aluminium mit verschiedenen Schneidflüssigkeiten und sehr kleinen Schnittgeschwindigkeiten (nach M. C. SHAW).

Beim Drehen von SAE 1020 mit Schnittgeschwindigkeiten von 12 bis 30 m/min unter Verringerung des atmosphärischen Druckes wurde beobachtet, daß die Reibung zwischen Span und Werkzeug abnahm. Es wurde gefolgert, daß diese Erscheinung die Folge der vermehrten Bildung von Fe_3O_4 ist, das bei verringertem Sauerstoff*druck* entsteht und als gutes Schmiermittel bekannt ist. Unter normalem Sauerstoffdruck bildet sich Fe_2O_3, das ein schlechtes Schmiermittel ist und hohe Schleifwirkung besitzt. Dagegen ist der ,,Reibungskoeffizient" unabhängig vom prozentualen Sauerstoffvolumen beim Drehen.

Beim Schleifen liegen die Verhältnisse anders; die Schnittkräfte steigen stark an, wenn der Sauerstoff*gehalt* in der Umgebung der Schleifstelle stark vermindert wird. Versuche in Heliumgas zeigten, daß Stickstoffzunahme nicht die Ursache war. Beim Schleifen mit sehr kleinen Schnittiefen je Korn bilden sich keine Oxyde bei Abwesenheit von Sauerstoff, sie verhindern normalerweise ein Verschweißen von Span und Werkstoff.

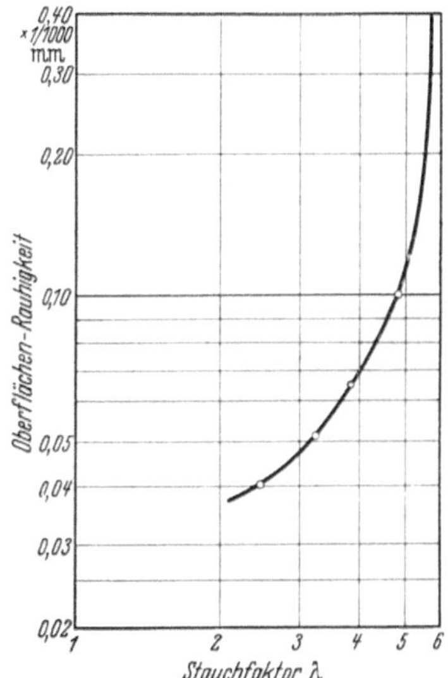

Abb. 44. Anstieg der Oberflächenrauhigkeit mit dem Stauchfaktor bei Zerspanung von Aluminium.

Die Oberflächengenauigkeit steigt mit Schneidflüssigkeiten an, die chemisch eine feste ,,Schmierschicht" mit Aluminium erzeugen. Je geringer deren Scherfestigkeit, desto besser die Oberfläche (Abb. 44).

Andere Versuche auf diesem Gebiet betrafen die Temperaturverhältnisse an der Spanfläche $A-B$ unter Kühlmittelverwendung. Um Kurzschlußerscheinungen zu vermeiden, wurden zuerst Versuche über den elektrischen Widerstand dünner Flüssigkeitsfilme angestellt, die zeigten, daß schon ein Film von nur 0,0125 mm Dicke einen Widerstand zwischen 2000 und 3000 Ohm aufweist, je nach Zusammensetzung der Schneidflüssigkeit; solche geringere Dicken bestehen etwa zwischen Punkten B und C (Abb. 45). Stärkere Filme haben sogar größeren Widerstand bis zu 5000 Ohm. Da der innere Widerstand der Schaltung auf 2,2 Ohm gehalten werden konnte, erschien eine Kurzschlußgefahr ausgeschlossen, wenn die ablaufenden Späne sachgemäß gelenkt wurden. Nur scharfe Schnellstähle wurden benutzt.

Als Ergebnis der Versuche wurde festgestellt, daß die Hauptrolle der Schneidflüssigkeiten Kühlung ist, nicht Schmierung oder Reibungssenkung. Ferner ergab sich, daß die Wirksamkeit der Schneidenkühlung mit Zunahme des in der Zeiteinheit zerspanten Volumens abnimmt. Hierzu sei jedoch gesagt, daß diese Feststellung nicht unwidersprochen blieb in der lebhaften Diskussion; besonders wurde die ungenügende Zahl der verwendeten Emulsionsöle und anderer spezieller Schneidflüssigkeiten bemängelt. Eine Auswertung der veröffentlichten Versuchsdaten[1] ist aus Tab. 17 ersichtlich.

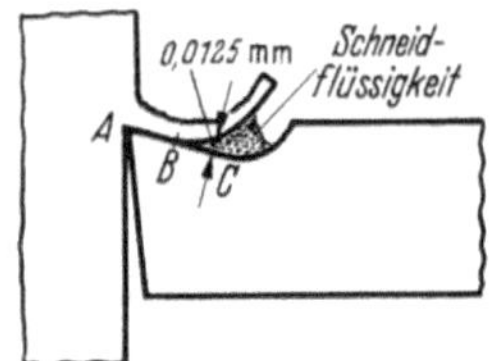

Abb. 45. Untersuchung des elektrischen Widerstandes dünner Filme von Schneidflüssigkeiten.

Tabelle 17.

Schnittgeschwindigkeit m/min	Schnittiefe mm	Temperatur trocken °C	Temperatur mit Wasser °C	Temperaturverminderung %
30	0,058	385	220	43
30	0,130	427	288	32½
30	0,260	504	357	29½
120	0,058	716	510	29
120	0,130	693	660	5
120	0,260	693	660	5

Die Änderung der Größe der Berührungsfläche, auf die BICKEL hingewiesen hat, mag auch in diese Versuche hineingespielt und die Ergebnisse beeinflußt haben, jedoch vertreten die Versuchsansteller die Ansicht, daß drei verschiedene *Theorien* möglich sind, um die geringere Wirksamkeit der Schneidflüssigkeiten bei höheren Schnittgeschwindigkeiten und Schnittiefen zu erklären, nämlich:

[1] SHAW, PIGOTT u. RICHARDSON, zitiert S. 50, dort Abb. 13.

a) Bei höheren Schnittgeschwindigkeiten und Schnittiefen könnte es möglich sein, daß die Schneidflüssigkeit nicht bis zur Berührungsfläche vordringt, sondern vom Span abgeschleudert wird.

b) Dringt die Schneidflüssigkeit bis zur Berührungsstelle vor, so besteht die Möglichkeit, daß die Zeit für chemische Reaktion zur Bildung einer Schmierschicht nicht ausreicht.

c) Die entwickelte höhere Wärme könnte keine genügende Zeit haben, um aus Span und Werkzeug in die Flüssigkeit zu wandern.

Die Untersuchungen von O. W. Boston und seinen Mitarbeitern W. W. Gilbert und R. E. McKee[1] sind weniger theoretisch angelegt, ihre Auswertung soll jedoch an dieser Stelle der Vergleichsmöglichkeit wegen geschehen. Bei diesen Versuchen wurde die Temperatur der Flüssigkeit durch Heizschlangen im Tank auf einer gewünschten Höhe gehalten und die üblichen Standzeit-Schnittgeschwindigkeitsmessungen vorgenommen, mit 18-4-1 Schnellstahl auf SAE 3140, einer Schnitttiefe von 2,5 mm, einem Vorschub von 0,31 mm/U, Spanwinkel $15^1/_2{}^\circ$, Neigungswinkel $+4^\circ$ und bei einem Flüssigkeitsumlauf von 20 l/min. Die nachfolgende Tab. 18 gibt die ausgewerteten Daten wieder.

Tabelle 18.

Schneid-flüssigkeit	Einfluß von Schneidflüssigkeiten							
	auf *Standzeit* bei konstanter Schnittgeschwindigkeit von 41 m/min				auf *Schnittgeschwindigkeit* bei konstanter Standzeit von 30 Min.			
	Temperatur der Schneidflüssigkeit °C	Standzeit min	Standzeit %	Bemerkungen	Temperatur der Schneidflüssigkeit °C	Schnittgeschwindigkeit m/min	Schnittgeschwindigkeit %	Bemerkungen
Mineralöl mit 0,6% Schwefel 0,5% Chlor	trocken	4,0	35,7	← 182%	trocken	30	82	← 22%
	13	7,8	70	Erhöhung	13	35	95,5	*v*-Er-
	24	11,2	**100**	← der Stand-	24	36,5	**100**	← höhung
	66	4,5	40	zeit	66	31	84,5	
Emulsion 1:20	trocken	4,0	38	← 164%	trocken	30	81,5	← 23%
	$4^1/_2$	9,8	93	Erhöhung	$4^1/_2$	35,7	96	*v*-Er-
	$15^1/_2$	10,5	**100**	← der Stand-	$15^1/_2$	36,8	**100**	← höhung
	66	6,8	64,7	zeit	66	33,5	91	

Bostons Versuche zeigten außerdem, daß der Exponent y der Taylor-Gleichung (53)

$$v \cdot T_L^y = C_T$$

[1] Boston, O. W., W. W. Gilbert u. R. E. McKee: Influence of applying cutting fluids at different temperatures when turning steel. Trans. Amer. Soc. mech. Engrs. 1944 S. 217—224.

sich mit der Temperatur der Schneidflüssigkeit ändert. Beim Mineralöl war $y = 0{,}12$ für niedrige Temperaturen und stieg an bis auf $y = 0{,}155$ für hohe Temperaturen. Bei der Emulsion änderte sich y von 0,125 bei $4^1/_2$° C bis auf 0,135 bei 66° C, bei Trockenbearbeitung war $y = 0{,}155$.

Wie aus Tab. 18 ersichtlich ist, ergaben sich beste Standzeiten, wenn die Schneidflüssigkeit auf 24° C konstant gehalten wurde bei Mineralöl und auf $15^1/_2$° C bei der Emulsion. Da die Viskosität der Schneidflüssigkeiten sich mit der Temperatur ändert, wird die Kühlwirkung durch hohe Viskosität verringert. Einmal leidet die Wärmeleitfähigkeit, das andere Mal die in der Zeiteinheit abgeführte Wärme. Die Viskosität ändert sich erheblich, nämlich von 530 Saybolt bei 13° C bis auf 66 Saybolt bei 66° C.

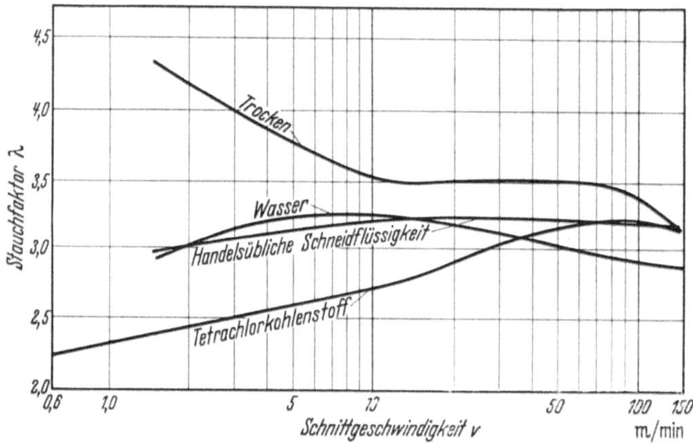

Abb. 46. Abnahme des Einflusses der Schneidflüssigkeiten auf den Stauchfaktor im Bereiche betriebsüblicher Schnittgeschwindigkeiten bei SAE 52100 (nach Versuchen von H. Ernst).

Die von G. Pahlitzsch[1] „Tiefkühlen" genannte Methode, d. h. die Verwendung von Schneidflüssigkeiten von etwa 5° C, hat also nach Bostons Versuchen keine Verbesserung der Standzeiten gebracht. Wenigstens nicht mit den von ihm benutzten Flüssigkeiten. Andere Flüssigkeiten, deren Viskosität sich nicht so stark ändert, scheinen bessere Ergebnisse zu zeigen.

Hans Ernst und M. E. Merchant[2] haben gleichfalls festgestellt, daß Schneidflüssigkeiten ihre Wirksamkeit mit der Schnittgeschwindigkeit ändern. Abb. 46 zeigt eine Auswertung ihrer Versuche auf SAE 52100 Stahl mit vier Schneidflüssigkeiten, wobei sie die Wirksamkeit in Beziehung brachten zur „cutting ratio", die der reziproke Wert

[1] Pahlitzsch, G.: Tiefkühlen bei der Metallzerspanung. Z. VDI 8. Juli 1944 S. 365.

[2] Ernst, H., u. M. E. Merchant, zitiert S. 3, Fußnote 1.

des Stauchfaktors ist. Die Abb. 46 zeigt deutlich, wie die Stauchfaktoren für Trockenbearbeitung und Tetrachlorkohlenstoff, die bei Versuchen mit sehr niedrigen Schnittgeschwindigkeiten stark verschieden sind, sich im Bereich der betriebsüblichen Schnittgeschwindigkeiten kaum unterscheiden.

Daraus kann man den wichtigen Schluß ziehen, daß Ergebnisse aus Laboratoriumsversuchen mit außergewöhnlich kleinen Schnittgeschwindigkeiten nicht zur Bewertung von Werkstattwerten ohne Kritik übernommen werden sollten! Wenn solche Laboratoriumsversuche als „Modellversuche“ angesehen werden können, so kann Dimensionsanalyse helfen, die Beziehungen zur Praxis herzustellen. Man sieht auch, daß

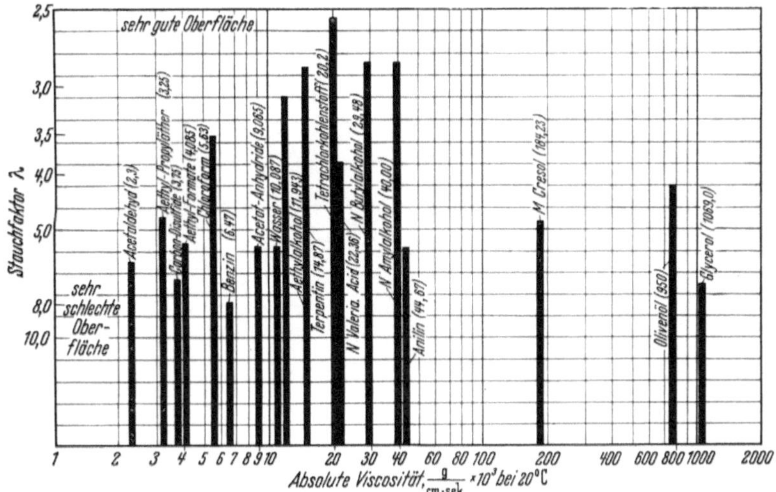

Abb. 47. Unabhängigkeit des Stauchfaktors von der Viskosität der Schneidflüssigkeiten (nach H. Ernst). (Aluminiumbearbeitung mit $v = 138$ mm/min; $t = 0{,}125$ mm.)

die Wirksamkeit der Schneidflüssigkeiten verbessert werden kann für die Werkstatt, wenn man die Reaktionsgeschwindigkeit zwischen Flüssigkeit und Metall erhöht, wozu weitere Forschung nötig ist.

Nach Untersuchungen von Ernst und Merchant konnte — im Gegensatz zu O. W. Bostons Ergebnissen — jedoch weder die Viskosität der Schneidflüssigkeit noch die Oberflächenspannung, noch der Verdampfungspunkt oder die spezifische Wärme im Zusammenhang mit der Änderung des Zerspanungsvorganges bei Kühlung, wie sie durch die Änderung des Stauchfaktors zum Ausdruck kommt, gebracht werden. Abb. 47 zeigt ein Beispiel solcher Untersuchung. Allerdings wieder nur für kleine Schnittgeschwindigkeiten.

Eine Zusammenstellung von Kühl- und Schmiermitteln für Metallbearbeitung findet sich bei E. Brödner[1].

[1] Brödner, E.: Zerspanung und Werkstoff, 2. Aufl. Essen: Verlag W. Giradet 1950.

5. Geometrie der Schneide.

a) Die Lage der vier Hauptwinkel zwischen Spanfläche und Bezugsebene.

Unter Geometrie der Schneide versteht man jenen Teil der Zerspanungslehre, der sich mit den Winkeln der Werkzeuge und ihren gegenseitigen Beziehungen befaßt. Diese Beziehungen beeinflussen die Zerspanung sowohl hinsichtlich Standzeit, Temperatur, Schnittdruck, erzeugte Oberflächengüte als auch hinsichtlich Schwingungen und Produktion. Trotzdem herrschen noch weitgehende Unklarheiten, die wohl auf die ziemlich verwickelten Verhältnisse zurückzuführen sind, die bei

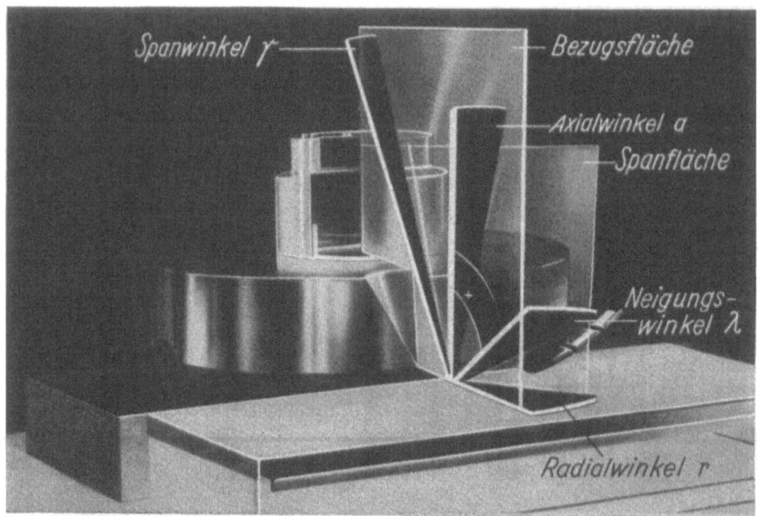

Abb. 48. Durchsichtiges Modell eines Messerkopffräsers mit den vier zwischen Spanfläche und Bezugsfläche liegenden Hauptwinkeln der Zerspanung[1] (gilt auch für Dreharbeiten).

der Geometrie der Schneide tatsächlich oder angenommenerweise bestehen. Es handelt sich hier meistens um ein dreidimensionales Problem, und Zeichnungen werden manchmal unübersichtlich. Trotzdem können diese Schwierigkeiten überwunden werden, wie an einem plastischen Modell eines Messerkopfes gezeigt werden konnte, das auf der Werkzeugmaschinenausstellung 1947 in Chicago ausgestellt war und in Abb. 48 wiedergegeben ist[2]. Das Modell zeigt sehr deutlich, daß alle vier „Hauptwinkel" die Neigung der Spanfläche zu ein und derselben Bezugsebene messen (siehe auch Abb. 49 und 50). Obgleich das Modell sich auf einen Fräskopf bezieht, gelten dieselben grundsätzlichen Verhältnisse auch für den Drehstahl.

---

[1] Vom Verfasser für die Cincinnati Milling Machine Co. ausgearbeitet.

[2] Kronenberg, M.: Tool Angles govern cutting efficiency. Amer. Mach. 15. Jan. 1948.

Die vier „Hauptwinkel" sind: Spanwinkel γ; Neigungswinkel λ; „Back rake angle" oder (Axialwinkel beim Fräsen) a; „Side rake angle" oder (Radialwinkel beim Fräsen) r.

Für die beiden letztgenannten Winkel sind gleichwertige deutsche Namen nicht bekannt, auch BICKEL benutzt daher in seinem Aufsatz zur Geometrie der Schneide die amerikanischen Ausdrücke[1]. Übrigens werden diese Ausdrücke auch in den Vereinigten Staaten nicht klar auseinandergehalten, worauf CLAIR[2] hingewiesen hat. Die Bezugsebene für die Winkelmessung geht beim Drehstahl durch die Achse des Werkstückes und durch den „äußersten" Punkt der Schneide, d. h. die Spitze der Schneide, die der Achse am nächsten liegt. Beim Messerkopffräser geht die Bezugsebene durch die Fräserachse und den äußersten Punkt der Schneide (genauere Definitionen erfolgen später). Die andere Fläche ist die Spanfläche.

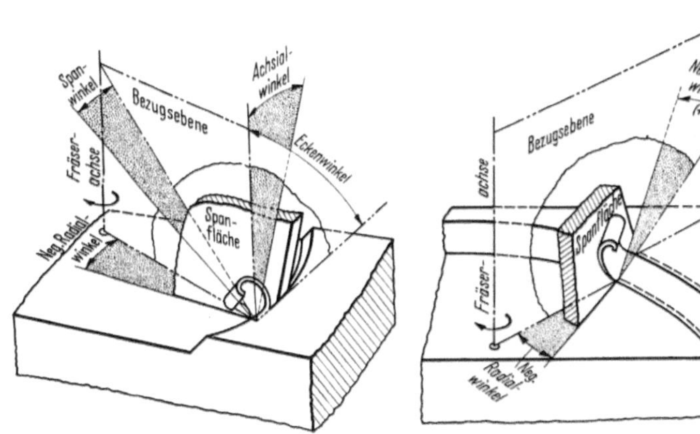

Abb. 49. Spanwinkel beim Messerkopffräsen. Abb. 50. Neigungswinkel beim Messerkopffräsen.

Aus dem Modell erkennt man, daß alle vier genannten Winkel in Ebenen liegen, die senkrecht auf der Bezugsebene stehen, aber in verschiedenen Richtungen auf ihr. Der „Radialwinkel"[3] r, Abb. 48, liegt (beim Fräsen) in der bearbeiteten Oberfläche des Werkstückes und der side rake (beim Drehen) in der senkrechten Tangentialebene an den Drehzylinder. Der „Axialwinkel" a und der entsprechende „back rake"

[1] BICKEL, E.: Geometrie der Schneide. Industr. Organisation, Sonderdruck.

[2] CLAIR, LEO J. ST.: Cutting Tools S. 91 und Abb. 8—1. New York: McGraw-Hill Book Co. 1952.

[3] Die Ausdrücke „Radialwinkel" und „Axialwinkel" sind von Herrn Ob.-Ing. A. MÄRKLE, Tübingen, im Schriftwechsel mit mir vorgeschlagen worden; sie stimmen mit den entsprechenden amerikanischen Bezeichnungen (radial rake, axial rake) überein.

liegen in einer dazu senkrechten Ebene. Die Ebenen der Radialwinkel und Axialwinkel stehen also senkrecht aufeinander, und natürlich auch die Ebenen des „side rake“ und „back rake“.

Senkrecht aufeinander stehen auch die Ebenen, in der der Spanwinkel γ liegt bzw. der Neigungswinkel λ. Die Ebene des Neigungswinkels geht durch die (gerade) Hauptschneide.

Der Eckenwinkel e, als fünfter Hauptwinkel, liegt in der Bezugsfläche (siehe + in Abb. 48) und ist beim Fräsen der Winkel zwischen der Fräserachse und der Projektion der Schneide auf die Bezugsebene. Er entspricht dem Komplementwinkel des Einstellwinkels beim Drehen.

Es ist wichtig, darauf hinzuweisen, daß mit der hier vorgeschlagenen Geometrie der Schneide, die eine Bezugsebene durch die Drehachse zur Grundlage nimmt, alle Hauptwinkel in Beziehung stehen zu den üblichen Schnittdruckkomponenten und zur Richtung der Schnittgeschwindigkeit!

Die vier Ebenen, in denen die vier Winkel (γ, a, λ, r) liegen, schneiden sich in einer Linie, die durch die Spitze des Werkzeuges (Drehstahl oder Zahn) geht und in der Richtungstangente der Schnittgeschwindigkeit liegt. Sie ist daher parallel zur Richtung der tangentialen Schnittdruckkomponente. Die radiale Komponente liegt in der Richtung der Bezugsebene senkrecht zur Umdrehungsachse.

Ein Winkel, der in Abb. 48 nicht zu sehen ist, ist der „schräge Spanwinkel“ (oblique rake). Er liegt gleichfalls zwischen Bezugsebene und Spanfläche; seine Ebene steht jedoch *nicht* — wie die der oben genannten vier Hauptwinkel — auf der Bezugsebene senkrecht, sondern auf der Spanfläche. Seine Ebene ist daher schräg zur Bezugsebene und auch schräg zur Schnittgeschwindigkeitsrichtung. Nur in extremen Fällen unterscheiden sich „Spanwinkel“ (true rake) und „schräger Spanwinkel“ (oblique rake) genügend, um sich bemerkbar zu machen, wie noch gezeigt werden wird.

Der Eckenwinkel e, der in der Bezugsebene liegt (nicht in der Spanfläche), ist — in genauerer Definition — der Winkel, den die Drehachse des Fräskopfes mit der Projektion der Schneide auf die Bezugsebene einschließt. Beim Drehen ist der Eckenwinkel derjenige Winkel, den die Senkrechte zur Drehachse mit der Schneidenkantenprojektion auf die Bezugsebene bildet. Er ist etwa gleich dem Komplementwinkel des Einstellwinkels $\varkappa$, dessen Ebene jedoch in den deutschen Veröffentlichungen, soweit mir bekannt, nicht näher definiert ist.

Es ist notwendig, den Eckenwinkel in der Bezugsebene zu messen und zu schleifen (und nicht in der Spanfläche), weil die Achse des Fräskopfes (bzw. die Drehachse) und die Schneide gewöhnlich windschiefe Linien sind, d. h. Linien, durch die sich keine gemeinsame Ebene legen läßt, so daß kein Winkel zwischen ihnen besteht.

GALLOWAY sagt folgendes in seiner Studie über Schneidengeometrie[1], in der er die amerikanischen und deutschen Normen vergleicht: „gleichgültig, welches System man gebraucht, es muß immer grundsätzlich so aufgebaut sein, daß der Spanwinkel die Neigung der Spanfläche gegenüber einer Ebene mißt, die die Auflagefläche des Stahles enthält". Dieser Ansicht wird hier nicht beigepflichtet, da sie sich nicht auf Messerköpfe beim Fräsen erstreckt und sich auf eine Ebene (Auflagefläche) bezieht, die für die Geometrie der Schneide unerheblich ist.

b) Definitionen für die Hauptwinkel am Werkzeug[2].

α) Definition des Spanwinkels (true rake).

Mathematische Definition. Der spezielle Spanwinkel in einem beliebigen Punkt der Schneide ist definiert als die Neigung der Spanfläche mit Bezug auf eine radiale Bezugsebene, die durch den umlaufenden Körper (Werkstück oder Werkzeug) und den gewählten Schneidenpunkt gelegt ist. Der spezielle Spanwinkel wird gemessen in einer Ebene, die in der Richtung der Relativbewegung von Werkstück und Werkzeug liegt; diese Ebene steht senkrecht zur Oberfläche, die von dem betreffenden Schneidenpunkt erzeugt wird.

Praktische Definition. In der praktischen Definition wird die Änderung der Lage der Bezugsebene von Punkt zu Punkt entlang der Schneide vernachlässigt. Der (allgemeine) Spanwinkel, der sich auf alle Punkte der Schneide gleichmäßig bezieht, ist definiert als die Neigung der Spanfläche mit Bezug auf eine ausgewählte radiale Bezugsebene, die durch den umlaufenden Körper (Werkstück oder Werkzeug) und die Werkzeugspitze gelegt ist. Der (allgemeine) Spanwinkel wird gemessen in einer Ebene, die die Richtung der Relativbewegung der Werkzeugspitze und des Werkstückes enthält; diese Ebene steht senkrecht zur Oberfläche, die von irgendeinem Schneidenpunkt erzeugt wird.

Anmerkungen. 1. Die Ebene, in der der spezielle Spanwinkel gemessen wird, steht senkrecht auf der speziellen Bezugsebene und der Projektion der Schneide auf sie am Schneidenpunkt.

2. Die Ebene, in der der (allgemeine) Spanwinkel gemessen wird, steht senkrecht auf der ausgewählten Bezugsebene und der Projektion der Schneide auf sie an jedem Punkt.

3. Der allgemeine Spanwinkel wird kurz „Spanwinkel" genannt, die ausgewählte Bezugsebene kurz „Bezugsebene".

---

[1] GALLOWAY, F. W.: Cutting Tool Nomenclature. Research Dept., Institution of Production Engineers S. 14, London.

[2] Vgl. auch M. KRONENBERG: Cutting Angle Relationships on Metal Cutting Tools. Mech. Engng. Dec. 1943 with "Supplement". Publication M 1308 S, The Cincinnati Milling Machine Co.

β) Definition des Schrägwinkels (oblique rake).

Mathematische Definition. Der spezielle Schrägwinkel in irgendeinem Punkte der Schneide ist definiert als die Neigung der Spanfläche mit Bezug auf eine radiale Bezugsebene, die durch den umlaufenden Körper (Werkstück oder Werkzeug) und den betreffenden Punkt der Schneide gelegt ist. Dieser Schrägwinkel wird in einer Ebene gemessen, die in dem betreffenden Punkt senkrecht auf der Schneide steht.

Praktische Definition. In der praktischen Definition des Schrägwinkels wird die Änderung der Lage der Bezugsebene von Punkt zu Punkt entlang der Schneide vernachlässigt. Demgemäß ist der Schrägwinkel, der sich auf alle Punkte der Schneide gleichmäßig bezieht, definiert als die Neigung der Spanfläche mit Bezug auf eine ausgewählte radiale Bezugsebene, die durch den umlaufenden Körper (Werkstück oder Werkzeug) und die Werkzeugspitze gelegt ist. Der praktische Schrägwinkel wird in einer Ebene gemessen, die senkrecht zur Schneide steht in irgendeinem ihrer Punkte.

Anmerkungen. 1. Während die Meßebene für den speziellen und allgemeinen Spanwinkel immer parallel zur Schnittgeschwindigkeitsrichtung ist, ist die Meßebene für den speziellen und allgemeinen Schrägwinkel immer senkrecht zur Schneide.

2. Die Schnittgeschwindigkeitsrichtung ist nicht senkrecht zur Schneide, sondern zur Schneidenprojektion auf die Bezugsebene.

γ) Definition des Neigungswinkels.

Mathematische Definition. Der Winkel zwischen der Schneide und ihrer Projektion auf die radiale Bezugsebene in einem speziellen Punkt der Schneide heißt der „spezielle Neigungswinkel der Schneide".

Praktische Definition. Der Winkel zwischen der Schneide und ihrer Projektion auf die radiale Bezugsebene durch die Werkzeugspitze heißt „allgemeiner Neigungswinkel der Schneide". Das Wort „allgemein" kann in der Praxis fortgelassen werden.

Positive und negative Größe des Neigungswinkels. Der Neigungswinkel soll als positiv in einem betrachteten Schneidenpunkt angesehen werden, wenn — mit Bezug auf die radiale Bezugsebene durch die Werkzeugspitze — der betrachtete Punkt einem anderen Punkt voran ist, der weiter entfernt ist von der bearbeiteten Oberfläche.

c) Begründung der Definitionen.

Die Gründe, die zur Entwicklung der obigen Definitionen führten, benötigen einiger Erläuterungen.

Hinsichtlich der Frage des „Spanwinkels" besteht kein Zweifel darüber, daß es einen einzigen „wahren Spanwinkel" überhaupt nicht gibt, da das Kräftesystem, das zwischen Werkzeug und Werkstück wirkt, gleichwohl vom „Spanwinkel“ als auch vom „Schrägwinkel“ abhängt. *Jedoch ist absichtlich davon abgesehen worden, die Definition des Spanwinkels von der Spanabflußrichtung abhängig zu machen, weil diese nicht nur von der Geometrie der Schneide, sondern auch von den physikalischen Größen des Werkstoffes, des Werkzeuges, der Reibung, der Schneidflüssigkeit beeinflußt wird.* Man ist daher frei, entweder den Spanwinkel oder den Schrägwinkel als „wahren Spanwinkel“ anzusehen. Jedoch hat es sich in den Vereinigten Staaten eingebürgert, vom „true rake“ zu sprechen mit Bezug auf den Spanwinkel.

Während der vergangenen achtzig Jahre[1] ist es üblich gewesen, nur den „allgemeinen Spanwinkel“ obiger Definition in Betracht zu ziehen und ihn in einer Ebene in der Richtung der Schnittgeschwindigkeit zu messen. Diese Praxis entstammte der Erkenntnis, daß die tangentiale Kraftkomponente, die die Leistung bestimmt, in dieser Richtung wirkt. Daher steht die obige Definition der Praxis am nächsten.

Es würde sehr umständlich sein, in der Praxis zwischen „speziellen“ und „allgemeinen“ Span- oder Schrägwinkeln zu unterscheiden und sehr genaue Meßmethoden erfordern, da die Änderung der Winkel entlang der Schneide nur gering ist.

Ausgenommen sind jedoch diejenigen Fälle, in denen die Schneide bis dicht an die Umdrehungsachse heranreicht. Hier ist es ratsam, die Definitionen der „speziellen“ Winkel heranzuziehen. Solche Fälle kommen vor bei Spiralbohrern, beim Drehen von dünnen Werkstücken mit verhältnismäßig großer Schnittiefe usw. Beim Hobeln besteht kein Unterschied zwischen „speziellen“ und „allgemeinen“ Span- oder Schrägwinkeln, da die Umdrehungsachse im Unendlichen liegt. Bei nichtgeraden Schneiden können die Definitionen auch angewandt werden.

Der Unterschied zwischen Span- und Schrägwinkel ist meistens sehr klein und nur durch die Neigung der Schneide bedingt. Der Unterschied zwischen „speziellem“ und „allgemeinem“ Spanwinkel und Schrägwinkel verschwindet, wenn der Neigungswinkel der Schneide 0° ist.

d) Gleichungen für die Geometrie der Schneide.

Abb. 51 zeigt, wie die vier Hauptwinkel zwischen Spanfläche und Bezugsebene liegen und ermöglicht auch die Ableitung von Gleichungen für ihre Beziehungen, wobei nur der Fall betrachtet ist, der für die Praxis am wichtigsten ist, nämlich der Fall, wo die Winkel in Ebenen gemessen werden, die senkrecht zur Bezugsebene stehen und die

[1] Vgl. Hinweis auf Entwicklung der Winkeldefinitionen von G. Sellergren: Z. öst. Ing.- u. Archit.-Ver. 1896 S. 473/78. Ebenso Memoire sur le rabotage des Meteaux. St. Petersburg: J. Thime 1877.

ihrerseits durch die Werkzeugspitze S und die Umdrehungsachse gelegt ist.

Wenn man sich vorstellt, daß ein Dreieck mit seiner Spitze in S drehbar angebracht wird, wobei ein Schenkel in der Bezugsebene wandern kann, während der andere in der Spanfläche wandern kann (die Dreiecksebene steht dabei immer senkrecht zur Bezugsebene), so „öffnet“ und „schließt“ sich der Winkel zwischen den beiden Dreiecksschenkeln bei der Drehung um S. Wenn das elastische Dreieck in Ebene (1)

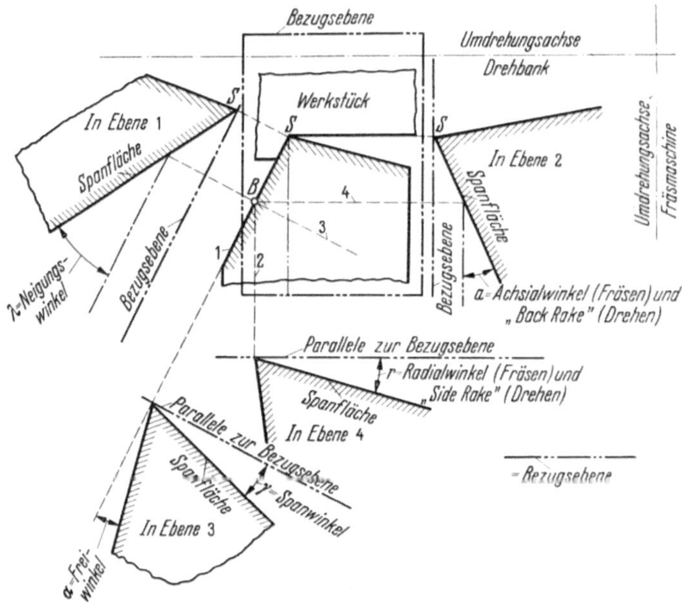

Abb. 51. Die vier Hauptwinkel der Zerspanung als Spitzenwinkel eines elastisch gedachten Dreiecks.

steht, entlang der Schneide SB, so ist der eingeschlossene Dreieckswinkel der Neigungswinkel λ; dreht man das elastische Dreieck weiter um S, bis es senkrecht zur Drehachse (parallel zu Ebene (2)) steht, so ist der eingeschlossene Dreieckswinkel der Axialwinkel a (identisch mit back rake beim Drehen); dreht man das elastische Dreieck weiter, bis es 90° zur Schneidenprojektion steht (parallel zu Ebene (3)), so ist der Dreieckswinkel der Spanwinkel γ, und schließlich kommt man zum eingeschlossenen Radial- (oder side rake) Winkel r, wenn das elastische Dreieck parallel zur Drehachse (d. h. parallel zu Ebene (4)) liegt. *Dieses Wandern soll dartun, daß das plastische Modell (Abb. 48) mit den vier Hauptwinkeln sich identisch aufs Drehen anwenden läßt* und daß sie sich an einem Modell besser verfolgen lassen als in einer Zeichnung.

α) *Die Spanwinkelgleichung.*

Die Ableitung der Spanwinkelgleichung kann zweckmäßigerweise an Hand von Abb. 52 erfolgen, die eine Vereinfachung der Abb. 51 darstellt. Man legt durch einen beliebigen Punkt B der Schneidkante eine Bezugsebene und zeichnet auf ihr ein solches Dreieck (BQT) ein, dessen Seiten in die Richtung der in Beziehung zu setzenden Winkel fallen. In Abb. 52 soll der Spanwinkel γ in Beziehung zu dem Axial- (a) und Radialwinkel[1] (r) und dem Eckenwinkel e gesetzt werden. Die

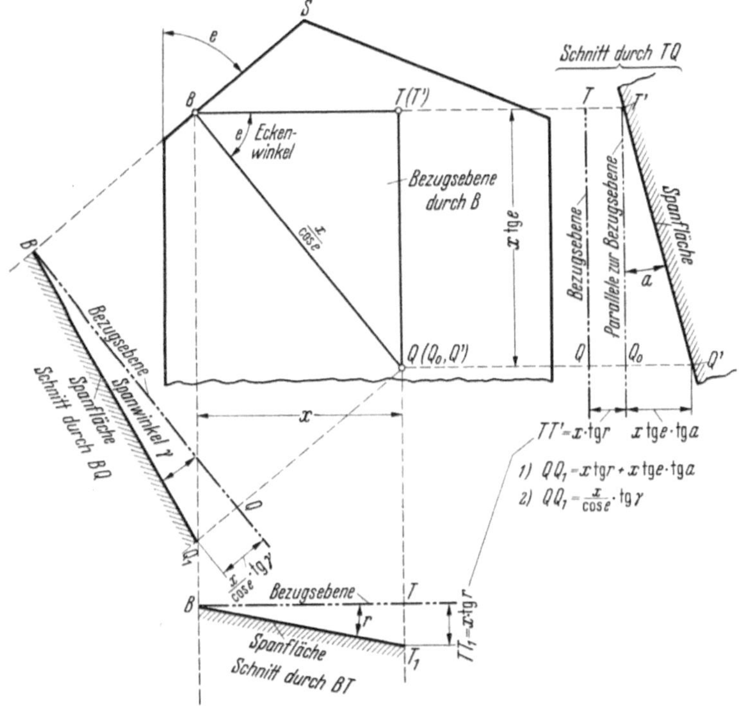

Abb. 52. Ableitung der Spanwinkelgleichung.

Strecke BQ stellt die Richtung der Ebene dar, in der der Spanwinkel γ liegt, die Strecke BT stellt die Richtung der Ebene dar, in der der Radialwinkel r liegt, und die Strecke TQ die Richtung für die Axialwinkelebene. Alle drei Richtungen stehen untereinander noch im Zusammenhang durch den Eckenwinkel e, der daher in dem Dreieck BQT enthalten sein muß; die Länge einer Seite des Dreiecks kann beliebig

[1] Zur Vereinfachung wird weiter nur noch von Axial- und Radialwinkeln gesprochen; da der „back rake“ beim Drehen identisch ist mit dem Axialwinkel beim Messerkopffräsen, und der „side rake“ identisch mit dem Radialwinkel, so gelten die Ableitungen sowohl für Drehen als auch für Fräsen.

gewählt werden und ist mit x bezeichnet. Der Abstand des Punktes Q in der Bezugsebene von dem Punkt Q' in der Spanfläche muß auf zwei Arten bestimmt werden, so daß man zwei Gleichungen erhält, aus denen die Beziehungen folgen.

Legt man Schnitte durch die drei Dreiecksseiten, so kann man die betreffenden Winkel darstellen. Ein Schnitt entlang BT zeigt, daß die Spanfläche in Abb. 52 nach rechts, gemäß der Größe des Radialwinkels abfällt. Daher ergibt sich:

$$TT' = x \cdot \mathrm{tg}\, r\,.$$

Ein Schnitt entlang TQ zeigt, daß die Spanfläche auch „nach rückwärts" abfällt wegen des Axialwinkels a. Die Bezugsebene durch B und T geht daher nicht durch die Spanfläche im Schnitt TQ, so daß man eine Parallele $T'Q_0$ legt. Wie in Abb. 52 eingezeichnet, ergibt sich folgende Beziehung:

$$QQ' = x \cdot \mathrm{tg}\, r + x \cdot \mathrm{tg}\, e \cdot \mathrm{tg}\, a\,. \tag{62}$$

Aus dem dritten Schnitt (durch BQ) erkennt man, daß QQ' auch in dieser Ebene liegt; aus der Geometrie der Abb. 52 folgt daher auch:

$$QQ' = \frac{x}{\cos e}\, \mathrm{tg}\, \gamma\,. \tag{63}$$

Durch Gleichsetzen der Formeln (62) und (63) und Auflösung nach dem Spanwinkel γ ergibt sich die Spanwinkelgleichung:

$$\boxed{\mathrm{tg}\, \gamma = \mathrm{tg}\, a \cdot \sin e + \mathrm{tg}\, r \cdot \cos e\,.} \tag{64}$$

β) Gleichung für den Neigungswinkel der Schneide.

In ähnlicher Weise wie oben verfährt man bei Ableitung der Neigungswinkelgleichung. Da der Neigungswinkel in Richtung der Schneide SB (Abb. 53) liegt und er in Beziehung gesetzt werden soll zum Radial- und Axialwinkel, so bildet man Dreieck SPB, dessen Seiten die Ebenen der drei Winkel enthalten. Hier wird die Entfernung des Punktes P' in der Spanfläche vom Punkt P in der Bezugsebene auf folgende Weise bestimmt:

Aus dem Schnitt durch SP folgt:

$$PP' = x \cdot \mathrm{ctg}\, e \cdot \mathrm{tg}\, a\,. \tag{65}$$

Aus dem Schnitt entlang BP erkennt man, daß der Punkt B' nicht mit dem Punkt B in der Bezugsebene zusammenfällt wegen des Abfalles der Schneide gemäß dem Neigungswinkel λ. Es ergibt sich somit:

$$PP' = \frac{x}{\sin e} \cdot \mathrm{tg}\, \lambda + x \cdot \mathrm{tg}\, r\,. \tag{66}$$

Durch Gleichsetzung von Gln. (65) und (66) und Auflösen nach λ ergibt sich die Gleichung für den Neigungswinkel:

$$\boxed{\operatorname{tg}\lambda = \operatorname{tg}a \cdot \cos e - \operatorname{tg}r \cdot \sin e.} \tag{67}$$

Dem Neigungswinkel λ wird m. E. oft nicht genügend Beachtung geschenkt, obgleich er oft wichtiger ist als der Spanwinkel γ.

Man kann nämlich in vielen Fällen — nicht in allen — durch Wahl eines geeigneten Neigungswinkels die Richtung des Spanablaufes be-

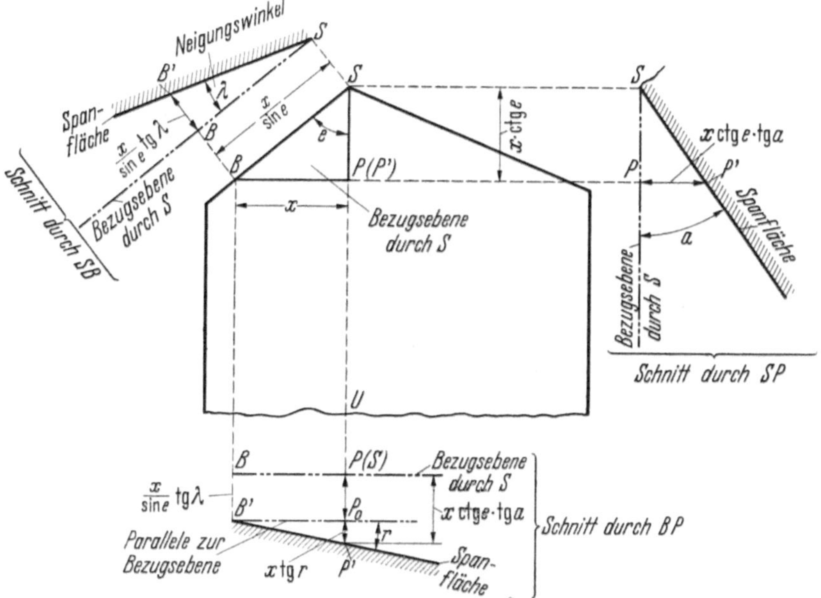

Abb. 53. Ableitung der Neigungswinkelgleichung.

einflussen und es verhindern, daß der Span auf die bearbeitete Oberfläche beim Drehen hinfließt oder sich beim Messerkopffräsen zwischen Fräserkopf und Werkstück einklemmt und so die bearbeitete Oberfläche zerkratzt. Die Bedingungen für solche Neigungswinkel werden weiter unten besprochen werden.

Die genauere Definition für den positiven und negativen Wert des Neigungswinkels ist oben bereits gegeben worden. *Der Grund für die Wahl von positiver und negativer Bezeichnung, die für den Neigungswinkel in den Vereinigten Staaten umgekehrt ist wie in Deutschland, liegt darin, daß man in den Vereinigten Staaten alle Winkel, die von der Spitze aus gerechnet, abfallen, als positiv ansieht. In Deutschland ist man damit beim Neigungswinkel nicht folgerichtig verfahren.*

Die Verhältnisse werden etwas komplizierter für Werkzeuge mit Bogenschneide oder mit gerundeter Stahlnase im Gebiete dieser Abrundung. Abb. 54 zeigt deutlich, daß bei einer Bogenschneide sich der *Neigungswinkel der Schneide ändert!* Der in der Schnittrichtung am meisten „vorwärts“ liegende Punkt (der also die anderen Punkte sozusagen in das Werkstück hineinführt) ist bei einer geraden Schneide mit positiver Neigung die Stahlspitze. Bei negativer Neigung liegt die Stahlnase am weitesten in der Schnittrichtung zurück!

Bei einer Bogenschneide jedoch fällt der führende oder zurückliegende Schneidenpunkt *nicht* notwendigerweise mit der Stahlnase zu-

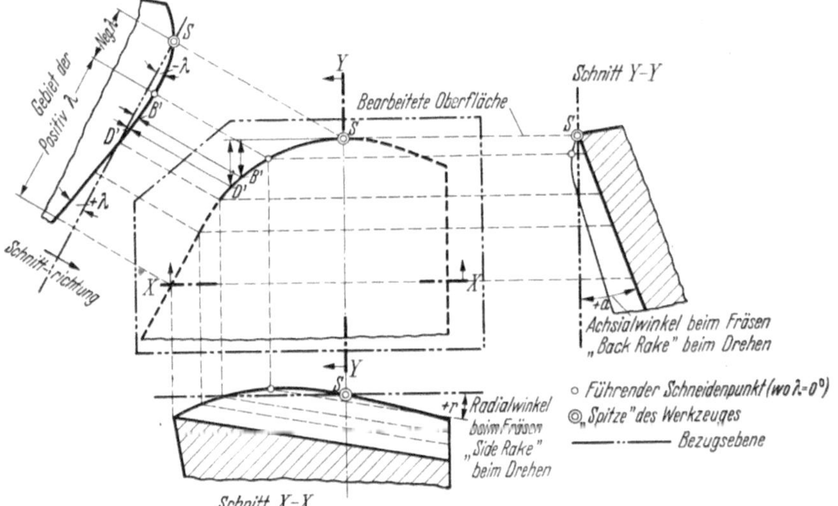

Abb. 54. Die Änderung des Neigungswinkels entlang einer Bogenschneide.

sammen. Vielmehr haben gewisse Strecken der Schneide positive und andere Strecken der Schneide negative Neigung, wie noch an Hand der Diagramme erläutert werden soll.

γ) *Die Schrägwinkelgleichung.*

Durch die Neigung der Schneide und den Spanwinkel wird auch der „Schrägwinkel“ σ festgelegt, gemäß folgender Gleichung:

$$\boxed{\operatorname{tg}\sigma = \operatorname{tg}\gamma \cdot \cos\lambda.} \tag{68}$$

Der Schrägwinkel ist jedoch meistens wenig vom Spanwinkel verschieden, da die Neigung der Schneide gewöhnlich klein ist und $\cos\lambda$ daher wenig von 1,0 verschieden ist. Man braucht sich daher nur in besonderen Fällen mit dem Schrägwinkel zu befassen. Diagramm Abb. 55 kann für die Berechnung des Schrägwinkels σ benutzt werden.

e) Internationale Definitionen.

In einer sorgfältigen Studie, die BICKEL[1] veröffentlicht hat, nennt er den „Schrägwinkel", für den mein früherer Mitarbeiter Dr. MERCHANT und ich den Ausdruck „oblique rake" geprägt hatten, den Spanabflußwinkel η und erhebt die Forderung nach einer internationalen Normung der Winkelbezeichnungen und Definition.

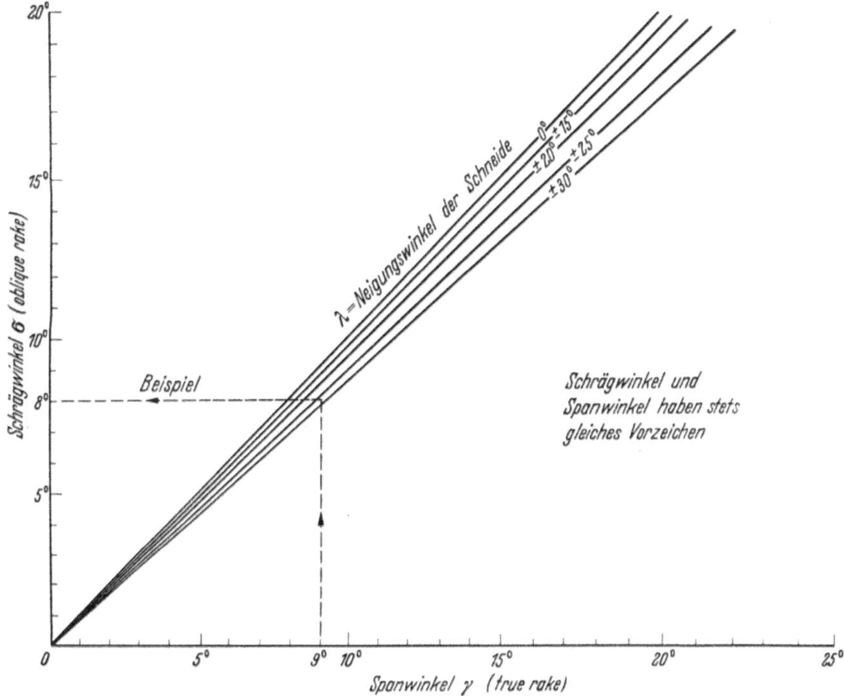

Abb. 55. Umrechnungsdiagramm von Spanwinkel in Schrägwinkel.

Dem kann man nur beipflichten. Wir haben die weiter oben veröffentlichten Definitionen entwickelt und sind damit auf keine größeren Schwierigkeiten mehr gestoßen.

BICKEL ist der Ansicht, daß es nicht sinnvoll ist, die Schneide mehr zu neigen „als es nötig ist", um die erste schlagartige Berührung der empfindlichen Spitze abzuwehren. Das ist nicht der Hauptsinn der starken Neigung der Schneide, wie weiter unten noch gezeigt werden soll; es handelt sich vielmehr um die Möglichkeit der Kontrolle des Spanflusses zur Verhinderung der Beschädigung der erzeugten Oberfläche. BICKEL hat übrigens nur unerheblichen Anstieg von Kraft und

[1] BICKEL, E., zitiert S. 59, Fußnote 1.

Temperatur beim Drehen mit starkem Neigungswinkel feststellen können.

Der *Spanabflußwinkel* (d. h. der Schrägwinkel) ist nur um wenige Grad vom Spanwinkel verschieden (s. Diagramm Abb. 55). Die Messung und Definition auf diesen Winkel senkrecht zur Schneide vorzunehmen, wie BICKEL vorschlägt, kompliziert alle Berechnungen wesentlich. Wenn man senkrecht zur Bezugsebene mißt, mißt man in der Richtung des Schnittgeschwindigkeitsvektors und nicht schräg dazu wie beim Begriff des Spanabflußwinkels, der in Frankreich „pente effective" genannt wird.

BICKEL hat den Begriff des „*Vorschubwinkels*" vorgeschlagen, der mehr oder weniger angenähert gleich dem Einstellwinkel $\varkappa$ ist, wie er schreibt[1].

Dieser Vorschubwinkel ϑ entspricht dem Komplementwinkel des Eckenwinkels, den wir hier in den Vereinigten Staaten eingeführt haben. BICKEL ist jedoch im Zweifel, ob er zwischen der Schneide selbst und der Vorschubrichtung oder zwischen der Projektion der Schneide auf die Bezugsebene (BICKELs Ebene E_{III}) und der Vorschubrichtung gemessen werden soll. Wir haben uns für das Komplement der letzteren Meßweise entschieden, um konsequent zu verfahren und einfache Formeln zu erhalten.

Der „Eckenwinkel" hat erhebliche Bedeutung für die Produktionserhöhung, wie Versuche bewiesen haben, die ich 1939 mit Messerköpfen mit sehr großen Eckenwinkeln anstellte. (Siehe Abschnitt „Fräsen" in Band II.)

Bis zu einer internationalen Verständigung werde ich mich an die oben erläuterten Definitionen halten.

f) Gebrauchsnomogramm für Schneidenwinkel.

Das in Abb. 56 wiedergegebene Nomogramm ist aus zwei ursprünglich getrennten Nomogrammen für Spanwinkel und Neigungswinkel[2] entwickelt worden und dient dazu, die Gln. (64) und (67) graphisch zu lösen durch Legen *einer* Geraden, die *vier* Veränderliche in Verbindung bringt. Außerdem ist es mit Hilfe des Nomogramms einfacher möglich, die Folgerungen aus den Gln. (64) und (67) für die Praxis abzuleiten, als aus ihnen selbst.

Zwei Beispiele sind in Abb. 56 eingezeichnet; das eine bezieht sich auf Spanwinkelbestimmung, das andere auf Neigungswinkelbestimmung.

Spanwinkelbestimmung. Man verbindet den Radialwinkel r auf der linken Skala (z. B. $r = -30°$) mit dem Axialwinkel a auf der rechten

[1] Vgl. Fußnote 1, S. 59.

[2] KRONENBERG, M., zitiert S. 58 und S. 61; vgl. auch "Inclination of the Cutting Edge". Tool Engineer März 1945.

Skala (z. B. $a = +10°$). Wenn der Eckenwinkel $e = 60°$ ist, so zeigt das Nomogramm am Schnittpunkt (•) der $e = 60°$-Vertikalen mit der gezogenen Verbindungsgeraden einen Spanwinkel $\gamma = -8°$ an den Kurven an.

Neigungswinkelbestimmung. Man verbindet in gleicher Weise wie oben, nur benutzt man auf der linken Skala die unteren Vorzeichen statt der oberen Das heißt, man verbindet wieder $r = -30°$ auf

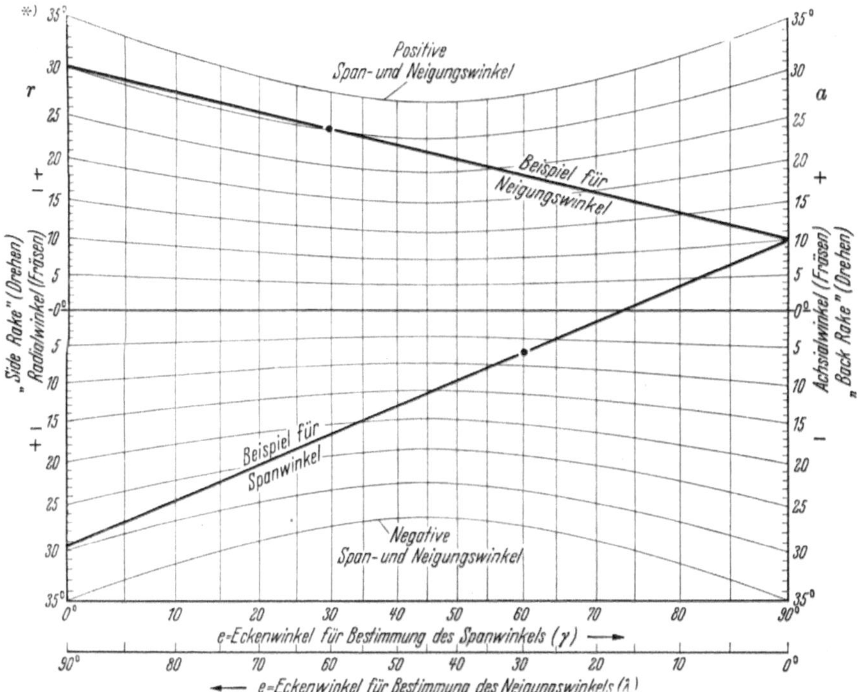

Abb. 56. Nomogramm zur Bestimmung von Spanwinkeln und Neigungswinkeln. (*) Obere Vorzeichen am linken Rand gelten für Spanwinkelbestimmung, untere für Neigungswinkelbestimmung).

der linken Skala mit $a = +10°$ auf der rechten. Die Eckenwinkelskala läuft jetzt von rechts nach links und der Schnittpunkt (•) zeigt einen Neigungswinkel von $+30°$ an den Kurven an.

Die Bedeutung des Eckenwinkels e. Die Bedeutung, die der Eckenwinkel e auf den Spanwinkel und den Neigungswinkel hat, wenn die Winkel r und a konstant gehalten werden, kann nun leicht mit Hilfe des Nomogramms (Abb. 56) erkannt werden. Man sieht ohne weiteres, daß ein Anschleifen eines anderen Eckenwinkels e sowohl den Spanwinkel γ als auch den Neigungswinkel ändert!

Wenn der Eckenwinkel $e = 0°$ gemacht wird (anstatt 60°), so ist der Spanwinkel $-30°$ und wird gleich dem Radialwinkel. Je größer der

Eckenwinkel wird, desto kleiner wird im gezeichneten Beispiel der negative Spanwinkel; beim Überschreiten von $e = 74°$ wird der Spanwinkel sogar positiv! *Man kann also leicht folgern, daß bei runden Stählen (Bogenschneide usw.) sich der Spanwinkel ständig von Punkt zu Punkt der Schneide ändert! Das gilt auch für den Radius an der Stahlnase gerader Stähle!*

Ebenso verhält es sich mit dem Neigungswinkel; ihn kann man auch durch Anschleifen eines anderen Eckenwinkels ändern. Im gegebenen Beispiel bleibt der Neigungswinkel zwar positiv, wenn der Eckenwinkel von 0° bis 90° steigt, er ändert sich aber von $+10°$ bis $+30°$. Für 0°-Eckenwinkel ist der Neigungswinkel gleich dem Axialwinkel. Die oben besprochene Vorzeichengebung für den Neigungswinkel ist somit logisch begründet. Denn andernfalls würde ein positiver Axialwinkel einen negativen Neigungswinkel ergeben, obgleich für $e = 0$ beide identisch sind. *Für den Fall einer internationalen Normung der Definitionen muß das berücksichtigt werden, was für die amerikanische Definition des Neigungswinkelvorzeichens spricht.*

g) Schlußfolgerungen für die Praxis.

Folgende *allgemeine Grundsätze* lassen sich durch Kombinieren verschiedener Werte der vier Winkel (d. h. durch Legen verschiedener Geraden) *ableiten.*

α) Hinsichtlich des Spanwinkels γ.

1. Die Größe des Spanwinkels kann leicht geändert werden durch Anschleifen eines anderen Eckenwinkels am Werkzeug. Im Falle einer Plus-minus-Kombination von Radial- und Axialwinkel kann der Spanwinkel auf diese Weise nach Belieben positiv oder negativ gemacht werden.

Ein Umschleifen des Radialwinkels r ändert den Spanwinkel nur dann wesentlich, wenn der Eckenwinkel klein ist; es hat aber wenig Einfluß, wenn der Eckenwinkel groß ist. Im Gegensatz dazu hat ein Umschleifen des Axialwinkels a wenig Einfluß auf den Spanwinkel, wenn der Eckenwinkel klein ist, aber einen erheblichen Einfluß, wenn der Eckenwinkel groß ist.

2. Bei Messern in Fräsköpfen, an denen zwei Eckenwinkel vorkommen, bestehen demgemäß zwei Spanwinkel (und zwei Neigungswinkel). Die beiden Spanwinkel sind beide positiv, wenn Radial- und Axialwinkel positiv sind, und umgekehrt. Es kann jedoch auch der Fall eintreten, daß einer der Spanwinkel positiv ist und der andere negativ, vorausgesetzt, daß entweder der Axial- oder der Radialwinkel negativ ist. Sie können jedoch auch beide positiv oder beide negativ

sein; das hängt von der Größe der Eckenwinkel ab. Die Schnittiefe bestimmt das Ausmaß, in dem die Spanwinkel ausgenutzt werden.

3. Bei gebogener Schneide oder Stahlnase ändert sich der Spanwinkel entlang des Bogens. Er wächst zu einem Größtwert an bei einer bestimmten Tangente an den Bogen und fällt danach wieder, wenn sowohl Radial- als auch Axialwinkel positiv sind. Sind diese beiden Winkel negativ, so erreicht der Spanwinkel einen Kleinstwert. Solche Umkehr der Spanwinkelgröße tritt jedoch *nicht* ein, wenn Radial- und Axialwinkel entgegengesetztes Vorzeichen aufweisen. In solchem Fall ändert der Spanwinkel das Vorzeichen und geht durch einen Nullwert an einer bestimmten Stelle der Schneide.

4. Bei geradlinigen Schneiden ist es möglich, den größten Spanwinkel zu erzeugen für gegebene Werte des Axial- und Radialwinkels, durch Wahl *eines* bestimmten Eckenwinkels für jede Positiv-positiv- oder Negativ-negativ-Kombination von a und r. Nur wenn diese beiden Winkel (a und r) beide gleich groß sind (entweder positiv oder negativ), erzeugt ein 45°-Eckenwinkel den größten Spanwinkel.

5. Der Spanwinkel ist immer positiv, wenn sowohl Axial- als auch Radialwinkel positiv sind, und immer negativ, wenn sie beide negativ sind. *Der Spanwinkel kann jedoch positiv sein, obgleich einer der beiden Winkel (a oder r) negativ ist. Das letztere ist eine Erkenntnis, die für viele Betriebsingenieure zuerst erstaunlich erschien.*

β) Hinsichtlich des Neigungswinkels λ.

1. Der Neigungswinkel ist Null, wenn der Tangens des Eckenwinkels gleich dem Tangens des Axialwinkels, dividiert durch den Tangens des Radialwinkels, ist. Dies folgt ohne weiteres aus Gl. (67):

$$\operatorname{tg} e_{\lambda=0} = \frac{\operatorname{tg} a}{\operatorname{tg} r}. \tag{69}$$

Da Gl. (69) identisch ist mit einer Gleichung, die man durch Differenzieren von Gl. (64) erhält, ergibt sich, daß der Spanwinkel ein Maximum wird, wenn der Neigungswinkel Null ist. Der, wenn auch geringe Abfall der Schnittkräfte für Schneiden mit nicht geneigter Schneide, den Bickel in seinen Versuchen fand, dürfte mit dem günstigeren Spanwinkel zusammenhängen.

2. Im Falle der üblichsten Kombination, nämlich von positivem Axial- und Radialwinkel (d.h. $a = +$; $r = +$), wird der Neigungswinkel für einen bestimmten Eckenwinkel Null. Für kleinere Eckenwinkel wird die Neigung positiv und für größere Eckenwinkel negativ. Es ist somit möglich, mit Hilfe des Nomogramms (Abb. 56) einen solchen Eckenwinkel zu bestimmen, der einen gewünschten positiven oder negativen Neigungswinkel erzeugt.

Der Eckenwinkel, für den der Neigungswinkel Null wird bei einer gebogenen Schneide (das ist der Eckenwinkel einer *Tangente an die Kurve*), bestimmt die Lage des Führungspunktes der Schneide (vgl. auch Abb. 54), der nicht mit der Stahlnase S zusammenfällt. Im Falle einer Positiv-positiv-Kombination von a und r wird der Neigungswinkel λ an der Stahlnase S negativ, während der größte Spanwinkel γ am Führungspunkt vorkommt.

3. Im Falle einer Plus-minus-Kombination ($a = +$; $r = -$) ist der Neigungswinkel λ immer positiv für Eckenwinkel bis zu 90° (solcher besteht an der Stahlnase). Die Stahlnase S führt daher den Rest der Schneide in der Schnittrichtung.

4. Im Falle einer Minus-plus-Kombination ($a = -$; $r = +$) ist der Neigungswinkel λ immer negativ bis zum Eckenwinkel von 90°. Die Stahlnase S folgt daher dem Rest der Schneide in der Schnittrichtung.

5. Im Falle einer Minus-minus-Kombination ($a = -$; $r = -$) wird der Neigungswinkel λ für einen bestimmten Eckenwinkel Null. Die Verhältnisse liegen umgekehrt wie bei obigem Punkt 2 für Plus-plus-Kombination. Bei Bogenschneiden oder gerundeten Stahlnasen bestehen ebenfalls negative und positive Neigungswinkel. Der Eckenwinkel für Nullneigung zeigt die Lage des „nachzügelnden" Punktes der Schneide an, der auch nicht mit S zusammenfällt. Die Neigung am Punkt S ist daher positiv im Falle einer Minus-minus-Kombination. Der Größtwert des negativen Spanwinkels kommt am „Nachfolgepunkt" vor.

6. Bei *Walzenfräsern*[1] ist der Eckenwinkel immer Null. Daher können die Gln. (64) und (67) auch auf diesen Zerspanungsvorgang angewandt werden, wenn man $e = 0$ setzt. Man erkennt dann aus Gl. (64):

$$\operatorname{tg}\gamma = \operatorname{tg} r\,, \tag{70}$$

d. h., der Spanwinkel ist gleich dem Radialwinkel beim Walzenfräsen. Ferner wird aus Gl. (67):

$$\operatorname{tg}\lambda = \operatorname{tg} a\,. \tag{71}$$

d. h., der Neigungswinkel wird gleich dem Axialwinkel a, der identisch ist mit dem Spiralwinkel des Fräsers. Auch diese Folgerung war ein Grund für unsere Wahl des Vorzeichens des Neigungswinkels λ.

[1] Die Geometrie der Fräserschneide wird mit weiteren Untersuchungen zusammen im Abschnitt „Fräsen" (Band II) behandelt werden.

Zweiter Teil.

Technische Zerspanungslehre.

Drehen.

Übersicht über die Zerspanungsprobleme.

Die Schwierigkeiten, die sich der technischen Zerspanungslehre entgegenstellen, sind groß und erklären sich aus den vielen Gesichtspunkten, die hineinspielen. Taylor hatte 12 Hauptveränderliche festgestellt. Meines Erachtens kann man jedoch weit mehr annehmen.

Die drei Hauptgesichtspunkte sind Werkstoff, Werkzeug und Maschine. Der inneren Beschaffenheit nach hat man in Hinsicht auf den Werkstoff die verschiedenen SM-Stähle, Gußeisen, Chromnickelstahl, Messing, Rotguß, Elektron, Stahlguß usw. zu unterscheiden. Veränderliche der äußeren Eigenschaften sind z. B.: Durchmesser, Länge, Einspannungsverhältnisse. Bei den Werkzeugen hat man der inneren Beschaffenheit nach zu unterscheiden: Gußstahl (Kohlenstoffstahl), verschiedene Schnellstähle, verschiedene Hartmetalle (Widia, Carboloy, Kennametal usw.), der äußeren Form nach Verschiedenheiten in bezug auf die Frei-, Keil-, Span-Einstellwinkel usw.; besondere Formen, wie den Taylor-Stahl oder den Klopstock-Stahl; hinzu kommen auch die verschiedenen Schaftgrößen der Stähle und die Spanbrechernuten. Weitere Gesichtspunkte sind Überhöhung, freier oder gebundener Schnitt.

Bei der Maschine sind zu berücksichtigen: Drehzahlen, Vorschübe, Schmierung, Kühlung, Leistung, Wirkungsgrad, möglicher Schnittdruck, Schwingungen und Verbiegungen. Als weitere Größen treten auf: Schnittgeschwindigkeit, Spanquerschnitt, Schnittiefe, spezifischer Schnittdruck, Spanmenge, Art des Spanaufbaues, Oberflächengüte, Gefügeaufbau usw.

Hiermit sind jedoch noch nicht die verschiedenen Abänderungen einbezogen, die durch die Berücksichtigung der spanabhebenden Formungen durch Fräsen, Hobeln, Bohren, Räumen, Schleifen auftreten. Wenn man die Schwierigkeiten der Zerspanungslehre erkennen will, so muß man auch diese hierbei hinzuzählen. Nicht direkt in das Gebiet der Zerspanungslehre fallend, wohl aber damit zusammenhängend, sind auch die Fragen der Härtung des Werkzeuges.

Stellt man sich die Kombinationsmöglichkeiten obiger Gesichtspunkte vor, so erkennt man die Größe des Gebietes der Zerspanungslehre.

Will man die wichtigsten bisherigen Ergebnisse der Zerspanung systematisch ordnen, so kann man sozusagen zwei „Achsen" unterscheiden, um die sich die Probleme gruppieren:

I. Die Schnittgeschwindigkeit. — II. Der (spez.) Schnittdruck.

Um die „Achse" der Schnittgeschwindigkeit ordnen sich:

A. Schnittgeschwindigkeit — Spanquerschnitt.
B. „ — Schnittiefe — Vorschub.
C. „ — Drehstahlmaterial.
D. „ — Keilwinkel.
E. „ — Einstellwinkel.
F. „ — Kühlung.
G. „ — Zerreißfestigkeit.
H. „ — Schwingungen.
I. „ — Schnittdruck.

Um die „Achse" des Schnittdruckes gliedern sich:

K. Schnittdruck — Spanquerschnitt.
L. „ — Schnittiefe — Vorschub.
M. „ — Stahlwinkel.
N. „ — Kühlung.
O. „ — Zerreißfestigkeit.
P. „ — Spanbildung.
Q. „ — Werkstückabmessungen.
R. „ — Komponenten (Kriterien).

Nachdem man einen Überblick über die Schwierigkeiten der Probleme erhalten hat, tritt die Frage auf, ob es denn überhaupt einen wirtschaftlichen Sinn hat, die Probleme zu lösen, d. h. ob finanzielle Vorteile für die Industrie aus der Lösung dieser Fragen entstehen können.

Trotzdem es nicht der Zweck der vorliegenden Ausführungen sein kann, ausgedehnte volkswirtschaftliche Erhebungen anzustellen, ist es dennoch besonders für uns Ingenieure wertvoll, hierauf einen kurzen Seitenblick zu werfen. Ein anschauliches Bild hat Dr. REINDL[1] im Jahre 1925 mit nachstehenden Worten hierzu gegeben:

„Würden nur die *innerhalb* Deutschlands von den Maschinen abfließenden Späne zu einem Spanfluß zusammenfaßbar sein, so würde die Mächtigkeit dieses Stromes mehr als alles andere überzeugend sein, welchen Einfluß die spanabhebende Formung auf unsere Fertigung hat. Sicher ist, daß die Höhe der Kosten dieses Stromes eine Summe darstellt, die in unserem Wirtschaftsleben eine Rolle spielt. Und wenn es gelänge, diese Kosten nur um ein Viertel zu vermindern, so würden viele Millionen für Industrie und Volk gewonnen sein."

[1] Aus einer Einladung zur Gründung eines Ausschusses für spanabhebende Formung beim VDI.

In ähnlicher Weise hat sich kürzlich der Leiter der National Machine Tool Builders Association, Mr. Tell Berna, geäußert[1]:

„Wenn wir durch Zerspanungsforschung nur eine 5%ige Erhöhung der Ausnutzung der gegenwärtig laufenden Werkzeugmaschinen erzielen, so ist das gleichbedeutend mit einer vollen Jahreserzeugung neuer Maschinen der amerikanischen Werkzeugmaschinenindustrie.“

Der beste Beweis für die wirtschaftliche Wichtigkeit der Zerspanungsforschung liegt in dem außerordentlichen Anwachsen der Forschungsarbeiten, die aus öffentlichen Mitteln und von privaten Unternehmungen gefördert werden. Neben den Vereinigten Staaten und Deutschland ist auch in England[2], Schweiz, Italien, Frankreich, Schweden und Japan erhebliche Forschungsarbeit auf dem Gebiete der Zerspanung geleistet und bekanntgeworden.

A. Die Schnittgeschwindigkeit.

1. Voraussetzungen für die Gesetzmäßigkeiten.

a) Allgemeine Gesichtspunkte.

Spanquerschnitt F und Schnittgeschwindigkeit v sind die beiden Größen, die der Dreher an der Bank durch Schalten der Maschine von sich aus beeinflussen und ändern kann.

Ihr Produkt $F \cdot v$ ist das minutlich erzeugte Spanvolumen, das die Ausbringung von Maschine und Werkstatt bestimmt und somit von ausschlaggebender Bedeutung für die Fertigung ist.

Daher sind Spanquerschnitt und Schnittgeschwindigkeit als die beiden überragenden Größen der angewandten Zerspanungslehre anzusehen. Dabei betrachten wir den Spanquerschnitt als die unabhängige und die Schnittgeschwindigkeit als die abhängige Größe. Man nennt dies abgekürzt die „F–v-Beziehung“.

Die Größen, die auf die „F–v-Beziehung“ Einfluß haben, wie Werkstoff, Werkzeug, Standzeit, Gefüge, Schneidwinkel, Abnutzung usw., kann der Dreher gewöhnlich nicht beeinflussen, ausgenommen vielleicht die Schneidwinkel in kleineren Werkstätten. Für ihn sind sie gegebene Größen. Sie werden daher hier auch als „gegebene“ Größen behandelt und bilden die Voraussetzung für die Ableitung der Gesetzmäßigkeiten der F–v-Beziehung.

---

[1] Gelegentlich meines Vortrages „Reducing Metal Cutting Research to Practice“, gehalten vor der Metal Cutting Conference, Massachusetts Institute of Technology, 5./6. Juni 1952.

[2] Vgl. z. B. Machinability Research in the B. S. A. Group: Machine Shop Magazine, Juli 1950, und D. F. Galloway: Recent Research in Metal Machining. Inst. Mech. Engrs., Lond. Oktober 1944.

Die wichtigste dieser „gegebenen" Größen ist die Standzeit-Schnittgeschwindigkeits-Beziehung $T_L - v$, die öfters mit der $F - v$-Beziehung verwechselt wird. Beide Beziehungen können in Zusammenhang gebracht werden, jedoch kann der Betriebsmann an der $T_L - v$-Beziehung gewöhnlich nichts ändern; sie wird ihm sozusagen vom Metallurgen und Stahlwerk in der Qualität der Werkzeuge geliefert.

Ebenso ist es gewöhnlich schwierig, für den Betrieb Gefügeänderungen am Werkstoff vorzunehmen, um bessere Bearbeitbarkeit zu erzielen, weil Gefügeänderungen auch die der Konstruktion zugrunde gelegten Größen, wie Zugfestigkeit, Dehnung usw., ändern würden.

b) Standzeit und Abnutzungskriterium.

Die Standzeit oder Lebensdauer eines Werkzeuges war vor dem Aufkommen der Hartmetalle einfacher zu bestimmen als heutzutage, da das Versagen der Schnellstähle am „Blankbremsen" auf dem Werkstück unschwer zu erkennen war. In verfeinerten wissenschaftlichen Versuchen benutzte man jedoch das Schlesinger Kriterium (siehe später).

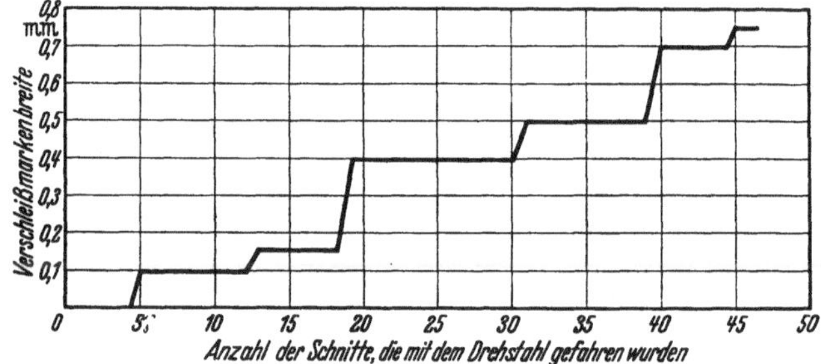

Abb. 57. Treppenartiger Abnutzungsfortschritt auf der Freifläche eines Drehstahles.

Bei Hartmetallen tritt Blankbremsen nicht auf oder so undeutlich, daß es als Abstumpfungskennzeichen meistens unbrauchbar ist. Außerdem schreitet bei Hartmetallen die Abnutzung gewöhnlich allmählich fort, besonders auf der Freifläche, wo man oft einen treppenförmigen Fortschritt des Verschleißes nach meinen Versuchen findet (Abb. 57). Die Verschleißbreite bleibt eine Zeitlang unverändert, „springt" dann plötzlich zu einem größeren Wert, um weiter konstant zu bleiben, „springt" dann wieder, bis der angenommene Höchstwert erreicht ist.

Die Standzeit hängt somit von einem Verschleiß des Werkzeuges ab, den man als höchstzulässig ansehen will. Sie rückt damit in den Bereich der Vereinbarung, da der eine Betrieb mehr, der andere weniger Verschleiß zulassen wird.

Normung der Werkzeugabnutzung als Grundlage der Standzeit ist somit erforderlich. Solche Normung ist recht schwierig; erstens, weil die Methoden der Messung der Abnutzung noch im Fluß sind[1], und zweitens, weil die Ursachen der Abnutzung recht verwickelt sind.

Die Verschleißbreitenmessung auf der Freifläche (Abb. 58) hat sich sowohl in Europa als auch in USA für Hartmetall und letzthin auch für Schnellstahl eingeführt, jedoch sind die Meßmethoden noch verbesserungsbedürftig. Eine Verschleißmarke ist nicht einheitlich breit, sondern hat viele „Zacken" (Abb. 59), so daß die Frage entsteht, wo und wie die Breite der Verschleißmarke gemessen werden soll. Außerdem benötigt man Vergrößerungsapparate für genaue Messungen der Verschleißmarkenbreite, und man muß den Drehstahl zur Prüfung oft aus der Maschine nehmen.

Ansätze zur Vervollkommnung der Abnutzungsmessung sind gemacht worden. Die eine Methode, die von ERNST, MERCHANT und KRABACHER[2] entwickelt wurde, benutzt radioaktiv gemachte Werkzeuge und zählt die Werkzeugteilchen, die in der Schneidflüssigkeit oder mit dem Span abwandern, mit Hilfe von GEIGER-Zählern (Abb. 60 und 61). Diese Methode scheint zwar genau zu sein, verlangt aber kostspielige Apparatur und eine gewisse Abschirmung gegen unerwünschte Auswirkungen radioaktiver Substanzen. An der Technischen Hochschule in Stockholm sind solche Versuche gleichfalls ausgeführt worden[3].

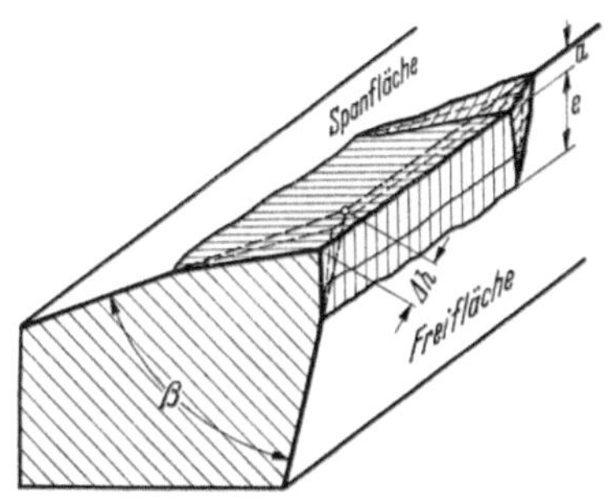

Abb. 58. Verschleißmarkenbreite e auf der Freifläche (a = Schneidkantenversetzung; Δh = Zurücksetzung der Schneidkante; β = Keilwinkel).

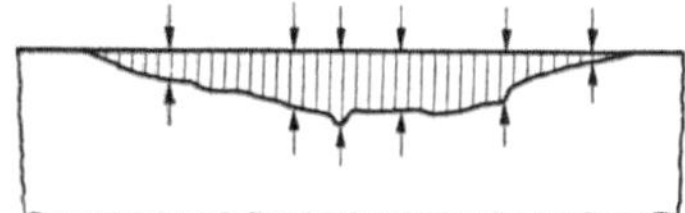

Abb. 59. Zackenförmige Verschleißmarkenbreite.

Eine andere Methode zur Bestimmung der Abnutzung, bei der das Werkzeug in der Drehbank eingespannt bleiben kann, ist von M. SHAW und seinen Mitarbeitern am Massachusetts Institute of Technology entwickelt und im Juni 1952 vorgeführt worden. Sie benutzen einen Diamanten, der nach Art des Knoop-Härteprüfers einen pyramiden-

[1] BRÖDNER: Zerspanung und Werkstoff, 2. Aufl., Tafel 6. Essen: Verlag W. Giradet.

[2] ERNST, H., M. E. MERCHANT u. E. J. KRABACHER: Radioactive Cutting Tools for Rapid Tool Life Testing. Semi Annual Meeting, Amer. Soc. Mech. Engrs. Cincinnati, Juni 1952.

[3] COLDING, B., u. L. G. ERWALL: Radioaktiv undersökning av svarvstâls utslitning. Särtryck ur Teknisk Tidskrift 17. Nov. 1953.

förmigen Eindruck auf der unverletzten Freifläche hinterläßt mit einem Längen- zu Tiefenverhältnis von 30,5 : 1. Die tatsächliche Abnutzung, die sich an der Verringerung der Tiefe des Eindrucks zeigt, wird somit in 30½facher Vergrößerung als eine Länge gemessen. Das ist ein genaueres Verfahren als nur die Verschleißbreite zu messen. Der Eindruck ist gut begrenzt im Vergleich zur Unregelmäßigkeit der Zacken der Verschleißmarke, und seine Änderung kann durch ein Mikroskop, das am Support angebracht ist, schnell abgelesen werden. Die Zunahme Δ der Verschleißbreite wird gefunden aus:

$$\Delta = \frac{\operatorname{ctg}\alpha \cdot (E_2 - E_1)}{30{,}5},$$

wo

α Freiwinkel,

$E_2 - E_1$ Abnahme der Länge der Längsachse des Meßeindrucks

bedeuten.

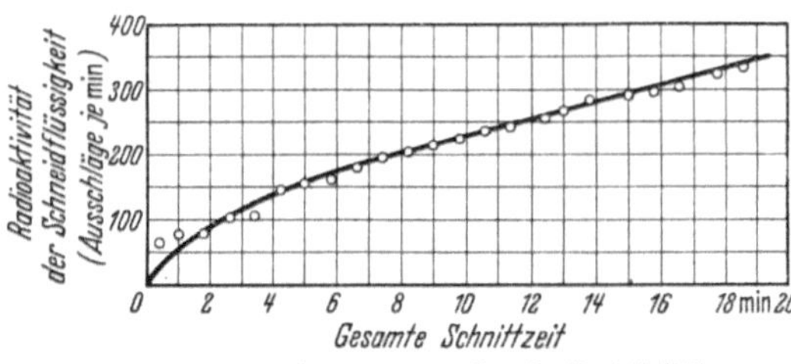

Abb. 60. Standzeitbestimmung aus der Radioaktivität von Schneidflüssigkeiten (ERNST, MERCHANT und KRABACHER).

Bisher sind jedoch nur Versuche mit härteren Werkstoffen durchgeführt worden, da sich bei weicheren der Eindruck u. U. vollsetzt.

Die Ursachen der Abstumpfung können in vier Klassen geteilt werden[1]:

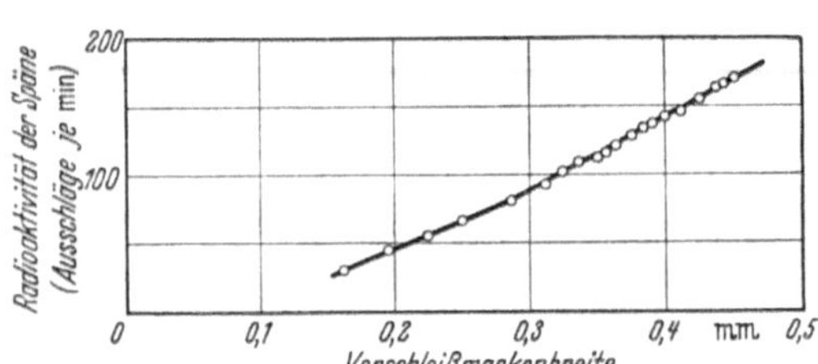

Abb. 61. Standzeitbestimmung aus der Radioaktivität der Späne (ERNST, MERCHANT und KRABACHER).

a) Plastische Verformung des Werkzeuges durch Temperatureinwirkung; b) mechanischer Verschleiß auf Freifläche und Spanfläche; c) Ausbröckeln als Folge der pulsierenden Kraftwirkung des Spanes und von Schwingungserscheinungen, die die Wechselbiegefestigkeit des Werkzeuges überschreiten; d) Ausbrechen von Teilen beim periodischen Abwandern der Aufbauschneide.

Die radioaktive Meßmethode mißt das alles summarisch, sofern die Teilchen mit dem Span abwandern, was aber zu 95% der Fall ist.

Es wird noch eine lange Zeit dauern, bis Zerspanungsversuche großen Umfanges mit den verbesserten Abnutzungsmeßmethoden durchgeführt worden sind und eine Normung zustande gekommen ist.

[1] BICKEL, E.: Zum Problem der Schneidenabnutzung. Industrielle Organisation 1950.

Man muß daher selbst Normen festlegen, auf denen man die Ableitung von Zerspanungsgesetzen aufbauen kann.

Bis zu einer internationalen Normung werde ich hier der amerikanischen Praxis folgen und, wenn immer möglich, eine Verschleißmarkenbreite von $^{3}/_{4}$ *mm (= 0,030″) zugrunde legen für Hartmetall und von* $1^{1}/_{2}$ *mm (= 0,060″) für Schnellstahl.* Diese Verschleißmarkenbreiten sind häufig benutzte Standzeitkriteria, obgleich auch 0,015″ oft angetroffen wird. Man kann aber von einer Verschleißbreite zur anderen umrechnen, indem man die Standzeit verdoppelt, wenn man eine Verdoppelung der Verschleißbreite berücksichtigen will[1].

Ein neuerer und besserer Weg zur Normung von Standzeitunterlagen könnte sich aus der Anwendung der mathematischen Statistik ergeben, aufgebaut auf der Streuungszerlegung oder „Analysis of variance". ERICH SOOM[2] hat sehr interessante statistische Untersuchungen angestellt über den Verschleiß von Schnellstahlfräsern und die ihn beeinflussenden Größen, wie Vorschub, Werkzeugmaterial, Drehzahl, und kommt zu dem Schluß, daß lediglich das Spanvolumen einen deutlichen Einfluß auf die Größe des Verschleißes hat. Weitere Arbeiten in dieser Richtung sind sicherlich empfehlenswert.

2. Standzeit und Schnittgeschwindigkeit.

(T_L–v-Beziehung.)

a) Die Taylor-Gleichung.

TAYLOR war der erste, der die T_L–v-Beziehung eingehend untersuchte, und sie steht auch heute noch mehr im Vordergrund der Untersuchungen in den Vereinigten Staaten als die F–v-Beziehung, der in Europa größere Beachtung gegeben wird.

Für sie hat er die als TAYLOR-Gleichung bekannte Formel aufgestellt:

$$v \cdot T_L^y = C_T\,, \qquad (72) \text{ s. a. } (53)$$

wobei die TAYLOR-Konstante C_T als Schnittgeschwindigkeit für 1 Min. Standzeit gilt, ohne jedoch den Spanquerschnitt einzubeziehen. Das heißt, für jeden Spanquerschnitt ist eine andere TAYLOR-Konstante notwendig[3].

TAYLOR hat Untersuchungen über die wirtschaftlichste Standzeit angestellt, die man als Norm zugrunde legen kann.

---

[1] Vgl. auch A. WALLICHS: Drehbarkeit von Leichtmetallen. Z. VDI 17. April 1937. — G. SCHLESINGER: Machinability. Amer. Mach., N. Y. 21. Nov. 1946. — LEYENSETTER: Prüfverfahren der Zerspanung. RKW-Veröff. Nr. 114 S. 16—18. Teubner-Verlag 1938.

[2] SOOM, E.: Anwendung der mathematischen Statistik in der Industrie. Industrielle Organisation 1953 Nr. 4 S. 109—120.

[3] Vgl. hierzu S. 44, Abschnitt e.

Er ging von der Überlegung aus, daß die Standzeit in einem bestimmten Verhältnis zur Arbeitszeit stehen müsse. Ist die Standzeit zu klein, so muß der Stahl oft nachgeschliffen werden, so daß viele Pausen in der Bearbeitung eintreten. Ist die Standzeit zu groß, so folgt, daß die Schnittgeschwindigkeit zu niedrig bemessen ist, wodurch ebenfalls wieder Verluste an Arbeitszeit entstehen. Bezeichnet T_L die Standzeit des Stahles ohne Nachschleifen, T_S die Zeit für Nachschleifen des Stahles vom Ausspannen bis zum Wiedereinspannen, so soll nach TAYLORS Ermittlungen

$$\frac{T_L}{T_S} = 7 \ldots 35$$

sein, d. h. die Standzeit des Stahles soll *mindestens* 7mal so groß sein wie die Zeit zum Anschleifen, aber nicht größer als etwa das 35fache der Schleifzeit, da sonst wieder Unwirtschaftlichkeit eintritt. TAYLOR hat für seine Betriebe die 10fache Zeit empfohlen. Hierbei ist allerdings zu bemerken, daß das Wiederanschleifen des TAYLOR-Stahls schwieriger ist als das Anschleifen der Stähle mit gerader Schneidkante. Für gerade Stähle kann, nach Angaben des Refa, mit 2,5 bis 4,0 Min. gerechnet werden[1]. Hierbei ist eine Standzeit von 60 Min. vorgesehen, so daß das Verhältnis

$$\frac{T_L}{T_S} = 15 \ldots 24$$

wird, also recht gut innerhalb der Grenzen der von TAYLOR ermittelten Wirtschaftlichkeit liegt. LEYENSETTER hat den TAYLOR-Exponenten y in Beziehung gebracht zum Verhältnis $\frac{\text{Standzeit}}{\text{Rüstzeit}}$ [2].

Nach den Ermittlungen der A.S.M.E.[3] muß man zwischen einer günstigsten Standzeit für kleinste *Kosten* und einer für größte *Fertigung* unterscheiden. Die erstere Standzeit folgt aus der Gleichung

$$T_L = \left(\frac{1}{y} - 1\right)\left(\text{Zeit für Werkzeugwechsel} + \frac{\text{Werkzeugkosten je Anschliff}}{\text{direkte Kosten} + \text{Unkosten je Min.}}\right),$$

die zweite aus

$$T_L = \left(\frac{1}{y} - 1\right) \cdot \text{Zeit für Werkzeugwechsel}.$$

TAYLOR legte seinen Untersuchungen ferner die Annahme einer Normalzeit von 20 Min. zugrunde, d. h., er stellte die Schnittgeschwindigkeit so ein, daß der Drehstahl nach 20 Min. stumpf wurde. Diese Schnittgeschwindigkeit nannte er „Normal-Schnittgeschwindigkeit". Da aber

[1] Reichsausschuß für Arbeitszeitermittlung beim Verein Deutscher Ingenieure. Refa-Blatt VII, 1, Abs. 5.

[2] LEYENSETTER, W., zitiert S. 81, dort S. 33ff.

[3] Manual on Cutting of Metals with Single Point Tools. Published by The American Society of Mech. Engineers, 2. Aufl. S. 315. New York 1952.

20 Min. Schneidhaltigkeit für den praktischen Betrieb zu kurz ist, stellte er Versuche an, um zu ermitteln, um welchen Betrag die Schnitt-

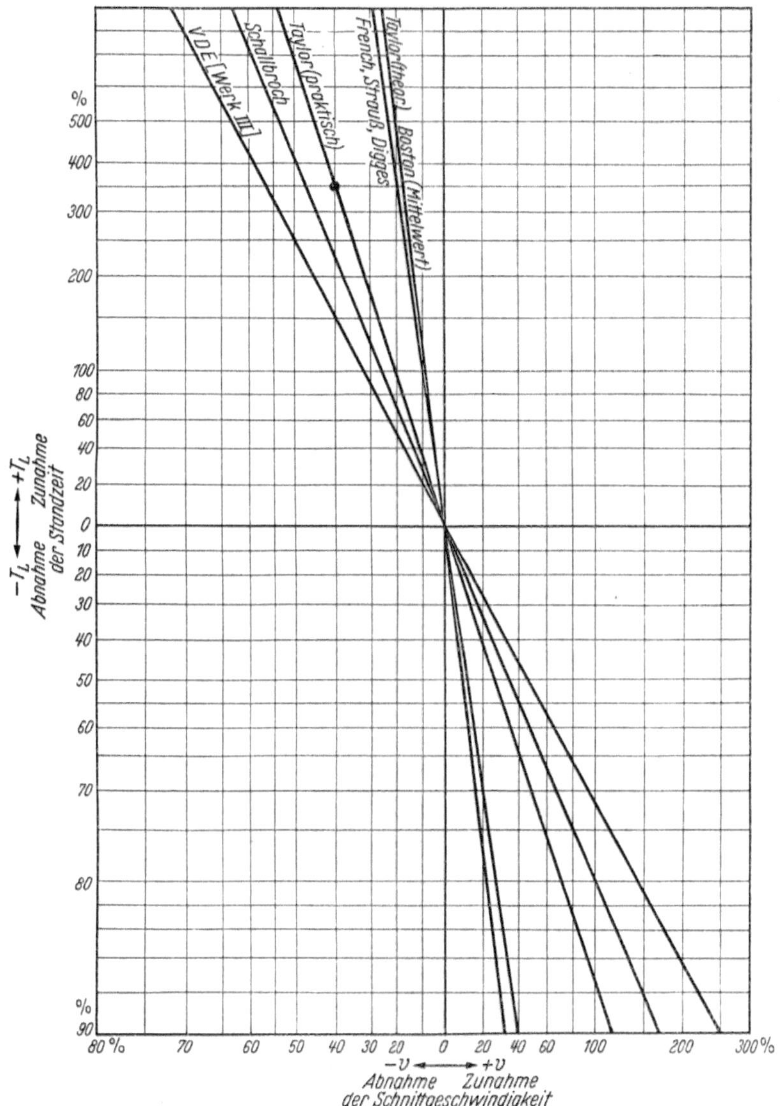

Abb. 62. Änderung der Standzeit bei Änderung der Schnittgeschwindigkeit in Prozenten.

geschwindigkeit zu ermäßigen ist, damit der Stahl 1½ Stunden scharf bleibt. Diese Schnittgeschwindigkeit nannte er „Praktische Schnittgeschwindigkeit". TAYLOR hatte die 20-Minuten-Zeit gewählt, um schneller mit seinen Versuchen fertig zu werden, denn wenn er alle Versuche auf $1^1/_2$ Stunden ausgedehnt hätte, so hätte er noch bedeutend mehr Zeit für seine Untersuchungen gebraucht, als es schon der Fall gewesen war. Bekanntlich hat TAYLOR 26 Jahre für seine verschiedenen Untersuchungen benötigt, obgleich er annahm, sie in 6 Monaten durchführen zu können.

Infolge der Aufstellung der „praktischen Schnittgeschwindigkeiten" hat TAYLOR auch allgemeine Versuche über das Verhältnis der Standzeit (Schneidhaltigkeit) des Drehstahles zur Schnittgeschwindigkeit angestellt, d. h., er untersuchte, um welchen Betrag die Schnittgeschwindigkeit gesteigert werden kann oder verringert werden muß, wenn die Lebensdauer des Drehstahles kürzer bzw. länger sein soll, als sie der gewählten Schnittgeschwindigkeit entspricht[1].

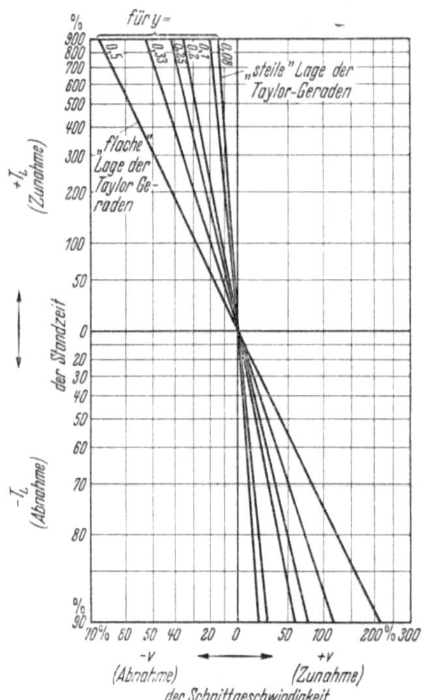

Abb. 63. Änderung der Standzeit bei Änderung der Schnittgeschwindigkeit für verschiedene Standzeitenexponenten y.

In Abb. 62 sind die Verhältnisse graphisch dargestellt. In der Abszissenachse ist vom 0-Punkt nach rechts bzw. links die prozentuale Zunahme bzw. Abnahme der Schnittgeschwindigkeit, in der Ordinatenachse die Zunahme bzw. Abnahme der Lebensdauer des Drehstahles aufgetragen. Die beiden gekennzeichneten Geraden stellen die Verbindung zwischen den obigen Größen her, und zwar einmal nach TAYLORS Versuchen und Formeln und das zweitemal berechnet nach seinen Tabellen für die praktische Schnittgeschwindigkeit. Den Untersuchungen liegt Schnellstahl als Drehmeißel und SM-Stahl als Werkstoff zugrunde.

In Abb. 63 sind die Verhältnisse für die T_L-v-Beziehung allgemein dargestellt für die im theoretischen Teil erwähnten Exponenten y der TAYLOR-Gleichung. Vergleich mit Abb. 62 zeigt, daß die tatsäch-

[1] TAYLOR-WALLICHS: Dreharbeit und Werkzeugstähle § 302. Berlin: Springer 1917.

lichen Werte innerhalb der Grenzen liegen, die auf S. 43 erörtert wurden. Für Gußeisen ist es TAYLOR nicht gelungen, eine ähnliche Beziehung aufzustellen, wohl aber vor kurzem bei den Curtiss-Wright-Versuchen.

Aus Diagrammen (62 u. 63) geht hervor, daß sich Schneidhaltigkeit und Schnittgeschwindigkeit stark gegenseitig bedingen. Ist z. B. die Schnittgeschwindigkeit für eine bestimmte Schneidhaltigkeit bekannt (0-Punkt) und will man sie steigern (unter sonst gleichen Bedingungen), so ersieht man, daß eine Steigerung der Schnittgeschwindigkeit um 10% unter Zugrundelegung der TAYLORschen Versuche bereits eine Abnahme der Schneidhaltigkeit um 50% verursacht. Steht ein Drehstahl bei 20 m/min Schnittgeschwindigkeit 20 Min. bis zur Abstumpfung, so wird er bei 22 m/min nur 10 Min. scharf bleiben. Der Einfluß der Steigerung der Schnittgeschwindigkeit auf die Standzeit ist jedoch nicht immer so stark, wie es TAYLOR angibt. Eine Nachrechnung des Verhältnisses von TAYLORS praktischen Schnittgeschwindigkeiten zu seinen normalen Schnittgeschwindigkeiten zeigt, daß er die praktischen Schnittgeschwindigkeiten durch Multiplikation der normalen Schnittgeschwindigkeiten mit im Mittel 0,6 gebildet hat. Da den normalen Schnittgeschwindigkeiten eine Schneidhaltigkeit von 20 Min., den praktischen eine solche von 90 Min. zugrunde liegt, kann man dieses Verhältnis in das Diagramm eintragen (Punkt ·) und durch Verbindung mit dem Ursprung die zweite Gerade erhalten. Diese ergibt Werte, die denen anderer Forscher näherkommen. Hiernach würde eine Steigerung der Schnittgeschwindigkeit um 10% nur ein Abfall der Lebensdauer um 24% entsprechen. Auch hiernach ist der gegenseitige Einfluß beider Größen noch recht groß. Bezeichnet T_L die Lebensdauer des Drehstahles in Minuten bis zum Abstumpfen, so ergibt sich nach TAYLOR:

$$T_L = f\left(\frac{1}{v^8}\right),$$

d. h. die Lebensdauer ändert sich im umgekehrten Verhältnis der 8. Potenz der Schnittgeschwindigkeit. Die zweite Gerade stellt die Veränderlichkeit mit folgender Funktion fest:

$$T_L = f\left(\frac{1}{v^3}\right),$$

d. h. also, das Verhältnis enthält die 3. Potenz.

Bei Versuchen, die vom Verein Deutscher Eisenhüttenleute zur Klärung dieser Zusammenhänge[1] vorgenommen worden sind, wurde festgestellt, daß die Standzeit eines Drehstahles wesentlich von der Härtetemperatur abhängt, und zwar ist die günstigste Härtetemperatur dann erreicht, wenn das Kleingefüge aus verhältnismäßig deutlichen und

[1] Berichte der Fachausschüsse des Vereins Deutscher Eisenhüttenleute, Werkstoffausschuß, Bericht 86 vom 26. Februar 1926. Von Dr.-Ing. RAPATZ.

großen Polyedern besteht. Die Legierung des Schnellstahles hat nicht so starken Einfluß auf die Schneidhaltigkeit wie die richtige Härtung, so daß schon niedriger legierte Stähle bessere Leistungen aufwiesen als höhere, falls diese um 50° C zu niedrig gehärtet waren. Die günstigsten Härtetemperaturen sind in der nachstehenden Tab. 19 verzeichnet[1]:

Tabelle 19.

Art des Schnellstahles	Günstigste Härtetemperatur	Dauer der Einwirkung dieser Temperatur
~ 14% Wolfram	1270°—1290°	1 bis höchstens 3 Min.
Mehr als 18% Wolfram .	1300°	Desgl.
Mit Kobaltzusatz . . .	1320°	Desgl.

Unter Berücksichtigung dieser Härteregeln ergeben sich die in Abb. 64 dargestellten Diagramme für die Abhängigkeit zwischen Schnittgeschwindigkeit und Lebensdauer des Drehstahles. Zum Vergleich sind auch die amerikanischen Versuche von French, Strauss und Digges[2] sowie die von Schallbroch[3] hinzugezogen. In Abb. 62 sind sie auf prozentuale Änderungen von v und T_L umgewertet und den Taylorschen Ergebnissen gegenübergestellt.

Aus ihr ersieht man, daß die Versuche von French, Strauss und Digges sehr nahe an die theoretischen Angaben Taylors herankommen; die deutschen Versuche liegen der „praktischen“ Taylor-Linie näher. Während die ersteren sich auch in den Grenzen der Abhängigkeit mit dem umgekehrten Werte der 7. bis 8. Potenz der Schnittgeschwindigkeit bewegen (d. h. $y = 0{,}14 \ldots 0{,}125$), bewegen sich die letzteren ebenfalls in den Grenzen der 3. bis 4. Potenz wie Taylors praktische Angaben (d. h. $y = 0{,}33 \ldots 0{,}25$):

Tabelle 20.

		Versuchsdaten				Festigkeit des Werkstückes	Spanquerschnitt $s \cdot t$
		Legierung[4]			Härtung		
		W %	V %	Co %			
Schallbroch						62—66 kg	1,25 · 4,0
French Strauss Digges	A	13,92	1,49	3,63	1320°	50 kg	0,21 · 4,8
	B	17,97	0,73	3,06	1350°	50 kg	0,21 · 4,8
	C	13,91	1,64	0,09	1290°	50 kg	0,21 · 4,8
	D	18,33	0,85	—	1320°	50 kg	0,21 · 4,8
VDE		18			1300°	90 kg	2,12 · 4,0

[1] Hierzu vgl. auch: Normen der „American Society for Steel Treating (Cleveland)“ über Wärmebehandlung von Kohlenstoff- und Schnellstahl. Werkstattstechnik 1927 S. 49ff. Berlin: Springer.

[2] Stahl u. Eisen 1924 S. 566.

[3] Schieß-Nachr. 1924/25 S. 178.

[4] W = Wolfram, V = Vanadium, Co = Kobalt.

Die wesentliche Bedeutung, die dem Standzeitexponenten y für die T_L-v-Beziehung zukommt, wird auch aus Abb. 65 ersichtlich. Sie gestattet es, Multiplikatoren für Umwandlung von v_{60} in v_{240} und v_{480} bei Werten von y bis zu 0,45 zu ermitteln. Je größer y, desto klei-

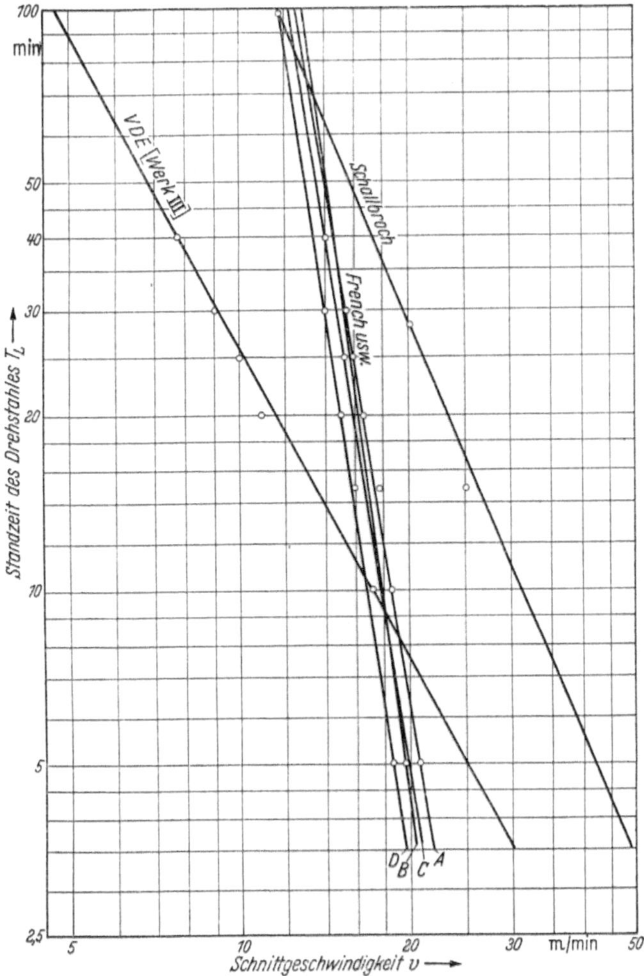

Abb. 64. Abhängigkeit der Standzeit von der Schnittgeschwindigkeit.

ner ist der Multiplikator, d.h. desto kleiner wird die Schnittgeschwindigkeit für 240 und 480 Min. Standzeit im Vergleich zur Schnittgeschwindigkeit für 60 Min. Standzeit.

In diesem Zusammenhang ist es auch möglich, sich allgemein darüber zu unterrichten, wie „empfindlich“ ein Werkzeug ist gegen Drehzahländerung auf Drehbänken mit einem Stufensprung von $\varphi = 1,06$ und $\varphi = 1,26$ bei Schaltung um eine Stufe. Es ergibt sich aus der TAYLOR-Gleichung:

$$v_1 \cdot T_{L_1}^y = v_2 \cdot T_{L_2}^y, \tag{73}$$

$$\left(\frac{T_{L_1}}{T_{L_2}}\right)^y = \frac{v_2}{v_1} = \varphi,$$

und somit

$$\frac{T_{L_1}}{T_{L_2}} = \varphi^{\frac{1}{y}}. \tag{74}$$

Einige Werte sind in Tab. 21 zusammengestellt.

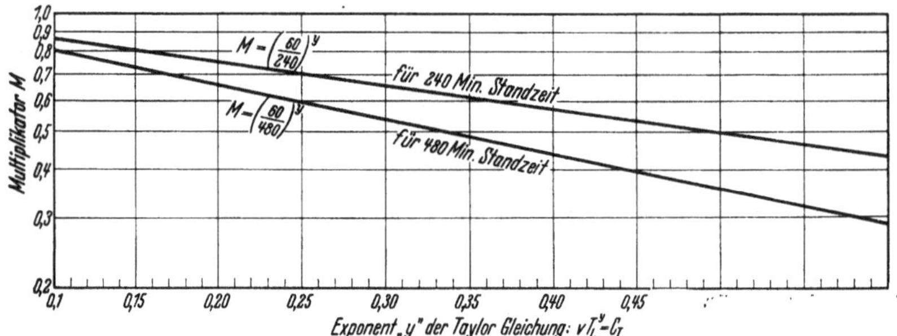

Abb. 65. Multiplikatoren zur Umrechnung von v_{60}-Schnittgeschwindigkeiten in v_{240}- und v_{480}-Schnittgeschwindigkeiten für Standzeitexponenten y von 0,1 bis 0,45.

Tabelle 21.

Standzeitexponent y	Erhöhung der Standzeit bei Herabsetzung der Schnittgeschwindigkeit um eine Drehzahlstufe auf Bank mit $\varphi = 1,06$	$\varphi = 1,26$
0,4	16%	79%
0,3	21%	115%
0,2	34%	216%
0,15	$37^1/_2$%	365%
0,10	79%	900%

Die Zahlenwerte des Exponenten y der TAYLOR-Gleichung $v \cdot T_L^y = C_T$ lassen sich aus den Standzeitgeraden im doppellogarithmischen Feld leicht ableiten. Allgemein gilt für zwei beliebige Punkte 1 und 2 auf solcher Geraden:

$$v_1 \cdot T_{L_1}^y = v_2 \cdot T_{L_2}^y = C_T.$$

Durch Logarithmieren beider Seiten folgt somit:

$$y = \frac{\log\left(\frac{v_2}{v_1}\right)}{\log\left(\frac{T_{L_1}}{T_{L_2}}\right)}, \tag{75}$$

wobei $v_2 > v_1$ und $T_{L_1} > T_{L_2}$ ist. Wählt man die beiden Punkte so, daß $T_{L_1} = 10\,T_{L_2}$ ist, so wird der Nenner in Gl. (75) gleich 1,0, und somit:

$$y_{10} = \log\left(\frac{v_2}{v_1}\right). \tag{76}$$

Auf dem Rechenschieber stellt man also nur das Verhältnis $\frac{v_2}{v_1}$ ein und liest am Ende der Zunge auf der Logarithmenskala den Exponenten y direkt ab. Wenn beispielsweise $\frac{v_2}{v_1} = \frac{70\ \text{m/min}}{30\ \text{m/min}} = 2{,}34$ ist, so ist der Exponent $y = 0{,}37$ als Logarithmus von 2,34*.

b) Neuere Versuche zur $T_L - v$-Beziehung.

Die neusten und umfangreichsten Versuche über die T_L-v-Beziehung sind von der U.S. Air Force veranlaßt[1] und in verschiedenen Laboratorien durchgeführt worden.

Die meisten der veröffentlichten Diagramme zeigen gerade Linien für die T_L–v-Beziehung im log-log-Feld, wenn die Standzeit in Minuten angegeben ist. Es finden sich auch Angaben in „cubic-inches" (Kubikzoll), die man in Minuten umrechnen kann, wenn Vorschub s und Schnittiefe t in englischem Maß (inches) bekannt sind. Bezeichnet man die Volumenstandzeit in „cubic-inches" mit T_{Vol} und die in Minuten mit T_L, so ist das minutliche Spanvolumen im englischen Maßsystem:

$$\text{minutl. Vol} = 12 \cdot s \cdot t \cdot v \quad (\text{in}^3/\text{min}),$$

das minutliche Volumen ist aber nichts anderes als (Standzeit-)Volumen (T_{Vol}) dividiert durch (Standzeit-) Minuten T_L, daher:

$$\frac{T_{\text{Vol}}}{T_L} = 12 \cdot s \cdot t \cdot v$$

oder

$$T_L = \frac{T_{\text{Vol}}}{12 \cdot s \cdot t \cdot v} = \frac{T_{\text{Vol}}}{12 \cdot F \cdot v}. \tag{77}$$

In metrischem Maß gilt:

$$T_L = \frac{T_{\text{Vol}}}{F \cdot v}, \tag{78}$$

wenn T_{Vol} in Kubikzentimetern gemessen ist.

---

* Wenn $\frac{T_{L1}}{T_{L2}}$ nicht gleich 10 genommen werden kann, stellt man den Endpunkt der Zunge über den Quotienten $\frac{T_{L1}}{T_{L2}}$ auf der Exponentialskala ein und sucht mit dem Sucher den Quotienten $\frac{v_2}{v_1}$ auf ihr. Der Sucher zeigt dann auf der Zunge den gesuchten Exponenten.

[1] Increased Production, Reduced Cost Through a better understanding of the machining process and control of materials, tools, machines. Machinability Research Program, Sponsored by U.S. Air Force. Published by Curtiss Wright Corporation Bd. I (1950), Bd. II (1951). Siehe auch Amer. Mach. 1. Okt. 1951 S. 161 bis 168; Iron Age 9. Nov. 1950 und 11. Okt. 1951.

Ein Gebrauchsdiagramm für Umrechnung von einer Standzeitart in die andere ist in Abb. 66 gegeben. Eine Skala zum Vergleich der Kubikzollstandzeit mit der Kubikzentimeterstandzeit ist am oberen Rande der Abb. 66 angebracht.

Besonderen Wert hat man bei den Curtiss-Wright-Versuchen auf die Untersuchung des Einflusses des Gefügeaufbaues des Werkstückes gelegt und ein die Ergebnisse zusammenfassendes Diagramm veröffentlicht[1], das in Tab. 22 in metrischen Dimensionen ausgewertet ist.

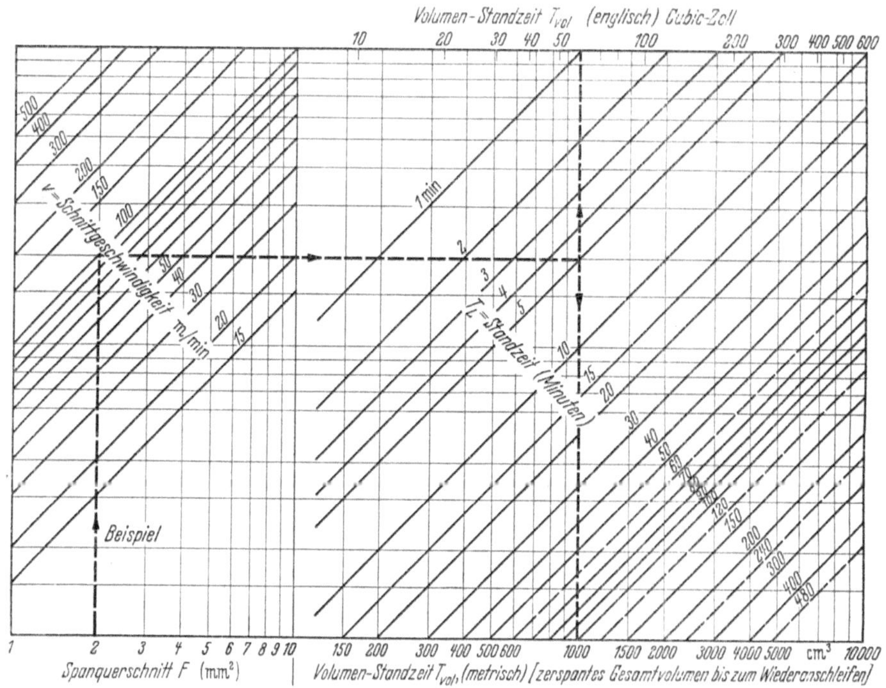

Abb. 66. Diagramm für Standzeitumrechnungen.

Trägt man die T_L-v-Beziehung dieser Tab. 22 in ein doppellogarithmisches Netz ein, so ergibt sich Abb. 67, wobei man durch die Punkte Ausgleichsgerade legen kann. Um die Standzeit auf zwei verschiedene Verschleißbreiten beziehen zu können, sind zwei Skalen an der linken Seite der Abb. 67 aufgetragen worden. Die Skala für 0,38 mm Verschleißbreite entspricht den tatsächlichen Versuchswerten (0,015 inch), während die zweite Skala der Normverschleißbreite, d. h. dem doppelten Wert entspricht (0,75 mm = 0,030 inch) und daher der doppelten Standzeit.

[1] Amer. Mach. 1. Okt. 1951, zitiert S. 89, dort S. 161 ff.

Es ist lehrreich, die C_{vR}-Werte der Tab. 22 für die Stundenschnittgeschwindigkeit v_{60} in Abhängigkeit vom Perlitgehalt aufzu-

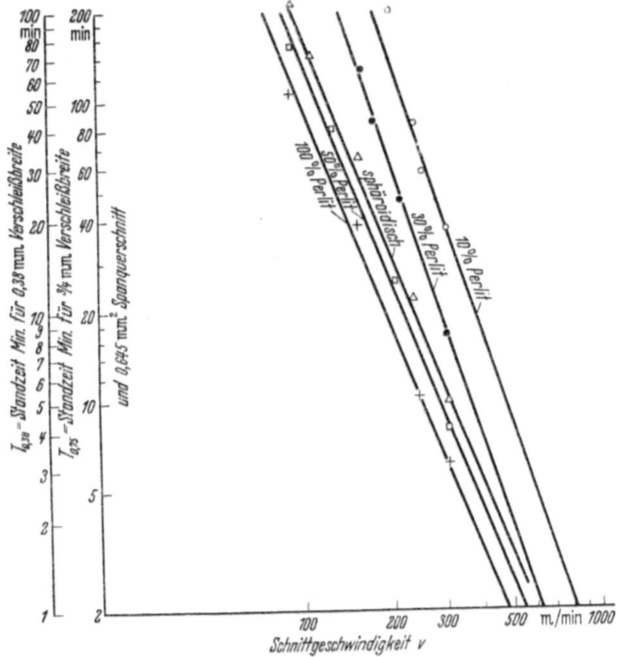

Abb. 67. T_L–v-Beziehung für Hartmetall (ausgewertet aus Curtiss-Wright-Daten).

tragen, wie in Abb. 68 gezeigt. Die sich ergebende mittlere Gerade folgt der Gleichung:

$$C_{vR} = \frac{395}{\sqrt[5]{\text{Perlitgehalt}}}.$$

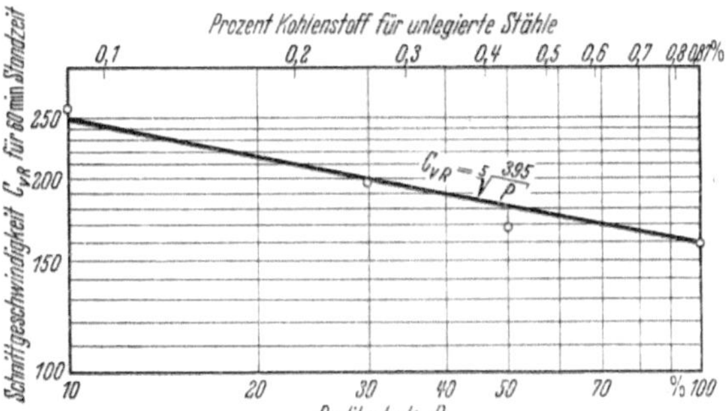

Abb. 68. Abhängigkeit der Schnittgeschwindigkeit vom Perlitgehalt bei 0,645 mm² Spanquerschnitt.

Somit fällt die zulässige Schnittgeschwindigkeit mit steigendem Perlitgehalt. Eine Verzehnfachung des Perlitgehaltes von 10% auf

Tabelle 22. *Durchschnittswerte für die T_L-v-Beziehung mit Hartmetall (Standzeit — Schnittgeschwindigkeit) nach Curtiss-Wright-Bericht.*

Stähle mit Perlit %	Stähle mit Ferrit %	Schnittgeschwindigkeit ft/min	Schnittgeschwindigkeit m/min	Standzeit Kubikzoll	Standzeit Minuten	Schnittgeschwindigkeit v_{60} für T_L = 60 Min. 0,75 mm Verschleißbreite 0,645 mm² Spanquerschnitt	Standzeitexponent
		v_i	v	T_{Vol}	$T_L = \frac{83{,}3 T_{\mathrm{Vol}}}{v_i}$ für 0,38 Verschleißbreite	C_{vR}* m/min	y
10	90	785 850 1000	240 259 305	400 300 225	42,5 29,4 18,7	260	0,342
30	70	520 580 710 1000	159 176 216 305	400 300 200 100	64 43 23,5 8,33	200	0,336
Sphäroid.		300 510 1000	91,5 156 305	380 200 60	106 32,8 5,0	150	0,388
50	50	300 660 1000	91,5 202 305	275 100 50	76 12,6 4,15	140	0,400
100	0	300 800 1000	91,5 243 305	190 50 37	53,7 5,2 3,1	120	0,404

100% verlangt auf Grund der Ausgleichsgraden der Abb. 68 eine Herabsetzung der Schnittgeschwindigkeit von $C_{vR} = 250$ m/min auf $C_{vR} = 160$ m/min, d. h. um 36%.

Beachtet man ferner den Zusammenhang zwischen Perlitgehalt und Kohlenstoffgehalt für unlegierte Stähle, wie er in der oberen Skala in Abb. 68 zum Ausdruck kommt, und auch die damit verbundene Erhöhung der Brinellhärte, wie sie in Abb. 69 dargestellt ist, so kann man einen durchschnittlichen Zusammenhang herstellen (wenigstens für unlegierte Stähle) zwischen der Stundenschnittgeschwindigkeit und der Brinellhärte. Aus Abb. 69 folgt:

$$\text{Brinell} = 64 \cdot (\text{Perlitgehalt } \%)^{0{,}235}.$$

Man erhält somit:

$$C_{vR} = \frac{\text{konstant}}{(\text{Brinellhärte})^{0{,}85}}.$$

* C_{vR} bezeichnet die Schnittgeschwindigkeit für den reduzierten Spanquerschnitt von 0,645 mm² und ist nicht dem Schlankheitsgrad angepaßt.

Man erkennt, daß die Stundenschnittgeschwindigkeit mit steigender Brinellhärte fällt, jedoch weniger als proportional. Eine Verdopplung der Brinellhärte verlangt nach diesen Werten eine Herabsetzung der Schnittgeschwindigkeit auf den $2^{0,85} = 1,80$-ten Teil. Es wird sich noch zeigen (Tab. 53), daß sich dieser Zusammenhang dem *Wesen* nach mit anderen Forschungen deckt.

Beziehungen zwischen Schnittgeschwindigkeit und der Härte der Werkstücke kommen auch in den Forschungsarbeiten der *Bethlehem*

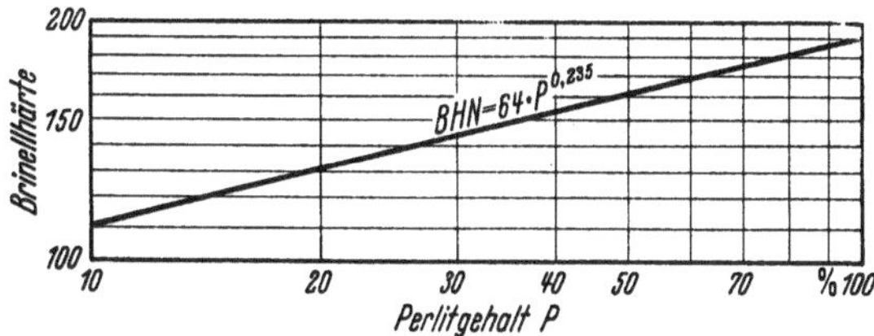

Abb. 69. Mittlere Abhängigkeit der Brinellhärte vom Perlitgehalt unlegierter Stähle.

Steel Co. zum Ausdruck. Dort hat man gefunden[1], daß das Produkt aus Zugfestigkeit und einem aus der chemischen Zusammensetzung des Werkstückes berechneten Härtewert recht genau proportional der Schnittgeschwindigkeit ist, wenn alle sonstigen Versuchsumstände unverändert bleiben.

Zur Berechnung des Bethlehem-Härtewertes wird jedem chemischen Bestandteil des Stahles ein Punktwert zugeordnet, wie er in Tab. 23 angegeben ist.

Die Berechnung des Härtewertes selbst ist aus Tab. 24 ersichtlich, woraus man z. B. erkennt, daß für zwei verschiedene Schmelzen des gleichen Werkstoffes (C 1137) (siehe Kolonnen 2 und 3) infolge etwas verschiedener Zusammensetzung sich verschiedene Bethlehem-Härtewerte ergeben, obgleich die Zugfestigkeit dieselbe ist.

Tabelle 23. *Punktwerte zur Berechnung des Bethlehem-Härtewertes.*

Chemisches Element	Punktwert
Kohlenstoff .	je 0,01% = 30 Punkte
Mangan	je 0,01% = 8 Punkte
Phosphor ...	je 0,001% = 4 Punkte
Schwefel	je 0,001% = 1 Punkt
Silizium	je 0,01% = 5 Punkte
Nickel	je 0,01% = 4 Punkte
Chrom	je 0,01% = 5 Punkte
Vanadium ..	je 0,01% = 18 Punkte
Molybdän ...	je 0,01% = 16 Punkte
Wolfram	je 0,01% = 4 Punkte
Kupfer	je 0,01% = 4 Punkte

Die Untersuchungen der Bethlehem Steel Company haben übrigens gezeigt, daß harte Einschlüsse im Stahl die Bearbeitbarkeit nur beeinflussen, wenn sie mit bloßem Auge erkannt werden können. In solchen Fällen ist es gewöhnlich möglich, die Ursachen zu erkennen und

[1] Wittemann, G. P.: Some Metallurgical Aspects of Machinability, Bethlehem Steel Company, Bethlehem, Pennsylvania, S. 18ff.

Tabelle 24. *Berechnung von Härtewerten und Vergleich mit Schnittgeschwindigkeiten.*

Chemische Elemente	Werkstoff C 1137	Werkstoff C 1137	Werkstoff C 1141	Chromnickelstahl
C	34 × 30 = 1020	36 × 30 = 1080	43 × 30 = 1290	50 × 30 = 1500
Mn	113 × 8 = 904	139 × 8 = 1112	145 × 8 = 1160	77 × 8 = 616
P	14 × 4 = 56	18 × 4 = 72	11 × 4 = 44	18 × 4 = 72
S	130 × 1 = 130	125 × 1 = 125	110 × 1 = 110	58 × 1 = 58
Si	18 × 5 = 90	8 × 5 = 40	13 × 5 = 65	22 × 5 = 110
Ni				54 × 4 = 216
Cr				94 × 5 = 470
Mo				21 × 16 = 336
V				16 × 18 = 288
Bethlehem-Härtewert	2200	2429	2669	3666
Zugfestigkeit (Lbs/in^2)	99000	99000	101000	146000
Produkt: Härtewert[1] × Zugfestigkeit	218	240	270	535
Verhältnis (errechnet für 218 = 100)	100	91	81	41
Vergleichbare Schnittgeschwindigkeit (Versuch mit Schnellstahl) ft/min	91	82	74	42
Verhältnis der Schnittgeschwindigkeiten (Versuch)	100	90	81	46
	40% Perlit 60% Ferrit	46% Perlit 54% Ferrit	53% Perlit 47% Ferrit	

abzustellen. Andererseits, wenn es mikroskopischer Untersuchung bedarf, um solche Einschlüsse zu finden, so sind sie meistens recht unbedeutend und beeinflussen die Bearbeitbarkeit nicht, wie an vielen Millionen Tonnen erzeugten Stahles von WITTEMANN festgestellt wurde.

C_{vR}-Werte für die Schnittgeschwindigkeiten und die y-Exponenten einer großen Anzahl Stähle mit verschiedenem Gefügeaufbau, die von Curtiss Wright untersucht worden sind, können in metrischen Abmessungen aus Tab. 25 ersehen werden.

Aus den C_{vR}-Werten dieser Tabelle geht hervor, daß ein Zusatz von 0,1% S eine Erhöhung der Schnittgeschwindigkeit gestattet. Beispielsweise erhöht sie sich bei SAE 3140 mit 75% Perlit, bei Schnell-

[1] Nur die ersten drei Stellen berücksichtigt.

Tabelle 25. *Zusammenstellung der C_{vR}-Werte und Exponenten y der Standzeit für Bearbeitung von Stählen mit verschiedenem Gefügeaufbau.*

Werkstoff	Zusammensetzung	Hartmetall		Schnellstahl mit Kühlung	
		C_{vR} für 0,645 mm² Spanquerschnitt, ¾ mm Verschleißbreite, 60 Min. Standzeit m/min	y* Exponent der Standzeitgeraden	C_{vR} für 0,36 mm² Spanquerschnitt, 1,5 mm Verschleißbreite, 60 Min. Standzeit m/min	y* Exponent der Standzeitgeraden
B 1112	10% Perlit + S	281	0,222	62,5	0,167
SAE 1020	10% Perlit	244	0,282	58	0,152
SAE 3140	75% Perlit	111	0,324	23	0,282
	300 Brinell + 0,1% S	93	0,282	32	0,032
	75% Perlit + 0,1% S	—	*	37,2	0,096
SAE 4140	90% Perlit	107	0,288	23,2	0,270
	Martensit 300 BHN	92	0,280	18	0,247
	90% Perlit + 0,1% S	122	0,270	33,5	0,174
	Martensit + 0,1% S	94,5	0,280	25	0,072
SAE 4340	Sphäroidisch	146	0,242	—	*
	Martensit 400 BHN	73	0,322	—	*
SAE 8640	50% Perlit 170 BHN	119	0,278	40	0,08
	75% Perlit	116	0,323	27,5	0,211
	Sphäroidisch 180 BHN	153	0,323	44,4	0,179
	Widmanst.-Gefüge	115	0,294	26,5	0,159
	Martensit 400 BHN	50,5	0,475	15,3	0,169
	Martensit + S 300 BHN	—	*	30,5	0,044
Rostfreier Stahl	Nr. 430	320	0,222	42,7	0,185
	Nr. 410	—	*	42,7	0,185
SAE 52100	Sphäroidisch	106	0,345	36	0,082
		Mittel:	0,30	Mittel:	0,15

stahl von 23 auf 37,2 m/min, d. h. um 62%. Bei SAE 4140 mit 90% Perlit gestattet ein Zusatz von 0,1% S eine v-Erhöhung von 107 auf 122 m/min = 14% bei Hartmetall und von 23,2 auf 33,5 = 45% bei Schnellstahl. Bei Martensitgefüge von SAE 4140 gestattet Schwefelzusatz eine Erhöhung von 92 auf 94,5 m/min = 3% bei Hartmetall, gegenüber einer Erhöhung von 18 auf 25 m/min = 39% bei Schnellstahl.

* Vgl. Ausführungen im Text über Kurven für die T_L–v-Beziehung. Exponent y bezieht sich notwendigerweise nur auf geradlinige Beziehung dieser beiden Größen im log–log-Netz.

Es ergibt sich somit, daß *Schwefelzusatz großen Einfluß auf die zulässige Schnittgeschwindigkeit hat bei Schnellstahl, dagegen geringen bei Hartmetall.* Meines Erachtens deutet diese Erscheinung darauf hin, daß eine chemische Reaktion zwischen Span und Drehstahl stattfindet und daß die sich bildende chemische Substanz bei Schnellstahl erheblich verschieden ist von der Substanz, die sich bei Hartmetall bildet. Diese Schichten wirken wie verschiedene Schmiermittel.

Bei Betrachtung der obigen Tab. 25 wird es ferner auffallen, daß der Exponent y für Hartmetallwerkzeuge durchweg erheblich größer ist als der für Schnellstahlwerkzeuge. Als Mittel ergibt sich:

$$\text{für Hartmetall } y_{\text{mittel}} = 0{,}30\,,$$
$$\text{für Schnellstahl } y_{\text{mittel}} = 0{,}15\,.$$

Aus diesem Verhältnis folgt, daß z. B. — cum grano salis! — eine Veränderung der Standzeit von 60 Min. auf 1 Min. bei Hartmetall eine Erhöhung der Schnittgeschwindigkeit auf das 3,42fache, bei Schnellstahl eine solche auf das 1,85fache gestattet.

Umgekehrt gesehen, d. h. von der Schnittgeschwindigkeit aus, ergibt sich folgendes Bild: *Eine Verdoppelung der Schnittgeschwindigkeit bei Hartmetallwerkzeugen verursacht im Durchschnitt eine Herabsetzung der Standzeit auf ein Zehntel gemäß*:

$$T_L = \frac{C_{vR}}{2^{1/0,3}} = \frac{C_{vR}}{10}\,,$$

bei Schnellstahl dagegen auf ein Hundertstel gemäß:

$$T_L = \frac{C_{vR}}{2^{1/0,15}} = \frac{C_{vR}}{100}\,.$$

Selbstverständlich trifft es dann auch zu, daß die Standzeit bei Hartmetall sich nur um das Zehnfache erhöht, wenn die Schnittgeschwindigkeit auf die Hälfte vermindert wird, aber auf das Hundertfache bei Schnellstahl. In bezug auf die Standzeit sind also Schnellstähle „empfindlicher" gegenüber Schnittgeschwindigkeitsänderungen als Hartmetalle.

Ein Überblick über das Verhältnis für Hartmetall zu Schnellstahl kann aus der Tab. 25 auch gewonnen werden, wobei man die Verschiedenheit der Spanquerschnitte durch die der Verschleißbreite ausgleichen kann. Die kleinste Schnittgeschwindigkeitserhöhung durch Hartmetall ist 2,9 : 1 (für SAE 3140 von 300 Brinell mit 0,1% Schwefel), nämlich von 32 m/min auf 93 m/min. Die größte ist 7,5 : 1 (für rostfreien Stahl Nr. 431), nämlich von 42,7 auf 320 m/min.

Als Durchschnitt aller verzeichneten Werte ergibt sich ein Schnittgeschwindigkeitsverhältnis von 4,2 : 1 für Hartmetall zu Schnellstahl, wobei jedoch zu beachten ist, daß die Spanquerschnitte nicht gleich sind.

Die Curtiss-Wright-Versuche für Gußeisenzerspanung sind in Abb. 70 und 71 wiedergegeben in Abhängigkeit vom Gefüge. Die Tab. 26 gibt die Auswertung für Hartmetallwerkzeuge wieder.

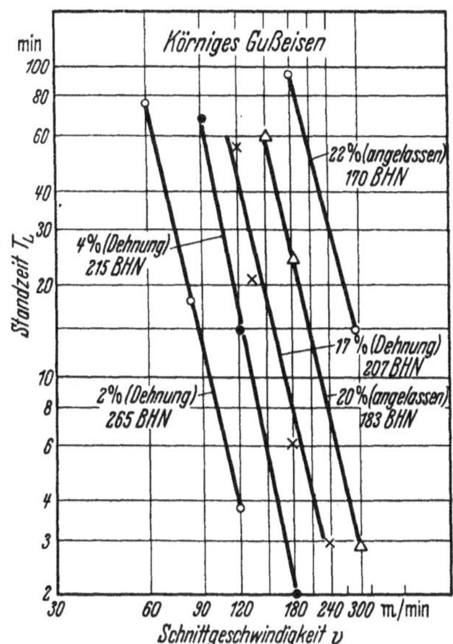

Abb. 70. T_L-v-Beziehung für körniges Gußeisen.

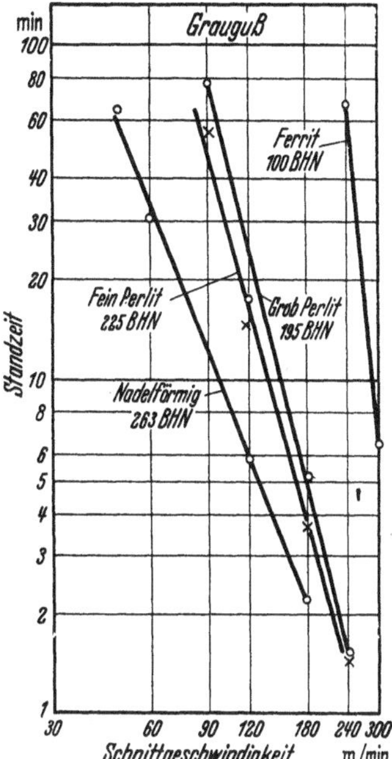

Abb. 71. T_L-v-Beziehung für flockenartiges Gußeisen.

Tabelle 26.

Werkstoff	Brinell	Spanquerschnitt mm²	Verschleißbreite mm	Standzeitexponent y	C_{vR} (für 60 Min.) m/min	
Körniges Gußeisen	170 Brinell	0,645	$^3/_4$	0,232	210	Hartmetallwerkzeug
	183 Brinell	0,645	$^3/_4$	0,232	150	
	207 Brinell	0,645	$^3/_4$	0,232	110	
	215 Brinell	0,645	$^3/_4$	0,187	95	
	265 Brinell	0,645	$^3/_4$	0,232	65	
Flockenartiges Gußeisen	100 Ferrit	0,645	$^3/_4$	0,095	240	
	195 Perlit grob	0,645	$^3/_4$	0,250	100	
	225 Perlit fein	0,645	$^3/_4$	0,275	80	
	263 Nadelförmig	0,645	$^3/_4$	0,420	45	

In einer Reihe von Fällen haben diese Untersuchungen leicht gekrümmte Kurven für die T_L-v-Beziehung ergeben. Jedoch zeigte es sich z. B. bei SAE 1020 mit 10% Perlit, bei SAE 4340 von 500 Brinell, 540 Brinell und dem sphäroidischen Material sowie bei drei verschiedenen Arten von SAE 8640, daß die leichten Kurven in gerade Linien umgewandelt werden, wenn ein anderes Hartmetall benutzt wurde, z. B. 78 B anstatt 78. Es spielen also Gesichtspunkte in die logarithmische Geradlinigkeit der T_L–v-Beziehung herein, die noch nicht restlos geklärt sind.

Auf Grund der im ersten Teil gegebenen Ableitungen [s. Gln. (48) und (57)], nach denen die Temperatur-Schnittgeschwindigkeitsbeziehung eine Gerade ist, möchte ich vermuten, daß ein Werkzeug nicht genügend temperaturbeständig ist und daher zu vorzeitiger Abnutzung neigt, wenn sich eine Kurve im log–log-Feld ergibt.

Es bleibt auch zu bedenken, daß die Messung der Abnutzung oft schwierig ist wegen der unregelmäßigen „Zacken" auf der Freifläche (vgl. Abb. 59), so daß Kurven wegen Meßungenauigkeit entstehen mögen für die T_L–v-Beziehung. Bei Verwendung der Pyramideneindruckmethode wurden gerade Linien im log–log-Feld für die T_L–v-Beziehung erhalten.

Die Geradlinigkeit oder Krümmung der T_L–v-Beziehung im log–log-Netz *ist nicht nur eine akademische Frage*, sondern für Betriebsingenieur, Zeitstudienmann und Vorkalkulator von erheblich praktischer Bedeutung. Mancher Betriebsleiter steht auf dem Standpunkt, daß er lieber ein Werkzeugmaterial mit einer „geradlinigen Charakteristik" verwendet als ein Werkzeug mit einer nicht geradlinigen. Der Grund für diese Einstellung ist unschwer einzusehen: eine geradlinige Charakteristik vereinfacht die Vorkalkulation erheblich. Ich möchte die gekrümmte Linie für die T_L–v-Beziehung daher als unerwünscht bezeichnen vom Standpunkt des Betriebes aus. Es sollte das Bestreben sein — und hier liegt noch ein wichtiges Forschungsgebiet für die Zerspanungslehre vor —, Werkzeuge mit geradliniger Charakteristik zu erzeugen, weil sie dem Betrieb und anderen die Arbeit erleichtern.

Natürlich soll man sich davor hüten, aus Kurzzeitversuchen Geraden abzuleiten und sie zu *extrapolieren*, da es möglich ist, daß ein bestimmtes Werkzeug nicht für einen großen Standzeitbereich geeignet ist und daher eine Kurve ergeben kann.

Die von Curtiss Wright veröffentlichten Zerspanungsberichte nehmen mit folgenden Worten zur Frage der geradlinigen Charakteristik Stellung[1]:

"The time data is plotted on log-log coordinates to save space and to show that, in general, *tool life is a straight-line function of cutting speed, logarithmically.*"

[1] Zit. S. 89, dort Bd. II S. 22. „Die Standzeiten sind in doppellogarithmischen Koordinantensystemen eingetragen, um Platz zu sparen und um zu zeigen, daß — im allgemeinen — die Standzeit eine gradlinige logarithmische Funktion der Schnittgeschwindigkeit ist."

BOSTON[1] und seine Mitarbeiter erhielten immer gerade T_L-v-Linien im log–log-Feld bei ihren Versuchen mit Kühlmitteln, wobei die Ex-

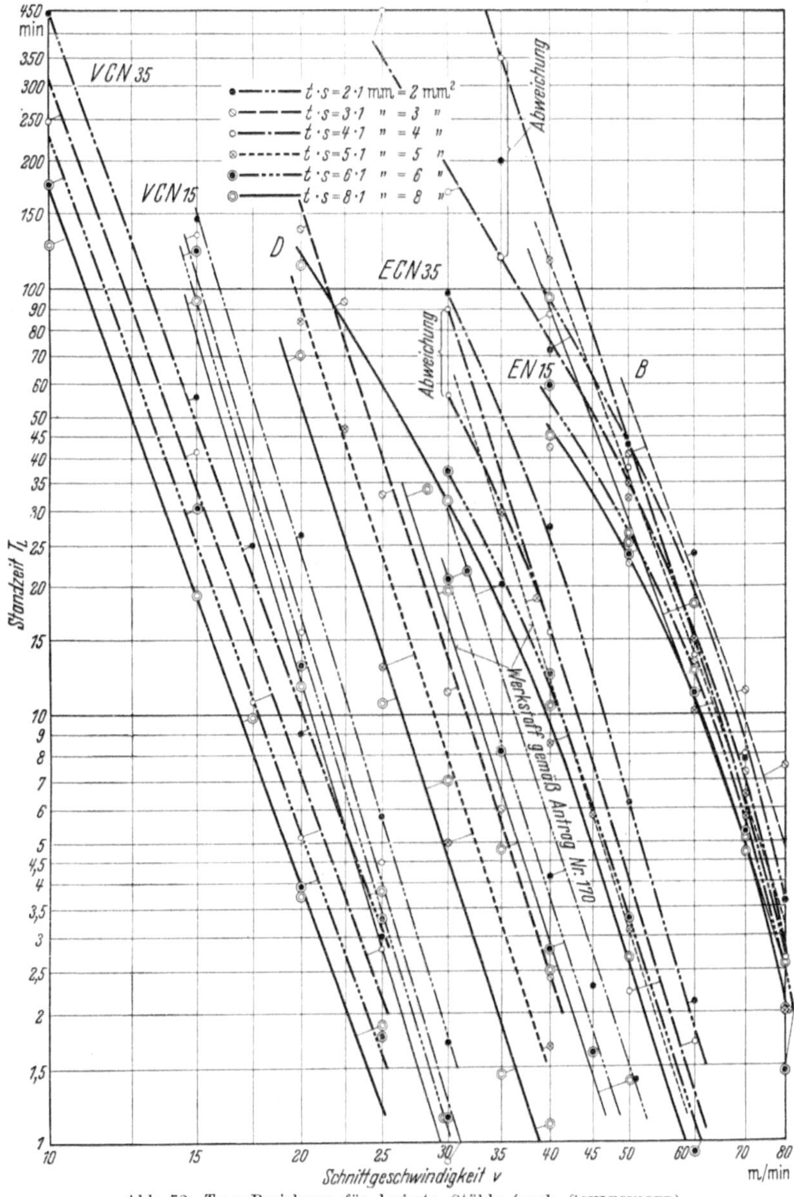

Abb. 72. T_L-v-Beziehung für legierte Stähle (nach SCHLESINGER).

[1] BOSTON, GILBERT u. COLWELL: Performance of cutting fluids when turning SAE 3140 Steel. Trans. Amer. Soc. mech. Engrs. 1939 S. 315ff.

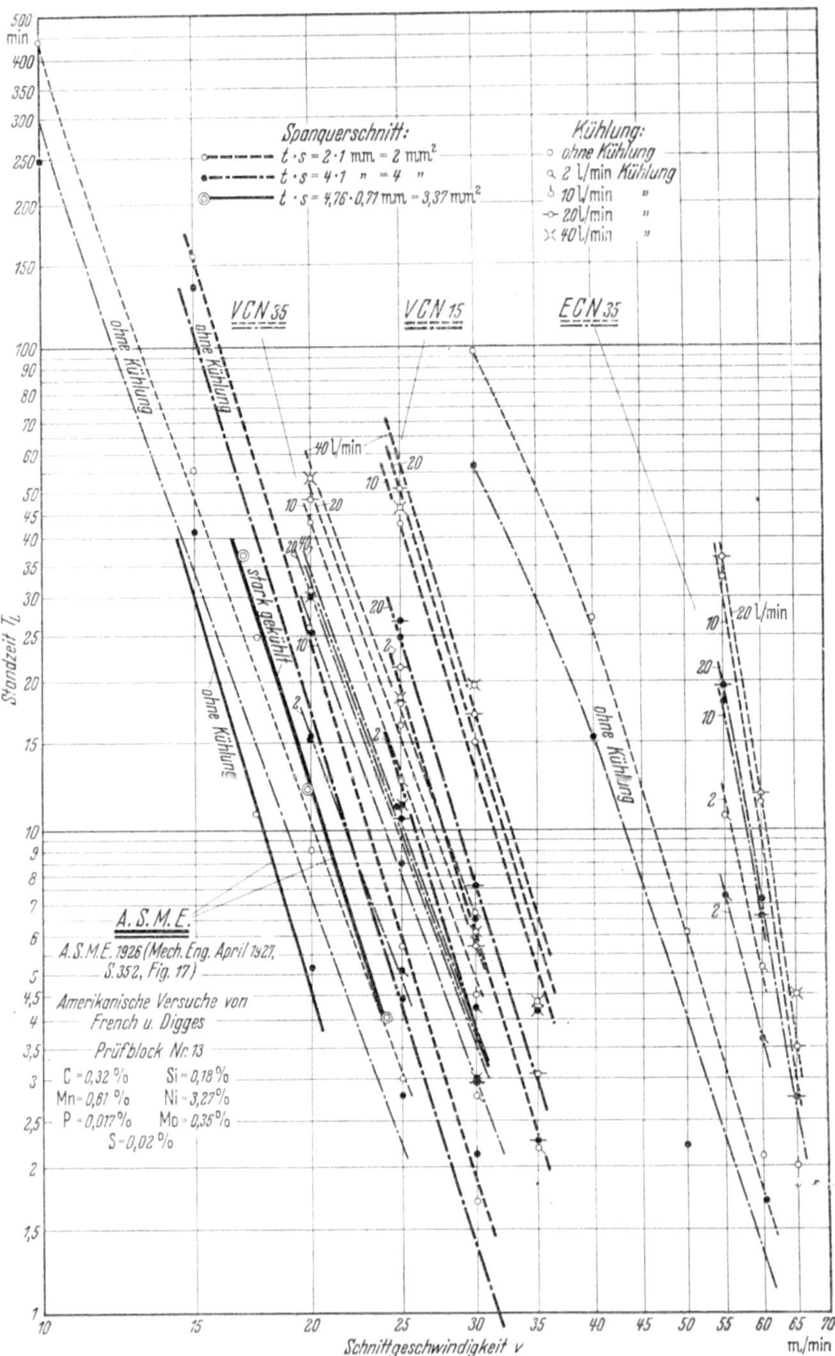

Abb. 73. Einfluß der Kühlung auf die T_L-v-Beziehung legierter Stähle (nach SCHLESINGER).

ponenten y zwischen 0,097 und 0,152 lagen. Ebenso ist im „Manual on Cutting of Metals" der Amer. Society of Mech. Engineers 1952 nur von geradlinigen T_L-v-Beziehungen die Rede.

SCHLESINGERS Versuche[1] mit legierten Stählen zeigten gleichfalls in der Mehrzahl eine geradlinige T_L-v-Charakteristik, wie aus Abb. 72 und 73 hervorgeht. Die Auswertung ergibt die Werte der Tab. 27:

Tabelle 27.

Werkstoff	Schnellstahl y	Schnellstahl C_v m/min 60 Min. Standzeit (1 mm² Spanquerschnitt)	Bemerkungen
VCN 35 . . .	0,185	15,5	trocken
VCN 35 . . .	0,185	21,6	mit Kühlung 40 l/min = 40% größer
VCN 15 . . .	0,152	18,0	trocken
VCN 15 . . .	0,152	26,0	mit Kühlung 40 l/min = 45% größer
SM-Stahl D′. .	0,154	29,0	trocken
SM-Stahl D′. .	0,154	41,4	mit Kühlung 40 l/min = 42½% größer

Die Standzeitbeziehungen, die A. WALLICHS und G. DEPIRIEUX für Automatenstähle ermittelten[2], ergaben gleichfalls gerade Linien.

Für St 85.11 hat LEYENSETTER[3] Standzeitgeraden erhalten. Für einen Spanquerschnitt von $F = 1$ mm² ergeben sich bei Hartmetallwerkzeug folgende Daten: $y = 0{,}226$, $C_v = 170$ m/min. Für Zinklegierungen haben W. BIELINGS[4] T_L-v-Versuche auch Ge-

Tabelle 28.
Standzeitexponenten y nach KIENZLE.

Werkstoff	Für Werkzeuge aus Schnellstahl	Für Werkzeuge aus Hartmetall
St 42.11	0,26	0,14
St 50.11	0,26	0,18
St 60.11	0,25	0,17
St 70.11	0,25	0,16
St 85.11	0,25	0,17
Mn-, Cr-, Ni-, .	0,25	0,16
Cr-, Mo-	0,26	0,17
Legierte Stähle .	0,25	0,16
Ge 12.91/14.91 .	0,26	0,26
Ge 18.91/26.91 .	0,25	0,24
Ge legiert . . .	0,26	0,25
Temperguß . . .	0,26	0,25
Hartguß	—	0,25

[1] SCHLESINGER: Bearbeitbarkeit von Konstruktionsstählen im Automobilbau. Stahl u. Eisen Bd. 48 (1928) Nr. 10 u. 11 S. 307, 338. Siehe auch M. KRONENBERG: Über neue Zerspanungsversuche. Masch.-Bau Betrieb 5. Juli 1928 und Z. VDI 25. Aug. 1928.

[2] WALLICHS, A., u. G. DEPIRIEUX: Werkstattstechnik 1933 S. 142 (zitiert nach BRÖDNER: Zerspanung und Werkstoff, 2. Aufl. S. 24).

[3] LEYENSETTER, zitiert S. 81, dort S. 22.

[4] BIELING, W.: Z. VDI 1943 S. 462.

raden ergeben. Er benutzte einen Spanquerschnitt von nur 0,05 mm². Der y-Exponent ergibt sich zu 0,51, während der C_{vR}-Wert zwischen 94 und 108 m/min je nach Zusammensetzung des Werkstoffes schwankt.

Kienzle hat aus den AWF-Richtwerten 158 die Exponenten y ermittelt[1], wie sie in Tab. 28 auszugsweise wiedergegeben sind.

An diesen y-Werten fällt auf, daß der Exponent y für Schnellstahl größer ist als der für Hartmetall (ausgenommen bei Gußeisen). Das würde bedeuten, daß bei Schnellstahl die T_L–v-Linien flacher liegen als bei Hartmetall, während bei den Curtiss-Wright-Versuchen das entgegengesetzte Verhalten festgestellt wurde. Im Mittel war dort $y = 0{,}30$ für Hartmetall und 0,15 für Schnellstahl. Weitere Vergleichsversuche wären am Platze.

c) Die Unregelmäßigkeit der T_L–v-Beziehung bei sehr kleinen Spanquerschnitten.

Bei sehr kleinen Spanquerschnitten liegen die Verhältnisse anders. Wie E. G. Herbert schon früher gezeigt hat, wächst die Standzeit zuerst mit der Schnittgeschwindigkeit bis auf ein Maximum an, fällt, steigt auf ein zweites Maximum, um schließlich mit weiter wachsender Geschwindigkeit wieder zu fallen. Die Versuche, die Dempster Smith[2] und Arthur Leigh im Auftrage des Cutting Tools Research Committee ausführten, sollten diese Erscheinungen weiter aufklären.

Als Kriterium der Abstumpfung des Drehstahles sahen sie ein 10%iges Anwachsen der vertikalen Druckkomponente des Schnittdruckes an, wie es an einem besonders gebauten Dynamometer angezeigt wurde. Bei einem solchen Anwachsen des Druckes war der Drehstahl so weit abgenutzt, daß er neu angeschliffen werden mußte. Erwähnt sei hierbei, daß dieses Kriterium zuerst von Schlesinger im Jahre 1913, und zwar für die horizontalen Druckkomponenten, angegeben wurde[3].

Da die Frage der Schneidhaltigkeit auch eine Frage der Härte der Stähle ist, wurden Vorversuche unternommen, um festzustellen, wie sich die Härte der Schnellstähle bei verschiedenen Temperaturen und Härteverfahren ändert. Am Herbertschen Pendelhärteprüfer ergaben sich bei Schnellstahl wellenförmige Kurven für die Härte in Abhängigkeit von der Temperatur. Der einmal bei 1320° gehärtete Schneidstahl läßt mit wachsender Erwärmung an Härte nach, allerdings nicht gleichmäßig, sondern mit Härtemaxima bei 250° und 400° und Härteminima bei 160° und 330°. Wird das Werkzeug bei 450° angelassen, so ver-

---

[1] Kienzle, O.: Tabellenblatt für 42 Werkstoffe, Nr. B 106 Blatt 4. Techn. Hochschule Hannover, Lehrstuhl für Werkzeugmaschinen, 15. Sept. 1947.

[2] Experiments with Lathe Tools on fine cuts ... by Dempster Smith and Arthur Leigh. Proceedings of the Meeting of the Inst. of M. E. London 1925 S. 383.

[3] Stahl u. Eisen 1913 S. 929ff.

schiebt sich das erste Minimum zu den kleineren Temperaturen hin. Diese Verschiebung wird bei einem bei 575° angelassenen Stahl noch stärker, außerdem verschwindet hierbei auch die zweite Welle der Kurve, d. h. die Härte bleibt bis zu Temperaturen von 450° fast konstant. Bei 475° hat dieses Werkzeug dieselbe Härte wie in kaltem Zustande. Wird der Stahl einer dritten Wärmebehandlung bei 450° unterworfen, so fällt die Härtekurve schon von 350° an. Im Vergleich zu den üblichen Untersuchungen der Stähle in kaltem Zustande treten bei diesen Untersuchungen im warmen Zustande ganz andere Erscheinungen zutage, für die bisher zwar noch keine metallurgischen Erklärungen vorliegen (wegen der Schwierigkeit der mikroskopischen Untersuchung der warmen Stähle), die aber trotzdem schon zeigen, daß durch die zweite Wärmebehandlung eine Steigerung der Härte und Dauerhaftigkeit der Stähle hervorgerufen wird[1].

Dasselbe Untersuchungsverfahren wurde auch auf das später zerspante Material angewandt. Auch hierbei zeigte sich eine *Veränderlichkeit der Härte des Materials mit seinem Wärmezustand*; die Härte fiel leicht bis zu 100° Materialtemperatur, stieg bis 300°, blieb bis 430° konstant, um dann bei höheren Temperaturen des Materials schnell abzufallen. Eine Umrechnung der angegebenen Härtegrade in Brinellhärte zeigt z.B., daß oberhalb 430° die Brinellhärte von etwa $H = 190$ auf $H = 110$ bei 620° fällt. In Wirklichkeit bearbeitet man also bei den üblichen Schnittgeschwindigkeiten gar nicht ein Material von „kalter“ Härte, sondern ein weicheres. Es findet sozusagen ein „Wettkampf“ zwischen der Härte des Werkstoffes und der des Drehstahles statt; beide werden von der Schneidentemperatur *verschieden* beeinflußt. Über 600° Schneidentemperatur verträgt Schnellstahl im Durchschnitt nicht; diese Temperatur hält er jedoch hauptsächlich nur deshalb noch aus, weil auch die Härte des Werkstoffes bei diesen Temperaturen bereits stark nachgelassen hat. Darüber hinaus beginnt der Wirkungsbereich der Hartmetalle, die höhere Temperaturen vertragen.

Die Untersuchungen von GOTTWEIN[2] zeigen, daß die Temperaturen der Meißelschneide, und zwar bei Bearbeitung von Flußeisen ($k_z = 40$ kg/mm²) mit verschiedenen Spanquerschnitten, von etwa 200 bis 300° C bei 4 m Schnittgeschwindigkeit bis auf 400 bis 700° C bei 20 bis 24 m Schnittgeschwindigkeit ansteigen. KLOPSTOCK[3] zeigt in einem Vergleich dieser Untersuchung von GOTTWEIN mit einer ent-

---

[1] Siehe auch E. G. HERBERT u. M. KRONENBERG, zitiert S. 29, dort S. 991 u. 1050.

[2] GOTTWEIN: Temperaturen der Meißelschneide beim Schruppdrehen von Metallen. Masch.-Bau Betrieb 1926, Sonderheft Zerspanung.

[3] KLOPSTOCK: Die Temperaturmessung an der Stahlschneide. Werkstattstechnik 1926 S. 663ff.

sprechenden von Herbert, daß beide Ergebnisse sehr gut übereinstimmen. Die Schneidentemperatur schwankt auch unter sonst gleichbleibenden Umständen (Werkstoff, Werkzeug, Schnittgeschwindigkeit, Spanquerschnitt usw.) schon allein infolge des Anstauchens, Aufspaltens und Abtrennens des Spanes. Diese Schwankungen gehen in Bruchteilen von Sekunden vor sich. Sie können mit dem Wärmemeßapparat von Einthoven (Leyden) graphisch aufgezeichnet werden und stimmen mit den filmphotographischen Schnittdruckbildern[1] von Klopstock dem Verlauf nach überein.

Die Hauptversuche von Smith und Leigh erstreckten sich auf die Untersuchung der Veränderlichkeit der Standzeit bei verschiedenen Schnittgeschwindigkeiten, sowohl für Kohlenstoff- als auch für Schnellstahl bei Trockenschnitt, ferner auf die Einflüsse der zweiten Wärmebehandlung, der Kühlung, der Temperaturen von Stahl und Span und den Wechsel der Anfangskräfte bei verschiedenen Vorschüben.

Bei den Schnellstählen wurden Schnittgeschwindigkeit und Spanquerschnitte verändert. Einmal wurde die Schnittiefe (1,59 mm) konstant gehalten und die Vorschübe (0,033, 0,28, 0,406, 0,945 mm/U) geändert, das andere Mal der Vorschub auf 0,28 mm/U gehalten und mit 1,59 und 4,76 mm Tiefe gefahren. Die Minima- und Maximapunkte sind in der Tab. 29 zusammengestellt.

Wie man ersieht, wandert das zweite Maximum immer mehr in die Gebiete der kleineren Schnittgeschwindigkeiten mit wachsendem Spanquerschnitt hinein, d. h. *je mehr sich der Spanquerschnitt den betriebsähnlichen Größen nähert, desto eher tritt der Abfall der Standzeit mit wachsender Schnittgeschwindigkeit hervor und desto mehr verschwindet das eigentümliche Verhalten des Anwachsens bzw. An- und Abschwellens der Standzeit mit wachsender Schnittgeschwindigkeit.*

Für die Veränderung der Schnittiefe und Beibehaltung des Vorschubes ergeben sich dieselben Verhältnisse.

Die Untersuchung des Einflusses der Kühlung auf die Schneidhaltigkeit des Stahles bei sehr kleinen Spanquerschnitten ergab das Gegenteil der gewöhnlichen Ansicht, daß durch Anwendung von Kühlmitteln eine Verlängerung der Lebensdauer des Stahles zu erzielen ist. Es wurde festgestellt, daß bei Schnittgeschwindigkeiten über 40 m/min und einem Kühlmittel aus Fett, Öl und Wasser der Stahl nach kurzer Zeit stumpf wurde und nicht wieder die Schneidhaltigkeit des ungekühlten Stahles durch Nachschleifen annahm. Bei Trockenschnitt setzten sich an der Schneide Teilchen an, die einen zeitweiligen Schutz der Schneide bewirken, während bei Naßschnitt sich solche Ansätze

[1] Berichte des Versuchsfeldes für Werkzeugmaschinen an der Techn. Hochschule Berlin, Heft 8. Berlin: Springer 1926.

nicht bildeten, so daß die Schneide schnell abgeschliffen wurde. Hierbei ist zu beachten, daß sich diese Ergebnisse auf die sehr kleinen Schnitttiefen und Vorschübe beziehen, bei denen der Stahl sozusagen auf der Kruste des Werkstückes „kratzt". Die metallographische Untersuchung ergab daher auch, daß der Stahl hauptsächlich durch die Einschlüsse von Schlacke, die wie Schmirgelpulver wirkt, zerstört wurde. Durch den Schnitt wird die Schlacke zerschnitten, und bei der herrschenden hohen Temperatur wird das Perlitgefüge durch die Kühlung sehr hart. Die Hitze dringt jedoch nicht sehr weit in das Innere des Materials ein, das daher auch nicht gehärtet wird; im Innern sind auch keine Schlackeeinschlüsse mehr vorhanden, so daß die Schneide bei tieferen Schnitten nicht mehr angegriffen wird.

Tabelle 29.

Vorschub	Schnittgeschwindigkeit m/min	Standzeit Min.
0,033	24,4	100 (Max.)
0,033	40,0	20 (Min.)
0,033	47,5	35 (Max.) fällt dann wieder
0,28	3,1	100 (Max.)
0,28	6,1	97
0,28	9,0	65 (Min.)
0,28	25,0	80 (Max.)
0,28	52,0	15
0,46	3,1	135 (Max.)
0,46	6,1	102 (Min.)
0,46	17,0	134 (Max.) fällt dann wieder
0,945	2,2	120
0,945	6,1	131 (Max.) fällt dann wieder

Die Beachtung der hier erörterten Grenzfälle der Spanquerschnitte ist insofern wichtig, als man noch öfters die Ansicht vertreten findet, daß Standzeit und Schnittgeschwindigkeit in keiner eindeutigen Beziehung stehen. Dies trifft offenbar nur auf Grenzfälle sehr kleiner Spanquerschnitte zu.

3. Das einfache Gesetz der Schnittgeschwindigkeit.

a) Die F-v-Gerade im doppellogarithmischen Feld.

Das Ziel von Taylors Drehversuchen war die Aufstellung von *einfachen* und für den täglichen Gebrauch geeigneten Formeln[1]. Eine seiner

[1] Taylor-Wallichs, zitiert S. 84, dort S. 3.

Formeln lautet in vollständiger Form z. B.:

$$v = \frac{C\left[1 - \frac{0{,}72}{r^2}\right]}{[0{,}0394\,s]^{0{,}4 + \frac{2{,}12}{5 + 1{,}26\,r}} \cdot \left[\frac{1{,}5\,t}{r}\right]^{(0{,}13 + 0{,}0675\sqrt{r}) \cdot \frac{r}{7{,}35\,r + 1{,}88\,t}}}.$$

Hierin bedeuten:

v Normalschnittgeschwindigkeit in m/min,
s Vorschub in mm/Umdr.,
t Schnittiefe in mm,
r Radius der Stahlnase in mm,
C Materialziffer, die sowohl vom Werkstück als auch vom Drehstahl abhängt.

Diese Formel, die 13 Potenzexponenten im Nenner enthält, ist wahrlich nicht einfach, sondern im Gegenteil viel zu verwickelt, um im Betriebe angewandt zu werden.

Solche Gesetze, zu deren Aufstellung TAYLOR besonders gute Mathematiker zu Rate zog, stellen den „Gegenpol" zu den manchmal noch üblichen „Faustwerten" für die Schnittgeschwindigkeit dar. Was hier zuviel ist, ist dort zuwenig. Die Umständlichkeit dieser Formel beruht vor allem auf der zugrunde liegenden Bogenform der TAYLOR-Schneide. Diese Bogenform wurde gewählt, um das Erzittern des Drehstahls zu verhindern. Bei den Stählen mit gerader Schneidkante ist der Druck infolge des gleichbreiten Spanes an allen Berührungsstellen des Stahles mit dem Span gleich groß, der Druck schwillt also auch mit dem Anstauchen, Aufspalten und Abtrennen des Spanes überall gleichmäßig in bestimmten Intervallen an und ab und ruft daher Schwingungen hervor. Beim TAYLOR-Stahl wird der Span gleichmäßig schmaler, daher ist der Druck an allen Stellen des Spanes verschieden groß, so daß die Amplituden des höchsten und des niedrigsten Druckes verschieden sind und so die Bildung von Schwingungen vermindern.

Die TAYLOR-Schneide hat an Bedeutung verloren seit Aufkommen der Hartmetalle. Außerdem ist ihre Herstellung und das Nachschleifen umständlich und teuer.

Versuche mit gerader Schneidkante hat TAYLOR nur im Beginn seiner Arbeiten mit Tiegelgußstählen gemacht und nie mehr wiederholt. Die TAYLORschen Schnittgeschwindigkeitsgesetze sind für die Praxis infolge ihrer Umständlichkeit nicht verwendbar.

Für die günstigste Ausnutzung der Maschinen, für die Vorkalkulation, für konstruktive und andere Zwecke der Praxis werden *Gesetze benötigt, die bei einfacher Anwendungsmöglichkeit Ergebnisse liefern, die genügend genau sind, d. h. so genau, wie sie überhaupt bei den vielen hineinspielenden Gesichtspunkten verwirklicht werden können. Die Ableitung solcher Gesetze bildet mit eine der wesentlichsten Aufgaben der vorliegenden Ausführungen.* Es soll gezeigt werden, daß die Gesetze, die bisher vorlagen, entweder zu umständlich sind oder zu ungenaue Ergebnisse liefern und daß es möglich ist, Gesetze aufzustellen, die genügend genaue Ergebnisse liefern, wobei sich auch noch die Möglichkeit ergibt, die verschiedenen Forschungsergebnisse zu vergleichen.

TAYLOR hat in seinen Gesetzen die Schnittgeschwindigkeit in Abhängigkeit gebracht vom Vorschub und von der Schnittiefe. Auch andere Beiträge zu dieser Frage glauben auf der Trennung von Vorschub und Schnittiefe bestehen zu müssen, da man annimmt, daß wesentliche Änderungen der Schnittgeschwindigkeit bei Zusammensetzung des gleichen Spanquerschnittes F aus verschiedenen Schnitttiefen t und Vorschüben s entstehen.

Betrachtet man jedoch die Werte der Schnittgeschwindigkeit, die TAYLOR für den gleichen Spanquerschnitt, der aus verschiedenen Vorschüben und Schnittiefen zusammengesetzt ist, angibt[1], so zeigt sich z. B.:

Tabelle 30a. *Drehstahl* $1^1/_4''$.

F	t	s	v Stahl weich	v Stahl mittel	v Stahl hart	$G = t : s$
~ 1,9	2,38	0,79	112,5	55,8	25,3	3,0
	4,76	0,40	113	56,4	25,6	11,9
~ 3,8	2,38	1,59	78,5	39,3	17,8	1,59
	4,76	0,79	79,2	39,6	18	6,0
~ 7,6	3,18	2,38	55,5	27,7	12,6	1,33
	4,76	1,59	55,7	27,9	12,7	3,0

Tabelle 30b. *Drehstahl* $1''$.

F	t	s	v Stahl weich	v Stahl mittel	v Stahl hart	$G = t : s$
~ 1,9	2,38	0,79	103	51,5	23,4	3,0
	4,76	0,4	109	54,6	24,8	11,9
~ 3,8	2,38	1,59	71,6	35,7	16,3	1,59
	4,76	0,79	75,3	37,8	17,1	6,0
~ 7,6	3,18	2,38	50,3	25,3	11,4	1,33
	4,76	1,59	52,1	26,1	11,8	3,0

Tabelle 30c. *Drehstahl* $^7/_8''$.

F	t	s	v Stahl weich	v Stahl mittel	v Stahl hart	$G = t : s$
~ 1,9	2,38	0,79	99	49,4	22,5	3,0
	4,76	0,4	107	53,7	24,4	11,9
~ 3,8	2,38	1,59	67,7	33,9	15,4	1,59
	4,76	0,79	73,3	36,6	16,6	6,0
~ 7,6	3,18	2,38	47,6	23,7	10,8	1,33
	4,76	1,59	50	25	11,4	3,0

[1] TAYLOR-WALLICHS, zitiert S. 84, dort S. 143ff.

Tabelle 30d. *Drehstahl* $1^1/_4''$.

F	t	s	v Guß weich	v Guß mittel	v Guß hart	$G = t:s$
~ 1,9	2,38	0,79	58,2	29	17	3,0
	4,76	0,4	57	28,5	16,7	11,9
~ 3,8	2,38	1,59	43,3	21,6	12,6	1,59
	4,76	0,79	45,4	22,8	13,3	6,0
	9,52	0,4	43,8	21,9	12,8	24,0
~ 7,6	3,18	2,38	32,6	16,3	9,5	1,33
	4,76	1,59	33,8	16,9	10	3,0
	9,52	0,79	35,1	17,5	10,2	12,0

Tabelle 30e. *Drehstahl* $1''$.

F	t	s	v Guß weich	v Guß mittel	v Guß hart	$G = t:s$
~ 1,9	2,38	0,79	54	26,9	15,7	3,0
	4,76	0,4	55,2	27,6	16,1	11,9
~ 3,8	2,38	1,59	39,6	19,8	11,5	1,59
	4,76	0,79	43,3	21,6	12,6	6,0
	9,52	0,4	43,6	21,8	12,8	24,0
~ 7,6	3,18	2,38	29,6	14,8	7,1	1,33
	4,76	1,59	31,7	15,8	9,2	3,0
	9,52	0,79	34,2	17,1	9,9	12,0

Tabelle 30f. *Drehstahl* $^7/_8''$.

F	t	s	v Guß weich	v Guß mittel	v Guß hart	$G = t:s$
~ 1,9	2,38	0,79	51,5	25,8	15,1	3,0
	4,76	0,4	54,3	27,1	15,9	11,9
~ 3,8	2,38	1,59	37,2	18,7	10,9	1,59
	4,76	0,79	41,8	20,9	12,2	6,0
	9,52	0,4	43,9	21,9	12,8	24,0
~ 7,6	3,18	2,38	28	14	8,2	1,33
	4,76	1,59	30,3	15,2	8,8	3,0
	9,52	0,79	33,8	16,9	9,8	12,0

Man sieht, daß hier das Verhältnis von Schnittiefe zu Vorschub kaum einen Einfluß auf die Schnittgeschwindigkeit hat, sofern der Spanquerschnitt konstant ist, trotz erheblicher Änderung von $t:s$. Bei den kleineren Drehstählen ist das nicht ganz so gut wie bei den größeren. Es scheint, als ob mit fallendem Vorschub und steigender Tiefe eine leichte Steigerung der zulässigen Schnittgeschwindigkeit verbunden wäre. Eine Regelmäßigkeit ist jedoch hierbei nicht zu bemerken, wie z. B. Tab. 30d zeigt, in welcher in der Spalte für $F = 3,8$ die Schnittgeschwindigkeit mit wachsender Schnittiefe erst leicht ansteigt und dann mit weiterem Anwachsen der Tiefe wieder abfällt.

Die Abweichungen bei kleinen Stahlschäften kann man auf den stärkeren Einfluß des Radius des Stahles zurückführen; denn *je kleiner der Drehstahl ist,* desto kleiner wird der Radius der Stahlnase und desto größer damit die Krümmung (gleich $1/r$), *desto mehr entfernt sich also die Form des Spanes von der des geraden Stahles,* wie es deutlich aus Abb. 74 hervorgeht. Die später noch besprochene Spanrestfläche wächst von 1,86% des nominellen Spanquerschnittes bei $1^1/_4$″-Stahl bis auf 7,25% bei $^1/_2$″-Stahl für das gezeichnete Beispiel, d. h. um 290%.

Die in den obigen Tab. 30a bis 30f angestellten Vergleiche bezogen sich auf gleiche Spanquerschnitte verschiedener Zusammensetzung. Trägt man die Werte in ein doppellogarithmisches Koordinatensystem, dessen Abszisse der Spanquerschnitt und dessen Ordinate die Schnittgeschwindigkeit ist, ein, so ergibt sich, *daß diese Punkte auf Geraden liegen* (Abb. 75 und 76). Fügt man noch die Werte der übrigen, aus TAYLORS Tabellen erhaltenen Spanquerschnitte hinzu, so liegen auch diese auf den Geraden. In den Bildern sind diese Punkte gekennzeichnet. Bei den großen Stählen ist so gut wie keine Streuung vorhanden, bei den kleineren tritt sie — wie gesagt — wegen der stärkeren Krümmung der Stahlschneide und des größeren Einflusses der Spanrestfläche mehr in Erscheinung, und zwar bei Gußeisen etwas stärker als bei Stahl.

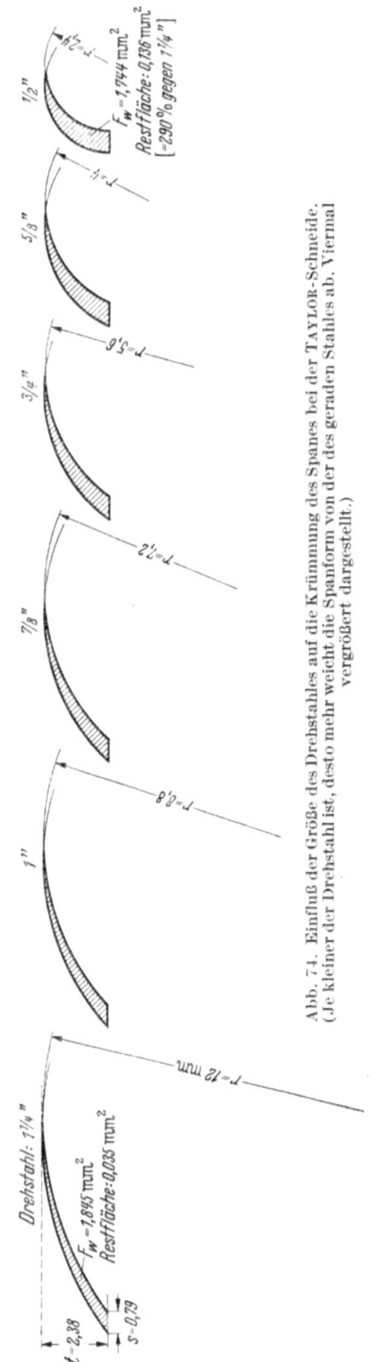

Abb. 74. Einfluß der Größe des Drehstahles auf die Krümmung des Spanes bei der TAYLOR-Schneide. (Je kleiner der Drehstahl ist, desto mehr weicht die Spanform von der des geraden Stahles ab. Viermal vergrößert dargestellt.)

Zieht man noch TAYLORS Versuche mit *geraden* Schneidstählen zu den Betrachtungen hinzu, so ergeben sich auch für diese Werte gerade Linien im doppellogarithmischen Feld. TAYLOR

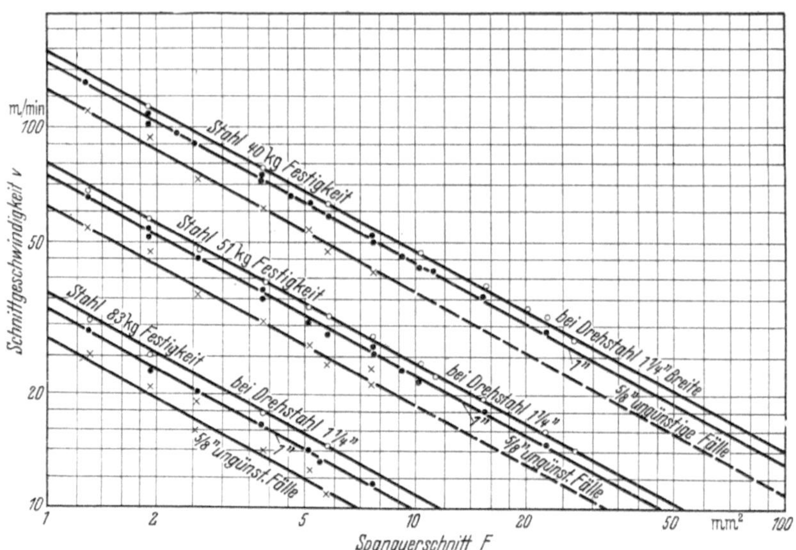

Abb. 75. Abhängigkeit der Schnittgeschwindigkeit vom Spanquerschnitt nach TAYLOR. A. Bearbeitung von *Stahl* mit *Schnellstahl* und TAYLOR-Schneide $1^1/_4''$ bis $^5/_8''$.

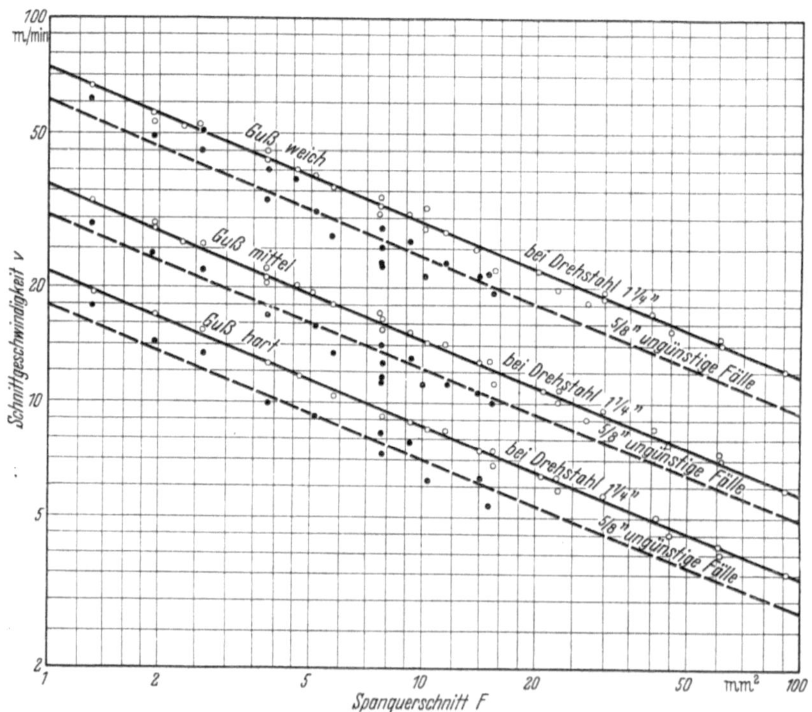

Abb. 76. Abhängigkeit der Schnittgeschwindigkeit vom Spanquerschnitt nach TAYLOR. B. Bearbeitung von *Gußeisen* mit *Schnellstahl* und TAYLOR-Schneide $1^1/_4''$ bis $^5/_8''$.

selbst macht darauf aufmerksam, daß sich solche Gerade für gerade Stähle in Abhängigkeit vom Vorschub ergeben; in Abhängigkeit vom Spanquerschnitt tritt dasselbe ein, wie Abb. 77 zeigt. Da KURREIN[1] gezeigt hat, daß ein Unterschied zwischen der Spanbildung bei Schnellstahl und Kohlenstoffstahl nicht besteht, so ergibt sich daraus abermals die Berechtigung, für Schnellstahl auch gerade Linien anzunehmen. Für Kohlenstoffstähle fanden weiterhin auch RIPPER und BURLEY

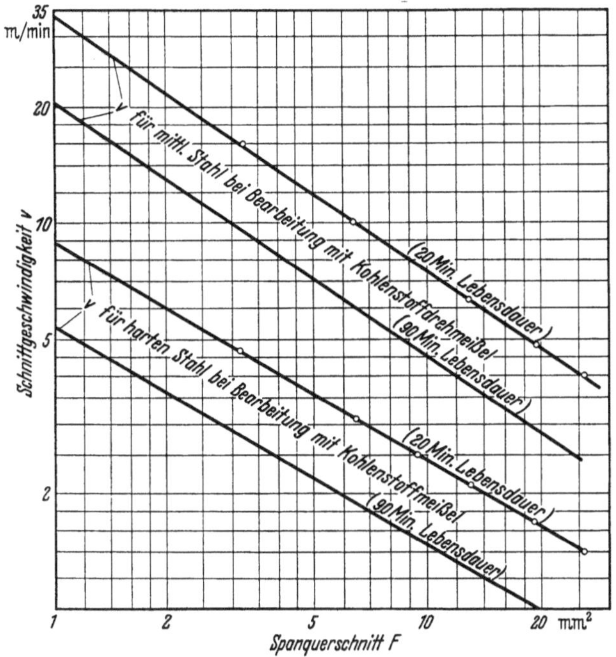

Abb. 77. Abhängigkeit der Schnittgeschwindigkeit vom Spanquerschnitt nach TAYLOR. C. Bearbeitung von Stahl mit *Kohlenstoffdrehstahl* und *gerader Schneide.*

eine Formel, die eine Gerade im doppellogarithmischen Feld ergibt; nach ihnen ändert sich v bei $T_L = 60$ Min. umgekehrt proportional zur Quadratwurzel aus dem Spanquerschnitt, und annähernd umgekehrt proportional dem Kohlenstoffgehalt[2]. Für Schnellstahl soll nach ihnen der Quotient aus Spanmenge und Wurzel des Stahlquerschnittes konstant sein.

---

[1] KURREIN: Sind Schnelldrehspäne ebenso aufgebaut wie die mit Kohlenstoffstählen genommenen? Öst. Wschr. öffentl. Baudienst. Wien, 16. Sept. 1906.

[2] Vgl. Abb. 68. Dort ändert sich v umgekehrt proportional der fünften Wurzel aus dem Kohlenstoffgehalt (und auch Perlitgehalt).

b) Aufstellung des einfachen Gesetzes der Schnittgeschwindigkeit (Abhängigkeit vom Spanquerschnitt).

Die Beobachtung, daß sich im doppellogarithmischen Koordinatensystem gerade Linien für die Abhängigkeit zwischen Schnittgeschwindigkeit und Spanquerschnitt ergeben, und zwar sowohl für die meisten Fälle der Bogenschneide — wenn man die Auswertung so vornimmt wie oben — als auch für gerade Stähle bietet die erste Handhabe für die Ableitung eines Gesetzes für die Schnittgeschwindigkeit in Funktion vom Spanquerschnitt. Um aus solchen Geraden die Gesetze abzuleiten, verfährt man folgendermaßen:

Die Gleichung der Geraden für die Koordinaten x und y ist bekanntlich allgemein:

$$y = a\,x + b\,,$$

wenn a den Tangens des Richtungswinkels und b den Achsenabschnitt bezeichnet.

Für ein doppellogarithmisches Koordinatensystem, dessen Abszisse der Spanquerschnitt und dessen Ordinate die Schnittgeschwindigkeit für 60 Min. Standzeit ist, kann man setzen:

$$y = \log v_{60}\,,$$

$$x = \log F\,,$$

$$a = -\frac{1}{\varepsilon_v} \text{ [Richtungsgröße der Geraden]}\,,$$

$$b = \log C_v \text{ [Achsenabschnitt]}\,,$$

es ergibt sich dann:

$$\log v_{60} = -\frac{1}{\varepsilon_v} \cdot \log F + \log C_v$$

oder:

$$\boxed{v_{60} = \frac{C_v}{\sqrt[\varepsilon_v]{F}} \text{ m/min.}} \qquad (79)$$

Aus Abb. 75 und 76 ersieht man, daß der Achsenabschnitt auf der Ordinate (C_v) die Schnittgeschwindigkeit für den Spanquerschnitt $F = 1$ mm² darstellt, wobei für C_v eine Standzeit von $T_L = 60$ Min. zugrunde gelegt ist. Sollen andere Standzeiten (240 Min., 480 Min.) einbezogen werden, so kann man dies entweder durch $C_{v\,240}$, $C_{v\,480}$ usw. angeben oder man kann auf Grund der Taylor-Gleichung (72) schreiben:

$$\boxed{v = \frac{C_v}{\sqrt[\varepsilon_v]{F}\left(\frac{T_L}{60}\right)^y} \text{ m/min.}} \qquad (80)$$

Es ist oft bequemer, mit Potenzexponenten anstatt mit Wurzelexponenten zu rechnen. Für diese Fälle wird der Reziprokwert von ε_v eingeführt, nämlich:

$$f = \frac{1}{\varepsilon_v}, \tag{81}$$

so daß das einfache Schnittgeschwindigkeitsgesetz für Standzeit T_L lautet:

$$\boxed{v = \frac{C_v}{F^f \left(\frac{T_L}{60}\right)^y} \text{ m/min}.} \tag{82}$$

Die Richtungsgröße ε_v, d. h. den Wurzelexponenten, erhält man aus der Beziehung:

$$-\frac{1}{\varepsilon_v} = a = \frac{y_2 - y_1}{x_2 - x_1} = \frac{\log v_2 - \log v_1}{\log F_2 - \log F_1}.$$

Für die rechnungsmäßige Bestimmung des Wurzelexponenten wählt man praktischerweise für F_1 und F_2 die Spanquerschnitte 1 und 10 mm², da der Nenner dann gleich 1 wird:

$$\underline{-\frac{1}{\varepsilon_v}} = \frac{\log v_{10} - \log v_1}{\log 10 - \log 1} = \underline{\log v_{10} - \log v_1}.$$

v_{10} bedeutet hierin die zu $F = 10$ mm², v_1 die zu $F = 1$ mm² gehörige Schnittgeschwindigkeit.

c) Versuchsdaten für das einfache Schnittgeschwindigkeitsgesetz.

Für die Taylor-Versuche ergibt sich:

α) Stahl (Taylor-Schneide, Schnellstahl) (Abb. 75).

1. *Stahl* 40 kg.

a) Drehstahl $1^1/_4''$. Achsenabschnitt $C_v = 158$

$$-\frac{1}{\varepsilon_v} = \log 48 - \log 158$$
$$= 1{,}681 - 2{,}198 = -0{,}517 = -\frac{1}{1{,}94}$$

$$\varepsilon_v = 1{,}94,$$

b) Drehstahl $^5/_8''$ $\varepsilon_v = 1{,}94$ $C_v = 125$.

Da sich die Geraden der verschiedenen Stahlfestigkeiten parallel sind, erübrigt sich die Ermittlung von ε_v für diese. Es ergibt sich in diesen Fällen stets das gleiche ε_v, hier also stets 1,94.

C_v ist einfach abzulesen:

2. *Stahl* 51 kg
   a) Drehstahl $1^1/_4''$ $\varepsilon_v = 1{,}94$ $C_v = 80$,
   b) Drehstahl $^5/_8''$ $\varepsilon_v = 1{,}94$ $C_v = 64$.
3. *Stahl* 83 kg
   a) Drehstahl $1^1/_4''$ $\varepsilon_v = 1{,}94$ $C_v = 36$,
   b) Drehstahl $^5/_8''$ $\varepsilon_v = 1{,}94$ $C_v = 28$.

β) Gußeisen (Taylor-Schneide, Schnellstahl) (Abb. 76).

1. *Weiches Gußeisen.*
   a) Drehstahl $1^1/_4''$ $\varepsilon_v = 2{,}52$ $C_v = 73$,
   b) Drehstahl $^5/_8''$ $\varepsilon_v = 2{,}52$ $C_v = 60$.
2. *Mittleres Gußeisen.*
   a) Drehstahl $1^1/_4''$ $\varepsilon_v = 2{,}52$ $C_v = 36$,
   b) Drehstahl $^5/_8''$ $\varepsilon_v = 2{,}52$ $C_v = 30$.
3. *Hartes Gußeisen.*
   a) Drehstahl $1^1/_4''$ $\varepsilon_v = 2{,}52$ $C_v = 22$,
   b) Drehstahl $^5/_8''$ $\varepsilon_v = 2{,}52$ $C_v = 18$.

γ) Stahl (mit gerader Schneide, Kohlenstoffstahl) (Abb. 77).

1. *Mittlerer Stahl.*
   a) 20 Min. Standzeit, $\varepsilon_v = 1{,}52$ $C_{v_{20}} = 34$,
   b) 90 Min. Standzeit. $\varepsilon_v = 1{,}52$ $C_{v_{90}} = 20{,}4$.
2. *Harter Stahl.*
   a) 20 Min. Standzeit, $\varepsilon_v = 1{,}76$ $C_{v_{20}} = 9$,
   b) 90 Min. Standzeit. $\varepsilon_v = 1{,}76$ $C_{v_{90}} = 5{,}4$.

Durch die Werte C_v und ε_v ist man in den Besitz eines Vergleichsmaßstabes des Verhaltens der Schnittgeschwindigkeit bei den verschiedenen Werkstoffen, Schneidhaltigkeiten und bei verschiedenen Spanquerschnitten gelangt. Es wird dadurch nicht nur möglich, verschiedene Werkstoffe miteinander zu vergleichen, sondern auch die Ergebnisse verschiedener Forscher.

Allgemein verkörpert der Exponent ε_v den Änderungsverlauf der Schnittgeschwindigkeit mit dem Spanquerschnitt. Je kleiner ε_v ist, desto größeren Einfluß hat die Veränderung des Spanquerschnittes auf die Schnittgeschwindigkeit. Je größer ε_v ist, desto geringer ist dieser Einfluß.

Man kann ε_v als Maßstab für die „Empfindlichkeit" der Schnittgeschwindigkeit bei Änderung des Spanquerschnittes ansehen. Durch Vergleich der ε_v-Werte verschiedener Werkstoffe kann man sogleich feststellen, bei welcher *gleichen* Änderung des Spanquerschnittes die Schnittgeschwindigkeit stärker beeinflußt wird.

Allgemein läßt sich der prozentuale Abfall der Schnittgeschwindigkeit bei Steigerung des Spanquerschnittes folgendermaßen ermitteln: Es bezeichne F_1 einen beliebigen Spanquerschnitt, v_1 die zugehörige Schnittgeschwindigkeit und ε_v den Änderungsfaktor; F_2 sei der auf den m-fachen Betrag gesteigerte Spanquerschnitt $= m \cdot F_1$; v_2 die zugehörige Schnittgeschwindigkeit; dann ist

$$v_1 = \frac{C_v}{\sqrt[\varepsilon_v]{F_1}}; \qquad v_2 = \frac{C_v}{\sqrt[\varepsilon_v]{m F_1}}.$$

Der prozentuale Abfall χ_v der Schnittgeschwindigkeit ist:

$$\chi_v = \frac{v_1 - v_2}{v_1} \cdot 100 = \frac{\dfrac{C_v}{\sqrt[\varepsilon_v]{F_1}} - \dfrac{C_v}{\sqrt[\varepsilon_v]{m F_1}}}{\dfrac{C_v}{\sqrt[\varepsilon_v]{F_1}}} \cdot 100 = \left(1 - \frac{1}{\sqrt[\varepsilon_v]{m}}\right) \cdot 100 ,$$

$$\chi_v = \left(1 - \sqrt[\varepsilon_v]{\frac{1}{m}}\right) \cdot 100 .$$

In Zahlen ergibt sich für $m = 2$, d. h. Verdoppelung des Spanquerschnittes bei

$$\varepsilon_v = 1 \quad \chi_v = (1 - \tfrac{1}{2}) \cdot 100 = (1 - 0{,}5) \quad \cdot 100 = 50 \ \% ,$$

$$\varepsilon_v = 2 \quad \chi_v = (1 - \sqrt{\tfrac{1}{2}}) \cdot 100 = (1 - 0{,}707) \cdot 100 = 29{,}3 \, \% ,$$

$$\varepsilon_v = 3 \quad \chi_v = (1 - \sqrt[3]{\tfrac{1}{2}}) \cdot 100 = (1 - 0{,}794) \cdot 100 = 20{,}6 \, \% ,$$

$$\varepsilon_v = 4 \quad \chi_v = (1 - \sqrt[4]{\tfrac{1}{2}}) \cdot 100 = (1 - 0{,}841) \cdot 100 = 15{,}9 \, \% .$$

In Abb. 78 ist der Einfluß von verschiedenen ε_v auf die Veränderung der Schnittgeschwindigkeit bei Änderung des Spanquerschnittes dargestellt. Da es sich bei diesem Diagramm um einen Vergleich handelt, sind die Strahlen von ε_v so gelegt, daß sie alle vom gleichen Punkt ausgehen. Zur Verdeutlichung sind zwei Beispiele eingezeichnet, und zwar für Verdoppelung des Spanquerschnittes ($m = 2$). Das eine Beispiel zeigt, daß bei $\varepsilon_v = 1$ sich ein Abfall der Schnittgeschwindigkeit um 50% ergibt, während bei $\varepsilon_v = 3$ die Schnittgeschwindigkeit nur um 20,6% abfällt.

Für Vergleiche des Abfallens der Schnittgeschwindigkeit bei verschiedenen ε_v und verschiedenen m dient Abb. 79. In dieser sind die ε_v auf der horizontalen Achse und der prozentuale Abfall von v auf der vertikalen Achse gezeichnet. Die Abbildung zeigt sehr deutlich, wie mit größer werdendem ε_v der Einfluß der Änderung des Spanquerschnittes auf die Schnittgeschwindigkeit immer geringer wird, selbst bei starken F-Steigerungen (100% F-Steigerung: $m = 2$, 200%: $m = 3$ usw.).

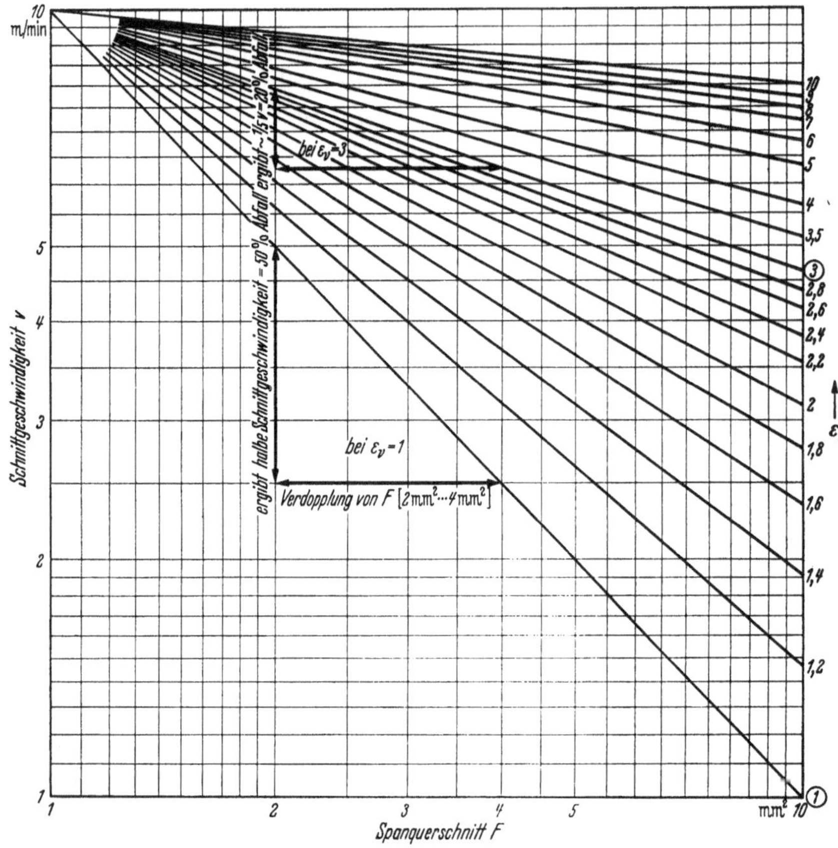

Abb. 78. Einfluß von ε_v auf die Veränderung der Schnittgeschwindigkeit bei Änderung des Spanquerschnittes.

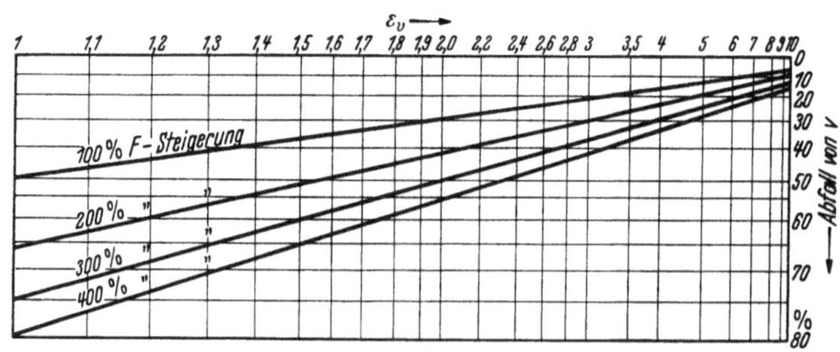

Abb. 79. Diagramm zur Ermittlung des prozentualen Abfalles der Schnittgeschwindigkeit für ε_v von 1 bis 10 und für verschiedene Steigerungen des Spanquerschnittes.

Während ε_v also den Änderungsvorgang kennzeichnet, stellt C_v die absolute Größenordnung her. In C_v verkörpern sich die Einflüsse von

Werkstoff, Werkzeug usw. (vgl. Ausführungen auf S. 134). Die Wahl der Schneidwinkel ist dagegen kaum von Einfluß auf C_v, da sowohl TAYLOR[1] als auch SCHLESINGER[2] (für Leichtmetalle) festgestellt haben, daß die Schnittgeschwindigkeit von den Winkeln des Drehstahles nicht beeinflußt wird. Auf ihre Einflüsse wird weiter unten, bei Besprechung des Schnittdruckes, jedoch noch zurückzukommen sein.

Es genügt natürlich noch nicht, sich nur auf die Ergebnisse *eines* Forschers bei der Ableitung der Gesetze zu stützen; deswegen werden nunmehr weitere Forschungsergebnisse herangezogen.

FRIEDRICH (Chemnitz) ging bei seinen Untersuchungen über die wirtschaftliche Schnittgeschwindigkeit[3] von der Anschauung aus, daß die Temperatur der Schneide einen bestimmten Wert nicht überschreiten dürfe. Seine Versuche beruhten auf der Messung der Temperatur der abgedrehten Späne, da damals noch kein Verfahren bekannt war, das direkte Wärmemessungen an der Schneide gestattete, wie es von GOTTWEIN[4] (Breslau) angewandt wurde.

Die Gleichung, die FRIEDRICH über die Beziehung zwischen Spanquerschnitt und Schnittgeschwindigkeit für Schnellstahl aufstellte, lautet:

$$v_1 = \frac{e}{k\sqrt{F} + w_1}.$$

Hierin bedeuten:

F Spanquerschnitt (mm^2),
v_1 Schnittgeschwindigkeit (mm/sek),
e Wärmeableitung je Flächeneinheit,
w_1 Widerstandsarbeit für 1 mm^2 Spanschnittfläche in $mmkg/mm^2$,
k Schnittwiderstand für 1 mm^2 Spanquerschnitt in kg/mm^2.

Die Werte für k, w_1 und e hat FRIEDRICH versuchsmäßig ermittelt, wie sie die Tab. 31 zeigt.

Für die Anwendung in der Praxis hat diese Gleichung jedoch verschiedene Nachteile. Die in ihr enthaltenen Begriffe Wärmeableitung, Widerstandsarbeit usw., deren erste sogar sechsstellige Ziffern sind, liegen dem Betriebe zu fern, als daß er sie anwenden könnte, außer-

Tabelle 31.
Versuchswerte von FRIEDRICH.

	k	w_1	e
Stahl weich .	167	51,2	244000
Stahl mittel .	145	55,5	150000
Stahl hart . .	209	62	97000
Guß weich .	55	71	94700
Guß mittel .	81	151	87000
Guß hart . .	57	210	56500

[1] TAYLOR-WALLICHS, zitiert S. 84, dort § 151.

[2] Berichte des Versuchsfeldes der Techn. Hochschule Berlin. Werkstattstechnik 1923 S. 545ff.

[3] FRIEDRICH: Über die Wärmevorgänge beim Spanschneiden und die vorteilhafte Schnittgeschwindigkeit. Z. VDI 1914 S. 379ff.

[4] GOTTWEIN, zitiert S. 35, dort S. 1128ff.

dem ist die Gleichung durch den Summanden im Nenner nur umständlich zu benutzen, wie die Tab. 32a bis 32f zeigen.

Tabelle 32a. *Stahl weich:*

$$v = \frac{244000 \cdot 0{,}06}{167\sqrt{F} + 51{,}2} \text{ m/min}$$

F	$167\sqrt{F}$	$167\sqrt{F} + 51{,}2$	v
1	167	218,2	67
2	236	287,2	51
3	289	340,2	43
4	334	385,2	38
5	373	424,2	34,5
6	409	460,2	31,8
7	442	493,2	29,8
8	472	523,2	28
9	501	552,2	26,5
10	528	579,2	25,3
12	579	630,2	23,2
14	625	676,2	21,6
16	668	719,2	20,4
18	709	760,2	19,3
20	747	798,2	18,3
30	915	966,2	15,1
40	1057	1108,2	13,2
50	1180	1231,2	11,9

Tabelle 32b. *Stahl mittel:*

$$v = \frac{150000 \cdot 0{,}06}{145\sqrt{F} + 55{,}5} \text{ m/min}$$

F	$145\sqrt{F}$	$145\sqrt{F} + 55{,}5$	v
1	145	200,5	44,9
2	205	260,5	34,5
3	251	306,5	29,3
4	290	345,5	26,0
5	324	379,5	23,7
6	355	410,5	21,9
7	384	439,5	20,5
8	410	465,5	19,3
9	435	490,5	18,3
10	459	514,5	17,5
12	503	558,5	16,1
14	543	598,5	15,0
16	580	635,5	14,1
18	615	670,5	13,4
20	649	704,5	12,8
30	795	850,5	10,6
40	917	972,5	9,25
50	1024	1079,5	8,33

Tabelle 32c. *Stahl hart:*

$$v = \frac{97000 \cdot 0{,}06}{209\sqrt{F} + 62} \text{ m/min}$$

F	$209\sqrt{F}$	$209\sqrt{F} + 62$	v
1	209	271	21,5
2	296	358	16,2
3	362	424	13,7
4	418	480	12,1
5	467	529	11,0
6	512	574	10,1
7	553	615	9,46
8	592	654	8,9
9	627	689	8,45
10	661	723	8,05
12	725	787	7,3'
14	782	844	6,8)
16	836	898	6,48
18	887	949	6,13
20	935	997	5,83
30	1145	1207	4,82
40	1320	1382	4,20
50	1475	1537	3,79

Tabelle 32d. *Guß weich:*

$$v = \frac{94700 \cdot 0{,}06}{55\sqrt{F} + 71} \text{ m/min}$$

F	$55\sqrt{F}$	$55\sqrt{F} + 71$	v
1	55	126	45
2	77,9	148,9	38,2
3	95,3	166,3	34,1
4	110	181	31,4
5	123	194	29,3
6	135	206	27,5
7	145	216	26,3
8	155	226	25,1
9	165	236	24,1
10	174	245	23,2
12	190	261	21,8
14	206	277	20,5
16	220	291	19,5
18	233	304	18,7
20	246	317	17,9
30	301	372	15,25
40	348	419	13,55
50	389	460	12,33

Zu einem bedeutend einfacheren Gesetz als FRIEDRICH kann man mit Hilfe dieser Zahlen wiederum durch Eintragung der Werte in ein doppellogarithmisches Koordinatensystem gelangen (Abb. 80). Auf der

Tabelle 32e. *Guß mittel:*

$$v = \frac{87000 \cdot 0{,}06}{81\sqrt{F} + 151}\ \mathrm{m/min}$$

F	$81\sqrt{F}$	$81\sqrt{F} + 151$	v
1	81	232	22,5
2	114,5	265,5	19,6
3	140	291	17,9
4	162	313	16,65
5	181	332	15,7
6	198	349	14,93
7	214	365	14,3
8	229	380	13,7
9	243	394	13,2
10	256	407	12,8
12	280	431	12,2
14	303	454	11,5
16	324	475	11,0
18	344	495	10,52
20	362	513	10,15
30	444	595	8,78
40	512	663	7,88
50	573	724	7,22

Tabelle 32f. *Guß hart:*

$$v = \frac{56500 \cdot 0{,}06}{57\sqrt{F} + 210}\ \mathrm{m/min}$$

F	$57\sqrt{F}$	$57\sqrt{F} + 210$	v
1	57	267	12,65
2	80,6	290,6	11,65
3	98,8	308,8	10,95
4	114	324	10,44
5	127,5	337,5	10,02
6	139	349	9,7
7	151	361	9,38
8	161	371	9,14
9	171	381	8,89
10	180	390	8,68
12	197	407	8,33
14	213	423	8,02
16	228	438	7,73
18	242	452	7,5
20	255	465	7,3
30	312	522	6,5
40	360	570	5,94
50	403	613	5,53

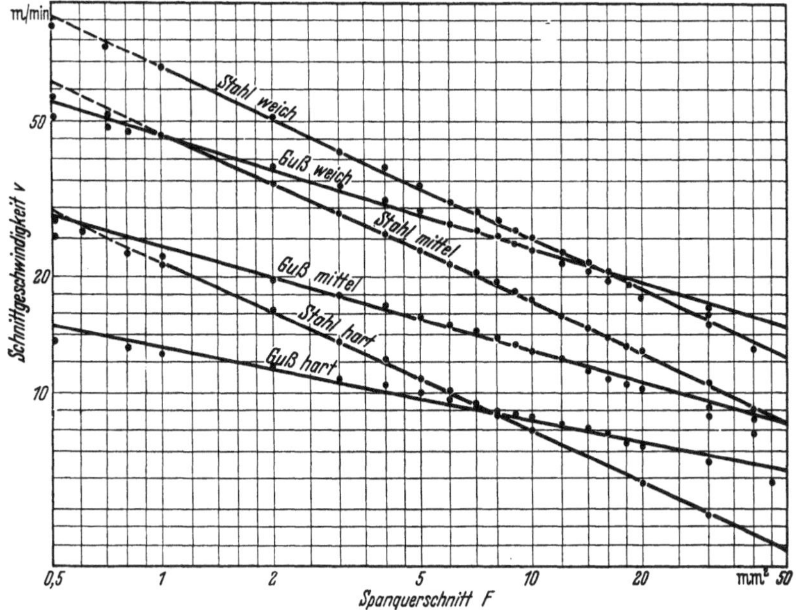

Abb. 80. Abhängigkeit der Schnittgeschwindigkeit vom Spanquerschnitt, ausgemittelt nach den Werten von FRIEDRICH.

Abszisse ist der Spanquerschnitt und auf der Ordinate die Schnittgeschwindigkeit aufgetragen. Auch hier zeigt es sich wieder, daß die

Punkte fast auf geraden Linien liegen, so daß diese nur auszuwerten sind, um die C_v- und ε_v-Werte zu erhalten. Genau genommen ergeben sich nach FRIEDRICHS Werten allerdings schwach gekrümmte Kurven (vgl. z. B. die Punkte bei „Guß hart", Abb. 80). Die Krümmung folgt auch ohne weiteres aus dem Summanden in FRIEDRICHS Gleichung, was jedoch nur für die seltenen Spanquerschnitte, besonders für die sehr großen, in Betracht kommt, bei anderen Spanquerschnitten ist sie unwesentlich. Eine starke Krümmung stände auch mit TAYLORS Feststellungen über gerade Stähle und mit den übrigen oben (S. 109ff.) angeführten Gründen in Widerspruch. Hieraus habe ich die Berechtigung hergeleitet, durch die Punkte Gerade zu legen. Wie das Ergebnis zeigt — insbesondere der unten durchgeführte Vergleich mit HIPPLER —, ist der Schluß zulässig und ergibt eine einfache und genügend genaue Gleichung für die Werte FRIEDRICHS. Es ergibt sich:

1. Stahl weich: $\varepsilon_v = 2{,}3$ $C_v = 67$.

2. Stahl mittel: $\varepsilon_v = 2{,}3$ $C_v = 46$.

3. Stahl hart: $\varepsilon_v = 2{,}3$ $C_v = 22$.

Wie sich zeigt, sind die ε_v-Werte für Stahl verschiedener Festigkeit gleich, d. h. die Geraden einander parallel. Dieses Verhalten ergab sich schon bei Besprechung der TAYLORschen Versuche. Die Feststellung der Parallelität der Geraden *desselben* Werkstoffes verschiedener Festigkeit steht mit der Angabe TAYLORS[1], „*das Gesetz der Schnittgeschwindigkeit wird von der Härte des Werkstoffes nicht beeinflußt*", im Einklang. Zur Verdeutlichung sei hervorgehoben, daß also nur die Geraden des *gleichen* Werkstoffes (z. B. SM-Stahl 30/40 kg, SM-Stahl 40/50 kg, SM-Stahl 50/60 kg) einander parallel sind, *nicht* jedoch die Geraden *verschiedener* Werkstoffe (Stahl und Gußeisen).

Gußeisen hat auch bei FRIEDRICH, gemäß nachstehender Ableitung, andere ε_v-Werte als Stahl:

Guß weich: $\varepsilon_v = 3{,}6$ $C_v = 46$,

Guß mittel: $\varepsilon_v = 3{,}6$ $C_v = 24$,

Guß hart: $\varepsilon_v = 5{,}4$ $C_v = 13$.

Die Versuche FRIEDRICHS galten seinerzeit vornehmlich einer Nachprüfung der Untersuchungen, die NICOLSON vorgenommen hatte. NICOLSON — bekannt durch seine Schnitt*druck*versuche — war von dem Bestreben ausgegangen, eine Gesetzmäßigkeit zwischen der Schnittgeschwindigkeit und dem Spanquerschnitt aufzustellen. Er zog zu diesem Zweck die Ergebnisse früherer Versuche, die in Berlin im Jahre 1901 vom VDI und in Manchester angestellt worden waren, zu folgender

[1] TAYLOR-WALLICHS, zitiert S. 84, dort S. 140.

Formel zusammen[1]:

$$v = \frac{K}{0{,}01\,F + L} + M \text{ m/min.}$$

Hierin bedeutet F den Spanquerschnitt, v die Schnittgeschwindigkeit, während K, L und M Konstante, gemäß nachstehender Tab. 33, sind[2].

Tabelle 33.

	Stahl			Gußeisen		
	weich	mittel	hart	weich	mittel	hart
K	3,9	3,65	2	6,1	3,25	2,55
L	0,071	0,115	0,115	0,16	0,19	0,23
M	4,6	1,8	1,2	2,4	2,1	1,7

Berechnet man mit diesen Werten die Schnittgeschwindigkeit für verschiedene Spanquerschnitte F, so ergibt sich:

Tabelle 34.

F	v bei Stahl			v bei Gußeisen		
	weich	mittel	hart	weich	mittel	hart
1	52,7	31,0	17,2	38,2	18,3	13
2,5	45,2	27,9	14,3	35,4	17,3	11,7
7,5	31,4	21,1	10,5	28,4	14,4	10,1
15	22,3	15,6	7,6	19,7	11,7	8,4
30	15,1	10,6	4,8	15,65	8,75	6,48

Diese Werte sind in Abb. 81 in Form von Punkten eingetragen. Zum Vergleich sind in dieser Abbildung auch die nach obiger Auswertung entstandenen Geraden für die FRIEDRICHschen Versuchswerte hinzugefügt. Es zeigt sich nun, daß besonders die kleinen und großen Werte nach der Formel von NICOLSON erheblich von den Geraden abweichen, d.h., daß sich diesmal stärker gekrümmte Kurven ergeben.

Schon TAYLOR hatte die Behauptung aufgestellt[3], daß die Zusammenziehung, die NICOLSON vorgenommen hat, mangelhaft gewesen sei, da bei den Versuchen, die er zur Aufstellung der Formel benutzt hatte, viele Veränderliche, z. B. die Qualität des Stahles, die Schnitttiefe, die Form der Schneidkante, von einem Versuch zum anderen nicht konstant gehalten worden waren. Wenn sich nun durch die FRIEDRICHsche Nachprüfung bzw. durch seine Ergänzungsversuche teilweise andere Werte ergaben, die jetzt aber, wie gezeigt, auf einer Geraden liegen, so kann dies wiederum als Beweis für die Richtigkeit eben dieser Geraden angesehen werden. Bei den NICOLSONschen Zusammenziehungen, die mangelhaft waren, ergaben sich keine Geraden im doppel-

[1] The Engineer 1905 S. 357. [2] Vgl. FRIEDRICH, zitiert S. 117.
[3] TAYLOR-WALLICHS, zitiert S. 84, dort § 31.

logarithmischen Feld, bei den Ergänzungen von FRIEDRICH stellen sich diese wieder heraus.

Die Notwendigkeit, die Gleichungen FRIEDRICHS für den praktischen Betrieb umformen zu müssen, hatte HIPPLER mit als einer der ersten richtig erkannt[1]. Seine Umformungen beschränkten sich jedoch lediglich auf mathematische Vereinfachungen. HIPPLER setzte zu diesem Zweck die Werte k und w_1 der FRIEDRICHschen Formeln einander gleich. Eine Gleichsetzung von Größen, die sowohl ihrem Wesen nach — w_1 ist eine Widerstandsarbeit in mmkg/mm², k ein Druck in kg/mm²

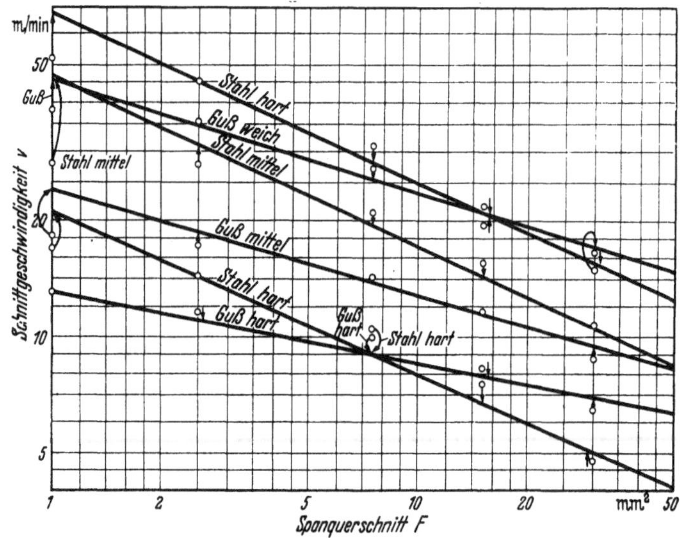

Abb. 81. Vergleich der Schnittgeschwindigkeiten nach NICOLSON und FRIEDRICH.
(Die Pfeile geben die Abweichungen der Punkte NICOLSONS (○) von den ausgemittelten Geraden nach FRIEDRICH an.)

— als auch ihren Zahlenwerten nach (vgl. Tab. 31) durchaus verschieden sind, mußte zu starken Abweichungen von den Originalzahlen FRIEDRICHS führen.

HIPPLERS Gleichung lautet:

$$v = \frac{M}{\sqrt[4]{F}} \text{ cm/sek}.$$

Hierin bedeutet M die Schnittgeschwindigkeit für $F = 1$ mm² in cm/sek. Die Abweichungen nach der HIPPLERschen Vereinfachung steigen bis zu 100% an. In der Tab. 35 sind die Originalwerte FRIEDRICHS denen der HIPPLERschen Umformung und denen der oben abgeleiteten Formel für mittleren Stahl gegenübergestellt.

[1] HIPPLER: Die Dreherei und ihre Werkzeuge S. 97ff. Berlin: Springer 1923.

Tabelle 35.

Spanquerschnitt	FRIEDRICH $v = \frac{150000 \cdot 0{,}06}{145\sqrt{F} + 55{,}5}$	KRONENBERG[1] nach FRIEDRICH $v = \frac{46}{\sqrt[2,3]{F}}$	HIPPLER[2] nach FRIEDRICH $v = \frac{45}{\sqrt[4]{F}}$
1	45	46	45
2	34,5	34,1	38
3	29,3	28,6	34,4
4	26	25,7	31,9
5	23,7	23	30,2
6	21,9	21,2	28,8
7	20,5	19,8	27,8
8	19,3	18,6	26,8
9	18,3	17,7	26
10	17,5	16,9	25,3
20	12,8	12,4	21,2
50	8,33	8,36	16,9

Bei HIPPLERS Gleichung kehrt der Exponent $\varepsilon_v = 4$ ständig wieder, und zwar für alle Werkstoffe, so daß sich im doppellogarithmischen Koordinatensystem für die *verschiedensten* Werkstoffe Parallele ergeben, wie Abb. 82 zeigt. Sowohl bei TAYLOR als auch bei FRIEDRICH wurde jedoch gemäß der vorgenommenen Auswertung gefunden, daß sich Parallele nur innerhalb *desselben* Werkstoffes, z. B. SM-Stahl, ergeben, daß dagegen die Geraden der verschiedenen Werkstoffe (also z. B. Stahl und Gußeisen) nicht parallel sind. Dies kommt auch in den Exponenten ε_v bei TAYLOR und FRIEDRICH zum Ausdruck, die für Stahl und Gußeisen verschieden waren. Aber nicht nur dieser Gesichtspunkt der Parallelität ist es, der die Abweichungen HIPPLERS kennzeichnet, sondern auch die Größe von ε_v. So waren z. B. für mittleren Stahl:

Nach TAYLOR $\varepsilon_v = 1{,}94$.
Nach FRIEDRICH $\varepsilon_v = 2{,}3$.
Nach HIPPLER $\varepsilon_v = 4{,}0$.

Gemäß Abb. 79 ergibt sich Tab. 36.

Das bedeutet, daß HIPPLERS Werte zu langsam mit steigendem Spanquerschnitt abfallen bzw. daß die Änderung bei Stahl wesentlich größer ist, als es sich nach HIPPLERS Formel ergibt. Der Unterschied des Abfalles beträgt z. B. bei Verdoppelung des Spanquerschnittes:

HIPPLER gegenüber TAYLOR:

$$\frac{30 - 16}{16} \cdot 100 = \frac{14}{16} \cdot 100 = 87{,}5\,\%\,.$$

[1] Anfangsgeschwindigkeit 1 m höher als bei FRIEDRICH gemäß Formel.

[2] Bei gleicher Anfangsgeschwindigkeit wie FRIEDRICH und Umrechnung aus cm/sek in m/min.

Tabelle 36.
(Zahlen auf volle Prozente abgerundet.)

Steigerung von F in Proz.	Abfall von v in Proz.		
	nach TAYLOR $\varepsilon_v = 1{,}94$	nach FRIEDRICH $\varepsilon_v = 2{,}3$	nach HIPPLER $\varepsilon_v = 4$
100	30	26	16
200	43	38	24
300	52	46	30
400	56	50	34

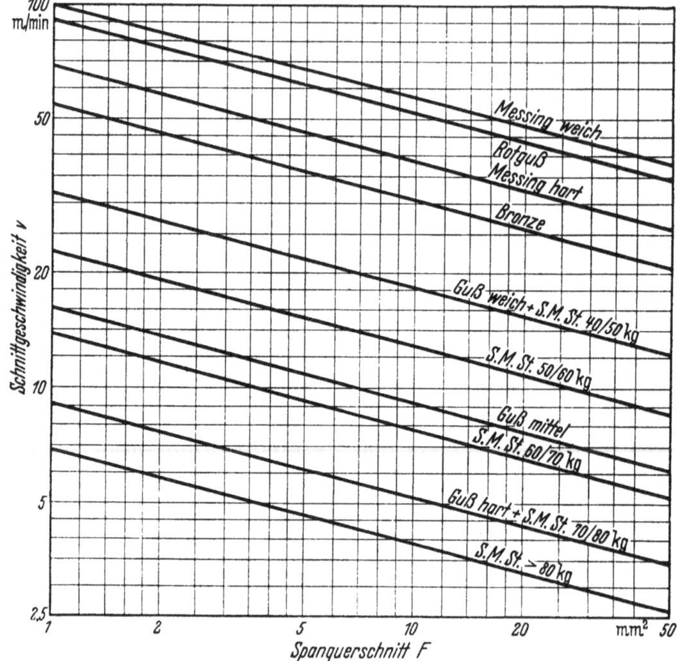

Abb. 82. Abhängigkeit der Schnittgeschwindigkeit vom Spanquerschnitt nach HIPPLER.

HIPPLER gegenüber FRIEDRICH:

$$\frac{26 - 16}{16} \cdot 100 = \frac{10}{16} \cdot 100 = 62{,}5\,\%\,.$$

Absolut gemessen, d. h. unter Einbeziehung von C_v, weicht, wie Tab. 35 und Abb. 83 zeigt, HIPPLER bis 50 mm² Spanquerschnitt um 100% von FRIEDRICH ab. Bemerkt sei, daß sich diese starken Unterschiede hauptsächlich bei Stahl ergeben, daß sie dagegen bei Gußeisen wesentlich geringer sind, wie schon aus den Werten für $\varepsilon_v = 3{,}6$ bei FRIEDRICH und $\varepsilon_v = 4$ bei HIPPLER hervorgeht.

Die FRIEDRICHschen Gesetze haben auch ENGEL Anlaß gegeben[1], Versuche zu ihrer Vereinfachung zu unternehmen. ENGEL ging von dem Gesichtspunkt aus, daß die HIPPLERsche Formel einerseits zu starke Abweichungen gegen FRIEDRICH ergebe und daß anderseits FRIEDRICHs Formel nur für ähnliche Spanquerschnitte gelte. Unter ähnlichen Spanquerschnitten sind solche zu verstehen, deren Seiten proportional im mathematischen Sinn sind, so daß auch der Zusatz „ähnlich" als mathematischer Ausdruck anzusehen ist. Solche Spanquerschnitte haben gleichen Schlankheitsgrad G, wie noch besprochen werden wird. ENGEL ist der Ansicht, daß sich für unähnliche Spanquerschnitte andere Beziehungen zwischen Schnittgeschwindigkeit und Spanquerschnitt ergeben, als FRIEDRICH sie fand. Er hat daher selbst Versuche — allerdings mit den einfachsten Hilfsmitteln der Werkstatt — unternommen und die Verhältnisse für unähnliche Spanquerschnitte untersucht.

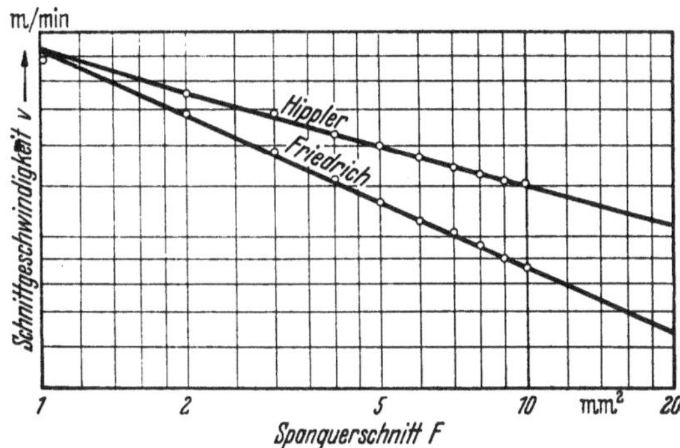

Abb. 83. Abweichung der HIPPLERschen Werte von denen FRIEDRICHs bei Stahl, bezogen auf gleichen Anfangswert.

Zieht man zum Vergleich die Werte TAYLORs heran (Tab. 30a bis 30f), so folgt, wie auf S. 108 gesagt, daß TAYLOR die *gleiche* Schnittgeschwindigkeit auch für solche Spanquerschnitte erhalten hat, die nicht ähnlich, sondern sogar sehr stark unähnlich waren, d. h. solche, die stark verschiedenen Schlankheitsgrad G hatten.

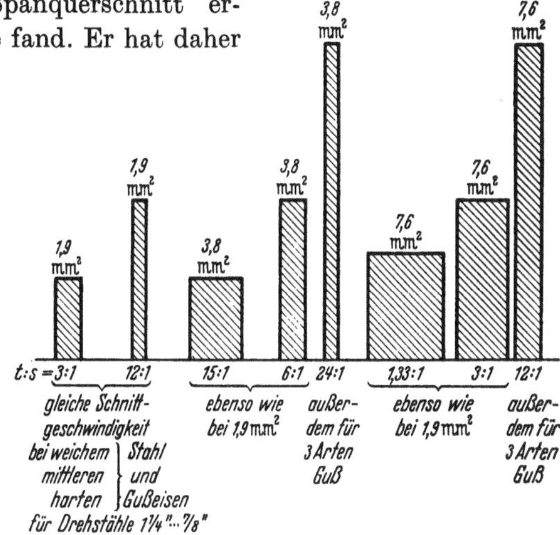

Abb. 84. Schlankheitsgrad von TAYLORs Spanquerschnitten.

Aus der Abb. 84 ergibt sich deutlich die Verschiedenheit der Zu-

[1] Masch.-Bau Betrieb 1925 S. 1125.

sammensetzung der Spanquerschnitte aus Schnittiefe zu Vorschub (Schlankheitsgrad G) bei TAYLOR. Er erhielt aber für diese Spanquerschnitte trotz ihrer verschiedenen Zusammensetzung und ihrer Unähnlichkeit dieselben Schnittgeschwindigkeiten, und zwar auch unter Berücksichtigung der gleichen Schneidhaltigkeit bei allen Querschnitten.

Die Auswertung von SCHLESINGERS Versuchen hinsichtlich der Abhängigkeit der Schnittgeschwindigkeit vom Spanquerschnitt bei Schnellstahlbenutzung ist in Abb. 85 dargestellt. Es ergeben sich die in Tab. 37 zusammengestellten Werte.

Tabelle 37.

Werkstoff	C_v	ε_v
SM-Stahl 40 kg/mm² .	57	7,55
EN 15	54	5,1
ECN 35	39	4,55
VCN 15	18	12,8
VCN 35	15,5	8,5

Die ε_v-Exponenten erscheinen recht groß im Vergleich mit Ergebnissen anderer Untersuchungen, d. h. in SCHLESINGERS Versuchen hat sich die Stundenschnittgeschwindigkeit verhältnismäßig wenig mit dem Spanquerschnitt geändert. Es mag sein, daß der große Vorschub von 1 mm/U einen Einfluß hatte. (Hinsichtlich der T_L–v-Beziehung in SCHLESINGERS Versuchen siehe Abb. 72 u. 73.)

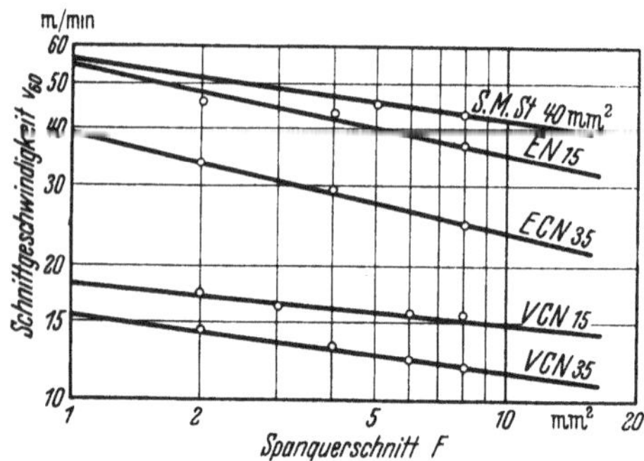

Abb. 85. Abhängigkeit der Schnittgeschwindigkeit vom Spanquerschnitt für legierte Stähle (ausgewertet aus Versuchen von SCHLESINGER).

Die *Richtwerte des AWF*, die mit die wichtigsten Unterlagen bildeten für Zerspanungsdaten, sind im Laufe der Jahre verschiedentlich umgearbeitet worden, wobei leider auch die Vergleichsbasis verschoben worden ist. Man hat drei verschiedene Stadien der AWF-Richtwerte zu unterscheiden, nämlich die ursprünglichen AWF-Werte Nr. 100 bis 111, dann die späteren AWF-Richtwerte 120 bis 125 und die AWF-Richtwerte 158.

Bei den ursprünglichen AWF-Werten, die der Kürze wegen „AWF 100“ genannt werden sollen, wurde der Spanquerschnitt als unabhängige Größe verwendet, bei den späteren „AWF 120“-Werten wurde der von LEYENSETTER eingeführte Begriff der Bogenspandicke benutzt, während bei den neueren „AWF 158“-Werten die Schnittgeschwindigkeit nur noch vom Vorschub und nicht mehr von der Schnittiefe abhängig gemacht worden ist.

Abb. 86 gibt die Abhängigkeit der Schnittgeschwindigkeit vom Spanquerschnitt für Schnellstahlwerkzeuge nach den „AWF 100“-Werten wieder.

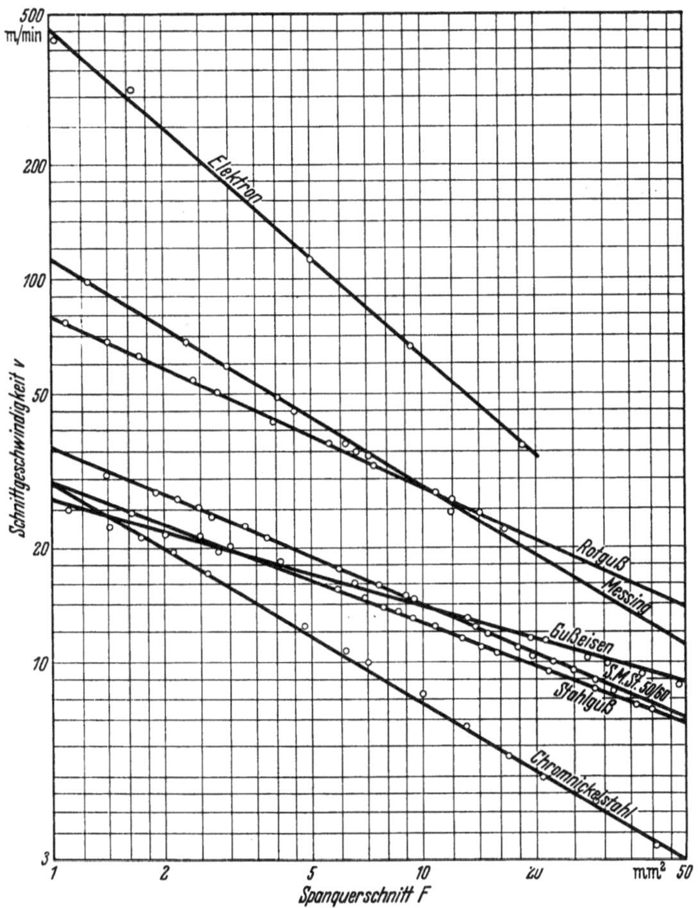

Abb. 86. Abhängigkeit der Schnittgeschwindigkeit vom Spanquerschnitt nach den ursprünglichen *Richtwerten „AWF 100“* (Schnellstahl).

Man sieht, daß sich durch die Punkte wieder gerade Linien legen lassen. Die Auswertung für C_v und ε_v ergibt:

1. Elektron:

$$-\frac{1}{\varepsilon_v} = \log 62 - \log 430$$

$$= 1{,}792 - 2{,}633 = -0{,}841 = -\frac{1}{1{,}2}$$

$$\varepsilon_v = 1{,}2 \qquad C_v = 430.$$

2. *Messing:*

$$-\frac{1}{\varepsilon_v} = \log 28 - \log 112$$
$$= 1{,}447 - 2{,}049 = -0{,}602 = \sim -\frac{1}{1{,}65}$$
$$\varepsilon_v = 1{,}65 \qquad C_v = 112.$$

3. *Chromnickelstahl:*

$$-\frac{1}{\varepsilon_v} = \log 7{,}8 - \log 29$$
$$= 0{,}892 - 1{,}462 = -0{,}570 = -\frac{1}{1{,}75}$$
$$\varepsilon_v = 1{,}75 \qquad C_v = 29.$$

4. *SM-Stahl 50/60 kg:*

$$-\frac{1}{\varepsilon_v} = \log 13{,}6 - \log 35$$
$$= 1{,}134 - 1{,}544 = -0{,}410 = -\frac{1}{2{,}44}$$
$$\varepsilon_v = 2{,}44 \qquad C_v = 35.$$

5. *Rotguß:*

$$-\frac{1}{\varepsilon_v} = \log 28{,}5 - \log 80$$
$$= 1{,}454 - 1{,}903 = -0{,}449 = -\frac{1}{2{,}23}$$
$$\varepsilon_v = 2{,}23 \qquad C_v = 80.$$

6. *Stahlguß:*

$$-\frac{1}{\varepsilon_v} = \log 12{,}5 - \log 28{,}7$$
$$= 1{,}097 - 1{,}458 = -0{,}361 = \sim\frac{1}{2{,}75}$$
$$\varepsilon_v = 2{,}75 \qquad C_v = 28{,}7.$$

7. *Gußeisen:*

$$-\frac{1}{\varepsilon_v} = \log 13{,}9 - \log 26{,}5$$
$$= 1.143 - 1{,}423 = -0{,}280 = -\frac{1}{3{,}58}$$
$$\varepsilon_v = \sim 3{,}6 \qquad C_v = 26{,}5.$$

Aus diesen verschiedenen Werten für ε_v erkennt man, daß bei jedem Werkstoff eine andere Änderung der Schnittgeschwindigkeit mit dem Spanquerschnitt eintritt. Die prozentualen Änderungen der Schnittgeschwindigkeit sind in Tab. 38 zusammengestellt.

Die Gruppierung in der Reihenfolge der Werkstoffe in dieser Tabelle ist von oben nach unten mit steigendem ε_v vorgenommen; es ist deutlich zu sehen, daß bei Elektron die Änderung des Spanquerschnittes den größten, bei Gußeisen den geringsten Einfluß auf die Schnittgeschwindigkeit hat; nur ε_v für SM-Stahl liegt etwas aus der Reihe.

Tabelle 38.

Werkstoff	ε_v	Steigerung des Spanquerschnittes			
		100%	200%	300%	400%
Elektron	1,2	44%	60%	68%	74%
Messing	1,65	34%	49%	56%	62%
Chromnickelstahl	1,75	33%	47%	55%	60%
SM-Stahl 50/60 kg . . .	2,44	25%	36%	44%	49%
Rotguß	2,23	28%	39%	47%	52%
Stahlguß	2,75	23%	33%	40%	45%
Guß mittel.	3,6	18%	26%	32%	36%

Eine feste Beziehung zwischen dem Ansteigen des Wertes ε_v von Werkstoff zu Werkstoff und anderen Eigenschaften der Materialien (Festigkeit, Dehnung usw.) ist hier nicht zu erkennen.

Auffallend ist es jedoch, daß es sich bei den drei unteren Stoffen (Rotguß, Stahlguß, Gußeisen) um solche Werkstoffe handelt, die ihre Form durch ein Gießverfahren erhalten, während die oberen Stoffe, mit Ausnahme von Elektron (Messing, Chromnickelstahl und SM-Stahl), durch Pressen oder Schmieden vorgeformt werden.

Es hat jedenfalls etwas für sich, daß die Art der Herstellung der Werkstücke auf die Veränderlichkeit der Schnittgeschwindigkeit Einfluß haben könnte in Abhängigkeit vom Spanquerschnitt. Man kann sich vorstellen, daß bei gegossenen Stücken die Teilchen nicht so stark aneinanderhängen wie bei geschmiedeten, so daß sie durch Bearbeitung leichter zu trennen sind. Daher könnte eine Veränderung des Spanquerschnittes (ob groß oder klein) bei gegossenen Stücken sich weniger bemerkbar machen als bei geschmiedeten. Eine Änderung des Spanquerschnittes hätte also bei gegossenen Stücken weniger Einfluß auf v als bei geschmiedeten.

In Tab. 39 sind die C_v- und ε_v-Werte gegenübergestellt. Man sieht, daß zwischen den einzelnen Werten teilweise gute Übereinstimmung besteht, teilweise sind jedoch Unterschiede festzustellen. Es ist hierbei zu berücksichtigen, daß sich in den C_v-Werten, wie schon ausgeführt, diejenigen Einflüsse darstellen, die auf die Größenordnung der Schnittgeschwindigkeit von Einfluß sind, also abgesehen vom Werkstoff die Standzeit des Drehstahles, die Härtung, das Drehstahlmaterial und die Kühlung. Bestwerte sind in Tab. 100 bis 102 zusammengestellt.

4. Das erweiterte Schnittgeschwindigkeitsgesetz.

a) Der Schlankheitsgrad des Spanquerschnittes.

In dem erweiterten Schnittgeschwindigkeitsgesetz soll der Einfluß der Zusammensetzung des Spanquerschnittes aus Schnittiefe und Vorschub zum Ausdruck kommen, wobei das Verhältnis dieser beiden Größen mit *Schlankheitsgrad G des Spanquerschnittes* bezeichnet werden

Tabelle 39. *Zahlenwerte für das e i n f a c h e Schnittgeschwindigkeitsgesetz.* (Bestwerte vgl. Anhang A, Tabellen 100 bis 102.)

Werkstoff	Kronenberg nach Taylor: Kohlenstoffstahl 20 Min.		Kohlenstoffstahl 90 Min.		Schnellstahl 90 Min. $1^1/_4''$		Schnellstahl 90 Min. $^7/_8''$		Friedrich		Hippler		AWF 100 Schnellstahl 60 Min.	
	ε_v	C_v	ε_v	C_v	ε_v	C_v	ε_v	C_v	ε_v	C_v	ε_v	C_v	ε_v	C_v
Elektron	—	—	—	—	—	—	—	—	—	—	—	—	1,2	430
Messing	—	—	—	—	—	—	—	—	—	—	4	100	1,65	112
Chromnickelstahl. . .	—	—	—	—	—	—	—	—	—	—	—	—	1,75	29
SM-Stahl weich . . .	1,52	34	1,52	20,4	1,94	158	1,94	125	2,3	67	4	31	—	—
SM-Stahl mittel . . .	1,76	9	1,76	5,4	1,94	80	1,94	64	2,3	46	4	23	2,44	35
SM-Stahl hart	—	—	—	—	1,94	36	1,94	28	2,3	22	4	14	—	—
Rotguß	—	—	—	—	—	—	—	—	—	—	4	90	2,23	80
Stahlguß	—	—	—	—	—	—	—	—	—	—	—	—	2,75	28,7
Gußeisen weich . . .	—	—	—	—	2,52	73	2,52	60	3,6	46	4	31	—	—
Gußeisen mittel . . .	—	—	—	—	2,52	36	2,52	30	3,6	24	4	16	3,6	26
Gußeisen hart	—	—	—	—	2,52	22	2,52	18	5,4	13	4	9	—	—

wird. Je größer dieses Verhältnis ist, d. h. je größer $G = t/s$, desto schlanker ist der Spanquerschnitt.

Es ist zuerst zu untersuchen, welche Schlankheitsgrade G in der Praxis tatsächlich vorkommen. Zu diesem Zwecke wurden die von Verbrauchern und Herstellern von Drehwerkzeugen benutzten oder empfohlenen Schnittiefen und Vorschübe ermittelt.

Abb. 87 zeigt die von der Carboloy Co. empfohlenen Vorschübe und Schnittiefen, die hier im doppellogarithmischen Netz graphisch dargestellt worden sind. Die schraffierten sieben Felder stellen die Toleranzen dar für die Kombinationen von Vorschub und Schnittiefe. Durch graphische Ausmittlung erhält man die durch die Schnittpunkte der Diagonalen gekennzeichneten Mittelwerte. Verbindet man diese Punkte für den Bereich von $t = 0{,}4$ mm Schnittiefe bis $t = 20$ mm Schnittiefe, so erhält man eine Gerade, die nach rechts ansteigt. *Es ergibt sich zunächst die empirische Regel, daß in der Praxis der Vorschub etwa mit der Kubikwurzel der Schnittiefe steigt.* Die mittleren Spanquerschnitte F und Schlankheitsgrade G sind in Abb. 87 auch angegeben. Man kann somit ferner ableiten, daß der *Schlankheitsgrad etwa mit der Quadratwurzel des Spanquerschnittes steigt.* Für sehr große Schnittiefen und schwere Werkstücke kann der Vorschub größer genommen werden als obiger Regel entspricht, und umgekehrt für sehr kleine, wie aus den gestrichelten Feldern erkenntlich.

Außer dieser Untersuchung ist eine Marktanalyse vorgenommen und eine große Anzahl von tatsächlichen Dreharbeiten aus einem Querschnitt der amerikanischen Werkstätten hinsichtlich der in der Praxis benutzten Vorschübe und der zugehörigen Schnittiefen untersucht worden. Hierbei sind auch die von der Kennametal Corp. veröffentlichten Berichte[1] aus der Praxis hinzugezogen worden.

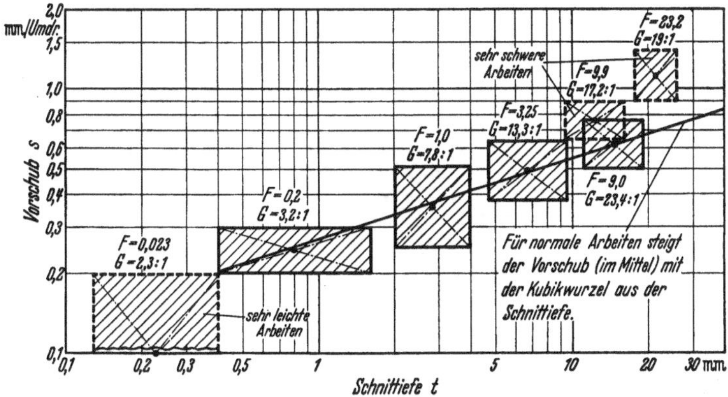

Abb. 87. Praktisch vorkommende Zuordnungen von Vorschub und Schnittiefe beim Drehen.

Faßt man das Ergebnis dieser Analyse in Gruppen von Schlankheitsgraden zusammen, so ergibt sich Tab. 40.

Tabelle 40.

Schlankheitsgrad G (Verhältnis Schnittiefe zu Vorschub)	Häufigkeit des Vorkommens in der Praxis
Kleiner als 2:1	5%
2:1 bis 4:1	25%
Größer als 4:1 bis 10:1	48%
Größer als 10:1 bis 20:1	20%
Größer als 20:1	2%

Am meisten kamen Schlankheitsgrade 5:1 vor ($12^1/_2$%). *Kein Fall wurde jedoch gefunden, wo bei Dreharbeiten der Vorschub größer als oder gleich der Schnittiefe war.* Solche Fälle, d. h. die sogenannten reziproken Spanquerschnitte, spielen in einer Reihe theoretischer Untersuchungen eine meines Erachtens ungerechtfertigte Rolle und werden daher hier nicht betrachtet werden. „Schälschnitte" mit Einstellwinkeln von etwa 5°, wie sie 1937 beim Fräsen von mir benutzt wurden und die jetzt auch

[1] Reports of Kennametal Performance. Published by Kennametal Corp.

ins Drehen einzudringen scheinen, sind hierbei nicht berücksichtigt, da Drehbänke für solch hohen Rückdruck nicht zur Verfügung stehen[1].

Angesichts der Häufigkeit des Schlankheitsgrades $G = 5:1$ soll dieser als Norm betrachtet werden und, wenn immer möglich, die Schnittgeschwindigkeits- und Schnittdruckwerte auf ihn bezogen werden.

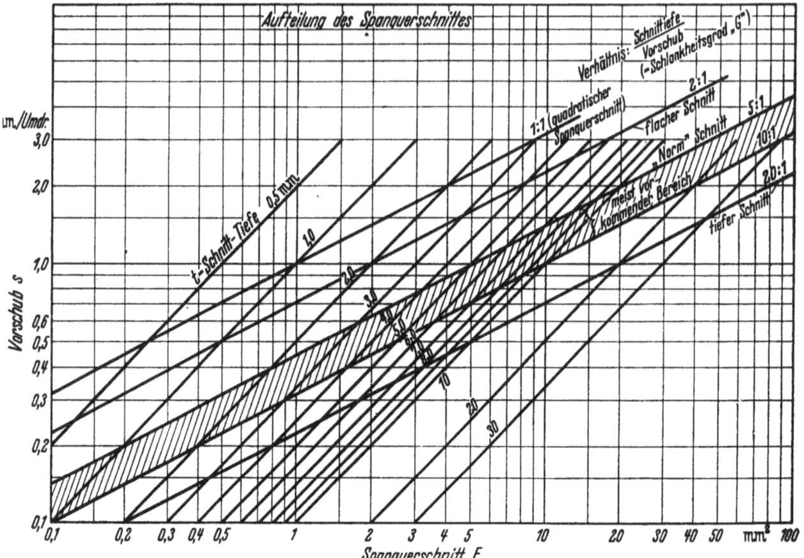

Abb. 88. Aufteilung des Spanquerschnittes (F) in Schnittiefe (t) und Vorschub (s).

Für praktische Fälle kann man ein Gebrauchsdiagramm entwickeln, um den Spanquerschnitt F in Zusammenhang zu bringen mit dem Schlankheitsgrad G, dem Vorschub s und der Schnittiefe t (Abb. 88).

b) Aufstellung des erweiterten Schnittgeschwindigkeitsgesetzes.
(F-v-G-T_L-Beziehung.)

Unter einem erweiterten Schnittgeschwindigkeitsgesetz sei eine Gleichung verstanden, in dem eine zusätzliche Größe G erscheint, die das Verhältnis von Schnittiefe t zu Vorschub s einführt, in Zusatz zu ihrem Produkt $s \cdot t$, dem Spanquerschnitt F, und die auch die Standzeit T_L einbezieht. Es soll zunächst untersucht werden, wie das einfache Schnittgeschwindigkeitsgesetz zu erweitern ist, um den Einfluß von Schnittiefe und Vorschub getrennt zu erfassen.

Soll sich die Schnittgeschwindigkeit v exponentiell verschieden mit Schnittiefe und Vorschub ändern, so gilt folgender Ansatz:

$$v = \frac{C}{s^p \cdot t^q}. \tag{83}$$

[1] Schälschnitte beim Fräsen werden im II. Band behandelt.

Hierin sind p und q zunächst unbekannte Exponenten für einen beliebigen Vorschub s und eine beliebige Schnittiefe t. Die Konstante C ist notwendigerweise die Schnittgeschwindigkeit für $s = 1$ mm/U und $t = 1$ mm und für eine gegebene Standzeit T_L entsprechend den Versuchs- oder Zerspanungsbedingungen. Ferner ist der Spanquerschnitt allgemein:

$$F = s \cdot t. \tag{84}$$

Führt man nun das Verhältnis von Schnittiefe zu Vorschub ein $\left(\frac{t}{s}\right)$, d. h. den *Schlankheitsgrad* G, so ist:

$$G = \frac{t}{s}. \tag{85}$$

Aus den Gln. (84) und (85) ergeben sich t und s als Funktionen von F und G, nämlich:

$$t = [F \cdot G]^{\frac{1}{2}}, \tag{86}$$

$$s = \left(\frac{F}{G}\right)^{\frac{1}{2}}. \tag{87}$$

Durch Einsetzen dieser beiden Formeln in Gl. (83) ergibt sich:

$$v = \frac{C \cdot G^{\frac{1}{2}(p-q)}}{F^{\frac{1}{2}(p+q)}}. \tag{88}$$

Aus Gl. (88) *ist ersichtlich, daß die Größe des Spanquerschnittes F erheblich mehr Einfluß auf die Schnittgeschwindigkeit haben muß als sein Schlankheitsgrad G (d. h. das Verhältnis von t : s), weil der Exponent von F gleich der halben Summe der Exponenten p und q von Schnittiefe und Vorschub ist und der des Schlankheitsgrades gleich ihrer halben Differenz!* Nur wenn $q = 0$ ist oder sehr klein wird im Vergleich zu p, fällt der Einfluß des Schlankheitsgrades mehr ins Gewicht; wenn $p = q$ ist, hat der Schlankheitsgrad keinen Einfluß.

Die Konstante C in Gln. (83) und (88) bezog sich auf eine an sich beliebige Standzeit T_L. Will man als *Bezugsnorm eine Standzeit von 60 Min. einführen* (die ich als praktisch ansehe), so wird aus der Konstanten C eine andere Konstante, die mit C' bezeichnet werden soll und für $T_L = 60$ Min. Standzeit gilt. Es wird somit:

$$C' = C \cdot \left(\frac{T_L}{60}\right)^y. \tag{89}$$

Damit wird aus Gl. (88):

$$v = \frac{C' \cdot G^{\frac{1}{2}(p-q)}}{\left(\frac{T_L}{60}\right)^y \cdot F^{\frac{1}{2}(p+q)}}. \tag{90}$$

Im einfachen Schnittgeschwindigkeitsgesetz [Gl. (79) bzw. (82)] ist die Schnittgeschwindigkeit auf eine Konstante C_v bezogen, die für einen Spanquerschnitt $F = 1\ \text{mm}^2$ gilt und die den Achsenabschnitt auf der Ordinate im log-log-Feld für die F-v-Beziehung darstellt.

Es ist daher angebracht, das erweiterte Schnittgeschwindigkeitsgesetz ebenfalls auf einen Spanquerschnitt $F = 1\ \text{mm}^2$ zu beziehen und gleichzeitig den Schlankheitsgrad $G = 5:1$, der am häufigsten in der Praxis vorkommt, als Bezugsnorm im erweiterten Schnittgeschwindigkeitsgesetz zu verwenden.

Man erhält somit aus dem Vorstehenden folgende Definition:

Die erweiterte Schnittgeschwindigkeitskonstante C_v stellt die Schnittgeschwindigkeit für Abnahme eines Normspanquerschnittes von $F = 1\ \text{mm}^2$ und für einen Normschlankheitsgrad von $G = 5:1$ dar, bei der das Werkzeug eine Normstandzeit von $T_L = 60$ Min. besitzt.

Zur Vermeidung langer Exponenten in Formeln ist es bequemer, sie mit je einem einzigen Buchstaben zu bezeichnen. Für die Exponenten von F und G soll sein:

$$f = \frac{1}{2}(p + q) = \frac{1}{\varepsilon_v}, \tag{91}$$

$$g = \frac{1}{2}(p - q). \tag{92}$$

Mit obiger Normung der Bezugsgröße C_v und der vereinfachten Schreibweise für die Exponenten lautet nunmehr das erweiterte Schnittgeschwindigkeitsgesetz:

$$\boxed{v = \frac{C_v \cdot \left(\frac{G}{5}\right)^g}{F^f \cdot \left[\frac{T_L}{60}\right]^y}\ \text{m/min.}} \tag{93}$$

Hierbei ist es nicht mehr erforderlich, die Schnittgeschwindigkeit mit v_{60}, v_{120} usw. zu kennzeichnen, da die Gleichung jede gewünschte Standzeitänderung einbezieht.

Das erweiterte Schnittgeschwindigkeitsgesetz gestattet nunmehr auch die Einbeziehung solcher Werte, in denen z. B. die Schnittiefe t ohne Einfluß ist. Das wird ersichtlich, wenn man den Schnittiefenexponenten $q = 0$ setzt, in Gln. (91) *und* (92). *In solchem Falle wird $f = g$ in dem erweiterten Schnittgeschwindigkeitsgesetz, Gl.* (93). *Auf diese Weise ist eine einheitliche Gleichung geschaffen worden, die die Abhängigkeiten von verschiedenen Grundlagen folgerichtig erfaßt. Dieser Vorteil ist besonders wichtig bei Vergleichen von Versuchsergebnissen verschiedenen Ursprunges.*

Die Beziehung zwischen der Konstanten C in Gl. (83), die die Schnittgeschwindigkeit für $s = 1{,}0$ mm/U und $t = 1$ mm bei Standzeit T_L darstellte, und der Bezugsgröße C_v wird hergestellt durch Gleichsetzen der Formeln (93) und (88) unter Benutzung der Gln. (91) und (92):

$$\frac{C_v \cdot \left(\frac{G}{5}\right)^g}{F^f \cdot \left(\frac{T_L}{60}\right)^y} = \frac{C \cdot G^g}{F^f}.$$

Daraus folgt:

$$C_v = C \cdot 5^g \cdot \left(\frac{T_L}{60}\right)^y. \tag{94}$$

Der Normspanquerschnitt $F = 1\ \text{mm}^2$ und $G = 5:1$ hat eine Schnittiefe von $t = 2{,}24$ mm und einen Vorschub $s = 0{,}446$ mm/U. Im doppellogarithmischen Netz ist C_v der Achsenabschnitt, den die F-v-Gerade für $G = 5:1$ und $T_L = 60$ Min. auf der Vertikalen $F = 1\ \text{mm}^2$ bildet.

Liegt ein anderes Schnittgeschwindigkeitsgesetz vor als das in Gl. (83) mit der Konstanten C dargestellte, so erhält man die Bezugsgröße C_v aus:

$$C_v = \frac{v_{T_L} \cdot F^f \cdot \left(\frac{T_L}{60}\right)^y}{\left(\frac{G}{5}\right)^g}, \tag{95}$$

worin

v_{T_L} Schnittgeschwindigkeit für Standzeit T_L,
F Spanquerschnitt, für den v_{T_L} gilt,
G Schlankheitsgrad, für den v_{T_L} gilt,
T_L Standzeit.

Wie im nachstehenden noch näher erörtert werden wird, liegt der Exponent g des Schlankheitsgrades nach Versuchen etwa zwischen 0,085 und 0,20. Nimmt als Mittelwert $g = 0{,}14$ an, so gestattet [gemäß Gl. (93)] eine Erhöhung des Schlankheitsgrades von 5 : 1 auf 20 : 1 eine Erhöhung der Schnittgeschwindigkeit von $\left(\frac{20}{5}\right)^{0{,}14} = 1{,}215 = 21^1/_2\%$. Andererseits ermöglicht eine Verringerung des Spanquerschnittes auf ein Viertel eine Erhöhung der Schnittgeschwindigkeit um $4^{0{,}41} = 1{,}77 = 77\%$ bei Stahlbearbeitung und um $4^{0{,}57} = 2{,}2 = 120\%$ beim Chromnickelstahl.

Für andere Schlankheitsgrade und einen Mittelwert $g = 0{,}14$ gibt die Tab. 41 einige Umrechnungsgrößen an:

Tabelle 41.

Schlankheitsgrad G	Umrechnungsfaktor für die zulässige Schnittgeschwindigkeit $= \left(\frac{G}{5}\right)^{0{,}14}$
2	0,88
5	1,000
10	1,102
20	1,215

c) Schlankheitsgrad und Einstellwinkel.

Mit Hilfe des Begriffes des Schlankheitsgrades ist es auch möglich, den *Einfluß des Einstellwinkels* $\varkappa$ auf die Schnittgeschwindigkeit zu erfassen.

Wie aus Abb. 89 leicht ersichtlich, ergibt sich die Breite b des Spanes aus der Schnittiefe t aus:

$$b = \frac{t}{\sin\varkappa}.$$

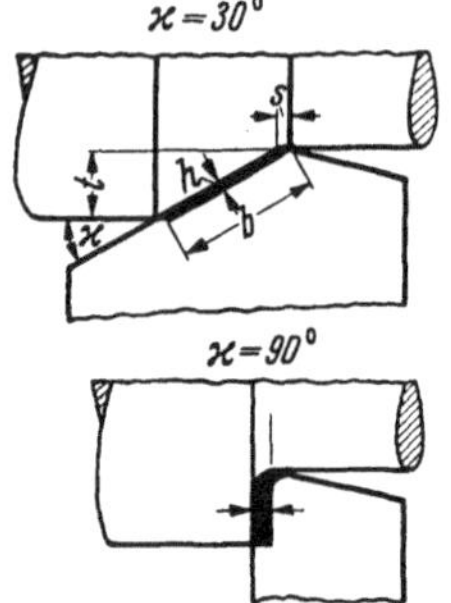

Abb. 89. Breite und Höhe des Spanquerschnittes.

Andererseits gilt für die Höhe h des Spanes in Abhängigkeit vom Vorschub s:

$$h = s \cdot \sin\varkappa.$$

Der Schlankheitsgrad $G_\varkappa$ des Spanes für den Einstellwinkel $\varkappa$ ist demnach:

$$G_\varkappa = \frac{b}{h} = \frac{t}{s \cdot \sin^2\varkappa} = \frac{G}{\sin^2\varkappa}, \tag{96}$$

d. h., *Schlankheitsgrad* $G_\varkappa$ ändert sich umgekehrt proportional zum Quadrat des Sinus des Einstellwinkels $\varkappa$.

Der Einfluß also, den der Einstellwinkel $\varkappa$ auf die Schnittgeschwindigkeit haben könnte, müßte aus dem erweiterten Schnittgeschwindigkeitsgesetz [Gl. (93)] folgen, wenn der Spanquerschnitt F konstant bleibt:

$$v = \text{Funktion von } \left(G^g\right).$$

Nimmt man wieder einen Mittelwert für $g = 0{,}14$, so müßte sich die Schnittgeschwindigkeit mit dem Einstellwinkel $\varkappa$ ändern nach:

$$v = \text{Funktion von } \left(\frac{G}{\sin^2\varkappa}\right)^{0,14}.$$

Da ja $G = \frac{t}{s}$ konstant bleibt, wenn der Einstellwinkel $\varkappa$ geändert wird, so ergibt sich Tab. 42 für die Schnittgeschwindigkeitsänderung mit dem Winkel $\varkappa$:

Tabelle 42.

Einstellwinkel $\varkappa$	Umrechnungsziffer für die Schnittgeschwindigkeit $\left(\frac{1}{\sin^2\varkappa}\right)^{0,14}$	Verhältnis der Umrechnungsziffern, bezogen auf $\varkappa = 45°$
1	2	3
90°	1,000	0,900
75°	1,017	0,915
60°	1,042	0,935
45°	1,116	1,000
30°	1,210	1,090

Wie aus Spalte 3 ersichtlich ist, ändert sich die zulässige Schnittgeschwindigkeit im Vergleich mit $\varkappa = 45°$ um etwa $\pm 9\%$ bei Änderung des Einstellwinkels von 30 bis 90°.

Dieses theoretisch abgeleitete Ergebnis ist in sehr guter Übereinstimmung mit der Umrechnungstafel für Schnittgeschwindigkeiten bei verschiedenen Einstellwinkeln in AWF 158 für Hartmetallwerkzeuge, wo gleichfalls ein Wert von 0,90 bei $\varkappa = 90°$ angegeben ist. Angesichts dieser geringen Änderungen wird der Einstellwinkel $\varkappa$ vernachlässigt und $\varkappa = 45°$ als Norm betrachtet werden, wenn erforderlich.

Schälschnitte mit $\varkappa = 5$ bis 15° sollen, wie bereits früher gesagt (s. S. 132), hier noch ausgeschlossen werden.

d) Zahlenwerte für das erweiterte Schnittgeschwindigkeitsgesetz.

Aus den Schnittgeschwindigkeitsdaten für Bearbeitung von nickellegierten Stählen, die von der *International Nickel Co.*[1] herausgegeben worden sind, können Zahlenwerte für die Schnittgeschwindigkeit in Abhängigkeit von Spanquerschnitt und Schlankheitsgrad abgeleitet werden.

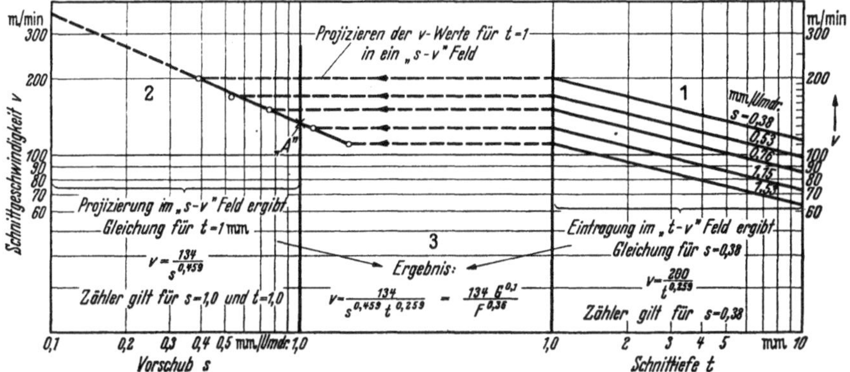

Abb. 90. Graphische Ableitung einer Schnittgeschwindigkeitsformel in Abhängigkeit von Vorschub und Schnittiefe.

Man kann folgendes Verfahren dabei einschlagen (vgl. Abb. 90): Man trägt bei *1* in ein t-v-Feld (logarithmisches Schnittiefen-Schnittgeschwindigkeitsfeld) die angegebenen Werte ein. Für die verschiedenen Vorschübe ergeben sich Gerade, aus denen man (beispielsweise für $s = 0{,}38$) folgende Gleichung erhält:

$$v = \frac{200}{t^{0,259}}\,.$$

[1] The Machining of Nickel Alloy Steels. Data Sheet C published by The International Nickel Company, New York.

Wenn keine Werte für $s = 1{,}0$ mm/U verfügbar sind, wie es oft der Fall ist wegen des englischen Maßsystems, so projiziert man die v-Werte für $t = 1$ mm aus dem t-v-Feld in ein s-v-Feld. Dies ist bei *2* in Abb. 90 dargestellt. Die so erhaltene s-v-Gerade stellt die Gleichung dar:

$$v = \frac{134}{s^{0,459}}.$$

Ihr Zähler ist die Schnittgeschwindigkeit für $s = 1{,}0$ mm/U und $t = 1$ mm (Punkt A Abb. 90); somit ergibt sich:

$$v = \frac{134}{s^{0,459} \cdot t^{0,259}}.$$

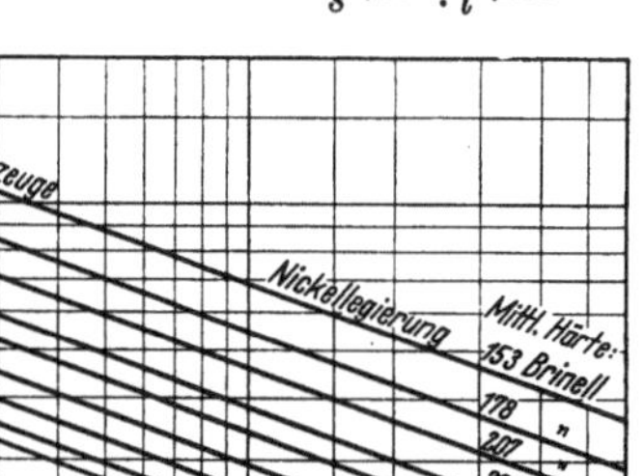

Abb. 91. Abhängigkeit der Schnittgeschwindigkeit vom Spanquerschnitt für Nickelstahllegierungen (ermittelt aus Daten der International Nickel Co.). Die Geraden gelten für einen Schlankheitsgrad $G = 5:1$. Für andere Schlankheitsgrade multipliziere man v mit folgenden Werten:

G	$\left(\frac{G}{5}\right)^{0,1}$
2	0,91
5	1,00
10	1,07
20	1,15

Für Schnellstahl multipliziere mit 0,3.

Diese Gleichung entspricht der Form nach Gl. (83), mit $p = 0{,}459$ und $q = 0{,}259$. Mit Hilfe der Gl. (88) folgt somit:

$$v = \frac{134\,G^{0,1}}{F^{0,36}} = \frac{158\left(\frac{G}{5}\right)^{0,1}}{F^{0,36}}. \tag{97}$$

In entsprechender Weise können die anderen Daten der International Nickel Co. ausgewertet werden. Da die Bearbeitbarkeit eine Funktion der Härte ist nach Ansicht dieser Firma, so sind die Schnittgeschwindigkeiten für neun Gruppen von Brinellhärten angegeben, wobei Abweichungen von ihnen vom Gefüge abhängen. Abb. 91 gibt das Ergebnis der Auswertung für Hartmetall wieder für diese neun Brinellgruppen. Eine Standzeit ist allerdings nicht mitgeteilt. Man erkennt, daß die Schnittgeschwindigkeit beispielsweise für 153 Brinell sich von 69 auf 158 m/min erhöht, wenn der Spanquerschnitt von 10 mm² auf 1 mm² sinkt; das entspricht einer 130%igen Erhöhung. Der Exponent für den Schlankheitsgrad G ist $g = 0{,}1$, der für den Spanquerschnitt ist $f = \frac{1}{\varepsilon_v} = 0{,}36$. Mithin entspricht einer Verzehnfachung des Schlankheitsgrades eine Schnittgeschwindigkeitsänderung von nur 26%, gegenüber 130% für zehnfache Spanquerschnittsänderung! Die folgenden Grundwerte für C_v, f und g ergeben sich aus diesen Daten, wobei eine Standzeit von 60 Min. angenommen ist (Tab. 43).

Tabelle 43. *C_v-Werte und Exponenten für das erweiterte Schnittgeschwindigkeitsgesetz für Bearbeitung von Nickelstählen.*

Brinell-härte	C_v für Hartmetall-werkzeug m/min	C_v für Schnellstahl m/min	Exponenten: $f = \frac{1}{\varepsilon_v}$ Exponent des Spanquerschnittes	Exponenten: g Exponent des Schlankheitsgrades	Exponenten: y Exponent der Standzeit
153	158	47,5	0,36	0,10	?
178	128	38,3			
207	105	31,4			
229	87,5	26,2			
270	78,5	23,5			
303	67	20,0			
337	59	17,6			
370	52,5	15,8			
402	48,6	14,6			

Die *Carboloy Company* hat eine Schnittgeschwindigkeitsgleichung für Bearbeitung von Stahl veröffentlicht[1], allerdings ohne Standzeitangabe, die nach Umwertung in metrische Dimensionen folgendermaßen lautet:

$$v = \frac{78000}{s^{0,42} \cdot t^{0,25} \, (\mathrm{BHN})^{1,25}},$$

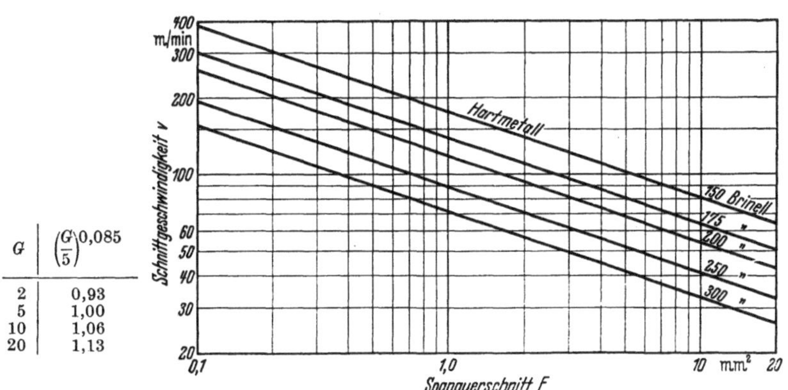

G	$\left(\frac{G}{5}\right)^{0,085}$
2	0,93
5	1,00
10	1,06
20	1,13

Abb. 92. Abhängigkeit der Schnittgeschwindigkeit vom Spanquerschnitt [gemäß Gl. (98) aus Daten der Carboloy Co. ermittelt]. Die Geraden gelten für einen Schlankheitsgrad $G = 5:1$. Für andere Schlankheitsgrade multipliziere man v mit nebenstehenden Werten.

[1] Carboloy Tool Manual Nr. GT 191, S. 64.

wo (BHN) die Brinellhärte bedeutet. Führt man den Spanquerschnitt F und Schlankheitsgrad G ein gemäß Gln. (86) u. (87), so folgt:

$$v = \frac{78000\, G^{0,085}}{F^{0,335} \cdot (\text{BHN})^{1,25}} = \frac{89500 \left(\frac{G}{5}\right)^{0,085}}{F^{0,335} \cdot (\text{BHN})^{1,25}} \,. \tag{98}$$

Aus dieser Gleichung wird *wiederum der geringe Einfluß des Schlankheitsgrades des Spanes ersichtlich im Vergleich mit dem Einfluß der Größe des Spanquerschnittes.* Eine Verzehnfachung des Schlankheitsgrades von

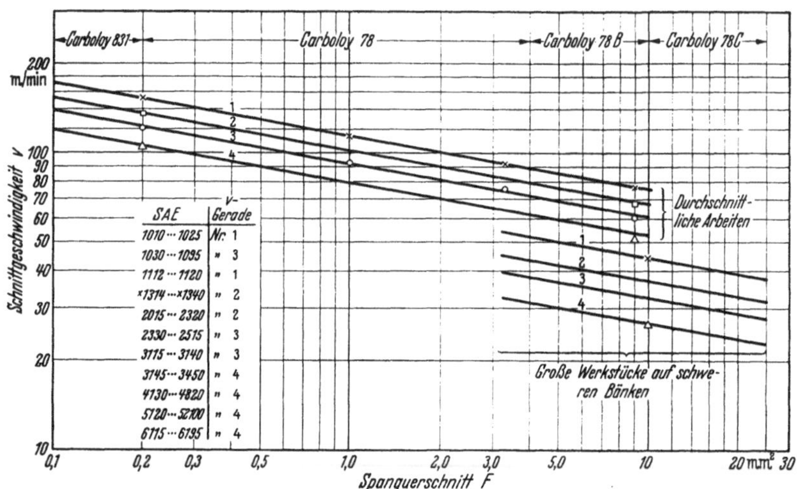

Abb. 93. Mittlere Werte für die Abhängigkeit der Schnittgeschwindigkeit vom Spanquerschnitt bei Stahlbearbeitung (ermittelt aus Daten der Carboloy Co.).

2 : 1 auf 20 : 1 gestattet eine Erhöhung der Schnittgeschwindigkeit um $10^{0,085} = 1,216$, d. h. *um 21,6%*, während eine zehnfache Veränderung des Spanquerschnittes von 10 mm² auf 1 mm² eine Erhöhung um $10^{0,33} = 2,15$, d. h. *um 116%*, gestattet. *Die Größe des Spanquerschnittes hat also mehr als fünffachen Einfluß auf die Schnittgeschwindigkeit als seine Form!*

Wertet man die *praktischen* Schnittgeschwindigkeitstabellen von Carboloy aus, so ergeben sich die in Abb. 93 und 94 dargestellten Abhängigkeiten vom Spanquerschnitt, wobei *Mittelwerte* gemäß Abb. 87 zugrunde gelegt wurden. Ein eindeutiger Zusammenhang mit der Gl. (98) ist nicht zu erkennen, vielmehr scheint der Einfluß des Schlankheitsgrades des Spanquerschnittes praktisch vernachlässigt worden zu sein. Tab. 44 (S. 142) enthält die aus Carboloy-Unterlagen ermittelten C_v-Werte und Exponenten.

Im Bureau of Standards sind im Jahre 1930 Zerspanungsversuche von T. G. DIGGES[1] mit Hartmetallwerkzeugen durchgeführt worden, bei denen das vollkommene Versagen des Werkzeuges als Kennzeichen für die Standzeit benutzt wurde. DIGGES fand ein Blankbremsen auf 3½% Nickelstahl, ähnlich wie bei Schnellstahlbenutzung, und legte seinen Auswertungen die TAYLOR-Gleichung [Gl. (53)] zugrunde mit $y = 0{,}2$, aus der er die folgende Gleichung für 90 Min. Standzeit ableitete:

$$v = \frac{12}{F_1^{0,58} \cdot D^{0,2}} \text{ ft/min}, \qquad (99)$$

wobei v (Schnittgeschwindigkeit), F_1 (Vorschub) und D (Schnittiefe) im englischen Maß gemessen sind.

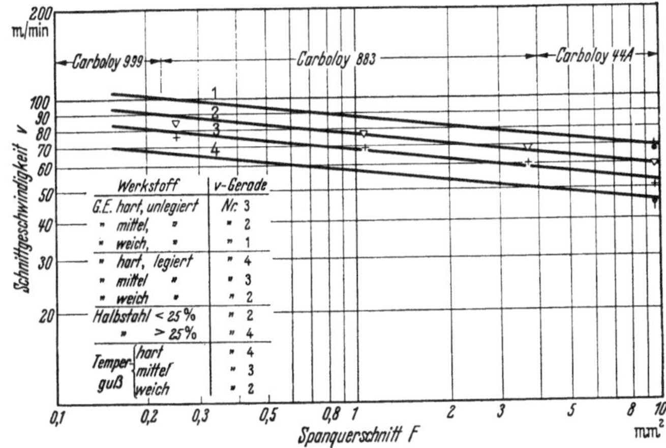

Abb. 94. Mittlere Werte für die Abhängigkeit der Schnittgeschwindigkeit vom Spanquerschnitt bei Gußeisenbearbeitung (ermittelt aus Daten der Carboloy Co.).

Um hieraus die Schnittgeschwindigkeitsgleichung für metrische Dimensionen zu gewinnen, setzt man:

$$F_1 = \frac{s}{25{,}4} \quad \text{und} \quad D = \frac{t}{25{,}4}, \qquad (100)$$

ferner muß die Konstante 12 mit 0,305 multipliziert werden, um ft/min in m/min umzurechnen (s. Tab. 106). Es wird somit:

$$v = \frac{12 \cdot 0{,}305 \cdot 25{,}4^{0,58} \cdot 25{,}4^{0,2}}{s^{0,58} \cdot t^{0,2}} = \frac{45{,}5}{s^{0,58} \cdot t^{0,2}}. \qquad (101)$$

Die Umformung dieser Gleichung in das erweiterte Schnittgeschwindigkeitsgesetz geschieht folgendermaßen; man ermittelt:

$$f = \tfrac{1}{2}(p + q) = \tfrac{1}{2}(0{,}58 + 0{,}2) = 0{,}39 \text{ (daher } \varepsilon_v = 2{,}56),$$
$$g = \tfrac{1}{2}(p - q) = \tfrac{1}{2}(0{,}58 - 0{,}2) = 0{,}19,$$
$$C = 45{,}5.$$

[1] DIGGES, T. G.: Cutting Tests with Cemented Tungsten-Carbide Lathe Tools. Trans. Amer. Soc. mech. Engrs. 1930.

Tabelle 44. *C_v-Werte und Exponenten für das erweiterte Schnittgeschwindigkeitsgesetz für Werkzeuge aus Carboloy-Hartmetall (Mittelwerte).*

Werkstoff	C_v *	Exponenten			Anmerkung
		$f = \frac{1}{\varepsilon_v}$	g	y	
	m/min	Exponent des Spanquerschnittes	Exponent des Schlankheitsgrades	Exponent der Standzeit	
150 Brinell	175	0,335	0,085	?	
175 Brinell	140				
200 Brinell	119				
250 Brinell	89				
300 Brinell	72				
SAE 1010 1025	114	0,178	?	?	Für leichte Spanquerschnitte bis $F = 0{,}2$ mm² Carboloy 831. Für normale Spanquerschnitte bis $F = 4$ mm² Carboloy 78. Für mittelschwere Spanquerschnitte bis $F = 10$ mm² Carboloy 78B. Für größere Spanquerschnitte Carboloy 78C.
1030 1045	92				
1112 1120	114				
X 1314 X 1340	102				
2015 2320	102				
2330 2515	92				
3115 3140	92				
3145 3450	79				
4130 4520	79				
5120 52100	79				
6115 6195	79				
GE hart	68	0,10	?	?	unlegiert — Für leichte Spanquerschnitte Carboloy 999. Für mittlere Spanquerschnitte Carboloy 883. Für mittelschwere Spanquerschnitte Carboloy 44A
mittel	76				unlegiert
weich	88				unlegiert
hart	58				legiert GE und Temperguß
mittel	68				
weich	76				

Um Gl. (101), die für 90 Min. Standzeit gilt, auf die Normstandzeit von 60 Min. und den Normschlankheitsgrad $G = 5:1$ zu beziehen,

* Diese Mittelwerte können je nach erwünschter Standzeit und Art des Werkstückes um etwa 33% bis 50% erhöht werden. Carboloy Nr. 370 ist hierbei jedoch noch nicht berücksichtigt. Für schwere Werkstücke wird Herabsetzung bis um 50% empfohlen.

ist es nur noch nötig, C_v zu ermitteln gemäß Gl. (94):

$$C_v = 45{,}5 \cdot 5^{0,19} \cdot \left(\frac{90}{60}\right)^{0,2} = 67{,}5\,. \tag{102}$$

Das erweiterte Schnittgeschwindigkeitsgesetz für diese Versuche von DIGGES lautet somit:

$$v = \frac{67{,}5\left(\frac{G}{5}\right)^{0,19}}{F^{0,39}\left(\frac{T_L}{60}\right)^{0,2}}\,. \tag{103}$$

In den *AWF-Richtwerten Nr. 120* ist die Schnittgeschwindigkeit als Funktion der von LEYENSETTER abgeleiteten[1] Bogenspandicke behandelt worden. Ebenso hat LANG[2] sich in seinen Entwicklungen darauf bezogen. Tab. 45 ist eine Auswertung solcher Daten für den Einstellwinkel $\varkappa = 45°$ und $r = 3$ mm Abrundung der Stahlnase, für die man im doppellogarithmischen Netz Gerade erhält.

Tabelle 45.

t Schnitt-tiefe	s Vorschub	B Bogen-spandicke	Exponent der logarithmischen Geraden der Bogenspandicke	Gleichung der Bogenspandicke B, für konstante Schnittiefe t
1,0	0,1 1,0	0,040 0,350	0,943	$B = 0{,}35\, s^{0,943}$
2,0	0,1 1,0	0,050 0,450	0,955	$B = 0{,}45\, s^{0,955}$
3,0	0,1 1,0	0,056 0,500	0,951	$B = 0{,}50\, s^{0,951}$
5,0	0,1 1,0	0,061 0,600	0,993	$B = 0{,}60\, s^{0,993}$
10,0	0,1 1,0	0,069 0,650	0,973	$B = 0{,}65\, s^{0,973}$
				Mittelwert des Exponenten des Vorschubes } *0,963*

Somit ergibt sich $B = B_0 \cdot s^{0,963}$. Trägt man ferner die Konstanten $B_0 = 0{,}35$ bis $0{,}65$ der Gleichungen für B (letzte Spalte Tab. 45) in Abhängigkeit von der Schnittiefe t in ein log-log-Feld ein, so ergibt sich eine Gerade mit folgender Gleichung:

$$B_0 = 0{,}37\, t^{0,264}\,.$$

[1] LEYENSETTER, W.: Die Schnittgeschwindigkeit im Zerspanungsvorgang. Werkzeugmaschine 1931, Nr. 18 u. 19; siehe auch RKW-Veröff., zitiert S. 81, dort S. 26ff.

[2] LANG: Prüfen der Zerspanbarkeit S. 36. München: Carl Hanser Verlag.

Daraus folgt nach Vereinigen dieser beiden Gleichungen eine Formel für die Bogenspandicke (wenn $\varkappa = 45°$ und $r = 3$ mm Abrundung):

$$B = 0{,}37\, t^{0{,}264} \cdot s^{0{,}963}. \qquad (104)$$

Andererseits kann die Schnittgeschwindigkeit als Funktion der Bogenspandicke aus dem vom AWF entwickelten B-v-Diagramm entnommen werden für 240 und 480 Min. Standzeit[1].

Die Gleichungen der Tab. 46 wurden daraus abgeleitet, wobei die Exponenten gleichgesetzt wurden, da sie sich nur sehr wenig unterscheiden.

Tabelle 46.

Werkstoff	Schnittgeschwindigkeit v in Abhängigkeit von der Bogenspandicke B (nach AWF 120er Serie)
St 50.11	$v_{240} = \frac{130}{B^{0{,}275}}$
St 50.11	$v_{480} = \frac{118}{B^{0{,}275}}$
St 60.11	$v_{240} = \frac{110}{B^{0{,}275}}$
St 70.11	$v_{240} = \frac{87}{B^{0{,}275}}$
St 85.11	$v_{240} = \frac{75}{B^{0{,}275}}$

Nach den AWF-Richtwerten 120 beträgt die Schnittgeschwindigkeitserhöhung bei Senkung der Standzeit von 480 Min. auf 240 Min. im Mittel 11% $\left(= \frac{130}{118} = 1{,}11\right)$. Daraus ergibt sich der Standzeit-Exponent y:

$$\sqrt[y]{\frac{480}{240}} = 1{,}11, \quad \text{d. h. } y = 0{,}15.$$

Setzt man nun die Gl. (104) für die Bogenspandicke B in die Schnittgeschwindigkeitsgleichungen von Tab. 46 ein, so ergibt sich, wenn C die Werte im Zähler der Tabelle bedeuten:

$$v = \frac{C}{[0{,}37\, t^{0{,}264} \cdot s^{0{,}963}]^{0{,}275}} = \frac{C}{0{,}76\, t^{0{,}073} \cdot s^{0{,}264}}.$$

Bei Einführung des Spanquerschnittes und Schlankheitsgrades [Gl. (86) u. (87)] erhält man:

$$v = \frac{C \cdot G^{0{,}096}}{0{,}76 \cdot F^{0{,}169}}. \qquad (105)$$

Es erweist sich somit auch nach den AWF-Richtwerten 120, die auf der Bogenspandicke aufgebaut worden sind, daß der Schlankheitsgrad G des Spanquerschnittes erheblich weniger Einfluß auf die zulässige Schnittgeschwindigkeit hat als seine Flächengröße F!

Um die Bezugsgröße C_v hierfür zu bestimmen, setzt man Gl. (105) in die allgemeine C_v-Gleichung (95) und erhält:

$$C_v = \frac{C \cdot G^{0{,}096} \cdot F^{0{,}169} \left[\frac{T_L}{60}\right]^{0{,}15}}{0{,}76 \cdot F^{0{,}169} \qquad \left(\frac{G}{5}\right)^{0{,}096}},$$

[1] Siehe Brödner, zitiert S. 79, dort S. 197.

d. h.

$$C_v = \frac{C \cdot 5^{0,096} \left(\frac{T_L}{60}\right)^{0,15}}{0,76} = 1,53\, C \cdot \left(\frac{T_L}{60}\right)^{0,15}.$$

Natürlich muß sich nun — dank der hier vorgenommenen Normung des Bezugswertes C_v — derselbe C_v-Wert aus den v_{240}- und v_{480}-Gleichungen der Tab. 46 ergeben. Eine Nachprüfung bestätigt dies, wie aus den waagerechten Reihen 1 und 2 der Tab. 47 hervorgeht.

Tabelle 47. *C_v-Werte und Exponenten für das erweiterte Schnittgeschwindigkeitsgesetz, ausgewertet aus Daten der AWF-Richtwerte 120 für Hartmetall.*

Werkstoff	Konstante C der Tab. 46	$C_v = 1,53 \times C\left(\frac{T_L}{60}\right)^{0,15}$ m/min	Exponenten: $f = \frac{1}{\varepsilon_v}$ Exponent des Spanquerschnittes	g Exponent des Schlankheitsgrades	y Exponent der Standzeit
St 50.11 (v_{240})	130	245	0,169	0,096	0,15
St 50.11 (v_{480})	118	245			
St 60.11	110	207			
St 70.11	87	164			
St 85.11	75	141			

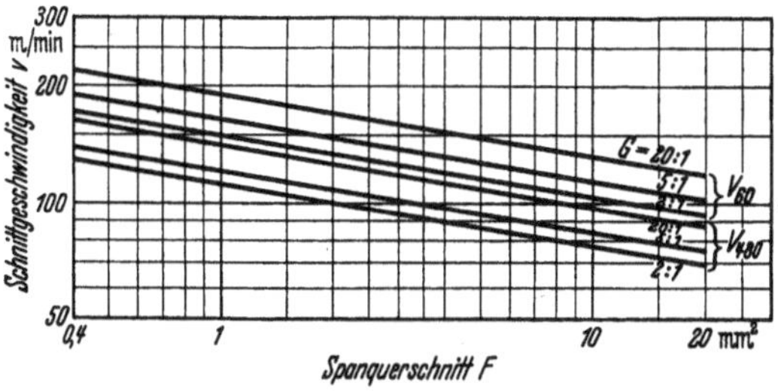

Abb. 95. Abhängigkeit der Schnittgeschwindigkeit vom Spanquerschnitt bei St 70.11 und Hartmetall (entwickelt aus den Bogenspanwerten der AWF 120er Serie).

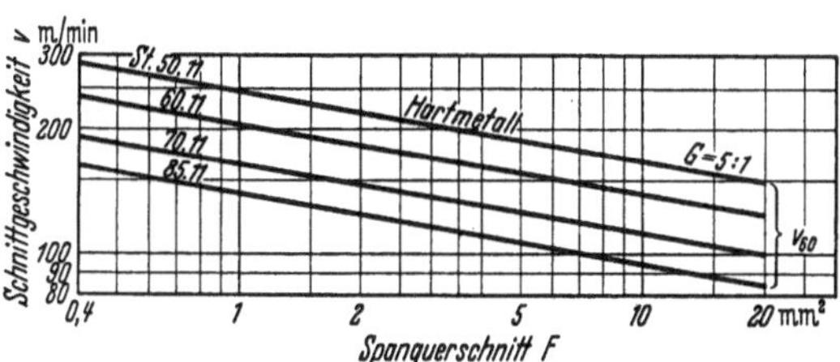

Abb. 96. Abhängigkeit der Schnittgeschwindigkeit vom Spanquerschnitt für verschiedene Stahlsorten (entwickelt aus den Bogenspanwerten der AWF 120er Serie).

Abb. 95 gibt die aus AWF 120 ermittelten Schnittgeschwindigkeiten für St 70.11 wieder für verschiedene Schlankheitsgrade und Standzeiten. Abb. 96 zeigt die zulässigen Schnittgeschwindigkeiten in Abhängigkeit vom Spanquerschnitt für den Normfall $G = 5:1$ und $T_L = 60$ Min.

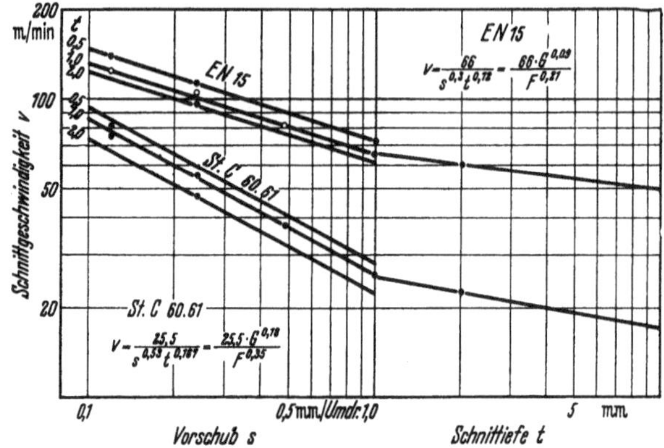

Abb. 97. Ermittlung von Schnittgeschwindigkeitsgleichungen für EN 15 und St C 60.61 aus Daten von LEYENSETTER.

LEYENSETTER[1] hat weitere Werte veröffentlicht, die in Abb. 97 und 98 graphisch ausgewertet sind. Es ergeben sich folgende Gleichungen:

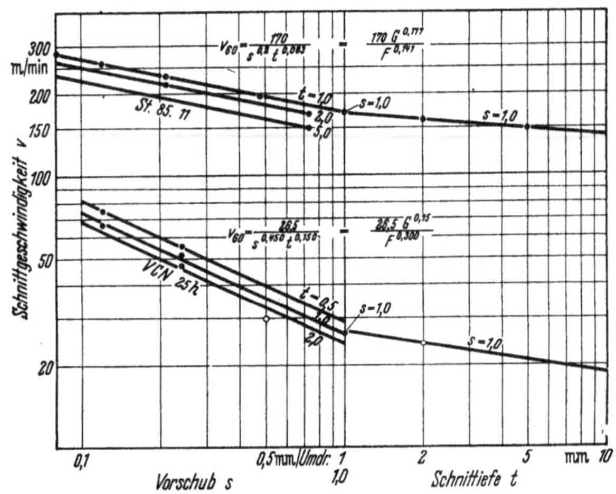

Abb. 98. Ermittlung von Schnittgeschwindigkeitsgleichungen für St 85.11 und VCN 25 h aus Daten von LEYENSETTER.

Für St C 60.61 (mit Schnellstahl)

$$v_{60} = \frac{25{,}5}{s^{0{,}53} \cdot t^{0{,}167}} = \frac{25{,}5\, G^{0{,}18}}{F^{0{,}35}}\,; \quad v = \frac{34 \left(\frac{G}{5}\right)^{0{,}18}}{F^{0{,}35} \left(\frac{T_L}{60}\right)^{0{,}117}}, \tag{106}$$

[1] LEYENSETTER, W.: RKW-Veröff. Nr. 114, zitiert S. 81, dort S. 22 u. 23.

für EN 15 (mit Schnellstahl)

$$v_{60} = \frac{66}{s^{0,3} \cdot t^{0,12}} = \frac{66\,G^{0,09}}{F^{0,21}}; \quad v = \frac{76\left(\frac{G}{5}\right)^{0,09}}{F^{0,21}\left(\frac{T_L}{60}\right)^{0,117}}, \tag{107}$$

für VCN 25h (mit Schnellstahl)

$$v_{60} = \frac{26,5}{s^{0,45} \cdot t^{0,15}} = \frac{26,5\,G^{0,15}}{F^{0,30}}; \quad v = \frac{33,8\left(\frac{G}{5}\right)^{0,15}}{F^{0,30}\left(\frac{T_L}{60}\right)^{0,117}}, \tag{108}$$

für St 85 (mit Hartmetall)

$$v_{60} = \frac{170}{s^{0,2} \cdot t^{0,083}} = \frac{170\,G^{0,117}}{F^{0,141}}; \quad v = \frac{205\left(\frac{G}{5}\right)^{0,117}}{F^{0,141}\left(\frac{T_L}{60}\right)^{0,226}}. \tag{109}$$

Da sich die Exponenten y für die Standzeit zu 0,226 für Hartmetall und zu 0,117 für Schnellstahl aus LEYENSETTERs Werten ergeben, kann Tab. 48 aufgestellt werden:

Tabelle 48. *C_v-Werte und Exponenten für das erweiterte Schnittgeschwindigkeitsgesetz, ausgewertet aus LEYENSETTERs Daten.*

Werkstoff	Werkzeug	C_v	Exponenten: $f = \frac{1}{\varepsilon_v}$ für Spanquerschnitt	g für Schlankheitsgrad	y für Standzeit
St C 60.61	Schnellstahl	34	0,35	0,18	0,117
VCN 25h	Schnellstahl	33,8	0,30	0,15	0,117
EN 15	Schnellstahl	76	0,21	0,09	0,117
St 85.11	Hartmetall	205	0,141	0,117	0,226

Man findet somit auch hier wieder unsere grundsätzliche Erkenntnis bestätigt [Gl. (88)], *daß die Form des Spanquerschnittes erheblich weniger Einfluß auf die zulässige Schnittgeschwindigkeit hat als seine Größe!*

Versuche mit Schnellstahl, aus denen hervorgeht, daß die *Schnitttiefe t* einen Einfluß auf die zulässige Schnittgeschwindigkeit hat, sind von PLAGENS angestellt worden. Sie sind in Abb. 99 graphisch dargestellt und gelten für einen

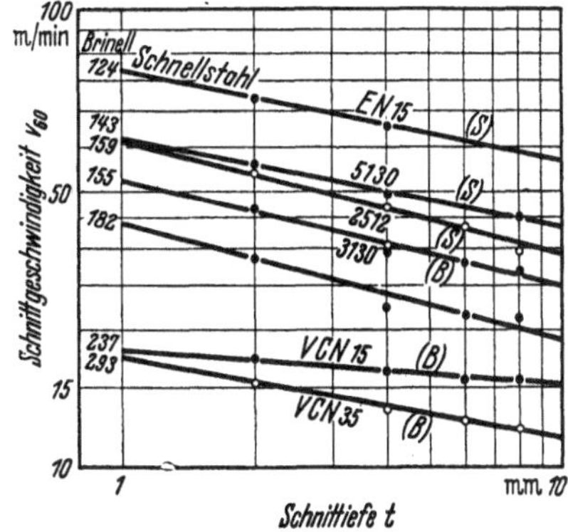

Abb. 99. Einfluß der Schnittiefe auf die Schnittgeschwindigkeit bei 1,0 mm Vorschub (nach PLAGENS).

Vorschub von 1 mm/U. Wäre die Schnittiefe ohne Einfluß, so müßten sich horizontale Linien für die verschiedenen Werkstoffe ergeben haben.

Im Gegensatz dazu hat man in den *AWF-Richtwerten 158* die Schnittiefe fallengelassen und nur den Vorschub als unabhängige Veränderliche benutzt. Jedoch wird der Einfluß der Schnittiefe indirekt eingeführt, auch bei Hartmetall, da es in AWF 158 heißt, daß „optimale Zerspanungsleistungen besser durch Steigerung der Schnittiefe als durch Anwendung hoher Vorschübe erzielt werden". Außerdem wird empfohlen, die Schnittgeschwindigkeiten bei Schnittiefen über 5 mm um 10 bis 20% herabzusetzen. Diese Feststellungen geben nicht nur den Richtwerten unbestimmte Toleranzen, sondern stellen sie auch teilweise in Gegensatz zu anderen Ergebnissen. In den Vereinigten Staaten wird,

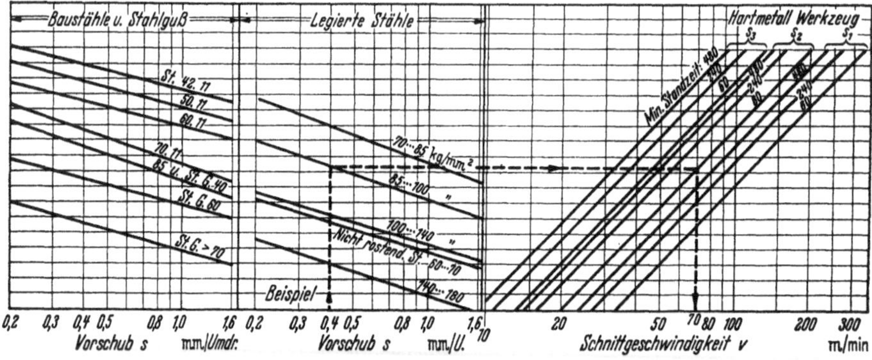

Abb. 100. Abhängigkeit der Schnittgeschwindigkeit verschiedener Hartmetallsorten vom Vorschub bei Stahlbearbeitung (entwickelt aus AWF-Richtwerten 158).

besonders bei Hartmetallen, eine Steigerung des Vorschubes als vorteilhafter angesehen als eine Steigerung der Schnittiefe.

Abb. 100 gibt die Abhängigkeit der Schnittgeschwindigkeit vom *Vorschub* nach AWF 158 wieder für die Bearbeitung von Stählen mit Hartmetallen und für Standzeiten von 60 Min., 240 Min. und 480 Min. Wie das eingezeichnete Beispiel zeigt, geht man vom Vorschub bis zur betreffenden Werkstofflinie nach oben und von dort nach rechts bis zum Werkzeug (S_1, S_2 oder S_3) und zu der für das Werkzeug gewünschten Standzeit. Von dort geht man nach unten zur horizontalen Achse, wo die Schnittgeschwindigkeit gefunden wird. Um die Geraden der verschiedenen Werkstoffe übersichtlich zu halten, sind die Baustähle und Stahlguß links von den legierten Stählen aufgetragen, so daß sich die Vorschubskala wiederholt.

Stahlbearbeitung mit Schnellstahl nach AWF 158 ist in Abb. 101 berücksichtigt. Die Umrechnung von v_{60} auf v_{240} und v_{480} kann durch Multiplikation mit 0,7 bzw. 0,6 erfolgen.

Gußeisenbearbeitung mit Hartmetall und Schnellstahl nach AWF 158 ist in Abb. 102 ausgewertet für 60 Min. Standzeit. Falls andere Standzeiten erwünscht sind, kann die v_{60}-Schnittgeschwindigkeit mit den in der Abb. 102 angegebenen Faktoren multipliziert werden.

Die Beziehungen zwischen der v_{60}-Schnittgeschwindigkeit und dem Vorschub nach AWF 158 für Nichteisenmetalle sind in Abb. 103 aufgetragen; die Multiplikationsfaktoren sind 0,85 für 240 Min. und 0,75 für 480 Min. Standzeit.

Die Schnittgeschwindigkeiten nach AWF 158 ergeben sich aus

$$v = \frac{C}{s^p \cdot \left(\frac{T_L}{60}\right)^y} = \frac{C_v \cdot \left(\frac{G}{5}\right)^q}{F^f \cdot \left(\frac{T_L}{60}\right)^y}. \tag{110}$$

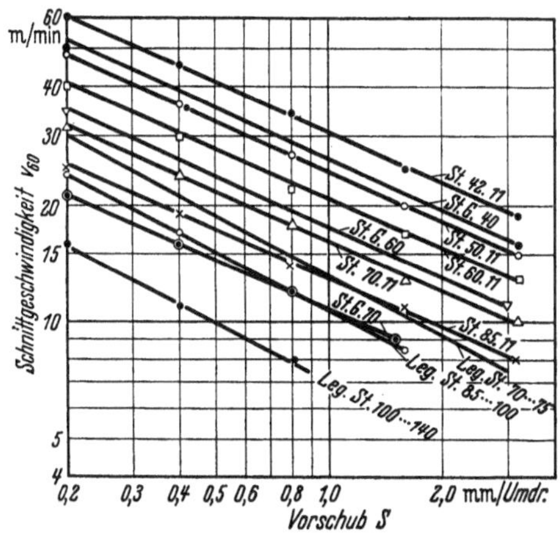

Abb. 101. Abhängigkeit der Schnittgeschwindigkeit für Schnellstahlwerkzeug vom Vorschub bei Stahlbearbeitung (nach AWF-Richtwerten 158).

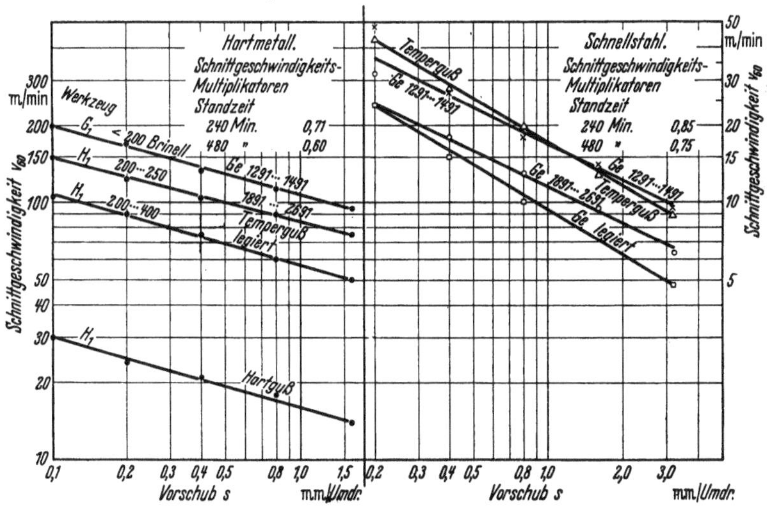

Abb. 102. Abhängigkeit der Schnittgeschwindigkeit vom Vorschub bei Gußeisenbearbeitung (nach AWF-Richtwerten 158).

Die Standzeitexponenten y, die ihnen zugrunde liegen, lassen sich aus den Multiplikatoren M der Abb. 65 ermitteln. Die Umformung der Gl. (110) in das erweiterte Schnittgeschwindigkeitsgesetz ergibt sich

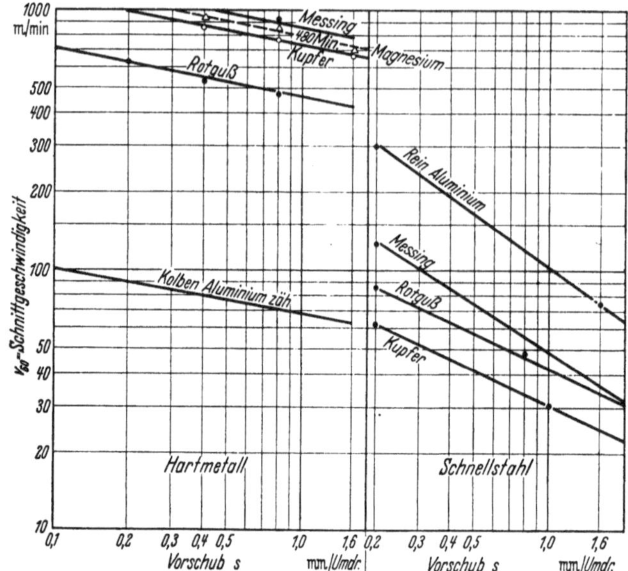

Abb. 103. Abhängigkeit der Schnittgeschwindigkeit vom Vorschub bei Bearbeitung von Nichteisenmetallen (nach AWF-Richtwerten 158).

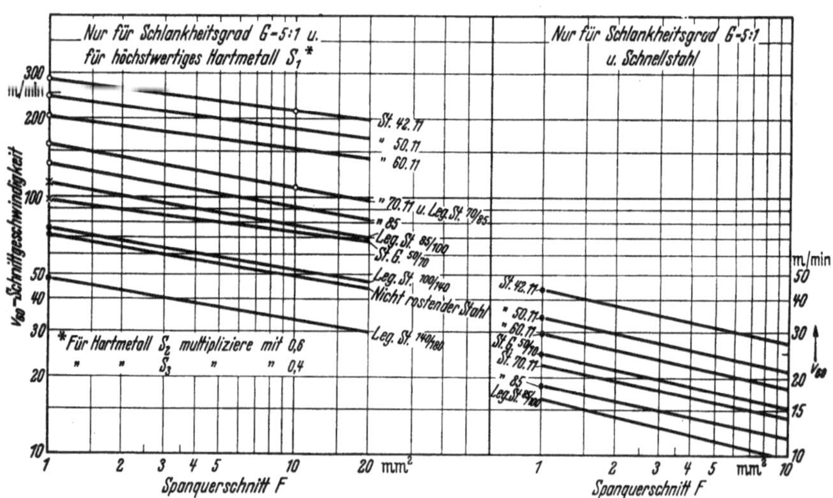

Abb. 104. Abhängigkeit der Schnittgeschwindigkeit vom Spanquerschnitt bei Stahlbearbeitung (entwickelt aus AWF-Richtwerten 158).

wieder aus Gl. (94). Die Bezugsgrößen C_v und die Exponenten, die sich aus der Auswertung der AWF 158-Werte ergeben, sind in Tab. 49 zusammengestellt und in Abb. 104 und 105 graphisch dargestellt.

Tabelle 49. *C_v-Werte und Exponenten für das erweiterte Schnittgeschwindigkeitsgesetz, ausgewertet aus AWF 158.*

Werkstoff	Hartmetalle C_v Hartmetall S_1	Hartmetalle C_v Hartmetall S_2	Hartmetalle C_v Hartmetall S_3	Hartmetalle Exponenten des Spanquerschnittes $f=\frac{1}{\varepsilon_v}$	Hartmetalle Exponenten des Schlankheitsgrades g	Hartmetalle Exponenten der Standzeit y	Schnellstahl C_v	Schnellstahl Exponenten des Spanquerschnittes $f=\frac{1}{\varepsilon_v}$	Schnellstahl Exponenten des Schlankheitsgrades g	Schnellstahl Exponenten der Standzeit y
St 42.11	286	172	114				43,5			
St 50.11	243	146	97	0,125	0,125		33,5			
St 60.11	205	123	82				29,4			
St 70.11	160	96	64	0,165	0,165		22,5	0,21	0,21	
St 85.11	136	82	54,5				18,2			
St G 50/70	97,5	58,5	39	0,125	0,125	0,167	24,5			0,25
St G über 70 . . .	68,5	40,5	27				15,5			
Leg St 70/85 . . .	159	95,5	63,5				19,5			
Leg St 85/100 . . .	114	68,5	45,5				16,5	0,25	0,25	
Leg St 100/140. . .	76	45,5	30	0,165	0,165		10,5			
Leg St 140/180. . .	48	29	19				—	—	—	
Nichtrost. St 60/70 .	70,5	42,5	28				—	—	—	
C_v-Verhältnis . . .	1,0	0,6	0,4				St: 0,14 StG: 0,24			
Ge 1291/1491 . . .	für G_1 133	für H_1 —					25	0,24	0,24	
Ge 1891/2691 . . .	—	104		0,125	0,125	0,25	17	0,24	0,24	0,25
Temperguß	—	104					28	0,28	0,28	
Ge legiert	—	69,5					15	0,28	0,28	
Kupfer	850	—	—			0,58 (?)	45	0,225	0,225	0,13
Rotguß	535	—	—			0,25	57	0,225	0,225	0,22
Messing	1000	—	—	0,095	0,095	0,58 (?)	51	0,305	0,305	0,22
Reinaluminium . .	1650	—	—			0,41	77	0,29	0,29	0,41
Zähe Al-Legierung .	80	—	—			0,41	—	—	—	—

Die Zerspanungsunterlagen, die von der *American Society of Mechanical Engineers*[1] im Jahre 1939 veröffentlicht wurden und 1952 in Neubearbeitung erschienen sind, enthalten Tabellen, in denen die Schnittgeschwindigkeiten für 4 Werkzeugformen und 35 verschiedene Stahlarten für Bearbeitung mit Schnellstahl 18–4–1 ohne Kühlung in Abhängigkeit von Schnittiefe und Vorschub angegeben sind. Entsprechende Werte sind auch für Hartmetallwerkzeuge und für Bearbeitung von Gußeisen und Nichteisenmetallen dort aufgeführt.

Hierbei hat man – im Gegensatz zu den AWF-Richtwerten 158 – gefunden, daß die Schnittiefe nur in Sonderfällen der Werkzeugform vernachlässigt werden darf, während dies bei praktisch in Frage kommenden Werkzeugformen nicht zulässig ist. Als Beispiel sind in

[1] ASME-Manual on Cutting of Metals, zitiert S. 82, dort S. 363ff.

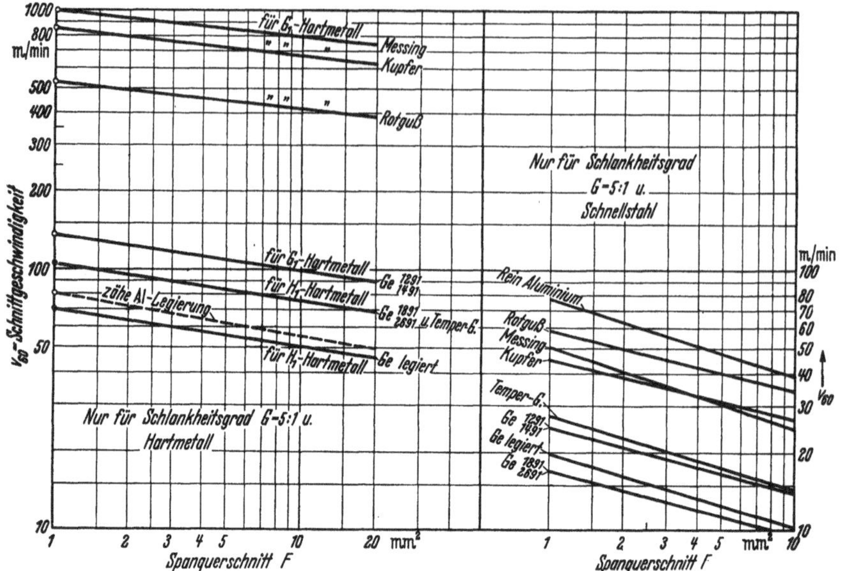

Abb. 105. Abhängigkeit der Schnittgeschwindigkeit vom Spanquerschnitt bei Bearbeitung von Gußeisen und Nichteisenmetallen (entwickelt aus AWF-Richtwerten 158).

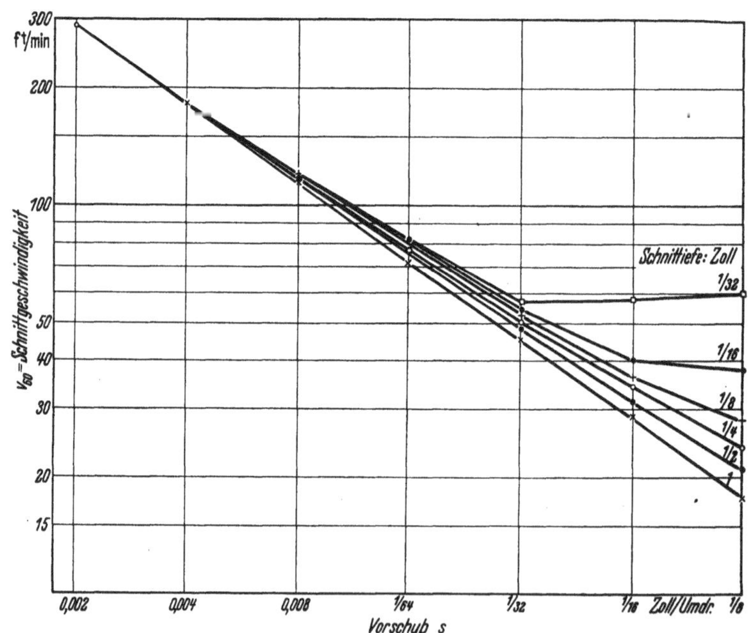

Abb. 106. Ungewöhnliche Beziehung zwischen Schnittgeschwindigkeit, Vorschub und Schnittiefe bei Seitenstahl Form 1 ohne Stahlabrundung. Bearbeitung von SAE X 1335 (nach ASME-Tabellenwerten).

Abb. 106, 107, 108 die Schnittgeschwindigkeiten für Material SAE X 1335 und drei Drehstähle im log-log-Feld aufgetragen, ohne Umrechnung in metrische Dimensionen. Nur bei Drehstahl *1* (Abb. 109), einem Seitenstahl mit 0° Nasenabrundung, spielt die Schnittiefe bei kleinsten Vorschüben keine Rolle (Abb. 106), während bei den mehr betriebsähnlichen Vorschüben sich bereits eine Abhängigkeit von der Schnittiefe zeigt. Diese wird noch stärker, wenn man eine Nasenabrundung von $^1/_{16}''$

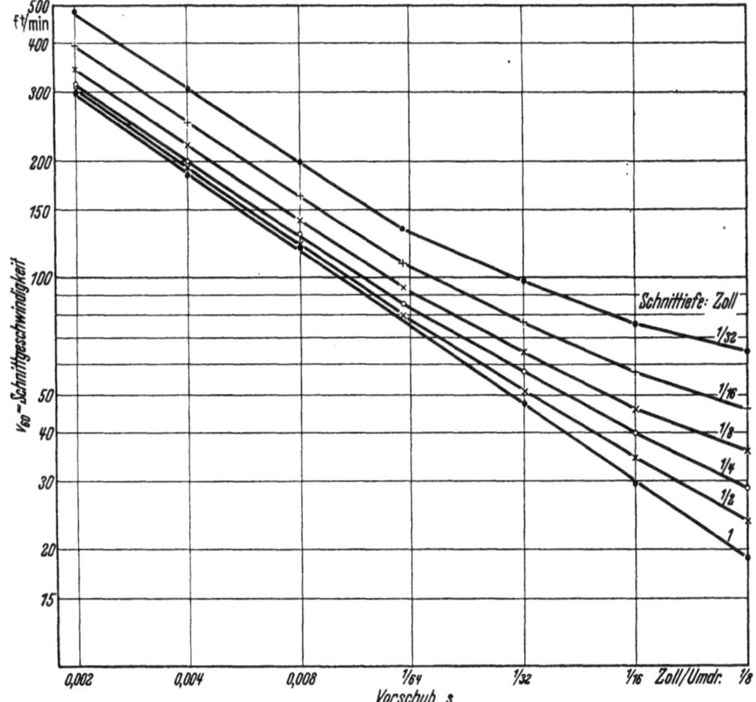

Abb. 107. Abhängigkeit der Schnittgeschwindigkeit von Vorschub *und* Schnittiefe tritt hervor (vgl. Abb. 106), wenn Seitenstahl Form 2 mit Abrundung benutzt wird. Bearbeitung von SAE X 1335 (nach ASME-Tabellenwerten).

(1,59 mm) anbringt (Abb. 107). Bei einem Drehstahl mit 30° Eckenwinkel (= 60° Einstellwinkel $\varkappa$) und Nasenabrundung trennen sich die Schnittgeschwindigkeitslinien für verschiedene Schnittiefen, wie üblich (Abb. 108).

Diese Erscheinung kann m. E. auf den Einfluß der Geometrie der Schneide zurückgeführt werden. Bei dem Drehstahl ohne Schneidenabrundung bleibt der Spanwinkel entlang der gesamten Schneide unverändert, während er sich in der Rundung des abgerundeten Drehstahles von Punkt zu Punkt ändert, wie aus Gl. (64) ohne weiteres gefolgert werden kann, wenn der Eckenwinkel e als eine gemäß Schneidenrundung sich ändernde Größe eingesetzt wird. Das gleiche Ergebnis folgt auch aus Abb. 56 für veränderlichen Eckenwinkel e. Es hängt somit davon ab, wieviel Schneidenrundung im Schnitt steht, damit der Einfluß des veränderlichen Spanwinkels sich bemerkbar macht. Die Wirkung der Nebenschneide ist hierbei auch in Betracht zu ziehen.

Aus diesen Gründen sind Ergebnisse aus Versuchen an Rohrenden — wo die Stahlnase nicht im Schnitt steht — nicht immer ohne weiteres auf die Praxis zu übertragen. Das gleiche gilt für Hobelversuche, bei denen das Werkzeug breiter ist als die bearbeitete Rippe am Werkstück.

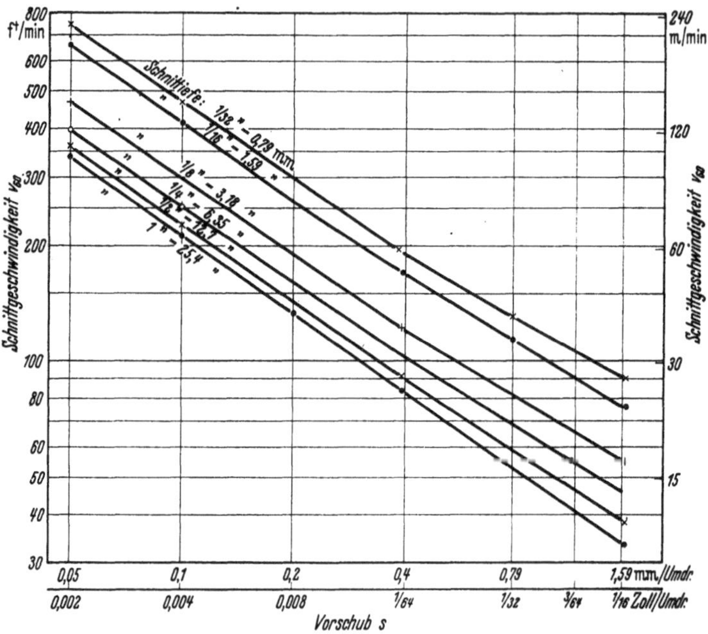

Abb. 108. Abhängigkeit der Schnittgeschwindigkeit von Vorschub *und* Schnittiefe bei Benutzung von Schnellstahlform 4 auf SAE X 1335 (nach ASME-Tabellenwerten); vgl. Abb. 106.

Sobald jedoch die Stahlnase an der Zerspanung teilnimmt, macht sich der Einfluß der Schnittiefe bemerkbar. Der Einfluß der Schnittiefe auf die Bogenspanstärke geht aus Gl. (104) hervor; er vermindert sich mit kleiner werdendem Wert von r, wie aus AWF 121 unmittelbar ersichtlich ist. Jedoch sind zu kleine Stahlnasenabrundungen ungünstig; sie rufen starke innere Spannungen im Drehstahl hervor, wie weiter unten näher erörtert ist [vgl. Gl. (196) bis (200)].

Abb. 110 dient zur Ableitung der Schnittgeschwindigkeitsgleichungen aus den ASME-Schnellstahldaten für Bearbeitung von SAE 1020, mit 60 Min. Standzeit und 127 Brinell (ASME-Tafel Nr. 141). Die Schnittgeschwindigkeit, in ft/min dargestellt, fällt mit steigendem Vorschub, wobei der Vorschub folgenden Exponenten hat:

$$p = \frac{\log\left(\frac{v_2}{v_1}\right)}{\log 10} = \log\left(\frac{162}{38}\right) = 0{,}63. \tag{111}$$

Projiziert man die v-Werte für $s = 0{,}01''$ Vorschub nach rechts, wie früher (Abb. 90) erläutert, in Abhängigkeit von einer log-Schnitttiefenteilung [s. Ableitung der Gl. (97)], so ergibt sich die t-Gerade als Mittellinie mit einem Exponenten q von

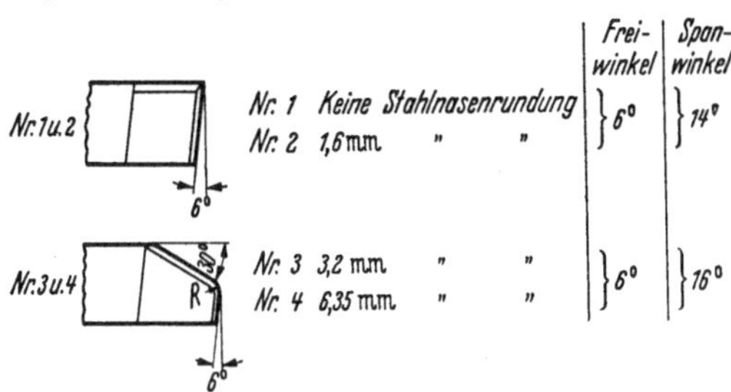

Abb. 109. Formen der ASME-Drehstähle.

$$q = \frac{\log\left(\frac{v_2}{v_1}\right)}{\log 10} = \log\left(\frac{305}{192}\right) = 0{,}20. \tag{112}$$

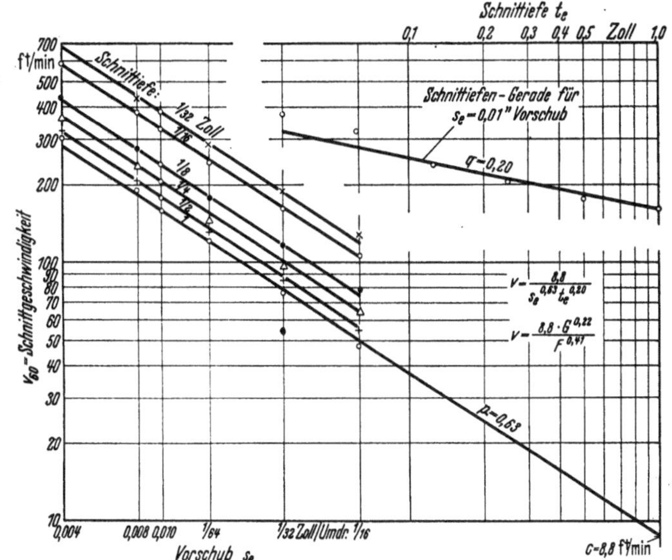

Abb. 110. Ableitung von Schnittgeschwindigkeitsgleichungen für SAE 1020 und Schnellstahl (entwickelt aus ASME-Tabellenwerten).

Die Konstante C erhält man durch Verlängerung der Linie für Schnittiefe $t = 1''$ bis zur rechten Achse, die den Koordinatenanfang darstellt, da dort $s = 1''$/Umdr. liegt. Somit ergibt sich mit

$$C = 8{,}8 \text{ ft/min}$$

$$v_{60} = \frac{8{,}8}{(s_{engl})^{0{,}63} \cdot t_{(engl)}{}^{0{,}20}} \text{ ft/min}. \tag{113}$$

Umrechnung in metrische Maße (m/min) erfolgt durch Multiplikation des Zählers (ft/min) mit 0,305 (vgl. Tab. 106) und Einsetzen von

$$(s_{engl})^{0,63} = \left(\frac{s_{metr}}{25,4}\right)^{0,63},$$

$$(t_{engl})^{0,20} = \left(\frac{t_{metr}}{25,4}\right)^{0,20}.$$

Somit wird:

$$v_{60} = \frac{8,8 \cdot 0,305 \cdot 25,4^{0,63} \cdot 25,4^{0,20}}{s^{0,63} \cdot t^{0,20}} = \frac{39,5}{s^{0,63} \cdot t^{0,20}} \text{ m/min}. \tag{114}$$

Bei Einführung des Spanquerschnittes F und Schlankheitsgrades G wird mit

$$f = \frac{p+q}{2} = \frac{1}{\varepsilon_v} = 0,41,$$

$$g = \frac{p-q}{2} = 0,22,$$

$$v_{60} = \frac{39,5 \cdot G^{0,22}}{F^{0,41}}. \tag{115}$$

Ein Vergleich des Exponenten 0,41 des Spanquerschnittes nach Gl. (115) *aus den ASME-Werten mit dem, der aus den AWF-Richtwerten 100er Serie abgeleitet wurde* (Tab. 39) $\left(\frac{1}{\varepsilon_v} = \frac{1}{2,44} = 0,41\right)$, *zeigt, daß sie übereinstimmen.*

Der C_v-Wert aus den ASME-Unterlagen für SAE 1020 wird gemäß Gl. (95) ermittelt, nämlich:

$$C_v = \frac{v_{T_L} \cdot F^f \cdot \left(\frac{T_L}{60}\right)^y}{\left(\frac{G}{5}\right)^g} = \frac{39,5 \cdot G^{0,22} \cdot F^{0,41} \cdot 1,0}{F^{0,41}\,\frac{G^{0,22}}{5^{0,22}}},$$

$$C_v = 39,5 \cdot 5^{0,22} = 56,5.$$

Somit lautet das erweiterte Schnittgeschwindigkeitsgesetz für SAE 1020 Stahl 127 Brinell und Schnellstahl Nr. 4 ausgewertet aus den ASME-Werten:

$$v = \frac{56,5\left(\frac{G}{5}\right)^{0,22}}{F^{0,41} \cdot \left(\frac{T_L}{60}\right)^{0,125}}. \tag{116}$$

Abb. 111 stellt diese Beziehung graphisch dar.

Die Auswertung der ASME-Zerspanungsdaten für andere Stahlsorten zeigt, daß sowohl der Exponent f für den Spanquerschnitt als auch der Exponent g für den Schlankheitsgrad unverändert bleibt, während sich der C_v-Wert ändert, wie in Tab. 50 zusammengestellt.

Die Auswertung der ASME-Werte für *weiches Gußeisen* ist in Abb. 112 vorgenommen, sie ergibt im englischen Maßsystem die Gleichung:

$$v_{60} = \frac{22}{s_e^{0,40} \cdot t_e^{0,16}} \text{ ft/min}. \tag{117}$$

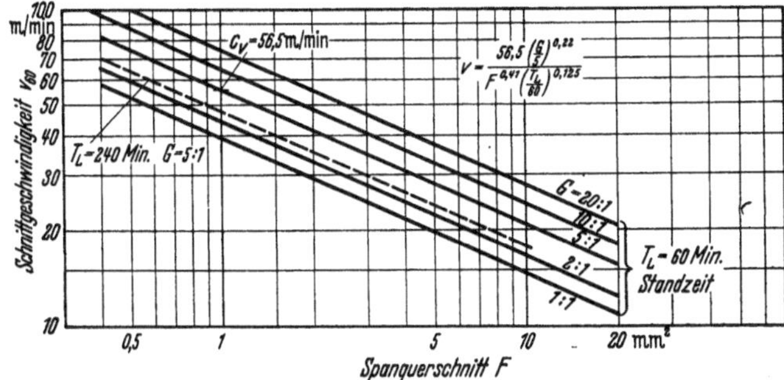

Abb. 111. Abhängigkeit der Schnittgeschwindigkeit vom Spanquerschnitt für SAE 1020 bei Benutzung von Schnellstahlform 4 (entwickelt aus ASME-Tabellenwerten).

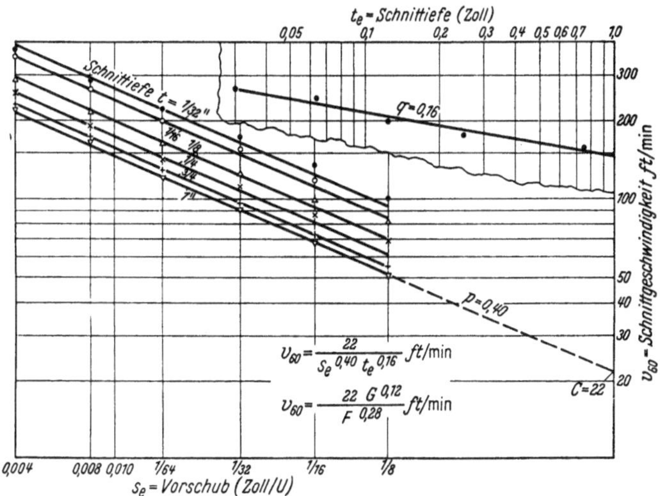

Abb. 112. Abhängigkeit der Schnittgeschwindigkeit vom Spanquerschnitt für Gußeisen bei Benutzung von Schnellstahlform 4 (entwickelt aus ASME-Tabellenwerten).

Die Umrechnung in metrisches Maßsystem geschieht wieder durch Multiplikation des Zählers mit 0,305 und durch Einsetzen von

$$(s_{engl})^{0,40} = \left(\frac{s_{metr}}{25,4}\right)^{0,40},$$

$$(t_{engl})^{0,16} = \left(\frac{t_{metr}}{25,4}\right)^{0,16}.$$

Tabelle 50. *C_v-Werte und Exponenten für das erweiterte Schnittgeschwindigkeitsgesetz, ausgewertet aus ASME-Werten für Stahlbearbeitung mit Schnellstahlform Nr. 4*[1].

Werkstoff	C_v*	Exponent des Spanquerschnittes f	Exponent des Schlankheitsgrades g	Exponent der Standzeit y	Anmerkung	ASME-Tabelle Nr.
Baustähle						
SAE 1020	56,5				127 Brinell gewalzt	141
SAE 1020	39,5				160 Brinell gezogen	142
SAE X 1020	63,5				126 Brinell gewalzt	143
SAE X 1020	59,5				156 Brinell gezogen	144
SAE 1035	39				174 Brinell gewalzt	145
SAE 1050	28				201 Brinell gewalzt	146
SAE 1095	23,2				207 Brinell angelassen	147
Automatenstähle						
SAE 1112	120				130 Brinell gewalzt	148
SAE 1112	77,5				167 Brinell gezogen	149
SAE X 1112	105				183 Brinell gezogen	150
Manganstähle						
SAE X 1315	92				120 Brinell gewalzt	151
SAE X 1315	55				161 Brinell gezogen	152
SAE T 1340	38,5				217 Brinell gewalzt	153
Nickelstähle						
SAE 2310	46				? angelassen	154
SAE 2315	32,5				192 Brinell gezogen	155
SAE 2330	20,4				223 Brinell gezogen	156
SAE 2340	28,3				223 Brinell	157
SAE 2512	39,5				? Brinell	158
Chromnickelstähle		0,41	0,22	0,125		
SAE 3115	44				128 Brinell angelassen	159
SAE 3115	37,4				163 Brinell gezogen	160
SAE 3130	19,8				210 Brinell	161
SAE 3140	30,5				190 Brinell angelassen	162
SAE 3140	17,8				285 Brinell gehärtet	163
SAE 3240	33,0				170 Brinell	164
Molybdänstähle						
SAE 4140	19,0				277 Brinell	165
SAE 4340	16,5				302 Brinell	166
SAE 4615	33				170 Brinell angelassen	167
SAE 4615	23,5				212 Brinell gezogen	168
SAE 4640	21,7				248 Brinell	169
SAE 4815	29,2				187 Brinell	170
Chromstähle						
SAE 5120	38				149 Brinell	171
SAE 5135	30,5				207 Brinell	172
SAE 52100	29,4				187 Brinell	173
Chrom-Vanad.-Stähle						
SAE 6115	36,1				170 Brinell	174
SAE 6140	31,0				187 Brinell	175

[1] Manual on Cutting of Metals, zitiert S. 82, dort S. 415—432.

* Bei Hartmetallwerkzeugen können die obigen C_v-Werte im Mittel mit 3,5 multipliziert werden. Der Exponent y ist dann 0,15.

Somit wird

$$v_{60} = \frac{22 \cdot 0{,}305 \cdot 25{,}4^{0,40} \cdot 25{,}4^{0,16}}{s^{0,40} \cdot t^{0,16}} = \frac{41}{s^{0,40} \cdot t^{0,16}} \text{ m/min}. \tag{118}$$

Entsprechend früheren Ableitungen [Gl. (86) und (87)] ergibt sich bei Einführung des Spanquerschnittes F und des Schlankheitsgrades G

$$v_{60} = \frac{41 \cdot G^{0,12}}{F^{0,28}}. \tag{119}$$

Auch bei Gußeisen stimmt der Exponent des Spanquerschnittes aus den ASME-Werten mit dem aus den AWF-Richtwerten 100er Serie abgeleiteten Exponenten überein (s. Tab. 39), dort war:

$$\frac{1}{\varepsilon_v} = \frac{1}{3{,}6} = 0{,}28.$$

Bei Einführung der C_v-Konstante gemäß Gl. (95) erhält man:

$$v = \frac{50 \cdot \left(\frac{G}{5}\right)^{0,12}}{F^{0,28} \cdot \left(\frac{T_L}{60}\right)^{0,100}}. \tag{120}$$

Die Tab. 51 gibt weitere Werte für Gußeisenbearbeitung nach ASME-Werten an.

Tabelle 51. *C_v-Werte und Exponenten für das erweiterte Schnittgeschwindigkeitsgesetz, ausgewertet aus ASME-Werten für Gußeisenbearbeitung mit Schnellstahlform Nr. 4*[1].

Werkstoff	C_v	Exponent f des Spanquerschnittes	Exponent g des Schlankheitsgrades	Exponent y der Standzeit
Gußeisen weich	50	0,28	0,12	0,100
Gußeisen mittel	30			
Gußeisen hart	18			

Außer *Tabellen*werten, die von der American Society of Mechanical Engineers veröffentlicht worden sind, hat man auch eine *Gruppeneinteilung* der Stahlsorten hinsichtlich ihrer Zerspanung vorgenommen[2] und Schnittgeschwindigkeiten festgelegt in Abhängigkeit vom Vorschub und Schnittiefe.

Leider ist man dabei nicht ganz folgerichtig verfahren, weil der Vorschub und die Schnittiefe für verschiedene Gruppen nicht konstant gehalten wurde.

[1] Bei Hartmetallbenutzung können die C_v-Werte im Mittel mit 3,5 multipliziert werden. Der Exponent y ist dann 0,13.

[2] ASME-Manual, zitiert S. 82, dort S. 298.

Die früher abgeleitete Beziehung für die C_v-Konstante [Gl. (95)] gestattet es jedoch, aus den ASME-Gruppenwerten vergleichbare C_v-Werte abzuleiten, die sich auf den festgelegten Normquerschnitt von $F = 1\ \text{mm}^2$ und einen Schlankheitsgrad $G = 5:1$ für $T_L = 60$ Min. Standzeit beziehen. Tab. 52 gibt die ASME-Gruppenwerte für Stahl in metrischen Abmessungen wieder und enthält in der rechten senkrechten Spalte die Umwertung in C_v gemäß Gl. (95).

e) C_v-Werte und Brinellhärte.

Schon im theoretischen Teil ist darauf hingewiesen worden [Gl. (43), (48) und (57)], daß aufschlußreiche Zusammenhänge zwischen Schnitttemperatur, Schnittgeschwindigkeit und Schubfestigkeit des Werkstoffes aus der Dimensionsanalyse erkennbar sind. Unter Beachtung der Schlußfolgerungen aus Gl. (43) hinsichtlich der überragenden Bedeutung der Festigkeitsgröße k_s läßt sich an Hand der Gl. (57) mutmaßen, daß C_v in folgender Weise eine Funktion der Festigkeit des Werkstoffes sein könnte:

$$C_v = f\left(\frac{1}{k_z}\right)^{\frac{1}{1-2m}}. \tag{121}$$

Setzt man die m-Werte der Tab. 12 ein, so ergibt sich — mit $m = 0{,}083$ —, daß der C_v-Wert sich umgekehrt der 1,2ten Potenz der Zugfestigkeit ändern müßte, und umgekehrt der 1,85ten Potenz, wenn man $m = 0{,}23$ in Gl. (121) einsetzt.

Da ferner die Brinellhärte („H“) bei Stahl nach folgender Formel von k_z abhängt:

$$\text{H} = \frac{k_z}{0{,}35}, \tag{122}$$

so ist es wichtig, festzustellen, ob die praktischen Werte für C_v sich tatsächlich mit der Brinellhärte etwa so ändern, wie theoretisch zu erwarten wäre. Zu diesem Zweck wurden die vorstehend ermittelten C_v-Werte für den Normspanquerschnitt und die meist zutreffende Standzeit von 60 Min. im doppellogarithmischen Netz in Abhängigkeit von der Brinellhärte aufgetragen (Abb. 113). Die Auswertung (Tab. 53) beweist, daß die Exponenten der Brinellhärte H solche Werte haben, wie die Gl. (121) es vermuten ließ. *Theorie und Praxis bestätigen somit diese wichtige C_v–H-Beziehung bestens!*

Beim Vergleich der C_v-Werte, die in den Tab. 53 und 54 zusammengestellt sind, muß beachtet werden, daß — ungleich den AWF-Richtwerten — bei den ASME-Werten keine Angaben über die Art der Hartmetalle gegeben sind, während die Standzeit, wie oben gesagt, zwar für 2 Std. gilt, jedoch nur für 1 Std. beansprucht wird. Die Art der Hartmetalle, die den ASME-Werten zugrunde liegt, dürfte schätzungsweise zwischen S 1 und S 3 liegen. Die Int. Nickel Co. und die Carbo-

Tabelle 52. *Tabellarische Berechnung der C_v-Zahlenwerte für das erweiterte Schnittgeschwindigkeitsgesetz aus den Gruppenwerten der ASME*[1].

Werkstoffgruppe (Stahl)	Brinell	v_{60} für nebensteh. Spanquerschnitt m/min	Vorschub (s) mm/U	Schnitttiefe (t) mm	Spanquerschnitt (F) mm²	Schlankheitsgrad (G)	$C_v = \frac{v_{60} \cdot F^f \left(\frac{T_L}{60}\right)^y}{\left(\frac{G}{5}\right)^g}$ m/min
A	260	23,3	0,254	2,54	0,645	10 : 1	$\frac{23{,}3 \cdot 0{,}645^{0,41}}{\left(\frac{10}{5}\right)^{0,22}} = 16{,}8$ (Schnellstahl)
		70	0,380	2,54	0,97	6,7 : 1	$\frac{70 \cdot 0{,}97^{0,41}}{\left(\frac{6{,}7}{5}\right)^{0,22}} = 65$ (Hartmetall)
B	220	26,8	0,304	2,54	0,77	8,35 : 1	$\frac{26{,}8 \cdot 0{,}77^{0,41}}{\left(\frac{8{,}35}{5}\right)^{0,22}} = 21{,}6$ (Schnellstahl)
		74,5	0,508	2,54	1,29	5 : 1	$\frac{74{,}5 \cdot 1{,}29^{0,41}}{\left(\frac{5}{5}\right)^{0,22}} = 83$ (Hartmetall)
C	180	42,6	0,380	1,27	0,484	3,35 : 1	$\frac{42{,}6 \cdot 0{,}484^{0,41}}{\left(\frac{3{,}35}{5}\right)^{0,22}} = 34{,}5$ (Schnellstahl)
		132	0,508	1,27	0,645	2,5 : 1	$\frac{132 \cdot 0{,}645^{0,41}}{\left(\frac{2{,}5}{5}\right)^{0,22}} = 128$ (Hartmetall)
D	160	61	0,254	1,27	0,322	5 : 1	$\frac{61 \cdot 0{,}322^{0,41}}{1{,}0} = 38{,}2$ (Schnellstahl)
		183	0,380	1,27	0,484	3,35 : 1	$\frac{183 \cdot 0{,}484^{0,41}}{\left(\frac{3{,}35}{5}\right)^{0,22}} = 149$ (Hartmetall)
E	150	64	0,304	1,27	0,385	4,17 : 1	$\frac{64 \cdot 0{,}385^{0,41}}{\left(\frac{4{,}17}{5}\right)^{0,22}} = 43{,}5$ (Schnellstahl)
		207	0,380	1,27	0,484	3,35 : 1	$\frac{207 \cdot 0{,}74}{0{,}915} = 167$ (Hartmetall)
F	140	122	0,203	1,27	0,258	6,26 : 1	$\frac{122 \cdot 0{,}258^{0,41}}{\left(\frac{6{,}26}{5}\right)^{0,22}} = 66{,}5$ (Schnellstahl)
		378	0,304	1,27	0,385	4,17 : 1	$\frac{378 \cdot 0{,}675}{0{,}99} = 258$ (Hartmetall)

[1] Falls auf die in den ASME-Werten eingeschlossene Sicherheit für die Standzeit (siehe Text) verzichtet werden soll, erhöhen sich die C_v-Werte um $\left(\frac{120}{60}\right)^{0,125} = 9\%$.

Tabelle 53. ***Zusammenstellung von Zahlenwerten für die C_v-Brinellhärte-Beziehung nebst Exponenten für Stahlbearbeitung für das erweiterte Schnittgeschwindigkeitsgesetz***[1].

		Hartmetall											Schnellstahl			
		Inter-natio-nal Nickel Co.[2]	Carboloy Co.		ASME-Gruppen-werte[4]	Curtiss-Wright (C_{vR})[5]	AWF 120er Serie[6]	AWF 158er Serie				Inter-natio-nal Nickel Co.	ASME-Gruppen-werte	AWF 158er Serie	
								Baustähle bearb. mit		Legierte Stähle bearb. mit					
Brinellhärte H kg/mm²	Zugfestigkeit k_z kg/mm²		Arbeitswerte[3]	Anhaltswerte				S 1	S 3	S 1	S 3			Baustähle	Leg. Stähle
100	35		380	285	382	270	350	350	140				91	52	
150	53	157	226	175	185	192	230	230	92			54	44	33	
200	70	110	162	120	109	150	170	170	68	160	64	38	26	23	17
250	87	86	120	90	76	123	135	135	54	110	44	29	18	18	14
300	105	70	96	72	55					78	31	24	13		8
350	122	57		58						60	24	19			
400	140	49		50						48	19	17			
Formel für Beziehung zwischen C_v und Brinellhärte (Mittel-Geraden) $C_v =$		$\frac{55000}{H^{1,17}}$	$\frac{119000}{H^{1,25}}$	$\frac{89500}{H^{1,25}}$	$\frac{1200000}{H^{1,75}}$	$\frac{13500}{H^{0,85}}$	$\frac{44000}{H^{1,05}}$ (AWF 120er Serie und Baustähle S 1)		$\frac{17600}{H^{1,05}}$	$\frac{1550000}{H^{1,73}}$	$\frac{620000}{H^{1,73}}$	$\frac{18700}{H^{1,17}}$	$\frac{287000}{H^{1,75}}$	$\frac{6000}{H^{1,05}}$	
Verhältniswerte für C_v (gerundet)		3 × Schnellstahl	1,33 × Mittelwerte		4,2 × Schnellstahl			2,5 × Hartmetall S 3	3 × Schnellstahl	2,5 × Hartmetall S 3					
$f = \frac{1}{\varepsilon_v}$ = Exponent des Spanquerschnittes		0,36	0,335	0,335	0,41[7]		0,169	Mittel 0,145	Mittel 0,145	0,165	0,165	0,36	0,41	0,21	0,25
g = Exponent des Schlankheitsgrades		0,10	0,085	0,085	0,22		0,096	Mittel 0,145	Mittel 0,145	0,165	0,165	0,10	0,22	0,21	0,25
y = Exponent der Standzeit					0,125	Mittel 0,30	0,15	0,167	0,167	0,167	0,167		0,125	0,25	0,25

[1] Bestwerte für praktische Berechnungen s. Anhang A, Tab. 100 bis 103. — [2] 60 Min. Standzeit angenommen. — [3] Das neue Hartmetall Nr. 370 ist hierbei noch nicht berücksichtigt. S. auch Fußnote zu Tab. 44. — [4] Umgerechnet auf 60 Min. Standzeit. S. auch Fußnote zu Tab. 52. — [5] Siehe Fußnote Tab. 25. — [6] AWF 120 und AWF 158 für S 1-Hartmetall ergeben gleiche C_v-Werte. — [7] Übernommen aus Auswertung der ASME-*Tabellen*werte.

Zur Tab. 53:

Schnittgeschwindigkeiten, die kleiner sind als etwa 50 bis 100 m/min, werden bei Hartmetallen gewöhnlich vermieden. C_v-Werte kleiner als diese Grenze sind hier jedoch verzeichnet, da für kleine Spanquerschnitte oder größere Schlankheitsgrade sich Schnittgeschwindigkeiten aus den C_v-Werten ergeben, die oberhalb dieser Grenzwerte liegen, je nach der Größe der Exponenten f und g.

loy Co. haben keine Standzeit angegeben. Die von Carboloy empfohlenen Höchst- oder Arbeitswerte liegen bis zu 50% über den Mittel- oder Anhaltswerten. Das neue Hartmetall 370 konnte hier nicht mehr berücksichtigt werden.

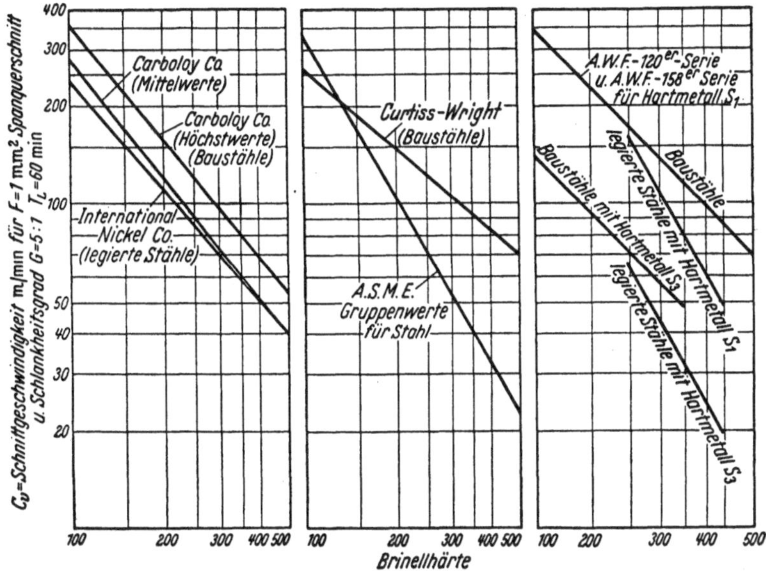

Abb. 113. Übersicht über die Abhängigkeit der C_v-Werte von der Brinellhärte bei Hartmetallbenutzung (ausgemittelt aus Daten verschiedenen Ursprunges).

Bei Vergleich der Schnittgeschwindigkeiten selbst muß natürlich auch die Wirkung von Größe und Form des Spanquerschnittes berücksichtigt werden, wie sie in den Exponenten f und g zum Ausdruck kommt. Je kleiner f (d. h. größer ε_v) ist, desto geringer ist der Einfluß des Spanquerschnittes auf v. Im allgemeinen berücksichtigen die amerikanischen Werte größeren Einfluß des Spanquerschnittes als die AWF-Werte 158er Serie.

f) Praktische Beispiele für Berechnung von Schnittgeschwindigkeiten.

Die praktischen Folgerungen aus den vorstehenden Ableitungen haben ihren Niederschlag in den im Anhang A in Tabellenform wiedergegebenen „Bestwerten für Berechnungen" für die Schnittgeschwindigkeit gefunden. Sie ermöglichen es, das einfache oder erweiterte Schnitt-

Tabelle 54. *Zusammenstellung der ausgewerteten C_v-Werte und Exponenten*[1] *für Gußeisen und Nichteisenmetalle.*

Werkstoff	Angaben über Brinellhärte	Hartmetall				Schnellstahl	
		Carboloy Co.	ASME-Tabellenwerte	Curtiss-Wright C_{vR} [2]	AWF 158	ASME-Tabellen	AWF 158
Ge unlegiert . .	weich		175	—	133[3]	50	25
	mittel		105	—	104[4]	30	17
	hart		63	—	—	18	—
Ge legiert . . .	weich	76	—	—	70[5]	—	15
	mittel	68	—	—	—	—	—
	hart	58	—	—	—	—	—
Sphäroidisches Ge	170	—	—	210	—	—	—
	183	—	—	150	—	—	—
	207	—	—	110	—	—	—
	215	—	—	95	—	—	—
	265	—	—	65	—	—	—
Flockenartiges Ge	100	—	—	240	—	—	—
	195	—	—	100	—	—	—
	225	—	—	80	—	—	—
	263	—	—	45	—	—	—
Temperguß . .	—	—	—	—	104	—	28
Kupfer	—	—	—	—	850	—	45
Rotguß	—	—	—	—	535	—	59
Messing	—	—	—	—	1000	—	51
Rein-Al	—	—	—	—	1650	—	77
Zäh-Al	—	—	—	—	80	—	—
C_v-Verhältnis .	—	—	für Ge: $= 3{,}5 \times$ Hartmetall	—	—	—	—
Für Gußeisen: f = Exponent des Spanquerschnittes . .	—	0,10	0,28	—	0,125[6]	0,28	0,24
g = Exponent des Schlankheitsgrades .	—	—	0,12	—	0,125[6]	0,12	0,24
y = Exponent der Standzeit	—	—	0,13	Sphäroidisch 0,232; flockenartig: 0,095 . . . 0,42			

[1] Bestwerte für praktische Berechnungen, siehe Anhang A. — [2] Siehe Fußnote Tab. 25; für Schnellstahl nicht vergleichbar, da Spanquerschnitte von 0,36 mm² untersucht worden sind. — [3] Ge 1291/1491 bis 200 Brinell. — [4] Ge 1891 200 bis 250 Brinell. — [5] Bis 400 Brinell. — [6] 0,095 für Nichteisenmetalle; siehe auch Anhang A.

geschwindigkeitsgesetz durch wenige Multiplikationen und Divisionen zu ersetzen, wie die nachstehenden Beispiele zeigen.

Beispiel 1 (einfaches Schnittgeschwindigkeitsgesetz)

$$v_{60} = \frac{C_v}{F^f}.$$

Zu berechnen: Die Schnittgeschwindigkeit für $F = 5\,\text{mm}^2$ Spanquerschnitt; St 50.11 ($k_z = 53$): Mittelwertiges Hartmetall.

Man entnimmt der C_v-Tabelle 100

$$C_v = 169$$

und aus Beitabelle 100a

$$F^f = 1{,}57.$$

Somit wird die Schnittgeschwindigkeit

$$v_{60} = \frac{169}{1{,}57} = 107{,}5\,\text{m/min}.$$

Beispiel 2 (erweitertes Schnittgeschwindigkeitsgesetz)

$$v = \frac{C_v\left(\frac{G}{5}\right)^g}{F^f\left(\frac{T_L}{60}\right)^y}.$$

Zu berechnen: Die Schnittgeschwindigkeit des Beispieles 1, wenn der Schlankheitsgrad des Spanquerschnittes $G = 8:1$ berücksichtigt werden soll für eine Standzeit von $T_L = 60$ Min.

Man entnimmt aus Beitabelle 100b

$$\left(\frac{G}{5}\right)^g = 1{,}068.$$

Somit ergibt sich die Schnittgeschwindigkeit genauer zu

$$v_{60} = 107{,}5 \cdot 1{,}068 = 114{,}5\,\text{m/min}.$$

Beispiel 3 (erweitertes Schnittgeschwindigkeitsgesetz).

Zu berechnen: Die Schnittgeschwindigkeit des Beispieles 2 für eine Standzeit von $T_L = 120$ Min.

Man entnimmt aus Beitabelle 100c für mittelwertiges Hartmetall

$$\left(\frac{T_L}{60}\right)^y = 1{,}232.$$

Somit wird die Schnittgeschwindigkeit

$$v_{120} = \frac{114{,}5}{1{,}232} = 93\,\text{m/min}.$$

Beispiel 4 (erweitertes Schnittgeschwindigkeitsgesetz).

Zu berechnen: Die Schnittgeschwindigkeit für Verwendung von hochwertigem Hartmetall für $F = 5\,\text{mm}^2$ Spanquerschnitt; St 50.11 $k_z = 53$) Schlankheitsgrad $G = 8:1$, Standzeit $T_L = 120$ Min.

Man entnimmt der C_v-Tabelle 100

$$C_v = 224\,,$$

der Beitabelle 100a

$$F^f = 1{,}57\,,$$

der Beitabelle 100b

$$\left(\frac{G}{5}\right)^g = 1{,}068\,,$$

der Beitabelle 100c

$$\left(\frac{T_L}{60}\right)^y = 1{,}232\,,$$

somit wird die Schnittgeschwindigkeit

$$v_{120} = \frac{224 \cdot 1{,}068}{1{,}57 \cdot 1{,}232} = 123\,\text{m/min}\,.$$

Durch Anwendung des höherwertigen Hartmetalls erhöht sich also in diesem Fall die Schnittgeschwindigkeit um 33%, wie aus einem Vergleich der Beispiele 3 und 4 folgt.

B. Der Schnittdruck[1].

1. Einführende Zusammenhänge.

Nachdem nunmehr die Gesetzmäßigkeit der Schnittgeschwindigkeit formelmäßig erfaßt ist, wenden wir uns dem anderen Faktor der Leistung, dem Schnittdruck, zu. Damit gehen wir von der „Achse“ der Schnittgeschwindigkeit zur „Achse“ des Schnittdruckes über (S. 76).

Es entsteht die Frage, ob der Schnittdruck ebenso wichtig ist wie die Schnittgeschwindigkeit, besonders vom Standpunkt des Betriebspraktikers aus. Die Antwort ist „ja“ und wird ersichtlich, wenn man sich über den Zusammenhang zwischen dem spezifischen Schnittdruck, d. h. dem Schnittdruck je 1 mm² Spanquerschnitt und einem oft

[1] Aus einem Schriftwechsel mit Herrn Prof. Dr. Kienzle ersehe ich, daß man sich bemüht, die Begriffe „Schnittkraft“ und „Schnittdruck“ einzuführen, wobei unter „Schnittdruck“ die je Flächeneinheit wirkende Schnittkraft verstanden werden soll. Dieser Unterschied ist schwer im Gedächtnis zu behalten, besonders auch in fremdsprachigen Ländern, da die Wörter sehr ähnlich sind. In USA werden selbst die Begriffe „force“ (= Kraft) und „pressure“ (= Kraft je Flächeneinheit) oft verwechselt, obgleich die Wörter ganz verschieden sind. Um solche Schwierigkeiten zu vermeiden, sollen hier die Wörter „Schnittdruck“ und „spezifischer Schnittdruck“ benutzt werden.

fälschlicherweise als Produktionskennzeichen angesehenen Begriff, nämlich der je Minute und PS erzielten Spanmenge, klar wird. Dieser Begriff, den wir hier kurz die spezifische Spanmenge M [cm³/min/PS] nennen wollen, wird sehr viel im Betrieb und Büro benutzt, besonders um Zerspanungsvergleiche anzustellen. Die PS beziehen sich dabei auf die an der Schneide der Werkzeuge verfügbare Leistung.

Offensichtlich ist es wenig bekannt, daß der spezifische Schnittdruck und die spezifische Spanmenge reziproke Begriffe sind und daß die eine Größe ohne weiteres aus der anderen folgt. Sie besagen nichts über die Leistung einer Maschine oder über die Standzeit eines Werkzeuges. *Wer von einer spezifischen Spanmenge, d. h. der minutlich je cm³ und PS erzielten Spanmenge spricht, macht nur eine Aussage über den spezifischen Schnittdruck des betreffenden Zerspanungsprozesses und über nichts anderes,* wie sich aus folgender Ableitung ergibt.

Multipliziert man die Dimension der spezifischen Spanmenge M mit der Dimension des spezifischen Schnittdruckes k_s, so erhält man:

$$M \cdot k_s = \frac{\text{cm}^3 \cdot \text{kg}}{\text{min} \cdot \text{PS} \cdot \text{mm}^2} = \frac{\text{mkg}}{\text{min} \cdot \text{PS}}. \tag{123}$$

Anderseits ist jedoch gemäß Definition:

$$\text{PS} = \frac{\text{mkg}}{4500\,\text{min}}. \tag{124}$$

Durch Einsetzen von Gl. (124) in Gl. (123) ergibt sich somit:

$$M \cdot k_s = 4500$$

oder

$$\boxed{M = \frac{4500}{k_s}.} \tag{125}$$

In Worten: *Die spezifische Spanmenge in Kubikzentimetern, die bei Zerspanung je Minute und je PS gemessen an der Schneide abgenommen wird, ist stets gleich dem Quotienten aus der Konstanten 4500 und dem spezifischen Schnittdruck in kg/mm².*

Beispielsweise ist die spezifische Spanmenge M für einen spezifischen Schnittdruck von 200 kg/mm² immer:

$$\frac{4500}{200} = 22^1/_2\ \text{cm}^3/\text{min/PS}.$$

Das Spangewicht in Gramm je Minute je PS kann man dann einfach durch Multiplikation von M mit dem spezifischen Gewicht des zerspanten Werkstoffes erhalten.

Diagramm 114 ist eine graphische Darstellung der Gl. (125) und dient zur Umrechnung von spezifischem Schnittdruck in die spezifische Spanmenge. Überschlagswerte für den spezifischen Schnittdruck, die aus M-Werten in dieser Weise ermittelt wurden, sind in Abb. 115 wiedergegeben.

Im englischen Maßsystem lautet die Umrechnungsgleichung

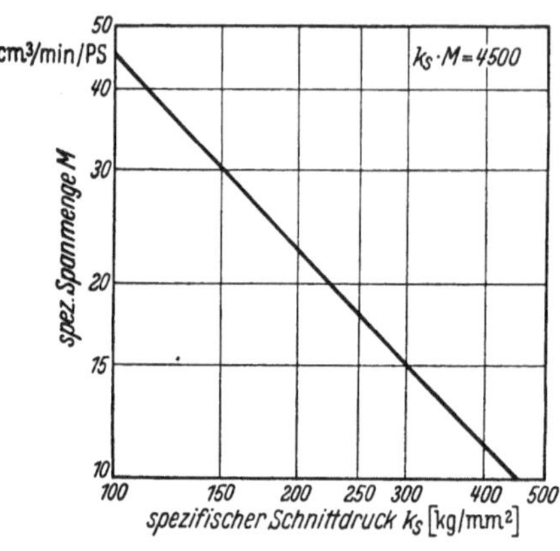

Abb. 114. Diagramm für die Beziehung zwischen dem spezifischen Schnittdruck und der je PS und Minute erzeugbaren Spanmenge.

$$M_e = \frac{396000}{k_{s_e}}, \qquad (126)$$

wobei

M_e in³/min/HP,
k_{s_e} Pounds/in².

In den Vereinigten Staaten wird auch der Begriff der Arbeit je Kubikzoll zerspanten Werkstoffes W_z zur Kennzeichnung von Zerspanungsgrößen benutzt, wobei die Dimensionen zu in-lbs/in³ angegeben sind. *Dieser Begriff ist sogar identisch mit dem spezifischen Schnittdruck!* Der erste Begriff ist Physikern geläufiger, der letztere Ingenieuren.

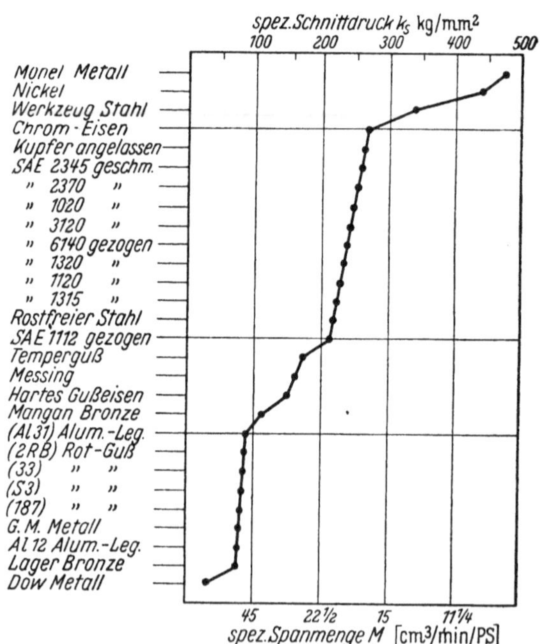

Abb. 115. Überschlagswerte für den spezifischen Schnittdruck (ausgewertet aus minutlichen Spanmengenwerten je PS der ASME).

Folgende Gleichung gibt die Umrechnung aus dem englischen System (in-lbs/in³) in das metrische (kg/mm²) wieder:

$$k_s = 0{,}0007 \cdot W_z. \tag{127}$$

Dieser enge Zusammenhang zwischen spezifischer Spanmenge M und spezifischem Schnittdruck k_s, die reziproke Werte sind, macht die *Bedeutung des spezifischen Schnittdruckes für Werkstatt und Forschung ersichtlich.*

Die Spanmenge M ist auch als Kennzeichen der Zerspanbarkeit vorgeschlagen worden in einem Aufsatz von M. WIDMER[1]. Er stellt folgende *Definition* auf:

„Ein Werkstoff ist um so besser zerspanbar, je mehr Spanvolumen je Minute bei gleicher Spindelleistung abgetragen werden kann und je geringer die Zerstörungen am Werkzeug unter sonst gleichen Bedingungen sind."

Man wird erkennen, daß solche Definition auf Grund der abgeleiteten Zusammenhänge zwischen Spanmenge und spezifischem Schnittdruck identisch wäre mit folgender Definition:

„Ein Werkstoff ist um so besser zerspanbar, je kleiner der spezifische Schnittdruck und je geringer die Zerstörungen am Werkzeug unter sonst gleichen Bedingungen sind."

Solche Definition wäre sehr einfach, sie schließt jedoch die Standzeit nicht unmittelbar ein. Man könnte daher folgende Definition in Betracht ziehen:

„Ein Werkstoff ist um so besser zerspanbar, je kleiner der spezifische Schnittdruck und je größer die Standzeit des Werkzeuges unter sonst genormten Bedingungen ist." [Vgl. die Ausführungen zu Gl. (217).]

Zur Vereinfachung der Betrachtungen über den Schnittdruck beschränkt man sich zunächst auf den spezifischen Schnittdruck. Bezeichnet P den Schnittdruck in kg, F den Spanquerschnitt in mm², so ist der spezifische Schnittdruck k_s

$$k_s = \frac{P}{F}\ \text{kg/mm}^2. \tag{128}$$

k_s wurde früher auch häufig als „Materialkonstante" bezeichnet, obgleich — wie die folgenden Untersuchungen zeigen werden — k_s keine Konstante ist. Ähnlich wie bei der Schnittgeschwindigkeit haben sich auch für den spezifischen Schnittdruck „Faustwerte" gebildet, die ihren Ursprung in früheren Versuchen haben. In Tab. 55 sind solche „Faustwerte" wiedergegeben.

[1] WIDMER, M.: Zerspanbarkeitsprüfung an Werkstoffen. Industrielle Organisation 1951 Nr. 3 S. 73.

Tabelle 55. *Ältere Werte für den spezifischen Schnittdruck.*

	Weicher Guß kg/mm²	Harter Guß kg/mm²	Weicher Stahl kg/mm²	Harter Stahl kg/mm²	Bronze kg/mm²
$k_s =$	60—90	90—130	100—150	150—240	60—100
$k_s =$	4,5—5,5 k_z	4,5—5,5 k_z	2,5—3,2 k_z	2,5—3,2 k_z	

Diese Faustwerte bilden eine nur sehr unvollkommene Unterlage; mit ihnen kann man jedes gewünschte Ergebnis „hinrechnen", da die Grenzen viel zu weit gezogen sind, als daß man mit diesen Werten etwas Genaues erhalten könnte. Es ist ja ein großer Unterschied, ob z. B. bei weichem Stahl ein spezifischer Schnittdruck von 100 oder von 150 kg/mm² zugrunde gelegt wird. Trotz dieser Ungenauigkeiten wird auch heute noch manchmal mit ihnen gearbeitet.

Wenn man bedenkt, daß auf diesen Unterlagen die Leistungsangaben für Werkzeugmaschinen beruhen, so kann man sich die oft verschiedenen Ergebnisse über die Leistungsfähigkeit erklären. Wir benötigen für die Werkzeugmaschinen — worauf besonders SCHLESINGER hingewiesen hat[1] — ebenso genaue Konstruktionsunterlagen, wie z. B. der Dampfmaschinenbau. Für den Dampfmaschinenbau sind feste Konstruktionsunterlagen vornehmlich aus Gründen der Betriebssicherheit geschaffen worden. Für die Werkzeugmaschinen sind sie aus Gründen der Wirtschaftlichkeit und Konkurrenzfähigkeit beim Bau und der Ausnutzbarkeit der Maschinen im Betriebe ebenso erforderlich.

Neuere „Faustwerte" für den spezifischen Schnittdruck, die aus der sogenannten „Power Constant" der Carboloy Co. errechnet wurden mit Hilfe der Gl. (126), wobei die „Power Constant" gleich $12/M_e$ ist, sind in der Tab. 56 zusammengestellt. Sie berücksichtigen neben der Brinellhärte noch die Art des Werkstoffes. Der Anstieg der k_s-Werte mit der Brinellhärte für den gleichen Werkstoff läßt hier keine Regel erkennen. Das Verhältnis $\frac{k_s}{k_z}$, das sich aus der Tabelle ermitteln läßt, liegt zwischen 2 bis 4 bei Stahl und zwischen 1,5 bis 3 für Gußeisen, d. h. für Gußeisen erheblich unter den alten Werten der Tab. 55.

Da nach den Ausführungen über die theoretische Zerspanungslehre (S. 27/28) das Verhältnis $\frac{k_s}{k_z}$ in Beziehung steht zum Stauchfaktor λ, kann man aus dem Stauchfaktor und k_z den spezifischen Schnittdruck ermitteln, sobald die Beziehungen genauer festliegen. Damit wird es einfach, die spezifische Spanmenge M — die dem Betriebspraktiker und Verkaufsingenieur näher liegt als der spezifische Schnittdruck — aus dem Stauchfaktor zu bestimmen (s. a. S. 230).

[1] SCHLESINGER: Untersuchung einer Drehbank. Berichte des Versuchsfeldes für Werkzeugmaschinen der T. H. Berlin, Heft 1.

Die Überschlagswerte der Tab. 56 nehmen weder Rücksicht auf Spanquerschnitt und Spanwinkel noch auf den Stauchfaktor und erscheinen z. T. niedrig.

Tabelle 56. *Überschlagswerte für den spezifischen Schnittdruck (kg/mm²).* (Ausgewertet aus Daten der Carboloy Co.[1])

Werkstoff	Brinellhärte bis zu							
	100	125	150	175	200	250	300	350
SAE 1010—1025 . .	127	137	161	184	—	—	—	—
SAE 1030—1055 . .	—	137	161	184	218	264	—	—
SAE 1060—1095 . .	—	—	—	—	206	241	287	—
SAE 1112—1120 . .	92	115	137	—	—	—	—	—
SAE X 1314—X 1340	—	103	115	127	137	—	—	—
SAE T 1330—T 1350	—	—	—	184	206	253	298	—
SAE 2015—2115 . .	137	161	184	—	—	—	—	—
SAE 2315—2335 . .	—	—	150	161	172	207	253	—
SAE 2340—2350 . .	—	—	—	137	161	196	230	276
SAE 2512—2515 . .	—	—	137	161	184	219	253	—
SAE 3115—3130 . .	—	115	137	161	196	230	276	—
SAE 3140—3450 . .	—	—	—	137	173	207	242	288
SAE 4130—4345 . .	—	—	—	127	161	196	230	276
SAE 4615—4820 . .	—	—	127	137	161	196	230	265
SAE 5120—5150 . .	—	—	127	137	172	207	242	276
SAE 52100	—	—	—	161	184	230	276	—
SAE 6115—6140 . .	—	—	127	150	184	230	276	—
SAE 6145—6195 . .	—	—	—	196	230	276	320	370
Gußeisen	—	69	81	93	115	137	—	—
Legiertes Gußeisen .	—	—	81	115	150	—	—	—
Temperguß	69	93	115	—	—	—	—	—
Stahlguß	—	—	173	184	219	—	—	—
Messing			*Bronze*			*Aluminium*		
hart	230	—	230	—	—	Guß	69	—
mittel	137	—	137	—	—	hart		
weich	93	—	93	—	—	(gew.)	93	—
Automaten . . .	69	—	—	—	—	Monel	276	—
						Zink-leg.	69	—

Seit langen Jahren beschäftigt man sich in der wissenschaftlichen Forschung mit der Untersuchung der Fragen des Schnittdruckes; je tiefer man jedoch eindrang, desto mehr Probleme sind aufgetaucht. TAYLOR gelangte schließlich sogar zu der Ansicht, daß solche Untersuchungen praktisch unfruchtbar seien und daß er wünschte, die „Aufmerksamkeit der Forscher von den wertlosen (!) Schnittdruckversuchen abzulenken“[2]. TAYLORS Aufforderung zur Abkehr von Schnittdruckversuchen ist erfreulicherweise nicht befolgt worden, es sind im Gegenteil immer wieder Schnittdruckversuche angestellt worden, die auch

[1] MILLER, PAUL H.: Metal-Cutting Power Calculations. Amer. Mach. 10. Jan. 1940, Reference Book Sheet S. 23/24.

[2] TAYLOR-WALLICHS, zitiert S. 84, dort S. 97.

schließlich zu neuen Erkenntnissen geführt haben. Man beachte in diesem Zusammenhang z. B., daß der spezifische Schnittdruck gemäß Dimensionsanalyse diejenige Größe ist, die die Schnittemperatur am meisten beeinflußt (S. 36).

2. Zusammenhang zwischen Schnittdruck und Schnittgeschwindigkeit.

Obgleich man glauben könnte, daß eine starke gegenseitige Beziehung zwischen Schnittdruck und Schnittgeschwindigkeit besteht, ist dies nicht der Fall. Der Schnittdruck ist von der Schnittgeschwindigkeit praktisch unabhängig innerhalb der für die verschiedenen Werkzeuge in Frage kommenden Schnittgeschwindigkeitsbereiche, d. h. für Schnellstahl etwa bis zu 100 m/min und für Hartmetalle über etwa 100 m/min. D.h., für verschiedene Schnittgeschwindigkeiten bleibt unter sonst gleichen Umständen (Werkstoff, Werkzeug usw.) der Schnittdruck so gut wie unveränderlich. Diese Feststellung ist von fast allen Forschern, z. B. von TAYLOR[1], NICOLSON[2], KLOPSTOCK[2], ARMITAGE und SCHMIDT[3], BOSTON[4], SCHLESINGER[5], OKOCHI und OKOSHI[6], ARNOLD und CHISHOLM[7] (Abb. 116 bis 124) und auch von BECKH[8], KURREIN[9] und KIENZLE[10] gemacht worden. KIENZLES Ansicht, daß kein Kurvenverlauf zwischen Schnittdruck und Schnittgeschwindigkeit vorliegt und daß bei Hartmetallen die meisten Diagramme flachen Verlauf zeigen, stimmt mit meinen Ansichten überein. Nähere Begründungen dieser Erscheinungen, die sich aus Schwingungsuntersuchungen ableiten lassen, sind weiter unten gegeben.

---

[1] TAYLOR-WALLICHS, zitiert S. 84, dort § 33.

[2] KLOPSTOCK: Untersuchung der Dreharbeit. Berichte des Versuchsfeldes für Werkzeugmaschinen der T.H. Berlin Heft 8 S. 38; auch Werkstattstechnik Bd. 17 (1923) Heft 23 u. 24.

[3] ARMITAGE, J. B., u. A. O. SCHMIDT: Experimental Measurements of Cutting Forces and Speeds. The Tool Engineer 1. Okt./Nov. 1951.

[4] BOSTON: Metal Cutting Forces. Automotive-Aviation Ind. 15. Mai, 1942 S. 31.

[5] SCHLESINGER, G.: Machinability of Metals. The Tool Engineer Januar 1947 S. 18—27.

[6] OKOCHI u. OKOSHI: New Methods for Measuring the Cutting Forces of Tools. Sci. Pap. Inst. phys. chem. Res. Nr. 84. Komagome, Hongo, Tokio. Siehe auch M. KRONENBERG: Zerspanungsversuche in Japan. Masch.-Bau Betrieb Bd. 8 Heft 10 u. 13, 16. Mai 1929 u. 4. Juli 1929.

[7] ARNOLD u. CHISHOLM: The Mechanism of Tool Vibration in the Cutting of Steel. J. Instn. mech. Engrs. Dez. 1946 Bd. 154 Nr. 3.

[8] BECKH: Masch.-Bau Betrieb Bd. 5 (1926) S. 559.

[9] KURREIN: Bohrarbeit und Bohrversuche. Vortrag im Berliner Bezirksverein Deutscher Ingenieure, Nov. 1924.

[10] KIENZLE, O.: Bestimmung von Kräften an Werkzeugmaschinen. Z. VDI Bd. 94 (1952) S. 299—305, insbesondere S. 301.

Bei Versuchen von FERSING[1] lagen die Grenzwerte, bei denen die Unabhängigkeit zwischen Schnittgeschwindigkeit und Schnittdruck ersichtlich wird, etwas höher. Er schreibt ebenfalls, daß die verschiedensten Versuche gezeigt haben, daß keine drastischen Änderungen im Schnittdruck sich ergaben bei Schnittgeschwindigkeiten zwischen 80 m/min und 430 m/min, welches die höchste war, die FERSING benutzte.

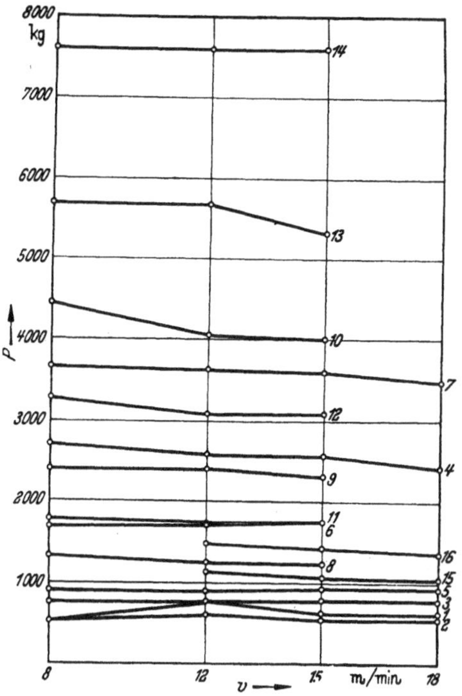

Abb. 116. Verlauf der Schnittdrucke bei wachsender Schnittgeschwindigkeit für Schnellstahl und verschieden zusammengesetzten Spanquerschnitten (*Schmiedeeisen*) (SCHLESINGER).

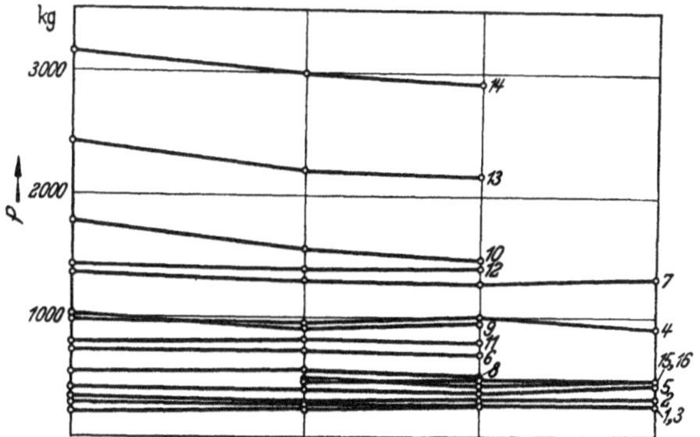

Abb. 117. Verlauf der Schnittdrucke bei wachsender Schnittgeschwindigkeit für Schnellstahl und verschieden zusammengesetzten Spanquerschnitten (*Gußeisen*) (SCHLESINGER).

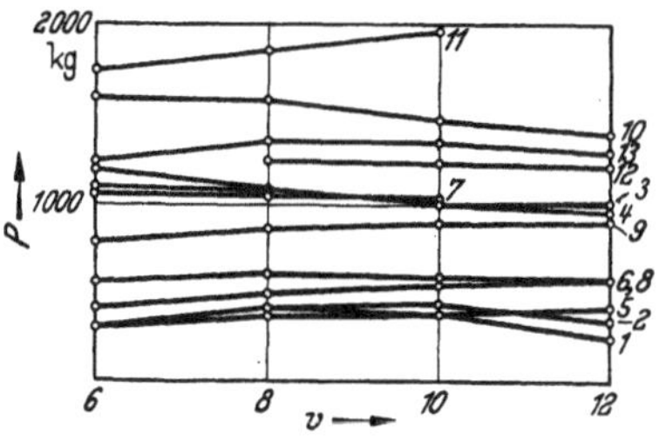

Abb. 118. Verlauf der Schnittdrucke bei wachsender Schnittgeschwindigkeit für Schnellstahl und verschieden zusammengesetzten Spanquerschnitten (*Chromnickelstahl*) (SCHLESINGER).

[1] FERSING, L.: Carbide High Velocity Turning. Trans. Amer. Soc. mech. Engrs. Mai 1951 S. 359ff.

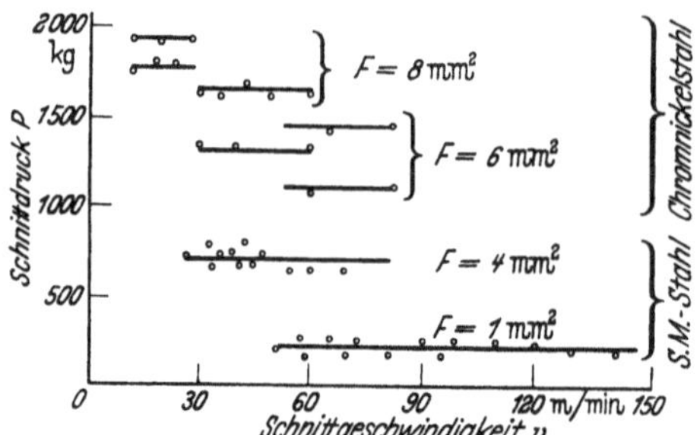

Abb. 119. Unabhängigkeit des Schnittdruckes von der Schnittgeschwindigkeit. Hartmetallwerkzeug (nach SCHLESINGER).

RAPATZ und KREKELER[1] haben gleichfalls gefunden, daß die Abhängigkeit von Schnittdruck und Schnittgeschwindigkeit so gering ist, daß sie praktisch nicht ins Gewicht fällt.

Wird der Schnittdruck aus der Leistungsaufnahme des Motors errechnet — wie es gelegentlich im Betrieb vorkommt — gemäß:

$$P = \frac{4500 \cdot N_m \cdot \eta}{v},$$

wobei

N_m Leistungsaufnahme am Motor,

η Wirkungsgrad,

so erhält man einen anscheinenden Abfall des Schnittdruckes mit steigender Schnittgeschwindigkeit, weil auf vielen Drehbänken der Wirkungsgrad des Spindelstocks mit ansteigender Drehzahl fällt.

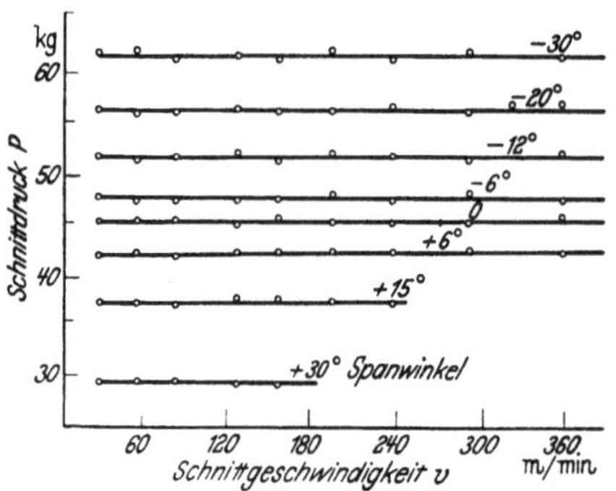

Abb. 120. Unabhängigkeit des Schnittdruckes von der Schnittgeschwindigkeit beim Fräsen von Stahl (ARMITAGE und SCHMIDT).

SCHLESINGER fand in Versuchen an der Universität Brüssel[2] bei 18 U/min einen Wirkungsgrad von 94% und bei 700 U/min einen Wirkungsgrad zwischen 47% und 84% je nach Last.

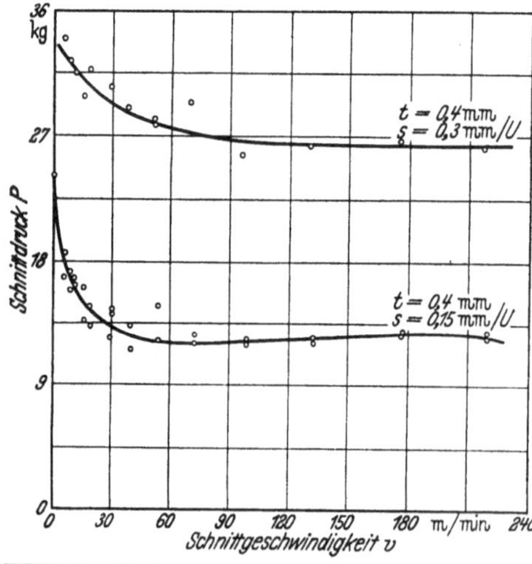

Abb. 121. Unabhängigkeit des Schnittdruckes von Schnittgeschwindigkeiten größer als etwa 50 m/min beim Drehen von Stahl mit Hartmetall (ARNOLD).

[1] RAPATZ u. KREKELER: Prüfung der Bearbeitbarkeit. Stahl u. Eisen Bd. 48 (1928) S. 257, Sonderdruck S. 5 Abs. 3.

[2] SCHLESINGER: Practical Lathe Capacity Tests. Machinery, Mai 1937, Abb. 7, 8, 11 und 12.

Eigene Versuche bei verschiedenen Firmen werden später in dieser Hinsicht noch erörtert werden.

Durch diese zahlreichen Feststellungen ist man berechtigt, Schnittgeschwindigkeit und Schnittdruck getrennt für sich zu betrachten; sie hängen zwar beide von den Eigenschaften des Werkstoffes ab (Festigkeit, Härte usw.) und ändern sich mit diesen Größen, in unmittelbarer gegenseitiger Abhängigkeit stehen sie aber — wie gesagt — nicht. Da ihr Produkt die Leistung an der Schneide ergibt, erfordert eine gleichbleibende Leistung natürlich die Senkung der Schnittgeschwindigkeit bei Steigerung des Schnittdruckes, und umgekehrt.

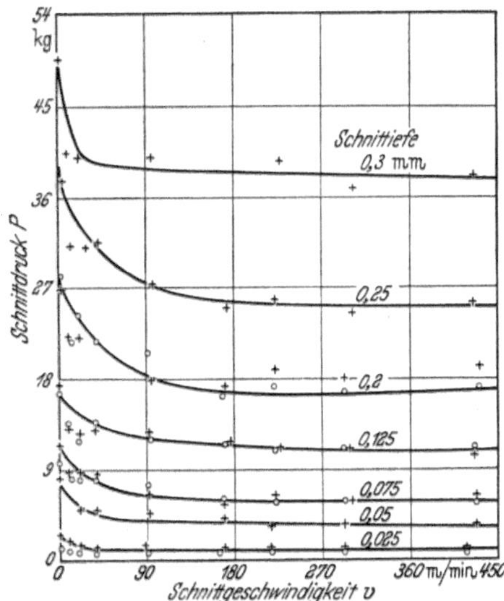

Abb. 122. Unabhängigkeit des Schnittdruckes von Schnittgeschwindigkeiten größer als etwa 60 m/min beim Drehen von Gußbronze mit Hartmetall (CHISHOLM).

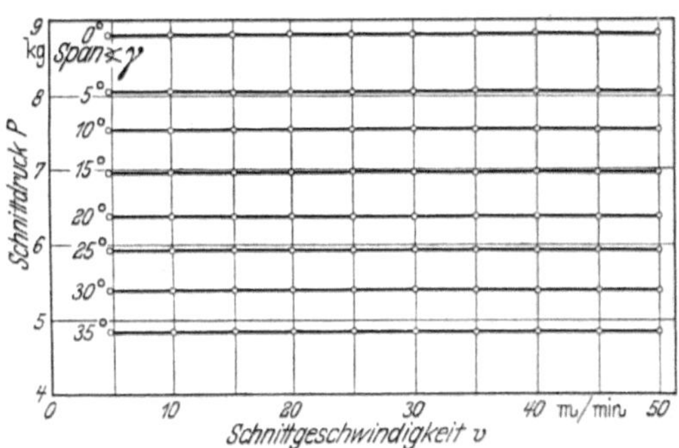

Abb. 123. Unabhängigkeit des Schnittdruckes von der Schnittgeschwindigkeit beim Drehen von Zink (OKOCHI und OKOSHI).

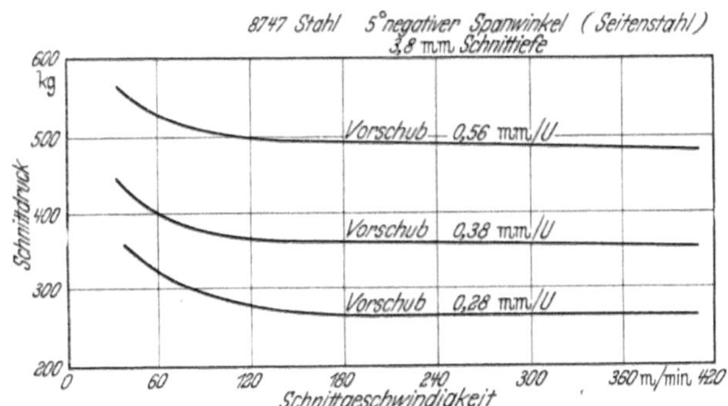

Abb. 124. Unabhängigkeit des Schnittdruckes von Schnittgeschwindigkeiten größer als etwa 80 m/min beim Drehen von Stahl (FERSING).

3. Voraussetzungen für die Gesetzmäßigkeiten.

TAYLOR kam zur Ablehnung der Schnittdruckversuche hauptsächlich wegen der starken Widersprüche, die die verschiedenen Forschungsergebnisse aufwiesen, „diese Widersprüche schädigten und verzögerten die wissenschaftliche Erkenntnis mehr als sie sie förderten“, schreibt er[1].

In Abb. 125 sind die Versuchsergebnisse von NICOLSON, FISCHER und TAYLOR in graphischer Darstellung gegenübergestellt. Aus ihnen erkennt man zunächst die starken Schwankungen der Grenzen für die Angaben. Am auffälligsten wird der Widerspruch zwischen NICOLSON einerseits und TAYLOR und FISCHER andererseits bei den horizontalen Druckkomponenten (Abb. 125). Hier stellte NICOLSON fest, daß die horizontalen Komponenten des Schnittdruckes nur zwischen 0 und 26 kg/mm² bei Gußeisen, und 0 und 47 kg/mm² bei Stahl schwanken, während die Ergebnisse von FISCHER und TAYLOR für Gußeisen (26 kg/mm² NICOLSON gegen 120 kg/mm² FISCHER bzw. 26 kg/mm² NICOLSON gegen 140 kg/mm² TAYLOR) vier- bis fünfmal so hoch liegen!

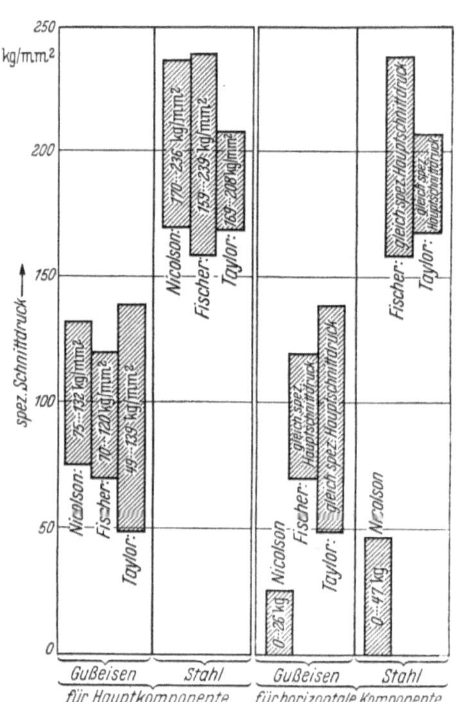

Abb. 125. Vergleich der Schnittdruckwerte von NICOLSON, FISCHER und TAYLOR.

Die Verschiedenartigkeit der Wertungsergebnisse der einzelnen Forscher erklärt sich aus dem früheren Fehlen eines geeigneten Merkmals für die Vergleichbarkeit. Erst SCHLESINGER gelang es, das im Zerspanungsvorgang liegende Kriterium aufzudecken[2]. Er stellte fest (Abb. 126 u. 127), daß die horizontalen Druckkomponenten, nämlich der Vorschubdruck P_2 und der Rückdruck P_3, im Augenblick der Zerstörung der Schneide stark anwachsen. Bei scharfen Stählen ist P_2 und P_3 im Vergleich zum Hauptschnittdruck P nur

[1] TAYLOR-WALLICHS, zitiert S. 84, dort S. 97.

[2] SCHLESINGER: Die Fortschritte deutscher Stahlwerke bei der Herstellung hochlegierter Stähle. Stahl u. Eisen 1913 Nr. 22.

gering, während sie im Abstumpfungsmoment ebenso groß werden können wie P. Dieses Abstumpfungsmerkmal (nämlich das plötzliche Anwachsen der horizontalen Druckkomponenten) nennt man bekanntlich das SCHLESINGER-Kriterium.

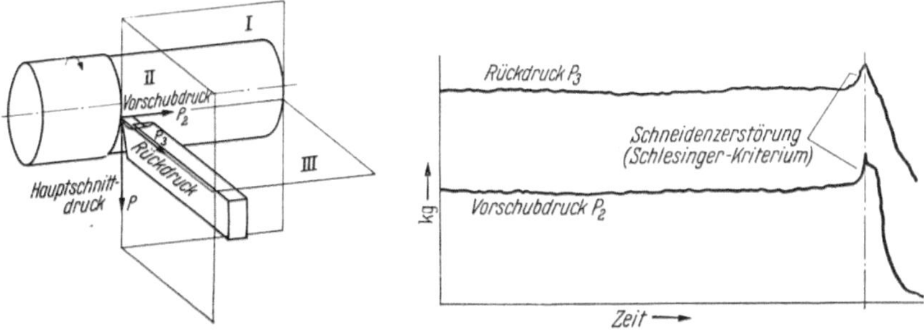

Abb. 126. Die Komponenten des Schnittdruckes.

Abb. 127. SCHLESINGER-Kriterium.

Da sich die Hauptkomponente P bei der Abstumpfung nicht ändert, kann man das SCHLESINGER-Kriterium auch dazu verwenden, Drehstähle auf ihre Standzeit zu prüfen. Man hat nur die Kräfte P_2

Abb. 128. Zweikomponentenmeßsupport an einer Drehbank.

und P_3 und die Zeit zu beobachten, wie dies mittels des Meßsupports, Bauart Schlesinger-Mohr & Federhaff[1] geschieht (Abb. 128). Die Kräfte P_2 und P_3 werden an den beiden, im Bilde sichtbaren Meßdosen ab-

[1] DRP. 280436.

gelesen und gleichzeitig unter Berücksichtigung der Zeit auch graphisch aufgezeichnet. Zum Messen des Hauptschnittdruckes ist dieser Meßsupport nicht eingerichtet. Hierzu ist die Verwendung von mindestens

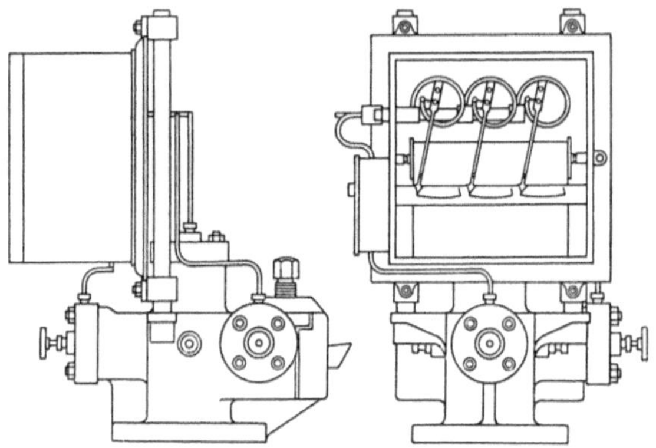

Abb. 129. Dreikomponentenmeßsupport.

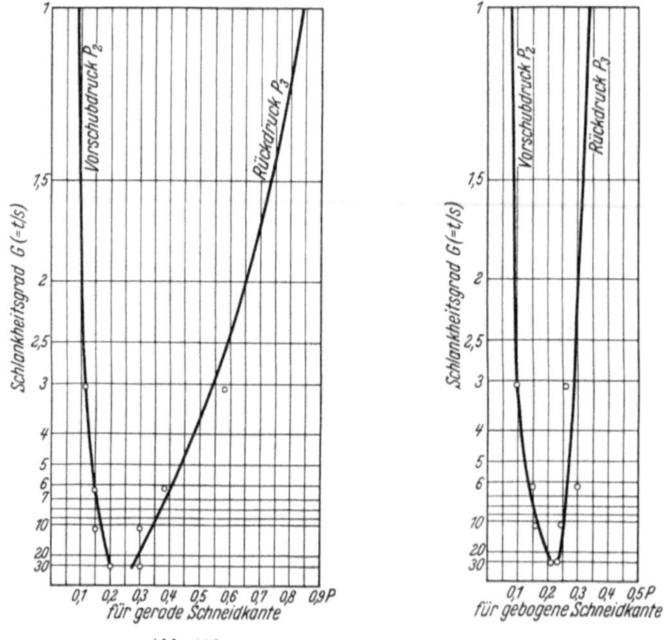

Abb. 130. Abb. 131.

Horizontalkomponenten des Schnittdruckes im Verhältnis zum Hauptschnittdruck nach NICOLSON.

einer dritten (Abb. 129) Meßdose erforderlich. Eine vierte Meßdose[1] dient zum Messen evtl. negativer Vorschubkräfte.

[1] Versuchsfeldberichte der T. H. Berlin, Heft 1, 4, 7 und 8.

Mit Hilfe des SCHLESINGER-Kriteriums ist der Widerspruch zwischen den Forschungen FISCHERS, TAYLORS und NICOLSONS bald aufgeklärt. Alle drei Forscher waren im Recht; die Unterschiede erklären sich dadurch, daß NICOLSON nur scharfe Stähle untersuchte, während FISCHER und TAYLOR auch die abgestumpften Stähle noch mit einbezogen. NICOLSON erhielt daher nur kleine Vorschubkräfte P_2, wie

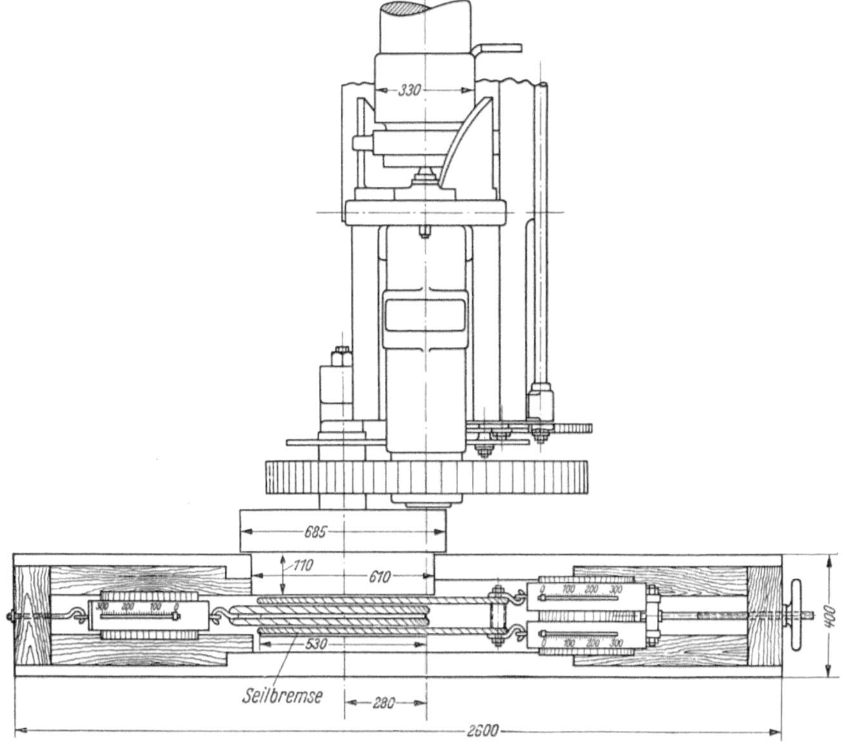

Abb. 133. Versuchsdrehbank von TAYLOR zur Bestimmung des Schnittdruckes.

nur die Belastung am Amperemeter abgelesen; nach Beendigung des Schnittes wurde dann mittels der Seilbremse wieder dieselbe Amperebelastung eingestellt und die Seilkraft, bzw. der Schnittdruck, abgelesen.

Der erste Meßsupport von NICOLSON (1903) hatte nur zwei Meßdosen, und zwar für den Hauptschnittdruck und den Vorschubdruck; erst später nahm er auch die Messung der dritten Komponente hinzu. NICOLSON befaßte sich wesentlich mit dem Einfluß der Schleifwinkel des

[1] BLUHM: Die Anwendung der Versuchsergebnisse Taylors. Werkstattstechnik 1921 S. 477.

[2] Die Nebenkomponenten (P_2 P_3) des Schnittdruckes sind auf S. 221ff. behandelt.

Drehstahles auf den Schnittdruck. In der Nähe eines Meißelwinkels von 60° ist der Schnittdruck nach diesen Ergebnissen sowohl für Gußeisen als auch Stahl am kleinsten. Dieser Schnittwinkel ist aber keineswegs derjenige, bei dem die Schneide größte Standzeit hat. Hierfür empfiehlt NICOLSON Winkel von 80° bei Guß und 70° bei Stahl, die jedoch zu unbestimmt sind, als daß man seinem Rat, sie in der Werkstatt zu benutzen, in allen Fällen folgen könnte.

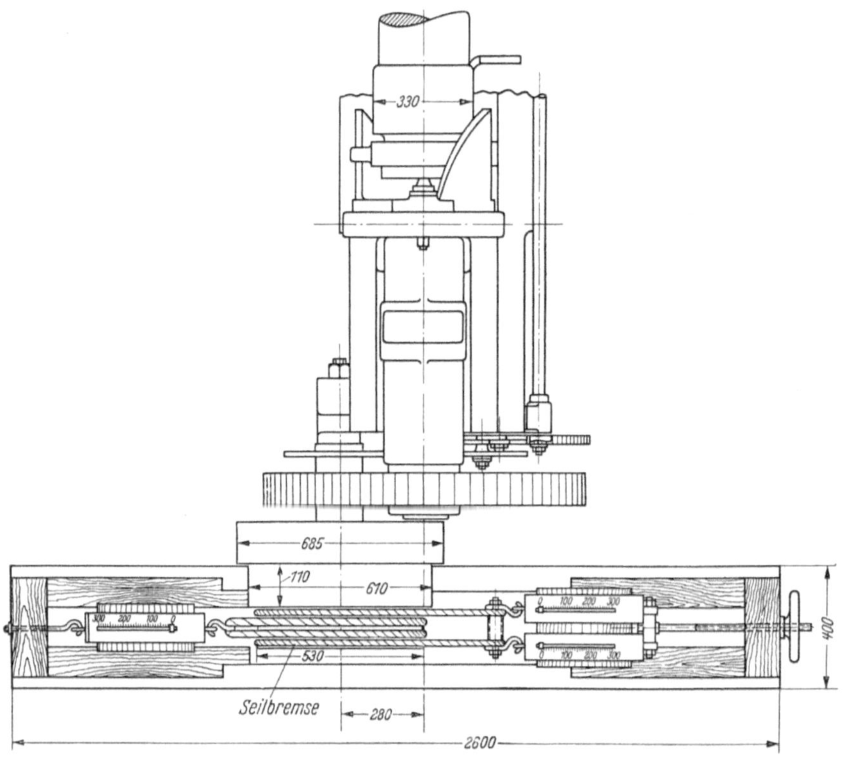

Abb. 133. Versuchsdrehbank von TAYLOR zur Bestimmung des Schnittdruckes.

Eine wesentliche Erkenntnis haben jedoch die Versuche von NICOLSON gebracht: nämlich, daß der Schnittdruck nicht gleichförmig, sondern je nach Anstauchen und Abtrennen in Schwingungen vor sich geht, worauf weiter unten noch zurückzukommen sein wird.

Unter den zahlreichen neueren Schnittdruckapparaten sind die von WALLICHS-SCHIESS (Abb. 134 und 134a) und von SCHLESINGER[1]

[1] SCHLESINGER: Conference on Machinability. Proc. Instn. mech. Engrs. Bd. 155 (1946); War Emergency Issue Nr. 20, Fig. 50.

(Abb. 135) für werkstattmäßige, d. h. schwerere Belastungen geeignet. Mit dem ersteren habe ich zahlreiche Schnittdruckmessungen in der In-

Abb. 134. Schnittdruckmeßapparat für Kräfte bis 3000 kg (WALLICHS-SCHIESS).

dustrie vorgenommen[1] und auch mit den von LOSENHAUSEN gebauten Schnittdruckmessern (Abb. 136).

Die mit Meßuhren gebauten Dynamometer sind nur für verhältnismäßig kleine Schnittdrucke bis etwa 150 kg geeignet, während mit den neuesten, auf dem Prinzip der Dehnungsmeßstreifen (strain gage) entwickelten Apparaten auch große Kräfte[2] gemessen werden können[3]. Abb. 137 zeigt einen von Sanborn-Co. gebauten Schnittdruckmesser neuester Art.

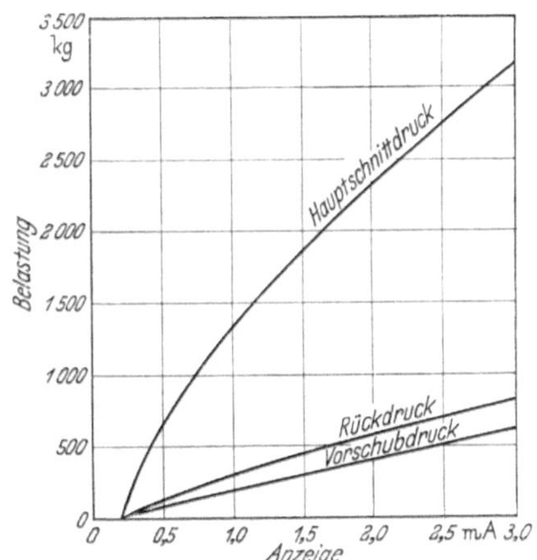

Abb. 134 a. Eichkurve zum Meßstahlhalter Abb. 134 (KRONENBERG).

[1] Siehe Abb. 268.

[2] LOEWEN, MARSHALL u. SHAW: Strain Gage Tool Dynamometers. Experimental Stress Analysis. Presented Cleveland (Ohio) 1950. — RETTERSMAN, BETTINGER u. BLAKER: Strain Gage Dynamometer S. Iron Age 29. Sept. 1949 S. 55.

[3] Vgl. auch Abb. 281.

4. Das einfache Schnittdruckgesetz.

Ebenso wie für die Schnittgeschwindigkeit hat FRIEDRICH[1] ein Gesetz für den spezifischen Schnittdruck aufgestellt, welches lautet:

$$k_s = k + \frac{w_1}{\sqrt{F}}.$$

bb. 135. Schnittdruckmeßapparat für Kräfte bis 1600 kg (SCHLESINGER).

Abb. 136. Schnittdruckmeßapparat an einer Drehbank (LOSENHAUSEN).

Die Werte w_1 und k sind hierbei dieselben wie in seiner Schnittgeschwindigkeitsformel (Tab. 31), was als Vorteil anzusehen ist, da hierdurch die Gleichartigkeit beider Formeln hergestellt wird.

---

[1] Z. VDI 1909 S. 860.

FRIEDRICH weist nach, daß die Abnahme des spezifischen Schnittdruckes darin seinen Grund hat, daß bei kleinen Spänen das Material in feinere Teile gespalten wird als bei großen Spänen. Infolgedessen ist die aufzuwendende Arbeit bzw. Kraft bei kleineren Spänen spezifisch größer als bei großen Spänen. Meines Erachtens spielt der Stauchfaktor λ (s. Abb. 6) hier eine Rolle, der bei großen Spanquerschnitten abnimmt.

Abb. 137. Schnittdruckmeßapparat mit Röhrenverstärker zur Benutzung mit Dehnungsmeßstreifen (SANBORN).

Für Stahl ergibt sich unter Einsetzung der Zahlen für w_1 und k:

Tabelle 57 a.

Stahl weich: $k_s = 167 + \frac{51,2}{\sqrt{F}}$.

F	$\sqrt{F}$	$\frac{w_1}{\sqrt{F}}$	k_s
0,5	0,705	72,4	239
1	1	51,2	218
2	1,41	36,2	203
3	1,73	29,6	197
5	2,23	23	190
10	3,16	16,2	183
20	4,46	11,4	178
30	5,48	9,3	176
50	7,05	7,24	174

Tabelle 57 b.

Stahl mittel: $k_s = 145 + \frac{55,5}{\sqrt{F}}$.

F	$\sqrt{F}$	$\frac{w_1}{\sqrt{F}}$	k_s
0,5	0,705	79,5	224
1	1	56	201
2	1,41	40	185
3	1,73	32	177
5	2,23	25	170
10	3,16	18	163
20	4,46	12,5	158
30	5,48	10,2	155
50	7,05	7,95	153

Vergleicht man diese Tabellen miteinander, so fällt auf, daß k_s für „Stahl weich" höher liegen soll als für „Stahl mittel". Dies rührt von den

Tabelle 57 c.

Stahl hart: $k_s = 209 + \frac{62}{\sqrt{F}}$.

F	$\sqrt{F}$	$\frac{w_1}{\sqrt{F}}$	k_s
0,5	0,705	88	297
1	1	62	271
2	1,41	44	253
3	1,73	36	245
5	2,23	28	237
10	3,16	19,6	229
20	4,46	13,9	223
30	5,48	11,3	220
50	7,05	8,8	218

Zahlenwerten für k her, die (vgl. Tab. 31) insofern unregelmäßig sind, als k für Stahl weich 167, für Stahl mittel 145 und Stahl hart 209 ist. k fällt also und steigt dann wieder. An dieser Stelle liegt somit eine Unstimmigkeit vor, die sich auch in Abb. 138 zeigt, wo die Gerade für „Stahl weich" zwischen den beiden anderen Geraden für Stahl liegt.

Für *Gußeisen* ergibt sich nach FRIEDRICH:

Tabelle 57 d.

Guß weich: $k_s = 55 + \frac{71}{\sqrt{F}}$.

F	$\sqrt{F}$	$\frac{71}{\sqrt{F}}$	k_s
0,5	0,705	100	155
1	1	71	126
2	1,41	50,4	105
3	1,73	41	96
5	2,23	31,8	87
10	3,16	22,5	78
20	4,46	15,9	71
30	5,48	12,9	68
50	7,05	10,05	65

Tabelle 57 e.

Guß mittel: $k_s = 81 + \frac{151}{\sqrt{F}}$.

F	$\sqrt{F}$	$\frac{151}{\sqrt{F}}$	k_s
0,5	0,705	214	295
1	1	151	232
2	1,41	107	188
3	1,73	87	168
5	2,23	67,5	149
10	3,16	47,8	129
20	4,46	33,8	115
30	5,48	27,6	109
50	7,05	21,4	102

Tabelle 57 f.

Guß hart: $k_s = 57 + \frac{210}{\sqrt{F}}$.

F	$\sqrt{F}$	$\frac{210}{\sqrt{F}}$	k_s
0,5	0,705	298	355
1	1	210	267
2	1,41	149	206
3	1,73	121	178
5	2,23	94	151
10	3,16	66,5	124
20	4,46	47,1	104
30	5,48	38,4	95
50	7,05	29,8	87

Trägt man die Werte der Tab. 57a bis 57f in ein doppellogarithmisches Netz ein (Abb. 138), so lassen sich Ausgleichsgerade durch die Punkte legen mit derselben Berechtigung wie bei der Schnittgeschwindigkeit, die noch durch KLOPSTOCKS Versuche bekräftigt wird.

Bezeichnet man entsprechend den Festlegungen beim einfachen Gesetz der Schnittgeschwindigkeit (S. 112) den spezifischen Schnittdruck für $F = 1$ mm² mit C_{k_s} und den Wurzelexponenten mit ε_{k_s} oder setzt man $\frac{1}{\varepsilon_{k_s}} = f_s$, so ergibt sich das *einfache* Gesetz für den spezifischen Schnittdruck zu:

$$k_s = \frac{C_{ks}}{\sqrt[\varepsilon_{ks}]{F}} = \frac{C_{ks}}{F^{f_s}}. \tag{129}$$

Durch Multiplikation beider Seiten mit F entsteht das *einfache* Schnittdruckgesetz:

$$P = C_{k_s} \cdot F^{(1-f_s)}. \tag{130}$$

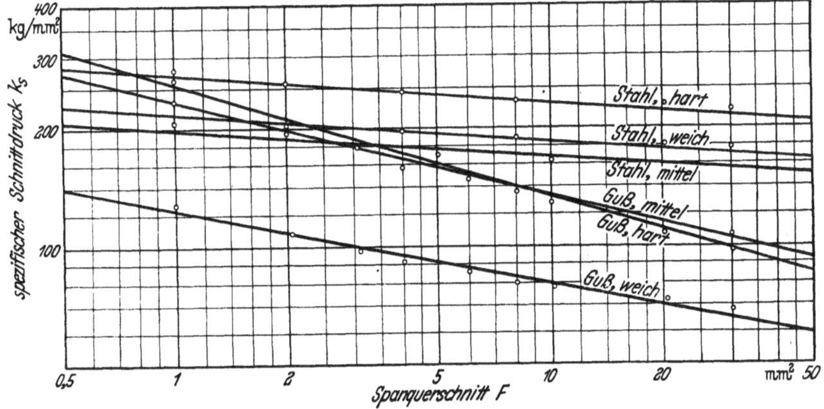

Abb. 138. Abhängigkeit des spezifischen Schnittdruckes vom Spanquerschnitt, ausgewertet nach FRIEDRICH.

Die Auswertung der Abb. 138 ergibt:

1. Stahl weich:

$$-\frac{1}{\varepsilon_{ks}} = \log 187 - \log 218$$

$$= 2{,}2718 - 2{,}3385 = -0{,}6667 = -\frac{1}{15}$$

$$\underline{\varepsilon_{k_s} = 15} \qquad \underline{C_{k_s} = 218.}$$

2. Stahl mittel: Die Gerade verläuft parallel zu „Stahl weich", es ergibt sich also:

$$\underline{\varepsilon_{k_s} = 15} \qquad \underline{C_{k_s} = 198.}$$

Auch aus dem niedrigeren C_{k_s}-Wert für „Stahl mittel" ersieht man die weiter oben erwähnte Unstimmigkeit in FRIEDRICHS k-Werten.

3. Stahl hart: Die Gerade ist ebenfalls parallel zu den beiden anderen, also:

$$\underline{\varepsilon_{k_s} = 15} \qquad \underline{C_{k_s} = 270.}$$

Auf Grund von $C_{k_s} = 218$ und $C_{k_s} = 270$ müßte der Wert C_{k_s} für Stahl mittel bei FRIEDRICH etwa 244 sein.

4. *Guß weich:*

$$-\frac{1}{\varepsilon_{k_s}} = \log 80{,}5 - \log 123$$

$$= 1{,}9058 - 2{,}0899 = -0{,}1841 = -\frac{1}{5{,}44}$$

$$\underline{\varepsilon_{k_s} = 5{,}44} \qquad \underline{C_{k_s} = 123}.$$

5. *Guß mittel:*

$$-\frac{1}{\varepsilon_{k_s}} = \log 135 - \log 232, \quad \text{daher}$$

$$\underline{\varepsilon_{k_s} = 4{,}26} \qquad \underline{C_{k_s} = 232}.$$

6. *Guß hart:*

$$-\frac{1}{\varepsilon_{k_s}} = \log 134 - \log 252, \quad \text{daher}$$

$$\underline{\varepsilon_{k_s} = 3{,}65} \qquad \underline{C_{k_s} = 252}.$$

Aus der Verschiedenartigkeit der ε_{k_s}-Werte sieht man, daß die Geraden für Guß bei FRIEDRICH nicht parallel sind und daß sich Unregelmäßigkeiten zwischen Guß mittel und Guß hart ergeben. Guß mittel liegt bei den kleinen Spanquerschnitten richtig zwischen Guß hart und Guß weich, bei denjenigen über rd. 10 mm² kehren sich die Verhältnisse jedoch um.

HIPPLER hat die FRIEDRICHsche Gleichung für den spezifischen Schnittwiderstand durch den gleichen Vorgang wie bei der Schnittgeschwindigkeit, nämlich durch Gleichsetzung von w_1 und k, umgeformt in[1]

$$k_s = \frac{K}{\sqrt[4]{F}}.$$

Hierbei bezeichnet K die HIPPLERsche Stoffzahl; es entstehen wiederum dieselben Abweichungen wie bei der Schnittgeschwindigkeit. Infolge des ständig wiederkehrenden Exponenten 4 erhält HIPPLER abermals für sämtliche Werkstoffe Parallele für den spezifischen Schnittwiderstand (vgl. Abb. 139). Die C_{k_s}-Werte für Stahl liegen bei HIPPLER jedoch richtiger als bei FRIEDRICH, nämlich in der Reihenfolge 220 (für SM-Stahl 40/50 kg), 240 (für SM-Stahl 50/60 kg) und 260 (für SM-Stahl 60/80 kg). Weitere C_{k_s}-Werte sind in der Tab. 59 (S. 198) angegeben.

In den ursprünglichen Richtwerten des AWF (100er Serie) ist nicht nur eine Beziehung zwischen dem Spanquerschnitt und der Schnittgeschwindigkeit, sondern auch zwischen dem Spanquerschnitt und der Riemengeschwindigkeit (v_r in m/sek) und Riemenbelastung der Bank gegeben. Dadurch ist es möglich, aus den Richtwerten auf den jeweiligen spezifischen Schnittwiderstand zu schließen. Diese Beziehung wurde

[1] HIPPLER, zitiert S. 122, dort S. 91ff.

s. Z. dadurch gewonnen, daß man die Bank bis zum Riemenrutsch belastete und die weitere Prüfung mit einem etwas niedrigeren Spanquerschnitt, bei dem die Bank dauernd durchzog, fortsetzte. Obgleich dieses Verfahren vom wissenschaftlichen Standpunkt aus nicht einwandfrei ist — denn die Belastung des Riemens, der Wirkungsgrad der Maschine usw., ändern sich —, mußte man sich bei Aufstellung der Richtwerte damit begnügen, wollte man die Zeit für die Ausarbeitung nicht über Gebühr ausdehnen.

Den Richtwerten lag ein Wirkungsgrad der Maschine von $\eta = 0{,}75$ zugrunde. Bezeichnet man die durch den Riemen eingeleitete Leistung

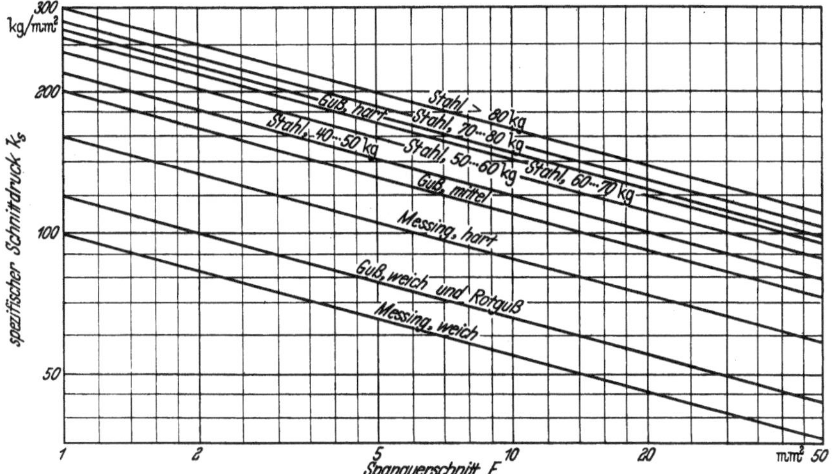

Abb. 139. Abhängigkeit des spezifischen Schnittdruckes vom Spanquerschnitt, nach HIPPLER.

mit N_r, die Leistung am Stahl mit N, so ist:

$$N = N_r \cdot \eta .$$

Um k_s zu erhalten, setzt man:

$$N = \frac{F \cdot v \cdot k_s}{75 \cdot 60},$$

$$N_r = \frac{p \cdot b_r \cdot v_r}{75},$$

wenn p die spezifische Riemenbelastung in kg/mm und b_r die Riemenbreite in mm bedeuten. Es ergibt sich also:

$$\frac{F \cdot v \cdot k_s}{75 \cdot 60} = \frac{p \cdot b_r \cdot v_r \cdot \eta}{75}$$

und mit $\eta = 0{,}75$:
$$k_s = \frac{p \cdot b_r \cdot v_r \cdot 45}{F \cdot v}\ \text{kg/mm}^2 .$$

Berechnet man k_s für die AWF-Richtwerte 100er Serie nach dieser Gleichung und trägt die Ergebnisse in ein doppellogarithmisches Netz ein, so erhält man Abb. 140. Die Auswertung der Geraden dieser Abbildung ergibt:

SM-Stahl 50/60 kg:

$$-\frac{1}{\varepsilon_{k_s}} = \log 119 - \log 160, \quad \text{daher} \quad \underline{\varepsilon_{k_s} = 7{,}8} \quad \underline{C_{k_s} = 160}.$$

Dieser Wert für C_{k_s} erscheint sehr niedrig, was entweder auf eine zu starke Beanspruchung der Bänke bzw. Riemen bei den Versuchen oder auf einen von $\eta = 0{,}75$ abweichenden Wirkungsgrad schließen läßt.

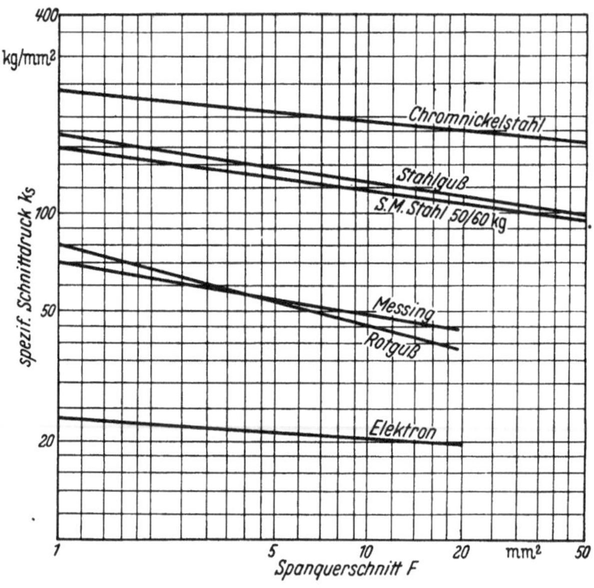

Abb. 140. Abhängigkeit des spezifischen Schnittdruckes vom Spanquerschnitt auf Grund der ursprünglichen Richtwerte des AWF 100er Serie.

Messing:

$$-\frac{1}{\varepsilon_{k_s}} = \log 49{,}8 - \log 70, \quad \text{daher} \quad \underline{\varepsilon_{k_s} = 6{,}8} \quad \underline{C_{k_s} = 70},$$

Rotguß:

$$-\frac{1}{\varepsilon_{k_s}} = \log 45 - \log 80, \quad \text{daher} \quad \underline{\varepsilon_{k_s} = 4} \quad \underline{C_{k_s} = 80},$$

Elektron:

$$-\frac{1}{\varepsilon_{k_s}} = \log 20{,}9 - \log 23{,}8, \quad \text{daher} \quad \underline{\varepsilon_{k_s} = 17{,}6} \quad \underline{C_{k_s} = 23{,}8},$$

Chromnickelstahl:

$$-\frac{1}{\varepsilon_{k_s}} = \log 193 - \log 241, \quad \text{daher} \quad \underline{\varepsilon_{k_s} = 10{,}4} \quad \underline{C_{k_s} = 241},$$

Stahlguß:

$$-\frac{1}{\varepsilon_{k_s}} = \log 125 - \log 176, \qquad \text{daher} \quad \underline{\varepsilon_{k_s} = 6{,}7} \qquad \underline{C_{k_s} = 176}.$$

Es ist besonders lehrreich, Vergleiche zwischen den k_s-Werten der AWF 100er Serie für Elektron und Versuchen anzustellen, die COENEN ausgeführt hat. Hierbei wurden folgende Werte festgestellt, die stets als Mittel aus verschiedenen Versuchen gebildet und in Abb. 141 als Diagramm dargestellt sind:

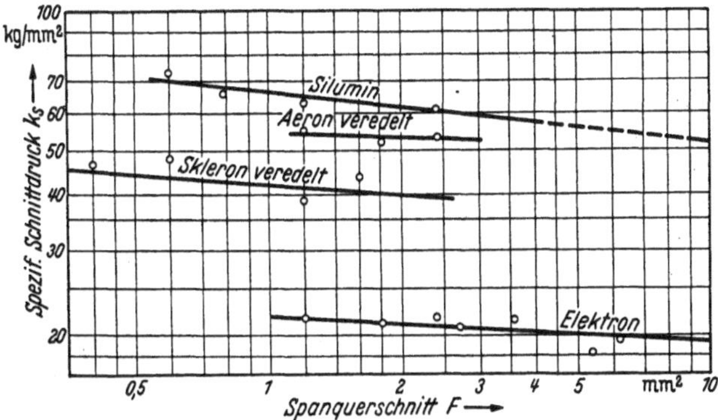

Abb. 141. Abhängigkeit des spezifischen Schnittdruckes vom Spanquerschnitt bei Leichtmetallen nach COENEN.

Elektron, 16,7 kg Festigkeit, 7,7% Dehnung, 53,2 Brinell.

F	k_s
1,2	21,7
1,8	21,2
2,4	21,4
2,7	20,8
3,6	21,2
5,4	18,0
7,2	19,5

$$-\frac{1}{\varepsilon_{k_s}} = \log 19 - \log 21{,}7$$

$$= 1{,}279 - 1{,}336 = 0{,}057 = -\frac{1}{17{,}6}$$

$$\underline{\varepsilon_{k_s} = 17{,}6} \quad \underline{C_{k_s} = 21{,}7}.$$

Die Übereinstimmung dieser Werte für Elektron mit denen nach den AWF-Richtwerten 100er Serie ist sehr gut, so daß diese Versuche als Bestätigung der AWF-Richtwerte für Elektron hinsichtlich k_s anzusehen sind.

F	k_s
0,6	46
0,8	48,2
1,2	38
1,6	43

Skleron veredelt, 45,8 kg Festigkeit, 13,8% Dehnung, 121,3 Brinell.

F	k_s
0,4	54,5
0,6	51,5
0,8	53,0

Aeron veredelt, 34 kg Festigkeit, 16,1% Dehnung, 95,2 Brinell.

Bei Skleron und Aeron streuen die Punkte für eine Auswertung zu stark.

Silumin, 14,6 kg Festigkeit, 0% Dehnung, 48,6 Brinell.

F	k_s
0,6	74
0,8	66,6
1,2	62
2,4	60

$$-\frac{1}{\varepsilon_{k_s}} = \log 52 - \log 66$$

$$= 1{,}7160 - 1{,}8195 = -0{,}1035 = -\frac{1}{9{,}65}$$

$$\underline{\varepsilon_{k_s} = 9{,}65} \quad \underline{C_{k_s} = 66}\,.$$

Von den vier Leichtmetallen hat Elektron den geringsten und Silumin den größten Schnittwiderstand gemäß obigen C_{k_s}-Werten. Es ist jedoch weder eine Regelmäßigkeit hinsichtlich der Festigkeit, noch der Brinellwerte, noch der Dehnung festzustellen.

Die umfangreichsten und genauesten Versuche über den Schnittdruck hat KLOPSTOCK im Versuchsfeld für Werkzeugmaschinen der Technischen Hochschule in Berlin, das s. Z. unter der Leitung von Prof. SCHLESINGER stand, vorgenommen[1].

Im Jahre 1932 hat E. GUTTMANN diese Versuche auf Schlichtdrücke ausgedehnt und mit Unterstützung der Georg-Schlesinger-Stiftung des VDI Messungen mit neuen Apparaten ausgeführt. GUTTMANN fand, daß die Schlichtdrücke mit guter Genauigkeit auf der Verlängerung der „KLOPSTOCKschen" Geraden lagen und *somit die von KLOPSTOCK gefundene Beziehung zwischen Spanquerschnitt und Schnittdruck bestätigten*[2].

KLOPSTOCK untersuchte das Verhalten des Schnittdruckes für 45 Spanquerschnitte, deren kleinster 3 mm² und deren größter 70 mm² war. Die Versuche wurden an Chromnickelstahl 85 bis 90 kg Festigkeit, SM-Stahl 75 kg, Schmiedeeisen 45 kg, Kupfer, Gußeisen und Messing durchgeführt.

Die KLOPSTOCKschen Versuche haben den bisher noch nicht wiederholten Vorteil aufgewiesen, daß sie auch schwere Schrupparbeiten einschlossen und somit einen solchen Bereich von Schnittdrücken tatsächlich erfaßten, wie er werkstattmäßig vorkommt. Meines Wissens sind von keiner anderen Seite Schnittdrücke bis über 8000 kg gemessen worden, während heute die Neigung besteht, kleine und kleinste Schnittdrücke zu erzeugen und aus ihnen Schlüsse zu ziehen, die ohne Dimensionsanalyse oft zweifelhaft sind.

KLOPSTOCK wies auch als erster auf den Unterschied zwischen nominellem und wirklichem Spanquerschnitt hin, der vor allem für die Auswertung von Versuchsergebnissen wichtig ist. Für den praktischen Betrieb kommt er aber kaum in Frage, da Unterschiede erst bei großen Vorschüben ($s > 1$) bemerkbar werden und bei sehr großen

---

[1] KLOPSTOCK, zitiert S. 172.

[2] GUTTMANN, E.: Dissertation. Im Auszug: Werkstattstechnik 1932 S. 273ff.

(3 bis 10) ins Gewicht fallen. Bei solchen Vorschüben bildet sich auf der abgedrehten Welle ein deutliches Gewinde aus, d. h., der Drehstahl läßt Materialteilchen stehen (Abb. 142), so daß der rechnerische (nominelle) Spanquerschnitt aus Schnittiefe und Vorschub gar nicht abgedreht wird, sondern ein kleinerer. KLOPSTOCK hat hierzu Berechnungen für die verschiedenen Winkel der Drehstähle, der Vorschübe und Radien der Stahlnasen angestellt. Abb. 143 zeigt

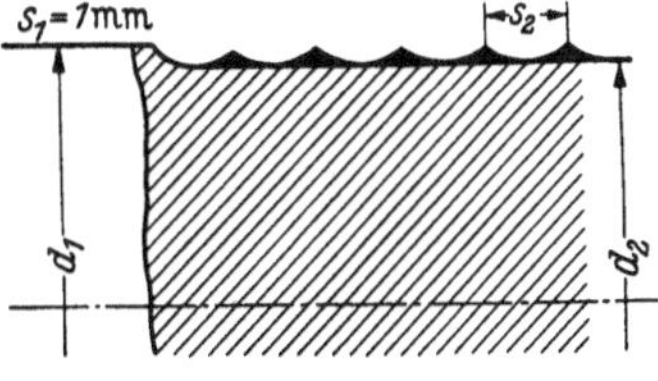

Abb. 142. Die mit dem Vorschub s_2 überdrehte Wellenoberfläche.

einige Diagramme zur Ermittlung des wirklichen Spanquerschnittes. Berücksichtigt man den Unterschied bei Versuchen nicht, so ergeben sich evtl. falsche Werte.

Die Restfläche ist nicht von der Schnittiefe abhängig. KLOPSTOCK hat Formeln angegeben, nach denen sich der wirkliche Spanquerschnitt berechnen läßt. Da an früherer Stelle (Abb. 74), bei Gelegenheit der Schnittgeschwindigkeitsbetrachtungen mit TAYLORschen Stählen, schon die Restfläche des Spanquerschnittes erwähnt worden ist, sei hier die KLOPSTOCKsche Gleichung für TAYLOR-Stähle angeführt und die Restfläche für $1^1/_4$''- und $^1/_2$''-Stahl bei $s = 0{,}79$ und $t = 2{,}38$ durchgerechnet.

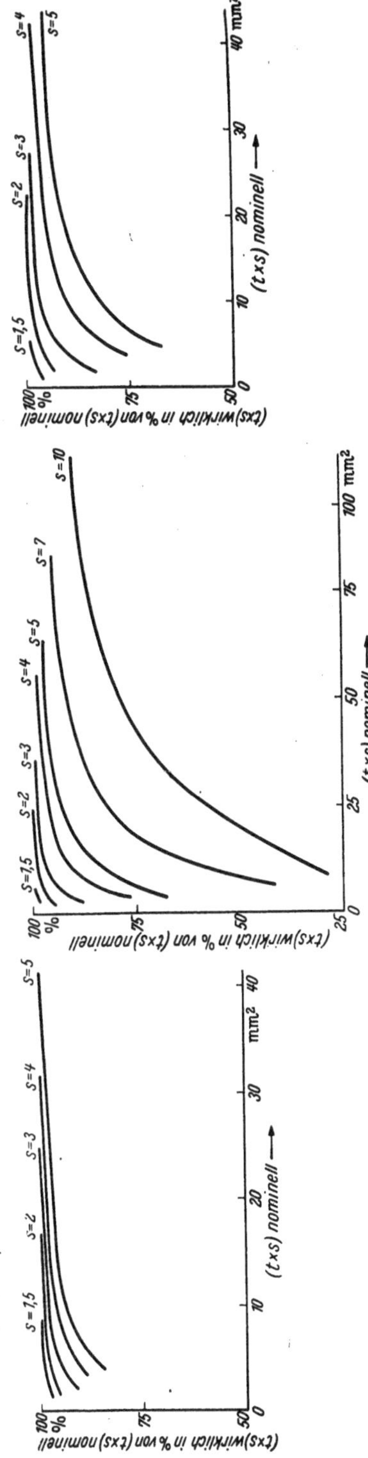

Abb. 143. KLOPSTOCKS Diagramme zur Ermittlung der wirklichen Spanquerschnittsflächen.

Es bezeichne F_W den wirklichen, F_n den nominellen Spanquerschnitt, F_R die Restfläche und r den Radius der Stahlnase, dann ist:

$$F_W = F_n - F_R .$$

Für die TAYLOR-Schneide ($s < r$) gilt nach KLOPSTOCK[1]:

$$F_W = F_n - \left[s \cdot r - \left(\frac{s}{2} \sqrt{r^2 - \frac{s^2}{4}} + r^2 \arcsin \frac{s}{2\,r} \right) \right].$$

Beim $1^1/_4''$-Stahl ist $r = 12$ mm, also

$$F_W = 1{,}88 - \left[9{,}49 - 0{,}395 \sqrt{144 - 1{,}56} + 144 \arcsin \frac{0{,}79}{24} \right],$$

$$F_W = 1{,}880 - 0{,}033 = 1{,}847 \text{ mm}^2 .$$

Beim $^1/_2''$-Stahl ist $r = 2{,}4$, also:

$$F_W = 1{,}88 - \left[1{,}895 - 0{,}395 \sqrt{5{,}76 - 1{,}56} + 5{,}76 \arcsin \frac{0{,}79}{4{,}8} \right],$$

$$F_W = 1{,}88 - 0{,}136 = 1{,}744 \text{ mm}^2 .$$

[1] KLOPSTOCK, zitiert S. 172, dort S. 37, Fall 3.

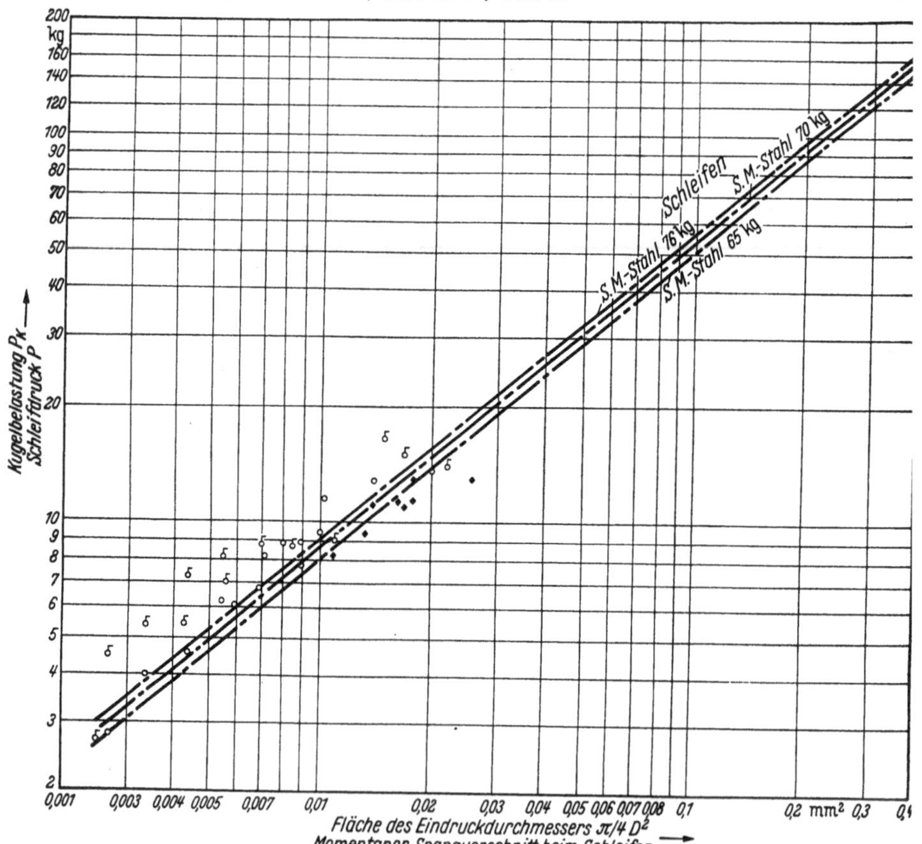

Abb. 144. Schleifversuche von KURREIN.

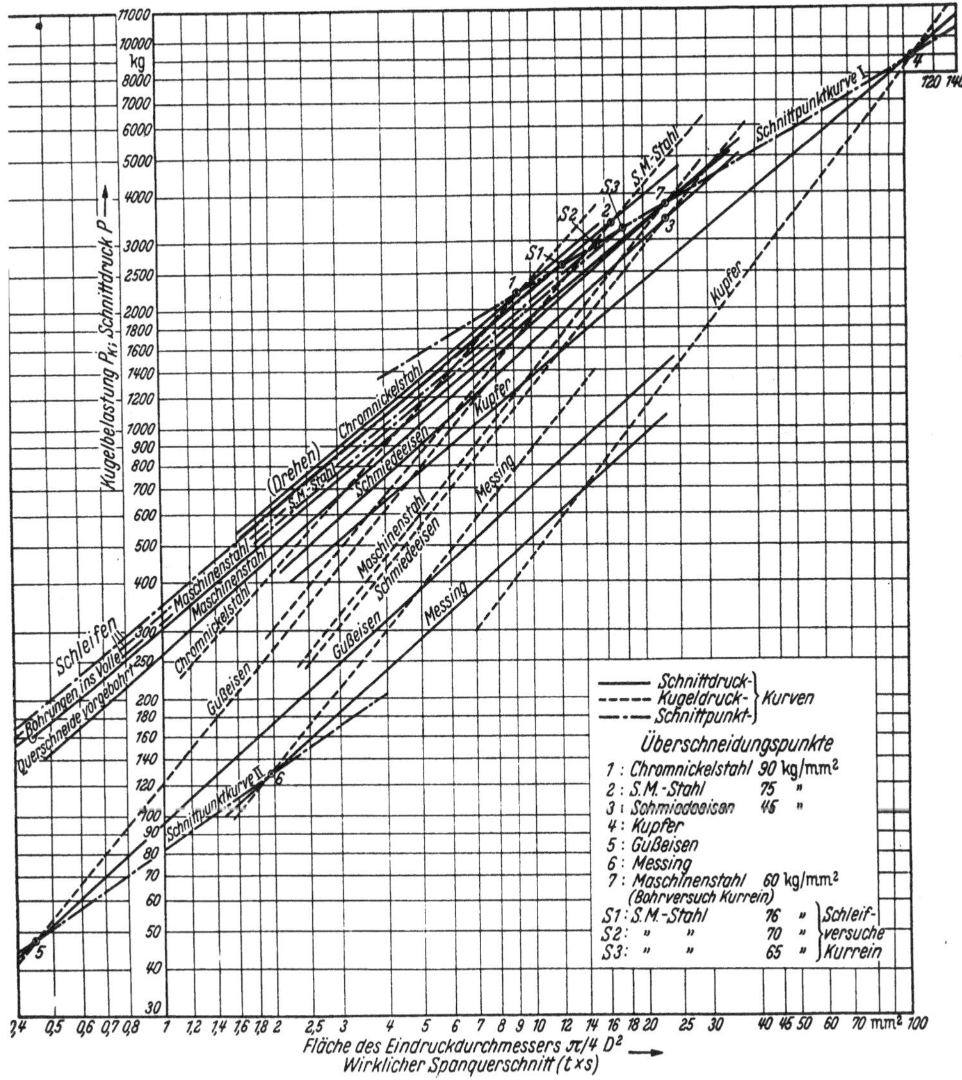

Abb. 145. Drehversuche von KLOPSTOCK und Bohrversuche von KURREIN.

Abb. 144 u. 145. Kugeldruck-, Schnittdruck-, Schleifdruckkurven und die Schnittpunkt- (Überschneidungs-) Geraden im doppellogarithmischen System.

Die Restfläche hat sich also von 0,033 auf 0,136 vergrößert, da sich r von 12 mm auf 2,4 mm verkleinert hat. Praktisch fallen solche Unterschiede nicht ins Gewicht. Theoretisch können sie es bei großen Vorschüben.

Unter Berücksichtigung des wirklichen Spanquerschnittes hat KLOPSTOCK Gesetze für den Schnittdruck aufgestellt. Auch seine Diagramme (Abb. 144 u. 145) zeigen, daß der Schnittdruck im doppellogarithmischen Koordinatensystem Gerade ergibt; ebenso die auch eingezeichneten Werte für den Schnittdruck beim Bohren und Schleifen nach KURREINS Versuchen.

Die KLOPSTOCKschen Gesetze lauten:

Schmiedeeisen ($k_z = 45$ kg/mm²):

$$\log P = 0{,}862 \log(s \cdot t) + \log 229 .$$

In dieser Gleichung stellt $s \cdot t$ den wirklichen Spanquerschnitt dar; für die praktischen Fälle ($s < 2$) unterscheidet sich jedoch der wirkliche Spanquerschnitt nicht vom nominellen Spanquerschnitt, so daß man statt $s \cdot t$ auch F setzen kann. Der spezifische Schnittdruck wird dann:

$$\log k_s = \log P - \log F ,$$

$$\log k_s = 0{,}862 \log F - \log F + \log 229 ,$$

$$k_s = F^{0{,}862-1} \cdot 229 ,$$

$$k_s = \frac{229}{F^{0{,}138}} = \frac{229}{\sqrt[7{,}25]{F}} ,$$

$$\underline{C_{k_s} = 229} \qquad \underline{\varepsilon_{k_s} = 7{,}25} .$$

Gußeisen ($k_z = 18$ kg/mm²):

$$\log P = 0{,}865 \log(s \cdot t) + \log 95{,}5 ,$$

$$\log k_s = \log F (0{,}865 - 1) + \log 95{,}5 ,$$

$$k_s = \frac{95{,}5}{F^{0{,}135}} = \frac{95{,}5}{\sqrt[7{,}4]{F}} ,$$

$$\underline{C_{k_s} = 95{,}5} \qquad \underline{\varepsilon_{k_s} = 7{,}4} .$$

Chromnickelstahl ($k_z = 80$ kg/mm²):

$$\log P = 0{,}802 \log(s \cdot t) + \log 367 ,$$

$$\log k_s = \log F (0{,}802 - 1) + \log 367 ,$$

$$k_s = \frac{367}{F^{0{,}198}} = \frac{367}{\sqrt[5{,}05]{F}} ,$$

$$\underline{C_{k_s} = 367} \qquad \underline{\varepsilon_{k_s} = 5{,}05} .$$

SM-Stahl 75 kg:

$$\log P = 0{,}803 \log(s \cdot t) + \log 350 .$$

$$\log k_s = \log F (0{,}803 - 1) + \log 350 ,$$

$$k_s = \frac{350}{F^{0{,}197}} = \frac{350}{\sqrt[5{,}07]{F}} , \qquad \underline{C_{k_s} = 350} \qquad \underline{\varepsilon_{k_s} = 5{,}07} .$$

Kupfer:

$$\log P = 0{,}824 \log(s \cdot t) + \log 208 ,$$

$$\log k_s = \log F (0{,}824 - 1) + \log 208 ,$$

$$k_s = \frac{208}{F^{0{,}176}} = \frac{208}{\sqrt[5{,}7]{F}} , \qquad \underline{C_{k_s} = 208} \qquad \underline{\varepsilon_{k_s} = 5{,}7} .$$

Messing:

$$\log P = 0{,}869 \log (s \cdot t) + \log 71\,,$$
$$\log k_s = \log F (0{,}869 - 1) + \log 71\,,$$
$$k_s = \frac{71}{F^{0{,}131}} = \frac{71}{\sqrt[7{,}64]{F}} \qquad \underline{C_{k_s} = 71} \qquad \underline{\varepsilon_{k_s} = 7{,}64}\,.$$

Wie schon erwähnt, hat KURREIN für Bohren und Schleifen entsprechende Versuche angestellt, deren Geraden in Abb. 144 zu sehen sind.

OPITZ und SCHALLBROCH haben die Abhängigkeit des spezifischen Schnittdruckes vom Spanquerschnitt für St 50.11 und St 85 unter-

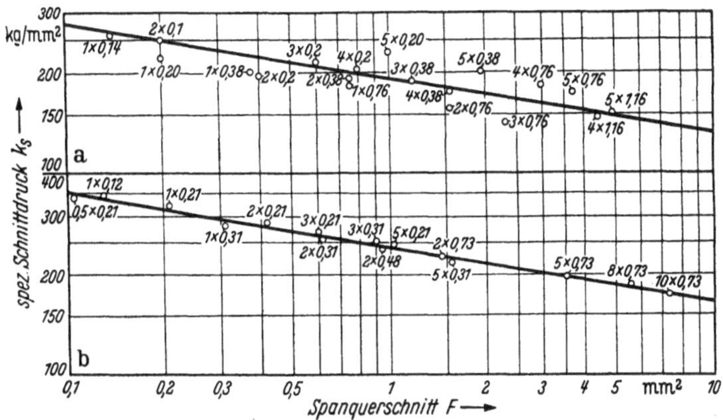

Abb. 146. a Abhängigkeit des spezifischen Schnittdrucks vom Spanquerschnitt bei St 50.11; b Abhängigkeit des spezifischen Schnittdrucks vom Spanquerschnitt bei St 85 (OPITZ u. SCHALLBROCH).

sucht[1] und festgestellt, daß der Einfluß der Spanzusammensetzung auf k_s gering ist. Dies geht auch aus den Abb. 146a und 146b hervor, wo die einzelnen Spanquerschnitte mit ihrer Zusammensetzung aus Schnitttiefe und Vorschub eingetragen sind. Die Auswertung dieser Versuche ergibt folgende Werte:

St 50.11 $\quad \underline{C_{k_s} = 190}\,, \quad \underline{\varepsilon_{k_s} = 6{,}1}\,,$

St 85 $\quad \underline{C_{k_s} = 250}\,, \quad \underline{\varepsilon_{k_s} = 5{,}5}\,.$

Erwähnenswert sind Versuche von OKOCHI und OKOSHI[2] über die Abhängigkeit des Schnittdruckes vom Spanquerschnitt. Sie fanden, daß

[1] OPITZ u. SCHALLBROCH, zitiert nach LEYENSETTER: RKW-Veröff. Nr. 114 S. 48.

[2] OKOSHI u. OKOCHI: Method for measuring Cutting forces. Sci. Pap. Inst. phys. chem. Res. Nr. 84. Komagome, Honge, Tokio (Japan). Siehe auch M. KRONENBERG: Zerspanungsversuche in Japan. Masch.-Bau Betrieb Bd. 8 (1929) Heft 10 u. 11.

der spezifische Schnittdruck bei Stahl, Gußeisen, Messing und Zinn mit steigendem Spanquerschnitt fällt. Eine Ausnahme bilden nach ihren Untersuchungen Aluminium, Bronze und Blei, bei denen der spezifische Schnittdruck konstant bleibt, während er bei Holzarten steigt. Für den Schnittdruck gaben sie folgendes Gesetz an:

$$V = K A^n .$$

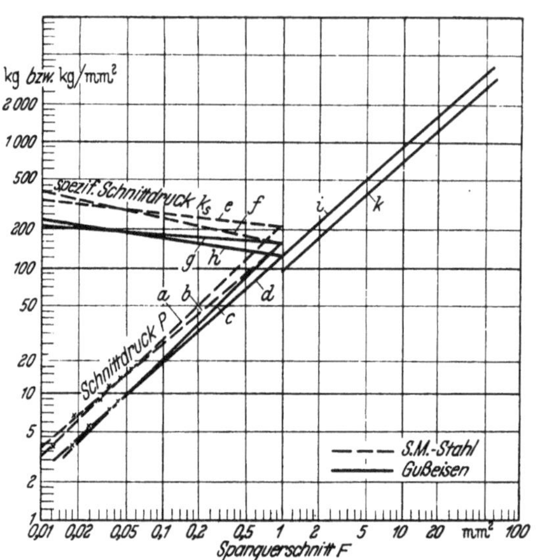

Abb. 147. Auswertung der japanischen Versuche im doppellogarithmischen Koordinantensystem.

a	Auswertung	Okochi und Okoshi	Hauptschnittdruck
b	,,	Kronenberg	Hauptschnittdruck
c	,,	Okochi und Okoshi	Hauptschnittdruck
d	,,	Kronenberg	Hauptschnittdruck
e	,,	Okochi und Okoshi	spezifischer Schnittdruck
f	,,	Kronenberg	spezifischer Schnittdruck
g	,,	Okochi und Okoshi	spezifischer Schnittdruck
h	,,	Kronenberg	spezifischer Schnittdruck

i Extrapolationslinie von *d*. (Sie ergibt sich um den Betrag parallel zu *k* verschoben, wie es die Zerspanungsgesetze gemäß dem Unterschied der Werkstoffhärte und der Keilwinkel rechnerisch verlangen.)

k Schnittdrucklinie für Gußeisen nach den Untersuchungen im Versuchsfeld der Technischen Hochschule Berlin (Klopstock).

Tabelle 58.

Material	$K = C_{k_s}$	n	ε_{k_s} aus n	ε_{k_s} ausgewertet im doppellogarithmischen Koordinatensystem (Abb. 147)
Weicher Stahl	214	0,90	10	5,07
Gußeisen	160	0,93	14,3	7,4
Messing	122	0,99	—	—
Aluminium	110	1,00	—	—
Bronze	98	1,00	—	—
Zinn	29	0,95	—	—
Blei	23	1,00	—	—
Eiche	17	1,11	—	—
Magnolie (Holz) . . .	6	1,15	—	—

Hierin bedeuten:

V Hauptschnittdruck, K und n Kennziffern gemäß den Werkstoffen.
A Spanquerschnitt,

Dieses Gesetz ist der Form nach mit dem einfachen Schnittdruckgesetz [Gl. (130)] identisch.

Durch Einführung der Werte C_{ks} und ε_{ks} lassen sich die Versuchsergebnisse von Okochi und Okoshi einfach mit anderen vergleichen. Der mit K von ihnen bezeichnete Wert ist gleichbedeutend mit C_{ks} (Schnittdruck für 1 mm² Spanquerschnitt), ε_{ks} läßt sich in diesem Fall aus n berechnen nach:

$$\varepsilon_{ks} = \frac{1}{1-n}.$$

Besonders interessante Schlußfolgerungen ergeben sich, wenn man die Versuchswerte Okochis und Okoshis nicht, wie sie es taten, in ein arithmisches Netz, sondern in ein doppellogarithmisches Koordinatensystem einträgt (Abb. 147). In diesem Diagramm sind sowohl die Auswertungslinien eingetragen, wie sie den K- und n-Werten Okochis und Okoshis (a, c, e, g) entsprechen, als auch Auswertungsgeraden (b, d, f, h) gelegt, die die Versuchspunkte m. E. genauer erfassen, als es im arithmetischen Netz möglich ist. Es zeigt sich nun — und das ist wohl besonders wichtig —, daß sich mit diesen Geraden Werte für ε_{ks} ergeben, die so gut wie identisch mit denen des Versuchsfeldes für Werkzeugmaschinen an der Technischen Hochschule Berlin sind. Das bedeutet also, daß die *Richtung* der Schnittdruckgeraden bei Okochi und Okoshi nach dieser Auswertung gleich ist derjenigen nach Klopstock, die Geraden also parallel sind; der C_{ks}-Wert für Stahl nach dieser Auswertung ergibt 160, einen Wert, der auf sehr weiches Material schließen läßt; Okochi und Okoshi haben leider keine Analysen und Festigkeitswerte ihrer Werkstoffe angegeben.

Bei Gußeisen ergibt die entsprechende Auswertung sogar außerdem — bei hartem Guß als Werkstoff —, daß meine Extrapolationslinie i der japanischen Versuche unmittelbar in die der Härte entsprechend verschobene Gußeisenlinie k Klopstocks übergeht (Abb. 147). C_{ks} wird dabei 120 für den Keilwinkel $\beta = \sim 80°$, ε_{ks} wird 7,4. Abweichend sind die Ergebnisse für Messing, während für Zinn, Aluminium, Blei, Bronze und Holz keine Vergleichswerte vorliegen.

Tab. 58 gibt die Werte wieder, wie sie von Okochi und Okoshi gefunden wurden, daneben ist das aus n und das aus Abb. 147 folgende ε_{ks} angegeben.

Der C_{ks}-Wert ist, wie S. 184 gesagt, eine Konstante, die den Schnittwiderstand bei einem Spanquerschnitt $F = 1$ mm² für verschiedene Werkstoffe, Werkzeugwinkel usw. erfaßt. Sie dient zur Berechnung

Tabelle 59. *Zusammenstellung der C_{k_s}- und ε_{k_s}-Werte für das einfache Schnittdruckgesetz*[1]. (Bestwerte siehe Anhang A, Tab. 104 u. 105.)

Werkstoff	Kronenberg nach																
	Friedrich		Hippler		AWF 100er Serie		Coenen		Klopstock			Opitz u. Schallbroch		Okoshi u. Okochi	
	C_{k_s}	ε_{k_s}	C_{k_s}	ε_{k_s}	C_{k_s}	ε_{k_s}	C_{k_s}	ε_{k_s}	C_{k_s}	ε_{k_s}	f_s[2]	C_{k_s}	ε_{k_s}	C_{k_s}	ε_{k_s}
Elektron . . .	—	—	—	—	23,8	17,6	21,7	17,6	—	—	—	—	—	—	—
Silumin	—	—	—	—	—	—	66	9,65	—	—	—	—	—	—	—
Chromnickelstahl	—	—	—	—	241	10,4	—	—	367[3]	5,05	0,198	—	—	—	—
Messing weich .	—	—	100	4	70	6,8	—	—	71	7,64	0,131	—	—	—	—
Messing hart .	—	—	160	4	—	—	—	—	—	—	—	—	—	—	—
Rotguß	—	—	120	4	80	4	—	—	Cu 208	5,7	0,176	—	—	—	—
Schmiedeeisen .	—	—	—	—	—	—	—	—	229	7,25	0,138	—	—	—	—
St 37.11	218	15	220	4	—	—	—	—	—	—	—	—	—	160	5,07
St 50.11	198	15	240	4	160	7,8	—	—	—	—	—	190	6,1	—	—
St 60.11 . . . . }												St 85.11			
St 70.11 . . . . }	270	15	260	4	—	—	—	—	350	5,07	0,197	250	5,5	—	—
Stahlguß . . .	—	—	—	—	176	6,7	—	—	—	—	—	—	—	—	—
Gußeisen weich	123	5,44	120	4	—	—	—	—	—	—	—	—	—	120	7,4
Gußeisen mittel	232	4,26	200	4	—	—	—	—	95,5	7,4	0,135	—	—	—	—
Gußeisen hart .	252	3,65	270	4	—	—	—	—	—	—	—	—	—	—	—

[1] Vgl. auch Tab. 66, S. 222/23.

[2] $f_s = \frac{1}{\varepsilon_{k_s}}$. [3] St 85.

des Schnittwiderstandes für andere Spanquerschnitte als 1 mm² und — in Zusammenhang mit den Exponenten — auch zum Vergleich von Untersuchungen, die in den verschiedenen Industrieländern durchgeführt worden sind. Der tabellarische Vergleich der vorstehend abgeleiteten C_{k_s}- und ε_{k_s}-Werte (Tab. 59) für die verschiedenen Forscher zeigt, daß die Übereinstimmung der C_{k_s}- und ε_{k_s}-Werte schwankend ist.

Bei Elektron ist zwischen AWF 100er Serie und COENEN gute Übereinstimmung festzustellen.

Für Chromnickelstahl stellt KLOPSTOCK jedoch einen doppelt so großen Einfluß des Spanquerschnittes auf den spezifischen Schnittwiderstand fest ($\varepsilon_{k_s\,\text{Klopst.}} = \sim \frac{1}{2}\,\varepsilon_{k_s\,\text{AWF}}$), wie die Richtwerte des AWF 100er Serie. Außerdem liegt KLOPSTOCKS Wert der Größenordnung nach (367) rund 50% über der Größe des AWF (241).

Bei Messing ist die Übereinstimmung zwischen KLOPSTOCK und AWF in bezug auf die Veränderlichkeit wesentlich besser ($\varepsilon_{k_s\,\text{Klopst.}} = 7{,}64$, $\varepsilon_{k_s\,\text{AWF}} = 6{,}8$). Der Größenordnung ($C_{k_s}$) nach stimmen sie überein (71 bzw. 70). Diese Übereinstimmung heißt also, daß sich bei kleinen Spanquerschnitten ($F = 1$) nach AWF 100er Serie und KLOPSTOCK derselbe spezifische Schnittwiderstand ergibt, und daß erst bei größeren Spanquerschnitten infolge der ε_{k_s}-Verschiedenheit Abweichungen auftreten, wobei KLOPSTOCK infolge des „flacheren" Verlaufs (ε_{k_s} größer) etwas größere Werte erhält; die Abweichungen sind jedoch selbst bei Verfünffachung von F nur unbedeutend (KLOPSTOCK ungefähr 20% k_s-Abfall; AWF 100er Serie ungefähr 22% k_s-Abfall).

Für SM-Stahl 50.11 liegen FRIEDRICHS Werte flach, d. h. die k_s-Veränderlichkeit ist gering ($\varepsilon_{k_s} = 15$), während sowohl nach den AWF-Werten der 100er Serie ($\varepsilon_{k_s} = 7{,}8$) als auch nach denen KLOPSTOCKS ($\varepsilon_{k_s} = 7{,}25$ bzw. 5,02), HIPPLERS und auch nach denen von OPITZ und SCHALLBROCH der Einfluß der Änderung des Spanquerschnittes stärker ist. Der Größenordnung nach liegen HIPPLERS C_{k_s}-Werte für St 50.11 am höchsten und die der AWF 100er Serie am niedrigsten. Dazwischen liegen die Daten von FRIEDRICH und von OPITZ-SCHALLBROCH.

5. Das erweiterte Schnittdruckgesetz.

a) Ableitung des erweiterten Schnittdruckgesetzes (in Abhängigkeit von Spanquerschnitt *und* Schlankheitsgrad).

TAYLOR hatte für den Schnittdruck folgende Gesetze aufgestellt[1]:

Guß hart: $$P = 138\, s^{\frac{3}{4}}\, t^{\frac{14}{15}}, \tag{131}$$

Guß weich: $$P = 88\, s^{\frac{3}{4}}\, t^{\frac{14}{15}}, \tag{132}$$

Stahl mittel: $$P = 200 \cdot s^{\frac{14}{15}}\, t, \tag{133}$$

[1] TAYLOR-WALLICHS, zitiert S. 84, dort §§ 240—252.

für k_s ergibt sich durch Division beider Seiten mit $F = s \cdot t$:

Guß hart: $$k_s = \frac{138}{s^{\frac{1}{4}} t^{\frac{1}{15}}}, \tag{134}$$

Guß weich: $$k_s = \frac{88}{s^{\frac{1}{4}} t^{\frac{1}{15}}}, \tag{135}$$

Stahl mittel: $$k_s = \frac{200}{s^{\frac{1}{15}}}. \tag{136}$$

Man wird erkennen, daß die Gleichungen für k_s der allgemeinen Form folgen:

$$k_s = \frac{C}{s^{p_s} t^{q_s}} \tag{137}$$

und somit dem Ansatz des erweiterten Schnittgeschwindigkeitsgesetzes entsprechen, das auf S. 132 abgeleitet worden ist [vgl. Gl. (83)], nämlich:

$$v = \frac{C}{s^p t^q}.$$

In Gl. (137) sind p_s und q_s die Exponenten des spezifischen Schnittdruckes für Vorschub s und Schnittiefe t und C eine Konstante für $s = 1{,}0$, $t = 1{,}0$.

Wegen der Formähnlichkeit der Gl. (137) für den spezifischen Schnittdruck mit Gl. (83) für die Schnittgeschwindigkeit ist es somit nicht erforderlich, hier nochmals durch die mathematischen Ableitungen zu gehen, es kann vielmehr in dieser Beziehung auf Gl. (88) verwiesen und somit folgende Gleichung für den spezifischen Schnittdruck angeschrieben werden:

$$k_s = \frac{C \cdot G^{\frac{1}{2}(p_s - q_s)}}{F^{\frac{1}{2}(p_s + q_s)}}. \tag{138}$$

Aus Gl. (138) kann sogleich erkannt werden, *daß der spezifische Schnittdruck für einen gegebenen Spanquerschnitt steigt, wenn der Schlankheitsgrad G, d. h. das Verhältnis von Schnittiefe zu Vorschub, steigt.*

Es folgt somit, daß ein schlankerer Spanquerschnitt, der hinsichtlich der Standzeit insofern vorteilhaft sein kann, als er eine etwas höhere Schnittgeschwindigkeit gestattet, hinsichtlich des spezifischen Schnittdruckes einen Nachteil darstellt, weil der spezifische Schnittdruck damit ansteigt und somit größere Belastungen der Maschine hervorruft und größere Leistungen sowohl von der Seite der Schnittgeschwindigkeit als auch von der des Schnittdruckes erfordert.

Mit anderen Worten:

Energiebedarf und Schnittdruck fallen, je mehr sich die Form des Spanquerschnittes dem Quadrat nähert; dies geschieht jedoch auf Kosten der Standzeit des Werkzeuges, die sich dabei verschlechtert.

Dieses Ergebnis widerspricht übrigens der Anschauung, daß die Spanaufbiegung hier hineinspielt. Das Quadrat hat ein größeres Widerstandsmoment als ein schlankerer Span und würde somit mehr Kraft erfordern. Das Gegenteil ist aber der Fall. Trotzdem empfiehlt es sich im allgemeinen nicht, einen quadratischen Span (d. h. Schnittiefe gleich Vorschub) zu benutzen im Hinblick auf die schlechte Standzeit.

Praktisch hat es sich bewährt, unter „normalen“ Drehbedingungen den Vorschub ein Fünftel der Schnittiefe zu nehmen. Ausgenommen sind Fälle, wo man mit sehr wenig geneigter Schneide schneidet und sehr große Vorschübe verwenden kann entsprechend dem Fall des großen Eckenwinkels beim Fräsen, wie auf S. 132 im Zusammenhang mit dem Schälschnitt bereits erwähnt wurde.

Der einfacheren Schreibweise wegen sei hier nunmehr entsprechend Gln. (91) und (92) gesetzt:

$$f_s = \frac{1}{2}(p_s + q_s) = \frac{1}{\varepsilon_{k_s}}, \tag{139}$$

$$g_s = \frac{1}{2}(p_s - q_s)\,. \tag{140}$$

Im einfachen Gesetz des spezifischen Schnittdruckes [Gl. (129)] war der spezifische Schnittdruck auf eine Konstante C_{ks} bezogen, die für einen Spanquerschnitt $F = 1\ \text{mm}^2$ gilt und die den Achsenabschnitt auf der k_s-Ordinate im log–log-Feld für die F–k_s-Beziehung darstellte.

Es ist daher praktisch, zwecks Definition der Konstanten C_{ks} für ein erweitertes Schnittdruckgesetz hier so zu verfahren wie bei dem erweiterten Schnittgeschwindigkeitsgesetz und eine Kontinuität der Begriffe dadurch herzustellen, daß C_{k_s} auch auf einen Spanquerschnitt $F = 1\ \text{mm}^2$ und einen Schlankheitsgrad $G = 5:1$ bezogen wird.

Es ergibt sich dann folgende Definition (vgl. S. 134).

Die Konstante C_{k_s} im erweiterten Schnittdruckgesetz stellt den Schnittdruck für Abnahme eines Spanquerschnittes von $F = 1\ mm^2$ und für einen Schlankheitsgrad von $G = 5:1$ dar.

Mit dieser Normung der Bezugsgröße C_{k_s} folgt nunmehr das erweiterte Gesetz des spezifischen Schnittdruckes aus Gl. (138), nämlich:

$$k_s = \frac{C_{k_s}\left(\frac{G}{5}\right)^{\frac{1}{2}(p_s - q_s)}}{F^{\frac{1}{2}(p_s + q_s)}} \tag{141}$$

oder mit vereinfachten Exponenten gemäß Gln. (139) und (140) [vgl. hierzu Gl. (93)]:

$$\boxed{k_s = \frac{C_{k_s}\left(\frac{G}{5}\right)^{g_s}}{F^{f_s}}\ \text{kg/mm}^2.} \tag{142}$$

Die Umrechnung der Konstanten C in die Bezugsgröße C_{k_s} folgt aus Gleichsetzung der Gln. (138) und (141), die gleich sein müssen, um die Identität der k_s-Werte aufrechtzuerhalten. Es folgt daraus [vgl. hierzu Gl. (94)]:

$$C_{k_s} = C \cdot 5^{g_s}. \tag{143}$$

Zusammenfassend erhalten wir somit die folgenden identischen Gleichungen für den spezifischen Schnittdruck, die der Übersicht wegen hier wiederholt sind:

$$k_s = \frac{C}{s^{p_s} t^{q_s}} = \frac{C_{k_s}\left(\frac{G}{5}\right)^{g_s}}{F^{f_s}} \equiv \frac{C_{k_s}\left(\frac{G}{5}\right)^{g_s}}{\sqrt[\varepsilon_{k_s}]{F}}.$$

Hiermit ist auch die Verbindung zum einfachen Gesetz für den spezifischen Schnittdruck hergestellt [vgl. Gl. (129), S. 185].

Für den Fall, daß $q_s = 0$, d. h. für Fälle, in denen der spezifische Schnittdruck unabhängig von der Schnittiefe wird, können die obigen Gleichungen ebenfalls benutzt werden. Sie gestatten in einfacher Weise einen Vergleich verschiedener Forschungsergebnisse und ermöglichen es, gleichartige k_s-Berechnungen anzustellen. Für diesen Sonderfall wird $g_s = f_s$.

Das erweiterte Schnittdruckgesetz folgt aus Gl. (142) durch Multiplikation beider Seiten mit dem Spanquerschnitt F:

$$\boxed{P = C_{k_s}\left(\frac{G}{5}\right)^{g_s} F^{(1-f_s)}} \equiv \boxed{C_{k_s}\left(\frac{G}{5}\right)^{g_s} F^{\left(1-\frac{1}{\varepsilon_{k_s}}\right)}}. \tag{144}$$

Der Schlankheitsgrad hat somit auch auf den Schnittdruck erheblich weniger Einfluß als der Spanquerschnitt, ähnlich wie bei der Schnittgeschwindigkeit.

b) Zahlenwerte für das erweiterte Schnittdruckgesetz.

Um aus den Taylorschen Gln. (131) bis (136) Zahlenwerte für das erweiterte Gesetz des spezifischen Schnittdruckes zu erhalten, verfährt man folgendermaßen:

Es war für Guß hart: $k_s = \frac{138}{s^{0,25}\, t^{0,067}}$, d. h., gemäß Gl. (137) ist $p_s = 0{,}25$ und $q_s = 0{,}067$. Somit ergibt sich bei Benutzung von Gln. (139) und (140):

$$f_s = \frac{1}{2}(p_s + q_s) = \frac{1}{\varepsilon_{k_s}} = \frac{1}{2}(0{,}250 + 0{,}067) = 0{,}159,$$

$$g_s = \frac{1}{2}(p_s - q_s) = \frac{1}{2}(0{,}250 - 0{,}067) = 0{,}092.$$

Dadurch ist obige Gl. (134) umgeformt in:

$$k_s = \frac{138\, G^{0,092}}{F^{0,159}}.$$

Soll die Konstante 138 in eine solche für einen Schlankheitsgrad $G = 5:1$ und einen Spanquerschnitt $F = 1$ umgeändert werden (d. h. in C_{k_s}), so muß sein gemäß Gl. (143):

$$C_{k_s} = 138 \cdot 5^{0,092} = 160 .$$

Somit:

Guß hart (TAYLOR) $$k_s = \frac{160 \cdot \left(\frac{G}{5}\right)^{0,092}}{F^{0,159}},$$

$$P = 160 \cdot \left(\frac{G}{5}\right)^{0,092} \cdot F^{0,841} .$$

Ebenso erhält man aus Gl. (135):

Guß weich (TAYLOR) $$k_s = \frac{102 \cdot \left(\frac{G}{5}\right)^{0,092}}{F^{0,159}},$$

$$P = 102 \cdot \left(\frac{G}{5}\right)^{0,092} \cdot F^{0,841} .$$

In TAYLORS Gleichung für „Stahl mittel" ist der Exponent der Schnittiefe gleich Null, d. h. $q_s = 0$, während $p_s = 0,067$ ist; somit wird gemäß Gl. (139) und (140):

$$f_s = \tfrac{1}{2} \cdot 0,067 = 0,034$$

und auch

$$g_s = \tfrac{1}{2} \cdot 0,067 = 0,034 .$$

Aus der spezifischen Schnittdruckgleichung (136) ergibt sich:

$$k_s = \frac{200 \cdot G^{0,034}}{F^{0,034}} .$$

Für einen Schlankheitsgrad $G = 5:1$ erhält man die Konstante C_{k_s} gemäß Gl. (143)

$$C_{k_s} = 200 \cdot 5^{0,034} = 200 \cdot 1,056 = 211 .$$

Somit:

Stahl mittel (TAYLOR) $$k_s = \frac{211 \cdot \left(\frac{G}{5}\right)^{0,034}}{F^{0,034}},$$

$$P = 211 \cdot \left(\frac{G}{5}\right)^{0,034} \cdot F^{0,966} .$$

Aus diesen Gleichungen, die in Abb. 148 und 149 graphisch dargestellt sind, ersieht man, daß nach TAYLOR der Schnittdruck P für Gußeisen beim Anwachsen des Schlankheitsgrades von 2 auf 20 um $10^{0,092} = 1,235$ *oder* $23^1/_2$% *zunimmt. Bei Stahl ist der Prozentsatz bedeutend geringer, nämlich nur* $10^{0,034} = 1,082 = 8,2\%$. *Dagegen ergibt eine Vergrößerung des Spanquerschnittes von 1 auf 10 eine Schnittdruckerhöhung um* $10^{0,842} = 6,9 = 590\%$ *bei Gußeisen und um* $10^{0,966} = 9,1 = 810\%$ *bei Stahl.*

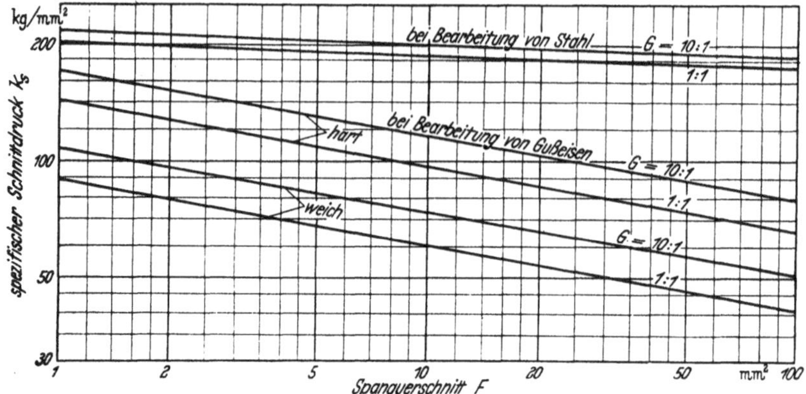

Abb. 148. Abhängigkeit des spezifischen Schnittdruckes vom Spanquerschnitt und Schlankheitsgrad (ermittelt aus TAYLORs Werten).

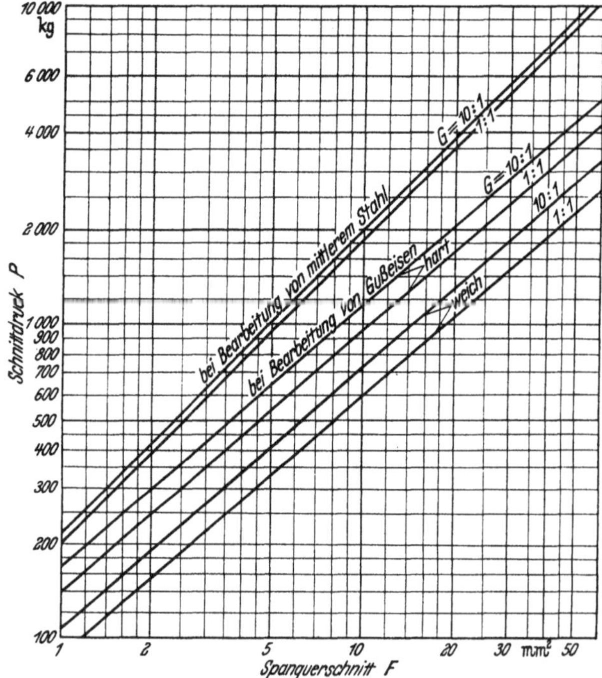

Abb. 149. Abhängigkeit des Schnittdruckes vom Spanquerschnitt und Schlankheitsgrad (ermittelt aus TAYLORs Werten).

BOSTON und KRAUS[1] fanden, daß in manchen Fällen der Schnittdruck proportional der Schnittiefe, aber nicht proportional dem Vor-

[1] BOSTON, O. W., u. C. E. KRAUS: A Study in the turning of steel employing a new three component dynamometer. Trans. Amer. Soc. mech. Engrs. Bd. 58 (Januar 1936) S. 47ff.

schub war; in anderen Fällen ergaben ihre Versuche ein nicht proportionales Verhalten des Schnittdruckes sowohl hinsichtlich der Schnitttiefe als auch hinsichtlich des Vorschubes. Um diese Versuche in den Kreis unserer Untersuchungen einzubeziehen und auch um sie mit denen anderer Forscher vergleichen zu können, sollen die von BOSTON und KRAUS angegebenen Gleichungen in das hier entwickelte erweiterte Schnittdruckgesetz mit Hilfe der Gl. (137) umgeformt werden. Die Untersuchungen beziehen sich auf 0,21% Kohlenstoffstahl, was etwa SAE 1020 entspricht und ähnlich St 42.11 sein dürfte[1].

Die Formeln von BOSTON und KRAUS müssen zuerst in metrische Werte „übersetzt" und dann in Gleichungen für Spanquerschnitt und Schlankheitsgrad umgearbeitet werden. Ihre Formeln beziehen sich sowohl auf Veränderung des Schnittdruckes mit dem Spanwinkel γ, der hier aus den amerikanischen Daten gemäß Gl. (64) (siehe „Geometrie der Schneide") errechnet worden ist, als auch auf den Einfluß des Einstellwinkels $\varkappa$; weitere betreffen den Einfluß der Schneidenabrundung r.

Insgesamt kommen elf Versuchsreihen in Betracht, bei denen die Abmessungen und Einstellungen der Werkzeuge geändert wurden. Hauptsächlich wurden Seitenstähle benutzt mit verschiedenen Spanwinkeln und in zwei Fällen Stähle mit Einstellwinkeln von 45° und 60°. Einzelheiten sind nachstehend zusammengestellt:

Tabelle 60.

Versuchsreihe	Back rake a°	Side rake r°	Spanwinkel[2] °	Einstellwinkel $\varkappa$ °	Schneidenabrundung r mm
1	8	0	0	90	1,2
2	8	6	6	90	1,2
3	8	14	14	90	1,2
4	8	22	22	90	1,2
5	0	14	14	90	1,2
6	16	14	14	90	1,2
7	8	14	16¼	60	1,2
8	8	14	15½	45	1,2
9	8	14	14	90	0,8
10	8	14	14	90	4,8
11	8	14	14	90	6,25

[1] Siehe Tab. 109 für Vergleichsdaten von amerikanischen und deutschen Stahlsorten. Eine vollständige Gleichartigkeit von amerikanischen Stahlsorten — es gibt fast 300 genormte SAE-Stahlsorten — und deutschen besteht nicht. In die Vergleichstafel im Anhang sind die den deutschen DIN-Stählen ähnlichsten amerikanischen Sorten aufgenommen worden. Man wird jedoch bemerken, daß Abweichungen in dem Kohlenstoffgehalt für Fälle gleicher Zugfestigkeit und in anderer Beziehung bestehen.

[2] Ermittelt aus der Spanwinkelgleichung (64) mit $\varkappa = 90° - e$

$$\operatorname{tg}\gamma = \operatorname{tg}a \cos\varkappa + \operatorname{tg}r \sin\varkappa .$$

Für *0°-Spanwinkel* (Versuchsreihe 1) ist gemäß BOSTON und KRAUS:

$$k_{s_e} = \frac{106\,500}{s_e^{0,26}} \text{ Pfund/Quadratzoll}. \tag{145}$$

Durch Multiplikation des Zählers mit 0,000703 erhält man den Wert in kg/mm²; zur Umrechnung des Vorschubes s_e in englischem Maß (Zoll) in metrisches setzt man:

$$s_e = \frac{s}{25,4}.$$

Somit ergibt sich:

$$k_s = \frac{106\,500 \cdot 0,000\,703 \cdot (25,4)^{0,26}}{s^{0,26}} = \frac{170}{s^{0,26}} \text{ kg/mm}^2. \tag{146}$$

Gl. (146) wird nunmehr umgeformt; mit Hilfe von Gl. (137) findet man zunächst: $C = 170$, $p_s = 0,26$, $q_s = 0$. Sodann ergibt sich aus Gln. (139) und (140)

$$f_s = 0,13 \quad \text{und} \quad g_s = 0,13.$$

Daher nach Gl. (138):

$$k_s = \frac{170 \cdot G^{0,13}}{F^{0,13}}. \tag{147}$$

Soll die Konstante 170 für einen Schlankheitsgrad $G = 5:1$ und einen Spanquerschnitt $F = 1$ mm² gelten, so muß sein gemäß Gl. (143):

$$C_{ks} = 170\,(5)^{0,13} = 170 \cdot 1,23 = 209. \tag{148}$$

Die Gl. (147) lautet daher jetzt:

$$k_s = \frac{209 \cdot \left(\frac{G}{5}\right)^{0,13}}{F^{0,13}} = \frac{209 \cdot \left(\frac{G}{5}\right)^{0,13}}{\sqrt[7,7]{F}}. \tag{149}$$

Mit Hilfe von Gl. (144) ergibt sich daraus der Hauptschnittdruck zu:

$$P = 209 \cdot \left(\frac{G}{5}\right)^{0,13} \cdot F^{0,87}. \tag{150}$$

Es wird somit auch aus den Versuchen von BOSTON und KRAUS ersichtlich, daß die Größe des Spanquerschnitts einen erheblich größeren Einfluß auf den Schnittdruck hat als seine Zusammensetzung. Diese Erkenntnis geht leicht verloren, wenn man Formeln vor sich hat, die nur den Vorschub oder Vorschub und Schnittiefe getrennt enthalten. *Es muß beachtet werden, daß z. B. eine Vergrößerung des Vorschubes allein zwei Veränderungen am Spanquerschnitt gleichzeitig vornimmt, nämlich eine Vergrößerung seines Flächeninhaltes und eine Verkleinerung seines Schlankheitsgrades! Bei Verwendung von Gleichungen, in denen dagegen F und G auftreten, wie im erweiterten Schnittdruckgesetz, ist es möglich, ihre Wirkungen auseinanderzuhalten und besser zu übersehen.*

Aus Gl. (150) ist daher zu erkennen, daß *eine Verzehnfachung des Spanquerschnittes eine* $10^{0,87} = 7,4 = 640$ *proz. Vergrößerung des Schnittdruckes verursacht, während eine 10fache Vergrößerung des Schlankheitsgrades nur eine* $10^{0,13} = 1,35 = 35$ *proz. Vergrößerung des Schnittdruckes zur Folge hat!*

Man erkennt aus Gl. (149) auch, daß der Exponent ε_{k_s} recht gut übereinstimmt mit dem der AWF 100er Serie für St 50.11 im einfachen Schnittdruckgesetz (s. Tab. 59).

Für *6°-Spanwinkel* (Versuchsreihe 2) ergibt sich in der gleichen Weise:

$$k_s = \frac{175}{s^{0,185}} = \frac{204 \cdot \left(\frac{G}{5}\right)^{0,092}}{F^{0,092}}$$

und

$$P = 204 \cdot \left(\frac{G}{5}\right)^{0,092} \cdot F^{0,908}.$$

Für *14°-Spanwinkel* (Versuchsreihe 3) wird:

$$k_s = \frac{160}{s^{0,167}} = \frac{185 \cdot \left(\frac{G}{5}\right)^{0,088}}{F^{0,088}}$$

und

$$P = 185 \cdot \left(\frac{G}{5}\right)^{0,088} \cdot F^{0,912}.$$

Für *22°-Spanwinkel* (Versuchsreihe 4) erhält man:

$$k_s = \frac{137}{s^{0,20}} = \frac{160 \cdot \left(\frac{G}{5}\right)^{0,1}}{F^{0,1}}$$

und

$$P = 160 \cdot \left(\frac{G}{5}\right)^{0,1} \cdot F^{0,9}.$$

Trägt man diese k_s-Werte in Abhängigkeit vom Vorschub in ein doppellogarithmisches Feld ein, so erkennt man, daß die Ausgleichsgerade für 0°-Spanwinkel nicht parallel läuft zu denen der anderen Spanwinkel (Abb. 150). Die umgeformten Gleichungen sind in Abb. 151 dargestellt.

Für die Änderung des spezifischen Schnittdruckes unter dem Einfluß des Einstellwinkels $\varkappa$ haben Boston und Kraus die folgenden, hier in metrische Werte und in das erweiterte k_s-Gesetz umgerechneten Formeln erhalten.

Für *60°-Einstellwinkel* (Versuchsreihe 7):

$$k_s = \frac{161}{s^{0,20}} = \frac{190 \cdot \left(\frac{G}{5}\right)^{0,1}}{F^{0,1}},$$

$$P = 190 \cdot \left(\frac{G}{5}\right)^{0,1} \cdot F^{0,9}. \qquad (151)$$

Für *45°-Einstellwinkel* (Versuchsreihe 8) machte sich ein Einfluß der Schnittiefe bemerkbar, wie aus der folgenden Gleichung ersichtlich ist:

$$k_s = \frac{176}{s^{0,26}\,t^{0,07}} \text{ kg/mm}^2.$$

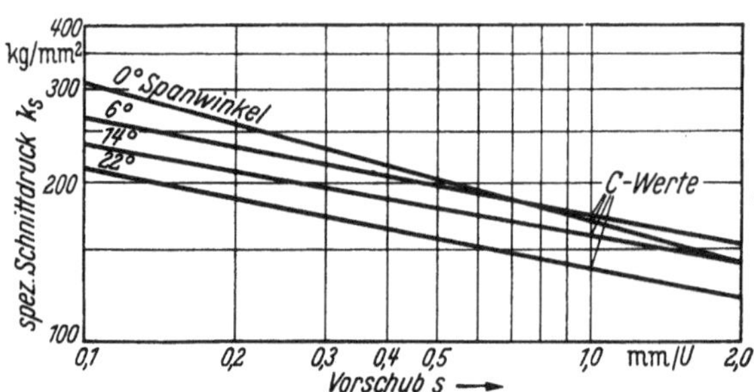

Abb. 150. Abhängigkeit des spezifischen Schnittdruckes vom Vorschub bei SAE 1020 (ermittelt aus Werten von Boston u. Kraus).

Die Umformung dieser Gleichung in eine solche mit Spanquerschnitt und Schlankheitsgrad folgt:

Gemäß Gl. (137): $C = 176, \quad p_s = 0,26, \quad q_s = 0,07.$

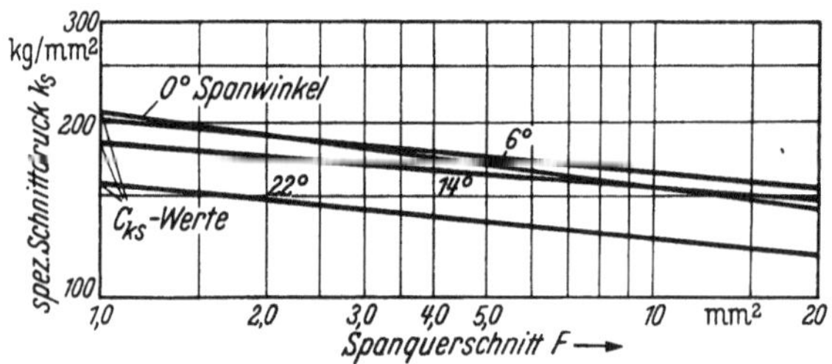

Abb. 151. Abhängigkeit des spezifischen Schnittdruckes vom Spanquerschnitt für Schlankheitsgrad 5:1 bei SAE 1020 (ermittelt aus Werten von Boston u. Kraus).

gemäß Gl. (139) u. (140): $f_s = \frac{1}{\varepsilon_{k_s}} = 0,165, \quad g_s = 0,095,$

gemäß Gl. (143): $C_{ks} = 176 \cdot 5^{0,095} = 205.$

Somit für *45°-Einstellwinkel*:

$$k_s = \frac{205 \cdot \left(\frac{G}{5}\right)^{0,095}}{F^{0,165}},$$

$$P = 205 \cdot \left(\frac{G}{5}\right)^{0,095} \cdot F^{0,835}. \qquad (152)$$

Der Vergleich der Gln. (151) und (152) zeigt, daß der spezifische Schnittdruck k_s von 205 auf 190 kg/mm² fällt, d. h. auf den 0,93. Teil bei Vergrößerung des Einstellwinkels $\varkappa$ von 45° auf 60°. Bei der Schnittgeschwindigkeit wurde früher gefunden (s. Tab. 42), daß eine Einstellwinkelvergrößerung von 45° auf 60° eine Herabsetzung der Schnittgeschwindigkeit auf den 0,935. Teil verlangt. *Der Vorteil der Herabsetzung des spezifischen Schnittdruckes durch Vergrößerung des Einstellwinkels wird also durch die erforderliche Herabsetzung der Schnittgeschwindigkeit wieder aufgehoben!*

Schließlich sollen noch die Versuchsreihen 9 bis 11 von BOSTON und KRAUS ausgewertet werden, die sich mit dem Einfluß der Stahlabrundung bei Seitenstählen befassen.

Für eine Stahlabrundung von $r = 0{,}8$ mm (Versuchsreihe 9) ergibt sich in metrischen Dimensionen:

$$k_s = \frac{221}{s^{0,16}} = \frac{252 \cdot \left(\frac{G}{5}\right)^{0,08}}{F^{0,08}}$$

und

$$P = 252 \cdot \left(\frac{G}{5}\right)^{0,08} \cdot F^{0,92}.$$

Wurde die Stahlabrundung auf 4,8 mm vergrößert, so machte sich der Einfluß der Schnittiefe auf den spezifischen Schnittdruck bemerkbar. Die Gleichungen für $r = 4{,}8$ mm (Versuchsreihe 10) lauten:

$$k_s = \frac{212}{s^{0,32}\, t^{0,18}} = \frac{238 \cdot \left(\frac{G}{5}\right)^{0,075}}{F^{0,245}}$$

und

$$P = 238 \cdot \left(\frac{G}{5}\right)^{0,075} \cdot F^{0,755}.$$

Bei weiterer Vergrößerung der *Stahlabrundung auf 6,35 mm* (Versuchsreihe 11) ergibt sich:

$$k_s = \frac{259}{s^{0,47}\, t^{0,21}} = \frac{320 \cdot \left(\frac{G}{5}\right)^{0,13}}{F^{0,34}}$$

und

$$P = 320 \cdot \left(\frac{G}{5}\right)^{0,13} \cdot F^{0,66}.$$

Die C_{k_s}-Werte für zunehmende Stahlabrundung lassen somit keine verläßlichen Schlüsse über den Einfluß des Stahlnasenradius auf den spezifischen Schnittdruck zu, während aus den Exponenten zu folgern ist, *daß der Schnittdruck langsamer mit dem Spanquerschnitt steigt, je größer die Stahlabrundung ist.*

Untersuchungen über Schnittdruckänderungen bei Bearbeitung verschiedener Gußeisensorten hat H. HOLMES an der University of Michigan mit einem Dreikomponenten-Meßsupport durchgeführt. Er benutzte Drehstähle mit 15° Spanwinkel und 75° Einstellwinkel bei einer Stahlabrundung von $r = 1{,}2$ mm. Alle Versuche wurden ohne Schneidflüssigkeit mit Vorschüben zwischen 0,152 und 0,645 mm/U durchgeführt. Die Schnittiefen wurden zwischen 0,645 mm und 2,54 mm geändert.

Nach Umrechnung in metrische Abmessungen und Umwertung in Schlankheitsgrad und Spanquerschnitt ergibt sich für *Gußeisen von 126 Brinellhärte*

$$k_s = \frac{59{,}5}{s^{0,22}\,t^{0,11}} = \frac{65 \cdot \left(\frac{G}{5}\right)^{0,055}}{F^{0,165}}$$

und

$$P = 65 \cdot \left(\frac{G}{5}\right)^{0,055} \cdot F^{0,835}.$$

Für *Gußeisen von 181 Brinellhärte* lauten die Gleichungen:

$$k_s = \frac{110}{s^{0,22}\,t^{0,11}} = \frac{120 \cdot \left(\frac{G}{5}\right)^{0,055}}{F^{0,165}}$$

und

$$P = 120 \cdot \left(\frac{G}{5}\right)^{0,055} \cdot F^{0,835}.$$

Für *Gußeisen von 241 Brinellhärte* gilt:

$$k_s = \frac{128}{s^{0,22}\,t^{0,11}} = \frac{140 \cdot \left(\frac{G}{5}\right)^{0,055}}{F^{0,165}}$$

und

$$P = 140 \cdot \left(\frac{G}{5}\right)^{0,055} \cdot F^{0,835}.$$

Diese Versuche lassen erkennen, daß auch hier die Gleichungen für spezifischen Schnittdruck verschiedener Härten desselben Werkstoffes gleiche Exponenten für F enthalten, d. h. die Geraden im doppellogarithmischen Feld parallel laufen (Abb. 152). Eine Veränderung des Schlankheitsgrades im Verhältnis 1:10 verursacht eine Änderung von P von $10^{0,055} = 1{,}135 = 13^1/_2\%$ gegenüber einer Änderung von $10^{0,835} = 6{,}83 = 583\%$ bei Spanquerschnittsänderung!

Schnittdruckuntersuchungen sind auch in Frankreich von R. Cavé im „Laboratoire Central d'Armements" ausgeführt worden[1]. Er benutzte verschiedene Schnittdruckmeßgeräte und bearbeitete Stahl von 44 kg/mm² Festigkeit.

Die von ihm entwickelte Gleichung schließt den Spanwinkel ein und lautet für den spezifischen Schnittdruck *für St 42.11*:

$$k_s = \frac{221\,(1 - 0{,}013\,\gamma)}{s^{0,38}\,t^{0,08}}. \tag{153}$$

[1] Cavé, R.: Communications on Machinability. Proc. Instn. mech. Engrs., Lond. Bd. 55 (1946) S. 285.

Umformung gemäß Gln. (142) ergibt:

$$k_s = \frac{281\,(1 - 0{,}013\,\gamma)\left(\frac{G}{5}\right)^{0{,}15}}{F^{0{,}23}}, \tag{154}$$

$$P = 281\,(1 - 0{,}013\,\gamma) \cdot F^{0{,}77}\left(\frac{G}{5}\right)^{0{,}15}. \tag{155}$$

Für $\gamma = 15°$ würde demnach der spezifische Schnittdruck sein:

$$k_s = \frac{230 \cdot \left(\frac{G}{5}\right)^{0{,}15}}{F^{0{,}23}}, \tag{156}$$

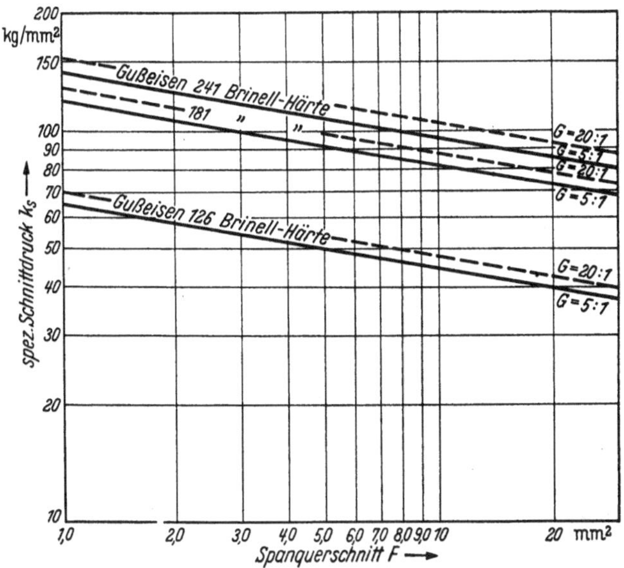

Abb. 152. Abhängigkeit des spezifischen Schnittdruckes vom Spanquerschnitt bei Gußeisen (ermittelt aus Werten von H. Holmes).

der Hauptschnittdruck für $\gamma = 15°$ wird:

$$P = 230 \cdot \left(\frac{G}{5}\right)^{0{,}15} \cdot F^{0{,}77}. \tag{157}$$

Es wird sich später Gelegenheit finden, auf die hier entwickelten Zusammenhänge zwischen k_s und γ noch näher einzugehen und sie mit anderen zu vergleichen.

In dem von der *American Society of Mechanical Engineers (ASME)* herausgegebenen „Manual on Cutting of Metals", dessen Daten bereits früher im Abschnitt Schnittgeschwindigkeit analysiert wurden, sind auch Leistungsangaben in den Tabellen zu finden (dort Abschn. VII), die es gestatten, Untersuchungen über den jeweiligen spezifischen

Schnittdruck anzustellen. Tab. 141 des ASME-Handbuches behandelt Bearbeitung von SAE 1020 mit Stahlform Nr. 4 und ist in nachfolgender Tab. 61 nach Umrechnung in metrische Dimensionen als Beispiel wiedergegeben. Die Werte für den spezifischen Schnittdruck sind aus PS-Leistung und Schnittgeschwindigkeit errechnet worden gemäß

$$k_s = \frac{4500 \cdot \text{PS}}{F \cdot v},$$

Tabelle 61. *Spezifische Schnittdrücke k_s für SAE 1020 und Drehstahlform Nr. 4; Spanwinkel 17° (ausgewertet aus ASME-Handbuch, Tab. 141).*

t = Schnittiefe (mm)	s = Vorschub mm/U 0,1	0,2	0,4	0,8	1,6	3,2
0,8	326	280	237	—	—	—
1,6	310	280	235	210	—	—
3,2	297	252	220	180	164	—
6,4	—	252	216	182	162	141
12,7	—	—	216	189	161	140
25,4	—	—	—	196	166	141

Der Abfall des spezifischen Schnittdruckes mit steigendem Vorschub und steigender Schnittiefe ist deutlich aus Tab. 61 ersichtlich, ausgenommen bei den großen Vorschüben, wo offensichtlich der Unterschied zwischen dem wirklichen und dem nominellen Spanquerschnitt nach KLOPSTOCK (s. S. 190) nicht in Betracht gezogen worden ist. Jedoch liegen auch sonst Unregelmäßigkeiten vor.

Trägt man die Tabellenwerte in ein doppellogarithmisches Netz in Abhängigkeit vom Vorschub ein und *vernachlässigt* man — wegen der Unregelmäßigkeiten — die Schnittiefe, so ergibt sich als Mittelwert die SAE 1020-Linie in Abb. 153, aus der folgende Gleichung abzuleiten ist:

$$k_s = \frac{182}{s^{0,2}}. \tag{158}$$

Für andere Werkstoffe (Stähle) ergeben sich Parallele zur SAE 1020-Linie, wie für einige Beispiele in Abb. 153 gezeigt ist. Dabei sind die Benennungen für ungefähr gleichwertige DIN-Stähle auch eingetragen worden.

In derselben Weise wie oben läßt sich Gl. (158) in eine solche mit Schlankheitsgrad und Spanquerschnitt umformen. Es folgt mit Hilfe von Gl. (138) bis (144):

$$k_s = \frac{215 \cdot \left(\frac{G}{5}\right)^{0,1}}{F^{0,1}}, \tag{159}$$

$$P = 215 \cdot \left(\frac{G}{5}\right)^{0,1} \cdot F^{0,9}. \tag{160}$$

Die Gl. (159) ist in Abb. 154 für verschiedene Schlankheitsgrade und in Abhängigkeit vom Spanquerschnitt dargestellt, während in Abb. 155 die Abhängigkeit des spezifischen Schnittdruckes vom Spanquerschnitt für den Normschlankheitsgrad $G = 5:1$ für acht ausgewählte Stahlsorten als Beispiele eingetragen ist. *Aus Gl.* (160) *folgt, daß eine Verzehnfachung des Schlankheitsgrades G eine Schnittdruckänderung von* $10^{0,1} = 1{,}26 = 26\%$ *hervorruft, während eine Verzehnfachung des Spanquerschnittes F eine Schnittdruckerhöhung von* $10^{0,9} = 8 = 700\%$ *verursacht.*

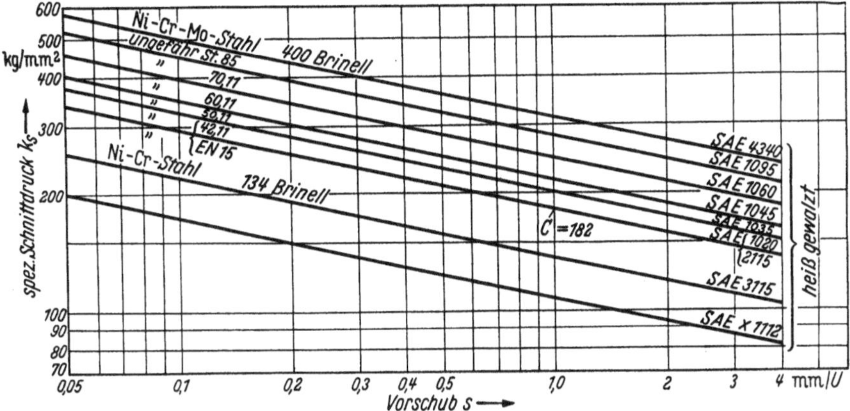

Abb. 153. Abhängigkeit des spezifischen Schnittdruckes vom Vorschub (ermittelt aus ASME-Tabellenwerten).

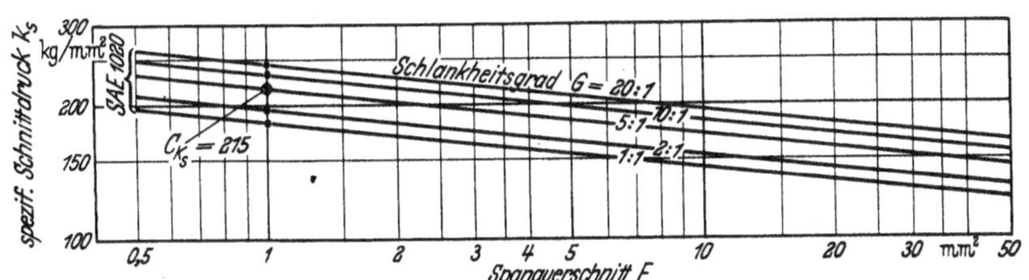

Abb. 154. Abhängigkeit des spezifischen Schnittdruckes vom Spanquerschnitt und Schlankheitsgrad bei SAE 1020 (ermittelt aus ASME-Tabellenwerten).

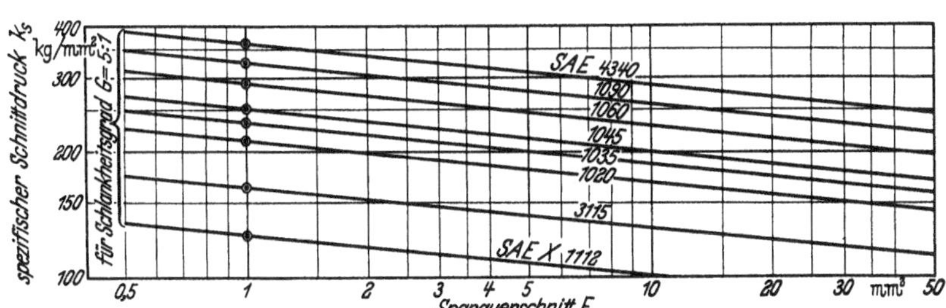

Abb. 155. Abhängigkeit des spezifischen Schnittdruckes vom Spanquerschnitt bei verschiedenen SAE-Stählen (ermittelt aus ASME-Tabellenwerten).

Die C_{k_s}-Werte und die p_s-, f_s- und g_s-Exponenten für alle im ASME-Handbuch aufgeführten Stähle, die mit Drehstahlform 4 bearbeitet werden, können aus Tab. 62 (S. 214) entnommen werden.

Tabelle 62. *C_{ks}-Werte und Exponenten für das erweiterte Schnittdruckgesetz, ausgewertet aus ASME-Tabellenwerten[1] für Stahlform Nr. 4.*

Werkstoff	Brinell-härte	C Kon-stante für s = 1 mm/U	Exponent p_s des Vor-schubes	Exponent f_s des Spanquer-schnittes	Exponent g_s des Schlank-heitsgra-des	C_{ks} für $F = 1$ $G = 5:1$
Baustähle						
SAE 1020 . .	127	182				215
SAE 1020 . .	160	195				230
SAE X 1020 .	126	177				208
SAE X 1020 .	156	190				224
SAE 1035 . .	174	201				237
SAE 1045 . .	187	215				252
SAE 1050 . .	201	224				264
SAE 1060 . .	217	245				288
SAE 1095 . .	280	280				330
SAE 1095 . .	207	210				248
Automatenstähle						
SAE 1112 . .	130	104				123
SAE 1112 . .	167	125				148
Manganstähle						
SAE X 1112 .	183	125				148
SAE X 1315 .	120	108				127
SAE X 1315 .	161	105				124
SAE T 1340 .	217	240				284
Nickelstähle						
SAE 2315 . .	192	182				214
SAE 2330 . .	223	202				236
SAE 2340 . .	223	202				236
SAE 2512 . .	?	182	0,2	0,1	0,1	214
Chromnickelstähle						
SAE 3115 . .	128	132				156
SAE 3115 . .	163	138				163
SAE 3130 . .	210	197				228
SAE 3140 . .	207	178				210
SAE 3140 . .	285	228				269
SAE 3240 . .	170	145				172
Molybdänstähle						
SAE 4340 . .	400	310				360
SAE 4340 . .	302	233				274
SAE 4310 . .	415	304				358
SAE 4615 . .	212	182				214
SAE 4640 . .	248	197				232
SAE 4815 . .	187	175				205
Chromstähle						
SAE 5120 . .	149	155				182
SAE 5135 . .	207	172				203
SAE 52100 . .	187	185				218
Chrom-Vanadium-Mangan-Stähle						
SAE 6115 . .	170	182				214
SAE 6140 . .	187	240				280

[1] ASME, Manual on Cutting of Metals, zitiert S. 82, dort S. 328/35 u. 415/32.

Aus den im ASME-Handbuch aufgeführten Werten für den spezifischen Leistungsverbrauch beim Bearbeiten von *Gußeisen*[1] (HP je Kubikzoll je Minute) lassen sich spezifische Schnittdruckwerte in kg/mm² ermitteln, da der spezifische Leistungsverbrauch der Reziprokwert der spezifischen Spanmenge M_e ist. Mit Hilfe von Gl. (126) ergibt sich:

$$k_{s_e} = \frac{396000}{M_e} = 396000 \cdot L_e \text{ (Pfund/Quadratzoll)}; \qquad (161)$$

wobei

$L_e = \frac{1}{M_e}$ = spezifischer Leistungsverbrauch (HP/in³/min).

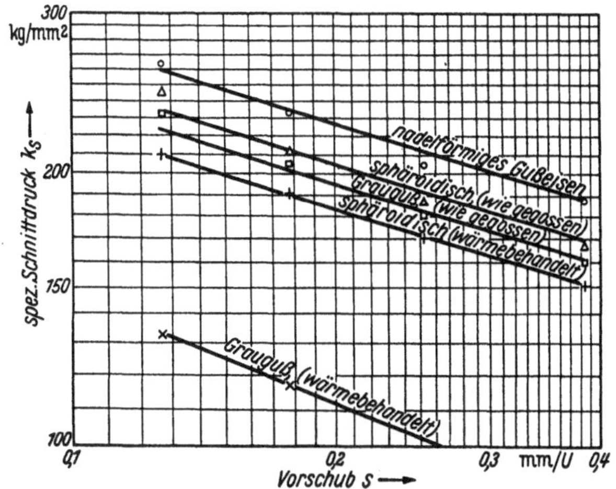

Abb. 156. Abhängigkeit des spezifischen Schnittdruckes vom Vorschub bei Gußeisen (ermittelt aus ASME-Werten).

Um in metrisches Maß umzurechnen, hat man den Faktor 396000 mit 0,000703 zu multiplizieren, daher:

$$k_s = 276 \cdot L_e \text{ kg/mm}^2. \qquad (162)$$

Die Werte des spezifischen Leistungsverbrauches sind in Abhängigkeit vom Vorschub angegeben für nur eine Schnittiefe (2,54 mm). Das Ergebnis der Umwertung in spezifischen Schnittdruck ist in Abb. 156 im log-log-Feld in Abhängigkeit vom Vorschub dargestellt.

Die Tab. 63 (S. 216) gibt die C_{k_s}-Werte und Exponenten wieder.

Werte für spezifische Schnittkräfte sind auch vom AWF in den *AWF-Tafeln Nr. 158* aufgestellt worden in Abhängigkeit vom Vorschub, wie in Abb. 157 dargestellt. Man erkennt, daß die geraden Linien, die sich für die verschiedensten Werkstoffe, wie Hartmetall und Manganhartstahl, ergeben, einander parallel sind, was bei anderen Quellen nicht zutraf (vgl. z. B. Tab. 59; Abb. 148; Abb. 159).

[1] ASME, Manual on Cutting of Metals, zitiert S. 82, dort S. 243.

Tabelle 63. *C_{ks}-Werte und Exponenten für das erweiterte Schnittdruckgesetz für Gußeisenbearbeitung, ausgewertet aus ASME-Daten.*

Werkstoff	C Schnittdruck für s = 1,0 mm/U	p_s Exponent des Vorschubes	C_{ks} Schnittdruck für F = 1 mm² und $G = 5:1$	f_s Exponent des Spanquerschnittes	g_s Exponent des Schlankheitsgrades
Nadelförmiges Gußeisen (263 Brinell)	142	0,3	181	0,15	0,15
Sphäroidisches Gußeisen (wie gegossen)	127	0,3	160	0,15	0,15
Grauguß (wie gegossen)	122	0,3	155	0,15	0,15
Sphäroidisches Gußeisen (wärmebehandelt) . . .	114	0,3	145	0,15	0,15
Grauguß (wärmebehandelt) (100 Brinell)	60	0,385	81	0,19	0,19

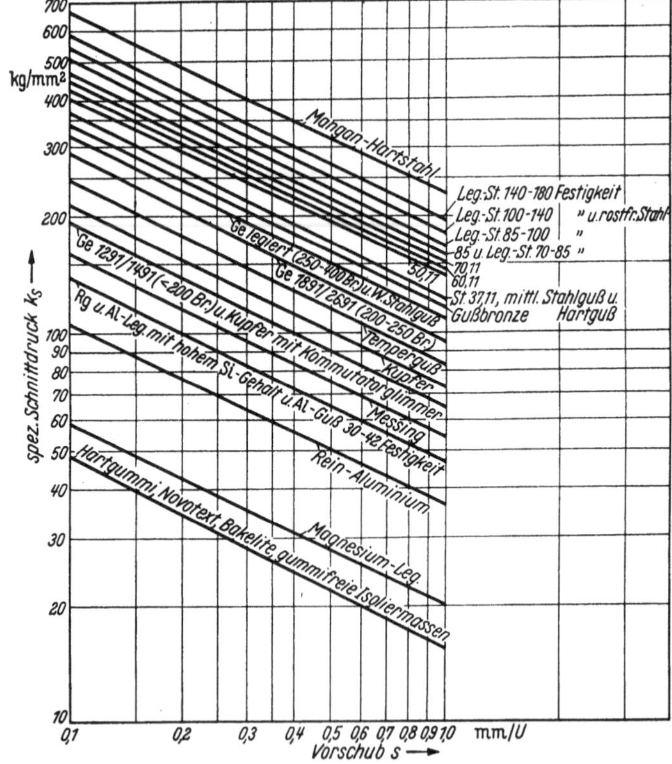

Abb. 157. Abhängigkeit des spezifischen Schnittdruckes vom Vorschub (ermittelt aus AWF-Richtwerten 158).

Der Exponent p_s für die Veränderung des spezifischen Schnittdruckes mit dem Vorschub nach Abb. 157 ergibt sich zu

$$p_s = 0{,}477\,,$$

dies ist der Logarithmus von 3,0, d. h., eine Verringerung des Vorschubes im Verhältnis 10 : 1 ergibt eine Erhöhung des spezifischen Schnittdruckes auf das Dreifache wegen:

$$10^{0{,}477} = 3\,.$$

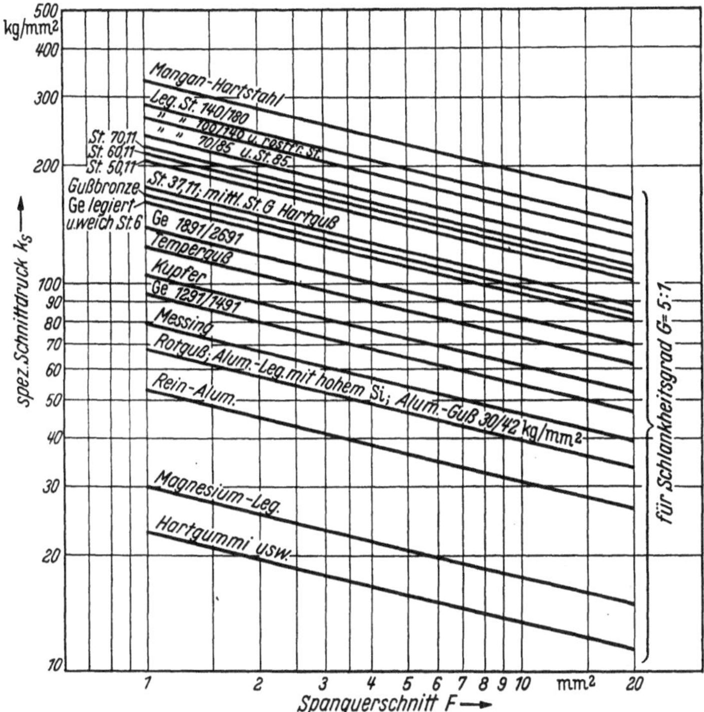

Abb. 158. Abhängigkeit des spezifischen Schnittdruckes vom Spanquerschnitt (ermittelt aus AWF-Richtwerten 158).

In derselben Weise, wie weiter oben dargelegt, kann man die für AWF 158 geltende Formel

$$k_s = \frac{C}{s^{0{,}477}} \tag{163}$$

umformen in das erweiterte Gesetz für den spezifischen Schnittdruck

$$k_s = \frac{C_{k_s}\left(\frac{G}{5}\right)^{0{,}239}}{F^{0{,}239}} \tag{164}$$

und in das erweiterte Gesetz für den Schnittdruck:

$$P = C_{k_s}\cdot\left(\frac{G}{5}\right)^{0{,}239}\cdot F^{0{,}761}\,. \tag{165}$$

Die Tab. 64 enthält die diesbezüglichen Werte für C und C_{k_s} und die Exponenten. Abb. 158 stellt die Abhängigkeit des spezifischen Schnittdruckes vom Spanquerschnitt dar für Schlankheitsgrad $G = 5:1$, aus AWF 158 errechnet.

Aus Gl. (165) ergibt sich, daß eine Verzehnfachung des Schlankheitsgrades G eine $10^{0,239} = 1,74 = 74\%$ige Erhöhung des Schnitt-

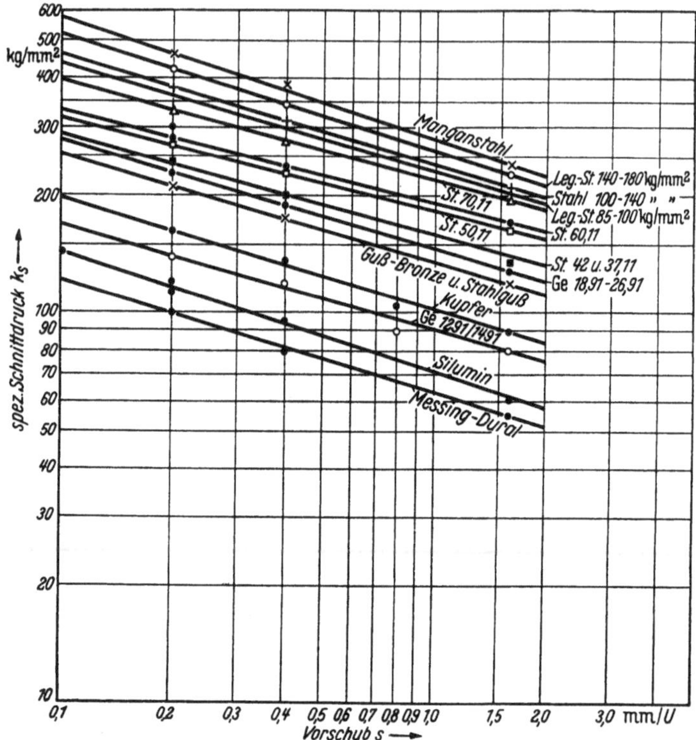

Abb. 159. Abhängigkeit des spezifischen Schnittdruckes vom Vorschub (ermittelt aus Werten von Dawihl u. Dinglinger).

druckes nach AWF 158 verursacht, gegenüber einer $10^{0,761} = 5,8 = 480\%$igen Schnittdrucksteigerung bei Verzehnfachung des Spanquerschnittes F!

Beziehungen zwischen dem spezifischen Schnittdruck und Vorschub sind auch von Dawihl und Dinglinger[1] aufgestellt worden. Zur Bewertung sind sie im log–log-Feld in Abb. 159 dargestellt. Man erkennt, daß die Geraden nicht parallel verlaufen für die verschiedenen Werkstoffe, wobei sich eine sehr gute Übereinstimmung bei Ge mit Klopstocks Werten

[1] Dawihl, W., u. E. Dinglinger: Handbuch der Hartmetallwerkzeuge Bd. I S. 164. Berlin/Göttingen/Heidelberg: Springer 1953.

ergibt ($f_s = 0{,}135$ KLOPSTOCK s. Tab. 59, $f_s = 0{,}137$ hier). Die Tab. 65 (S. 220) enthält weitere Werte, wie sie aus Abb. 159 ermittelt wurden.

Tabelle 64. *C_{k_s}-Werte und Exponenten für das erweiterte Schnittdruckgesetz, ermittelt aus AWF 158.*

Werkstoff	C Schnittdruck für $s =$ 1,0 mm/U	p_s Exponent des Vorschubes	f_s und g_s Exponenten für Spanquerschnitt und Schlankheitsgrad	C_{k_s} Schnittdruck für $F =$ 1 mm² und $G = 5:1$ kg/mm²
Mangan-Hartstahl	225			330
Legierter Stahl 140/180	195			286
Legierter Stahl 100/140 und rostfreier Stahl	180			264
Legierter Stahl 70—85 und St 85	160			235
St 70.11	150			220
St 60.11	145			213
St 50.11	140			206
St 37.11, mittl. St G und Hartguß . . .	120			176
Gußbronze	115			169
Ge legiert (250—400 Br) und weich. St G . .	110	0,477	0,239	161
Ge 1891, 2691 (200—250 Br)	94			138
Temperguß	83			122
Kupfer	72			106
Ge {1291, 1491}	64			94
Messing	54			79
Rg und Al legiert mit hohem Si und Al Guß 30/42 kg/mm²	46			68
Reinaluminium . . .	36			53
Magnesium legiert . .	20			30
Hartgummi usw. . .	15,5			23

Einen *Vergleich der aus verschiedenen Unterlagen abgeleiteten Formeln* für den spezifischen Schnittdruck in Abhängigkeit vom Vorschub ermöglicht Abb. 160 am Beispiel für St 50.11 und dem entsprechenden amerikanischen Stahl SAE 1035. Wie ersichtlich, fallen die aus den AWF-Richtwerten Nr. 158 folgenden spezifischen Schnittdrücke erheblich schneller mit steigendem Vorschub ab als die ASME- und DAWIHL- und DINGLINGER-Werte, während TAYLORS Werte

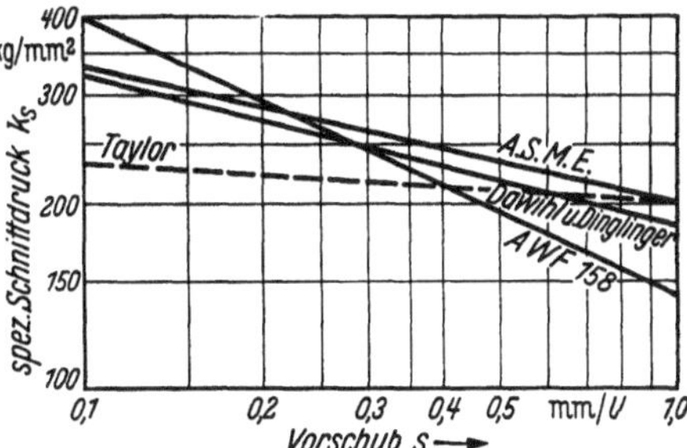

Abb. 160. Vergleich der Abhängigkeit des spezifischen Schnittdruckes vom Vorschub bei St 50.11.

Tabelle 65. *C_{ks}-Werte und Exponenten für das erweiterte Schnittdruckgesetz, ausgewertet aus* DAWIHL- *u.* DINGLINGER-*Werten.*

Werkstoff	C Schnittdruck für s = 1,0 mm/U (aus Diagramm 159)	p_s Exponent des Vorschubes	f_s und g_s Exponenten für Spanquerschnitt und Schlankheitsgrad	C_{ks} Schnittdruck für $F = 1$ mm² und $G = 5:1$
Manganstahl . .	280	0,312	0,156	360
Leg. St 140/180 .	260	0,300	0,150	332
Stahl 100/140 . .	240	0,284	0,142	302
Leg. St 85/100 .	235	0,250	0,125	288
St 70.11	220	0,260	0,130	271
St 60.11	190	0,238	0,119	230
St 50.11	185	0,238	0,119	224
St 42.11 u. 37.11	160	0,258	0,129	196
Ge 18.91 u. 26.91	148	0,278	0,139	185
St G u. Gußbronze	138	0,270	0,135	187
Kupfer	102	0,294	0,147	130
Ge 12.91 u. 14.91.	91	0,274	0,137	113
Silumin	71	0,300	0,150	91
Messing Dural .	63	0,288	0,144	80

sich erheblich langsamer ändern. Die DAWIHL- und DINGLINGER-Werte kommen an die ASME-Werte recht gut heran.

Eine Gesamtübersicht über die verschiedenen Zahlenwerte für das erweiterte Schnittdruckgesetz und die damit auch möglich gewordene Vergleichsgrundlage ist in der Tab. 66 (S. 222/223) gegeben. Man erkennt, daß die C_{k_s}-Werte noch recht oft erheblich voneinander abweichen, obgleich auch recht gute Übereinstimmungen zu finden sind. Beispielsweise ergibt sich $C_{k_s} = 70$ für Messing nach AWF 100 (ursprüngliche AWF-Richtwerte, vgl. Tab. 59) für das einfache Schnittdruckgesetz. Nach KLOPSTOCK ergibt sich $C_{k_s} = 71$ (ebenfalls Tab. 59) mit Exponenten für den Spanquerschnitt $\left(f_s = \frac{1}{\varepsilon_{k_s}}\right)$ von 0,147 nach AWF 100 und 0,131 nach KLOPSTOCK. Fast derselbe Exponent wie für AWF 100 ergibt sich für die DAWIHLschen Werte im erweiterten Schnittdruckgesetz, nämlich 0,144 und $C_{k_s} = 80$. Die AWF-Werte Nr. 158 ergeben ein $C_{k_s} = 80$, also ebenfalls gute Übereinstimmung, während der Abfall stärker ist als bei den vorgenannten Fällen, nämlich $f_s = 0{,}239$.

An dieser Stelle muß auf eine Tatsache hingewiesen werden, die an vielen Orten Verwirrung angerichtet hat, nämlich auf die Ansicht, daß die Schnittiefe für den Schnittdruck „unwichtig" sei, da sie ja z. B. in den AFW-Richtwerten 158 nicht erscheint. Das Gegenteil ist der Fall! Die Schnittiefe hat tatsächlich größeren Einfluß auf den Schnittdruck als der Vorschub, besonders dann, wenn sie aus den

Gleichungen für den spezifischen Schnittdruck herausfällt, wie in AWF 158. In solchen Fällen beeinflußt die Schnittiefe den Schnittdruck in voller Größe, während der Einfluß des Vorschubes geringer ist als der der Schnittiefe, da dieser mit einem Exponenten kleiner als 1,0 in den Schnittdruckformeln erscheint.

M. E. ist der Schnittiefeneinfluß jedoch nicht ganz so groß, d. h. die Schnittiefe erscheint gleichfalls mit einem Exponenten kleiner als 1,0 in k_s-Formeln, so daß sie nicht in voller Größe den Schnittdruck selbst beeinflußt.

Auf Grund der abgeleiteten Werte für C_{k_s} und für die Exponenten ist es nunmehr möglich, im weiteren Verlauf dieser Ausführungen eine systematische Aufstellung praktischer Schnittdruckwerte auszuarbeiten mit Einbeziehung noch zu erörternder zusätzlicher Gesichtspunkte. Hierbei werden die C_{k_s}-, f_s- und g_s-Werte, wie sie aus Versuchen in verschiedenen Industriestaaten hier entwickelt wurden, als Ausgangspunkt benutzt werden.

c) Die Nebenkomponenten des Schnittdruckes.

Vorschubdruck P_2 und Rückdruck P_3 (s. Abb. 126) haben zwar keinen so großen Einfluß auf die Zerspanungsverhältnisse und Wirtschaftlichkeit der Bearbeitung wie der Hauptschnittdruck, sie spielen jedoch eine Rolle in bezug auf Verbiegungen der Maschine und ihre Arbeitsgenauigkeit. Der Vorschubdruck ist verschiedentlich als Maß für Bearbeitbarkeit vorgeschlagen und benutzt worden[1], obgleich dagegen insofern Bedenken bestehen, als der Vorschubdruck sich anders verhält als der Hauptschnittdruck.

Es ist praktisch, nicht nur die Größen der Nebenkomponenten selbst zu erörtern, sondern auch ihr Verhältnis zum Hauptschnittdruck zu untersuchen. Wir betrachten hier nur scharfe Werkzeuge, da — wie auf S. 176ff. gesagt — bei Abstumpfung die Nebenkomponenten ebenso groß werden können wie die Hauptkomponente.

Aus Schlesingers Untersuchungen[2] kann man die Beziehungen der Tab. 67 (S. 224) ableiten.

Danach ist das Rückdruck-Hauptschnittdruckverhältnis größer als das Vorschubdruck-Hauptschnittdruckverhältnis[3]. Die Werte von Schlesinger beziehen sich auf den „B-Stahl" des Versuchsfeldes der

[1] Boulanger, F. W., H. L. Shaw u. H. E. Johnson: Constant Pressure Lathe Test for Measuring the Machinability of Free Cutting Steels. Trans. Amer. Soc. mech. Engrs. Juli 1949, S. 431ff.

[2] Schlesinger, G.: Die Werkzeugmaschinen S. 5, Abb. 5a bis 5c. Berlin: Springer 1936. Vgl. auch: G. Schlesinger: The Factory S. 144. London: Sir Pilman & Sons Ltd. 1949.

[3] Vgl. auch Abb. 130 und 131 (S. 178), aus denen dasselbe folgt.

Tabelle 66. *Zusammenstellung der C_{k_s}-Werte und Exponenten für das erweitert*

Werkstoff[1]	TAYLOR C_{k_s}	TAYLOR f_s	TAYLOR g_s	BOSTON und KRAUS C_{k_s}	BOSTON und KRAUS f_s und g_s	KRONEN-HOL- C_{k_s}
St 37.11 bzw. 42.11	—	—	—	209[2]	0,130	—
oder SAE 1020 bzw. 1025	—	—	—	160[3]	0,100	—
	Stahl „mittel"					
St 50.11 oder SAE 1035	211	0,034	0,034	—	—	—
St 60.11 oder SAE 1045	—	—	—	—	—	—
St 70.11 oder SAE 1060	—	—	—	—	—	—
St 85 oder SAE 1095	—	—	—	—	—	—
Legierter Stahl 70/85	—	—	—	—	—	—
Legierter Stahl 100/140	—	—	—	—	—	—
Legierter Stahl 140/180	—	—	—	—	—	—
Manganhartstahl	—	—	—	—	—	—
SAE 1112 Automatenstahl	—	—	—	—	—	—
SAE 3115 1,25—0,6 Nickelchromstahl	—	—	—	—	—	—
SAE 52100 Cr-Mangan-Stahl. 1,25 0,35	—	—	—	—	—	—
SAE 2315 3½% Ni-Stahl	—	—	—	—	—	—
SAE 6140 Cr-Va-Stahl. 0,9 0,17	—	—	—	—	—	—
SAE 4340 Ni-Cr-Mo-Stahl 1,75 0,6 0,35	—	—	—	—	—	—
Ge 12.91						
14.91	—	—	—	—	—	—
Ge 18.91						
26.91	—	—	—	—	—	—
Ge legiert	—	—	—	—	—	—
Ge weich (126 Brinell)[5]	102	0,159	0,092	—	—	65
Ge mittel (181 Brinell)[5]	—	—	—	—	—	120
Ge hart (241 Brinell)[5]	160	0,159	0,092	—	—	140
Sphäroidisches Ge	—	—	—	—	—	—
Rotguß	—	—	—	—	—	—
Messing	—	—	—	—	—	—
Kupfer	—	—	—	—	—	—
Reinaluminium	—	—	—	—	—	—
Stahlguß	—	—	—	—	—	—

[1] Siehe Tab. 108 für Vergleich amerikanischer und deutscher Stahlsorten.

[2] Für 0° Spanwinkel und 90° Einstellwinkel.

[3] Für 22° Spanwinkel und 90° Einstellwinkel. Für 15° Spanwinkel und 60° Einstellwinkel ist $C_{ks} = 190$, s. S. 207.

Für $\varkappa = 45°$: $C_{k_s} = 205$, $f_s = 0{,}165$, $g_s = 0{,}095$ (s. S. 208)

„ $r = 4{,}8$ mm: $C_{k_s} = 238$, $f_s = 0{,}245$, $g_s = 0{,}075$ } (s. S. 209)

„ $r = 6{,}35$ mm: $C_{k_s} = 320$, $f_s = 0{,}34$, $g_s = 0{,}13$ }

[5] Diese Brinellzahlen sind Mittelwerte und beziehen sich besonders auf HOLMES' Versuche.

Schnittdruckgesetz Vgl. a. Tab. 59. (Bestwerte s. Anhang A, Tab. 104 u. 105.)

BERG nach MES		CAVÉ			ASME		AWF 158		DAWIHL und DINGLINGER	
f_s	g_s	C_{k_s}	f_s	g_s	C_{k_s}	f_s und g_s	C_{k_s}	f_s und g_s	C_{k_s}	f_s und g_s
—	—	230[4]	0,23	0,15	215	0,1	176	0,239	196	0,129
—	—	—	—	—	—	—	—	—	—	—
—	—	—	—	—	237	0,1	206	0,239	224	0,119
—	—	—	—	—	252	0,1	213	0,239	230	0,119
—	—	—	—	—	288	0,1	220	0,239	271	0,130
—	—	—	—	—	330	0,1	235	0,239	—	—
—	—	—	—	—	—	—	235	0,239	288	0,125
—	—	—	—	—	—	—	264	0,239	302	0,142
—	—	—	—	—	—	—	286	0,239	332	0,150
—	—	—	—	—	—	—	330	0,239	360	0,156
—	—	—	—	—	123	0,1	—	—	—	—
—	—	—	—	—	156	0,1	—	—	—	—
—	—	—	—	—	218	0,1	—	—	—	—
—	—	—	—	—	214	0,1	—	—	—	—
—	—	—	—	—	280	0,1	—	—	—	—
—	—	—	—	—	360	0,1	—	—	—	—
—	—	—	—	—	—	—	94	0,239	113	0,137
—	—	—	—	—	—	—	138	0,239	185	0,139
—	—	—	—	—	—	—	161	0,239	—	—
0,165	0,055	—	—	—	81[6]	0,19	—	—	—	—
0,165	0,055	—	—	—	155[6]	0,15	—	—	—	—
0,165	0,055	—	—	—	181[6]	0,15	—	—	—	—
—	—	—	—	—	145[6]	0,15	—	—	—	—
					160[6]	0,15				
—	—	—	—	—	—	—	68	0,239	—	—
—	—	—	—	—	—	—	79	0,239	80	0,144
—	—	—	—	—	—	—	106	0,239	130	0,147
—	—	—	—	—	—	—	53	0,239	—	—
—	—	—	—	—	—	—	—	—	187	0,135

[4] Für 15° Spanwinkel, s. S. 211.

[6] Vgl. Tab. 63 wegen Gefügeangaben und Brinellhärte.

T. H. Berlin, d. h. auf $r = 3$ mm Stahlabrundung, $\gamma = 12°$ Spanwinkel und $\varkappa = 43°$ Einstellwinkel.

BOSTON und KRAUS[1] haben auch Gleichungen für Vorschubdruck und Rückdruck aufgestellt, deren allgemeine Form mit folgender Formel wiedergegeben werden kann:

$$P_{2,3} = C \cdot s^x \cdot t^y. \qquad (166)$$

Sie kann wieder in eine Gleichung für Spanquerschnitt und Schlankheitsgrad umgeformt werden, indem man, wie auf S. 133 erörtert, setzt:

$$s = \left[\frac{F}{G}\right]^{\frac{1}{2}}, \qquad t = [F \cdot G]^{\frac{1}{2}},$$

daher erhält man:

$$P_{2,3} = C \cdot F^{\frac{1}{2}(y+x)} \cdot G^{\frac{1}{2}(y-x)}$$

und bei Einführung des Schlankheitsgrades $G = 5:1$:

Tabelle 67. *Verhältnis des Vorschubdruckes P_2 bzw. des Rückdruckes P_3 zum Hauptschnittdruck nach SCHLESINGER.*

Werkstoff		Spanquerschnitt 5 mm²	15 mm²
VCN 35 .	$\eta_2 = \frac{P_2}{P}$	0,25	0,32
	$\eta_3 = \frac{P_3}{P}$	0,47	0,53
St 42.11 .	$\eta_2 = \frac{P_2}{P}$	0,14	0,17
	$\eta_3 = \frac{P_3}{P}$	0,33	0,34
Ge 18.91.	$\eta_2 = \frac{P_2}{P}$	0,15	0,12
	$\eta_3 = \frac{P_3}{P}$	0,29	0,26

$$P_{2,3} = C_{k_{s\,2,3}} \cdot F^{\frac{1}{2}(y+x)} \left(\frac{G}{5}\right)^{\frac{1}{2}(y-x)}. \qquad (167)$$

Die Umrechnung aus englischen Abmessungen in metrische erfordert eine Division der C-Konstanten von BOSTON und KRAUS durch 2,2, um pounds in kg umzurechnen; außerdem ist die Änderung von Zollmaßen für Vorschub und Schnittiefe in Millimeter erforderlich, wobei die Exponenten x und y einzubeziehen sind.

Somit ergibt sich

$$C_{metrisch} = \frac{C_{englisch}}{2{,}2 \cdot 25{,}4^x \cdot 25{,}4^y} \qquad (168)$$

und

$$C_{k_s} = C_{metrisch} \cdot 5^{\left(\frac{y-x}{2}\right)}. \qquad (169)$$

Die Ergebnisse für die Vorschub- und Rückdrücke können nunmehr ins Verhältnis zum Hauptschnittdruck P gesetzt werden gemäß

$$\eta_2 = \frac{P_2}{P} \quad \text{und} \quad \eta_3 = \frac{P_3}{P}, \qquad (170)$$

wie aus Tab. 68 ersichtlich.

[1] BOSTON u. KRAUS, zitiert S. 204, C_{k_s}-Werte für den Hauptschnittdruck P in Tab. 68 u. 69, s. S. 206/10.

Tabelle 68. *Umrechnung der Formeln für den Vorschubdruck* (P_2) *in das erweiterte Vorschubdruckgesetz aus Werten von* BOSTON *und* KRAUS *für St 42.11.*

Versuchsreihe Nr. (siehe Tab. 60)	x Exponent des Vorschubs	y Exponent der Schnitttiefe	C_{engl} Konstante nach BOSTON und KRAUS	$C_{metrisch}$ gemäß Gl. (168)	$5^{\left(\frac{x-y}{2}\right)}$	C_{ks_2} für $F = 1$, $G=5:1$	P_2 = Vorschubdruck	$\frac{P_2}{P} = \eta_2$ für $F =$ 1 mm², $G = 5:1$
1 ($\gamma = 0°$)	0,54	1,7	112500	42,5	2,54	108	$108\,F^{1,12}\left(\frac{G}{5}\right)^{0,58}$	$\frac{108}{209} =$ 0,515
2 ($\gamma = 6°$)	0,51	1,55	61200	36	2,3	83	$83\,F^{1,03}\left(\frac{G}{5}\right)^{0,52}$	$\frac{83}{204} =$ 0,405
3 ($\gamma = 14°$)	0,48	1,45	33700	29,8	2,18	65	$65\,F^{0,965}\left(\frac{G}{5}\right)^{0,485}$	$\frac{65}{185} =$ 0,35
4 ($\gamma = 22°$)	0,42	1,36	12600	18,2	2,15	39,2	$39{,}2\,F^{0,88}\left(\frac{G}{5}\right)^{0,47}$	$\frac{39{,}2}{160} =$ 0,245
5	0,52	1,58	51000	26,6	2,34	62,5	$62{,}5\,F^{1,05}\left(\frac{G}{5}\right)^{0,53}$	$\frac{62{,}5}{180} =$ 0,347
6	0,47	1,38	28000	32,5	2,08	68	$68\,F^{0,925}\left(\frac{G}{5}\right)^{0,455}$	$\frac{68}{190} =$ 0,358
7	0,60	1,28	36500	38,6	1,725	67	$67\,F^{0,94}\left(\frac{G}{5}\right)^{0,34}$	$\frac{67}{190} =$ 0,353
8	0,66	1,12	31400	44,6	1,45	64,5	$64{,}5\,F^{0,89}\left(\frac{G}{5}\right)^{0,23}$	$\frac{64{,}5}{205} =$ 0,315
9	0,48	1,45	34300	30,4	2,18	66,5	$66{,}5\,F^{0,965}\left(\frac{G}{5}\right)^{0,485}$	$\frac{66{,}5}{252} =$ 0,263
10	0,57	1,31	31800	33,6	1,81	60,5	$60{,}5\,F^{0,94}\left(\frac{G}{5}\right)^{0,37}$	$\frac{60{,}5}{238} =$ 0,253
11	0,63	1,22	30000	34,4	1,605	55,5	$55{,}5\,F^{0,925}\left(\frac{G}{5}\right)^{0,295}$	$\frac{55{,}5}{320} =$ 0,173

Die Bedeutung dieser Umformungen in das erweiterte Vorschubdruckgesetz wird ersichtlich, wenn man das Verhältnis des Vorschubdruckes zum Hauptschnittdruck, wie in der letzten Spalte der Tab. 68 errechnet, mit dem Verhältnis der ursprünglichen Konstanten von BOSTON und KRAUS vergleicht. Beispielsweise ist der Vorschubdruck für ihre Versuchsreihe 4

$$P_2 = 12\,600 \cdot s^{0,42}\, t^{1,36}$$

und der Hauptschnittdruck

$$P = 102500 \cdot s^{0,80}\, t^{1,0}.$$

Würde man hieraus das Schnittdruckverhältnis berechnen wollen, indem man $s = 1{,}0$ und $t = 1{,}0$ setzt, so würde sich η_2 zu 0,123 ergeben, während es nach obiger Tabelle doppelt so groß ist, nämlich 0,245.

Der Unterschied rührt natürlich von der Nichtberücksichtigung tatsächlich vorkommender Vorschübe und Schnittiefen her, die in obiger Formel je 1 Zoll wären. Bei Umwertung in das erweiterte Schnittdruckgesetz entstehen solche naheliegenden Fehler nicht, da mit $F = 1$ und $G = 5:1$ die Verhältnisse für einen Normspanquerschnitt verglichen werden, der sehr häufig im Betrieb vorkommt.

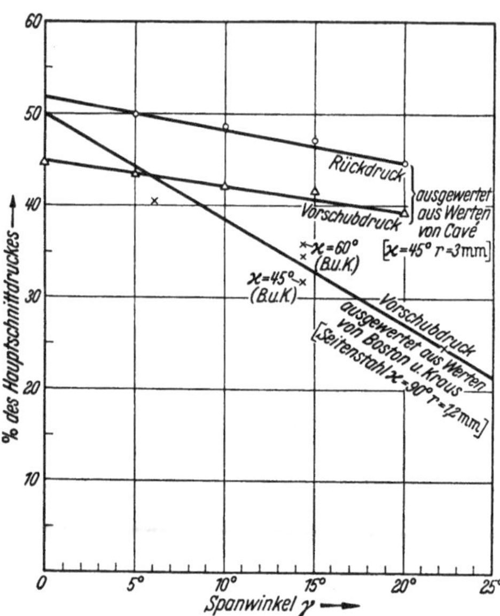

Abb. 161. Verhältnis von Vorschub- und Rückdruck zum Hauptschnittdruck bei steigendem Spanwinkel ($F = 1$ mm²; $G \doteq 5:1$; St 42.11).

Aus Tab. 68 erkennt man, daß das Verhältnis (η_2) von Vorschubdruck zu Hauptdruck mit steigendem Spanwinkel schnell fällt nach den Versuchen von Boston und Kraus (Versuchsreihen 1 bis 4). Vergleicht man ferner Versuchsreihen 3, 5, 6, 7 und 8 — die den gleichen oder sehr ähnlichen Spanwinkel $\gamma = 14$ bis $16^1/_4{}^\circ$ betreffen —, so erkennt man, daß das Verhältnis η_2 gut übereinstimmt, trotz der anderen Änderungen in diesen Versuchsreihen. Das Verhältnis von Vorschubdruck zu Hauptschnittdruck schwankt nur zwischen 0,315 und 0,353 bei diesen Versuchsreihen. Im Mittel ergibt sich $\eta_2 = 0{,}345$ für einen Spanwinkel von etwa 15°.

Der Einfluß der Stahlnasenabrundung (Versuchsreihen 9, 10, 11) ist nicht einheitlich und es scheint, als ob das Vorschubdruck-Hauptschnittdruckverhältnis mit steigendem Stahlnasenradius fällt. Eine Änderung des „back rake“ allein (Versuchsreihen 5 und 6) beeinflußt η_2 nicht, was somit als Bestätigung der Wichtigkeit des Spanwinkels γ anzusehen ist, der eine Kombination von „back rake“, „side rake“ und Einstellwinkel darstellt, wie oben auseinandergesetzt (vgl. S. 65) und nicht allein betrachtet werden sollte.

Die Abhängigkeit des Vorschubdruckes nach BOSTON und KRAUS in Prozenten des Hauptschnittdruckes vom Spanwinkel ist in Abb. 161 dargestellt.

Der Rückdruck kann in gleicher Weise wie der Vorschubdruck ins Verhältnis gesetzt werden zum Hauptschnittdruck, wie aus Tab. 69 ersichtlich ist aus den Versuchen von BOSTON und KRAUS. Die Werte zeigen jedoch keine Einheitlichkeit und lassen Schlüsse noch nicht zu.

Tabelle 69. *Umrechnung der Formeln für den Rückdruck P_3 in das erweiterte Rückdruckgesetz aus Werten von* BOSTON *und* KRAUS *für St 42.11.*

Versuchsreihe Nr.	x Exponent des Vorschubs	y Exponent der Schnitttiefe	C_{engl} Konstante nach BOSTON und KRAUS	$C_{metrisch}$ gemäß Gl.(168)	$5^{\left(\frac{y-x}{2}\right)}$	$C_{k_{s_1}}$	P_3 = Rückdruck	$\frac{P_3}{P} = \eta_3$
1	0,76	0,42	4670	47	0,58	27,2	$\frac{27{,}2 \cdot F^{0,59}}{\left(\frac{G}{5}\right)^{0,17}}$	0,13
2	0,70	0	1590	75,5	0,57	43	$\frac{43 \cdot F^{0,35}}{\left(\frac{G}{5}\right)^{0,35}}$	0,21
3	0,56	0	923	69	0,64	44	$\frac{44 \cdot F^{0,28}}{\left(\frac{G}{5}\right)^{0,28}}$	0,236
4	0,46	0,13	704	47,5	0,766	36,3	$\frac{36{,}3 \cdot F^{0,295}}{\left(\frac{G}{5}\right)^{0,165}}$	0,228
5	0,67	0	2020	98,5	0,575	56,5	$\frac{56{,}5 \cdot F^{0,345}}{\left(\frac{G}{5}\right)^{0,345}}$	0,312
6	0,47	0	416	40,6	0,685	27,8	$\frac{27{,}8 \cdot F^{0,235}}{\left(\frac{G}{5}\right)^{0,235}}$	0,147
7	0,48	0,84	14500	93,5	1,33	124	$124 \cdot F^{0,66}\left(\frac{G}{5}\right)^{0,18}$	0,65
8	0,77	1,00	40700	61	1,204	73	$73 \cdot F^{0,885}\left(\frac{G}{5}\right)^{0,115}$	0,355
9	0,53	0	692	56,6	0,77	43,5	$\frac{43{,}5 \cdot F^{0,265}}{\left(\frac{G}{5}\right)^{0,265}}$	0,173
10	0,68	0,47	7250	79	0,845	66,7	$\frac{66{,}7 \cdot F^{0,575}}{\left(\frac{G}{5}\right)^{0,105}}$	0,28
11	0,84	0,43	14600	110	0,72	79,2	$\frac{79{,}2 \cdot F^{0,635}}{\left(\frac{G}{5}\right)^{0,205}}$	0,248

Während der Einfluß des Rückdruckes im Verhältnis zum Hauptschnittdruck mit steigendem Schlankheitsgrad G abnimmt für alle Seitenstähle ($\varkappa = 90°$), nimmt er zu für die zwei Versuchsreihen (7 und 8), wo $\varkappa = 60°$ und 45° war, da G im Zähler steht (Tab. 69).

CAVÉ[1] hat folgende Formeln für Vorschub- und Rückdruck aufgestellt (St 42.11):

$$P_2 = 90\,(1 - 0{,}017\,\gamma)\,s^{0{,}74}\,t^{1{,}15}, \tag{171}$$

$$P_3 = 115\,(1 - 0{,}018\,\gamma)\,s^{0{,}62}\,t^{0{,}90}. \tag{172}$$

Die Umformung in das erweiterte Vorschub- bzw. Rückdruckgesetz mit Hilfe der Gl. (167) ergibt:

$$P_2 = 125\,(1 - 0{,}017\,\gamma)\,F^{0{,}945}\left(\frac{G}{5}\right)^{0{,}205}, \tag{173}$$

$$P_3 = 145\,(1 - 0{,}018\,\gamma)\,F^{0{,}76}\left(\frac{G}{5}\right)^{0{,}14}, \tag{174}$$

wogegen der Hauptschnittdruck war [s. Gl. (155)]:

$$P = 281\,(1 - 0{,}013\,\gamma)\,F^{0{,}77}\left(\frac{G}{5}\right)^{0{,}15}.$$

Ein Vergleich dieser beiden letzten Gleichungen zeigt, daß nach CAVÉ das Verhältnis von Rückdruck zu Hauptschnittdruck praktisch unabhängig vom Spanquerschnitt und Schlankheitsgrad ist.

Ferner ermöglichen es seine Versuche, die Verhältnisse der Nebenkomponenten zum Hauptschnittdruck für verschiedene Spanwinkel zu ermitteln. Die Ergebnisse sind in Tab. 70 zusammengestellt und graphisch in Abb. 161 eingetragen.

Tabelle 70. *Abhängigkeit der drei Schnittdruckkomponenten vom Spanwinkel bei Bearbeitung von St 42.11, ausgewertet aus Versuchen von* CAVÉ.

Spanwinkel γ	Hauptdruck für $F = 1$, $G = 5:1$ gemäß Gl. (155) C_{k_s}	Vorschubdruck für $F = 1$, $G = 5:1$ gemäß Gl. (173) $C_{k_{s2}}$	$\eta_2 = \frac{P_2}{P}$	Rückdruck für $F = 1$, $G = 5:1$ gemäß Gl. (174) $C_{k_{s3}}$	$\eta_3 = \frac{P_3}{P}$
0	281	125	0,445	145	0,515
5	263	115	0,436	132	0,50
10	245	104	0,422	119	0,485
15	226	93,5	0,412	106	0,47
20	208	82,7	0,396	93	0,445

Der Rückdruck ist nach CAVÉ demnach größer als der Vorschubdruck, was mit SCHLESINGERS Angaben übereinstimmt, obgleich *nicht* der Größenordnung nach, während der Abfall des Hauptschnittdrucks bei steigendem Spanwinkel mit den praktischen Schnittdruckwerten der Tab. 104 (Anhang A) in Einklang steht.

[1] CAVÉ, zitiert S. 210, dort S. 285.

Aus KLOPSTOCKS Untersuchungen mit Chromnickelstahl (85 kg/mm²) lassen sich die Werte der Tab. 71 ableiten:

Tabelle 71. *Verhältnis der Nebenkomponenten zum Hauptschnittdruck bei Chromnickelstahl, ausgewertet aus* KLOPSTOCKS *Versuchen.*

Spanwinkel γ °	Einstellwinkel $\varkappa$ °	Stahlabrundung mm	F	G	$\eta_2 = \frac{P_2}{P}$	$\eta_3 = \frac{P_3}{P}$
12	45	3	1,0	5 : 1	0,12	0,32
12	90	3	1,0	5 : 1	0,25	0,48
23	60	3	1,0	5 : 1	0,15	0,38

Für Gußeisenbearbeitung können Anhalte für den Vorschubdruck aus den Untersuchungen von H. HOLMES erhalten werden. Die Umformungen aus englischen Maßen mit Vorschub und Schnittiefe in das erweiterte Vorschubdruckgesetz mit Spanquerschnitt und Schlankheitsgrad ergeben in metrischen Dimensionen:

Brinellhärte 126: $$P_2 = 20{,}8 \cdot F^{0,9}\left(\frac{G}{5}\right)^{0,4}, \qquad (175)$$

Brinellhärte 181: $$P_2 = 31{,}2 \cdot F^{0,9}\left(\frac{G}{5}\right)^{0,4}, \qquad (176)$$

Brinellhärte 241: $$P_2 = 35 \cdot F^{0,9}\left(\frac{G}{5}\right)^{0,4}. \qquad (177)$$

Dividiert man diese Gleichungen durch die des Hauptschnittdruckes (S. 211) für $F = 1$ und $G = 5:1$, so ergibt sich η_2 zu 0,32, 0,26 und 0,29. Im Mittel ist demnach der Vorschubdruck 29% des Hauptschnittdruckes für den Normspanquerschnitt $F = 1$, $G = 5:1$.

Auf Schwingungserscheinungen im Zusammenhang mit den Nebenkomponenten des Schnittdruckes wird später eingegangen.

Eigene Versuche, die die Messung des Vorschub- und Rückdruckes auf Karusselldrehbänken einbezogen, sind weiter unten erörtert (s. Abb. 269). Sie zeigten, daß zwar der Hauptschnittdruck auf Karusselldrehbänken denselben Gesetzen folgt wie auf anderen Drehbänken, daß jedoch der Vorschubdruck auf Karusselldrehbänken erheblich weniger ansteigt mit dem Spanquerschnitt als aus den vorstehend besprochenen Versuchen folgen würde. Die Gründe für dieses verschiedenartige Verhalten sind bisher nicht untersucht worden; es ist jedoch offensichtlich, daß die Benutzung des Vorschubdruckes zur Prüfung der Zerspanbarkeit so lange nicht ratsam ist, als die Sonderheit der Maschine u. a. m. daraus nicht beseitigt werden kann. Hier liegt ein noch offenes Problem vor.

6. Einbeziehung der Zugfestigkeit (bzw. Brinellhärte) in die Schnittdruckgesetze.

Es war schon im Teil I (Grundlagenforschung) nachgewiesen worden, daß theoretisch ein Zusammenhang zwischen dem spezifischen Schnittdruck k_s und der Zerreißfestigkeit k_z besteht (s. S. 25ff.) und daß es möglich ist, den spezifischen Schnittdruck aus dem Stauchfaktor λ für eine gegebene Zerreißfestigkeit annähernd zu bestimmen.

Die diese Theorie unterstützenden Zahlenwerte entstammten Versuchen, bei denen Rohre zerspant wurden, d. h. Zerspanungsversuchen, bei denen die Wirkung der Stahlnase und der Nebenschneide ausgeschlossen wurde. Solche Versuche sind natürlich nützlich, um grundsätzliche Erkenntnisse aufzudecken, sie haben jedoch den Nachteil, nicht den in der Werkstatt meistens anzutreffenden Fall der drehenden Zerspanung voll zu erfassen.

Es wurde dort die Erkenntnis gewonnen (vgl. Tab. 8), daß für Stahl im Mittel folgende Beziehung gilt:

$$\frac{k_s}{k_z} = 1{,}5\,\lambda .$$

Würde man in Gl. (30) den Bearbeitungswert „C" zu 90° annehmen, was aber sehr groß sein würde, so kann leicht abgeleitet werden, daß für $\gamma = 0°$ folgende Beziehung entsteht:

$$\frac{k_s}{k_z} = 2\,\lambda .$$

Es bestehen wohl heutzutage keine theoretischen Zweifel mehr, daß eine direkte Abhängigkeit zwischen k_s und k_z vorliegt, und es verbleibt nunmehr die Aufgabe, die Zusammenhänge auch von der praktischen Seite, d. h. aus Zerspanungsversuchen erheblichen Umfanges, aufzudecken.

Hierfür bieten Klopstocks Versuche die beste Grundlage, weil er nicht nur solche Zerspanungsversuche ausgeführt hat, sondern auch als erster auf den Zusammenhang mit den von Eugen Meyer[1] im Jahre 1908 durchgeführten Härteuntersuchungen hingewiesen hat. Der „Meyer-Exponent", der in den letzten Jahren besonders in USA vielfach herangezogen worden ist zur Erklärung der Kaltverfestigung bei der Zerspanung, spielte schon bei Klopstocks Untersuchungen eine Rolle.

Als wichtigstes Ergebnis seiner Untersuchungen ist meines Erachtens die Auffindung der „Überschneidungsgeraden" anzusehen; sie bieten die Möglichkeit, eine direkte Beziehung zwischen dem spezifischen Schnittwiderstand k_s und der Zerreißfestigkeit k_z bzw. der Brinellhärte H aus Zerspanungsversuchen herzustellen, eine Beziehung, die praktisch sehr wichtig ist.

---

[1] Meyer, Eugen: Z. VDI 1908 Nr. 17, 19 u. 21.

KURREINS Versuche zeigten, daß dieselben Überschneidungsgeraden auch für Bohren und Schleifen gelten.

Die Überschneidungsgeraden sind im Diagramm (Abb. 144 u. 145) abgebildet. KLOPSTOCK hat hier auf der Abszissenachse außer dem Spanquerschnitt F auch noch die Fläche des Eindruckdurchmessers der Brinellprobe des untersuchten Werkstoffes und auf der Ordinate den zugehörigen Kugeldruck eingetragen. Es ergab sich, daß die Gerade des Schnittdruckes und die Gerade des Kugeldruckes desselben Materials sich schneiden. Für andere Materialien lagen die Schnittpunkte anders, jedoch so, daß die Punkte für die fließspanbildenden Materialien (Chromnickelstahl, SM-Stahl, Schmiedeeisen, Kupfer) auf einer Geraden I und die Punkte der nichtfließspanbildenden Werkstoffe (Gußeisen, Messing) auf einer anderen Geraden II lagen. Die Überschneidungsgeraden sind also der geometrische Ort für die Schnittpunkte der Schnittdruck- und Kugeldruckgeraden. Die Gleichungen der Kugeldruckgeraden lauten:

Schmiedeeisen:

$$P_K = 87 \cdot \left(\frac{\pi\, d_e^2}{4}\right)^{1,16} = 66\, d_e^{2,32}, \tag{178}$$

Gußeisen:

$$P_K = 120 \cdot \left(\frac{\pi\, d_e^2}{4}\right)^{1,15} = 91\, d_e^{2,30}, \tag{179}$$

Chromnickelstahl:

$$P_K = 204 \cdot \left(\frac{\pi\, d_e^2}{4}\right)^{1,06} = 157\, d_e^{2,12}, \tag{180}$$

SM-Stahl 75 kg:

$$P_K = 140 \cdot \left(\frac{\pi\, d_e^2}{4}\right)^{1,10} = 107\, d_e^{2,20}, \tag{181}$$

Kupfer:

$$P_K = 24 \cdot \left(\frac{\pi\, d_e^2}{4}\right)^{1,28} = 17.5\, d_e^{2,56}, \tag{182}$$

Messing:

$$P_K = 58 \cdot \left(\frac{\pi\, d_e^2}{4}\right)^{1,17} = 43,5\, d_e^{2,34}. \tag{183}$$

Der MEYER-Exponent, der ein Kennzeichen der Kaltverfestigungsfähigkeit (strain-hardenability) eines Werkstoffes ist, schwankt hier zwischen 2,12 für Chromnickelstahl und 2,56 für Kupfer. Nach amerikanischen Untersuchungen[1] deutet ein niedriger MEYER-Exponent auf gute Bearbeitbarkeit (hinsichtlich Oberflächengenauigkeit und Standzeit) hin. Für SAE 52100 wurde z. B. ein Exponent von 2,7 gefunden gegenüber 2,35 für SAE 1045.

[1] Vgl. Tool Engineers Handbook, zitiert S. 27, dort. S. 314, Zahlentafel 17-4.

Die KLOPSTOCKschen Überschneidungsgeraden ergeben sich aus folgenden Gleichungen:

für fließspanbildende Werkstoffe: $y = 615 \cdot x^{0,571}$,

für nichtfließspanbildende Werkstoffe: $y = 82 \cdot x^{0,649}$,

wobei y den Schnittdruck und Kugeldruck bezeichnet, x den Spanquerschnitt und die Eindrucksfläche.

Da KLOPSTOCK die *Richtung* der Geraden für die verschiedenen Werkstoffe festgestellt hat, ist es möglich, Meßblätter herzustellen, mit

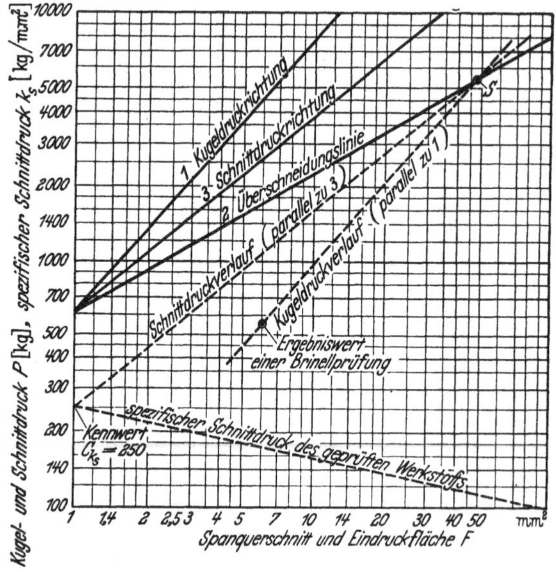

Abb. 162. Meßblatt für Stahl.

deren Hilfe man aus *einer* Brinellprobe den Schnittdruckverlauf und damit C_{k_s} bestimmen kann. Abb. 162 zeigt den Entwurf eines solchen Meßblattes für Stahl.

Die mit *1* bezeichnete Gerade ist die Kugeldruck*richtung* für Stahl, die mit *3* bezeichnete die Schnittdruck*richtung*, und die mit *2* bezeichnete Gerade ist die KLOPSTOCKsche Überschneidungsgerade. Alle drei Geraden sind von mir so gelegt worden, daß sie von einem Punkt ausgehen, da sie nur die Richtung anzugeben haben.

Als Beispiel ist der Fall eingetragen, daß sich bei einer Brinellprobe bei einem Kugeldruck von 590 kg eine Eindrucksfläche von 6 mm² ergeben habe. Man legt durch diesen Punkt zuerst eine Parallele zur Kugeldruckrichtung *1*, die die Überschneidungsgerade in *S* schneidet. Durch *S* wird die Parallele zur Schnittdruckrichtung *3* gelegt, die somit bereits die Größe des Schnittdruckes des untersuchten Werkstoffes für die verschiedenen Spanquerschnitte angibt.

C_{k_s} ist der Schnittpunkt dieser Geraden mit der Ordinate, im Beispiel also: $C_{k_s} = 250$. Der Verlauf der Geraden des spezifischen Schnittdruckes des untersuchten Werkstoffes ist auch eingezeichnet, da sie von $C_{k_s} = 250$ ausgehen muß. Ein Schlankheitsgrad ist hierbei nicht angegeben.

Für andere Werkstoffe als Stahl ist das Verfahren dasselbe, nur daß jeweils die Richtungen der Geraden *1* und *3* anders liegen und evtl. auch (für Gußeisen und Messing) eine andere Überschneidungsgerade *2* in Frage kommt.

Um zu einer direkten Beziehung zwischen k_s und k_z zu gelangen, muß man noch einen Schritt weiter gehen, nämlich nicht beliebige Brinellpunkte eintragen, sondern bestimmte.

Die Beziehung zwischen dem Durchmesser d_e der Eindrucksfläche und der Brinellhärte H ist gemäß DIN 1605 bei dem Kugeldruck P_K für den Durchmesser D der Brinellkugel:

$$H = \frac{2\,P_K}{\pi\,D\,(D - \sqrt{D^2 - d_e^2})}\ \text{kg/mm}^2\,.$$

Im Regelfall ist:

$$P_K = 3000\ \text{kg}\,,$$
$$D = 10\ \text{mm}\,,$$

so daß entsteht:

$$H = \frac{6000}{\pi \cdot 10\,(10 - \sqrt{100 - d_e^2})}\ \text{kg/mm}^2\,,$$

$$H = \frac{191}{10 - \sqrt{100 - d_e^2}}\ \text{kg/mm}^2\,.$$

Um die Eindrucksflächen für verschiedene Brinellhärten H bei $P_K = 3000$ zu erhalten, wird hieraus gebildet:

$$\frac{d_e^2\,\pi}{4} = \frac{\pi}{4}\left[100 - \left(10 - \frac{191}{H}\right)^2\right].$$

Es ergibt sich also:

Tabelle 72.

H	$\frac{191}{H}$	$10 - \frac{191}{H}$	$\left(10 - \frac{191}{H}\right)^2$	$100 - \left(10 - \frac{191}{H}\right)^2$	$\frac{d_e^2\,\pi}{4}$
100	1,91	8,09	65,44	34,56	27,1
120	1,59	8,41	70,73	29,27	23
140	1,362	8,638	74,48	25,52	20
160	1,192	8,808	77,44	22,56	17,65
180	1,06	8,94	79,92	20,08	15,8
200	0,955	9,045	81,81	18,19	14,25

Trägt man die Eindrucksflächen für $H = 100$ und 200 auf der zugehörigen Horizontalen ($P_K = 3000$ kg) ein (Abb. 163) und ermittelt, wie oben beschrieben, durch Ziehen der Parallelen usw. C_{ks}, so erhält man die Gebiete des Schnittdrucks bzw. des spezifischen Schnittdrucks für Stahl, denen, wie sich später noch zeigen wird, bestimmte Keilwinkel β des Drehstahles zugeordnet sind. Zeichnet man außer den Werten $H = 100$ und $H = 200$ auch noch die übrigen Eindrucksflächen ein (Abb. 164), so erhält man zu jeder Brinellhärte H einen zugehörigen C_{ks}-Wert.

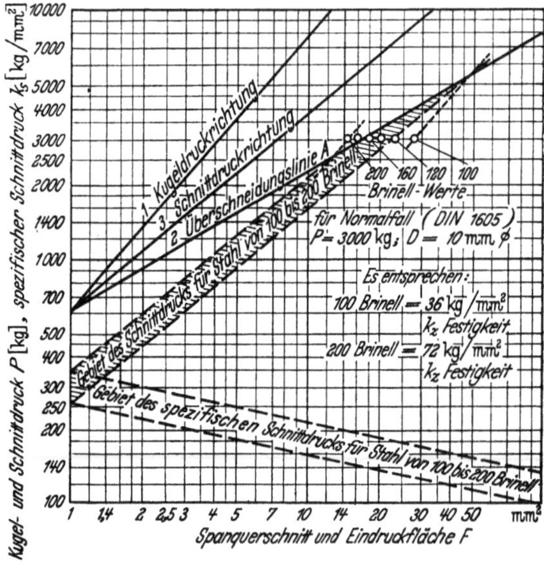

Abb. 163. Die Gebiete des Schnittdruckes bzw. des spezifischen Schnittdruckes bei Stahl.

Bei Stahl (70 kg) ergeben sich die Werte der Tab. 73a.

In derselben Weise kann man auch die Beziehung zwischen H und C_{ks} bei den anderen Werkstoffen herstellen, wie es ebenfalls in Abb. 164 vorgenommen ist; man erhält hiernach Tab. 73b, 73c und 73d:

Tabelle 73a—e.

a) Für Stahl:

H	C_{ks}
100	250
120	270
140	290
160	310
180	325
200	340

b) Für Schmiedeeisen:

H	C_{ks}
100	196
120	210
140	227
160	240
180	250
200	263

c) Für Chromnickelstahl:

H	C_{ks}
100	260
120	280
140	300
160	320
180	335
200	350

Da für Gußeisen eine andere Überschneidungsgerade in Frage kommt, ergeben sich gemäß Abb. 165 die Zahlen der Tab. 73e:

d) Für Kupfer:

H	C_{k_s}
100	239
120	260
140	275
160	290
180	305
200	320

e) Für Gußeisen:

H	C_{k_s}
100	74
120	80
140	86
160	90
180	95
200	102

Zur Feststellung der Gesetzmäßigkeiten zwischen C_{k_s} und H trägt man (Abb. 166) diese Werte in ein doppellogarithmisches Feld ein, dessen Abszisse die Brinellwerte und dessen Ordinate die C_{k_s}-Werte sind. Die Brinellwerte müssen dabei, zur Feststellung des Achsenabschnittes $C_{k_{s_1}}$, auf den Wert $H = 1$ bezogen werden.

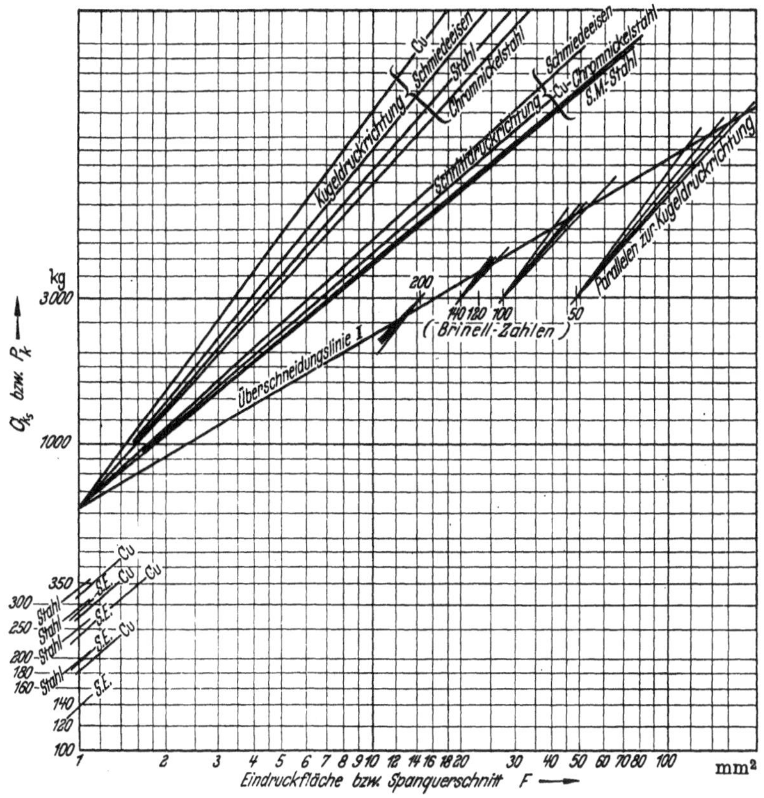

Abb. 164. Ermittlung der Beziehungen zwischen Brinellhärte und Schnittdruck bei *Chromnickelstahl, Stahl, Schmiedeeisen* und *Kupfer*.

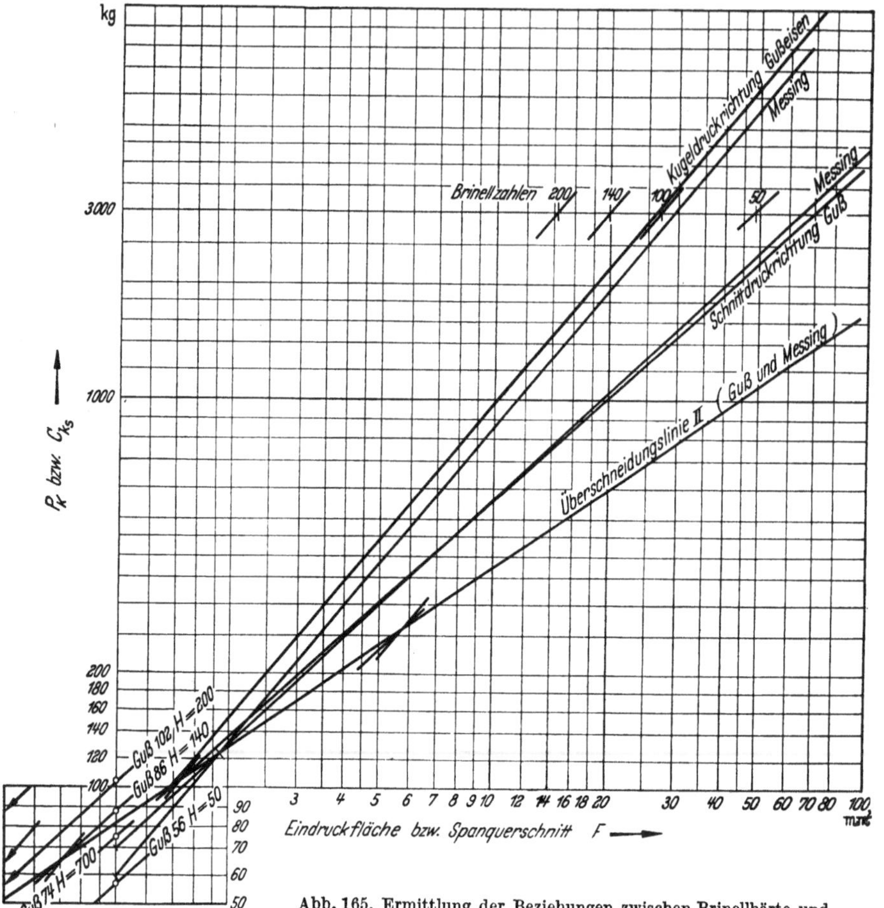

Abb. 165. Ermittlung der Beziehungen zwischen Brinellhärte und Schnittdruck bei *Gußeisen* und *Messing*.

Es ergibt sich dann:

SM-Stahl:

$$\log C_{k_s} = a \cdot \log H + \log C_{k_{s1}},$$

$$a = \frac{\log 86 - \log 30{,}2}{\log 10 - 1} = 1{,}934 - 1{,}48 = 0{,}454\,,$$

$$\underline{a = \frac{1}{2{,}2}}\,,$$

$$C_{k_{s1}} = \sim 30\,,$$

$$\underline{C_{k_s} = 30\sqrt[2{,}2]{H}}\,.$$

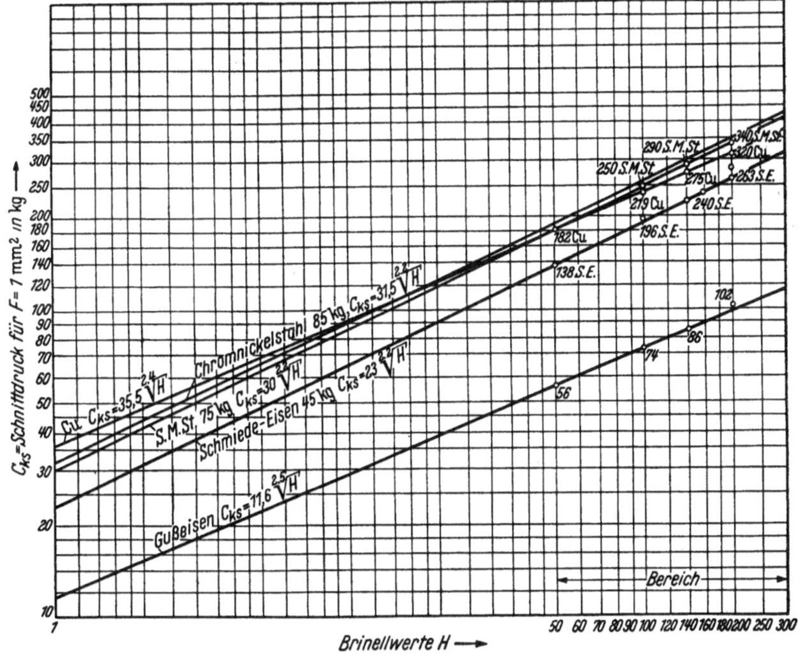

Abb. 166. Ableitung der Beziehung zwischen H und C_{k_s}.

Da zwischen H und k_z die Beziehung besteht:

$$H = \frac{k_z}{0{,}36},$$

kann man auch setzen:

$$C_{ks} = 30 \cdot \sqrt[2{,}2]{\frac{k_z}{0{,}36}} = 47{,}5 \cdot \sqrt[2{,}2]{k_z}.$$

Die Gleichung für k_s bei SM-Stahl war nach Klopstocks Versuchen

$$k_s = \frac{C_{k_s}}{\sqrt[5{,}07]{F}},$$

so daß sich ergibt:

$$\boxed{k_s = 47{,}5 \cdot \frac{\sqrt[2{,}2]{k_z}}{\sqrt[5{,}07]{F}}} \quad \text{SM-Stahl.} \tag{184}$$

Hiermit ist die erste Gleichung gewonnen, die die Beziehung zwischen k_s und k_z aus Versuchen angibt. Aus der physikalischen Zerspanungslehre war eine solche Beziehung vorauszusehen, wie ausführlich auf S. 25 ff. erörtert ist. Die dort erwähnte Verbindung zwischen Theorie und Praxis wird hier somit von der Versuchsseite aus bestätigt.

Bei den anderen Werkstoffen wird:

Schmiedeeisen:

$$a = \log 66 - \log 23$$
$$= 1{,}819 - 1{,}362 = 0{,}457$$
$$= \frac{1}{2{,}19} \sim \frac{1}{2{,}2}$$

$$C_{ks} = 23 \sqrt[2{,}2]{H}\,.$$

$$C_{ks} = 36{,}5 \sqrt[2{,}2]{k_z}\,.$$

$$\boxed{k_s = 36{,}5 \frac{\sqrt[2{,}2]{k_z}}{\sqrt[7{,}25]{F}}} \quad \text{Schmiedeeisen.} \qquad (185)$$

Chromnickelstahl:

$$a = \log 90 - \log 31{,}5$$
$$= 1{,}954 - 1{,}498 = 0{,}456$$
$$= \frac{1}{2{,}2}$$

$$C_{ks} = 31{,}5 \sqrt[2{,}2]{H}\,.$$

für Chromnickelstahl gilt:

$$H = \frac{k_z}{0{,}34}\,,$$

also:

$$C_{ks} = 31{,}5 \sqrt[2{,}2]{\frac{k_z}{0{,}34}}\,,$$

$$C_{ks} = 51{,}5 \sqrt[2{,}2]{k_z}\,,$$

$$\boxed{k_s = 51{,}5 \frac{\sqrt[2{,}2]{k_z}}{\sqrt[5{,}05]{F}}} \quad \text{Chromnickelstahl.} \qquad (186)$$

Kupfer:

$$a = \log 93 - \log 35{,}5$$
$$= 1{,}968 - 1{,}550 = 0{,}418 = \frac{1}{2{,}4}$$

$$C_{ks} = 35{,}5 \sqrt[2{,}4]{H}\,.$$

Eine Beziehung zwischen k_z und H besteht für Kupfer und Gußeisen nicht, so daß hier die Gesetze zwischen k_s und H aufgestellt werden müssen:

$$\boxed{k_s = 35{,}5 \frac{\sqrt[2{,}4]{H}}{\sqrt[5{,}7]{F}}} \quad \text{Kupfer.} \qquad (187)$$

Gußeisen:

$$a = \log 29 - \log 11{,}6 = 1{,}462 - 1{,}064 = 0{,}398 = \frac{1}{2{,}5},$$

$$C_{ks} = 11{,}6 \sqrt[2{,}5]{H},$$

$$\boxed{k_s = 11{,}6 \frac{\sqrt[2{,}5]{H}}{\sqrt[7{,}4]{F}}} \quad \text{Gußeisen.} \tag{188}$$

7. Einbeziehung des Spanwinkels in die Schnittdruckgesetze.

a) Betriebswerte für Spanwinkel.

Obgleich TAYLOR der Ansicht war, daß „die *Schleifwinkel* bezüglich ihres Einflusses auf die Schnittgeschwindigkeit und auf die zum Abheben des Spanes erforderliche Kraft, entgegen der üblichen Meinung, nur eine *untergeordnete Rolle* spielen", sind die Untersuchungen

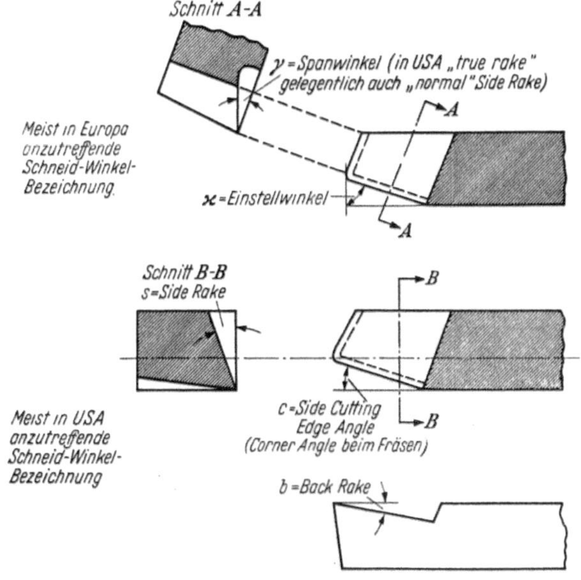

Abb. 167 u. 168. Europäische und amerikanische Schneidwinkelbezeichnungen.

hierüber immer wieder aufgenommen worden. Daß solche Untersuchungen erforderlich sind, zeigt ein tabellarischer Vergleich (Tab. 74 bis 79) der in den verschiedensten Quellen zu findenden Winkelangaben.

Tabelle

	Weicher SM-Stahl und weicher Guß					Harter SM-Stahl und harter Guß			
	α °	β °	γ °	Einstellwinkel °	Besonderer Winkel °	α °	β °	γ °	Besonderer Winkel °
Taylor	6	61	23		$\xi = 23$	6	68	16	$\xi = 14$
Nicolson	Stahl $\beta = 70$, Guß $\beta = 80$								
Schlesinger	11	67	12	40					
Gottwein	8	bis 60	bis 22		$\xi = 22$	6	76	8	
bei leichten Schnitten						8	60	22	
Simon	6—12	54—56	30—22			5—10	69—72	16—8	
AWF 100er Serie	6	65	19	45		vgl. Chromnickelstahl			
Klopstock									
B-Stahl	10	68	12	43	25				
S-Stahl	7	60	23	60	25				
Klopstock-Stahl	8	$\beta_1 = 70$	$\gamma_1 = 12$	Winkel der Fase					
		$\beta_2 = 32$	$\gamma_2 = 50$	Winkel der Tangente der Auskehlung					
Friedrich		60							
Hippler	8	62	20	70					
Krupp, normal	10	60	20			7	63	20	
bei schwer. Schnitten	12	60	18						
Sachsenberg	6—12	54—68	30—10			5—10	66—75	19—15	
Schuchardt & Schütte	10	64	16 } für Stahl			10	72	8 } für Guß	
bei leichten Schnitten	6	70	14 } für Stahl			6	80	4 } für Guß	
Poldihütte	12	57—62							
Krefelder Stahlwerk	10	55	25						

Tab. 74 gibt die Winkelgrößen verschiedener hier erörterter Unterlagen wieder, Tab. 75 enthält die Schneidenwinkel gemäß AWF 158. Verschiedene, in den Vereinigten Staaten übliche Schneidenwinkel sind in den Tab. 76 bis 78 zusammengestellt. Tab. 79 enthält einige englische Daten.

Dabei ist zu beachten, daß ein unmittelbarer Vergleich zwischen amerikanischen und europäischen Winkelwerten meistens nicht möglich ist wegen der verschiedenen Bezugsgrundlagen für die Schneidenwinkel. Dies wird aus Abb. 167 und 168 ersichtlich; in ihnen sind die beiden Meßweisen gegenübergestellt. In USA ist es meistens üblich, anstatt des Spanwinkels γ den „back rake b" und „side rake s" anzugeben. Wie aus Abb. 168 hervorgeht, wird der side rake s in einer Ebene parallel zur Längsachse des Werkstücks beim Drehen zwischen Spitzen gemessen und der back rake in einer dazu senkrechten Ebene, die durch die Schneidennase gelegt ist. Da in amerikanischen Unterlagen der Einstellwinkel $\varkappa$ oft nicht angegeben ist (oder sein Ergänzungswinkel side cutting edge angle), so kann man nicht ohne weiteres side rake und back rake in den Spanwinkel umrechnen, wie es die Formeln er-

74.

Rotguß Messing				Chromnickelstahl				Stahlguß				Elektron				Hartguß		
α	β	γ	Einstellwinkel	α	β	γ	Einstellwinkel	α	β	γ	Einstellwinkel	α	β	γ	Einstellwinkel	α	β	γ
°	°	°	°	°	°	°	°	°	°	°	°	°	°	°	°	°	°	°
																	86—90	
10	64	16	62	10	68	12	45	8	67	15	45	10	46	34	63	3—8	81—82	6—0
																3—6	85—90	α=100 bei l. Schn.
																bis 6	bis 84	

möglichen würden. Nur bei einem Einstellwinkel von 90° ist der side rake gleich dem Spanwinkel, wie auch aus der Gl. (64) für tg γ hervorgeht[1].

Einer der Gründe für diese Verschiedenheiten liegt auf wirtschaftlichem Gebiete. Man empfiehlt oft, den Einstellwinkel je nach Bedarf anzuschleifen und ihn nicht in den Schaft hineinzuverlegen.

Abb. 169 und 170 zeigen diese Unterschiede, aus denen hervorgeht, daß das Hineinverlegen des Einstellwinkels in den Schaft erheblich größere Kosten an Hartmetallverbrauch und Schleifzeit verursacht, da die gesamte Länge des Hartmetallplättchens nachgeschliffen werden muß. Bei Abb. 170 ist sie erheblich kürzer.

Selbst mit dieser Einschränkung zeigt ein Vergleich der Tab. 74 bis 79 beträchtliche Unterschiede in den empfohlenen Winkeln.

[1] Vgl. Abschnitt „Geometrie der Schneide" S. 66ff. Bei Ersetzen von $\varkappa = 90 - e$ ergibt sich:

$$\operatorname{tg} \gamma = \operatorname{tg} b \cos \varkappa + \operatorname{tg} s \sin \varkappa,$$
$$\operatorname{tg} \lambda = \operatorname{tg} b \sin \varkappa - \operatorname{tg} s \cos \varkappa.$$

Tabelle 75. *Schneidenwinkel nach AWF 158.*

Werkstoff	Schnellstahl Frei-winkel α °	Schnellstahl Span-winkel γ °	Hartmetall Frei-winkel α °	Hartmetall Span-winkel γ °
St 37.11 bis 70.11	8	14	5	10
St 85 und Stahlguß 50 bis 70 kg/mm² Festigkeit	8	10	5	6
Stahlguß 30 bis 50 kg Festigkeit	8	10	5	10
Legierte Stähle 70 bis 80 kg/mm²	8	14	5	10
85 bis 100 kg/mm²	8	10	5	6
100 bis 140 kg/mm²	8	6	5	6
Nichtrostender Stahl	—	—	5	10
Manganhartstahl	—	—	5	6
Ge alle Arten	8	0	5	0
Temperguß	8	10	5	10
Kupfer	8	14	8	14
Messing, Rotguß, Gußbronze	8	0	5	6
Zinklegierungen	12	10	12	10
Reinaluminium	12	30	12	30
Aluminiumlegierungen, hoher Si-Gehalt	12	18	12	18
Kolbenlegierung und andere Al-Legierung	12	14	12	14
Magnesiumlegierungen	8	6	5	6

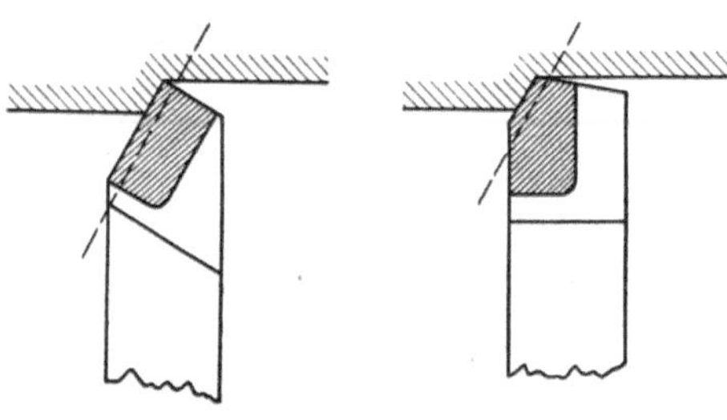

Abb. 169 u. 170. Anschleifen des Einstellwinkels.
Abb. 169: Unwirtschaftlich (Einstellwinkel im Schaft);
Abb. 170: Wirtschaftlich (Einstellwinkel im Plättchen).

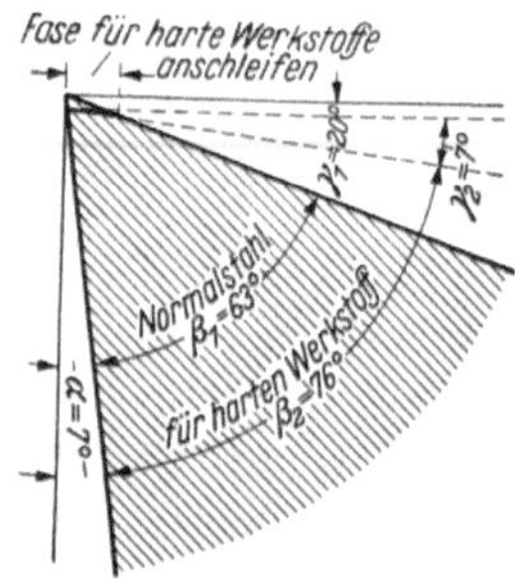

Abb. 171. Schneidstahl mit Fase.

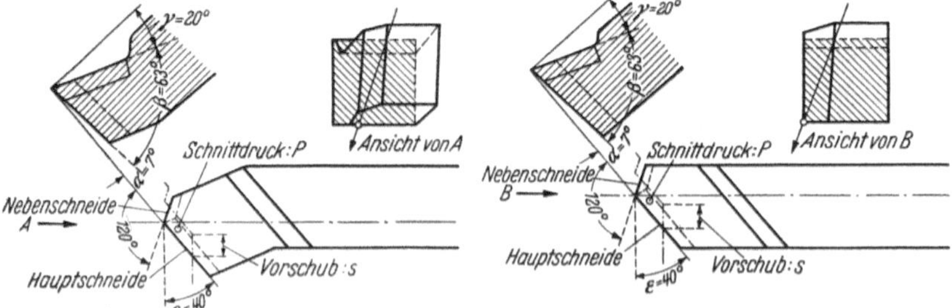

Abb. 172. Rechter Schruppstahl, seitlich gekröpft.

Abb. 173. Rechter Schruppstahl, gerade.

Tabelle 76. *Amerikanische Schneidenwinkel.*

Werkstoff	Quelle	Schnellstahl		Hartmetall	
		Back rake °	Side rake °	Back rake °	Side rake °
Stahl bis zu 0,30% C . . .	WOODCOCK	15	12—18	0	2—4
Stahl über 0,30% C . . .	,,	12	12	bei unterbrochenem Schnitt wird ein negativer back rake von —5° bis —10° empfohlen	
Stahl gehärtet	,,	8	9—12		
Stahl rostfrei	,,	15	10		
Monel Metal	,,	8	12	—	—
Nickel	,,	8	14	—	—
Gußeisen	,,	4	10	0	2
Bronze, mittel	,,	3	3	0	4
Bronze, hart	,,	8	3		
Messing	,,	0	0	0	4
Kupfer	,,	15	15	4	15—20
Aluminium	,,	30	12	20—25	10—15
Für Schnellstahl und Hartmetall					
Stahl bis 200 Brinell . . .	BAKER und KOZACKA[1]	0—10	4—15	—	—
Stahl 200—275 Brinell . .	,,	0—8	4—10	—	—
Stahl 275—350 Brinell . .	,,	0—5	4—8	—	—
Stahl 350—425 Brinell . .	,,	0—3	0—6	—	—
Stahl 425 und höher . . .	,,	0	0	—	—
Stahl mit 12% Mn, 1,2% C .	,,	0	0—4	—	—
Stahl mit 18% Cr, 8% Ni	,,	4—6	8—16	—	—
Gußeisen weich	,,	0—4	4—6	—	—
Gußeisen hart	,,	0	3—6	—	—
Gußeisen (Kokillen) . . .	,,	0	3—6	—	—
Temperguß	,,	0—4	4—8	—	—
Bronze	,,	0—5	0—10	—	—
Messing	,,	0—5	2—6	—	—
Kupfer	,,	0—10	8—15	—	—
Aluminium	,,	10—20	10—20	—	—

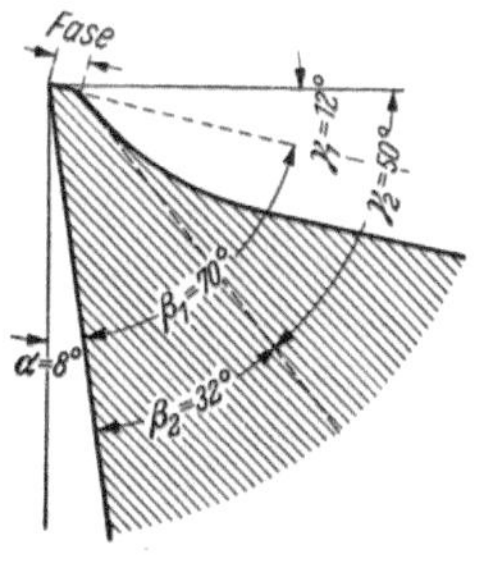

Abb. 174. KLOPSTOCK-Stahl.

Abb. 171 bis 173 zeigen verschiedene Schneidstähle, wie sie in Werkstätten anzutreffen sind, Abb. 174 stellt den sogenannten KLOPSTOCK-Drehstahl dar, der zwei Spanwinkel besitzt. Abb. 175 dient zur Erläuterung der europäischen Winkelbezeichnungen und der „steigenden“ und „abfallenden“ Schneide. Eine „steigende“ Schneide, bei der also die Stahlnase tiefer liegt als der Rest der Schneide, wird in Europa als mit positivem Neigungswinkel λ

[1] BAKER, W., u. J. S. KOZACKA: Carbide Cutting Tools. Chicago: Verlag American Technical Society 1951.

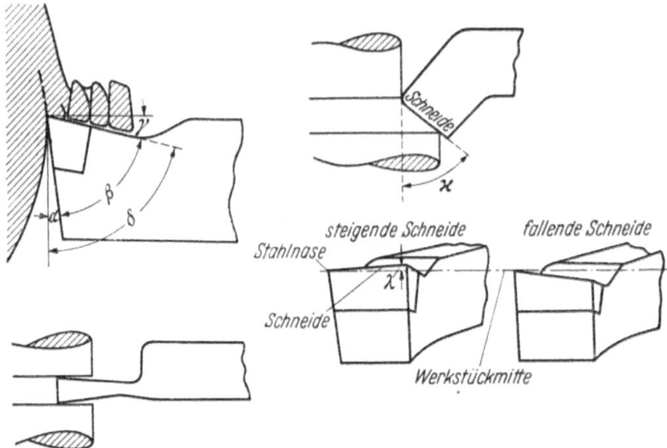

Abb. 175. Bezeichnung der Winkel am Drehstahl gemäß AWF 100.
α Freiwinkel; β Keilwinkel; γ Spanwinkel; δ Schneidewinkel; λ Neigungswinkel; ϰ Einstellwinkel.

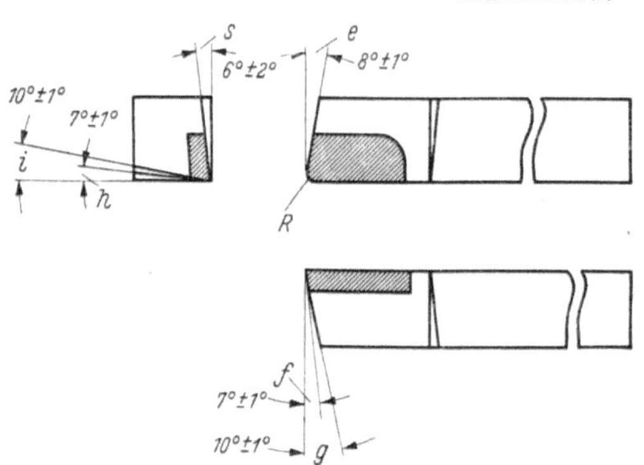

Beim amerikanischen Kurzbezeichnungssystem für Drehstähle werden die Winkelgrade in folgender Reihenfolge aufgeführt: *b* (Back rake); *s* (Side rake); *f* (End-Relief Angle); *g* (End Clearance Angle); *h* (Side Relief Angle), *i* (Side Clearance Angle); *e* (End Cutting Edge Angle); *c* (Side Cutting Edge Angle); *R* (Nose Radius). (Back rake *b* und Side Cutting Edge Angle *c* s. Abb. 168.)

Abb. 176. Amerikanische Norm A für Hartmetalldrehwerkzeuge.

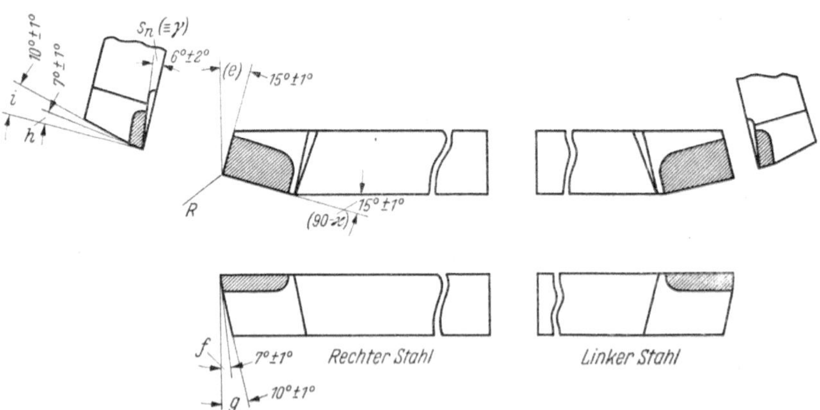

Abb. 177. Amerikanische Norm B für Hartmetalldrehwerkzeuge.

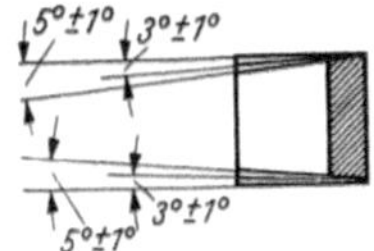

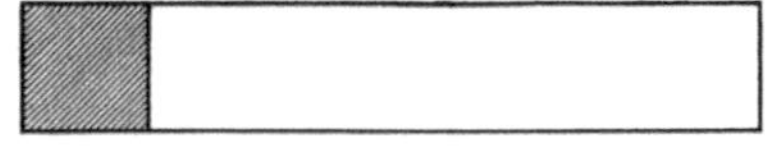

Abb. 178. Amerikanische Norm C für Hartmetalldrehwerkzeuge.

Tabelle 77. *Amerikanische Schneidenwinkel.*

Werkstoff	Quelle	Schnellstahl			Hartmetall		
		Back rake °	Side rake °	Einstellwinkel und Stahlabrundung °	Back rake °	Side rake °	Einstellwinkel und Stahlabrundung °
Rostfreier Stahl . . .	WOLDMANN u. GIBBONS[1]	5—10	5—10	75—80	—	—	—
Meehanite	„	4—8	6—10	80—84 (3—6 mm)	0—4	2—6	80—82 (3 mm)
Aluminium (Reynold Metal Co.).	„	30—53*	10—20	—	0—32*	5—10	—
		* (schließt einen beträchtlichen Überhöhungswinkel ein)					
Magnesium	„	10	5	65—75	7	5	65—75
Kupferlegierungen (American Brass Co.) für Automatenarbeit mit Bleizusatz . .	„	0	0—3	75—80 (1,5 bis 3 mm)	0	2—6	75—80 (1,5 mm)
Mit 60% bis 85% Cu .	„	5—10	5—10	75—80 (1,5 bis 3 mm)	0—5	4—8	75—80 (1,5 mm)
Bleifreie Bronzen schlecht bearbeitbar	„	10—20	20—30	75—80 (1,5 bis 3 mm)	4—8	15—25	75—80 (1,5 mm)
Zinklegierungen . . .	„	0—20	10—20	70—80	5—10	5—15	80 bis zu 45
Sondermetall mit 75% Ni und 12 bis 15% Cr	„	—	—	—	0—8	8	75—60 (0,8 mm)

[1] WOLDMANN, N. E., u. R. C. GIBBONS: Machinability and Machining of Metals. New York: McGraw-Hill Co. 1951.

Tabelle 78. *Amerikanische Schneidenwinkel.*

Werkstoff	Quelle	Hartmetall-Drehstähle				Hartmetall-Ab- und -Einstechstähle			
		Back rake		Side rake		Back rake		Side rake	
		gewöhnlicher Schnitt °	unterbrochener Schnitt °	gewöhnlicher Schnitt °	unterbrochener Schnitt °	gewöhnlicher Schnitt °	unterbrochener Schnitt °	gewöhnlicher Schnitt °	unterbrochener Schnitt °
Stahl und Ge mit Brinellhärte	Carboloy Co.								
100—200	„	0	0	15	0	10	0		
200—325	„	0	—3	8	—3	8	—5	0	0
325—425	„	0	—5	3—5	—5	5	—8		
425—550	„	0	—10	0	—8—10	0	—10		
Aluminium und Magnesium									
weich	„	30	—	30	—	30	—		
hart	„	10	—	15	—	15	—	0	—
hoher Si-Gehalt	„	0	—	15	—	10	—		
Messing u. Rotguß									
weich	„	0	—	10	—	10	—		
mittel	„	0	—	5	—	5	—	0	—
hart	„	0	—	0	—	0	—		
Kupfer weich. . .	„	15	—	15	—	15	—	0	—
„ hart . . .	„	0	—	0	—	0	—		

Stahlnasenabrundungen:

für Schnittiefen 4 mm und weniger: $r = 0{,}8$ mm
für Schnittiefen von 5 bis 10 mm: $r = 1{,}2$ mm
für Schnittiefen von 11 bis 20 mm: $r = 1{,}6$ mm
für Schnittiefen von 21 bis 30 mm: $r = 2{,}4$ mm

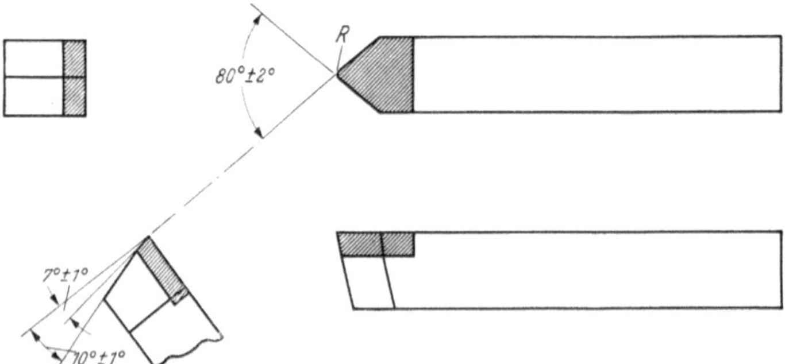

Abb. 179. Amerikanische Norm D für Hartmetalldrehwerkzeuge.

Tabelle 79. *Englische Schneidenwinkel für Bearbeitung seltener Metalle.*

Werkstoff	Quelle	Span-winkel γ °	Frei-winkel α °	Einstell-winkel $\varkappa$ °	Stahlab-rundung mm
Wolfram . . .	Protolite Ltd.[1]	20	5	40—50	0,5
Molybdän . .	,,	25	5	60—70	0,5
Tantal	,,	15	5	60	0,5
Titan	,,	—5	5	45	0,75
Zirkonium . .	,,	10—15	8	75	0,5

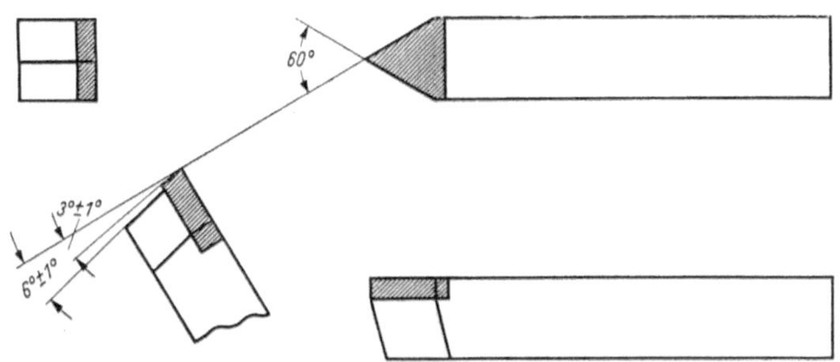

Abb. 180. Amerikanische Norm E für Hartmetalldrehwerkzeuge.

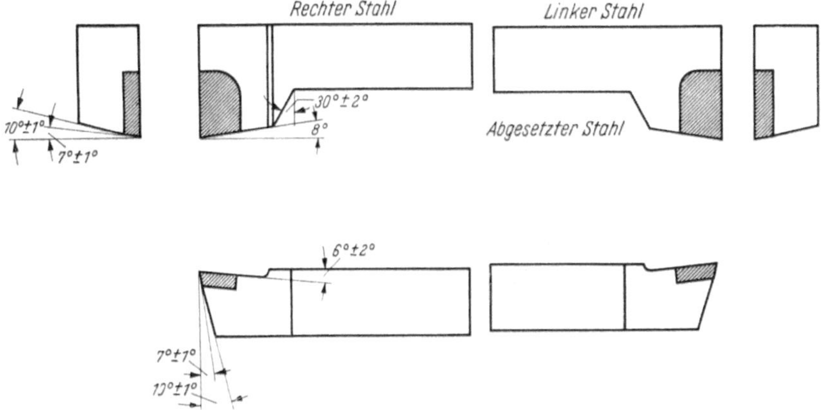

Abb. 181. Amerikanische Norm F für Hartmetalldrehwerkzeuge.

versehen betrachtet. In USA wird dieser Winkel meines Erachtens logischer als negativ angesehen. Für die abfallende Schneide gilt das Umgekehrte, ihr Neigungswinkel wird in USA positiv, in Europa negativ gerechnet[2].

[1] Amer. Mach. April 13/53 S. 183.

[2] Wegen wissenschaftlich genauerer Erläuterungen s. Abschnitt „Geometrie der Schneide" S. 67.

Der Neigungswinkel hat großen Einfluß auf den Spanablauf, nämlich darauf, ob der Span auf das Werkstück zu oder von ihm fort läuft

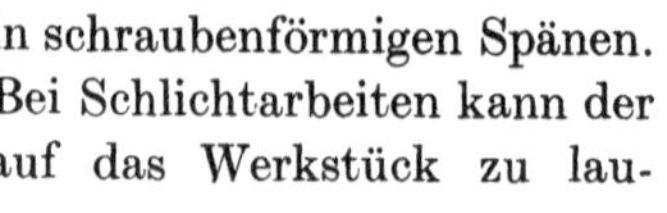

in schraubenförmigen Spänen. Bei Schlichtarbeiten kann der auf das Werkstück zu lau-

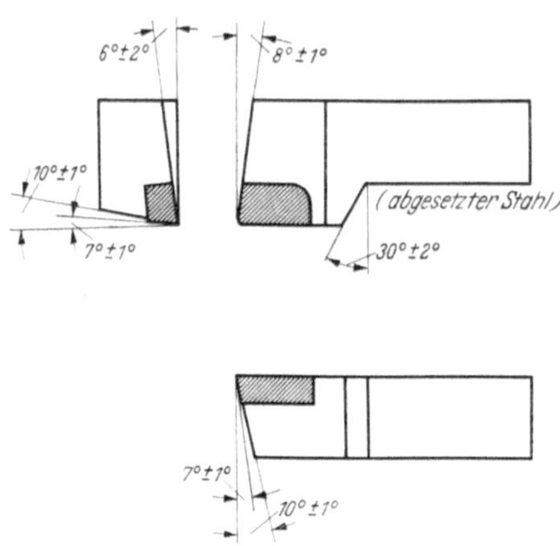

Abb. 182. Amerikanische Norm G für Hartmetalldrehwerkzeuge.

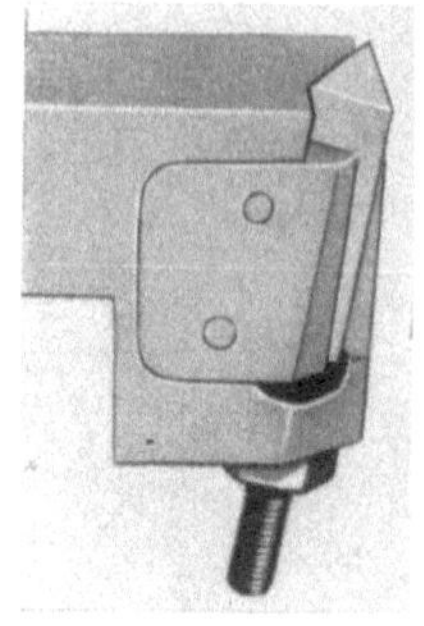

Abb. 183. Dreiecks-Hartmetallklemmhalter mit negativem Spanwinkel.

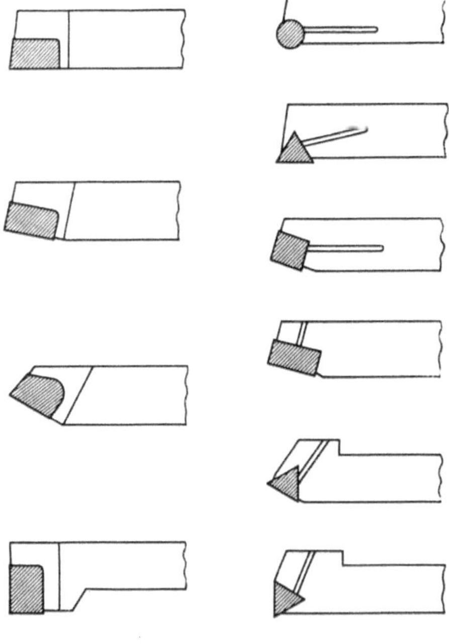

Abb. 184. Vergleich aufgelöteter und eingesetzter Hartmetallwerkzeuge.

fende Span Verkratzungen der Oberfläche erzeugen, bei Schrupparbeiten brechen solche Späne oft leichter.

Die im Jahre 1950 in USA genormten Hartmetall-Drehstähle sind in Abb. 176 bis 182 dargestellt[2]. Jedoch erfassen diese Normen bisher nur einen kleinen Teil der Drehstähle, insbesondere nicht die Klemmstähle.

Aufklemmstähle erleichtern die Anwendung negativer Spanwinkel und haben in den letzten Jahren sich stark entwickelt. Ein Beispiel zeigt Abb. 183 mit einem Hart-

[1] Ausführung der Wesson Co.

[2] Wiedergegeben mit Genehmigung der American Society of Mechanical Engineers, New York (Auszug aus American Standard: ASA B 5. 22—1950).

metall-Dreieck-Einsatz. Er hat sechs Schneiden, die nacheinander benutzt werden können, ehe er wieder angeschliffen wird.

Einige andere Ausführungen, bei denen ebenfalls die Vielzahl der Schneiden ausgenutzt werden kann, zeigt Abb. 184, wo aufgelötete und aufgeklemmte Drehwerkzeuge zum Vergleich gegenübergestellt sind, während technische Einzelheiten aus Abb. 185 in perspektivischer Darstellung zu erkennen sind[1].

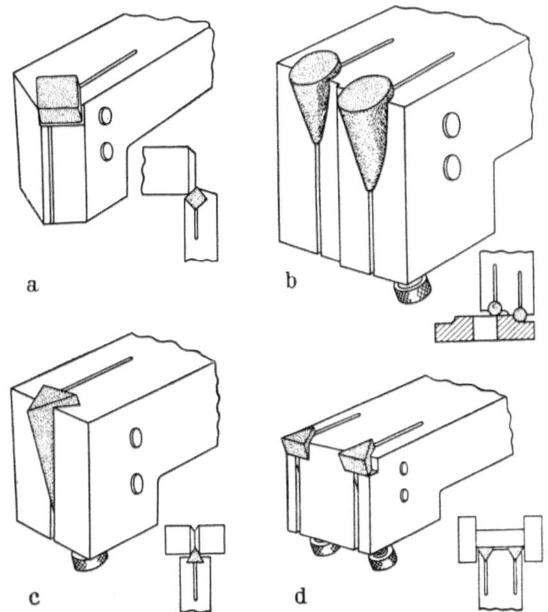

Abb. 185. Hartmetallklemmhalter verschiedener Form für negative Spanwinkel.

Die praktische Anwendung der dreieckigen Hartmetalleinsatzwerkzeuge mit negativen Spanwinkeln bei Bearbeitung von Kurbelwellen auf Le Blond-Kurbelwellen-Drehbänken geht aus Abb. 186 hervor. Die Standzeit ist sehr hoch, besonders wenn Kurbelwellen aus sphäroidischem Gußeisen auf diese Weise bearbeitet werden; oft werden die Stähle dann eine Woche lang nicht angeschliffen.

Freiwinkel und Schnittdruckrichtung muß sorgfältig vorher ermittelt werden, damit keine ungünstigen Beanspruchungen auftreten und um nachträgliche Änderungen an den Haltern zu vermeiden.

Auf weitere Probleme der negativen Spanwinkel — die zuerst an Messerkopffräsern bekanntlich angewandt worden sind — wird weiter unten noch genauer eingegangen werden (vgl. Abb. 222).

[1] Gillespie, J. S.: Carbide Insert Cutting Tools. Iron Age 12. Mai 1949.

Iwascheff hat einige der wesentlichsten Gründe und Vorteile negativer Spanwinkel zusammengestellt und läßt die Frage offen, ob mehr oder weniger Kraft[1] erforderlich ist als bei positivem Spanwinkel.

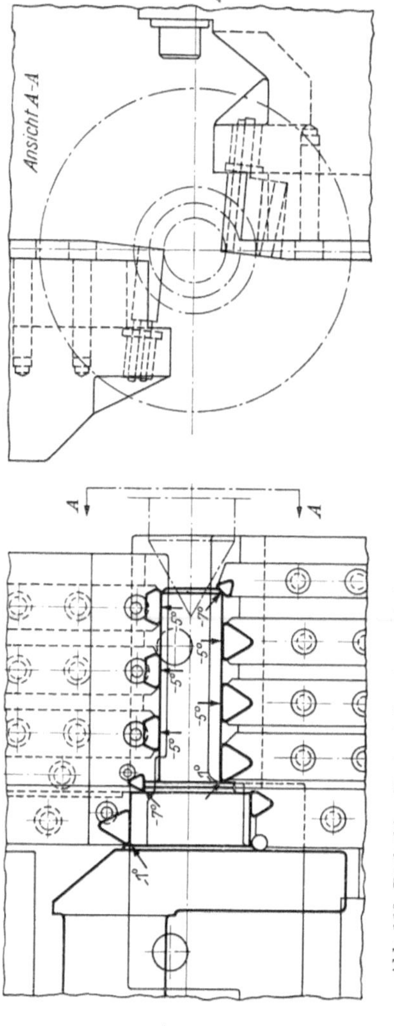

Abb. 186. Dreieckige Hartmetallwerkzeuge bei Kurbelwellenbearbeitung (The R. K. Le Blond Machine Tool Co.).

Die Schneidenwinkel beeinflussen nicht nur den Schnittdruck, sondern m. E. auch die Oberflächengenauigkeit, insbesondere verbessert sie sich erheblich mit steigendem Spanwinkel. Die Verbesserung der Oberfläche ist eine Folge der mit steigendem Spanwinkel sich verringernden Spanstauchung[2]. Dagegen ist der Einfluß des Einstellwinkels anders, seine Vergrößerung hat eine Oberflächenverschlechterung zur Folge.

b) Ableitung des Gesetzes zwischen Schnittdruck und Spanwinkel.

Ausgedehnte Versuche über die Änderung des Schnittdruckes mit dem Keilwinkel β (bzw. dem Spanwinkel γ) sind von Stanton und Heyde unternommen worden[3].

Die von ihnen untersuchten Werkstoffe sind in Tab. 80 angegeben.

Die Versuchsstücke hatten etwa 40 mm ∅, die zwischen den Spitzen bearbeitet wurden. Es wurden lediglich Seitenstähle benutzt, damit nur eine vertikale und *eine* horizontale

[1] Iwascheff, W.: Metallbearbeitung mit negativem Spanwinkel S. 130 Nr. 2. Middelburg (Holland): Verlag G. W. Den Boer 1953.

[2] Vgl. Abb. 9 (S. 8) und Abb. 26 (S. 27).

[3] Cutting Tool Research Committee: An Experimental Study of the forces exerted on the surface of a cutting tool by Stanton and Heyde. Proc. Instn. mech. Engrs., Lond. Bd. 99 (1925) S. 141—220.

Schnittkomponente entsteht. Vorschubkraft P_2 und Rückdruck P_3 fallen zusammen parallel zur Werkstückachse (Abb. 187). Die Kräfte für die auf S. 253–255 näher aufgeführten Spanquerschnitte wurden an einem besonders gebauten Dynamometer abgelesen. Die Stähle

Tabelle 80.

Nr.	Werkstoff	C	Analyse					Dehnung %	Brinellzahl
			Si	Mn	Ni	Cr	Va		
1	Nickelstahl . . .	0,36	0,19	0,425	3,43	0,21	—	23	202
2	Chromnickelstahl.	0,33	0,18	0,485	3,41	0,53	—	16	275
3	Stahl St 42.11 . .	0,22	0,6	0,68	—	—	—	38	130
4	Rohr ungeglüht .	0,49	—	0,8	—	—	—	17	183
5	Rohr geglüht . .	0,49	—	0,8	—	—	—	29	165
6	Stahl St 70.11 . .	0,47	0,15	0,91	0,18	—	—	23	214
7	Gußeisen	3,2	2,0	0,57	—	—	—	—	209
8	Bronze	Cu: 61,8 Sn: 1,20 Zn: 36,47 Pb: 0,49							104
9	Kupfer	—	—	—	—	—	—	—	83

wurden beim Versuch dauernd scharf gehalten und nach dem Diamant-Ritzverfahren geprüft. Es war nicht so sehr die Absicht, die Größe des Schnittdruckes als vielmehr seine Änderung bei verschiedenen Keilwinkeln β zu untersuchen, die zwischen 50° und 75° um je 5° steigend geändert wurden. Der Freiwinkel $\sphericalangle\alpha$ wurde unverändert auf 10° gehalten, so daß der Spanwinkel γ von 5° bis auf 30° vergrößert wurde.

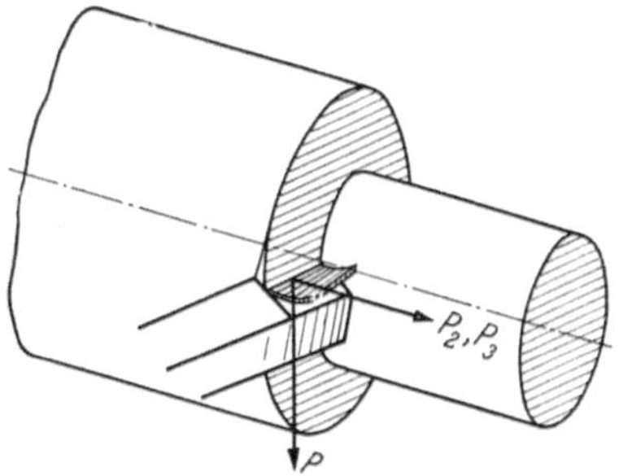

Abb. 187. Richtung der Kraftkomponenten bei den Versuchen von STANTON u. HEYDE.

In Abb. 188 sind die Kräfte am Drehstahl wiedergegeben. OB stellt die Spanfläche, OC die Freifläche dar, die den Keilwinkel β einschließen. Durch die Stahlspitze ist eine horizontale Achse gelegt; senkrecht dazu steht die Bewegungsrichtung des Werkstückes, die sich in diesem Fall (Seitenstahl) als gerade Linie und nicht als Kreis (oder Ellipse) darstellt. Durch das Vordringen des Stahles (bzw. umgekehrt durch die Bewegung des Werkstückes) entsteht längs OO' ein Riß im Material[1], so daß ein Abscheren in Richtung $O'A // OA$ eintritt. In Versuchen von HANKINS[2] ist gefunden worden, daß der Abscherwinkel

[1] Vgl. Fußnote zu Abb. 226 hinsichtlich der Meinungsunterschiede über einen voreilenden Riß.

[2] HANKINS: Proc. Instn. mech. Engrs. 1923.

$O''O'A' = O''OA = \Phi$ bei allen Werkstoffen konstant $= 26°$ ist. $O'A'$ stellt die Rißebene des Spanes dar, in der das gegenseitige Gleiten zwischen dem noch nicht abgetrennten und dem abgetrennten Material stattfindet. Durch das Gleiten entstehen Reibungskräfte. Der Schnittdruck setzt sich also aus der Einreißkraft und der inneren Reibung zusammen.

Unsere heutigen Ansichten über die Spanentstehung und die Gleitvorgänge weichen von denen von STANTON und HEYDE entwickelten ab, wie im theoretischen Teil (S. 9ff.) ausführlich dargelegt wurde. Dies vermindert jedoch den Wert ihrer Versuche durchaus nicht, da die

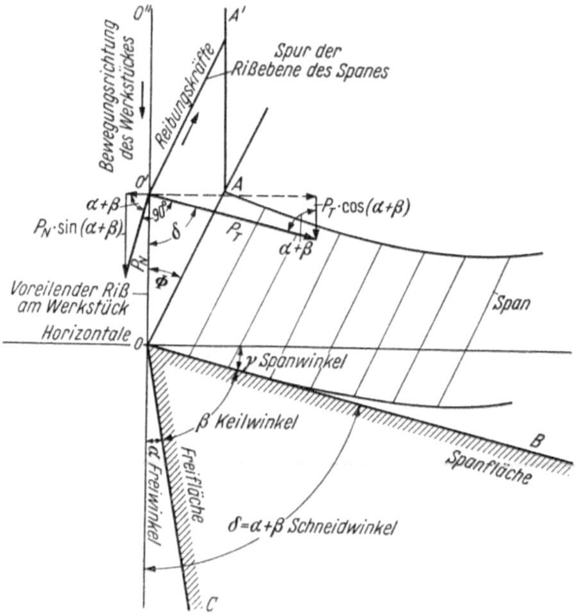

Abb. 188. Die Kräfte am Drehstahl (Seitenstahl). Nach STANTON u. HEYDE.

Abscherebene nach heutiger Ansicht durch OA dargestellt ist, die parallel derjenigen von STANTON und HEYDE ($O'A'$) verläuft und besonders weil die Tangentialkräfte P_T und Normalkräfte P_N unabhängig vom Scherwinkel Φ sind und sich ohne ihn ermitteln lassen, wie dies auch aus Abb. 1 hervorgeht.

Auch die Feststellung von HANKINS, daß der Scherwinkel für alle Werkstoffe 26° ist, entspricht nicht mehr dem gegenwärtigen Stand der Zerspanungslehre. Zieht man Gl. (1) heran, die die Beziehung zwischen dem Stauchfaktor λ, dem Spanwinkel γ und dem Scherwinkel Φ herstellt (man beachte, daß tg 26° $\sim$ $^1/_2$ ist), so ergibt sich:

$$\lambda = \frac{\cos(\Phi - \gamma)}{\sin \Phi} = \frac{\cos(26 - \gamma)}{0{,}44},$$

d.h., für einen Spanwinkel $\gamma = 0°$ würde der Stauchfaktor mit Hankins Scherwinkel von 26° gleich 2,08 und für $\gamma = 20°$ würde er 2,26 werden. Solche Stauchfaktoren erscheinen klein, sie stellen aber annehmbare, etwas zu gute Werte dar, was jedoch, wie gesagt, ohne Einfluß auf die Ergebnisse von Stanton und Heyde ist.

Der Schnittdruck kann zerlegt werden in die Komponente P_N (normal = senkrecht) zur Spanfläche und in die Komponente P_T (tangential = parallel) zur Spanfläche. Bei fast allen Werkstoffen zeigt es sich, daß Reibungskraft P_T von Winkel β und daher von γ fast unabhängig ist, während P_N stark mit dem fallenden Winkel β oder zunehmenden Spanwinkel γ fällt, und zwar anscheinend bis zu einem Grenzwert. Von den Kräften interessiert hier hauptsächlich die Hauptschnittkraft P, d. h. die Summe aus denjenigen Komponenten von P_N und P_T, die senkrecht nach unten gerichtet sind. Wie aus der Abb. 188 ersichtlich ist, ergibt sich:

$$P = P_N \cdot \sin(\alpha + \beta) + P_T \cdot \cos(\alpha + \beta)\,. \tag{189}$$

Stanton und Heyde haben P selbst nur für Nickelstahl angegeben, und zwar für verschiedene Spanquerschnitte, wie sie nachstehend aus den Diagrammen unter Umrechnung in kg ermittelt worden sind:

Nickelstahl: Vertikale Kraft P, horizontale Kraft P_2, Schnittiefe 2,54 mm.

a) Vorschub 0,105, Spanquerschnitt 0,267 mm².

β	50°	55°	60°	65°	70°	75°
P	—	52,3	56	—	62,5	66 kg
P_2	20	22,7	26,8	29,5	32,5	36 ,,

b) Vorschub 0,141, Spanquerschnitt 0,358 mm².

β	50°	55°	60°	65°	70°	75°
P	67	71	74	77	81,5	91 kg
P_2	26,8	30,5	35,2	38,8	43,5	48 ,,

c) Vorschub 0,169, Spanquerschnitt 0,43 mm².

β	50°	55°	60°	65°	70°	75°
P	81,5	85	—	91	100	107 kg
P_2	—	—	—	—	—	— ,,

d) Vorschub 0,186, Spanquerschnitt 0,472 mm².

β	50°	55°	60°	65°	70°	75°
P	—	—	99	100	110	114 kg
P_2	34,8	40,5	47,2	51,8	57,2	63,4 ,,

e) Vorschub 0,212, Spanquerschnitt 0,539 mm².

β	50°	55°	60°	65°	70°	75°
P	100	—	111	116	—	132 kg
P_2	—	—	—	—	—	— „

f) Vorschub 0,242, Spanquerschnitt 0,615 mm².

β	50°	55°	60°	65°	70°	75°
P	113,5	118	128	131,5	143	— kg
P_2	45,5	52,2	61,5	68	75,5	83 „

g) Vorschub 0,254, Spanquerschnitt 0,645 mm².

β	50°	55°	60°	65°	70°	75°
P	120	127	132	136	147,5	157 kg

Bei den anderen Werkstoffen ist nur jeweils mit einem Vorschub gefahren worden. Für diese Werkstoffe sind nur P_N und P_T angegeben.

Chromnickelstahl:

$v = \sim 4$ m/min, $s = 0{,}254$ mm/Umdr., $t = 2{,}54$ mm, $F = 0{,}645$ mm².

β	50°	55°	60°	65°	70°	75°
P_N	78,5	92,4	108	123	138,5	155 kg
P_T	106	—	—	—	—	104 „

Stahl (etwa St 42.11):

$= \sim 4$ m/min, $s = 0{,}254$ mm/Umdr., $t = 2{,}54$ mm, $F = 0{,}645$ mm².

β	50°	55°	60°	65°	70°	75°
P_N	73	86	97	110	124	139 kg
P_T	83,5	86	87	86,8	86,8	96 „

Rohr (ungeglüht):

$v = \sim 4$ m/min, $s = 0{,}254$ mm/Umdr., $t = 2{,}54$ mm, $F = 0{,}645$ mm².

β	50°	55°	60°	65°	70°	75°
P_N	85	107	136	176	222	268 kg
P_T	101,8	111	126	151	189	230 „

Rohr (geglüht):

$v = \sim 4$ m/min, $s = 0{,}254$ mm/Umdr., $t = 2{,}54$ mm, $F = 0{,}645$ mm².

β	50°	55°	60°	65°	70°	75°
P_N	76	86	99	114	132	151,5 kg
P_T	88	90	91.5	93,4	92,5	90,5 „

Stahl (etwa St 70.11):

$v = \sim 4$ m/min, $s = 0{,}254$ mm/Umdr., $t = 2{,}54$ mm, $F = 0{,}645$ mm².

β	50°	55°	60°	65°	70°	75°
P_N	79,5	90,5	104,5	118,3	131	144 kg
P_T	95	97	99	100	101	101 „

Bronze:

$v = 13{,}7$ m/min, $s = 0{,}254$ mm/Umdr., $t = 6{,}35$ mm, $F = 1{,}61$ mm².

β	55°	60°	65°	70°
P_N	122	138	152	159 kg
P_T	104	105,5	107,2	102,8 „

Kupfer:

$v = 13{,}7$ m/min, $s = 0{,}254$ mm/Umdr., $t = 2{;}54$ mm, $F = 0{,}645$ mm².

β	50°	55°	60°	65°	70°	75°
P_N	51	59,5	67,5	77	86	94,5 kg
P_T	38	42,5	48	52	57	62 „

Gußeisen:

$v = \sim 4$ m/min, $s = 0{,}254$ mm/Umdr., $t = 2{,}54$ mm, $F = 0{,}645$ mm².

β	50°	55°	60°	65°	70°	75°
P_N	42,5	52	59	68,5	78	86 kg
P_T	60	62	63	63	63	59 „

Trägt man die Werte für Nickelstahl in einem doppellogarithmischen Koordinatensystem auf, dessen Abszisse die Keilwinkel β und dessen Ordinate die vertikalen bzw. die horizontalen Kräfte P bzw. P_2 sind (Abb. 189 und 190), so ergeben sich gerade Linien[1]. Aus ihnen kann man das Gesetz für die Beziehungen zwischen β und P ableiten. STANTON und HEYDE haben nur kleine Spanquerschnitte (< 1 mm²) verwendet. Um eine Umrechnung auf $F = 1$, den Spanquerschnitt, auf den man im metrischen Maßsystem praktisch die Abhängigkeiten bezieht, einfach vornehmen zu können, sind in Abb. 191 die Werte in Abhängigkeit vom Spanquerschnitt aufgetragen. Der Schlankheitsgrad G war meistens 10 : 1 und kann, falls angebracht, auch berücksichtigt werden. Jedoch ist hier des verhältnismäßig geringen Einflusses und der besseren Übersicht wegen davon zunächst abgesehen worden. Aus Abb. 191 gewinnt man durch Extrapolation die zu $F = 1$ gehörigen Schnittdrucke für verschiedene Winkel β, die nun durch Übertragung in Abb. 189 die „berechnete“ $F = 1$-Linie ergibt. Für diese ist das Gesetz:

Nickelstahl bei $F = 1$:

$$\frac{1}{\varepsilon_\beta} = \log 280 - \log 62 =$$

$$2{,}4472 - 1{,}7924 = 0{,}6548 = \frac{1}{1{,}53}$$

$$\varepsilon_\beta = 1{,}53\,.$$

Für Winkel $\beta < 50°$, die praktisch jedoch keine Bedeutung haben, fällt der Schnittdruck bedeutend stärker ab, wie das Keilwinkel-Kraft-

[1] Die zugeordneten Spanwinkel γ sind auch eingetragen.

Diagramm[1] (Abb. 192) beweist. Um daher sinnfällige Bezugswerte zu erhalten, wird die Konstante der Gleichung zwischen β und P nicht auf $\beta = 1$, sondern auf $\beta = 50°$ bezogen. Der Achsenabschnitt für

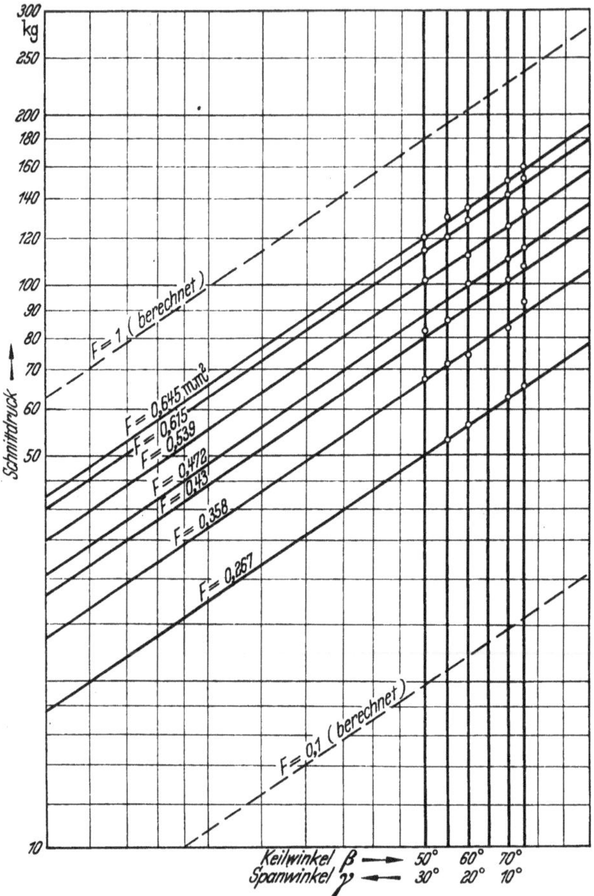

Abb. 189. Schnittdruck P für verschiedene Keilwinkel bei *Nickelstahl*. (Nach STANTON u. HEYDE.)

$\beta = 50°$ ist 180, somit entsteht das Gesetz:

$$P_{\text{für } F=1} = 180 \sqrt[1{,}53]{\left(\frac{\beta}{50}\right)}.$$

Da nach den Festsetzungen auf S. 184 der Schnittdruck für den Spanquerschnitt $F = 1\ \text{mm}^2$ C_{k_s} genannt wurde, ergibt sich:

Nickelstahl:

$$C_{k_s} = 180 \sqrt[1{,}53]{\left(\frac{\beta}{50}\right)}.$$

[1] Trans. Amer. Soc. mech. Engrs. Bd. 39 (1917) S. 194.

Damit ist eine Gleichung für den spezifischen Schnittdruck in Abhängigkeit vom Keilwinkel gewonnen worden.

Eine Möglichkeit, Vergleiche über die Größenordnung von C_{k_s} anzustellen, bietet Tab. 66. Wenn man als Vergleichsbasis legierte Stähle von 70 kg/mm² annimmt, so erscheint es, daß der C_{k_s}-Wert, den man nach obiger Gleichung erhält, zu niedrig ist. Er könnte schätzungsweise 250 sein. Der niedrige Wert ist auf die Versuchsumstände zurückzuführen. STANTON und HEYDE wollen nämlich gefunden haben, daß der Schnittdruck proportional dem Vorschub oder (da sie gleiche Schnittiefe hatten) proportional dem Spanquerschnitt gewesen ist. Dies ist aber nach allen anderen Forschern nicht der Fall, da k_s mit steigendem F fällt. Die Proportionalität kommt auch rechnerisch beim Auswerten der Abb. 191 zum Ausdruck. Für den Winkel $\beta = 50°$ ergibt sich dort z. B.:

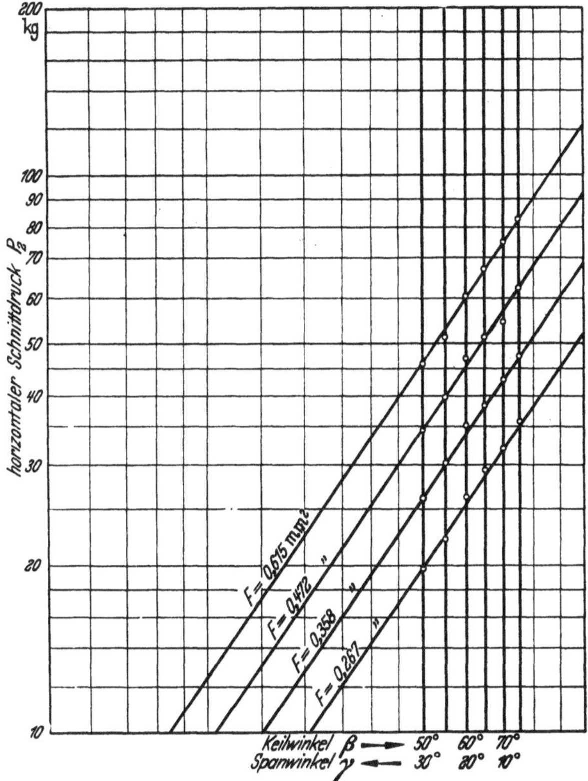

Abb. 190. Horizontaler Schnittdruck für verschiedene Keilwinkel bei *Nickelstahl*. (Nach STANTON u. HEYDE.)

$$1 - \frac{1}{\varepsilon_{k_s}} = 1 - f_s = \log 180 - \log 19{,}4 = 2{,}2553 - 1{,}2878 = 0{,}9675,$$

daher

$$f_s = 0{,}0325\,.$$

Der Exponent f_s ist also nur sehr wenig von Null verschieden, bei dem eine lineare Proportionalität, also kein k_s-Abfall, vorhanden wäre.

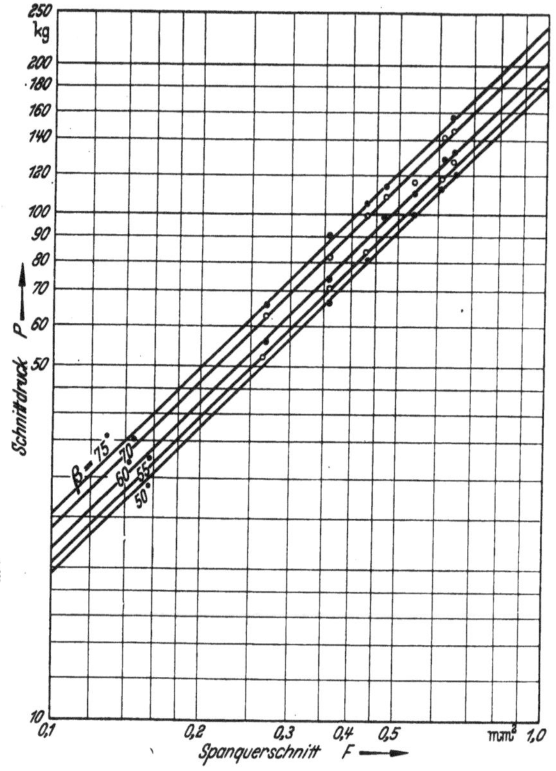

Abb. 191. Schnittdruck in Abhängigkeit vom Spanquerschnitt bei *Nickelstahl*. (Nach STANTON u. HEYDE.)

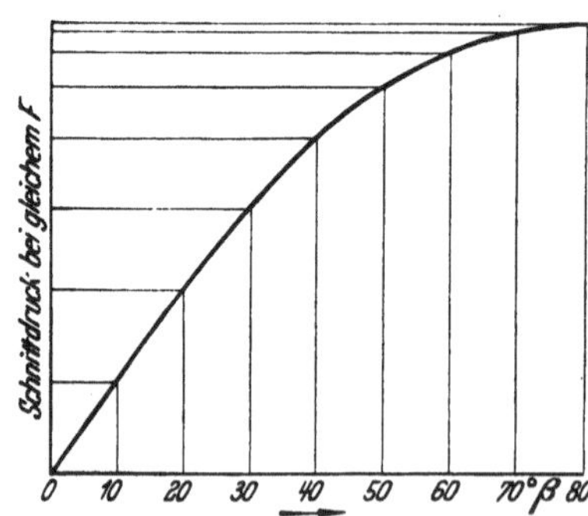

Abb. 192. Meißelwinkel-Kraftdiagramm nach DE LEEUW.

Die abgeleiteten Exponenten f_s lagen meistens wesentlich höher (vgl. Tab. 66, S. 222/23).

Die KLOPSTOCKschen Versuche (S. 190ff.), die weit mehr Spanquerschnitte erfaßten, müssen daher für die Beziehungen zwischen F und P herangezogen werden, um so mehr, als auch alle anderen Forscher die nichtproportionale Veränderlichkeit des Schnittdruckes festgestellt haben. Bei Kupfer haben übrigens auch STANTON und HEYDE diese Feststellung machen müssen. Aus den STANTON- und -HEYDE-Versuchen können jedoch die Beziehungen zwischen P und β gewonnen werden, ohne daß ihre absoluten Zahlenwerte für P durchweg zugrunde gelegt werden.

Bei den anderen Werkstoffen liegen, wie wir sahen, nur Werte für *einen* Spanquerschnitt und für die Normal- (P_N-) und Reibungs-

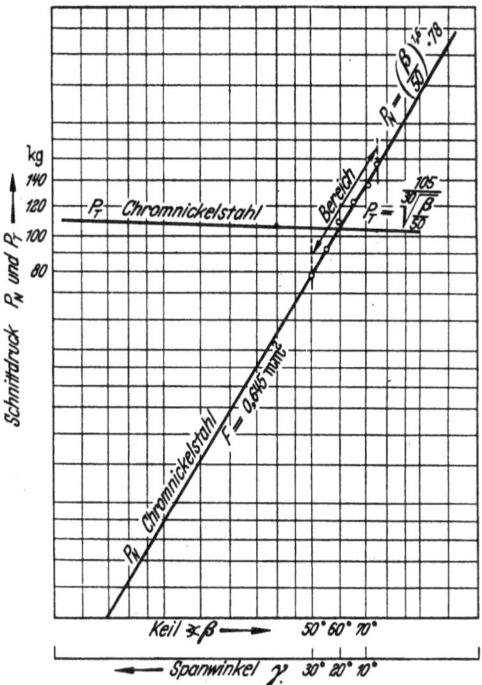

Abb. 193. Normalkraft P_N und Reibungskraft P_T für verschiedene Keilwinkel β und Spanwinkel γ bei *Chromnickelstahl.*

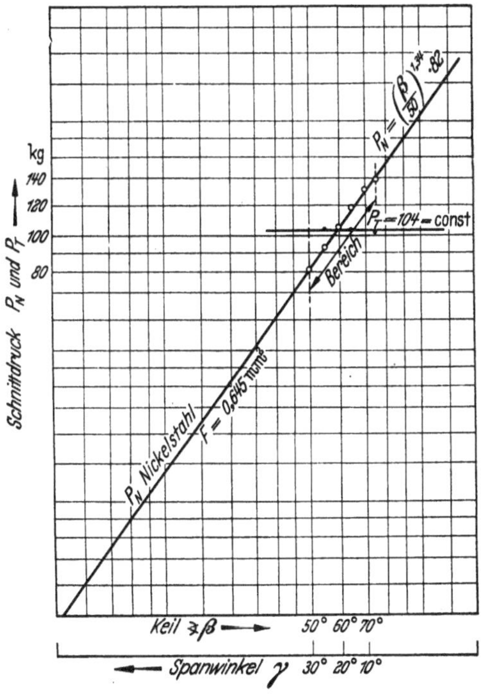

(P_T-) Komponenten vor, so daß erst die Hauptkomponente P daraus abgeleitet werden muß.

Trägt man diese Werte im doppellogarithmischen Koordinatensystem auf, so ergeben sich die in den Abb. 193 bis 201 dargestellten Geraden. Die P_T-Komponente liegt, wie diese Abbildungen zeigen, fast oder völlig horizontal, *d. h., die Reibungskraft* P_T *ist nur wenig oder gar nicht vom Spanwinkel abhängig!* (Vgl. S. 17 erster Absatz.)

Abb. 194. Normalkraft P_N und Reibungskraft P_T für verschiedene Keilwinkel β und Spanwinkel γ bei *Nickelstahl.*

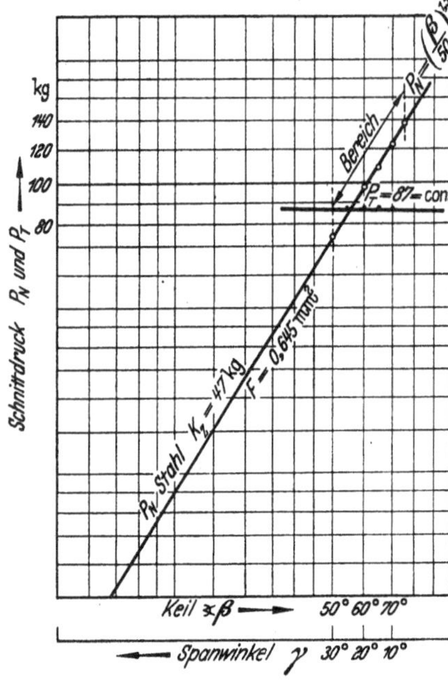

Abb. 195. Normalkraft P_N und Reibungskraft P_T für verschiedene Keilwinkel β und Spanwinkel γ bei *Stahl* (etwa 42.11).

Ausgenommen ist Kupfer (Abb. 200), bei dem P_T stark veränderlich erscheint, und ungeglühtes Rohr (Abb. 196), bei dem sich eine Kurve für P_T ergibt. Nachdem man jedoch das Rohr ausgeglüht hatte (Abb. 197), zeigte sich auch hier dieselbe Unabhängigkeit der Reibungskraft P_T vom Spanwinkel wie bei den anderen Werkstoffen.

Die Ermittlung der Gleichung der Geraden sei hier unterlassen und nur das Ergebnis nachstehend zusammengestellt.

Es ergibt sich für $F = 0{,}645$ mm²:

Chromnickelstahl (Abb. 193):

$$P_N = 78 \cdot \left(\frac{\beta}{50}\right)^{1,6},$$

$$P_T = \frac{105}{\sqrt[30]{\frac{\beta}{50}}};$$

Nickelstahl (Abb. 194):

$$P_N = 82 \cdot \left(\frac{\beta}{50}\right)^{1,34},$$

$$P_T = 104;$$

weicher Stahl (etwa St 42.11) (Abb. 195):

$$P_N = 73 \cdot \left(\frac{\beta}{50}\right)^{1,52},$$

$$P_T = 87;$$

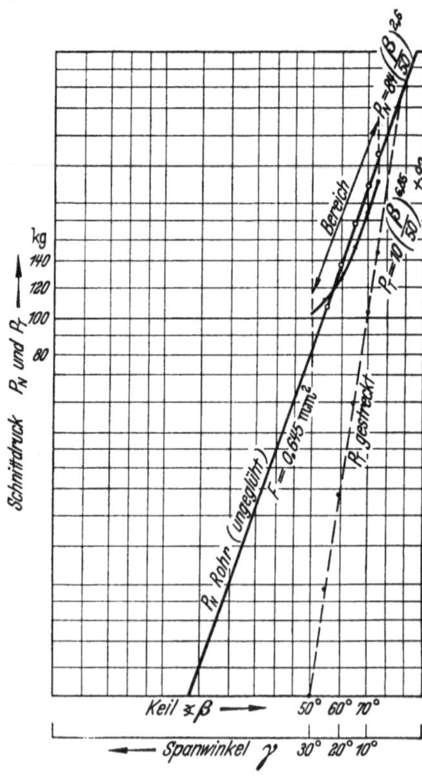

Abb. 196. Normalkraft P_N und Reibungskraft P_T für verschiedene Keilwinkel β und Spanwinkel γ bei ungeglühtem *Rohr*.

ungeglühtes Rohr (Abb. 196):

$$P_N = 84 \cdot \left(\frac{\beta}{50}\right)^{2,6},$$

$$P_T = 10 \cdot \left(\frac{\beta}{50}\right)^{6,85} + 92 .$$

Die Gleichung dieser P_T-Kurve wird durch Strecken der Kurve und Addition der Verschiebung ermittelt. Die gestreckte Kurve ist gestrichelt eingezeichnet.

Geglühtes Rohr (Abb. 197):

$$P_N = 74 \cdot \left(\frac{\beta}{50}\right)^{1,65},$$

$$P_T = 90 \cdot \sqrt[18,5]{\frac{\beta}{50}};$$

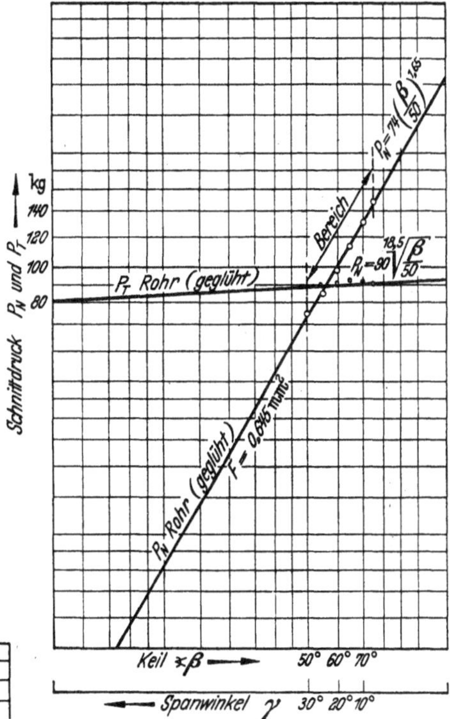

Abb. 197. Normalkraft P_N und Reibungskraft P_T für verschiedene Keilwinkel β und Spanwinkel γ bei geglühtem *Rohr*.

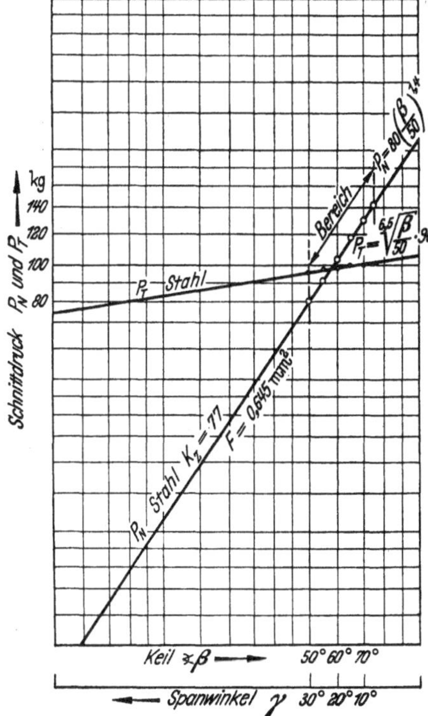

Stahl (etwa St 70.11) (Abb. 198):

$$P_N = 80 \cdot \left(\frac{\beta}{50}\right)^{1,4},$$

$$P_T = 96 \cdot \sqrt[6,5]{\frac{\beta}{50}};$$

Bronze (Abb. 199):

$$P_N = 113 \cdot \left(\frac{\beta}{50}\right)^{1,11},$$

$$P_T = 104;$$

Kupfer (Abb. 200):

$$P_N = 51 \cdot \left(\frac{\beta}{50}\right)^{1,6},$$

$$P_T = 38 \cdot \left(\frac{\beta}{50}\right)^{1,2};$$

Abb. 198. Normalkraft P_N und Reibungskraft P_T für verschiedene Keilwinkel β und Spanwinkel γ bei *Stahl* (etwa 70.11).

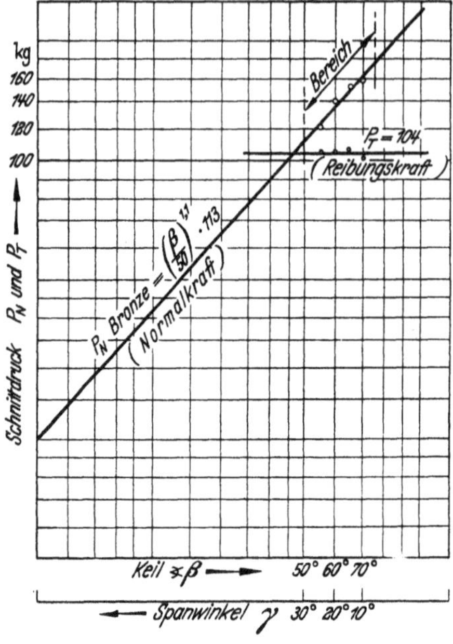

Abb. 199. Normalkraft P_N und Reibungskraft P_T für verschiedene Keilwinkel β und Spanwinkel γ bei *Bronze*.

Gußeisen (Abb. 201):

$$P_N = 42{,}5 \cdot \left(\frac{\beta}{50}\right)^{1,7},$$

$$P_T = 62\,.$$

Aus diesen Geraden ist nunmehr der Hauptschnittdruck P abzuleiten; es war [Gl. (189)]:

$$P = P_N \cdot \sin(\alpha + \beta) + \\ + P_T \cdot \cos(\alpha + \beta)\,.$$

Für P werden nur je drei Werte errechnet, da die anderen ohne weiteres interpoliert werden können. P_N und P_T werden aus den Diagrammen ermittelt.

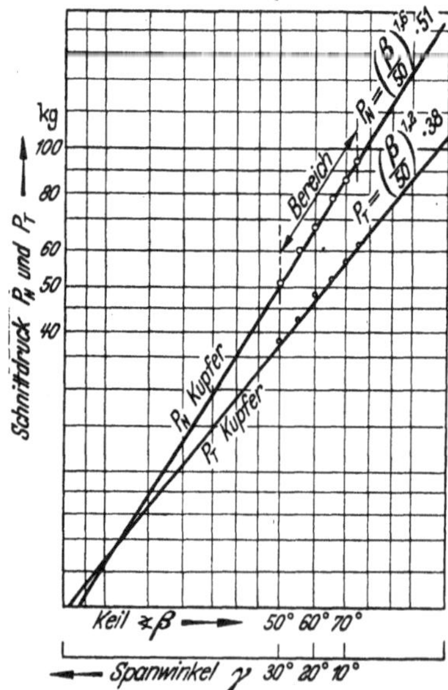

Abb. 200. Normalkraft P_N und Reibungskraft P_T für verschiedene Keilwinkel β und Spanwinkel γ bei *Kupfer*.

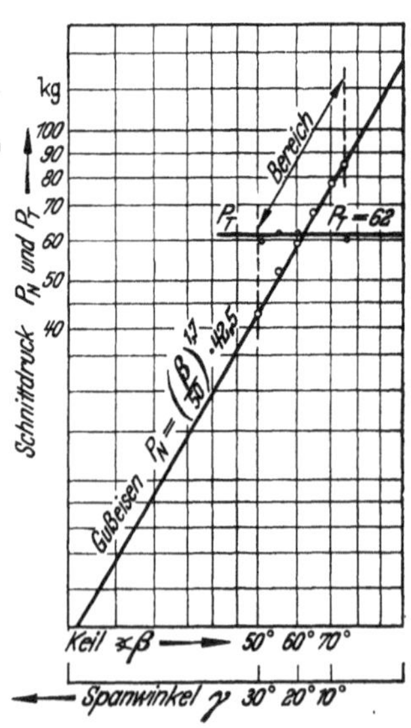

Abb. 201. Normalkraft P_N und Reibungskraft P_T für verschiedene Keilwinkel β und Spanwinkel γ bei *Gußeisen*.

Chromnickelstahl: $F = 0{,}645\ \text{mm}^2$ (Abb. 193).

β	50°	60°	70°
$\alpha+\beta$	60	70	80
P_N	78	106	134
P_T	105	104,5	104
$P_N \sin(\alpha+\beta)$	67,5	100	132
$P_T \cos(\alpha+\beta)$	52,5	35,8	18,1
P	120	135,8	150,1

$$\frac{1}{\varepsilon_\beta} = \log 188 - \log 43$$
$$= 2{,}2742 - 1{,}6335 = \frac{1}{1{,}56},$$
$$P = 120 \cdot \sqrt[1{,}56]{\frac{\beta}{50}} \quad \text{für } F = 0{,}645.$$

Da von STANTON und HEYDE nur Werte für den Spanquerschnitt $F = 0{,}645\ \text{mm}^2$ vorliegen und es außerdem, wie bereits erwähnt, nicht ratsam erscheint, die Größenordnung der englischen Versuche hier mit einzubeziehen, so sollen die KLOPSTOCKschen Versuche zur Herstellung der Größenordnung dienen. *Es werden also im nachfolgenden die Veränderlichkeiten des Schnittdruckes mit dem Keilwinkel β auf Grund der* STANTON- *und* HEYDE*schen Versuche in die* KLOPSTOCK*schen Versuche eingesetzt.* Sie dienen also dazu, die Versuchswerte von KLOPSTOCK zu erweitern, um den Schnittdruck (bzw. spezifischen Schnittdruck) nicht nur in Abhängigkeit vom Spanquerschnitt und von der Brinellhärte, sondern auch noch in Abhängigkeit vom Keil- bzw. Spanwinkel zu erhalten.

Für *Chromnickelstahl* war die Gleichung für P auf Grund der STANTON-und-HEYDE-Versuche:

$$P = 120 \cdot \sqrt[1{,}56]{\frac{\beta}{50}}.$$

Diese Gleichung ist im linken Teil der Abb. 202 dargestellt. Im rechten Teil der Abbildung ist die Chromnickelstahllinie nach KLOPSTOCK in Funktion vom Spanquerschnitt bis hinunter zu $F = 1\ \text{mm}^2$ gezeichnet. Daran anschließend ist nach links nicht die Abszisse F, sondern der Keilwinkel β aufgetragen, und zwar so, daß der Winkel, den KLOPSTOCK benutzte (68°), zusammenfällt mit $F = 1$. In diesem Punkt muß also die *Richtung* der obigen Gleichung für P einsetzen, die bis zum Bezugswinkel $\beta = 50°$ gezeichnet ist. Der Schnittpunkt der β-50°-Linie mit dieser Richtlinie liegt bei

$$C_{k_s} = 302,$$

mit anderen Worten bedeutet das, daß der Schnittdruck für $F = 1\ \text{mm}^2$ und $\beta = 50°$ 302 kg für Chromnickelstahl wird. Auch rechnerisch ergibt sich diese Zahl:

C_{k_s} für $\beta = 68°$ war 367 (vgl. Tab. 59), somit kann man setzen:

$$C_{k_s} = 367 = x \cdot \sqrt[1{,}56]{\frac{68}{50}},$$
$$x = 302,$$

also:

$$C_{k_s} = 302 \cdot \sqrt[1{,}56]{\frac{\beta}{50}} \quad \text{für } H = 220.$$

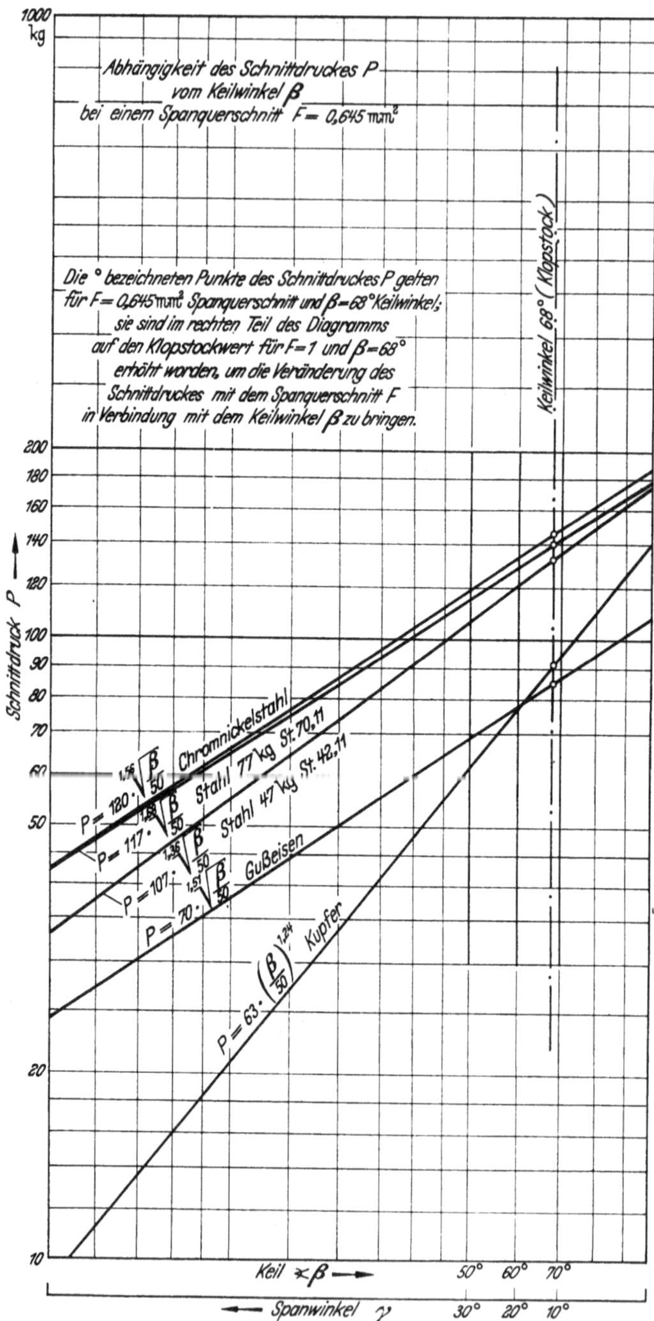

Abb. 202 (linke Hälfte). Einbeziehung des Keilwinkels β und Spanwinkels γ in die Abhängigkeit des Schnittdruckes vom Spanquerschnitt.

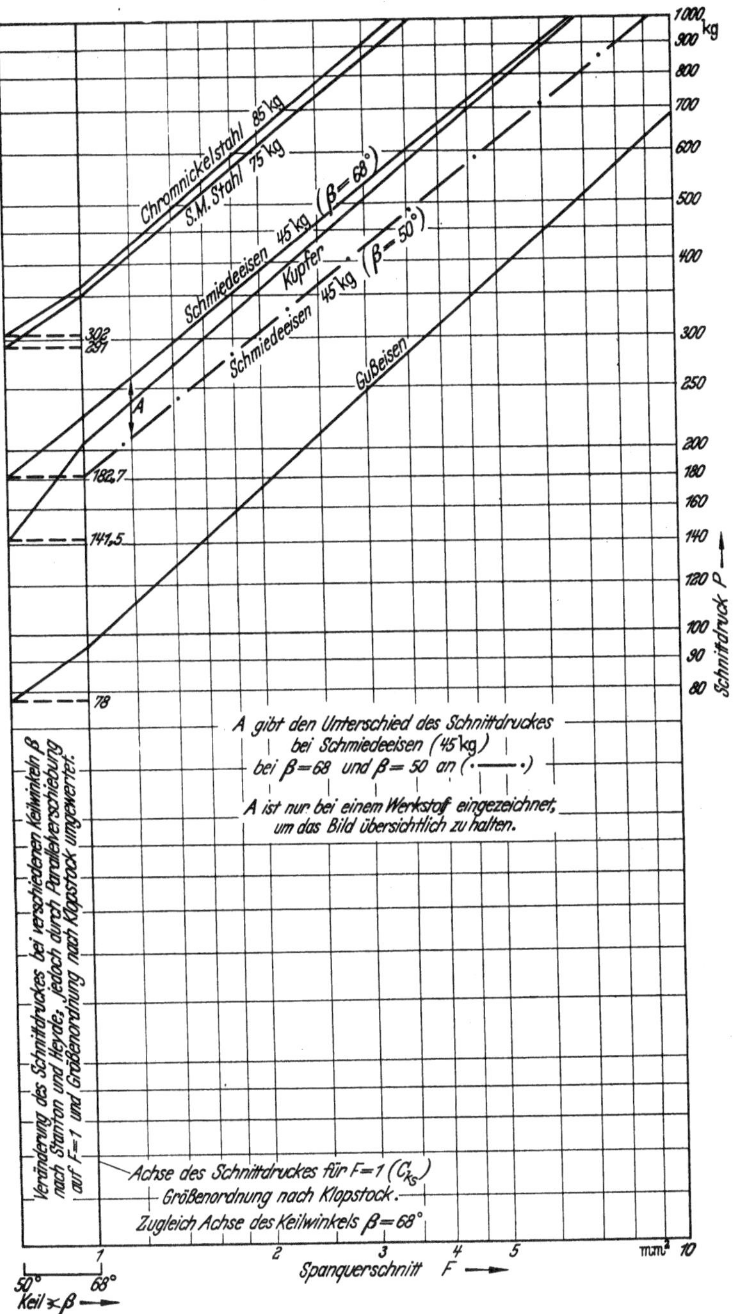

Abb. 202 (rechte Hälfte). Einbeziehung des Keilwinkels β und Spanwinkels γ in die Abhängigkeit des Schnittdruckes vom Spanquerschnitt.

Da früher gezeigt wurde, daß C_{k_s} auch von der Brinellhärte H abhängig ist, so muß diese Abhängigkeit offenbar noch in der Zahl 302 enthalten sein. Nach dem Diagramm (Abb. 166) ist die Brinellhärte $H = 220$ gewesen für das Versuchsmaterial mit $C_{k_s} = 367$. [Die Zahl 220 folgt aus dem Diagramm (Abb. 145) und der Gleichung für die Brinellhärte (S. 233). KLOPSTOCKS Angabe für die Brinellhärte (240) liegt, gemessen an seiner Geraden, etwas zu hoch.] Es war (S. 238):

$$C_{k_s} = 31{,}5 \cdot \sqrt[2{,}2]{H} \quad (\text{für } \beta = 68^\circ)\,.$$

Um den Anteil der Brinellhärte 220 an dem Werte 302 zu finden, setzt man:

$$y = \frac{302}{31{,}5 \cdot \sqrt[2{,}2]{220}} = \frac{302}{31{,}5 \cdot 11{,}65} = 0{,}826\,.$$

also ergibt sich:

$$302 = 0{,}826 \cdot 31{,}5 \cdot \sqrt[2{,}2]{220}\,;$$

daher kann die C_{k_s}-Gl. auf S. 263 ersetzt werden durch:

$$C_{k_s} = 0{,}826 \cdot 31{,}5 \cdot \sqrt[2{,}2]{H} \cdot \sqrt[1{,}56]{\frac{\beta}{50}}\,,$$

$$\underline{C_{k_s} = 26 \cdot \sqrt[2{,}2]{H} \cdot \sqrt[1{,}56]{\frac{\beta}{50}}}\,. \qquad (190)$$

Der Schnittdruck wird somit nach Gl. (130) mit $1 - f_s = 0{,}802$ (Tab. 59):

$$\boxed{P = F^{0{,}802} \cdot 26 \cdot \sqrt[2{,}2]{H} \cdot \sqrt[1{,}56]{\frac{\beta}{50}}} \quad \text{Chromnickelstahl} \qquad (190\,\text{a})$$

Hiermit ist die erste Gleichung aus Versuchswerten gewonnen, die eine direkte Beziehung zwischen dem Schnittdruck, dem Spanquerschnitt, der Brinellhärte und dem Keilwinkel β herstellt.

Da H und β gegebene Größen sind, kann C_{k_s} für Änderungen von H und β errechnet werden. In der Gleichung bleibt nur ein Faktor 26 übrig, der sich noch nicht auflösen läßt; er scheint die sonstigen Eigenschaften des Werkstoffes, wie Dehnung usw., einzuschließen.

Eine Abhängigkeit zwischen Schnittdruck und diesen Größen ist bereits in der physikalischen Zerspanungslehre (S. 25ff.) abgeleitet worden. Hier finden wir eine Bestätigung von der technischen Seite. Beide sollen später noch verglichen werden.

Der spezifische Schnittdruck wird demnach:

$$k_s = \frac{26 \cdot \sqrt[2{,}2]{H} \cdot \sqrt[1{,}56]{\frac{\beta}{50}}}{\sqrt[5{,}05]{F}}\,.$$

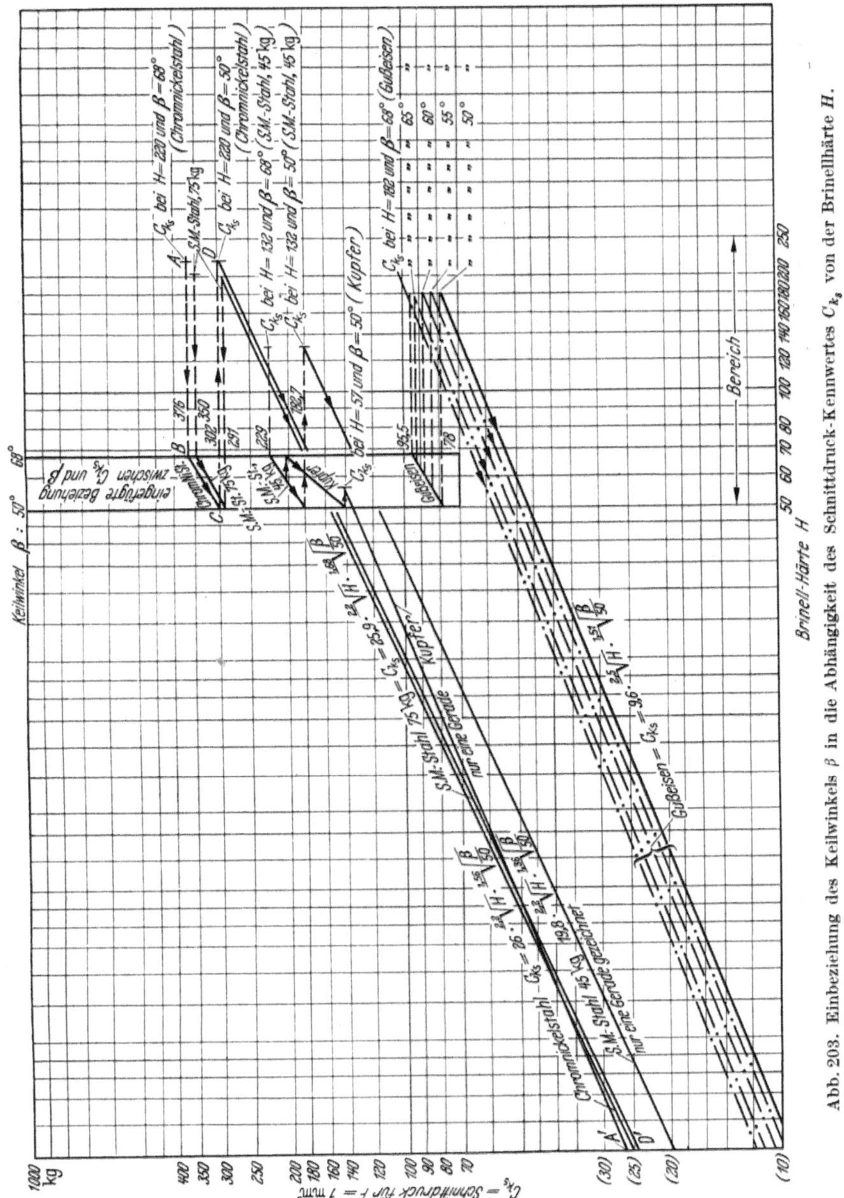

Abb. 203. Einbeziehung des Keilwinkels β in die Abhängigkeit des Schnittdruck-Kennwertes C_{k_s} von der Brinellhärte H.

Zur Prüfung soll auch eine graphische Untersuchung angestellt werden. In Abb. 203 ist im doppellogarithmischen Koordinatensystem H und C_{k_s} auf den Achsen aufgetragen. Außerdem ist eine graphische

Darstellung für die Beziehung β und C_{k_s} eingefügt worden, so wie sich die Richtungen aus STANTON und HEYDE und die Größen aus KLOPSTOCK ergaben. Punkt A stellt $C_{k_s} = 367$ bei Chromnickelstahl für $H = 220$ und $\beta = 68°$ dar. Durch ihn würde also die Gerade nach der Gleichung (S. 238) gehen:

$$C_{k_s} = 31{,}5 \cdot \sqrt[2,2]{H}.$$

Wir wollen jedoch C_{k_s} für $\beta = 50°$ ermitteln. Man geht von A horizontal nach links bis nach B, d. h., man verfolgt den C_{k_s}-Wert für $\beta = 68°$ und $H = 220$ bis zum Schnitt mit dem 68°-Wert. Die Veränderung von C_{k_s} mit anderen Winkeln β bis zu $\beta = 50°$ zeigt die Gerade BC (natürlich geht man dadurch aus dem Koordinatensystem $H - C_{k_s}$ in das Koordinatensystem $\beta - C_{k_s}$ über). Der Punkt C liegt auf der Horizontalen $C_{k_s} = 302$, dem Wert also, der im Diagramm (Abb. 202) auch gefunden wurde. Verfolgt man den Wert 302 wieder bis zu $H = 220$ (Punkt D), so ist dies der Punkt für C_{k_s}, wenn $H = 220$ und $\beta = 50°$ ist. Legt man durch D eine Gerade mit der Neigung $\sqrt[2,2]{H}$, so erhält man für diese Gerade die Gleichung (vgl. $C_{k_s} = 26$ am linken Rand bei A′ in Abb. 203)

$$C_{k_s} = 26 \cdot \sqrt[2,2]{H}.$$

Für jeden Wert von $\beta = 50°$ bis 68° ergibt sich eine Parallele zu DA', die jedoch nicht eingezeichnet sind, so daß diese Geradenschar dargestellt wird durch:

$$C_{k_s} = 26 \cdot \sqrt[2,2]{H} \cdot \sqrt[1,56]{\frac{\beta}{50}},$$

d. h. die Gleichung ist bezogen auf $\beta = 50°$ als Anfang der Geradenscharen und $H = 1$ als Anfangspunkt. Ursprung des Koordinatensystems der Geradenscharen ist also $C_{k_s} = 26$, der Punkt, der sich durch Division

$$\frac{31{,}5}{\sqrt[1,56]{\frac{68}{50}}} = 26$$

auch ergibt.

Für Stahl (77 kg) ergibt sich in derselben Weise (Abb. 198):

β	50°	60°	70°
P_N	80	104	128
P_T	96	99	101
P	117,2	132	143,7

$$P = 117 \cdot \sqrt[1,68]{\frac{\beta}{50}}.$$

Diese Gerade ist wieder in Abb. 202 (linke Hälfte) dargestellt.

Sowohl graphisch als auch rechnerisch erhält man in gleicher Weise wie oben:

$$C_{k_s} = 350 \text{ (vgl. Tab. 59)} = x \cdot \sqrt[1,68]{\frac{68}{50}},$$

$$x = 291 \text{ (vgl. Diagramm Abb. 202, rechte Hälfte)},$$

$$C_{k_s} = 291 \cdot \sqrt[1,68]{\frac{\beta}{50}} \text{ (für } H = 208).$$

Das Diagramm (Abb. 203) ergibt, ebenso wie die Rechnung:

$$C_{k_s} = 30 \cdot \sqrt[2,2]{H} \text{ (S. 236)},$$

$$y = \frac{291}{30 \cdot \sqrt[2,2]{208}} = 0,864,$$

und daher die Gleichung:

$$C_{k_s} = 25,9 \cdot \sqrt[2,2]{H} \cdot \sqrt[1,68]{\frac{\beta}{50}}, \tag{191}$$

somit wird der Schnittdruck nach Gl. (130) mit $1 - f_s = 0,803$ (Tab. 59):

$$\boxed{P = F^{0,803} \cdot 25,9 \cdot \sqrt[2,2]{H} \cdot \sqrt[1,68]{\frac{\beta}{50}}} \text{ Stahl St 70.11}, \tag{191a}$$

$$k_s = \frac{25,9 \cdot \sqrt[2,2]{H} \cdot \sqrt[1,68]{\frac{\beta}{50}}}{\sqrt[5,07]{F}}.$$

Der Unterschied in den Gln. (190a) für Chromnickelstahl und (191a) für St 70.11 ist nunmehr so gering, daß er praktisch nicht ins Gewicht fällt, wie es durch die Rückführung des Schnittdruckes auf Brinellhärte und Keilwinkel (bzw. Spanwinkel) ermöglicht wurde.

Für Stahl St 42.11 ergibt sich (Abb. 195):

β	50°	60°	70°
P_N	73	98	124
P_T	87	87	87
P	107	122	137

$$P = 107 \cdot \sqrt[1,36]{\frac{\beta}{50}} \text{ für } F = 0,645.$$

Ferner war $C_{k_s} = 229$ (Tab. 59), also:

$$C_{k_s} = 229 = x \cdot \sqrt[1,36]{\frac{\beta}{50}},$$

$$x = 182,7 \text{ (vgl. Diagramm 202, rechte Hälfte)},$$

$$C_{k_s} = 182,7 \cdot \sqrt[1,36]{\frac{\beta}{50}}.$$

Ferner war bei KLOPSTOCK $H = 132$ (laut Diagramm Abb. 145) und

$$C_{k_s} = 23 \cdot \sqrt[2,2]{H}, \quad \text{(S. 230)}$$

$$y = \frac{182{,}7}{23 \cdot \sqrt[2,2]{132}} = 0{,}86,$$

$$C_{k_s} = 19{,}8 \cdot \sqrt[2,2]{H} \cdot \sqrt[1,36]{\frac{\beta}{50}}, \tag{192}$$

$$\boxed{P = F^{0{,}862} \cdot 19{,}8 \cdot \sqrt[2,2]{H} \cdot \sqrt[1,36]{\frac{\beta}{50}}} \quad \text{Stahl St 42.11}, \tag{192a}$$

$$k_s = \frac{19{,}8 \cdot \sqrt[2,2]{H} \cdot \sqrt[1,36]{\frac{\beta}{50}}}{\sqrt[7,25]{F}}.$$

Die Änderung des Schnittdruckes mit dem Keilwinkel β bei *Gußeisen* wird (Abb. 201):

β	50°	60°	70°
P_N	44,5	59,5	78
P_T	62	62	62
P	69,5	77,2	86,7

$$P = 70 \cdot \sqrt[1,51]{\frac{\beta}{50}} \quad \text{für } F = 0{,}645 \text{ mm}^2.$$

$C_{k_s} = 95{,}5$ bei $\beta = 68°$:

$$95{,}5 = x \cdot \sqrt[1,51]{\frac{\beta}{50}},$$

$$x = 78 \text{ (vgl. Diagramm 202)},$$

$$C_{k_s} = 78 \cdot \sqrt[1,51]{\frac{\beta}{50}} \text{ (für } H = 182),$$

Brinellhärte laut Diagramm Abb. 145: 182. Es war (S. 239):

$$C_{k_s} = 11{,}6 \cdot \sqrt[2,5]{H},$$

$$y = \frac{78}{11{,}6 \cdot \sqrt[2,5]{182}} = 0{,}830,$$

$$C \;= 9{,}6 \cdot \sqrt[2,5]{H} \cdot \sqrt[1,51]{\frac{\beta}{50}}, \tag{193}$$

$$\boxed{P = F^{0{,}865} \cdot 9{,}6 \cdot \sqrt[2,5]{H} \cdot \sqrt[1,51]{\frac{\beta}{50}}} \quad \text{Gußeisen}, \tag{193a}$$

$$k_s = \frac{9{,}6 \cdot \sqrt[2,5]{H} \cdot \sqrt[1,51]{\frac{\beta}{50}}}{\sqrt[7,4]{F}}.$$

Bei *Kupfer* wird (Abb. 200):

β	50°	60°	70°
P_N	51	67	87
P_T	37,5	47	57
P	63	79	96

$$P = 63\left(\frac{\beta}{50}\right)^{1,24} \text{ für } F = 0{,}645\ \text{mm}^2 .$$

Aus Diagramm 202 folgt ferner für Kupfer:

$$C_{k_s} = 208 \text{ bei } \beta = 68^\circ ,$$

daher

$$x = \frac{208}{\left(\frac{68}{50}\right)^{1,24}} = 141{,}5 ,$$

somit

$$C_{k_s} = 141{,}5\left[\frac{\beta}{50}\right]^{1,24} \text{ bei } H = 57 .$$

Diese Brinellhärte ergibt sich aus Diagramm Abb. 145. Ferner war:

$$C_{k_s} = 35{,}5 \cdot \sqrt[2,4]{H}, \quad \text{(S. 238)}$$

daher

$$y = \frac{141{,}5}{35{,}5 \cdot \sqrt[2,4]{57}} = 0{,}739 ,$$

$$\underline{C_{k_s} = 26{,}3 \cdot \sqrt[2,4]{H}\left[\frac{\beta}{50}\right]^{1,24}} ,$$

Schnittdruck:

$$\boxed{P = F^{0,824}\, 26{,}3 \cdot \sqrt[2,4]{H}\left(\frac{\beta}{50}\right)^{1,24},} \quad \text{Kupfer},$$

$$k_s = \frac{26{,}3 \cdot \sqrt[2,4]{H}\left(\frac{\beta}{50}\right)^{1,24}}{\sqrt[5,7]{F}} .$$

Bei Kupfer ist also die Abhängigkeit des Schnittdruckes vom Keilwinkel (bzw. Spanwinkel) bedeutend stärker als bei Stahl und Gußeisen, da bei Kupfer der Keilwinkel in 1,24ster Potenz erscheint, bei Stahl und Gußeisen mit der 1,5ten Wurzel.

8. Zusammenfassung und Beispiele für praktische Schnittdruckberechnungen.

Vergleicht man die für drei verschiedene Stahlarten gefundenen Gesetze für C_{k_s} Gln. (190a), (191a) und (192a), so erkennt man, daß sie sich nur noch geringfügig voneinander unterscheiden. Diese Unterschiede sind einerseits noch auf die sonstigen, schon erwähnten Eigenschaften des bearbeiteten Werkstoffes zurückzuführen und andererseits auch auf die Ungenauigkeiten, die durch Auswertung der logarithmischen Geraden entstehen. *Man kann alle drei Stahlgleichungen zusammenfassen und erhält mit sehr guter Annäherung folgendes einfaches Gesetz:*

$$C_{k_s\,\text{für Stahl}} = 2{,}4 \cdot \sqrt[2,2]{k_z} \cdot \sqrt[1,5]{(80 - \gamma)}\,. \tag{194}$$

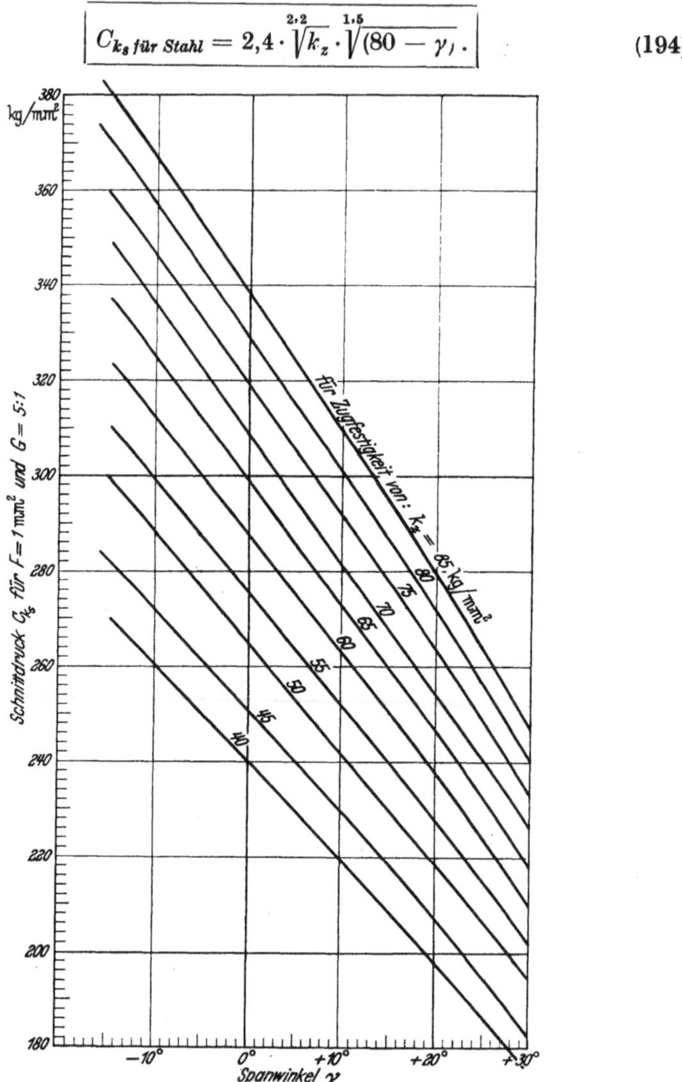

Abb. 204. Diagramm zur Ermittlung des C_{k_s}-Wertes für Stahlbearbeitung (vgl. Tab. 104; Anhang A).

In der Tab. 104 (Anhang A) sind die C_{ks}-Werte nach Gl. (194) als „Bestwerte" ausgerechnet, wobei auch der Keilwinkel β eingetragen ist. In Abb. 204 ist die Gl. (194) für C_{ks} in Abhängigkeit vom Spanwinkel γ und der Zugfestigkeit k_z graphisch dargestellt.

Die Tab. 104 (Anhang A) gibt die ermittelten Schnittdruckwerte für den Spanquerschnitt $F = 1\ \text{mm}^2$ an; sie gelten für den Schlankheitsgrad $G = 5:1$. Für andere Schlankheitsgrade können die C_{ks}-Werte im Mittel mit $\left(\frac{G}{5}\right)^{0,160}$ multipliziert werden, d. h. der Streubereich von C_{ks} für Schlankheitsgrade zwischen 10:1 und 2,5:1 ist $\pm 12\%$ mit Bezug auf die in Tab. 104 verzeichneten Werte.

Für andere Spanquerschnitte als $1\ \text{mm}^2$ erhält man den Schnittdruck durch Multiplikation der C_{ks}-Werte mit den in Beitabelle 104a angegebenen Faktoren. Zwischenwerte für diese Faktoren können dem Diagramm 282 entnommen werden. Diese Faktoren sind aus vorstehenden Untersuchungen errechnet für die Schnittdruckexponenten [s. Gl. (144)] $1 - f_s = 1 - \frac{1}{\varepsilon_{ks}} = 0{,}803$ bei Stahl und haben sich seit vielen Jahren bewährt.

Zieht man die oben abgeleiteten Exponenten heran (Tab. 59 u. 66), so erkennt man, daß die aus KLOPSTOCKS Daten ermittelten Exponenten für die Veränderung des Schnittdruckes mit dem Spanquerschnitt etwa in der Mitte liegen zwischen den aus AWF 158 folgenden Werten: $1 - f_s = 0{,}761$; bzw. CAVÉ: $1 - f_s = 0{,}77$ auf der einen Seite und dem aus den ASME-Werten folgenden Exponenten $1 - f_s = 0{,}9$. Der KLOPSTOCKsche Schmiedeeisenexponent (0,861) paßt ebenfalls gut hinein und entspricht den Mittelwerten, die aus DAWIHL und DILLINGERS Angaben ermittelt wurden (0,858 bis 0,871); ebenso liegt er nahe bei den Exponenten von BOSTON und KRAUS (0,88). „Bestwerte" für Exponenten sind im Anhang A (Tab. 103) zusammengestellt.

Auf Grund der angestellten Überlegungen kann man sich nunmehr die Unterschiede für C_{ks} erklären, die sich für Stahl bei den verschiedenen Forschern ergaben; es sind Erscheinungen der verschiedenen Festigkeit und der verschiedenen Spanwinkel, wobei auch der Schlankheitsgrad des Spanquerschnittes eine — wenn auch kleinere — Rolle spielt.

Auf den gleichen Span- oder Keilwinkel bezogen, erhält man bei gleicher Festigkeit recht gute Übereinstimmung der C_{ks}-Werte bei verschiedenen Forschern, wie die nachstehenden Beispiele zeigen, obwohl auch Abweichungen vorkommen, deren Ursachen noch der Aufklärung bedürfen. Die C_{ks}-Methode, wie sie hier entwickelt wurde, gibt eine geeignete Handhabe für solche Vergleiche und ermöglichte die Aufstellung der für die Praxis zu empfehlenden Bestwerte (Anhang A).

Aus den ASME-Werten ergibt sich für $k_z = 55$ ein C_{ks}-Wert von 237 für den Spanwinkel $\gamma = 17°$, mit der Gl. (194) erhält man 235; für $k_z = 65$ folgt $C_{ks} = 252$ gegenüber $C_{ks} = 254$ nach der Gl. (194). Bei $k_z = 75$ erhält man aus ASME-Werten $C_{ks} = 282$ gegenüber 270 nach der Formel, d. h. die ASME-Werte unterscheiden sich nur um sehr wenige Prozent von den Werten der Gl. (194), ausgenommen bei $k_z = 85$, wo der ASME-Wert 330 und der Formelwert $C_{k_s} = 289$ ist. Hier liegt der Formelwert niedriger. Andererseits ergibt sich aus DAWIHL und DINGLINGERS Werten mit $\gamma = 14°$ bei $k_z = 85$ ein Wert von $C_{k_s} = 288$ gegenüber $C_{k_s} = 298$ nach der Gleichung, somit liegt hier der umgekehrte Fall vor wie bei den ASME-Daten, d. h., für $k_z = 85$ liegt der Formelwert etwas höher. Die AWF 158-Werte für C_{k_s} liegen dagegen durchweg erheblich niedriger als die Formelwerte, während die DAWIHL-und-DINGLINGER-Werte den Formelwerten erheblich näher liegen. CAVÉS Werte liegen für kleine Spanwinkel (0°) bei $k_z = 45$ 12% höher (281 gegenüber 251) als die Formelwerte und 6% niedriger bei $\gamma = 30°$. Bei $\gamma = 20°$ stimmen sie überein. *Diese Gegenüberstellungen können als Beweis der Gültigkeit der Gl.* (194) *angesehen werden.*

Die Werte der Beitabellen 104a und 105a im Anhang A seien der besonderen Beachtung der Betriebspraktiker empfohlen, weil sie auf die Ausnutzung der Drehbänke erheblichen Einfluß haben.

Beispielsweise ergibt sich für einen Spanquerschnitt von 10 mm² ein Faktor von 6,4, das heißt, daß der Hauptschnittdruck P nur 6,4mal so groß ist anstatt 10mal bei Abnahme eines Spanquerschnittes von 10 mm² wie bei Abnahme eines Spanquerschnittes von 1 mm².

Der geringe Einfluß des Schlankheitsgrades auf den Schnittdruck im Vergleich mit dem Einfluß des Spanquerschnittes ist in Abb. 205 am Beispiel für St 50.11 graphisch gezeigt. Wie ersichtlich, verursacht — nach den Bestwerten — eine Verzehnfachung des Schlankheitsgrades eine 46%ige Erhöhung des Schnittdruckes gegenüber einer 535%igen Erhöhung bei Verzehnfachung des Spanquerschnittes.

Vergleicht man ferner die C_{k_s}-Werte, die sich nach Gl. (193) für *Gußeisen* ergeben, mit denen der Tab. 66 für das erweiterte Schnittdruckgesetz mit $G = 5:1$, so erkennt man, daß sie etwas zu niedrig liegen. Um den Schlankheitsgrad in die Gleichung einzubeziehen, d. h. C_{k_s} in Übereinstimmung zu bringen, ist es angebracht, die Konstante zu erhöhen. Es ergibt sich unter Umänderung auf den Spanwinkel:

$$\boxed{C_{k_s} \text{ für Guß} = 0{,}9 \cdot \sqrt[1{,}5]{H} \cdot \sqrt[1{,}5]{(80-\gamma)}\,.} \tag{195}$$

Der Einfluß des Spanwinkels ist also bei Stahl- und Gußeisenbearbeitung gleich groß.

Für Überschlagsrechnungen kann man auf Grund der C_{k_s}-Gleichungen (194) und (195) folgende „Faustregel" aufstellen:

„Der Schnittdruck ändert sich um 1% für jeden Grad der Änderung des Spanwinkels."

Die *Berechnung des Schnittdruckes* ist mit Hilfe der Tab. 104 u. 105 sehr einfach, da sie das erweiterte Schnittdruckgesetz zur einfachen Multiplikation machen[1]. Anstatt mit der zugrunde liegenden Gl. (144)

$$P = C_{k_s} \cdot F^{(1-f_s)} \left(\frac{G}{5}\right)^{g_s}$$

zu rechnen, entnimmt man C_{k_s} der Tab. 104 und den Wert $F^{(1-f_s)}$ der Beitabelle 104a und multipliziert sie miteinander. Falls der Schlankheitsgrad G nicht 5 : 1 ist, multipliziert man noch mit $\left(\frac{G}{5}\right)^{g_s}$ gemäß Beitabelle 104b.

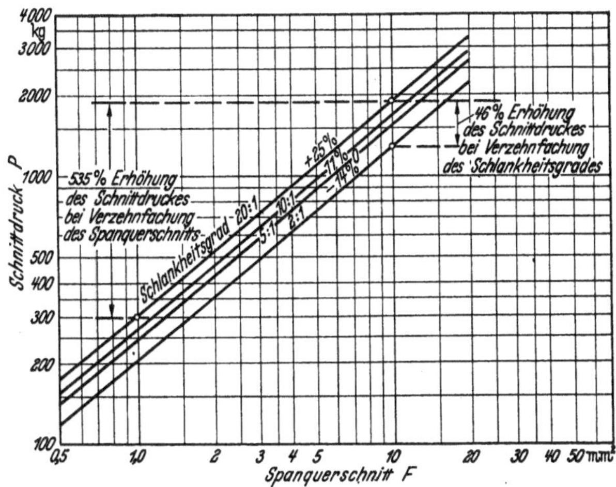

Abb. 205. Vergleich des Einflusses einer Verzehnfachung des Spanquerschnittes mit einer Verzehnfachung des Schlankheitsgrades auf den Schnittdruck (St 50.11; $\gamma = 10°$; $C_{k_s} = 242$).

Beispiel 1. Zu berechnen: Schnittdruck für 5 mm² Spanquerschnitt St 50.11 ($k_z = 50$) 10° Spanwinkel. Man entnimmt C_{k_s} aus Tab. 104:

$$C_{k_s} = 242\,,$$

aus Beitabelle 104a

$$F^{(1-f_s)} = 3{,}6\,,$$

somit wird der Schnittdruck

$$P = 242 \cdot 3{,}6 = 870 \text{ kg};$$

Beispiel 2: Wenn $G = 10:1$ einzubeziehen ist, wird gemäß Beitabelle 104b:

$$\left(\frac{G}{5}\right)^{0{,}16} = 1{,}12\,,$$

daher:

$$P = 242 \cdot 3{,}6 \cdot 1{,}12 = 975 \text{ kg}.$$

[1] Vgl. S. 163 „Praktische Beispiele für Berechnung von Schnittgeschwindigkeiten".

Ebenso wie für Stahl ist auch eine praktische Schnittdrucktafel mit Beitabellen für Gußeisen angefügt (Anhang A, Tab. 105) und in Abb. 206 graphisch dargestellt. Den Einfluß der Veränderlichkeit des Schnittdruckes mit dem Spanquerschnitt erkennt man sowohl aus den Multiplikationsfaktoren der Beitabelle 105a als auch aus Abb. 207. So ist z. B. bei $F = 20\,\text{mm}^2$ der Schnittdruck P statt 20mal nur 13,2mal so groß wie für $1\,\text{mm}^2$. Der Unterschied geht aus dem Vergleich der Geraden a und b der Abb. 207 hervor.

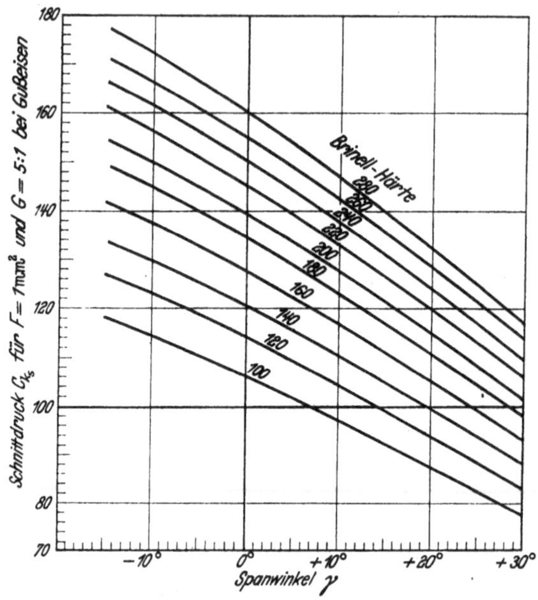

Abb. 206. Diagramm zur Ermittlung des C_{k_s}-Wertes für Gußeisenbearbeitung (vgl. Tab. 105; Anhang A).

Beispiel 3: Zu berechnen sei der Schnittdruck für $20\,\text{mm}^2$ Spanquerschnitt, Gußeisen 140 Brinell, Spanwinkel $\gamma = 20°$, Schlankheitsgrad 8 : 1. Aus der praktischen Schnittdrucktabelle (Anhang A, Tab. 105) entnimmt man

$$C_{k_s} = 100\,,$$

aus Beitabelle 105a

$$F^{(1-f_s)} = 13{,}3\,,$$

aus Beitabelle 105b

$$\left(\frac{G}{5}\right)^{0,120} = 1{,}058\,.$$

Daher ergibt sich als Schnittdruck

$$P = 100 \cdot 13{,}3 \cdot 1{,}058 = 1405\,\text{kg}\,.$$

9. Richtung des Schnittdruckes bei verschiedenen Spanwinkeln.

Die Beanspruchung von Drehstahl und Drehbank wird u. a. von der Richtung des resultierenden Schnittdruckes beeinflußt, daher ist es von besonderem Wert, sich jetzt auch über diese Richtung bei verschiedenen Spanwinkeln γ zu unterrichten. Hierzu ist die Resultante der Komponenten P_N und P_T (Abb. 193 bis 201) zu ermitteln und festzustellen, um welchen Winkel ω die Resultante P_R gegen P_T gedreht ist.

Für die Zusammensetzung der Kräfte gilt:

$$\operatorname{tg}\omega = \frac{P_N}{P_T}, \qquad P_R = \frac{P_N}{\sin\omega}.$$

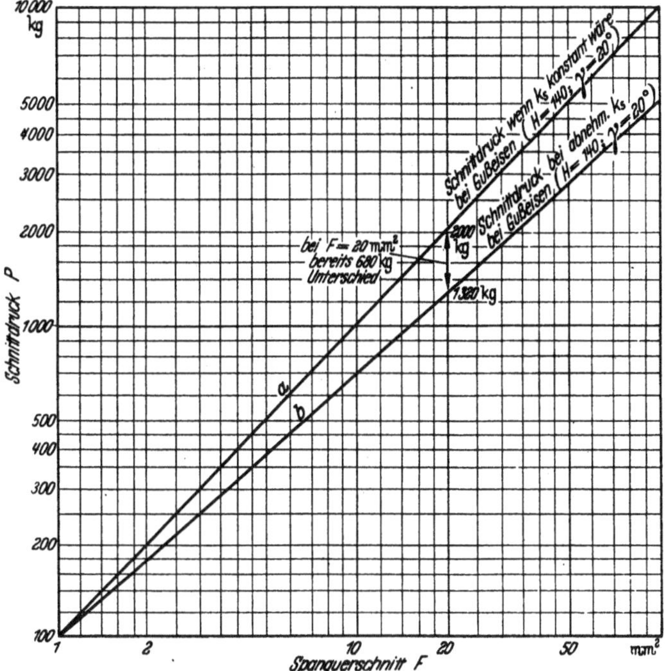

Abb. 207. Vergleich des Schnittdruckes bei konstantem und fallendem k_s für Gußeisen.

Ctgω wird fälschlicherweise in der Fachliteratur öfters als Reibungsbeiwert der Zerspanung angesehen. Hierüber ist bereits in der physikalischen Zerspanungslehre gesprochen (S. 17) und an weiteren Stellen darauf aufmerksam gemacht worden[1].

Hucks[2] ist, wie auch andere, z. B. der Ansicht, daß es möglich sei, den Hauptschnittdruck und den Wert C_{ks} aus dem sogenannten

[1] Kronenberg: Zitiert S. 17.

[2] Hucks, H.: Plastizitätsmechanische Theorie der Spanbildung. Werkst. u. Betr. 1952 Heft 1, Gleichung 7.

Reibungskoeffizienten zu bestimmen. Da es jedoch diesen Reibungskoeffizienten nicht gibt, wie bereits gezeigt, so würde man einen Schnittdruck berechnen aus dem Verhältnis der gemessenen Komponenten P_T und P_N. Dies erscheint als Umweg, da man ja den Schnittdruck direkt messen kann. Auf beiden Seiten der Gleichungen hat man Schnittdruckwerte, die auf der rechten Seite nur verborgen sind im sogenannten Reibungskoeffizienten.

Für Chromnickelstahl erhält man:

$$\operatorname{tg}\omega = \frac{78\left[\frac{\beta}{50}\right]^{1,6}}{\sqrt[30]{\frac{\beta}{50}}} = 0,72\left(\frac{\beta}{50}\right)^{1,565} \quad \text{(vgl. Abb. 193)}.$$

β	50°	60°	70°	75°
$\operatorname{tg}\omega$	0,734	1,013	1,289	1,48
ω	36° 15′	45° 25′	52° 20′	55° 55′
P_R	130	149	170	186

für $F = 0,645\ \text{mm}^2$.

Nickelstahl:

$$\operatorname{tg}\omega = \frac{82\left(\frac{\beta}{50}\right)^{1,34}}{104} = 0,79\left(\frac{\beta}{50}\right)^{1,34} \quad \text{(vgl. Abb. 194)}.$$

β	50°	60°	70°	75°
$\operatorname{tg}\omega$	0,78	1	1,25	1,361
ω	38°	45°	51° 25′	53° 45′
P_R	134,5	147	166,5	176

für $F = 0,645\ \text{mm}^2$.

Stahl St 42.11:

$$\operatorname{tg}\omega = \frac{73\left(\frac{\beta}{50}\right)^{1,52}}{87} = 0,84\left(\frac{\beta}{50}\right)^{1,52} \quad \text{(vgl. Abb. 195)}.$$

β	50°	60°	70°	75°
$\operatorname{tg}\omega$	0,839	1,125	1,425	1,588
ω	40°	48° 25′	55°	57° 45′
P_R	114	131	152	163

für $F = 0,645\ \text{mm}^2$.

Ungeglühtes Rohr:

$$\operatorname{tg}\omega = \frac{84\left(\frac{\beta}{50}\right)^{2,6}}{10\left(\frac{\beta}{50}\right) + 92} \quad \text{(vgl. Abb. 196)}.$$

β	50°	60°	70°	75°
$\operatorname{tg}\omega$	0,835	1,08	1,172	1,170
ω	39° 50′	47° 15′	49° 35′	49° 35′
P_R	133	185	291	352

für $F = 0,645\ \text{mm}^2$.

Geglühtes Rohr:

$$\operatorname{tg}\omega = \frac{74\left(\frac{\beta}{50}\right)^{1,65}}{90\sqrt[18,5]{\frac{\beta}{50}}} \quad \text{(vgl. Abb. 197)}.$$

β	50°	60°	70°	75°
$\operatorname{tg}\omega$	0,864	1,092	1,436	1,61
ω	40° 50′	47° 30′	55° 10′	58° 10′
P_R	116	134	161	178

für $F = 0{,}645\ \text{mm}^2$.

Stahl St 70.11:

$$\operatorname{tg}\omega = \frac{80\left(\frac{\beta}{50}\right)^{1,4}}{96\sqrt[6,5]{\frac{\beta}{50}}} \quad \text{(vgl. Abb. 198)}.$$

β	50°	60°	70°	75°
$\operatorname{tg}\omega$	0,834	1,05	1,269	1,411
ω	39° 50′	46° 25′	51° 45′	54° 45′
P_R	125	144	163	174

für $F = 0{,}645\ \text{mm}^2$.

Bronze:

$$\operatorname{tg}\omega = \frac{113\cdot\left(\frac{\beta}{50}\right)^{1,11}}{104} \quad \text{(vgl. Abb. 199)}.$$

β	50°	60°	70°	75°
$\operatorname{tg}\omega$	1,088	1,305	1,455	1,69
ω	47° 25′	52° 30′	55° 30′	59° 25′
P_R	154	172	199	205

Kupfer:

$$\operatorname{tg}\omega = \frac{51\left(\frac{\beta}{50}\right)^{1,6}}{38\cdot\left(\frac{\beta}{50}\right)^{1,2}} \quad \text{(vgl. Abb. 200)}.$$

β	50°	60°	70°	75°
$\operatorname{tg}\omega$	1,36	1,422	1,489	1,53
ω	53° 40′	54° 55′	56° 5′	56° 50′
P_R	63,5	82	104	113

Gußeisen:

$$\operatorname{tg}\omega = \frac{42,5\left(\frac{\beta}{50}\right)^{1,7}}{62} \quad \text{(vgl. Abb. 201)}.$$

β	50°	60°	70°	75°
$\operatorname{tg}\omega$	0,719	0,96	1,259	1,4
ω	35° 45′	43° 50′	51° 35′	54° 25′
P_R	76	86	101	106

In den Abb. 208 bis 215 sind die Richtungen der Resultantenkräfte für $\gamma_1 = 5°$ und $\gamma_2 = 30°$ dargestellt. Die jeweilige Richtung der Spanfläche ist ebenfalls eingezeichnet, so daß deutlich die Drehung der Resultierenden mit dem Spanwinkel γ zu erkennen ist.

Bezeichnet (Abb. 208) ϱ_1 den Winkel, den die Resultante mit der Bewegungsrichtung des Werkstückes (Vertikale) bei einem Keilwinkel $\beta_1 = 80° - \gamma_1 = 50°$, ϱ_2 den Winkel bei $\beta_2 = 80° - \gamma_2 = 75°$ bildet, so ist die Drehung τ_1 der Resultante

$$\tau_1 = \varrho_2 - \varrho_1 .$$

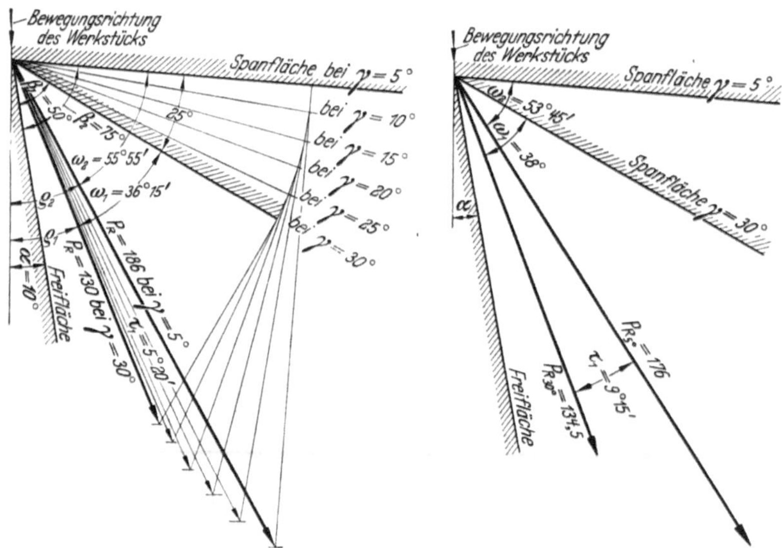

Abb. 208. *Chromnickelstahl.* Richtung des Schnittdruckes bei verschiedenen Spanwinkeln γ.

Abb. 209. *Nickelstahl.* Richtung des Schnittdruckes bei verschiedenen Spanwinkeln γ.

Es ist ferner:

$$\varrho_2 = \beta_2 + \alpha - \omega_2 ,$$
$$\varrho_1 = \beta_1 + \alpha - \omega_1 ,$$

$$\tau_1 = \varrho_2 - \varrho_1 = \beta_2 - \beta_1 - \omega_2 + \omega_1 ,$$
$$\beta_2 - \beta_1 = 75° - 50° = 25° ,$$
$$\tau_1 = 25° + \omega_1 - \omega_2 .$$

Demnach ergibt sich:

Chromnickelstahl (Abb. 208):

$$\tau_1 = 25° + 36°\,15' - 55°\,55' ,$$
$$\tau_1 = 5°\,20' .$$

Wenn der Winkel β also um 25° kleiner wird, d. h. der Spanwinkel um 25° vergrößert wird, so dreht sich die Kraftresultante in gleicher Richtung nur um 5° 20′.

Nickelstahl (Abb. 209):

$$\tau_1 = 25° + 38° - 53° 45',$$
$$\tau_1 = 9° 15'.$$

Bei Nickelstahl ist die Drehung der Kraftresultante etwas größer.

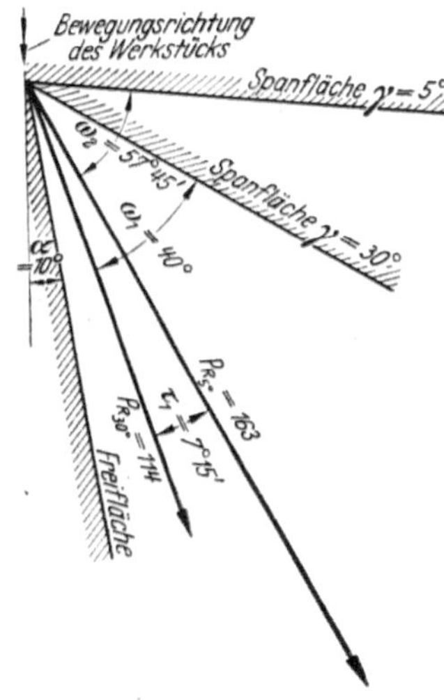

Abb. 210. *Stahl* St 42.11. Richtung des Schnittdruckes bei verschiedenen Spanwinkeln γ.

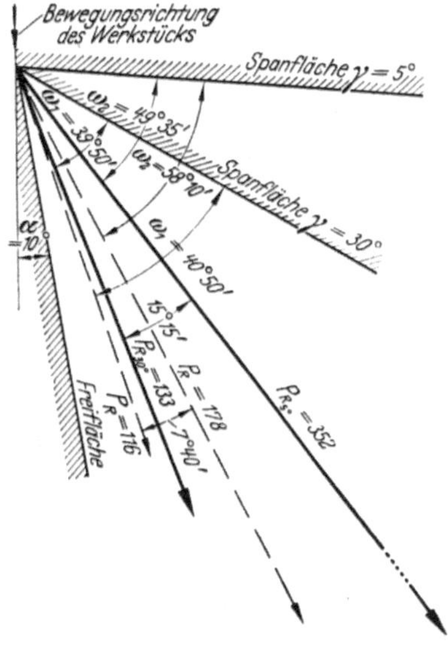

Abb. 211. Geglühtes und ungeglühtes *Rohr* (gestrichelt). Richtung des Schnittdruckes bei verschiedenen Spanwinkeln γ.

Stahl St 42.11 (Abb. 210):

$$\tau_1 = 25° + 40° - 57° 45',$$
$$\tau_1 = 7° 15'.$$

Rohr ungeglüht (Abb. 211):

$$\tau_1 = 25° + 39° 50' - 49° 35',$$
$$\tau_1 = 15° 15'.$$

Rohr geglüht (Abb. 211, gestrichelte Geraden):

$$\tau_1 = 25° + 40° 50' - 58° 10',$$
$$\tau_1 = 7° 40.$$

Stahl St 70.11 (Abb. 212):

$$\tau_1 = 25^\circ + 39^\circ 50' - 54^\circ 45'.$$
$$\tau_1 = 10^\circ 5'.$$

Bronze (Abb. 213):

$$\tau_1 = 25^\circ + 47^\circ 25' - 59^\circ 25',$$
$$\tau_1 = 13^\circ.$$

Kupfer (Abb. 214):

$$\tau_1 = 25^\circ + 53^\circ 40' - 56^\circ 50',$$
$$\tau_1 = 21^\circ 50'.$$

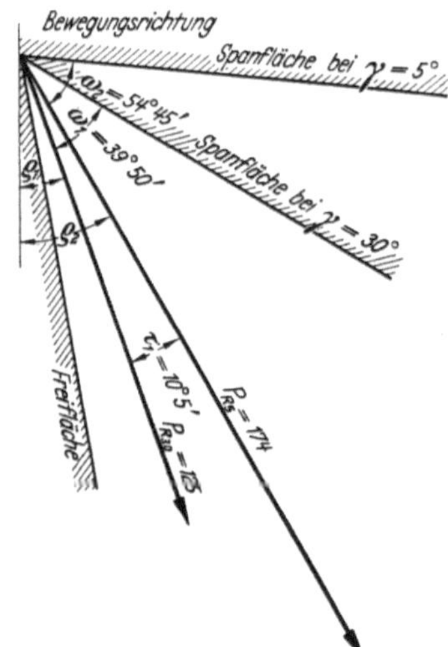

Abb. 212. *Stahl* St 70.11. Richtung des Schnittdruckes bei verschiedenen Spanwinkeln γ.

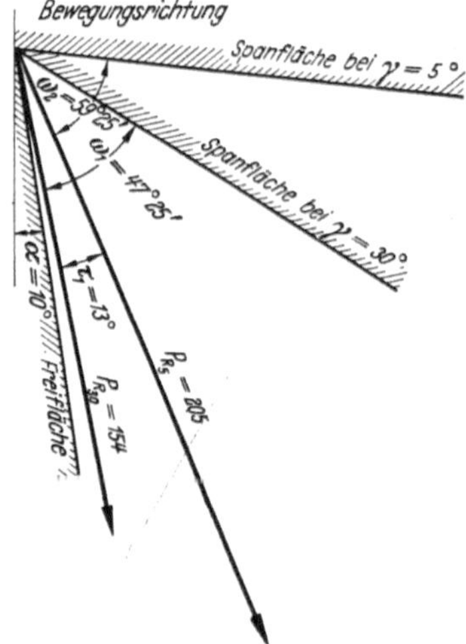

Abb. 213. *Bronze*. Richtung des Schnittdruckes bei verschiedenen Spanwinkeln γ.

Dieser Winkel erscheint sehr groß. Die Resultierende geht bei großem Spanwinkel nicht mehr durch den Drehstahl. Die Werkstatt benutzt bei diesem Werkstoff gern kleine Spanwinkel.

Gußeisen (Abb. 215):

$$\tau_1 = 25^\circ + 35^\circ 45' - 54^\circ 25',$$
$$\tau_1 = 6^\circ 20'.$$

Diese Berechnungen zeigen, daß der resultierende Schnittdruck unter einem ziemlich erheblichen Winkel zur Spanfläche verläuft. Bildet man den Mittelwert der Winkel ω für die angeführten Eisenmetalle und setzt sie in Beziehung zum Keilwinkel β, so ergibt sich, daß die Schnittdruckresultanten bei den Schnittiefen von STANTON und HEYDE

12° bis 19° innerhalb des Keilwinkels liegen, von der Freifläche aus gerechnet. Jedoch dürften sich diese Winkel auch mit dem Vorschub ändern, d. h. mit der Größe s, die in zweidimensionaler Darstellung der Zerspanung als Schnittiefe erscheint (s. Abb. 1 und 216a).

Aus Abb. 208 bis 215 erkennt man auch, daß der resultierende Schnittdruck P_R erheblich mit steigendem Spanwinkel γ fällt.

Wertet man die Versuche von Shaw, Finnie und Cook[1] in derselben Weise aus wie die von Stanton und Heyde, so zeigt sich ebenfalls, daß die resultierende Schnittkraft einen großen Winkel mit der Spanfläche bildet. Hier sind die Winkel sogar noch größer und der resultierende Schnittdruck liegt meistens dicht an der Freifläche oder oft sogar jenseits, wie aus Tab. 81 (S. 284) ersichtlich.

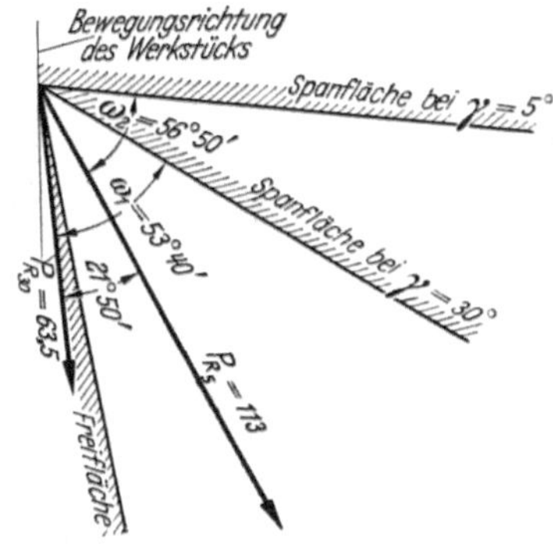

Abb. 214. *Kupfer*. Richtung des Schnittdruckes bei verschiedenen Spanwinkeln γ.

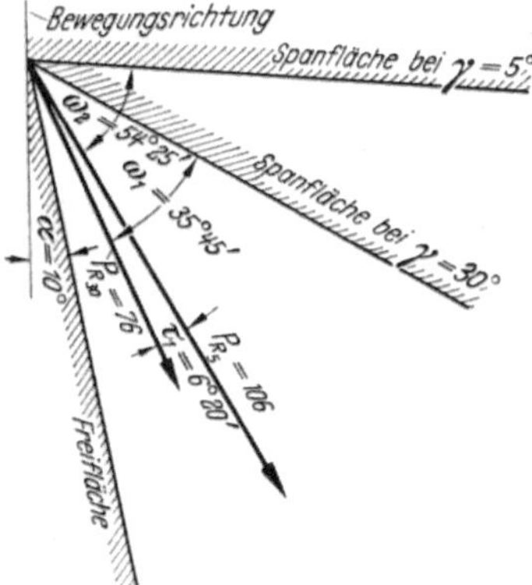

Abb. 215. *Gußeisen*. Richtung des Schnittdruckes bei verschiedenen Spanwinkeln γ.

Die Verhältnisse sind in Abb. 216a und b dargestellt. Da die Resultierende bei Benutzung von Tetrachlorkohlenstoff am meisten außerhalb des Werkzeuges liegt und da mit dieser Schneidflüssigkeit die besten Oberflächen auf dem Werkstück erzeugt werden, kommt man zu dem Ergebnis, daß die Güte der Oberfläche u. a. auf Verringerung von Schwingungserscheinungen zurückzuführen ist. Das Werkzeug hat einen „Halt" am Werkstück, und somit werden Schwingungen gedämpft und Verbiegungen des Werkzeuges vermindert. Die Größe des Freiwinkels ist auch von Einfluß, daher sind weitere Versuche angebracht.

Die Richtung des Schnittdruckes ist jedoch nicht nur von den Winkeln am Stahl selbst, sondern auch von seiner Einstellung auf „Mitte", über oder unter „Mitte" abhängig. Durch Erfahrung in der Werkstatt haben sich bei den verschiedenen Arbeitsweisen Regeln her-

[1] Vgl. S. 15.

Tabelle 81.

Schneidflüssigkeit	Span-winkel γ °	$\operatorname{tg} \omega = \frac{P_N}{P_T}$	Richtungs-winkel ω (auf halbe Grad gerundet) °	β °	$\beta - \omega$ (+ wenn innerhalb, — wenn außerhalb des Keilwinkels) vgl. Abb. 216a und b °
Benzin	30	0,99	44,5	55	+ 10,5
	45	0,75	37	40	+ 3
Trocken	16	1,49	56	69	+ 13
	30	1,16	49,5	55	+ 5,5
	45	0,835	40	40	0° (Resultierender Schnittdruck liegt in der Freifläche)
Ethanol	16	1,93	62,5	69	+ 6,5
	30	1,47	56	55	+ 1
	45	1,03	46	40	— 6
Tetrachlorkohlenstoff	0	7,7	82,5	85	+ 2,5
	16	3,12	72	69	— 3
	30	2,04	64	55	— 9
	45	1,295	52	40	— 12

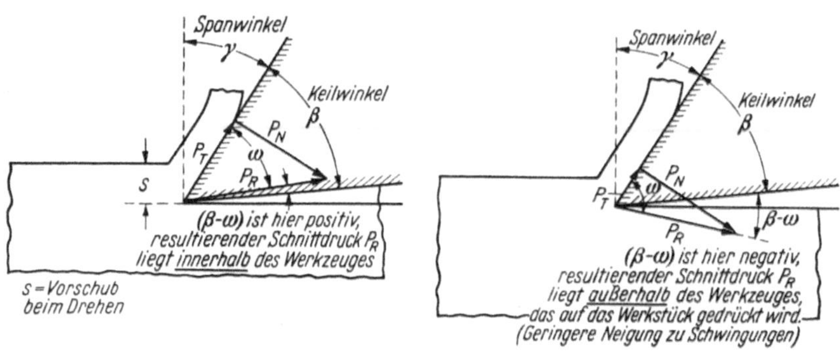

Abb. 216a u. b. Richtungen des resultierenden Schnittdruckes P_R in Abhängigkeit vom Verhältnis der Normalkraft P_N zur Reibungskraft P_T.

ausgebildet, welche Stellung dem Stahl zu geben ist. Durch die Vornahme solcher Überhöhungen ist man in der Lage, die Schnittdruckrichtung zu beeinflussen, so daß der Stahl besser schneidet und nicht in das Werkstück „einhakt“. Grundsätzlich könnte man jedoch auch ohne Überhöhung auskommen, da sich die Schnittdruckrichtung auch durch die Wahl geeigneter Winkel beeinflussen läßt. Es ist für den praktischen Betrieb jedoch oft leichter, eine Überhöhung vorzunehmen, als andere Winkel an den Stahl zu schleifen.

Abb. 217a und 217b zeigt den gleichen Stahl ($\beta = 60°$) in zwei verschiedenen Stellungen, einmal auf Mitte (a) und einmal über Mitte (b). Steht der Stahl auf Mitte, so wird die Abflußrichtung des Spanes durch den Spanwinkel $\gamma = 20°$ gekennzeichnet; wird der Stahl jedoch überhöht eingestellt, so tritt ein neuer Winkel auf (λ') (Abb. 217b), der von der Horizontalen und der Verbindungslinie — MS —, d. h. der Geraden vom Mittelpunkt des Werkstückes bis zur Berührungsstelle des Stahles, gebildet wird. Aus der Abbildung sieht man deutlich, daß durch die Überhöhung der ∢ α (Freiwinkel), der von der Tangente im Berührungspunkt des Stahles (ST) und der Freifläche gebildet wird, verkleinert und der Winkel γ, der von der verlängerten Verbindungslinie MS und der Spanfläche gebildet wird, um 9° vergrößert worden ist. Durch die Überhöhung sind also Winkel entstanden, „als ob“ der Drehstahl geiler geschliffen wäre. Man kann zu dem gleichen Spanwinkel auch durch entsprechendes Anschleifen kommen, den man auf Mitte stellt, wie Abb. 217c zeigt. Dieser Stahl hat den gleichen Spanwinkel wie der überhöhte in Abb. 217b und auch den gleichen, viel zu kleinen Freiwinkel α. Die Verhältnisse sind in diesen Abbildungen übertrieben dargestellt, um sie deutlicher zu zeigen. Gewöhnlich wird die Überhöhung etwa zu 2% des Drehdurchmessers genommen. Hieraus läßt sich λ' berechnen:

$$\sin\lambda' = \operatorname{tg}\lambda' = \frac{SS'}{MS} = \frac{\frac{d}{50}}{\frac{d}{2}} = 0{,}04\,,$$

$$\lambda' = \text{rd. } 2^1/_2{}°.$$

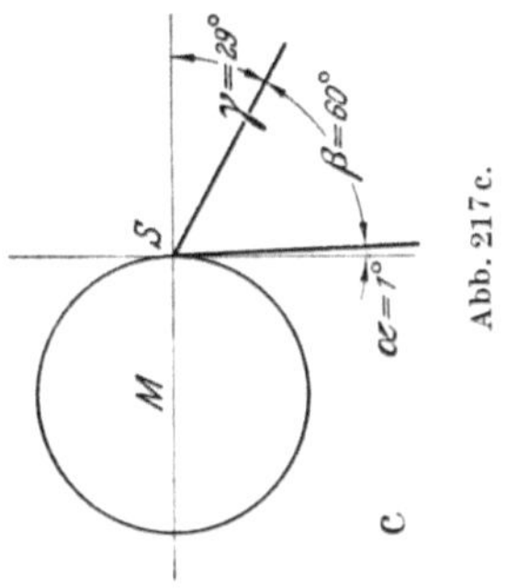

Abb. 217c.

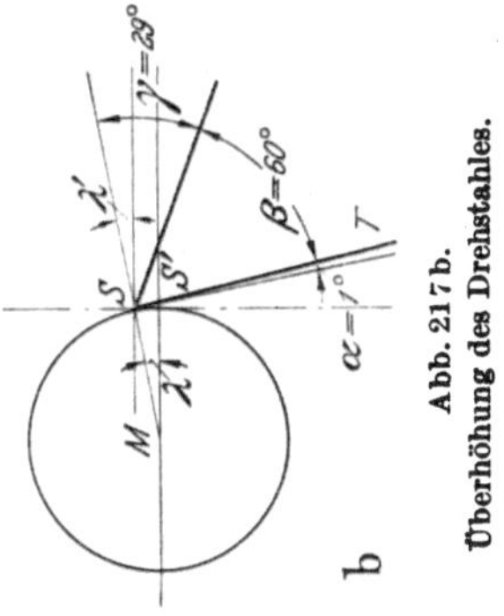

Abb. 217b. Überhöhung des Drehstahles.

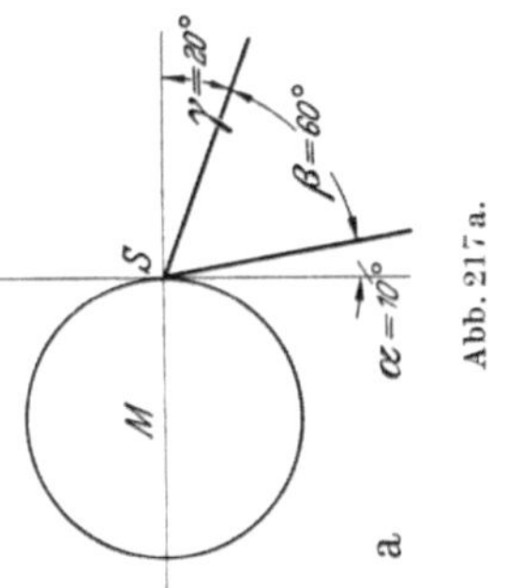

Abb. 217a.

Der Einfluß der Überhöhung auf die Winkel ist also gering. Durch sie hat man es in der Hand, *kleine* Unterschiede in den Winkeln auszugleichen, und vor allem kann man erfahrungsgemäß Schwingungen oft dadurch dämpfen, ein Vorgang, der sich aus den obenstehenden Erörterungen über den „Halt“ am Werkstück (S. 283) erklären läßt.

10. Der negative Spanwinkel und die Spannungen in der Spanfläche.

Über die Belastung und die Spannungen, denen ein mit negativem Spanwinkel ausgerüstetes Werkzeug beim Zerspanen ausgesetzt ist, bestehen noch teilweise Ansichten, die sich mit den tatsächlichen Verhältnissen nicht decken. Es ist daher angebracht, meine Untersuchung dieser Frage hier vorzulegen, da der negative Spanwinkel, obwohl seine Anwendung in großem Maße erst etwa 1940 einsetzte, nicht wieder aus der Hartmetall verwendenden Werkstatt verschwinden wird.

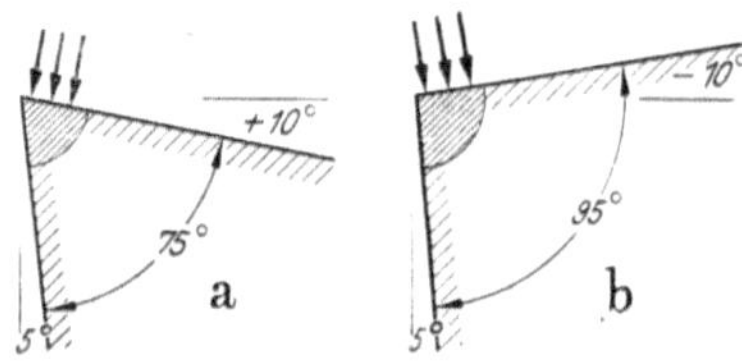

Abb. 218. Zu stark vereinfachte Annahme über die Kraftrichtungen bei positiven (a) und negativen (b) Spanwinkeln (Reibungskräfte unberücksichtigt).

In diesem Abschnitt beschränken wir uns aufs *Drehen* mit negativem Spanwinkel, während die zusätzlichen Stoßvorgänge beim *Fräsen* mit Messerkopf und unterbrochenem Schnitt später behandelt werden sollen.

Abb. 218a und b sind Beispiele für eine unzutreffende, oder besser gesagt, zu stark vereinfachte Vorstellung über die Spannungen in einem Drehstahl mit positivem und negativem Spanwinkel. In diesen Darstellungen ist der *Einfluß der Reibungskraft* (parallel zur Spanfläche) *vollständig vernachlässigt*, was natürlich *nicht zulässig* ist, da die Reibungskraft — wie vorstehend ausgeführt (vgl. Abb. 194 bis 201) — oft ebenso groß sein kann und sogar größer werden kann als die senkrecht auf die Spanfläche wirkende Kraftkomponente.

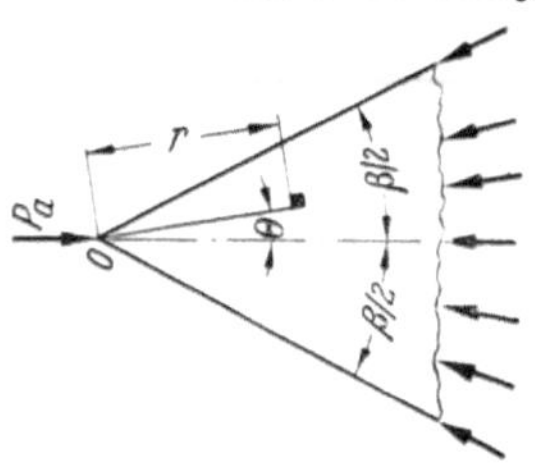

Abb. 219. Spannungen in einem Keil unter axialer Last P_a.

Zur Untersuchung der Spannungsverteilung in einem Drehstahl kann man auf Mitchells grundlegende Ableitungen[1] über Spannungen in dreieckigen Ebenen zurückgreifen und sie auf die Verhältnisse des Drehstahles erweitern.

Abb. 219 zeigt ein solches Dreieck (oder Keil), auf dessen Spitze O eine Kraft P_a entlang der Mittellinie wirkt. Die Dicke des Keiles in Richtung senkrecht zur Zeichenebene wird als Längeneinheit genommen. Unter Benutzung von Polarkoordinaten (Θ, r), wobei Θ den Winkel und r den radialen Abstand eines beliebigen betrachteten Punktes vom Ursprung O (Abb. 219) bezeichnet, kam Mitchell zu folgender Glei-

[1] Mitchell, J. H.: Proc. Lond. math. Soc. Bd. 34 (1902). Vgl. auch S. Timoshenko u. J. N. Goodier: Theory of Elasticity S. 93. New York: McGraw-Hill Co. 1951, und E. C. Coker u. L. N. Filon: Photoelasticity. University Press 1931. Cambridge (England).

chung für die Radialspannungen:

$$\sigma_{r_a} = -\frac{P_a \cos\Theta}{r\left(\frac{\beta}{2} + \frac{1}{2}\sin\beta\right)}, \tag{196}$$

das Minuszeichen zeigt an, daß die Spannung der Kraft P_a entgegenwirkt.

Man hat zu beachten, daß MITCHELLS Lösung für ein geometrisches Dreieck gilt, d. h., Punkt O ist eine scharfe Spitze. Scharfe Spitzen liegen aber bei Drehstählen natürlich nicht vor, wegen der Stahlnasenabrundung. Aus MITCHELLS Gleichung kann man den mathematischen Grund für die Stahlnasenrundung erkennen. Man sieht, daß für spitze Dreiecke die radiale Spannung σ_{r_a} theoretisch unendlich wird, wenn in Gl. (196) $r = 0$ gesetzt wird. Bei Abrundung besteht jedoch der mathematische Grenzwert $r = 0$ nicht, so daß unendliche Spannungen an der Stahlspitze in der Praxis vermieden werden. Die Vorgänge in der unmittelbaren Nähe der Stahlabrundung und die dort auftretenden Spannungen könnten in dieser Weise auch untersucht werden, wobei Rücksicht auf plastische Erscheinungen zu nehmen ist. Jedoch schließen wir hier die Stahlnase aus den Betrachtungen aus.

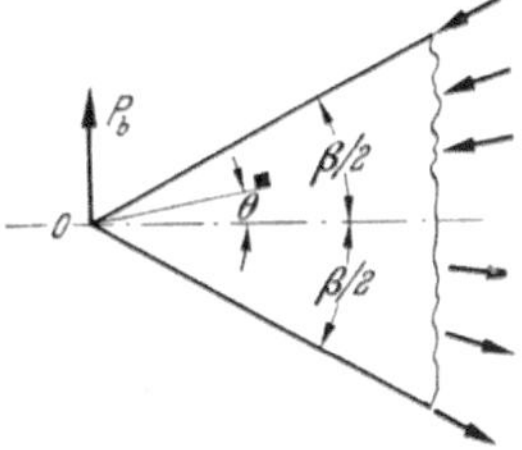

Abb. 220. Spannungen in einem Keil unter Querbelastung P_b.

Abb. 220 zeigt einen anderen Fall der Belastung einer Dreiecksfläche, und zwar durch eine Kraft P_b, die senkrecht zur Längsachse des Dreiecks wirkt. Für diesen Fall ergibt sich folgende Gleichung für die Radialspannungen, wenn Θ wieder von der Mittellinie aus gerechnet wird:

$$\sigma_{r_b} = -\frac{P_b \sin\Theta}{r\left(\frac{\beta}{2} - \frac{1}{2}\sin\beta\right)}. \tag{197}$$

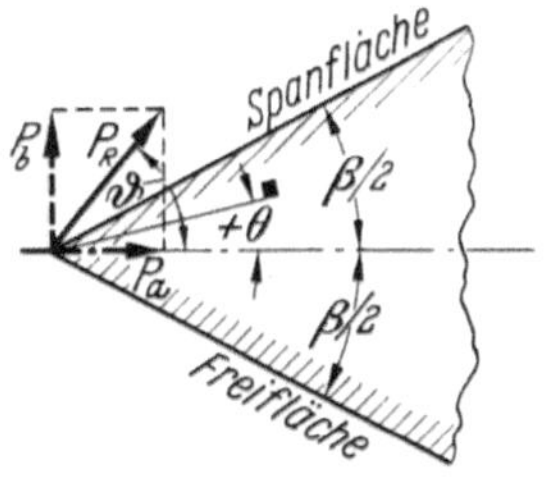

Abb. 221. Spannungen in einem Drehstahl bei Belastung durch den unter beliebigem Winkel ϑ wirkenden resultierenden Schnittdruck P_R.

Die Richtung der Schnittdruckresultanten P_R beim Zerspanen entspricht jedoch weder dem Fall der Abb. 219 noch dem der Abb. 220, d. h., die Resultante wirkt gewöhnlich nicht in der Mittellinie des Drehstahls und auch nicht senkrecht zu ihr. Wir nehmen daher zunächst eine beliebige Richtung von P_R an und bezeichnen ihren Winkel mit ϑ, wie in Abb. 221 angegeben. Nach dem Prinzip der Zusammensetzung von Spannungen und bei Auflösung der Resultante P_R in Richtungen P_a und P_b folgt:

$$P_a = P_R \cos\vartheta, \tag{198}$$

$$P_b = P_R \sin\vartheta. \tag{199}$$

Die in einem beliebigen Punkte des Drehstahles durch die in beliebiger Richtung wirkende Gesamtkraft P_R hervorgerufene Radialspannung ergibt sich somit durch Addition der Gln. (196) und (197) nach Einsetzen von Gln. (198) und (199):

$$\sigma_r = -\frac{P_R}{r}\left[\frac{\cos\Theta\cdot\cos\vartheta}{\frac{\beta}{2}+\frac{1}{2}\sin\beta}+\frac{\sin\Theta\cdot\sin\vartheta}{\frac{\beta}{2}-\frac{1}{2}\sin\beta}\right]$$

und nach Zusammenfassung:

$$\sigma_r = -\frac{2\,P_R}{r}\left[\frac{\cos\Theta\cdot\cos\vartheta}{\beta+\sin\beta}+\frac{\sin\Theta\cdot\sin\Theta}{\beta-\sin\beta}\right]. \tag{200}$$

Diese Gleichung gibt die Radialspannungen für jeden beliebigen Punkt (r, Θ) in einem Drehstahl an für beliebige Keilwinkel β und beliebige Richtung ϑ des resultierenden Schnittdruckes P_R.

Für unsere Erörterungen sind die Spannungen im Hartmetallplättchen im besonderen und die in der Spanfläche im allgemeinen von Interesse. Somit ist es ratsam, die allgemeine Gl. (200) in eine spezielle zu vereinfachen, die nur die Spannungen in der Spanfläche betrifft, wobei zu beachten ist, daß der Winkel Θ des betrachteten Punktes oder der betrachteten Linie positiv zu nehmen ist für Spannungen in der Spanfläche und negativ, wenn Spannungen in der Freifläche ermittelt werden sollen.

Für die Spanfläche wird

$$\Theta = +\frac{\beta}{2}$$

und daher

$$\sigma_{r\,Spanfläche} = -\frac{2\,P_R}{r}\left[\frac{\cos\frac{\beta}{2}\cdot\cos\vartheta}{\beta+\sin\beta}+\frac{\sin\frac{\beta}{2}\cdot\sin\vartheta}{\beta-\sin\beta}\right]. \tag{201}$$

Aus dieser Gleichung kann man die Bedingungen für *spannungsfreie Belastung der Spanfläche* ermitteln, d. h. für $\sigma_{r\,Spanfläche} = 0$; sie ergeben sich aus:

$$\frac{\sin\frac{\beta}{2}\cdot\sin\vartheta}{\beta-\sin\beta} = -\frac{\cos\frac{\beta}{2}\cdot\cos\vartheta}{\beta+\sin\beta}$$

und bei Auflösung nach ϑ:

$$\operatorname{tg}\vartheta_{(\max)} = -\operatorname{ctg}\frac{\beta}{2}\left[\frac{\beta-\sin\beta}{\beta+\sin\beta}\right]. \tag{202}$$

Diese Gleichung gibt die notwendige Richtung der resultierenden Schnittkraft P_R mit Bezug auf die Mittellinie des Keilwinkels des Drehstahls an, damit weder Druck noch Zug in der Spanfläche entsteht.

Ist der Winkel ϑ der Resultierenden P_R größer als dieser Grenzwert ϑ_{max} aus Gl. (202), so herrscht *Zug* in der Spanfläche, ist ϑ kleiner als ϑ_{max}, so herrscht *Druck* in der Spanfläche. Da Hartmetalle nicht unter Zug beansprucht werden sollen zur Vermeidung von Rissen und vorzeitigem Versagen, so ist es wesentlich, daß ϑ_{max} nicht überschritten wird. Aus diesem Grunde wurde der Grenzwert ϑ_{max} genannt.

Die nachstehende Tab. 82 enthält Werte für ϑ_{max} für Keilwinkel von β von 45° bis 110°. Die angegebenen Spanwinkel gelten für einen konstanten Freiwinkel von $\alpha = 5°$.

Tabelle 82. *Zahlenwerte für Grenzbedingungen zur Vermeidung von Zugspannungen in der Spanfläche von Drehstählen.*

Span-winkel γ °	Keil-winkel β °	$\frac{\beta - \sin\beta}{\beta + \sin\beta}$	$\operatorname{tg}\vartheta_{max} = -\operatorname{ctg}\frac{\beta}{2}\left[\frac{\beta - \sin\beta}{\beta + \sin\beta}\right]$	$-\vartheta_{max}$ *	ω_{max} **	$\left(\frac{P_N}{P_T}\right)_{max} = \operatorname{tg}\omega_{max}$ ***	
+40	45	0,052	0,125	7° 10′	29° 40′	0,57	Normalkraft *muß* kleiner sein als Reibungskraft
+35	50	0,064	0,137	7° 50′	32° 50′	0,645	
+25	60	0,095	0,165	9° 25′	39° 25′	0,824	
+15	70	0,130	0,185	10° 30′	45° 30′	1,02	
+ 5	80	0,174	0,207	11° 45′	51° 45′	1,27	Normalkraft *kann* größer sein als Reibungskraft
− 5	90	0,222	0,222	12° 30′	57° 30′	1,57	
−15	100	0,276	0,232	13° 5′	63° 5′	1,97	
−25	110	0,343	0,240	13° 30′	68° 30′	2,56	

Wie aus der Tab. 82 ersichtlich, darf der resultierende Schnittdruck P_R nicht mehr als $\omega = 29° 40'$ von der Spanfläche entfernt liegen, wenn der Keilwinkel $\beta = 45°$ ist, während P_R unter einem Winkel von $\omega = 68° 30'$ zur Spanfläche wirken darf, ohne Zugspannung in der Spanfläche zu erzeugen, wenn der Keilwinkel $\beta = 110°$, d. h. wenn $\gamma = -25°$ ist.

Bei negativen Spanwinkeln ist also die Möglichkeit des Auftretens von Zugspannungen in der Spanfläche erheblich kleiner als bei positiven Spanwinkeln!

Die Ergebnisse werden noch deutlicher, wenn man das Verhältnis der P_N-Komponente des Schnittdruckes, die senkrecht auf der Span-

* Größte zulässige Winkel, die der resultierende Schnittdruck P_R mit der *Mittellinie* durch den Drehstahl einschließen darf zur Vermeidung von Zugspannung in der Spanfläche.

** Größte zulässige Winkel, die der resultierende Schnittdruck P_R mit der *Spanfläche* einschließen darf, zur Vermeidung von Zugspannungen in der Spanfläche (vgl. Abb. 216a und b bzw. 222).

*** Größtes zulässiges Verhältnis der auf die Spanfläche normal wirkenden Kräfte P_N zu den Reibungskräften P_T zur Vermeidung von Zugspannung in der Spanfläche.

fläche steht, zur Reibungskomponente P_T bildet gemäß:

$$\left(\frac{P_N}{P_T}\right)_{\max} = \operatorname{tg} \omega_{\max}\,. \tag{203}$$

Dieses Verhältnis ist in der Tabelle ebenfalls angegeben und graphisch in Abb. 222 dargestellt.

Hieraus ist ersichtlich, daß zur Vermeidung von Zugspannungen in der Spanfläche die Normalkraft P_N kleiner sein muß als die Reibungs-

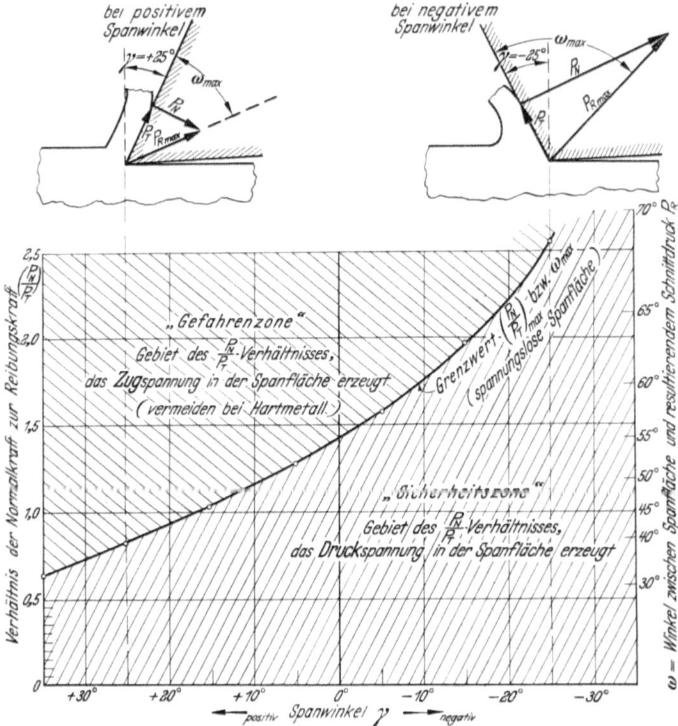

Abb. 222. Druck- und Zugspannung in der Spanfläche bei positiven und negativen Spanwinkeln.

kraft P_T bei Spanwinkeln bis zu $+15°$, daß P_N aber größer sein kann als P_T bei Spanwinkeln von $+15°$ bis $-25°$.

Da in früheren Ausführungen gefunden wurde (Abb. 193 bis 201), daß die Reibungskraft P_T sich *nicht* oder wenig ändert, wenn der Spanwinkel γ geändert wird, so kann P_T mit guter Annäherung als Konstante trotz Änderung von γ (bzw. β) angesehen werden, das bedeutet, daß P_N wachsen kann bei Änderung des Spanwinkels, und zwar proportional zu $\omega_{\max}$. Die Tab. 82 zeigt daher, daß die Normalkomponente P_N auf das $\frac{2,56}{0,57} = 4,5$fache anwachsen darf, ohne Zugspannung in der Spanfläche hervorzurufen, wenn sich der Spanwinkel von $+40°$ bis auf $-25°$ ändert.

Es folgt somit allgemein:

Negative Spanwinkel gestatten wesentlich größere Schnittdrucke als positive Spanwinkel, weil Zugspannungen in der Spanfläche, die die Hartmetalle zerstören, mit negativen Spanwinkeln wesentlich leichter zu vermeiden sind als mit positiven Spanwinkeln (vgl. Abb. 222).

Nimmt man als Vergleichsbasis einen Drehstahl mit $\gamma = +15°$ (wie er bei Schnellstahl oft üblich ist), so ergeben sich die Verhältniswerte der Tab. 83.

Tabelle 83.

Spanwinkel °	Zulässige Vergrößerung des Schnittdruckes bei Änderung des Spanwinkels ohne Erzeugung von Zugspannung in der Spanfläche %
+15	0
+10	10
+ 5	25
+ 0	37
− 5	53
−10	71
−15	93
−20	120
−25	150

Der Schnittdruck darf also ganz erheblich anwachsen bei negativen Spanwinkeln. Solch Anwachsen findet gewöhnlich *nicht* statt, wie aus den Schnittdrucktabellen (Anhang A, Tab. 104 und 105) hervorgeht. Bei Änderung von γ von $+15°$ bis $-15°$ erhöht sich C_{k_s} um 30% bei Stahlbearbeitung und um 26% bei Gußeisenbearbeitung, während die Belastbarkeit der Drehstähle sich um 93% erhöht.

Die Belastbarkeit der Drehstähle nimmt also hinsichtlich ihrer inneren Spannungen erheblich schneller zu als der Schnittdruck beim Übergang von positiven zu negativen Spanwinkeln.

Es bleibt zu beachten (vgl. Abb. 216a und b), daß in vielen Fällen der Winkel ω größer wird als der maximal zulässige Wert gemäß Tab. 82, so daß Zugspannungen in der Spanfläche entstehen.

Kühlung der Spanfläche, wenn damit eine Herabsetzung der Reibungskomponente P_T verbunden ist, ist also bei den zugspannungsempfindlichen Hartmetallen n i c h t empfehlenswert, da dadurch der Winkel ω vergrößert wird und somit die unerwünschten Zugspannungen in der Spanfläche erzeugt werden. Bei negativen Spanwinkeln können dagegen die sonstigen Vorteile von Schneidflüssigkeiten ausgenutzt werden, da der Bereich des Winkels ω sehr groß ist, so daß selbst eine Verkleinerung der Reibungskomponente den Winkel ω nicht leicht so vergrößern kann, daß Zugspannungen in der Spanfläche entstehen. Negative Spanwinkel gestatten daher gewöhnlich die Anwendung von Schneidflüssigkeiten bei Hartmetallen!

11. Schnittdruck, Spanbildung und Schwingungen.

a) Spanbildung und Schwingungen.

Als besondere Erschwerung aller Betrachtungen über den Schnittdruck kommt noch hinzu, daß der Schnittdruck eine schwingende Kraft ist, wie dies zuerst von NICOLSON[1] beobachtet und von allen Forschern[2] bestätigt wurde. Je nach dem Beginn der Spaltung und ihrem Ende entsteht ein Druckmaximum bzw. Druckminimum (Abb. 223). Die Größe der Amplitude und der Frequenz hängt dabei vom Spanquerschnitt ab. „Vorschub“ in Abb. 223 bezeichnet den zurückgelegten Weg.

Die Schwingungserscheinungen übertragen sich vom Drehstahl aus auf alle Teile der Maschine und verstärken sich durch Überlagerung,

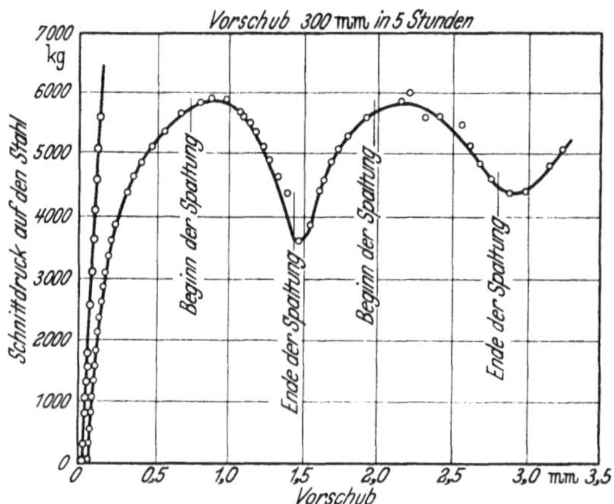

Abb. 223. Schwingungen des Schnittdruckes nach NICOLSON[1].

worauf bei Konstruktion und Herstellung der Bänke großer Wert zu legen ist[3].

Nach KLOPSTOCK zerfällt der Schneidvorgang in drei Abschnitte (Abb. 224): Das Anschneiden des Materials durch die Stahlschneide, Aufspalten der abzuhebenden Materialschicht (voreilender Riß), Zusammenstauchen und Abscheren des sich bildenden Spanelementes. Die Bildung der Spanelemente ist besonders deutlich in Abb. 225[4] zu sehen.

---

[1] Transactions Bd. 25 S. 672ff.

[2] KLOPSTOCK, zitiert S. 172, dort S. 49. — CODRON: Expériences sur le travail des machines outil pour les metaux Bd. II S. 81—87. 1906.

[3] Auf eigene Schwingungsversuche mit Dehnungsmeßstreifen wird weiter unten eingegangen werden (s. Abb. 281). Vgl. Vortrag vor Mass. Institute of Technology, 5. Juni 1952. Amer. Mach. 29. Sept. 1952.

[4] Versuche von Herrn Obering. BUTSCHKE.

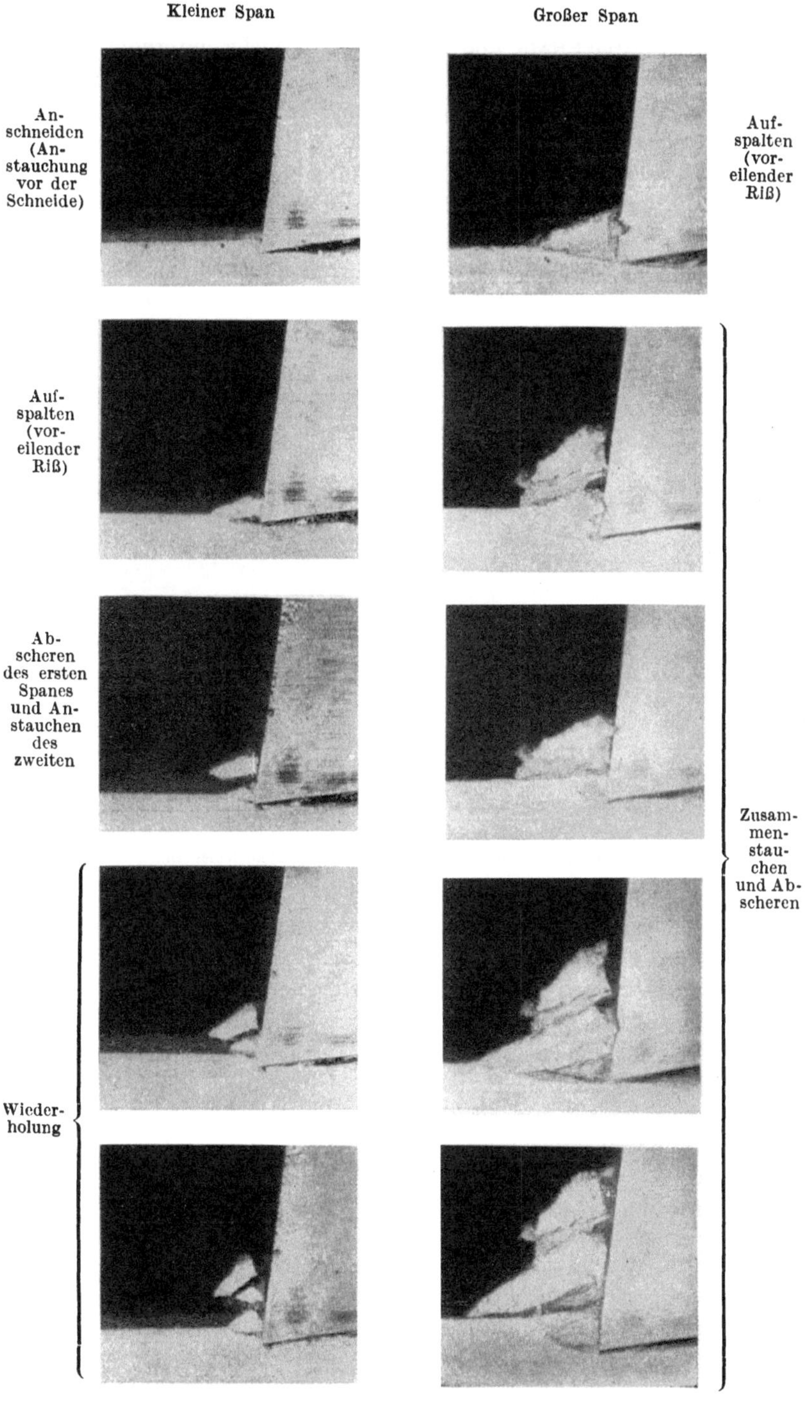

Kleiner Span

Großer Span

An-schneiden (An-stauchung vor der Schneide)

Auf-spalten (vor-eilender Riß)

Auf-spalten (vor-eilender Riß)

Ab-scheren des ersten Spanes und An-stauchen des zweiten

Zusam-men-stau-chen und Ab-scheren

Wieder-holung

Abb. 224. Schneidvorgang bei Bildung zweier Späne (KLOPSTOCK).

Über die Abhängigkeit der Spanbildung von den Winkeln des Drehstahles haben ROSENHAIN und STURNEY[1] Versuche unternommen. Sie benutzten das zuerst im Jahre 1905 von KURREIN angewandte Verfahren der Mikrophotographie der Späne[2]. Die Versuche wurden an weichem Stahl und an Bronze von rd. 75 mm Dmr. angestellt. Als Drehstahl wurden Kohlenstoff- (Gußstahl-) Meißel verwandt mit einer Shorehärte von 90°. Diese Beschränkung auf nur eine Sorte Drehstahl ist zulässig, da nach den früheren Untersuchungen KURREINS feststeht, daß die innere Zusammensetzung des Drehstahles (Schnellstahl oder Gußstahl) ohne Einfluß auf die Spanbildung ist. Verändert wurden die Freiwinkel α (Abb. 175) zwischen 0° und 20°, die Spanwinkel γ

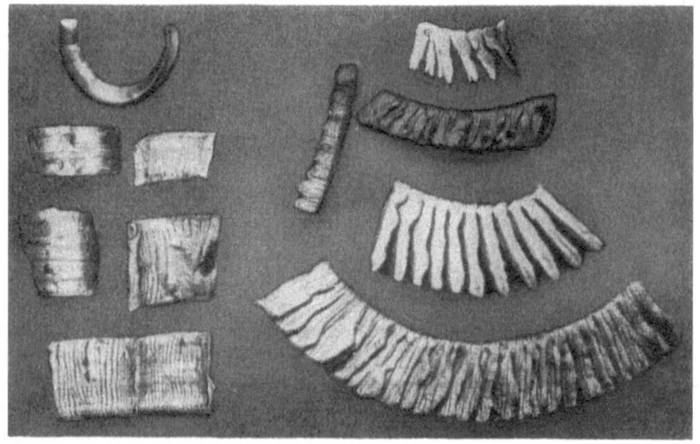

Abb. 225. Späne mit deutlicher Bildung von Spanelementen.

zwischen 0° und 30° und die Schnittiefe zwischen 0,05 mm und 1,3 mm. Der Drehstahl wurde stets auf Mitte gestellt. Die Schnittgeschwindigkeit konnte nur ganz klein (1,3 m/min) genommen werden, da das Werkstück plötzlich abgebremst werden mußte, bevor es noch eine Umdrehung vollendet hatte, um den Zusammenhang zwischen dem Span und dem Werkstück zu bewahren. Jedes so erhaltene Versuchsstück wurde für sich von der Welle abgesägt, elektrolytisch verkupfert, um Beschädigungen zu vermeiden, und dann mikrophotographisch untersucht. Auf Grund der Untersuchungen lassen sich drei Arten der Spanbildung unterscheiden:

---

[1] Cutting Tools Research Committee, Report on Flow and Rupture of Metals during Cutting, by Rosenhayn and Sturney S. 141 ff. London 1925.

[2] KURREIN: Aufbau der Schnelldrehspäne. Öst. Wschr. öffentl. Baudienst, Wien 16. Sept. 1905.

1. Der Abreißspan. — 2. Der Abscherspan. — 3. Der Abfließspan.

Der Abreißspan (Abb. 226) tritt vornehmlich bei kleinen Spanwinkeln ($\gamma = 0°$ bis $10°$) und größerer Schnittiefe auf. Das Vordringen des Drehstahles verursacht ein örtliches Zusammendrücken des Materials vor der Schneide bis zur Entstehung eines Risses[1], der vor ihr her weiterläuft, und zwar mit einer Krümmung in das Innere des Materials hinein (vgl. Abb. 227). Je weiter der Stahl gegenüber dem Werkstück fortschreitet, desto mehr wird das Material zusammengedrückt und der Riß vergrößert, bis schließlich das zusammengedrückte Material einen so starken Druck verursacht, daß der Span abreißt. Trennt sich der Span nicht sofort vollständig ab, so schiebt er sich über die Spanfläche und hängt nur noch lose mit dem nachfolgenden Material zusammen. Ein Fließen des Spanes über die Spanfläche findet hierbei nicht statt, obgleich der die Spanfläche berührende Teil des Spanes in gewissen Abständen „schlittert". Die Bewegung des Spanes ist gering, der Druck dagegen groß. Dieses „Schlittern" ist auch oft die Ursache von Schwingungen. Im Betriebe kann man solche Späne z. B. beim Abdrehen von Bandagen oder auch beim Bearbeiten von Messing beobachten, wobei die Späne oft weit in die Werkstatt

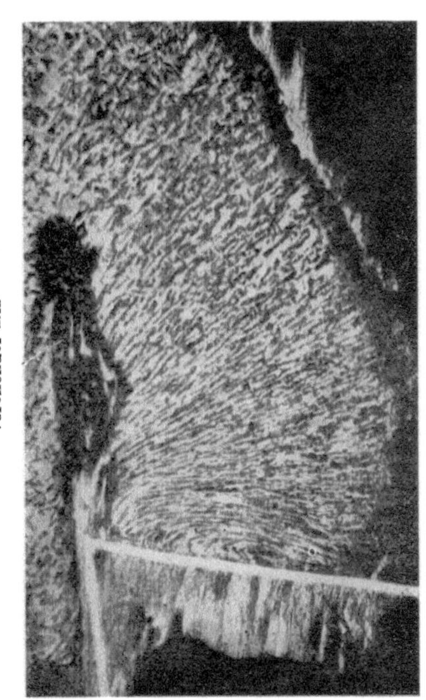

Abb. 226. Abreißspan.

[1] Schon REULEAUX vertrat 1900 die „Einrißtheorie" (vgl. Abhandlungen zur Förderung des Gewerbefleißes 1900), die jedoch besonders von KICK lebhaft bestritten wurde (vgl. Baumaterialienkunde 1901 Heft 15). Meinungsverschiedenheiten hierüber bestehen auch heute noch. BICKEL u. WIDMER vertreten die Einrißtheorie (Ind. Organisation 1951 Nr. 8), ebenso STANTON u. HEYDE; H. ERNST bestreitet sie. Meiner Ansicht nach bestehen beide Theorien zu Recht, da die Bildung des voreilenden Risses von der Richtung und Größe der Kräfte, der Schubfestigkeit usw. abhängt, so daß in manchen Fällen ein voreilender Riß entstehen kann, in anderen nicht. Ein voreilender Riß braucht sich auch nicht immer über die gesamte Schneide zu erstrecken und ist dann im Schliffbild oft nicht nachzuweisen. Anmerkung des Verfassers.

springen können, da die Stähle meist mit kleinem Spanwinkel angeschliffen sind.

Den Gegensatz zum Abreißspan bildet der Abfließspan (Abb. 227), bei dem das Material über der Stahlspitze zum Fließen gebracht wird. Der Span bildet Locken oder ungebrochene lange Schlangen. Die Fließzone ist nicht, wie RIPPER und BURLEY dies glaubten, auf Teilchen zurückzuführen, die sich an der Stahlspitze ansetzen, sondern hängt vom Spanwinkel ab. Bei Spanwinkeln von 30° verschwindet die Fließzone (bei Bearbeitung von Bronze) vollständig, was nach Ansicht von ROSENHAIN und STURNEY gegen die RIPPER-BURLEYsche Annahme spricht. Gegen diese Theorie können jedoch auch Einwände erhoben werden, wie z. B., daß sie auf Untersuchungen beruht, die nur eine Umdrehung des Werkstückes erfassen, daß sehr kleine Schnittgeschwindigkeiten zur Anwendung kamen, daß nur kurze Laufzeiten beobachtet wurden usw. In der Aussprache in London wurde auch von HERBERT auf diese und andere Gesichtspunkte hingewiesen. Das Aufrollen des Spanes ist auf die Verschiedenheit der Abfließrichtung des Spanes und der Richtung der Spanfläche zurückzuführen, so daß der Span auf die Spanfläche in einigem Abstand von der Schneide auftrifft und umgelenkt wird. Der Abfließspan entsteht bei größeren Spanwinkeln von rd. 10° bis 30° und bei kleinen Schnittiefen.

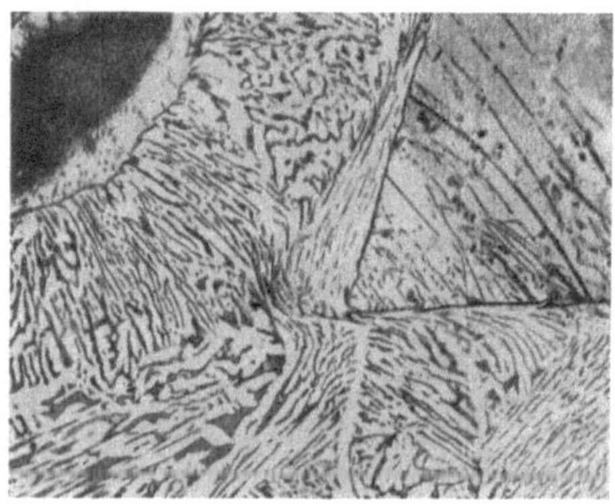

Abb. 227. Abfließspan.

Zwischen Abfließspan und Abreißspan liegt der Abscherspan, der durch kleine Winkel γ und kleine Schnittiefen verursacht wird. Die Erscheinungen der Spanbildung sind hierbei weniger ausgeprägt und weisen sowohl Rißbildung als auch Fließen auf. Vom praktischen Standpunkt aus ist dieser Span der wünschenswerte, da keine langen, die Werkstätten störende Spanlocken gebildet werden.

Die Untersuchungen ergaben, daß durch Verringerung der Schnitttiefe und Vergrößerung des Spanwinkels γ die Richtung des Risses geändert werden kann, bis er eine Tangente an den Schnittkreis bildet. Auch durch Unreinheiten des Materials kann diese Richtung beeinflußt werden, so daß man so weit gehen kann, durch Zusetzen von Unreinheiten das Bilden solcher Abscherspäne zu fördern. MACDONALD führte in der Erörterung die Richtung des Risses auch auf die Größe des Freiwinkels zurück.

Die beim Abreißspan auftretende Rißbildung und die Neigung zur Achse des Werkstückes erzeugen eine stark unregelmäßige Oberfläche des bearbeiteten Materials. Bezeichnet in Abb. 228 *A B* die ursprüngliche (unbearbeitete) Oberfläche und *CD* die beabsichtigte Oberfläche, so entsteht durch den Abreißspan die wellenförmige, schraffiert gezeichnete Oberfläche. Durch die Neigung des Risses und das Abreißen des Spanes entstehen „Werkstoffberge und Werkstofftäler". Auf Grund einer planimetrischen Ausmessung der auf einen Schirm projizierten Fläche zwischen den Bogen *A B* und *EF* wurde ermittelt, daß die beabsichtigte Schnittiefe gerade die Spitzen der Werkstoffberge umfaßt, so daß das Material noch tiefer als die beabsichtigte Schnittiefe zerklüftet ist. Schlichten und Schleifen müssen also so tief vorgenommen werden, daß auch die Werkstofftäler fortgenommen werden. Geht der Schlichtschnitt nicht genügend tief, so bleiben Unregelmäßigkeiten und Risse stehen, die Anlaß zu weiteren Oberflächenstörungen, Unrundheiten, schlechten Passungen, starken Reibungen bei Umlauf in einer Bohrung geben und zu Kerbwirkungen führen können. Fragmente der Aufbauschneide tragen zur Oberflächenrauheit auch bei, wie noch erörtert werden wird.

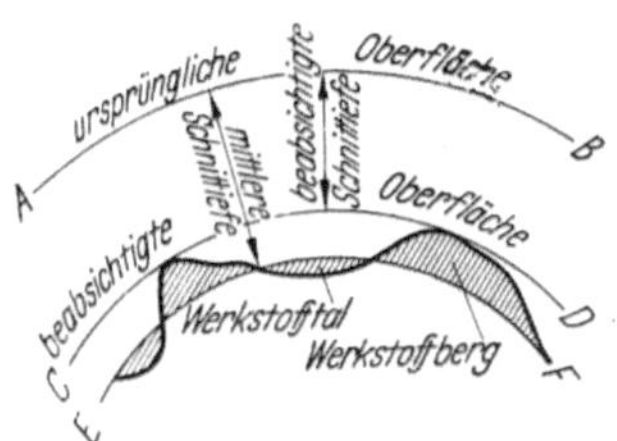

Abb. 228. Unregelmäßige Oberfläche, verursacht von Abreißspänen.

Die Unregelmäßigkeit der Oberfläche tritt bei Abscher- und Abfließspänen nicht auf, sie verschwindet, wenn der Spanwinkel größer als 15° wird; hierbei ist dann auch kein Unterschied mehr zwischen beabsichtigter und wirklicher Schnittiefe.

Aus dem Auftreten der verschiedenen Arten von Spanformen kann man auch umgekehrt auf die Winkel des Drehstahles schließen.

Die Spanbildung wird auch sehr erheblich von den Spanbrechernuten beeinflußt, die besonders bei Hartmetallen gern benutzt werden, um kurze Späne zu erhalten. Ausgedehnte Studien hierüber hat K. Henriksen[1] angestellt, er unterscheidet acht Typen von Spänen und hat Gleichungen über den Bruch der Späne aufgestellt. Übrigens ist es

[1] Henriksen, E. K.: Chip Breaking — A Study of three dimensional chip flow. Vortrag vor der ASME-Tagung 28. bis 30. April 1953 in Columbus, Ohio (ASME Paper Nr. 53-S-9); desgl.: The right chip breaker. Steel 26. April 1954 S. 98ff. und Balanced design will fit the chip breakers to the job. Amer. Mach. 26. April 1954 S. 117ff.

Vgl. auch: R. Hahn: Some observations on chip curl in metal cutting. Vortrag vor der ASME-Tagung 8. bis 11. Sept. 1952 in Chicago, Ill. (ASME Paper Nr. 52-F-16).

wesentlich, daß die Spanwinkel *in* der Spanbrechernut gemessen werden, nicht auf der erhöhten Spanfläche, da dort keine Spanbildung oder Gleitung mehr stattfindet!

M. E. wird bei Betrachtung der Spanbildung ein wichtiger Gesichtspunkt unbeachtet gelassen, nämlich die Wechselwirkung zwischen Maschine, Werkzeug und Werkstück. Alle drei sind elastische Gebilde, die verschiedene Grundfrequenzen bei Schwingungen haben und sich in sehr verwickelter Weise gegenseitig überlagern, in Resonanz kommen oder aufheben.

Ob ein Scherspan oder Fließspan entsteht, dürfte demnach nicht ausschließlich von den Zerspanungsbedingungen abhängen, sondern auch von

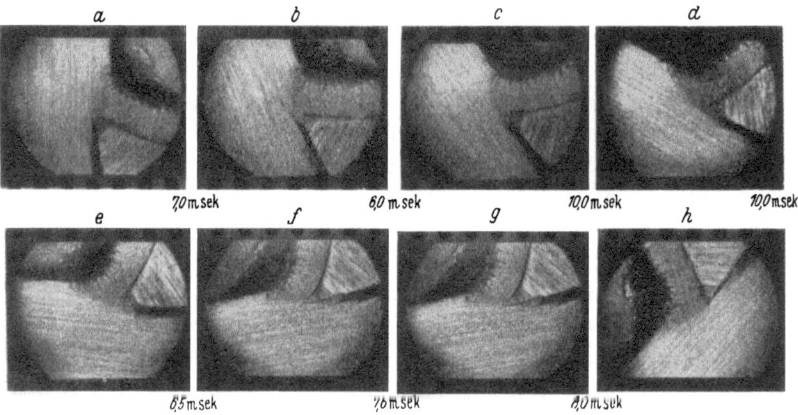

Abb. 229. Filmaufnahme einer Fließspanbildung (SCHWERD)[1].

diesen Elastizitätsbedingungen. Die Frage, warum Schwingungen entstehen, ist nicht nur durch das Anstauchen, Aufspalten und Abscheren (vgl. Abb. 224) zu beantworten. Wenn man einen bildlichen Vergleich gebrauchen will, so könnte man sagen, daß hier ein Problem vorliegt, ähnlich wie beim Kücken und dem Ei, nämlich: welches ist die Voraussetzung und welches die Folge? Die Frage, ob die Schwingungen die Folge oder die Ursache der Spanbildung sind, ist kaum erforscht.

Ein recht gutes Beispiel für die Richtigkeit dieser Ansicht bieten SCHWERDS Filmaufnahmen des ablaufenden Spanes[2]. Abb. 229 und 230 sind unter genau gleichen Versuchsbedingungen aufgenommen worden, trotzdem zeigt Abb. 229 eine Fließspanbildung, während Abb. 230 Abreißspanbildung aufweist.

---

[1] Die Zahlen bezeichnen die Bildzeitfolge in msek = $^1/_{1000}$ Sek.

[2] SCHWERD, F.: Filmaufnahmen des ablaufenden Spanes. Z. VDI Bd. 80 (1936) Nr. 9 S. 233.

Die Ursache, warum der Fließspan in einen Abscherspan übergegangen ist, dürfte in der Elastizität von Werkzeug, Werkstück und Maschine zu suchen sein. Durch eine harte Stelle im Werkstück z. B. kann das Werkzeug und Werkstück eine plötzliche Ausbiegung erfahren infolge vergrößerten Schnittdruckes und dadurch in Schwingungen ge-

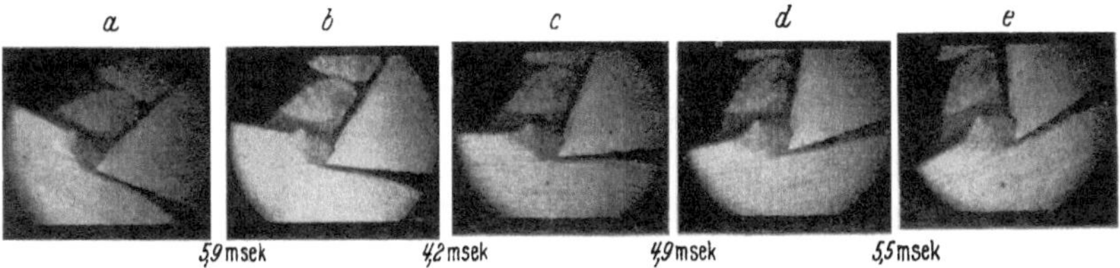

Abb. 230. Filmaufnahme einer Abreißspanbildung (SCHWERD).

raten, die den Span brechen. Solche Schwingungen werden danach weiter aufrechterhalten durch das einsetzende Anstauchen und Abscheren des Spanes. Wenn eine Störung des elastischen Systems nicht stattfindet, bleibt der Fließspan oft erhalten.

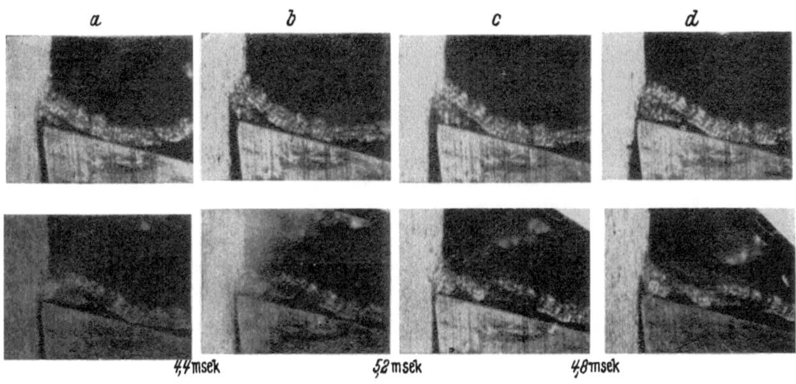

Abb. 231. Filmaufnahme des Entstehens und Abwanderns der Aufbauschneide (SCHWERD).

Auch die Aufbauschneide, ihre Bildung und ihr Abfließen, die ja während des Zerspanens ständig im Wechsel vor sich gehen, kann die Ursache von Schwingungen werden. SCHWERDS Abb. 231 zeigt dies ebenfalls sehr deutlich. Auch SCHLESINGER hat einen Film, der das beständige Anwachsen und Abfließen der Aufbauschneide zeigte, oft vorgeführt.

Abb. 231 zeigt einen Ausschnitt aus SCHWERDS Film. Man erkennt, von *a* bis *h* fortschreitend, den Schneidenansatz in *a*, der bei *b* und *c* angewachsen ist. Hier kann man bereits erkennen, daß der Abstand zwischen Werkstück und Werkzeugnase sich vergrößert hat, da die harte Aufbauschneide überhängt und den Stahl abdrängt, d. h. ihn verbiegt. Bei *d* beginnt der Schneidenansatz abzuwandern, wodurch die Stahlspitze zurückfedert und am Werkstück wieder anliegt. Man kann die abwandernde Aufbauschneide noch bei *g* und *h* im Span eingebettet verfolgen und auch die Neubildung eines Schneidenansatzes bei *h* erkennen. Wie sich dieser Ablauf ändert, wenn man ein dreidimensionales Problem — wie in der Werkstatt — vor sich hat, ist noch unbekannt.

Ein besonders gutes Bild von der Abhebung des Drehstahles vom Werkstück bei einem Fließspan während eines Augenblickes des Ab-

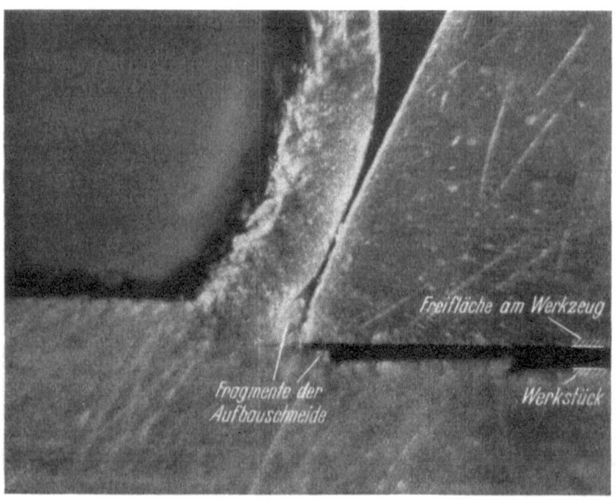

Abb. 232. Abhebung der Freifläche des Drehstahles vom Werkstück im Augenblick des Abwanderns eines Fragmentes der Aufbauschneide (Aufnahme von H. Ernst).

wanderns der Aufbauschneide ist in Abb. 232 wiedergegeben[1]. Man erkennt auch hier, daß die Aufbauschneide über die Stahlspitze (in Richtung auf die Werkstückoberfläche) hinausragt und eine Berührung mit dem Werkstück verhindert. Ein Teil der Aufbauschneide bleibt am Werkstück und ergibt daher eine rauhe Werkstückoberfläche.

Galloway[2] hat den Vorgang skizzenmäßig in Abb. 233a, b und c dargestellt und gezeigt, wie die Aufbauschneide teils mit dem Span und teils mit dem Werkstück abwandert.

Die von Eisele[3] beobachteten „Rollspäne" könnten demnach Späne sein, an denen die Reste der Aufbauschneide noch deutlich zu erkennen waren.

---

[1] Ernst, H.: Physics of Metal Cutting. Amer. Soc. Metals, 17. Oktober 1938.

[2] Galloway, D. F.: Recent Research in Metal Machining. Instn. mech. Engrs. London SW 1, 26. Oktober 1944.

[3] Eisele, F.: Techn. Mitt. Vulkan-Verlag, Sept./Okt. 1952 S. 313.

Die Ansicht, die man gelegentlich hört, daß die Aufbauschneide den Drehstahl „schützt", entbehrt der Grundlage. Die Aufbauschneide entsteht und wandert ab, verursacht schlechte Oberflächen am Werkstück, hilft das Werkzeug infolge ihrer Härte zu zerstören und erzeugt und fördert Schwingungen.

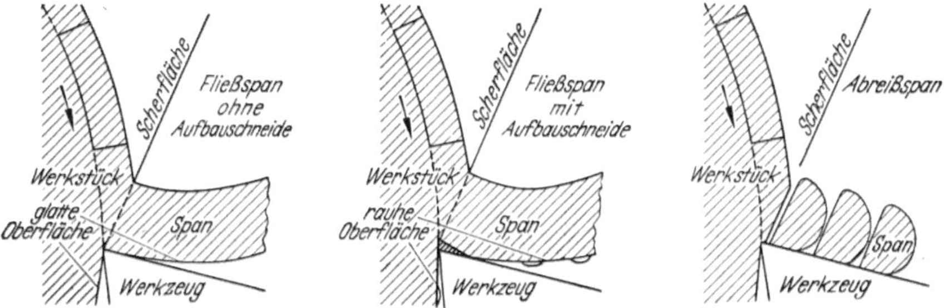

Abb. 233 a, b, c. Schema für verschiedene Spanbildungen (GALLOWAY).

In Fällen, in denen man die Rattermarken zählen kann auf dem Werkstück, d. h. ihrem Abstand e, ist es möglich, die Schwingungsfrequenz aus folgender Formel zu bestimmen:

$$f_r = \frac{1000 \cdot v}{e \cdot 60} = \frac{16{,}7 \cdot v}{e} \text{ je sek}. \tag{204}$$

Abb. 234 zeigt einen Schwingungsvorgang an der Oberfläche des Werkstückes (Automatenstahl) bei niedriger Schnittgeschwindigkeit.

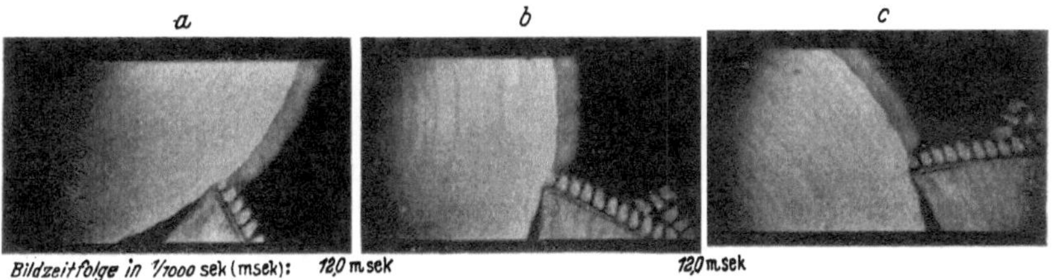

Abb. 234. Schwingungsvorgang bei niedriger Schnittgeschwindigkeit.

Maßnahmen, die die Starrheit und die Grundfrequenz des Systems „Werkzeug, Werkstück, Maschine" erhöhen und somit Verbiegungen vermindert, führen den Übergang zum Fließspan herbei. Bei hohen Schnittgeschwindigkeiten (Abb. 235) findet man oft Fließspäne ohne Neigung zu Schwingungen und saubere Oberflächen, wenn Verdrehungen im Werkstück durch die Fliehkraft der Räder im Spindelstock am Zurückschnellen verhindert werden. Außerdem spielen die Geschwindigkeitsverhältnisse an der Schneide eine Rolle, wie in der physikalischen Zerspanungslehre erörtert wurde (S. 8).

Andere Ursachen der Schwingungserscheinungen sind im Ölfilm in Rollen- und anderen Lagern, Verbiegungen der Maschinenelemente usw. zu suchen. Um diesen Problemen nachzugehen, wurden vom Verfasser verschieden gebaute Drehbänke, Schleifmaschinen usw. in Schwingungen versetzt, wie sie dem Zerspanungsvorgang entsprachen. Die Elemente der Maschinen wurden dadurch elastisch so beansprucht wie im Betrieb beim Zerspanen[1].

Über die Höhe der Schwingungsfrequenzen gehen die Ansichten noch weit auseinander. O. SVAHN[2] gibt an, daß Schwingungen von 80 bis 700 Hertz bei Schnittgeschwindigkeiten für Schnellstahl vorkommen, bei Hartmetall ist der Bereich 100 bis 2000 Hertz (Schwingungen

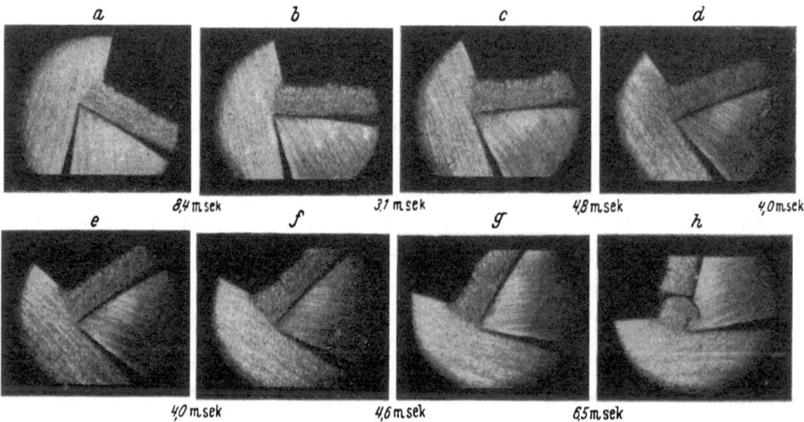

Abb. 235. Schwingungsvorgang bei hoher Schnittgeschwindigkeit.

je sek), wenn Stahl bearbeitet wird, während bei Rotgußbearbeitung der Schwingungsbereich zwischen 600 bis 5000 Hertz liegen soll.

Diese großen Unterschiede sind m. E. wieder auf die elastischen Wechselwirkungen zwischen Werkzeug, Werkstück und Maschine zurückzuführen. Dies geht auch aus Abb. 236 hervor, wo man links Schwingungen erkennt, die durch das Entstehen und Abfließen der Aufbauschneide entstanden sind, und zwar mit einer Frequenz von etwa 225 Hertz. Durch irgendeine Ursache kamen diese Schwingungen plötzlich in Resonanz mit der Grundschwingungszahl (etwa 1000 Hertz) des Stahlhalters, wurden jedoch schnell wieder gedämpft, wie ganz rechts

[1] Wärmeausdehnungen, auf die im Rahmen dieses Buches nicht näher eingegangen werden kann, sind gleichfalls zu beachten. Vgl. hierzu M. KRONENBERG: Die Beeinflussung der Werkzeugmaschine durch Wärme und Schwingungserscheinungen. Industrielle Organisation 1951 Nr. 11 S. 339—344.

[2] SVAHN, OLOV: Methods of Measurement in Machinability Research. Kgl. Techn. Hochschule Stockholm (Schweden), Sonderdruck 1948 „Särtryck ur Transactions“.

zu erkennen ist. Die Fragmente der Aufbauschneide können oft auf dem Span erkannt und gezählt werden und stimmen im wesentlichen mit den gemessenen Schwingungszahlen überein. Die Abbremsung des

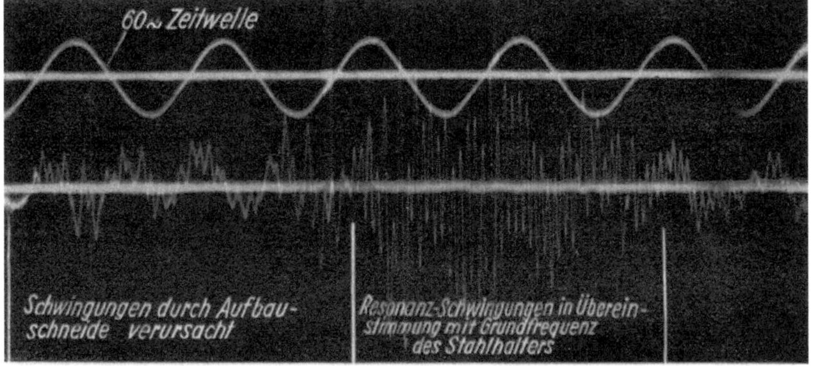

Abb. 236. Schwingungen bei Bildung der Aufbauschneide und bei Resonanz mit dem Stahlhalter.

Spanes durch das Werkzeug spielt in diese Beziehungen auch hinein [vgl. Gl. (4)].

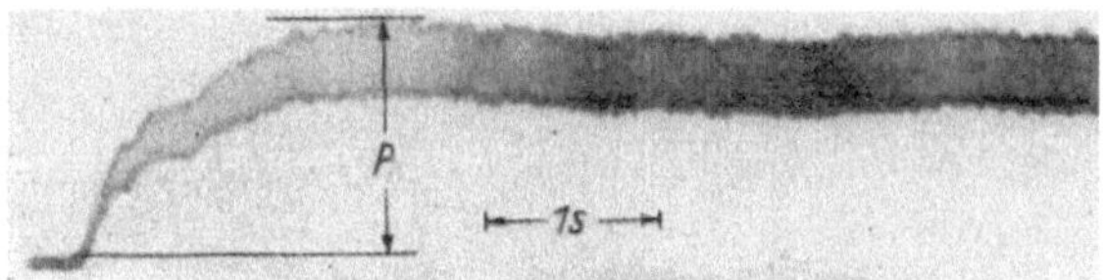

Abb. 237. Schnittdruckschwingungen (OPITZ).

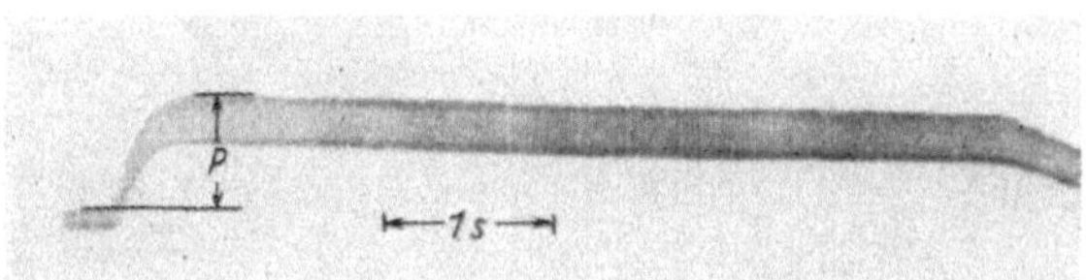

Abb. 238. Schnittdruckschwingungen (OPITZ).

Abb. 237 und 238 veranschaulichen die Schwingungsweiten des Schnittdruckes von anscheinend sehr hoher Frequenz, die OPITZ[1] gefunden hat. Schätzungsweise beträgt die Schnittdruckamplitude in Abb. 237 30% und in Abb. 238 50% des maximalen Schnittdruckes.

[1] OPITZ, H.: Leistungsmessungen an Werkzeugmaschinen. Z. VDI Bd. 81 (1937) Nr. 3 S. 61.

SHIZUO DOI[1] hat bei Schwingungsmessungen die in Abb. 239 bis 241 dargestellten Verhältnisse gefunden. Eine Auswertung zeigt, daß die Grundschwingungen des Werkzeuges eine Frequenz von 2200 hatten

Abb. 239. Eigenschwingungen eines unbelasteten Werkzeuges (etwa 2200 Hertz).

(Abb. 239) und daß sich diese Frequenz auch beim Drehen mit den in Abb. 240 angegebenen Schnittgeschwindigkeiten wiederfindet, wenn die Schnittiefe klein ist (0,029 mm). Wenn die Schnittiefe und Schnitt-

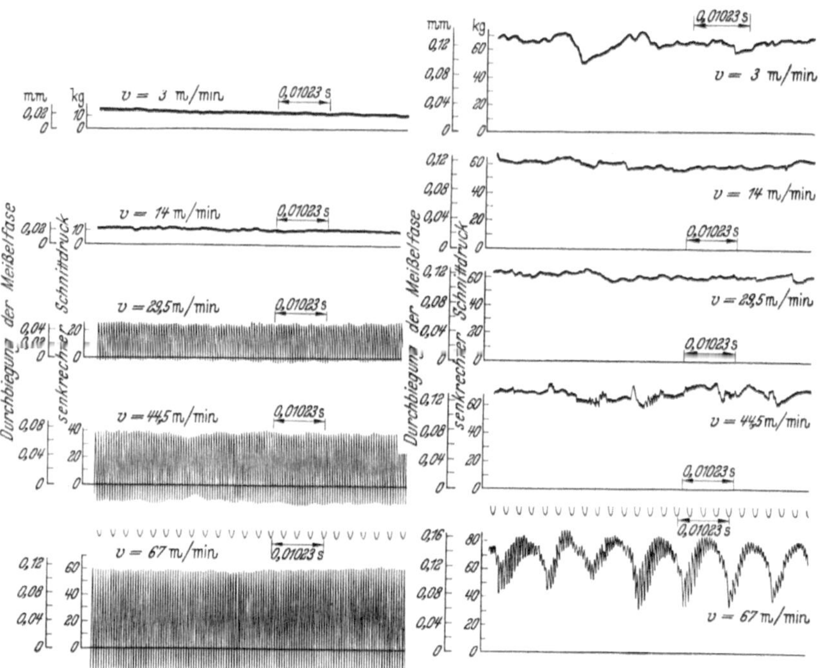

Abb. 240. Werkzeugschwingungen beim Drehen von Stahl. $t = 0{,}029$ mm und Schnittgeschwindigkeiten von 3 bis 67 m/min.

Abb. 241. Werkzeugschwingungen unter denselben Bedingungen wie in Abb. 240, jedoch für $t = 0{,}228$ mm.

geschwindigkeit größer sind (0,228 mm, 67 m/min) (Abb. 241), überlagern sich diese Schwingungen der Grundfrequenz anderer Werkzeugmaschinenteile. Der Einfluß der Werkstücklänge auf die Schwingungs-

[1] Mem. Ryojun Coll. Engng. Bd. 4 (1931) Nr. 4A S. 243.

frequenz ist in Abb. 242 gezeigt, die etwa zwischen 100 und 400 Hertz liegen und gut mit eigenen Versuchen übereinstimmen.

Die Schwingungsuntersuchungen, über die R. N. ARNOLD[1] berichtet, sind insofern interessant, als von uns Schlußfolgerungen gezogen werden können für die Ursachen schlechter Standzeiten bei Hartmetallen, wenn Schnittgeschwindigkeiten von weniger als etwa 100 m/min angewandt werden. Auf diese Grenze ist schon auf S. 172 hingewiesen worden (s. Abb. 119 bis 124).

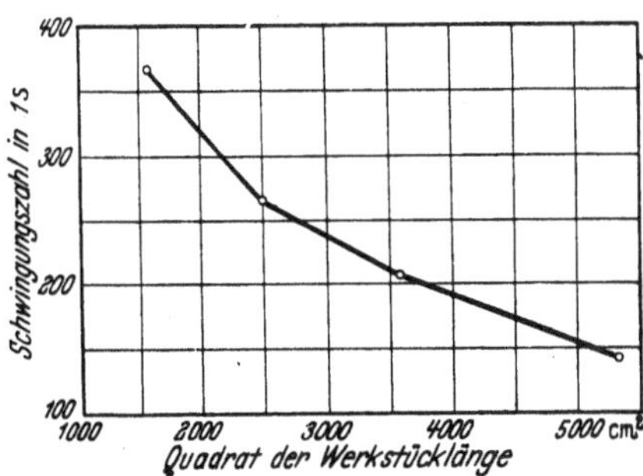

Abb. 242. Abhängigkeit der Schwingungszahl von der Werkstücklänge.

ARNOLD ist der Ansicht, daß der Hauptschnittdruck aus vier verschiedenen Gründen in Schwingungen vor sich gehen und daß er praktisch niemals konstant sein kann.

Diese vier Ursachen sind:

a) Veränderliche Schnittiefe wegen Ausweichung der Stahlnase; — b) veränderlicher Spanwinkel, der den Spanfluß ändert, wenn der Stahl Biegungen unterworfen ist; — c) Veränderung der relativen Geschwindigkeit von Stahl und Werkstück unter der Biegung des Werkzeuges; — d) Einfluß der Stahlabnutzung.

Die Versuche zeigten, daß Ursachen a und b nur verhältnismäßig geringe Folgen haben auf Schwingungserscheinungen, während besonders Fall c von überragender Bedeutung ist. Im Fall d waren keine Untersuchungen möglich.

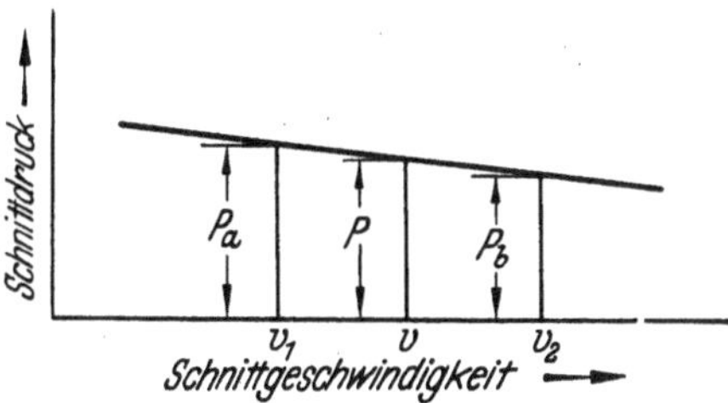

Abb. 243. Abfallender Schnittdruck bei steigender Schnittgeschwindigkeit als Ursache für selbstanfachende Schwingungen und für schlechte Standzeiten von Hartmetallen bei zu kleinen Schnittgeschwindigkeiten.

Solche Beziehung zwischen Schnittdruck und Schnittgeschwindigkeit hängt von den physikalischen Eigenschaften des Werkstoffes ab und von der Form des Werkzeuges. Nimmt man an — wie in Abb. 243 schematisch gezeigt —, daß der Schnittdruck mit steigender Schnittgeschwindigkeit etwas fällt, so ergeben sich zwei Fälle für die Relativgeschwindigkeit von Werkzeug und Werkstück. Wenn das Werkstück eine Schnittgeschwindigkeit v hat, so ändert sich die tatsächliche Schnitt-

[1] ARNOLD, R. N., u. A. W. J. CHISHOLM, zitiert S. 172, Fußnote 7.

geschwindigkeit zwischen den Grenzen v_1 und v_2, sobald das Werkzeug in Schwingungen gerät. Geschwindigkeit v_1 besteht, wenn das Werkzeug in Mittellage auf dem Wege nach unten ist, weil in diesem Augenblick die relative Geschwindigkeit ein Minimum wird. Andererseits besteht ein relatives Geschwindigkeitsmaximum, wenn der Stahl wieder in Mittellage, jedoch auf dem Wege nach oben ist. Unter der obigen Annahme eines Abfalls des Schnittdruckes mit steigender Schnittgeschwindigkeit wird somit eine Zusatzkraft ($P_a - P$) auf das Werkzeug während der Abwärtsbewegung ausgeübt, und eine weitere Zusatzkraft ($P - P_b$) während der Aufwärtsbewegung. In jedem Fall wirkt also eine Zusatzkraft in Richtung der jeweiligen Bewegung, was das Kennzeichen selbst induzierter Schwingungen ist. Wenn daher die Dämpfung gering ist, so wird Energie in das elastische System eingeleitet durch die veränderliche Kraft.

Wir können daraus den praktischen Schluß ziehen, daß dynamische Unstabilität besteht, solange der Schnittdruck mit steigender Schnittgeschwindigkeit abfällt, und daß daher unter diesen Umständen ein schwingungsfreies Arbeiten nicht möglich ist. Da Hartmetallwerkzeuge besonders empfindlich gegen Biegungen sind, die bei Schwingungen auftreten, so folgt, *daß Hartmetallwerkzeuge nicht wirtschaftlich arbeiten können, solange der Schnittdruck mit der Schnittgeschwindigkeit fällt.*

Die Grenze, wo solcher Abfall aufhört, liegt bei etwa 100 m/min Schnittgeschwindigkeit, unter Umständen auch schon bei 50 m/min, wie auf S. 174ff. festgestellt wurde. Der Schlankheitsgrad G ändert diese Grenze in Abb. 121. Sie liegt dort bei 100 m/min für eine Schnitttiefe von 0,4 mm und einem Vorschub von 0,3 mm/U und bei 30 m/min für $t = 0{,}4$ und $s = 0{,}15$ mm/U.

Sobald also die Schnittgeschwindigkeit diese untere Grenze überschreitet und genügend groß wird, entfällt der Abfall des Schnittdruckes mit der Schnittgeschwindigkeit und damit diese wichtige Ursache für Werkzeugschwingungen. Hartmetalle sind daher nicht mehr solchen Schwingungen unterworfen, und ihre Standzeit wird groß. Da Schnellstahl weniger empfindlich gegen Biegeschwingungen ist als Hartmetall, wird er von der dynamischen Unstabilität nicht ungünstig beeinflußt. Die schlechte Standzeit der Hartmetalle bei kleinen Schnittgeschwindigkeiten ist m. E. daher eine Folge von — wenn auch oft kleinen — Schwingungserscheinungen.

b) Schnittdruck und Werkstück.

Im praktischen Betriebe haben die Abmessungen des Werkstückes auf den zulässigen Schnittdruck einen wesentlichen Einfluß.

Der Schnittdruck darf nicht größer werden, als es die Stabilität des Werkstückes zuläßt, da es sonst unrund, verbogen oder schlimmstenfalls aus den Körnern gerissen werden kann. Trotzdem die Frage: „Welchen Schnittdruck kann man dem Werkstück zumuten?“ mit einen Angelpunkt der Beziehungen zwischen Werkstück und Maschine darstellen und für die Praxis von großer Bedeutung sind, sind nur wenig Versuche in dieser Hinsicht unternommen worden. Es wäre sehr zu begrüßen, wenn in dieser Richtung Forschungen angestellt würden. Hierbei wären die verschiedenen Werkstückabmessungen, Länge, Durchmesser, evtl. gefährliche Querschnitte, Wandstärken, Druck der Körnerspitzen, das Eigengewicht der Werkstücke, Schwingungen, Einspannungsverhältnisse usw. zu berücksichtigen.

Am einfachsten liegen die Verhältnisse noch bei Wellen, am schwierigsten bei verwickelten Gußstücken mit umständlicher Einspannung.

Taylor stellte lediglich fest, daß die Länge eines Werkstückes nicht größer als der zwölffache Durchmesser sein soll, bzw. daß, wenn diese Länge überschritten wird, Lünetten zu setzen sind.

Bei einem Vortrag[1] hatte ich Gelegenheit, auf die Bedeutung dieser Frage aufmerksam zu machen und ein Bild zu zeigen (Lünettentafel, Abb. 244), das genauere Unterlagen für diese Fragen liefern sollte.

Rechnerisch kann man den Problemen mit sehr guter Annäherung näherkommen, wenn man einige Vereinfachungen zuläßt. Man kann die zwischen den Spitzen der Bank eingespannte Welle als Träger auf zwei Stützen ansehen, der vom Schnittdruck auf Biegung beansprucht wird. Der ungünstigste Fall tritt ein, wenn der Schnittdruck in der Mitte des Werkstückes angreift. Die Einspannung zwischen den Körnerspitzen kann man weder als frei aufliegend[2] noch als fest eingespannt im Sinne der Statik ansehen, sondern muß das Mittel aus diesen beiden Fällen annehmen. Für den *frei* aufliegenden Träger ist die zulässige Belastung durch die Kraft P_b in kg, wenn k_b die Biegungsspannung in kg/cm², l die Länge in cm und W das Widerstandsmoment in cm³ bezeichnet, bestimmt durch:

$$P_b = \frac{4\,k_b \cdot W}{l}.$$

Für den *fest* eingespannten Träger gilt:

$$P_b = \frac{8\,k_b \cdot W}{l}.$$

Zwischen diesen beiden bildet

$$P_b = \frac{6\,k_b \cdot W}{l}$$

das Mittel. Zu dieser Gleichung kommt man auch, wenn man einen frei aufliegenden Träger mit nach der Mitte des Trägers hin zunehmender

[1] Gehalten im VDI-Haus in Berlin am 17. April 1923.

[2] Vgl. Hütte, Taschenbuch, 25. Aufl. S. 615 und 616, Fall 2 und 5.

Last annimmt[1]. Die Zusatzlast kann in dem Eigengewicht der Wellen erblickt werden, die ja bei der großen Überzahl der vorkommenden Wellen nach der Mitte hin stärkeren Durchmesser aufweisen als zu den Enden hin. Für den kreisförmigen Querschnitt mit dem Durchmesser d ist das Widerstandsmoment:

$$W = 0{,}1\, d^3,$$

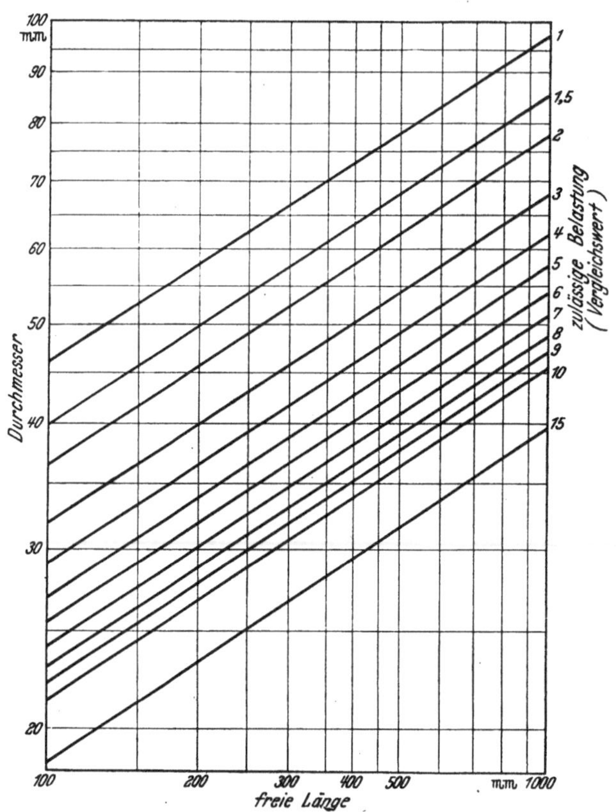

Abb. 244. Lünettentafel.

so daß sich ergibt:

$$P_b = \frac{6 \cdot k_b \cdot 0{,}1\, d^3}{l}.$$

Da der Schnittdruck eine schwingende Kraft ist, wird für die zulässige Biegungsspannung bei Stahl und Eisen der Belastungsfall III mit

$$k_b = 500 \text{ kg/cm}^2 = 5 \text{ kg/mm}^2$$

[1] Vgl. Hütte, Taschenbuch, 25. Aufl. S. 617, Fall 14.

angenommen. Es ergibt sich:

$$P_b = \frac{6 \cdot 5 \cdot 0{,}1\, d^3}{l} \text{ kg},$$

wenn d und l in mm eingesetzt werden, also:

$$P_b = \frac{3\, d^3}{l}.$$

Der zulässige Druck nimmt also in dritter Potenz mit dem Durchmesser zu und umgekehrt der Länge ab. Da der Durchmesser und die Länge des Werkstückes gegeben sind, kann der zulässige Druck berechnet werden; d. h., man kann feststellen, welchen Schnittdruck die Welle ertragen kann[1].

Der Spanquerschnitt andererseits, den ein Stück aushält, kann aus den obigen Schnittdruckgesetzen ermittelt werden. F muß kleiner werden, wenn das Stück länger und härter wird und wenn der Spanwinkel kleiner wird.

Wesentlich besseren Überblick als Formeln ergeben graphische Darstellungen in Form von doppellogarithmischen Diagrammen (Abb. 245).

Die rechte Hälfte des Diagramms stellt die Beziehung

$$P_b = \frac{3\, d^3}{l}$$

dar, bei der l und P als Koordinaten gewählt sind, um einen einfachen Übergang in die linke Hälfte des Diagramms zu erhalten. In dieser sind u. a. die Schnittdrucklinien für verschiedene Keilwinkel β und verschiedene Stahlsorten dargestellt. Man findet also den zulässigen Spanquerschnitt, den ein Werkstück von $l = 1000$ mm Länge und $d = 100$ aushält, indem man (wie das eingezeichnete Beispiel zeigt) auf $l = 1000$ senkrecht hinauf bis $d = 100$ geht und die Horizontale bis zum Schnitt mit der Schnittdrucklinie verfolgt, an der senkrecht nach unten der Spanquerschnitt 13,2 mm² bei Chromnickelstahl bzw. 20 mm² bei Schmiedeeisen abgelesen wird.

Entsprechend den verschiedenen Werkstoffen, Keilwinkeln und Brinellzahlen ergeben sich auch andere Schnittdrucklinien, für die im Diagramm nur die Grenzwerte $k_z = 45$ kg $\beta = 50°$, $k_z = 85$ kg $\beta = 75°$ eingezeichnet worden sind, die übrigen kann man aus Abb. 204, S. 272, oder aus der Schnittdrucktabelle 104 (Anhang A) ermitteln. Man hat die zu k_z (H) und β gehörenden C_{k_s}-Werte auf der $F = 1$-Achse abzutragen und Parallele zu den Geraden zu ziehen. Je größer der Spanwinkel γ und je kleiner die Brinellzahl bzw. k_z wird, desto weiter rücken die Schnittdrucklinien parallel zu sich selbst nach rechts unten, desto größer werden also auch die zulässigen Spanquerschnitte.

[1] Vgl. hierzu auch die Nomogramme in: A. Erlenbach: Die Stabilität der Werkstücke bei Dreharbeiten. Masch.-Konstr. Bd. 61 (1928) S. 252. Leipzig: Verlag J. J. Arnd.

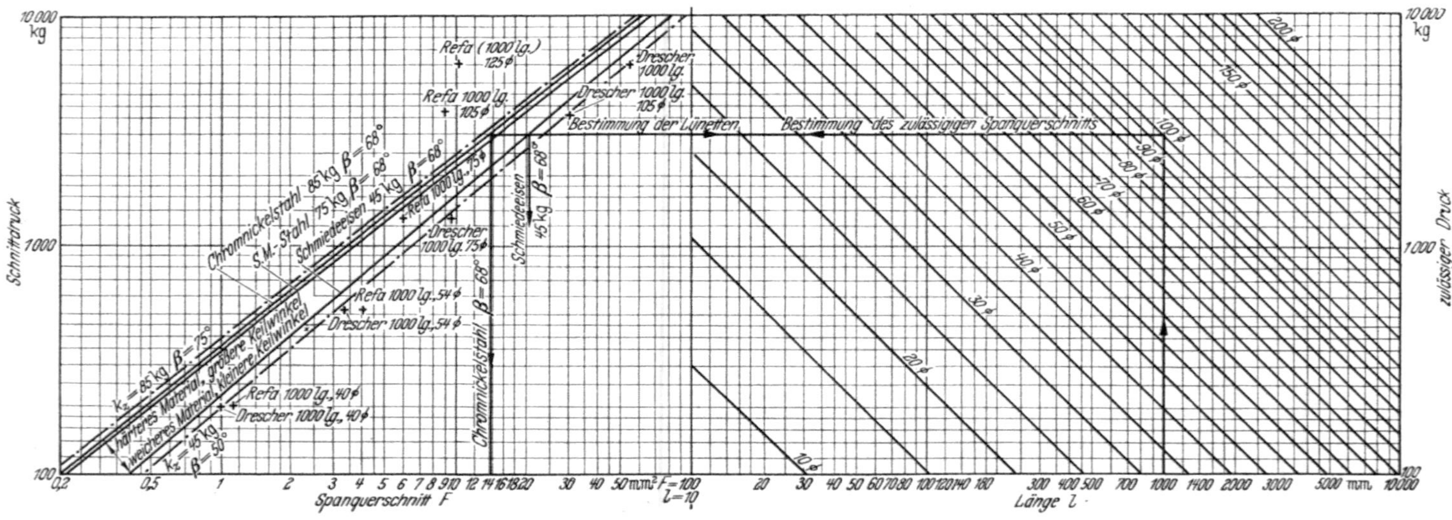

Abb. 245. Diagramm zur Ermittlung der zulässigen Spanquerschnitte bei langen Werkstücken bzw. der Lünetten.

Die Vergleichsdaten nach DRESCHER bzw. Refa fügen sich den systematisch ermittelten Geraden für zulässigen Druck und Schnittdruck gut ein.

Das Diagramm gibt also die Möglichkeit, alle diese Einflüsse zu berücksichtigen. Will man große Sicherheit bei der Wahl des Spanquerschnitts erhalten, so wählt man auch bei kleinerem k_z und β stets die am weitesten links liegende Gerade zur Bestimmung des Spanquerschnitts. Macht man die Erfahrung, daß das Werkstück etwas größere Spanquerschnitte erträgt, so wählt man zur Bestimmung eine weiter rechts liegende Gerade.

Will man einen bestimmten Spanquerschnitt (der z. B. zur Ausnutzung der Bank erzielt werden soll) abdrehen, so benutzt man das Diagramm in umgekehrter Folge. Ist z. B. 13,2 mm² Spanquerschnitt für $k_z = 85$ kg $\beta = 68°$ bei einem Durchmesser 100 und einer Länge $l = 3000$ mm abzudrehen, so geht man längs des eingezeichneten Beispiels in Richtung „Bestimmung der Lünetten“ und findet bei $d = 100$ die Länge $l = 1000$, d. h. das Werkstück darf nur 1000 mm freie Länge haben, muß also durch Setzen von Lünetten auf diesen Längen gestützt werden.

C. Die Leistung.

1. Einführende Zusammenhänge.

Leistung ist das Produkt aus Geschwindigkeit und Kraft, so daß die Schnittleistung N in PS am Drehstahl allgemein dargestellt wird durch:

$$N = \frac{v \cdot P}{75 \cdot 60}.$$

Durch Einsetzen der abgeleiteten erweiterten Gesetze für Schnittgeschwindigkeit [Gl. (93)] und Schnittdruck [Gl. (144)] entsteht:

$$N = \frac{C_v \cdot \left(\frac{G}{5}\right)^g}{F^f \left(\frac{T_L}{60}\right)^y} \; \frac{C_{k_s} \cdot \left(\frac{G}{5}\right)^{g_s} \cdot F^{(1-f_s)}}{4500}. \tag{205}$$

Zur Vereinfachung wird der Begriff der Einheitsleistung eingeführt, die für die Abnahme von $F = 1$ mm² Spanquerschnitt bei der zugehörigen Schnittgeschwindigkeit und für einen Schlankheitsgrad $G = 5:1$ erforderlich ist; diese Leistung sei mit C_N bezeichnet:

$$C_N = \frac{C_v \cdot C_{k_s}}{4500} \text{ (Dimension PS/mm}^2\text{)}. \tag{205a}$$

Da die Größen C_v und C_{k_s} für den Schlankheitsgrad $G = 5:1$ genormt sind (s. S. 134 bzw. 201), so bezieht sich demgemäß C_N auch auf diesen Schlankheitsgrad.

Die Exponenten in Gl. (205) lassen sich zusammenfassen; es sei:

$$f_N = 1 - f_s - f = \left(\frac{1}{\varepsilon_N}\right) \tag{206}$$

und

$$g_N = g + g_s . \tag{207}$$

Gl. (205) kann dann geschrieben werden:

$$N = \frac{C_N F^{f_N} \left(\frac{G}{5}\right)^{g_N}}{\left(\frac{T_L}{60}\right)^y} . \tag{208}$$

Daraus folgt der Spanquerschnitt, der sich mit einer am Drehstahl verfügbaren Leistung erzielen läßt (Grundwert):

$$F_N = \left(\frac{N}{C_N}\right)^{\frac{1}{f_N}} . \left[\frac{\left(\frac{T_L}{60}\right)^y}{\left(\frac{G}{5}\right)^{g_N}}\right]^{\frac{1}{f_N}} . \tag{209}$$

Erweitertes Gesetz des nutzbaren Spanquerschnittes[1].

Da f_N stets eine positive Zahl kleiner als 1,0 ist, so ist $\frac{1}{f_N}$ stets größer als 1,0. Es folgt somit, *daß der Spanquerschnitt, der auf einer Drehbank bei zugehöriger Schnittgeschwindigkeit zu erzielen ist, stärker wächst als die dafür aufzuwendende Leistung.* Darauf wird später noch ausführlicher zurückgekommen. Dies gilt sowohl für die einfachen als auch die erweiterten Gesetze für Schnittgeschwindigkeit und Schnittdruck.

Das einfache Gesetz des nutzbaren Spanquerschnittes folgt aus Gl. (209) durch Einsetzen von $T_L = 60$ und $G = 5:1$. Mit $\frac{1}{f_N} = \varepsilon_N$ wird

$$F_N = \left[\frac{N}{C_N}\right]^{\varepsilon_N} . \tag{210}$$

Einfaches Gesetz des nutzbaren Spanquerschnittes.

Die Gleichung für das aus einer gegebenen Leistung minutlich erzielbare Spanvolumen ($F \cdot v = \text{cm}^3/\text{min}$) erhält man durch Multiplikation der Gleichung des nutzbaren Spanquerschnitts mit der zugehörigen Schnittgeschwindigkeit in folgender Weise:

$$F_N \cdot v = \left[\frac{N}{C_N} \cdot \frac{\left(\frac{T_L}{60}\right)^y}{\left(\frac{G}{5}\right)^{g_N}}\right]^{\frac{1}{f_N}} \cdot \frac{C_v \cdot \left(\frac{G}{5}\right)^g}{F_N^f \left(\frac{T_L}{60}\right)^y} .$$

[1] Diese Gleichung ist unter derselben Nummer (mit Zusatz „S“ für Stahl bzw. „G“ für Guß) im Anhang A, S. 403, zum unmittelbaren praktischen Gebrauch in Zahlen ausgerechnet.

Ersetzt man F_N auf der rechten Seite, so erhält man:

$$(F\cdot v)_N = \left[\frac{N}{C_N}\cdot\frac{\left(\frac{T_L}{60}\right)^y}{\left(\frac{G}{5}\right)^{g_N}}\right]^{\frac{1}{f_N}}\cdot\frac{C_v\cdot\left(\frac{G}{5}\right)^g}{\left(\frac{T_L}{60}\right)^y}\left[\frac{C_N\cdot\left(\frac{G}{5}\right)^{g_N}}{N\cdot\left(\frac{T_L}{60}\right)^y}\right]^{\frac{f}{f_N}}.$$

Nach Zusammenfassung ergibt sich:

$$(F\cdot v)_N = C_v\cdot\left[\frac{N}{C_N}\right]^{\frac{1-f}{f_N}}\left[\frac{\left(\frac{T_L}{60}\right)^{\frac{y f_s}{f_N}}}{\left(\frac{G}{5}\right)^{\frac{g_s(1-f)+g f_s}{f_N}}}\right]\text{cm}^3/\text{min}. \qquad (211)$$

Erweitertes Gesetz des nutzbaren Spanvolumens[1].

Die Bedeutung des Grundwertes F_N [und auch von $(F\cdot v)_N$] liegt auch darin, daß er einen bequemen Ausgangswert für die Untersuchung von Zerspanungsproblemen darstellt. Durch Abwandlung der so erhaltenen Größen kann man sich über ihren Einfluß auf den Zerspanungsvorgang und ihre praktischen Folgen unterrichten, wie noch im einzelnen zu erörtern ist.

Aus dem Gesetz des nutzbaren Spanvolumens lassen sich bereits folgende wichtige Schlüsse ziehen:

1. Das aus einer gegebenen Leistung minutlich erzielbare Spanvolumen steigt stärker an als die dafür aufzuwendende Leistung. Verdopplung der Maschinenleistung erbringt daher mehr als das doppelte Spanvolumen.

2. Das minutlich zu erreichende Spanvolumen *steigt* an mit zunehmender Standzeit des Werkzeuges, jedoch weniger als proportional zur Standzeiterhöhung. Verdopplung der Standzeit erbringt daher weniger als Verdopplung des minutlichen Spanvolumens.

3. Das minutlich erzielbare Spanvolumen *fällt* mit zunehmendem Schlankheitsgrad des Spanquerschnittes. Ein schlanker Span, d. h. ein tiefer Span mit kleinem Vorschub, ist weniger vorteilhaft vom Standpunkt der Spanausbeute aus als ein weniger tiefer Span mit größerem Vorschub (vgl. auch S. 200 letzten Absatz).

4. Die Verminderung des erzielbaren Spanvolumens mit zunehmendem Schlankheitsgrad (Punkt 3) kann u. U. durch eine größere Standzeit des Werkzeuges ausgeglichen werden. Bei Stahlbearbeitung z. B. kann der Nachteil einer Verdopplung der Schnittiefe und Halbierung des Vorschubes zum Teil ausgeglichen werden durch Vervierfachung der Standzeit. Die Verhältniswerte hängen von der Größe der Exponenten ab[2].

[1] S. Fußnote S. 312.

[2] Die häufiger vorkommenden zusammengesetzten Exponenten sind im Anhang (Tab. 103) zahlenmäßig aufgeführt.

2. Zahlenwerte für die Gesetze des nutzbaren Spanquerschnitts und Spanvolumens.

Zahlenwerte für C_N und ε_N sind im folgenden abgeleitet und Bestwerte für Berechnungen im Anhang A, Tab. 101 u. 103, zusammengestellt.

a) Aus Friedrichs Werten.

1. SM-Stahl weich.

$$\varepsilon_v = 2{,}3\,, \qquad \varepsilon_{k_s} = 15\,,$$
$$C_v = 67\,, \qquad C_{k_s} = 218\,.$$
$$\underline{\varepsilon_N} = \frac{1}{f_N} = \frac{2{,}3 \cdot 15}{2{,}3 \cdot 15 - 2{,}3 - 15} = \underline{2}\,.$$

Für die anderen Stahlarten bleibt $\varepsilon_N = 2$.

$$C_N = \frac{67 \cdot 218}{4500} = \underline{3{,}25}\,.$$

2. Stahl mittel.

$$C_v = 46\,, \qquad C_{k_s} = 198\,,$$
$$C_N = \frac{46 \cdot 198}{4500} = \underline{2{,}02}\,.$$

3. Stahl hart.

$$C_v = 22\,, \qquad C_{k_s} = 270\,,$$
$$C_N = \frac{22 \cdot 270}{4500} = \underline{1{,}32}\,.$$

4. Guß weich.

$$\varepsilon_v = 3{,}6\,, \qquad \varepsilon_{k_s} = 5{,}44\,,$$
$$C_v = 46\,, \qquad C_{k_s} = 123\,,$$
$$\underline{\varepsilon_N} = \frac{1}{f_N} = \frac{3{,}6 \cdot 5{,}44}{3{,}6 \cdot 5{,}44 - 3{,}6 - 5{,}44} = \underline{1{,}83}\,,$$
$$C_N = \frac{46 \cdot 123}{4500} = \underline{1{,}25}\,.$$

5. Guß mittel.

$$\varepsilon_v = 3{,}6\,, \qquad \varepsilon_{k_s} = 4{,}26\,,$$
$$C_v = 24\,, \qquad C_{k_s} = 232\,,$$
$$\underline{\varepsilon_N} = \frac{1}{f_N} = \frac{3{,}6 \cdot 4{,}26}{36 \cdot 4{,}26 - 3{,}6 - 4{,}26} = \underline{2{,}05}\,,$$
$$C_N = \frac{24 \cdot 232}{4500} = \underline{1{,}24}\,.$$

6. Guß hart.

$$\varepsilon_v = 5{,}4\,, \qquad \varepsilon_{k_s} = 3{,}65\,,$$
$$C_v = 13\,, \qquad C_{k_s} = 252\,,$$
$$\underline{\varepsilon_N} = \frac{1}{f_N} = \frac{5{,}4 \cdot 3{,}65}{5{,}4 \cdot 3{,}65 - 5{,}4 - 3{,}65} = \underline{1{,}85}\,,$$
$$C_N = \frac{13 \cdot 252}{4500} = \underline{0{,}73}\,.$$

b) Aus Hipplers Werten.

Da ε_{k_s} und ε_v ständig $= 4$ sind, ist:

$$\underline{\varepsilon_N = \frac{1}{f_N} = 2}\,.$$

1. Messing weich.

$$C_N = \frac{100 \cdot 100}{4500} = \underline{2{,}22}\,.$$

2. Messing hart.

$$C_N = \frac{100 \cdot 160}{4500} = \underline{3{,}56}\,.$$

3. Rotguß.

$$C_N = \frac{90 \cdot 120}{4500} = \underline{2{,}4}\,.$$

4. Stahl 40/50 kg.

$$C_N = \frac{31 \cdot 220}{4500} = \underline{1{,}52}\,.$$

5. Stahl 50/60 kg.

$$C_N = \frac{23 \cdot 240}{4500} = \underline{1{,}23}\,.$$

6. Stahl 60/80 kg.

$$C_N = \frac{14 \cdot 260}{4500} = \underline{0{,}81}\,.$$

7. Gußeisen weich.

$$C_N = \frac{31 \cdot 120}{4500} = \underline{0{,}83}\,.$$

8. Gußeisen mittel.

$$C_N = \frac{16 \cdot 200}{4500} = \underline{0{,}71}\,.$$

9. Gußeisen hart.

$$C_N = \frac{9 \cdot 270}{4500} = \underline{0{,}54}\,.$$

c) AWF-Richtwerte 100er Serie.

1. Elektron.

$$\varepsilon_v = 1{,}2\,, \qquad \varepsilon_{k_s} = 17{,}6\,,$$
$$C_v = 430\,, \qquad C_{k_s} = 23{,}8\,,$$
$$\underline{\varepsilon_N} = \frac{1}{f_N} = \frac{1{,}2 \cdot 17{,}6}{1{,}2 \cdot 17{,}6 - 1{,}2 - 17{,}6} = \underline{9{,}2}\,,$$
$$C_N = \frac{430 \cdot 23{,}8}{4500} = \underline{2{,}27}\,.$$

2. Messing.

$$\varepsilon_v = 1{,}65\,, \qquad \varepsilon_{k_s} = 6{,}8\,,$$
$$C_v = 112 \qquad C_{k_s} = 70\,,$$
$$\underline{\varepsilon_N} = \frac{1}{f_N} = \frac{1{,}65 \cdot 6{,}8}{1{,}65 \cdot 6{,}8 - 1{,}65 - 6{,}8} = \underline{4{,}06}\,,$$
$$C_N = \frac{70 \cdot 112}{4500} = \underline{1{,}74}\,.$$

3. Chromnickelstahl.

$$\varepsilon_v = 1{,}75\,, \qquad \varepsilon_{k_s} = 10{,}4\,,$$
$$C_v = 29\,, \qquad C_{k_s} = 241\,,$$
$$\underline{\varepsilon_N} = \frac{1}{f_N} = \frac{1{,}75 \cdot 10{,}4}{1{,}75 \cdot 10{,}4 - 1{,}75 - 10{,}4} = \underline{3{,}0}\,,$$
$$C_N = \frac{29 \cdot 241}{4500} = \underline{1{,}55}\,.$$

4. SM-Stahl 50/60 kg.

$$\varepsilon_v = 2{,}44\,, \qquad \varepsilon_{k_s} = 7{,}8\,,$$
$$C_v = 35\,, \qquad C_{k_s} = 160\,,$$
$$\underline{\varepsilon_N} = \frac{1}{f_N} = \frac{2{,}44 \cdot 7{,}8}{2{,}44 \cdot 7{,}8 - 2{,}44 - 7{,}8} = \underline{2{,}17}\,,$$
$$C_N = \frac{35 \cdot 160}{4500} = \underline{1{,}24}\,.$$

5. Rotguß.

$$\varepsilon_v = 2{,}23\,, \qquad \varepsilon_{k_s} = 4\,,$$
$$C_v = 80\,, \qquad C_{k_s} = 80\,,$$
$$\underline{\varepsilon_N} = \frac{1}{f_N} = \frac{223 \cdot 4}{2{,}23 \cdot 4 - 2{,}23 - 4} = \underline{3{,}3}\,,$$
$$C_N = \frac{80 \cdot 80}{4500} = \underline{1{,}42}\,.$$

6. Stahlguß.

$$\varepsilon_v = 2{,}75\,, \qquad \varepsilon_{k_s} = 6{,}7\,,$$
$$C_v = 28{,}7\,, \qquad C_{k_s} = 176\,,$$
$$\varepsilon_N = \frac{1}{f_N} = \frac{2{,}75 \cdot 6{,}7}{2{,}75 \cdot 6{,}7 - 2{,}75 - 6{,}7} = \underline{2{,}05}\,,$$
$$C_N = \frac{28{,}7 \cdot 176}{4500} = \underline{1{,}12}\,.$$

d) Aus neueren Unterlagen.

Neuere Zahlenwerte für C_N' können in Abhängigkeit von der Brinellhärte jetzt für die Bearbeitung von Stahl und Gußeisen ermittelt werden. Zum Beispiel aus den AWF 158er Werten und den Arbeitswerten von Carboloy (s. S. 162).

Während früher keine Unterlagen für eine unmittelbare Beziehung zwischen C_v und Brinellhärte bestanden, haben wir jetzt solche Gleichungen zur Verfügung, wie sie bereits auf S. 160 im Zusammenhang mit Gl. (121) aus Theorie und Praxis abgeleitet und in Tab. 53 aufgeführt wurden.

Andererseits haben wir auch eine unmittelbare Beziehung zwischen C_{k_s} und Brinellhärte zur Verfügung, in der Gl. (194), S. 272, so daß C_N aus diesen beiden Unterlagen berechnet werden kann.

Carboloy-Arbeitswerte[1] (Baustähle mit Hartmetall):

$$C_v = \frac{119\,000}{H^{1,25}}; \quad C_{k_s} = 2,4 \sqrt[2,2]{0,36\,H} \cdot \sqrt[1,5]{80 - \gamma} = 1,5 \cdot H^{0,455} \cdot \sqrt[1,5]{80 - \gamma}\,.$$

Für den Fall, daß $\gamma = 10°$ ist:

$$C_N = \frac{119\,000 \cdot 1,5 \cdot 17}{4500 \cdot H^{0,795}} = \frac{675}{H^{0,795}}\,. \tag{212}$$

Somit ergibt sich folgende Tabelle:

Brinellhärte	100	150	200	250	300	kg/mm²
Leistung C_N	17,2	12,5	10,0	8,45	7,3	PS für $F = 1$ mm², $G = 5:1$ und zugehöriger Schnittgeschwindigkeit

In entsprechender Weise folgt aus *AWF 158* (Baustähle mit S_1-Hartmetall bearbeitet):

$$C_v = \frac{44\,000}{H^{1,05}}; \quad C_{k_s} = 1,5\,H^{0,455} \sqrt[1,5]{80 - \gamma}\,.$$

Für den Fall von $\gamma = 10°$ Spanwinkel wird daraus:

$$C_N = \frac{44\,000 \cdot 1,5 \cdot 17}{4500 \cdot H^{0,595}} = \frac{250}{H^{0,595}}\,. \tag{213}$$

Somit ergibt sich folgende Tabelle:

Brinellhärte	100	150	200	250	300	kg/mm²
Leistung C_N	16,1	12,6	10,6	9,5	8,35	PS für $F = 1$ mm², $G = 5:1$ und zugehöriger Schnittgeschwindigkeit

Aus beiden Beispielen — die noch durch zahlreiche andere erhärtet werden können, wie aus obigen Ableitungen ersichtlich — ergibt sich, daß für die Bearbeitung von hartem Stahl (300 Brinell) nur etwa halb soviel Leistung aufzuwenden ist, bei $F = 1$ mm² wie für weichen Stahl (100 Brinell). Diese Erscheinung ist zuerst etwas schwierig zu verstehen, beruht aber darauf, daß die Schnittgeschwindigkeit schneller fallen muß mit zunehmender Härte, als der Schnittdruck mit zunehmender Härte steigt.

[1] Die Sorte 370 ist hierbei noch nicht berücksichtigt.

Für sphäroidisches Gußeisen erhält man in entsprechender Weise folgende Werte für $\gamma = 10°$:

Brinellhärte	170	183	207	215	265	kg/mm²
Leistung C_N	5,1	4,15	3,14	2,75	2,05	PS für $F = 1$ mm², $G = 5:1$ und zugehöriger Schnittgeschwindigkeit

Zieht man auch die auf S. 314ff. abgeleiteten C_N-Werte hinzu, so ergibt sich auch hier dasselbe Verhalten der C_N-Leistungen, nämlich:

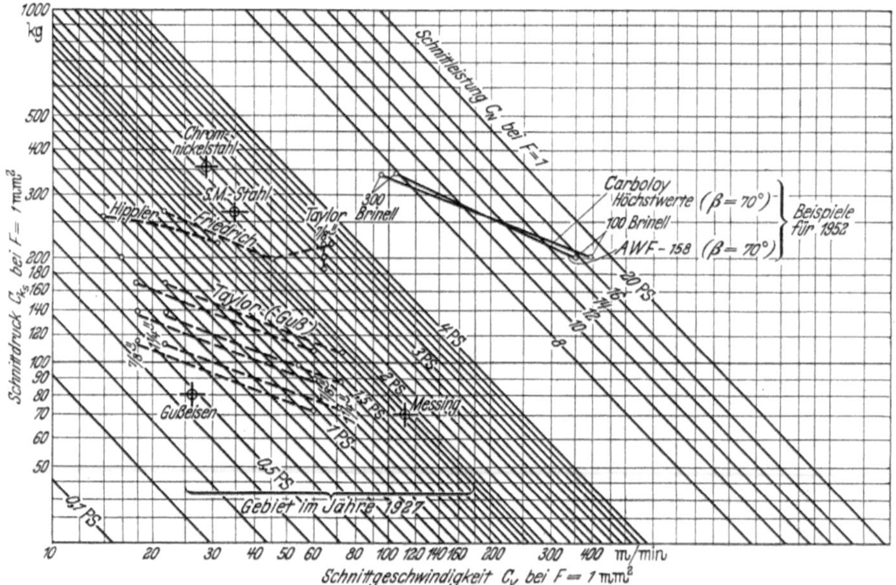

Abb. 246. Diagramm zur Ermittlung der für den Normspanquerschnitt $F = 1$ mm² aufzuwendenden Leistung C_N.

bei Friedrich (Guß hart zu mittel zu weich: 0,73 : 1,24 : 1,25, Stahl: 1,32 : 2,02 : 3,25) und bei Hippler (Guß: 0,54 : 0,71 : 0,83, Stahl: 0,81 : 1,23 : 1,52).

Diese Erscheinung geht auch aus dem Diagramm (Abb. 246) hervor. In dieser Abbildung sind auf der Abszissenachse die C_v- und auf der Ordinatenachse die C_{ks}-Werte aufgetragen; jeder Schnittpunkt von C_v und C_{ks} ergibt die zugehörigen Werte von C_N, die durch die schrägen Geraden dargestellt sind. C_N-Punkte nach Taylor, Friedrich und Hippler sind durch gestrichelte, diejenigen nach Carboloy und AWF 158 durch zwei voll ausgezogene Gerade verbunden. Man erkennt, daß die Neigung der Geraden von rechts unten nach links oben verläuft, also mit steigendem Schnittdruck und fallender Schnittgeschwindigkeit in das Gebiet der kleineren Leistungen gehen.

Daraus darf man jedoch nicht schließen, daß die Bearbeitung härterer Werkstoffe „schneller" geht als die von weicheren. Für die Bearbeitungszeit ist nicht die Leistung, sondern das aus der Leistung erzielbare Spanvolumen maßgebend. Das Spanvolumen folgt jedoch einem anderen Gesetz, wie auf S. 313 gezeigt [Gl. (211)].

Abb. 246 kann auch dazu dienen, um sich eine Übersicht über die Entwicklung der metallbearbeitenden Zerspanung während der letzten 25 Jahre zu verschaffen.

Vergleicht man z. B. den Punkt SM-Stahl (⊕) in der Abbildung mit den Linien der Carboloy Co., so erkennt man, daß vor 25 Jahren der Leistungsbedarf für Bearbeitung von St 50.11 bei einem Spanquerschnitt von 1 mm² nur 2,0 PS war, wobei der C_v-Wert aus AWF 100 mit dem C_{k_s}-Wert aus KLOPSTOCKS Untersuchungen vereinigt worden war, gegenüber einem Leistungsbedarf von etwa 15 PS heutzutage. Das schließt natürlich ein, daß vor 25 Jahren Schnellstahl noch weitaus verbreiteter war als heute, wo Hartmetall diese Stelle eingenommen hat.

Während wir vor 25 Jahren etwa 35 cm³/min bei 1 mm² Spanquerschnitt zerspanten (St 50.11), können wir heute etwa 6- bis 7mal soviel je Minute (230 cm³/min) zerspanen, da wir 6- bis 7mal soviel PS durch Werkzeug und Maschine ohne Überbeanspruchung hindurchleiten können. Dieser Fortschritt ist die Folge der Entwicklung der Werkzeuge und der Werkzeugmaschinen.

Das darf jedoch nicht dazu verleiten, anzunehmen, daß wir mehr cm³/min/PS verspanen als früher. *Diese* Größe ist im wesentlichen noch dieselbe wie vor 25 Jahren, da sie, wie auf S. 167 ausgeführt [Gl. (125)], nichts anderes darstellt als den spezifischen Schnittdruck oder, richtiger gesagt, dessen mit einer Konstanten (4500) multiplizierten Umkehrwert.

3. Die Doppelbeziehung zwischen Spanquerschnitt und Schnittgeschwindigkeit.

Der wirtschaftliche Erfolg der Ausnutzung der Leistung einer Werkzeugmaschine kommt in der kürzesten zu erzielenden Schnittzeit T zum Ausdruck. Bei einem Vorschub von s mm/U, einer Drehlänge l mm und der minutlichen Umdrehungszahl n ist:

$$T = \frac{l}{s \cdot n} \text{ min} . \qquad (214)$$

Hieraus kann durch Einsetzen von:

$$n = \frac{v}{d \cdot \pi}$$

und von

$$s = \frac{F}{t},$$

wenn t die Schnittiefe in mm ist, gebildet werden:

$$T = \frac{l \cdot t \cdot d \cdot \pi}{F \cdot v} \text{ min}. \tag{215}$$

Die Schnittzeit wird gemäß Gl. (215) um so kürzer, je größer der Nenner, d. h. das Produkt $F \cdot v$ wird. Dieses Produkt ist aber nichts anderes als das auf S. 313 erwähnte, minutlich abgedrehte Spanvolumen. Wenn es mit dem spezifischen Gewicht multipliziert wird, ergibt sich das minutliche Spangewicht.

Um also eine kürzeste Schnittzeit zu erhalten, muß das der Leistung entsprechende Spanvolumen erzielt werden, mit anderen Worten, *die Leistung muß ausgenutzt werden, andernfalls würde sich der Bau von leistungsfähigen Maschinen erübrigen.* Aus der allgemeinen Leistungsgleichung:

$$N = \frac{P \cdot v}{4500}$$

folgt als die die Leistung ausnutzende Schnittgeschwindigkeit v_N:

$$v_N = \frac{4500\, N}{P} \tag{216}$$

oder mit Einsetzen des erweiterten Schnittdruckgesetzes [Gl. (144)]:

$$v_N = \frac{4500\, N}{C_{k_s} \left(\frac{G}{5}\right)^{g_s} F^{(1-f_s)}}. \tag{217}$$

Erweitertes Schnittgeschwindigkeitsgesetz für Leistungsausnutzung („Maschinenlinie")

Dies ist eine sehr wichtige Gleichung für die Erkenntnis von Zerspanungsbeziehungen!

Vergleicht man sie mit [Gl. (93) S. 134]

$$v = \frac{C_v \cdot \left(\frac{G}{5}\right)^g}{F^f \left(\frac{T_L}{60}\right)^y},$$

Erweitertes Schnittgeschwindigkeitsgesetz für Standzeitausnutzung („Werkzeuglinie")

so ergibt sich folgende Lehre, die bisher wenig beachtet worden ist, obgleich sie eine der wichtigsten Angelpunkte der angewandten Zerspanungslehre darstellt:

Zwischen der Schnittgeschwindigkeit und dem Spanquerschnitt bestehen zwei aus verschiedenen Ursachen folgende Grundgesetze, nämlich das Werkzeuggesetz, das die Standzeit einschließt, und das Werkzeugmaschinengesetz, das die Leistungsfähigkeit der Maschine erfaßt[1].

[1] Es wird später noch gezeigt werden, daß durch geeignete Kopplung dieser beiden Gesetze weitere Erkenntnisse für Zerspanungsuntersuchungen gewonnen werden können (S. 344).

Diese beiden Grundgesetze verlaufen verschieden und haben erheblich verschiedene Neigung im log–log-Feld, wie aus Gln. (93) und (217) hervorgeht[1]; beim Werkzeuggesetz hängt die Schnittgeschwindigkeit von F^f und beim Werkzeugmaschinengesetz von $F^{(1-f_s)}$ ab. Diese Umstände sind nunmehr näher zu untersuchen.

D. Die gegenseitigen Abhängigkeiten der Zerspanungsgrößen.

(Schnittleistung, Spanvolumen, Schnittdruck, Schnittgeschwindigkeit, Standzeit, Spanquerschnitt, Schlankheitsgrad, Vorschub und Schnitttiefe bei verschiedenen Werkstoffen und Werkzeugen.)

1. Die Zerspanungsbeziehungen bei geometrisch ähnlichen Spanquerschnitten (konstanter Schlankheitsgrad).

Die hier folgenden Ausführungen sind mit als die wichtigsten Folgerungen aus den vorangegangenen Ableitungen anzusehen, sowohl für den Betriebspraktiker als auch für den neue Wege suchenden Forschungs- und Entwicklungsingenieur.

Sie zeigen, daß sich aus ihnen Antworten auf Zerspanungsfragen ableiten lassen, die anscheinend so verwickelt geworden sind, daß es schwer erscheinen mag, die Übersicht zu behalten.

Um zuerst die einfacheren und später erst die schwierigeren Fälle zu untersuchen, ist es zweckmäßig, die Bedeutung der Doppelbeziehung zwischen Spanquerschnitt und Schnittgeschwindigkeit zunächst auf geometrisch ähnliche Spanquerschnitte zu beschränken, d. h. auf solche von *gleichem Schlankheitsgrad* und später erst ungleiche Schlankheitsgrade einzubeziehen.

Es sollen dabei die Zusammenhänge und Formeln so entwickelt werden, wie sie für die praktische Arbeit wichtig sind, so daß aus ihnen Schlüsse für Betrieb und weitere Entwicklung gezogen werden können.

Wenn immer angängig, werden die Erörterungen mit Beispielen eingeleitet und danach Formeln für Verallgemeinerungen aufgestellt werden.

a) Erläuterung der Zerspanungsbeziehungen an Beispielen.

α) Erstes Beispiel.

Als *erstes Beispiel* für die Untersuchung der gegenseitigen Abhängigkeiten zwischen Schnittleistung, Spanvolumen, Schnittdruck, Stand-

[1] Diese Doppelbeziehung ist auch die Ursache für die Schwierigkeit, den Begriff der „Bearbeitbarkeit“ zu definieren. In vielen Definitionen wird nur das Werkzeuggesetz (Standzeit), in anderen nur das Maschinengesetz (Schnittwiderstand) berücksichtigt (vgl. a. S. 169).

zeit, Vorschub und Schnittiefe mit Hilfe der Doppelbeziehung zwischen Spanquerschnitt und Schnittgeschwindigkeit sei angenommen, daß eine Drehbank mit 10 PS Schnittleistung an der Schneide vorliege, daß ferner St 50.11 mit mittelwertigem Hartmetall bei einem Spanwinkel von $\gamma = 10°$ zu bearbeiten sei. Wir beschränken uns ferner zunächst auf die Festlegung, daß nur ähnliche Spanquerschnitte vom Schlankheitsgrad $G = 5:1$ und eine Standzeit von $T_L = 60$ Min. in Betracht gezogen werden sollen.

Die zugrunde zu legenden Werte für obiges Beispiel folgen für die Schnittgeschwindigkeit aus Anhang A, Tab. 100, nämlich:

$$C_v = 169\,, \qquad f = 0{,}28$$

und für den Schnittdruck aus Anhang A, Tab. 104 und 104a, nämlich:

$$C_{k_s} = 242\,, \qquad 1 - f_s = 0{,}803\,.$$

Demnach folgt aus dem erweiterten Schnittgeschwindigkeitsgesetz [Gl. (93)] S. 134:

$$v = \frac{C_v \cdot \left(\frac{G}{5}\right)^g}{F^f \left(\frac{T_L}{60}\right)^y} = \frac{169}{F^{0,28}} \tag{218}$$

und aus der Gl. (217):

$$v_N = \frac{4500 \cdot N}{C_{k_s} \left(\frac{G}{5}\right)^{g_s} F^{(1-f_s)}} = \frac{4500 \cdot 10}{242 \cdot F^{0,803}} = \frac{186}{F^{0,803}}\,. \tag{219}$$

Diese beiden Gleichungen sind in Abb. 247 graphisch dargestellt. Die Werkzeuglinie für die Beziehung zwischen Spanquerschnitt und Schnittgeschwindigkeit verläuft flacher und beruht auf dem erweiterten Schnitt*geschwindigkeits*gesetz, während die steilere Maschinenlinie auf dem erweiterten Schnitt*druck*gesetz beruht.

Man erkennt aus dem Diagramm 247 ohne weiteres als erste Folgerung aus der Doppelbeziehung zwischen Spanquerschnitt und Schnittgeschwindigkeit, daß sich die gestellten Bedingungen des ersten Beispieles nur mit einem einzigen Spanquerschnitt vom gegebenen Schlankheitsgrad und einer einzigen Schnittgeschwindigkeit erfüllen lassen, wie durch den Schnittpunkt der beiden Geraden (Grundwert) angegeben. Es ist also z. B. nicht möglich, 60 Min. Standzeit aufrechtzuerhalten, wenn ein größerer Spanquerschnitt als der Grundwert dieses Beispieles gewählt wird und wenn die Bedingung der Ausnutzung der 10 PS der Maschine und des 5:1-Schlankheitsgrades gleichzeitig zu erfüllen ist. Die Gleichung für den Grundwert des Spanquerschnittes ist auf S. 312 abgeleitet worden [s. Gl. (209)].

β) Zweites Beispiel.

Erweitert man nunmehr das Beispiel und läßt *verschiedene Standzeiten* von 60 Min. bis 480 Min. zu, so wird gemäß erweitertem Schnittgeschwindigkeitsgesetz, bei Zugrundelegung eines Standzeitexponenten von $y = 0{,}30$ in Gl. (218):

$$v = \frac{169}{F^{0,28}\left(\frac{T_L}{60}\right)^{0,30}}$$

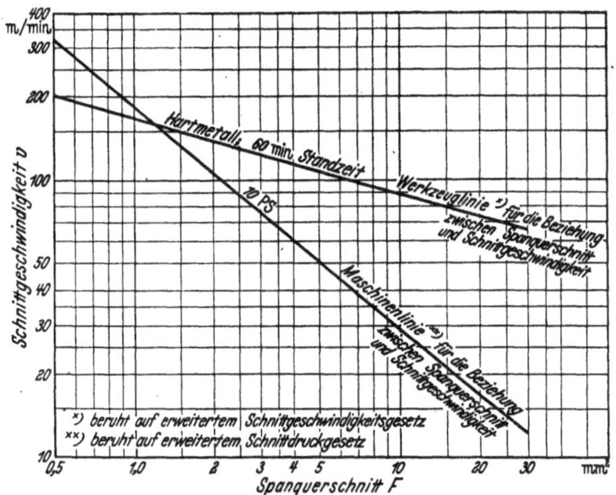

Abb. 247. *Erstes* Diagramm zur Erläuterung der Doppelbeziehung zwischen Spanquerschnitt und Schnittgeschwindigkeit (Standzeit konstant, Leistung konstant).

und somit

$$\left.\begin{aligned} v_{480} &= \frac{169}{F^{0,28}\cdot 8^{0,30}} = \frac{91}{F^{0,28}},\\ v_{240} &= \frac{169}{F^{0,28}\cdot 4^{0,30}} = \frac{111}{F^{0,28}},\\ v_{120} &= \frac{169}{F^{0,28}\cdot 2^{0,30}} = \frac{138}{F^{0,28}},\\ v_{60} &= \frac{169}{F^{0,28}\cdot 1{,}0} = \frac{169}{F^{0,28}}. \end{aligned}\right\} \quad (220\,\text{a bis d})$$

Diese Werte ergeben Abb. 248, aus der hervorgeht, daß die Ausnutzung der 10-PS-Maschine nun für die vier angegebenen Schnittpunkte von Standzeit und Spanquerschnitt bei zugehöriger Schnittgeschwindigkeit und Schlankheitsgrad möglich wird.

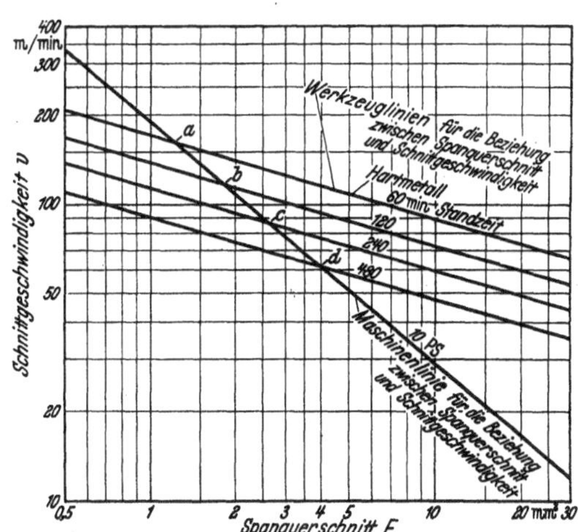

Abb. 248. *Zweites* Diagramm zur Erläuterung der Doppelbeziehung zwischen Spanquerschnitt und Schnittgeschwindigkeit (Standzeit veränderlich, Leistung konstant).

Die vier Schnittpunkte (*a* bis *d* in Abb. 248) lassen sich in folgender Weise formelmäßig bestimmen: aus dem Gesetz des nutzbaren Spanquerschnittes für 10-PS-Maschinenleistung an der Schneide des Werkzeuges folgt mit [Gl. (205a)]:

$$C_N = \frac{C_{k_s} \cdot C_v}{4500} = \frac{242 \cdot 169}{4500} = 9{,}1 \text{ PS/mm}^2,$$

$$\frac{1}{f_N} = \frac{1}{1 - f_s - f} = \frac{1}{0{,}803 - 0{,}28} = 1{,}925 \qquad \text{(s. Tab. 103)}$$

und Einsetzen in Gl. (209):

$$F_N = \left[\frac{10}{9{,}1}\right]^{1{,}925} \left[\frac{T_L}{60}\right]^{0{,}30 \cdot 1{,}925} = 1{,}20 \left[\frac{T_L}{60}\right]^{0{,}575} *,$$

daher für

$T_L = 60$ Min. Standzeit: $F_N = 1{,}20$ mm²,
$T_L = 120$ Min. Standzeit: $F_N = 1{,}79$ mm²,
$T_L = 240$ Min. Standzeit: $F_N = 2{,}66$ mm²,
$T_L = 480$ Min. Standzeit: $F_N = 3{,}95$ mm².

Die zugehörigen Schnittgeschwindigkeiten für 10 PS ermittelt man mit Hilfe von Gln. (217) bzw. (219)

$$\text{für } F_N = 1{,}20 \text{ mm}^2\text{:} \quad v_N = \frac{186}{1{,}20^{0{,}803}} = 161 \text{ m/min},$$

$$\text{für } F_N = 1{,}79 \text{ mm}^2\text{:} \quad v_N = \frac{186}{1{,}79^{0{,}803}} = 117 \text{ m/min},$$

$$\text{für } F_N = 2{,}66 \text{ mm}^2\text{:} \quad v_N = \frac{186}{2{,}66^{0{,}803}} = 84{,}5 \text{ m/min},$$

$$\text{für } F_N = 3{,}95 \text{ mm}^2\text{:} \quad v_N = \frac{186}{3{,}95^{0{,}803}} = 62 \text{ m/min}.$$

Die erzielbaren Spanvolumina werden somit (s. Diagramm 248)

für 60 Min. Standzeit (Punkt *a*): $(F \cdot v)_N = 1{,}20 \cdot 161 = 193$ cm³/min,
für 120 Min. Standzeit (Punkt *b*): $(F \cdot v)_N = 1{,}79 \cdot 117 = 210$ cm³/min,
für 240 Min. Standzeit (Punkt *c*): $(F \cdot v)_N = 2{,}66 \cdot 84{,}5 = 225$ cm³/min,
für 480 Min. Standzeit (Punkt *d*): $(F \cdot v)_N = 3{,}95 \cdot 62 = 244$ cm³/min.

Aus diesen Zahlen geht als *zweite Folgerung aus der Doppelbeziehung zwischen Spanquerschnitt und Schnittgeschwindigkeit hervor, daß es vom Standpunkt der Spanausbeute und der Standzeit aus vorteilhafter ist, mit größerem Spanquerschnitt bei erniedrigter Schnittgeschwindigkeit zu arbeiten.* In dem gegebenen Beispiel steigt die Spanausbeute von 193 cm³/min bis auf 244 cm³/min, d. h. um rd. 26%, wobei die Standzeit sich von 60 Min. auf 480 Min. erhöht. Ebenso erhöht sich die je PS erzielte Spanmenge, nämlich von 19,3 cm³/min/PS auf 24,4 cm³/min/PS, weil sich der Spanquerschnitt vergrößert und somit der spezifische

* S. Fußnote S. 312.

Schnittdruck fällt [s. Gl. (125)] von

$$k_s = \frac{4500}{19{,}3} = 235 \text{ kg/mm}^2$$

auf

$$k_s = \frac{4500}{24{,}4} = 185 \text{ kg/mm}^2.$$

Der Hauptschnittdruck jedoch steigt, und zwar von 235 · 1,20 = 282 kg auf 185 · 3,95 = 730 kg. Hierin liegt der Nachteil solchen Vorgehens, nämlich eine fast 160%ige Zunahme des Schnittdruckes, in diesem Beispiel mit dementsprechender *Vergrößerung der Verbiegungen von Werkstück und Maschine.*

γ) Drittes Beispiel.

Ändert man das Beispiel weiter ab, und zwar so, daß nunmehr *verschiedene Maschinenleistungen* in Betracht genommen werden, bei wiederum mittelwertigem Hartmetall mit 60 Min. Standzeit und Schlankheitsgrad 5:1, so ergeben sich in graphischer Darstellung die Beziehungen nach Abb. 249.

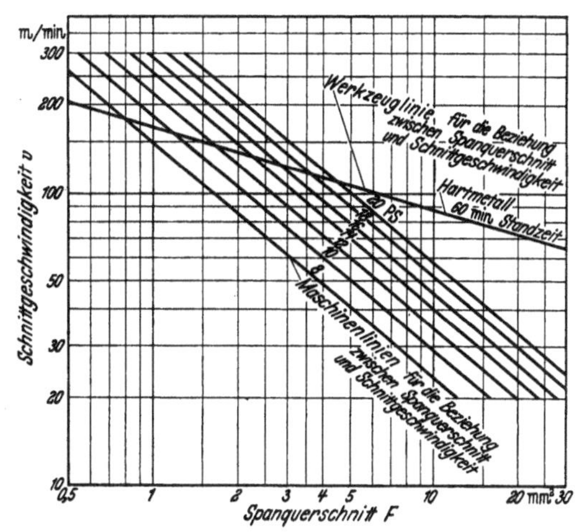

Abb. 249. *Drittes* Diagramm zur Erläuterung der Doppelbeziehung zwischen Spanquerschnitt und Schnittgeschwindigkeit (Standzeit konstant, Leistung veränderlich).

Die Werkzeuglinie folgt wieder aus derselben Gl. (218) wie oben:

$$v = \frac{C_v \cdot \left(\frac{G}{5}\right)^g}{F^f \cdot \left(\frac{T_L}{60}\right)^y} = \frac{169}{F^{0,28}},$$

während für die Maschinenlinien die folgenden Gleichungen [entsprechend Gl. (219)] gelten:

$$\text{8-PS-Maschinenleistung} \quad v_N = \frac{4500\,N}{C_{k_s}\left(\frac{G}{5}\right)^{g_s} F^{(1-f_s)}} = \frac{149}{F^{0,803}},$$

$$\text{10-PS-Maschinenleistung} \quad v_N = \frac{186}{F^{0,803}},$$

$$\text{12-PS-Maschinenleistung} \quad v_N = \frac{221}{F^{0,803}}, \qquad (221\text{a bis d})$$

$$\text{14-PS-Maschinenleistung} \quad v_N = \frac{260}{F^{0,803}},$$

$$\begin{aligned} &\text{16-PS-Maschinenleistung} \quad v_N = \frac{298}{F^{0,803}}, \\ &\text{18-PS-Maschinenleistung} \quad v_N = \frac{335}{F^{0,803}}, \\ &\text{20-PS-Maschinenleistung} \quad v_N = \frac{372}{F^{0,803}}. \end{aligned} \qquad \text{(221e bis g)}$$

Wie aus Abb. 249 ersichtlich, kann 60 Min. Standzeit mit Hartmetall bei St 50.11 für $\gamma = 10°$ Spanwinkel nur erreicht werden bei Spanquerschnitten vom Schlankheitsgrad 5 : 1, die durch die Schnittpunkte der Werkzeuglinie mit den Maschinenlinien dargestellt werden.

Sie werden formelmäßig folgendermaßen ermittelt: Man setzt die v_N-Gleichungen (221a bis g) für die Leistungen von 8 bis 20 PS dem Wert aus dem erweiterten Schnittgeschwindigkeitsgesetz v gleich [Gl. (218)] und erhält:

$$v_N = \frac{186 \cdot \left(\frac{N}{10}\right)}{F^{0,803}} = v = \frac{169}{F^{0,28}}.$$

$\frac{N}{10}$ ist hier benutzt, da der Zähler 186 für 10 PS gilt [Gl. (219)]. Somit wird:

$$F^{0,803-0,28} = \frac{186 \cdot \left(\frac{N}{10}\right)}{169}, \qquad (222)$$

$$F_N = [0,11\,N]^{1,925}.$$

Dieselbe Gleichung ergibt sich natürlich auch aus dem Gesetz des nutzbaren Spanquerschnittes mit $T_L = 60$ und $G = 5$ [Gl. (209)]. Es folgt somit für eine

8-PS-Maschine: $F_N = 0,78\ \text{mm}^2$,
10-PS-Maschine: $F_N = 1,20\ \text{mm}^2$,
12-PS-Maschine: $F_N = 1,70\ \text{mm}^2$,
14-PS-Maschine: $F_N = 2,30\ \text{mm}^2$,
16-PS-Maschine: $F_N = 2,95\ \text{mm}^2$,
18-PS-Maschine: $F_N = 3,70\ \text{mm}^2$,
20-PS-Maschine: $F_N = 4,54\ \text{mm}^2$.

Das minutlich erzielbare Spanvolumen für Beispiel 3 ermittelt man durch Einsetzen dieser Spanquerschnitte in die obigen Schnittgeschwindigkeitsgleichungen (221a bis g) und durch nochmalige Multiplikation mit diesen Spanquerschnitten:

$$(F \cdot v)_N = \frac{F \cdot 186 \cdot \frac{N}{10}}{F^{0,803}} = 18,6\,N \cdot F^{0,197} = 18,6\,N\,[0,11\,N]^{0,197 \cdot 1,925} = 8,1\,N^{1,38}.$$

Dieselbe Gleichung folgt aus dem Gesetz des nutzbaren Spanvolumens [Gl. (211)]. Die minutlichen Spanvolumina für 60 Min. Standzeit sind somit:

auf 8-PS-Maschine: $(F \cdot v)_N = 142\ \mathrm{cm^3/min}$,
auf 10-PS-Maschine: $(F \cdot v)_N = 193\ \mathrm{cm^3/min}$,
auf 12-PS-Maschine: $(F \cdot v)_N = 254\ \mathrm{cm^3/min}$,
auf 14-PS-Maschine: $(F \cdot v)_N = 314\ \mathrm{cm^3/min}$,
auf 16-PS-Maschine: $(F \cdot v)_N = 373\ \mathrm{cm^3/min}$,
auf 18-PS-Maschine: $(F \cdot v)_N = 438\ \mathrm{cm^3/min}$,
auf 20-PS-Maschine: $(F \cdot v)_N = 518\ \mathrm{cm^3/min}$.

Als dritte Folgerung aus der Doppelbeziehung zwischen Spanquerschnitt und Schnittgeschwindigkeit ergibt sich somit, daß bei Leistungserhöhung und Aufrechterhaltung einer Standzeit von 60 Min., einem mittleren Hartmetall und einem Schlankheitsgrad von 5:1 eine erheblich größere Zunahme des minutlichen Spanvolumens möglich ist, als der Erhöhung der aufzuwendenden Leistung entspricht.

Beispielsweise erhöht sich das Spanvolumen bei einer Steigerung von 8 PS auf 16 PS (100% Zunahme der Leistung) von 142 cm³/min auf 373 cm³/min, d. h. um 162% bei Aufrechterhaltung der gegebenen Standzeit.

Diese Erhöhung ist eine Folge des Abfalles des spezifischen Schnittdruckes mit steigendem Spanquerschnitt; der spezifische Schnittdruck ist hier bei 8-PS-Maschinenleistung [gem. Gl. (125) S. 167]

$$k_s = \frac{4500 \cdot 8}{142} = 253\ \mathrm{kg/mm^2}$$

gegenüber

$$k_s = \frac{4500 \cdot 16}{373} = 194\ \mathrm{kg/mm^2}$$

auf der 16-PS-Maschine. Der Schnittdruck selbst steigt natürlich erheblich, nämlich von

$$P = F \cdot k_s = 0{,}78 \cdot 253 = 197\ \mathrm{kg} \qquad \text{(8-PS-Leistung)}$$

auf

$$P = F \cdot k_s = 2{,}95 \cdot 194 = 574\ \mathrm{kg}, \qquad \text{(16-PS-Leistung)}$$

d. h. um etwa 195%!

δ) *Viertes Beispiel.*

Als 4. Beispiel sei ein Fall erörtert, der zeigen soll, wie man sich auch Rechenschaft über den Einfluß einer *kurvenförmigen Abhängigkeit zwischen Standzeit und Schnittgeschwindigkeit* im log–log-Feld verschaffen kann. In solchem Fall würde die Taylor-Gleichung [Gl. (53)] nicht mehr zutreffen, was auf eine vom Üblichen abweichende Charakteristik des Werkzeuges hinsichtlich seines Temperaturverhaltens schließen lassen würde [siehe 1. Teil: Physikalische Zerspanungslehre, S. 44].

Wenn der Standzeitexponent y für die T_L–v-Beziehung nicht konstant ist, sondern sich mit der Standzeit ändert, so ergeben sich Umstände, die mit dem erweiterten Schnittgeschwindigkeitsgesetz erfaßt werden können. Nimmt man beispielsweise an, daß eine kurvenförmige T_L–v-Beziehung besteht mit folgender Änderung des Exponenten:

$$y = 0{,}35 \text{ bei } 480 \text{ Min. Standzeit},$$
$$y = 0{,}30 \text{ bei } 240 \text{ Min. Standzeit},$$
$$y = 0{,}25 \text{ bei } 120 \text{ Min. Standzeit},$$
$$y = 0{,}20 \text{ bei } 60 \text{ Min. Standzeit},$$

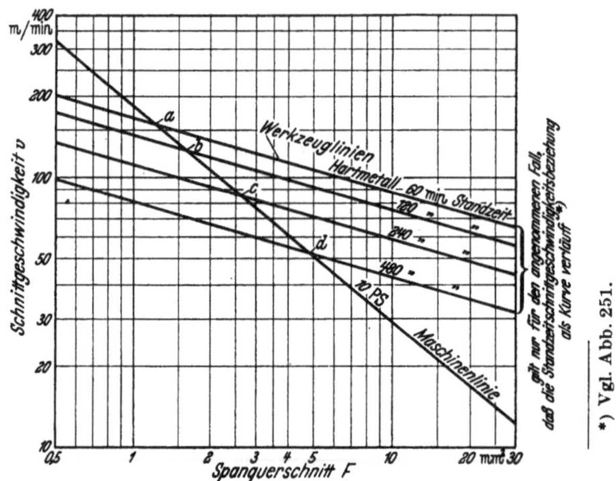

Abb. 250. ***Viertes*** **Diagramm zur Erläuterung der Doppelbeziehung zwischen Spanquerschnitt und Schnittgeschwindigkeit. (Im Gegensatz zu Abb. 248 ist hier eine kurvenförmige T_L–v-Beziehung zugrunde gelegt.)**

so erhält man nachstehende Gleichungen an Stelle der oben benutzten Gln. (220a bis d) auf S. 323:

$$\left.\begin{aligned} v_{480} &= \frac{169}{F^{0,28} \cdot 8^{0,35}} = \frac{81{,}5}{F^{0,28}}, \\ v_{240} &= \frac{169}{F^{0,28} \cdot 4^{0,30}} = \frac{111}{F^{0,28}}, \\ v_{120} &= \frac{169}{F^{0,28} \cdot 2^{0,25}} = \frac{142}{F^{0,28}}, \\ v_{60} &= \frac{169}{F^{0,28} \cdot 1^{0,20}} = \frac{169}{F^{0,28}}. \end{aligned}\right\} \quad (223\text{a bis d})$$

Wenn wiederum eine 10-PS-Maschine vorliegt, erhält man Abb. 250, für die dieselbe Maschinenlinie gilt wie für Abb. 248. Die Werkzeuglinien sind ebenfalls Gerade mit derselben Neigung (0,28) wie in Abb. 248, nur hat sich ihr gleichmäßiger logarithmischer Abstand hier in einen ungleichmäßigen geändert!

Die TAYLOR-Gerade, die der Abb. 248 und die T_L–v-Kurve, die der Abb. 250 zugrunde liegt, sind in Abb. 251 aufgetragen. Um die Veränderlichkeit des Standzeitexponenten der T_L–v-Beziehung anzudeuten, ist er in Abb. 251 mit „x“ bezeichnet worden, anstatt mit „y“, wie es sonst hier bei konstantem Standzeitexponenten üblich ist.

Die Spanquerschnitte und die leistungsausnutzenden Schnittgeschwindigkeiten (v_N) für die verschiedenen Standzeiten und Span-

Tabelle 84.

Vergleich von Zerspanungsdaten für geradlinige und kurvenförmige T_L-v-Beziehung im log–log-Feld.

Überschneidungspunkt der Werkzeuglinien mit der Maschinenlinie	Spanquerschnitt F (mm²)		Schnittgeschwindigkeit v (m/min)		Minutliches Spanvolumen (cm³/min)		Standzeit T_L (min)
	falls die T_L-v-Beziehung eine Gerade ist im log–log-Feld	falls die T_L-v-Beziehung eine Kurve ist im log–log-Feld	falls die T_L-v-Beziehung eine Gerade ist im log–log-Feld	falls die T_L-v-Beziehung eine Kurve ist im log–log-Feld	falls die T_L-v-Beziehung eine Gerade ist im log–log-Feld	falls die T_L-v-Beziehung eine Kurve ist im log–log-Feld	
	Abb. 248	Abb. 250	Abb. 248	Abb. 250	Abb. 248	Abb. 250	
a	1,20	1,20	161	161	193	193	60
b	1,79	1,63	117	125	210	204	120
c	2,66	2,66	84,5	84,5	224	224	240
d	3,95	4,90	62	52	244	255	480

volumina sind aus Abb. 248 ermittelt und zum Vergleich den Daten für geradlinige T_L–v-Beziehung (Abb. 250) in Tab. 84 gegenübergestellt worden.

Aus dieser Gegenüberstellung (Tab. 84) erkennt man als vierte Folgerung aus der Doppelbeziehung zwischen Spanquerschnitt und Schnittgeschwindigkeit, daß die Frage, ob die T_L–v-Beziehung eine Gerade ist oder eine leichte Kurve, nur geringen Einfluß auf das aus der Leistung zu erzielende minutliche Spanvolumen hat. Die Maschinenlinie, nicht die Werkzeuglinie, spielt die wesentlichere Rolle.

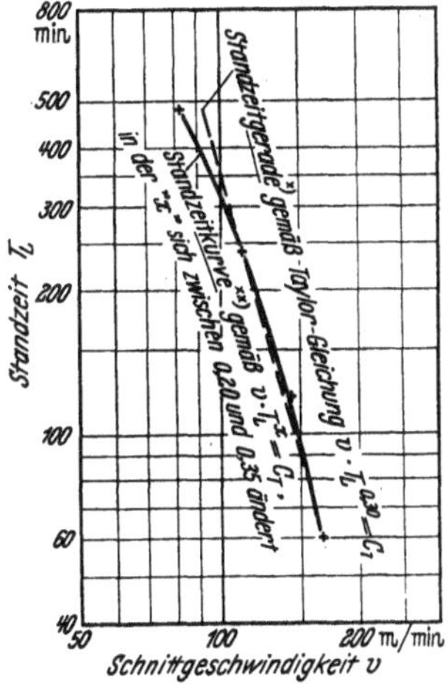

Abb. 251. Vergleich der TAYLOR-Geraden für die T_L–v-Beziehung mit einer kurvenförmigen T_L–v-Beziehung im log-log-Netz (St 50.11; $\gamma = 10°$; $F = 1$ mm²; $G = 5:1$; $C_v = 169$) (* benutzt in Abb. 248; ** benutzt in Abb. 250).

Der Unterschied zwischen der geradlinigen und kurvenförmigen T_L–v-Beziehung macht sich in diesem Beispiel nur bei 120 Min. und 480 Min. Standzeit bemerkbar (Punkte *b* und *d*, Abb. 248 u. 250). Er beträgt etwa ± 3 bis 5%; und zwar ist die minutliche Spanausbeute 3% geringer bei 120 Min. Standzeit für den Fall der T_L-v-Kurve und etwa 4½% größer bei 480 Min. Standzeit. Man sollte daher keinen zu übertriebenen Wert auf kleine Abweichungen der T_L-v-Beziehung von einer log-log-Geraden legen. Zu beachten ist auch, daß die aus Schwingungsgründen sich ergebende untere Grenze für die Schnittgeschwindigkeit bei Hartmetallen ($v = 50$ m/min) hier bald erreicht wird (vgl. S. 306).

b) Grenzgebiete der Ausnutzung von Maschine und Werkzeug.

α) Einfacher Fall: Begrenzung auf Schnellstahl mit 60 Min. Standzeit.

Die vorstehenden Beispiele und Folgerungen führen dazu, die Grenzgebiete der Ausnutzung von Maschine und Werkzeug auch in Hinblick auf die möglichen und zulässigen Zusammensetzungen des minutlichen Spanvolumens $F \cdot v$ zu untersuchen.

Für die Zeitgleichung [Gl. (215) S. 320]

$$T = \frac{l \cdot t \cdot d \cdot \pi}{F \cdot v} \text{ min}$$

ist es an sich ohne Belang, ob z. B. ein Wert $F \cdot v = 200$ cm³/min aus $F = 4$ mm² und $v = 50$ m/min oder aus $F = 2$ mm² und $v = 100$ m/min zusammengesetzt ist. Unter sonst gleichen Umständen würde sich stets für gleiches $F \cdot v$ dieselbe Zeit T ergeben.

Zur Beurteilung dieser Frage dient Abb. 252, die die Grenzgebiete der Ausnutzung der Bankleistung und des Drehstahles behandelt. In dieser Abbildung sind im doppellogarithmischen System mit den Achsen Spanquerschnitt und Schnittgeschwindigkeit, die Schnittgeschwindigkeitslinie v von älterem Schnellstahl für St 50.11 sowie drei verschiedene $F \cdot v$-Linien (40, 100 und 200 cm³/min) eingezeichnet. Jeder Punkt dieser $F \cdot v$-Geraden ergibt stets dasselbe Produkt, also z. B. 40 oder 100 oder 200.

Als Beispiel möge angenommen werden, daß eine verfügbare Leistung am Drehstahl von 6,6 PS bei Bearbeitung von mittlerem Stahl ein Spanvolumen von $F \cdot v = 200$ cm³/min ergibt[1]. Es ist jetzt die Zusammensetzung dieses Wertes $F \cdot v = 200$ hinsichtlich der Abwandlungen des Spanquerschnittes und der Schnittgeschwindigkeit zu untersuchen.

Wir wandern in Gedanken vom Punkte 6,6 PS (Abb. 252), der der „Grundwert“ ist, zunächst längs der Geraden $F \cdot v = 200$ nach links oben (Pfeil *1*). Dabei wird die Schnittgeschwindigkeit ständig größer und der zugehörige Spanquerschnitt ständig kleiner. Das Produkt $F \cdot v$ bleibt jedoch immer gleich 200. Es würde also zu $F = 20$ mm² ein

[1] Der einfacheren Rechnung wegen sind die Zahlenbeispiele meist graphisch ermittelt.

$v = 10$ m/min, zu $F = 10$ mm² ein $v = 20$ m/min, zu $F = 5$ mm² ein $v = 40$ m/min gehören usw.

Die Schnittgeschwindigkeit, die zu $F = 5$ mm² gehört, ist jedoch, wie die v-Linie zeigt, nicht 40 m/min, sondern nur 18 m/min, diejenige, die zu $F = 10$ gehört, nur 13,6 m/min. Der Schnelldrehstahl würde also bei den obigen Schnittgeschwindigkeiten von 40 bzw. 20 m/min versagen.

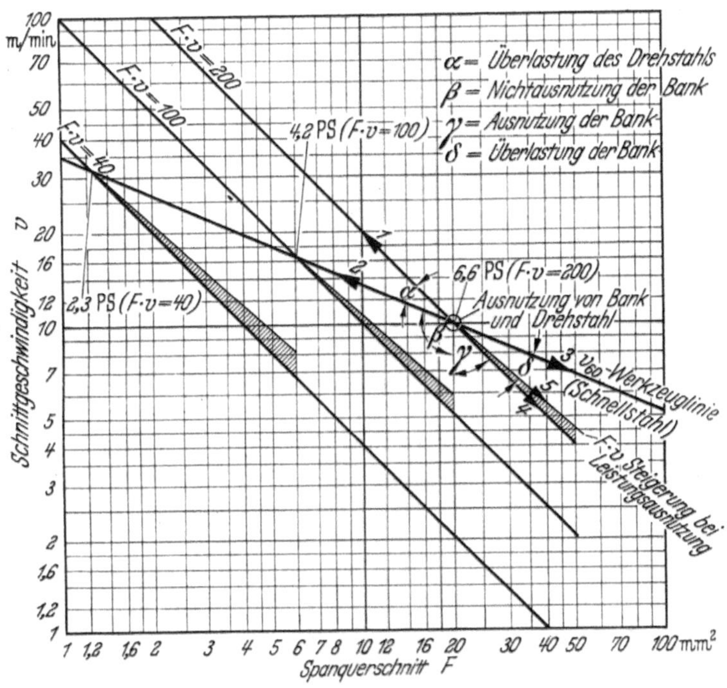

Abb. 252. Grenzgebiete der Ausnutzung von Drehstahl und Maschinenleistung (mögliche und zulässige Zusammensetzungen des minutlichen Spanvolumens $F \cdot v$; einfaches Beispiel).

Es stellen also alle Punkte der $F \cdot v$-Linie links vom Grundwert Zusammensetzungen von $F \cdot v$ dar, bei denen die Schnittgeschwindigkeit v zu groß würde! *Der Winkel* α, der von der v-Linie und der $F \cdot v$-Linie gebildet wird, enthält also *das Gebiet des überlasteten Drehstahles* bzw. des höherwertigen Werkzeuges (Hartmetall).

Vom Punkt 6,6 PS kann man nach links, d. h. in das Gebiet der kleineren Spanquerschnitte, auch auf der v-Linie (Werkzeuglinie) gehen (Pfeil *2*), so daß sich v nur um so viel vergrößert, wie es die Verkleinerung von F, gemäß dem einfachen Schnittgeschwindigkeitsgesetz [Gl. (79)]

$$v_{60} = \frac{C_v}{\sqrt[\varepsilon_v]{F}} = \frac{35}{\sqrt[2{,}44]{F}}$$

zuläßt.

Bei diesem „Entlanggehen“ längs der v-Linie (Werkzeuglinie) wird jedoch das Produkt $F \cdot v$, also das Spanvolumen, ständig kleiner, man kommt in die Gebiete von $F \cdot v = 100$ und $F \cdot v = 40$. Bei $F \cdot v = 100$ sind nur 4,2 PS und bei $F \cdot v = 40$ sogar nur noch 2,3 PS von der verfügbaren Leistung von 6,6 PS ausgenutzt.

Es stellen also alle Punkte der v-Linie links vom Grundwert Werte dar, bei denen die verfügbare Leistung nicht ausgenutzt wird! Der Winkel β, zwischen der v-Linie und der Ordinate $F = 20$, stellt also *das Gebiet der Nichtausnutzung der Bank* dar.

Geht man auf der v_{60}-Linie vom Grundwert nach rechts (Pfeil *3*), so schneidet man (die nicht eingezeichneten) $F \cdot v$-Linien für Werte $F \cdot v > 200$. Zur Bewältigung von Spanvolumina $F \cdot v > 200$ sind bei dem angenommenen Werkstoff jedoch Leistungen erforderlich, die größer als 6,6 PS sind, also größer, als sie die Bank zur Verfügung stellen kann.

Alle Punkte der v-Linie, rechts vom Grundwert, liegen im Gebiete der Überlastung der Bank (Winkel δ).

Es bleibt jetzt noch der Weg auf der $F \cdot v$-Linie in Richtung des Pfeiles *4*, nach rechts unten, übrig. Hierbei steigt der Spanquerschnitt und die Schnittgeschwindigkeit fällt, und zwar so, daß $F \cdot v = 200$ innegehalten wird. Eine Verbesserung der Ausnutzung liegt *nicht* vor, da $F \cdot v$ gleichbleibt. Die Zusammensetzung von $F \cdot v = 200$ aus verschiedenen F und v kann hier ohne Überlastung der Leistung der Bank oder des Drehstahles durch Benutzung größerer Spanquerschnitte, als sie der Grundwert angibt, geändert werden. Zu beachten ist, daß hierbei die Schnittgeschwindigkeit stärker fällt, als sie dem Schnittgeschwindigkeitsgesetz nach fallen müßte, da wir uns unterhalb der v_{60}-Linie (Werkzeuglinie) bewegen. Hierbei wird also der Drehstahl nicht ausgenutzt, jedoch geschont. Man könnte also von einem bestimmten Wert an ein geringer wertiges Werkzeug (Gußstahl) verwenden. Auf das Spanvolumen bzw. die Arbeitszeit hat die Nichtausnutzung des Werkzeuges (Schnellstahl) in diesem Fall keinen Einfluß, da $F \cdot v = 200$ bleibt.

Die Vergrößerung des Spanquerschnittes, die durch den „Gang“ längs Pfeil *4* stattfindet, verursacht ein Abfallen des spezifischen Schnittdruckes unter den, der dem Grundwert entspricht. Gleichzeitig fällt auch noch die Schnittgeschwindigkeit, so daß die Feststellung, daß beim Entlanggehen längs Pfeil *4* die Bank ausgenutzt wird, nur bedingt richtig ist. Das erzielbare Spanvolumen $F \cdot v = 200$ wird allerdings innegehalten, das aber nicht mehr durch eine Leistung von 6,6 PS, sondern sogar durch eine geringere Leistung aufgebracht wird.

Da jedoch 6,6 PS zur Verfügung stehen, kann die Schnittgeschwindigkeit wieder so weit gehoben werden, daß abermals $N = 6{,}6$ PS ausgenutzt werden; diese „Rückhebung“ der Schnittgeschwindigkeit verursacht eine Steigerung des Spanvolumens über $F \cdot v = 200$ hinaus. *Der Abfall des spezifischen Schnittdruckes kommt also der Ausnutzung, d.h. dem Spanertrag zugute!* Für das vorliegende Beispiel könnte v im Verhältnis der Leistungen gehoben werden:

$$v_h = 5 \cdot \frac{6{,}6}{5{,}65} = 5{,}84 \text{ m/min}.$$

Das Spanvolumen steigt also auf

$$(F \cdot v)_h = 40 \cdot 5{,}84 = 234 \text{ cm}^3/\text{min},$$

d. h. um 17%.

Die Rückhebung der Schnittgeschwindigkeit und des Spanvolumens kann bis zur Geraden längs Pfeil *5* erfolgen. Diese Gerade ist die v_N-Maschinenlinie für $N = 6{,}6$ PS, die also unter einem Winkel gegen die $F \cdot v$-Linie läuft. Die durch Schraffur angelegten Flächen stellen den Betrag der Rückhebung und damit auch der $F \cdot v$-Steigerung bei den verschiedenen Spanquerschnitten bis zur vollen Leistungsausnutzung dar, die durch den Abfall von k_s bei Vergrößerung des Spanquerschnittes möglich wird.

Aus dem Bild gewinnt man die Erkenntnis, daß sich die v-Werkzeuggerade, die $F \cdot v$-Gerade und die v_N-Maschinengerade in einem Punkt schneiden. *Der Schnittpunkt dieser Geraden ergibt den kleinsten die Bank und den Stahl ausnutzenden Spanquerschnitt mit der größten zugehörenden Schnittgeschwindigkeit.*

Zu jeder Leistung gehört also *ein* kleinster ausnutzender Spanquerschnitt und eine zugehörende Schnittgeschwindigkeit. Wird ein kleinerer Spanquerschnitt genommen, so sinkt die Leistung und das Spanvolumen, da dann nur auf der v-Linie „entlang" gegangen werden kann. Bei größerem Spanquerschnitt kann das Spanvolumen noch gesteigert werden.

β) Erweiterter Fall: Einbeziehung verschiedener Werkzeuge und Standzeiten. (Das Produktionsdiagramm.)

In Abb. 252 ist nur Schnellstahl erörtert worden, um das Grundsätzliche der Beziehungen zunächst in einfacher Form zu behandeln. Die Verhältnisse werden verwickelter, wenn verschiedene Arten Hartmetalle mit verschiedenen Standzeiten einbezogen werden sollen, wobei auch Rücksicht genommen werden kann auf Verbesserung der Schnellstähle.

In Abb. 253 (Produktionsdiagramm) sind Werkzeuglinien für ältere, mittlere und hochwertige Hartmetalle sowie für Schnellstahl in einem doppellogarithmischen Netz mit den Achsen F und v eingezeichnet, und zwar für Standzeiten von je 60, 120, 240 und 480 Min. Den Betrachtungen ist wiederum St 50.11 zugrunde gelegt mit $\gamma = 10°$ Spanwinkel und *mit der Voraussetzung, daß wir uns auf geometrisch ähn-*

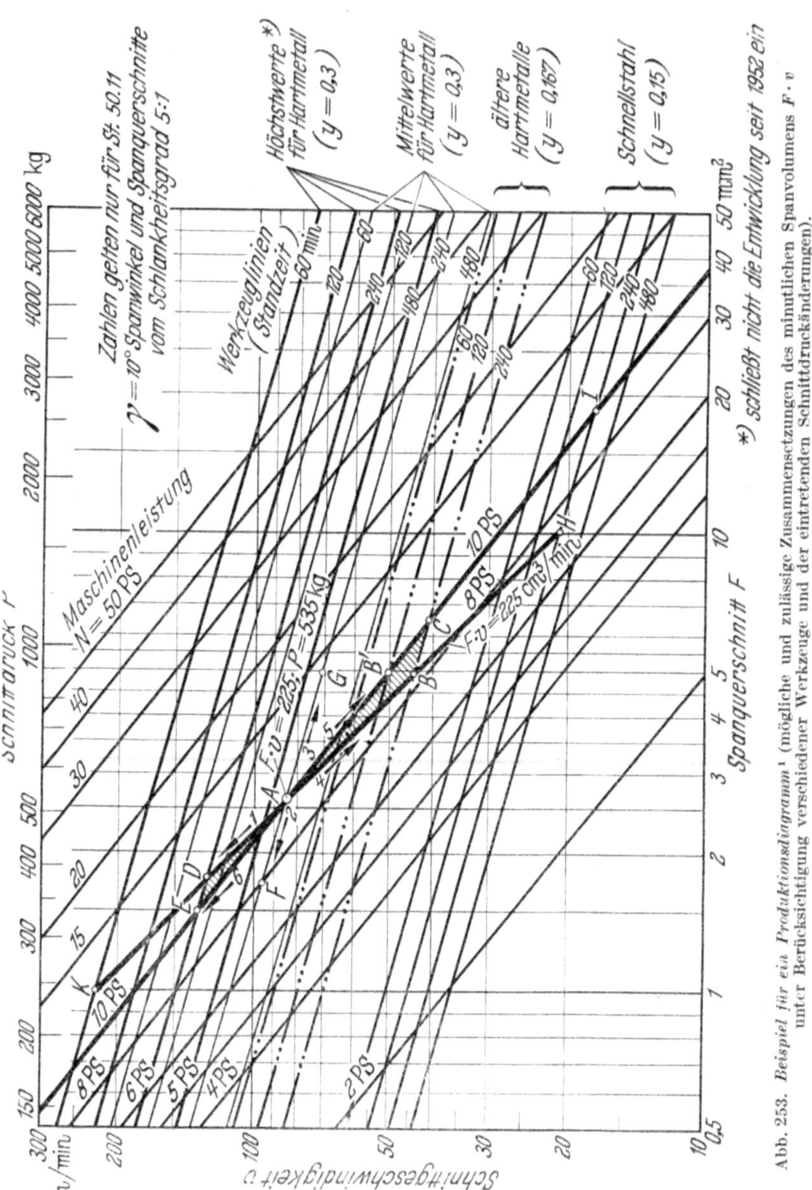

Abb. 253. *Beispiel für ein Produktionsdiagramm*[1] (mögliche und zulässige Zusammensetzungen des minutlichen Spanvolumens $F \cdot v$ unter Berücksichtigung verschiedener Werkzeuge und der eintretenden Schnittdruckänderungen).

liche Spanquerschnitte mit einem Schlankheitsgrad von 5:1 *beschränken. Die grundsätzlichen Folgerungen ändern sich nicht, wenn ein anderer Schlankheitsgrad als 5:1 gewählt wird, nur die Zahlenwerte würden anders*

[1] Vgl. Tab. 88 S. 340 und S. 357 Absatz 7.

sein. Wenn jedoch geometrisch unähnliche Spanquerschnitte einbezogen werden, kommt man zu anderen Schlüssen (siehe folgendes Kapitel).

Wir betrachten zunächst eine Drehbank von 10 PS und mittleres Hartmetall von 240 Min. Standzeit. Der Grundwert, d. h. der Schnittpunkt der Maschinenlinie ($N = 10$ PS) und der Werkzeuglinie ist mit A in Abb. 253 gekennzeichnet und folgt aus Gl. (209), nämlich aus:

$$F_N = \left[\frac{N}{C_N} \cdot \frac{\left(\frac{T_L}{60}\right)^y}{\left(\frac{G}{5}\right)^{g_N}}\right]^{\frac{1}{f_N}}.$$

Die Zahlenwerte entnimmt man den Tabellen des Anhanges A wie folgt:

$$C_v = 169 \text{ (Tab. 100)},$$
$$C_{k_s} = 242 \text{ (Tab. 104)},$$

daher gem. Gl. (205a)

$$C_N = \frac{242 \cdot 169}{4500} = 9{,}1 \text{ PS/mm}^2,$$

ferner

$$\frac{1}{f_N} = 1{,}925 \text{ (Tab. 103)},$$
$$y = 0{,}3 \text{ (Tab. 103)}.$$

Somit ergibt sich für Schlankheitsgrad $G = 5:1$ und Standzeit $T_L = 240$ Min. (am Punkt A)

$$F_{N(A)} = \left[\frac{10}{9{,}1} \cdot \frac{4^{0{,}3}}{1{,}0}\right]^{1{,}925} = 2{,}66 \text{ mm}^2.$$

Der Grundwert des Spanvolumens wird entweder graphisch oder mit Hilfe von Gl. (211)[1] gefunden aus:

$$(F \cdot v)_N = C_v \left[\frac{N}{C_N}\right]^{\frac{1-f}{f_N}} \frac{\left(\frac{T_L}{60}\right)^{\frac{y f_s}{f_N}}}{\left(\frac{G}{5}\right)^{\frac{g_s(1-f)+g f_s}{f_N}}}.$$

Die Exponentenwerte folgen wieder aus Anhang A, Tab. 103:

$$\frac{1-f}{f_N} = 1{,}38;$$
$$\frac{y f_s}{f_N} = 0{,}3 \cdot 0{,}38 = 0{,}114.$$

Da $G = 5:1$ in diesem Beispiel ist, braucht der Exponent von G nicht aufgesucht zu werden:

Daher ergibt sich:

$$(F \cdot v)_N = 169 \cdot \left[\frac{10}{9{,}1}\right]^{1{,}38} \cdot \frac{4^{0{,}114}}{1{,}0} = 225 \text{ cm}^3/\text{min}.$$

[1] Vgl. auch Anhang A, S. 403 Gl. (211 S), aus der diese Gleichung mit fertig eingesetzten Exponenten für Stahlbearbeitung ersehen werden kann.

Weitere Fragen entstehen, wenn nunmehr auch die Änderungen durch Wahl eines *anderen Werkzeuges und anderer Standzeiten* in diese Betrachtungen einbezogen werden sollen.

Es war schon dargelegt worden, daß die Veränderung in der Zusammensetzung des minutlichen Spanvolumens (225 cm³/min) durch die $F \cdot v$-Linie gekennzeichnet ist (Pfeile *1* und *4* in Abb. 252 und Abb. 253).

Wie Abb. 253 zeigt, kann *älteres* Hartmetall mit 240 Min. Standzeit erst angewandt werden, wenn die Schnittgeschwindigkeit so weit gesunken ist, wie sie durch Punkt B gekennzeichnet ist. Geht man also auf der $F \cdot v$-Linie $= 225$ entlang längs Pfeil *4*, so ist diese Schnittgeschwindigkeit bei $v = 45{,}5$ m/min und $F = 4{,}95$ mm² erreicht.

Man wird erkennen, daß der Abstand der Standzeitlinien für die „älteren" Hartmetalle kleiner ist als für die mittleren und hochwertigen. Dies ist eine Folge der zugrunde gelegten verschiedenen Standzeitexponenten, nämlich $y = 0{,}167$ für ältere und $y = 0{,}30$ für die anderen Hartmetalle. Als C_v-Wert für die älteren Hartmetalle ist gemäß Anhang A, Tab. 100 ein C_v-Wert von 90 zu benutzen, um Punkt B formelmäßig zu finden. C_N wird daher $\frac{242 \cdot 90}{4500} = 4{,}8$ PS/mm², und somit ergibt sich aus dem erweiterten Schnittgeschwindigkeitsgesetz [Gl. (93)]:

$$v = \frac{C_v \cdot \left(\frac{G}{5}\right)^g}{F^f \left(\frac{T_L}{60}\right)^y} = \frac{90 \cdot 1{,}0}{F^{0{,}28} \cdot 4^{0{,}167}} = \frac{71}{F^{0{,}28}}.$$

Setzt man dies in die Bedingung ein:

$$(F \cdot v)_N = 225 \text{ cm}^3/\text{min}.$$

so erhält man

$$F = \frac{225}{v} = \frac{225 \cdot F^{0{,}28}}{71},$$

daher nach Zusammenfassung:

$$F = \left(\frac{225}{71}\right)^{1{,}39} = 4{,}95 \text{ mm}^2,$$

$$v = \frac{225}{4{,}95} = 45{,}5 \text{ m/min}.$$

Wie aus Abb. 253 erkennbar, wird die 10-PS-Leistung der Maschine mit dieser Kombination von F und v (Punkt B) nicht ausgenutzt. Zwei Wege stehen offen, um die 10-PS-Leistung auszunutzen, nämlich, den Spanquerschnitt zu vergrößern, bis Punkt C erreicht ist, dabei bleibt die Standzeit $T_L = 240$ Min. erhalten, oder die Schnittgeschwindigkeit zu heben, bis die 10-PS-Linie bei gleichbleibendem Spanquerschnitt erreicht ist (Punkt B'). Dadurch sinkt die Standzeit allerdings auf 120 Min.

Die Wahl wird zugunsten von Punkt C ausfallen, wenn die damit verbundene Schnittdruckerhöhung infolge der Spanquerschnitterhöhung nicht ins Gewicht fällt im Vergleich zur Standzeitverminderung bei B'.

Das Spanvolumen $F \cdot v$ wird in beiden Fällen erhöht und beträgt gemäß Abb. 253 *an Punkt B'*:

$$F \cdot v = 4{,}95 \cdot 50{,}5 = 250 \text{ cm}^3/\text{min}$$

und bei Punkt C:

$$F \cdot v = 6{,}5 \cdot 4{,}1 = 267 \text{ cm}^3/\text{min}.$$

Mit dem geringerwertigen Werkzeug (Punkte B, B' und C) kann also offensichtlich ein größeres Spanvolumen bei gleicher Leistung erzielt werden als mit dem höherwertigen Werkzeug (Punkt A).

Jetzt sei auch der Schnittdruck P in den Kreis der Betrachtungen einbezogen. Bei Punkt (A) ist nach dem erweiterten Schnittdruckgesetz [Gl. (144)]:

$$P_{(A)} = C_{k_s} \cdot F^{(1-f_s)} \cdot \left(\frac{G}{5}\right)^{g_s},$$

d. h.:

$$P_A = 242 \cdot 2{,}66^{0{,}803} \cdot 1{,}0 = 540 \text{ kg}.$$

Bei Punkt C ist der Schnittdruck:

$$P_C = 242 \cdot 6{,}5^{0{,}803} \cdot 1{,}0 = 1080 \text{ kg}.$$

Um die Bank von $N = 10$ PS mit älterem Hartmetall ausnutzen zu können, ist also eine rund 100%ige Schnittdrucksteigerung im Vergleich zu 240 Min. Standzeit bei mittelwertigem Hartmetall erforderlich, wobei der Spanquerschnitt um 142% zu vergrößern ist[1].

γ) *Ableitung allgemeiner Verhältniszahlen.*

Die betrachteten Beziehungen sind natürlich allgemein gültig, wie aus folgender Ableitung hervorgeht: Der nutzbare Spanquerschnitt für ein beliebiges Werkzeug und eine gegebene Leistung war allgemein [Gl. (209)]:

$$F_N = \left[\frac{N}{C_N} \cdot \frac{\left(\frac{T_L}{60}\right)^y}{\left(\frac{G}{5}\right)^{g_N}}\right]^{\frac{1}{f_N}}.$$

Führt man den Begriff der Werkzeugwertigkeit W ein, der das Verhältnis der C_v-Werte zweier Werkzeuge bei Bearbeitung des gleichen Werkstoffes und unter sonst auch gleichen Bedingungen kennzeichnet, nämlich:

$$W = \frac{C_{va}}{C_v} = \frac{C_v \text{ (für anderswertiges Werkzeug)}}{C_v \text{ (für Bezugswerkzeug)}}, \tag{224}$$

so bleibt bei gleichem Werkstoff der Wert von C_{k_s} unverändert, daher wird auch

$$C_{Na} = W \cdot C_N. \tag{225}$$

[1] S. a. „Zusammenfassende Schlußfolgerungen" S. 341ff.

Ist F_{Na} der nutzbare Spanquerschnitt (Grundwert) für das anderswertige Werkzeug, so wird:

$$F_{Na} = \left[\frac{N}{W \cdot C_N} \cdot \frac{\left(\frac{T_L}{60}\right)^y}{\left(\frac{G}{5}\right)^{g_N}}\right]^{\frac{1}{f_N}}. \tag{226}$$

Durch Division dieser Gleichung mit Gl. (209) erhält man daher:

$$\frac{F_{Na}}{F_N} = \left[\frac{\left(\frac{T_L}{60}\right)^y}{W}\right]^{\frac{1}{f_N}} \tag{227}$$

und somit:

$$F_{Na} = F_N \cdot \left[\frac{\left(\frac{T_L}{60}\right)^y}{W}\right]^{\frac{1}{f_N}}. \tag{228}$$

Gl. (228) stellt somit die Beziehung zwischen den nutzbaren Spanquerschnitten zweier verschiedenwertiger Werkzeuge für Ausnutzung der gleichen Leistung bei gleichem Schlankheitsgrad allgemein dar.

Zahlenwerte für W erhält man aus den C_v-Werten (Bestwerte, Anhang A, Tab. 100 bis 103) oder aus den im Abschnitt „Schnittgeschwindigkeit" enthaltenen Tabellen.

Hier möge als Beispiel der Fall der Bearbeitung von Stahl erörtert werden. Aus den C_v-Zahlen der Tab. 100, Anhang A, folgen die Werte von Tab. 85.

Tabelle 85. *Verhältniswerte für die erforderliche Änderung des Spanquerschnittes bei Stahlbearbeitung für volle Leistungsausnutzung und verschiedene Werkzeuge.*

Werkzeug	Wertigkeitsfaktor W (= Multiplikator für C_v) (Tab. 100)	Standzeitexponent y (Tab. 103)	$\frac{1}{f_N}$ (Tab. 103)	$\frac{F_{Na}}{F_N}$ bei zugehörigen Schnittgeschwindigkeiten für Standzeiten von			
				60 Min.	120 Min.	240 Min.	480 Min.
Hochwertiges Hartmetall .	1,33	0,30	1,925	0,58	0,8	1,27	1,88
Mittelwertiges Hartmetall .	1,00	0,30	1,925	1,0	1,4	2,24	3,3
Älteres Hartmetall . . .	0,53	0,167	1,925	3,4	4,25	5,32	6,65
Schnellstahl . .	0,30	0,15	1,925	10,0	12,2	14,9	18,3

Eine außerordentliche Steigerung der Spanquerschnitte ist also erforderlich, wenn man zur Ausnutzung einer gegebenen Leistung die geringerwertigen Werkzeuge verwendet!

Demgemäß wird das Schnittdruckverhältnis, bezogen auf mittelwertiges Hartmetall und 60 Min. Standzeit, bei Stahlbearbeitung nach dem erweiterten Gesetz für den Schnittdruck [Gl. (144)] und für geometrisch ähnliche Spanquerschnitte:

$$\frac{P_a}{P} = \left[\frac{F_{N\,a}}{F_N}\right]^{1-f_s} = \left[\frac{F_{N\,a}}{F_N}\right]^{0{,}803}. \qquad (229)$$

Tabelle 86. *Verhältniswerte für Schnittdruckänderung bei Stahlbearbeitung mit voller Leistungsausnutzung für verschiedene Werkzeuge.*

Werkzeug	$\frac{P_a}{P}$ bei zugehörigen Schnittgeschwindigkeiten für Standzeiten von			
	60 Min.	120 Min.	240 Min.	480 Min.
Hochwertiges Hartmetall	0,645	0,865	1,21	1,66
Mittelwertiges Hartmetall	1,00	1,31	1,89	2,60
Älteres Hartmetall	2,66	3,2	3,84	4,5
Schnellstahl	6,4	7,4	8,7	10,3

Die Steigerungen des Schnittdruckes sind somit nicht ganz so groß wie die des Spanquerschnittes für Leistungsausnutzung, jedoch sehr erheblich, so daß die aus obigen Beispielen abgeleitete Erkenntnis ganz allgemein gilt:

Die Ausnutzung der Leistung einer Bank mittels eines geringerwertigen Werkzeuges verursacht sehr beträchtliche Steigerungen des Schnittdruckes; solches Vorgehen sollte nur bei stabilen Werkstücken und schweren Maschinen in Betracht gezogen werden.

Umgekehrt erkennt man auch, daß die Verwendung höherwertiger Werkzeuge unter diesen Umständen eine Leistungsausnutzung mit verminderten Schnittdrucken gestattet.

Die Empfehlung, die Schnittdruckerhöhung bei schweren Werkstücken und Maschinen zuzulassen, beruht darauf, daß sich dabei ein größeres Spanvolumen aus der gleichen Leistung erzielen läßt

Die Verhältniswerte können allgemein aus dem Gesetz des nutzbaren Spanvolumens (S. 313) ermittelt werden für die verschiedenen Werkzeuge. Die Gleichung lautet für gleichen Schlankheitsgrad G:

$$\frac{(F \cdot v)_{N\,a}}{(F \cdot v)_N} = \frac{C_{v\,a}}{C_v}\left[\frac{C_N}{C_{N\,a}}\right]^{\frac{1-f}{f_N}} \cdot \left(\frac{T_L}{60}\right)^{y\,\frac{f_s}{f_N}}$$

mit Einsetzung des Wertigkeitsfaktors W [Gl. (224)] und Zusammenfassung der Exponenten folgt:

$$\frac{(F \cdot v)_{N\,a}}{(F \cdot v)_N} = \left[\frac{\left(\frac{T_L}{60}\right)^{y}}{W}\right]^{\frac{f_s}{f_N}}. \qquad (230)$$

Für Stahlbearbeitung ist das Verhältnis der Spanvolumina, wobei $\frac{f_s}{f_N} = 0{,}38$ ist gemäß Anhang A, Tab. 103 S. 399:

$$\frac{(F \cdot v)_{Na}}{(F \cdot v)_N} = \left[\frac{\left(\frac{T_L}{60}\right)^y}{W}\right]^{0,38} . \tag{231}$$

Tabelle 87. *Verhältniswerte für Änderung des minutlichen Spanvolumens bei Stahlbearbeitung mit voller Leistungsausnutzung bei verschiedenen Werkzeugen.*

Werkzeug	y	$\frac{(F\cdot v)_{Na}}{(F\cdot v)_N}$ bei zugehörigen Schnittgeschwindigkeiten für Standzeiten von			
		60 Min.	120 Min.	240 Min.	480 Min.
Hochwertiges Hartmetall . .	0,30	0,90	0,98	1,06	1,14
Mittelwertiges Hartmetall . .	0,30	1,0	1,082	1,17	1,27
Älteres Hartmetall	0,167	1,27	1,33	1,40	1,46
Schnellstahl	0,150	1,59	1,66	1,72	1,80

Man erkennt durch Vergleich der Tab. 86 u. 87 für die Schnittdruck- und Spanvolumenverhältnisse, daß sich z. B. das Spanvolumen um 80% erhöhen läßt, wenn Schnellstahl bei 480 Min. Standzeit zur Leistungsausnutzung benutzt wird an Stelle von mittelwertigem Hartmetall mit 60 Min. Standzeit. Der Schnittdruck steigt jedoch dabei um 930%!

Tabelle 88. *Zahlenwerte des Beispieles im Produktionsdiagramm Abb. 253.*

Punkt	Spanquerschnitt F mm²	Schnittgeschwindigkeit v m/min	Leistung N PS	Schnittdruck P kg	Spanvolumen $F \cdot v$ cm³/min	Standzeit Min.	Werkzeugart[1]	Bemerkungen
A	2,66	85	10	535	225	240	mH	Grundwert
B	4,95	45,5	8,85	885	225	240	aH	
C	6,5	41	10	1080	267	240	aH	Höheres Spanvolumen; großer Schnittdruck
D	1,75	128	10,8	380	225	240	hH	
E	1,55	130	10	343	201	240	hH	Kleines Spanvolumen; kleiner Schnittdruck
F	1,75	96	8	380	168	240	mH	Schlechte Ausnutzung (vermeiden)
G	50	70	13,8	885	350	240	mH	Überlastung (vermeiden)
H	10	22,5	7,6	1530	225	240	SS	
I	18,75	17,6	10	2520	330	240	SS	Hohes Spanvolumen; großer Schnittdruck

[1] aH = älteres Hartmetall; mH = mittelwertiges Hartmetall; hH = hochwertiges Hartmetall; SS = Schnellstahl.

Man wird also diese Vorteile und Nachteile im Einzelfall gegeneinander abzuwägen haben, wie auf S. 342 zusammenfassend dargelegt ist.

Graphisch kann man diese Ausführungen auch an Hand von Abb. 253 verfolgen.

Die Tab. 88 zeigt die Werte des Beispieles des Diagramms 253 zahlenmaßig.

c) Zusammenfassende Schlußfolgerungen für geometrisch ähnliche Spanquerschnitte.

1. Folgt man der Werkzeuglinie, Abb. 253, in Richtung des Pfeiles *2*, so erhöht sich die Schnittgeschwindigkeit, während der Spanquerschnitt sich verringert. Auf diese Weise nähert man sich jedoch der Maschinenlinie für 8 PS. Das heißt, daß eine 10-PS-Maschine nicht voll ausgenutzt werden kann, wenn, wie bei Punkt F, ein kleiner Spanquerschnitt als der Grundwert (Punkt A) zur Aufrechterhaltung von 240 Min. Standzeit gewählt wird. Das Spanvolumen vermindert sich beträchtlich, es ist z. B. bei Punkt F nur $1{,}75 \cdot 96 = 168$ cm³/min gegenüber 225 cm³/min bei Punkt A.

Schlußfolgerung. *Vergrößerung der Schnittgeschwindigkeit bei gleichzeitiger Verringerung des Spanquerschnittes in solcher Weise, daß eine gegebene Standzeit und dieselbe Werkzeugart beibehalten wird, ist* **nicht empfehlenswert,** *weil ein erheblicher Abfall im minutlichen Spanvolumen, d. h. in der Produktion, eintreten muß.*

2. Folgt man der Werkzeuglinie in Richtung des Pfeiles *3*, so ergibt sich eine Zunahme des Spanquerschnittes und eine Verminderung der Schnittgeschwindigkeit bei konstanter Standzeit und gleichem Werkzeug. In diesem Fall nähert man sich den höheren PS-Maschinenlinien, d. h., eine gegebene Maschine würde bei solchem Verfahren überlastet werden (vgl. Punkt G).

Schlußfolgerung. *Verminderung der Schnittgeschwindigkeit bei gleichzeitiger Vergrößerung des Spanquerschnittes in solcher Weise, daß eine gegebene Standzeit und dieselbe Werkzeugart beibehalten wird, ist* **nicht empfehlenswert,** *weil die Maschine überlastet wird.*

3. Folgt man der *Maschinenlinie in Richtung des Pfeiles 6*, so ergibt sich wiederum eine Steigerung der Schnittgeschwindigkeit bei Verminderung des Spanquerschnittes (vgl. Pfeil *2*). Die Steigerung der Schnittgeschwindigkeit ist hier sogar größer als entlang Pfeil *2*. Bei diesem Verfahren verlassen wir jedoch die Werkzeuglinie für 240 Min. Standzeit und mittelwertiges Hartmetall. Wir nähern uns den niedrigeren Standzeiten für dieses Werkzeug und auch den höherwertigen Hartmetallen, die entsprechend größere Standzeiten aufweisen. Bei Punkt E beispielsweise ist 240 Min. Standzeit für die höherwertigen Hartmetalle erreicht. Geht man mit der Erhöhung der Schnittgeschwin-

digkeit und Verminderung des Spanquerschnittes weiter, so erreicht man die 60-Min.-Standzeitlinie für die höheren Hartmetalle.

Das schraffierte Feld *ADE* zeigt den auftretenden Verlust an minutlichem Spanvolumen an, der mit der Erhöhung der Schnittgeschwindigkeit entlang Pfeil *6* verbunden ist, da Linie *AD* die $F \cdot v$-Linie für 225 cm³/min ist und da Linie *AE* unterhalb von *AD* liegt, d. h. weniger Spanvolumen andeutet. Linie *AD* erfordert eine Überlastung der Maschine. Die eintretenden Schnittdruckänderungen können am oberen Rand der Abb. 253 abgelesen werden; man sieht, daß mit der Verminderung des Spanquerschnittes und Erhöhung der Schnittgeschwindigkeit stets eine Herabsetzung des Schnittdruckes verbunden ist.

Schlußfolgerung. Trotz Verminderung des Spanvolumens entlang Pfeil *6* ist es oft **empfehlenswert,** dieser Abstimmung von Spanquerschnitt und Schnittgeschwindigkeit zu folgen. Sie ist bedeutend besser als die Abstimmung gemäß Pfeil *2*, wo das Spanvolumen sich ganz erheblich verminderte. Die Anwendung hoher Geschwindigkeiten entlang Pfeil *6* ist wichtig für die Oberflächengüte des Werkstückes und für Verminderung von Verbiegungen von Maschine, Werkzeug und Werkstück.

4. Folgt man, andererseits, der *Maschinenlinie in Richtung des Pfeiles 5*, so erfolgt eine Verminderung der Schnittgeschwindigkeit und eine Vergrößerung des Spanquerschnittes. Behält man dasselbe Werkzeug bei (z. B. mittleres Hartmetall), so vergrößert man entlang Pfeil *5* die Standzeit und kann bei weiterer Herabsetzung der Schnittgeschwindigkeit mit entsprechender Vergrößerung des Spanquerschnittes zur Anwendung von älteren Hartmetallen und zu Schnellstahl übergehen (Punkt *I*).

Schlußfolgerung. Das Spanvolumen längs Pfeil *5* nimmt zu, da das Dreieck *ACB* oberhalb der Linie für 225 cm³/min Spanvolumen liegt. Es erscheint daher, daß die Anwendung niedriger Schnittgeschwindigkeiten und großer Spanquerschnitte zur Ausnutzung einer gegebenen Maschinenleistung günstiger ist, da sie größere Produktion (cm³/min) mit geringerwertigen Werkzeugen ergibt.

Demgegenüber steht jedoch der starke Anstieg der Schnittkräfte. Werkstück, Spindelstock, Reitstock, Bett und alle sonstigen Teile der Drehbank sind erheblichen Verbiegungen ausgesetzt. Außerdem wird der Vorschub grob, was neben den Verbiegungserscheinungen eine Verschlechterung der Genauigkeit des Werkstückes und der Oberfläche verursacht.

Abwägung der Schlußfolgerungen. *Schnittgeschwindigkeit und Spanquerschnitt sind in Abhängigkeit von der „Maschinenlinie" abzustimmen und nicht in Abhängigkeit von der „Werkzeuglinie".*

Es ist angebracht, das Werkzeug in Abhängigkeit von der so ermittelten Schnittgeschwindigkeit zu wählen.

Es ist vorteilhaft, die Schnittgeschwindigkeit zu erhöhen und den Spanquerschnitt gemäß der Maschinenlinie zu verringern und höherwertige Werkzeuge zu verwenden, wenn die Werkstücke angemessen stabil sind und wenn gute Oberflächen erwünscht sind.

Andererseits ist es ratsam, die Schnittgeschwindigkeit zu vermindern und den Spanquerschnitt gemäß Maschinenlinie zu vergrößern, wenn starre Werkstücke auf schweren Maschinen zu bearbeiten sind. Hochwertige Werkzeuge ergeben dabei lange Standzeiten, obgleich ältere Hartmetalle und Schnellstahl dann auch zufriedenstellende Standzeiten ergeben.

2. Die Zerspanungsbeziehungen für geometrisch unähnliche Spanquerschnitte.

(Änderung des Schlankheitsgrades.)

Die Beziehungen zwischen den Zerspanungsgrößen, wie Schnittleistung, Spanvolumen, Schnittdruck, Schnittgeschwindigkeit, Spanquerschnitt, Vorschub und Schnittiefe, bei verschiedenen Werkstoffen und Werkzeugen werden abermals verwickelter, wenn der Spanquerschnitt nicht nur der Größe, sondern auch der Form nach verändert wird, d. h., wenn sein Schlankheitsgrad als zweite unabhängige Veränderliche auftritt.

a) Erläuterung der Zerspanungsbeziehungen an Beispielen.

Es sei wiederum angenommen, daß St 50.11 mit mittlerem Hartmetall und einem Spanwinkel von $\gamma = 10°$ zu bearbeiten sei und daß eine Standzeit von $T_L = 60$ Min. bei Ausnutzung einer Maschinenleistung von $N = 10$ PS aufrechterhalten werden soll, während sowohl die Größe F als auch der Schlankheitsgrad G des Spanquerschnittes geändert werden soll.

In den beiden Gleichungen für die Doppelbeziehung zwischen Spanquerschnitt und Schnittgeschwindigkeit [Gln. (93) und (217)] erscheint sowohl F als auch G. Sie lauteten:

$$v = \frac{C_v \cdot \left(\frac{G}{5}\right)^g}{F^f \left(\frac{T_L}{60}\right)^y},$$

$$v_N = \frac{4500\,N}{C_{k_s} \left(\frac{G}{5}\right)^{g_s} F^{(1-f_s)}}.$$

Es müssen sich somit bei gleichzeitiger Änderung von F und G Scharen von Parallelen im log–log-Feld ergeben anstatt je einer Geraden für v_N und v bei gegebener Leistung N (wie in Abb. 247 S. 323).

Setzt man (gemäß Anhang A, Tab. 100, 104 und 104a):

$$g = 0{,}14\,, \qquad g_s = 0{,}16\,,$$
$$f = 0{,}28\,, \qquad 1 - f_s = 0{,}803\,,$$
$$C_v = 169\,, \qquad C_{k_s} = 242\,,$$

so erhält man:

$$v = \frac{169 \cdot \left(\frac{G}{5}\right)^{0{,}14}}{F^{0{,}28}}\,, \tag{232}$$

$$v_N = \frac{186}{\left(\frac{G}{5}\right)^{0{,}16} \cdot F^{0{,}803}}\,. \tag{233}$$

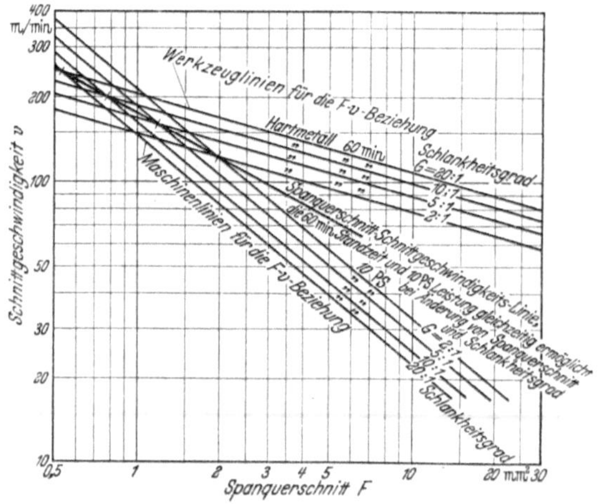

Abb. 254. Erläuterung der Koppelschnittgeschwindigkeit für Kopplung von T_L = 60 Min. mit N = 10 PS (St 50.11; γ = 10°).

Diese beiden Gleichungen werden durch die Scharen von Parallelen der Abb. 254 dargestellt. Man erkennt, daß bei den Werkzeuglinien die *höheren* Schnittgeschwindigkeiten den *größeren* Schlankheitsgraden (z.B. 20 : 1) entsprechen, während bei den Maschinenlinien die umgekehrte Reihenfolge vorliegt, da die *höheren* Schnittgeschwindigkeiten den *kleineren* Schlankheitsgraden zugeordnet sind!

Abb. 254 zeigt ferner, daß die Schnittpunkte der Linien gleichen Schlankheitsgrades auch eine v-Gerade im doppellogarithmischen Feld ergeben! Wir haben somit hier eine neue, dritte Beziehung zwischen Spanquerschnitt und Schnittgeschwindigkeit vorliegen, die bisher noch nicht erschienen ist.

Diese Schnittgeschwindigkeitslinie „koppelt" die 60-Min.-Standzeitlinie mit der 10-PS-Maschinenlinie und sei daher die Linie der gekoppelten Schnittgeschwindigkeit (v_K) *genannt.*

Offensichtlich genügt die gekoppelte Schnittgeschwindigkeit zwei Bedingungen gleichzeitig, nämlich einer gegebenen Standzeit und einer gegebenen Maschinenleistung. Sie entspricht dem Schnittpunkt (Grundwert) der Erläuterungen auf S. 322 und in Abb. 247, d. h. aus dem Punkt ist eine Linie geworden. Jedoch müssen sich jetzt sowohl Spanquerschnitt als auch Schlankheitsgrad nach einem noch aufzustellenden Gesetz ändern, um die Gleichung der Koppelschnittgeschwindigkeit zu befriedigen.

Die Gleichung für die erforderliche Änderung von G mit Änderung von F kann erhalten werden, wenn man Gln. (232) und (233) einander gleichsetzt und nach dem Schlankheitsgrad G auflöst. Aus

$$\frac{169 \cdot \left(\frac{G}{5}\right)^{0,14}}{F^{0,28}} = \frac{186}{\left(\frac{G}{5}\right)^{0,16} \cdot F^{0,803}}$$

ergibt sich

$$G = \frac{6,85}{F^{1,74}} \quad \text{und} \quad F = \frac{3,02}{G^{0,575}} \tag{234a, b}$$

für das Beispiel der Abb. 254. Die Gl. (234a) besagt, daß der Schlankheitsgrad sehr stark verringert werden muß, wenn der Spanquerschnitt steigt (nämlich mit der 1,74ten Potenz von F) und wenn sowohl die Standzeit von 60 Min. als auch die Leistung von 10 PS bei St 50.11 gleichzeitig ausgenutzt werden sollen.

Die Gl. (234a, b) läßt sich in eine solche für Schnittiefe und Vorschub umwandeln durch Benutzung der Gln. (84) und (85):

$$F = t \cdot s, \quad \text{und} \quad G = \frac{t}{s}$$

bei Einsetzen in Gl. (234a, b) erhält man:

$$t = \frac{2,03}{s^{0,27}} \,. \tag{235}$$

Bei einem Vorschub von 1 mm/U könnte man in diesem Beispiel also 60 Min. Standzeit erhalten und 10 PS ausnutzen, wenn eine Schnitttiefe von 2,03 mm genommen wird. Bei 0,1 mm/U Vorschub wäre t nicht ganz doppelt so groß zu nehmen, nämlich 3,85 mm. Zu beachten ist, daß die Koppelschnittgeschwindigkeit v_K anzuwenden ist.

Die Koppelschnittgeschwindigkeit v_K ergibt sich aus jeder der beiden Gln. (232) oder (233) durch Einsetzen von Gl. (234a, b) oder (235):

$$v_K = \frac{169 \cdot \left(\frac{G}{5}\right)^{0,14}}{F^{0,28}} = \frac{169 \cdot \left(\frac{6,85}{5 \cdot F^{1,74}}\right)^{0,14}}{F^{0,28}} = \frac{177}{F^{0,523}} \,, \tag{236}$$

ebenso in Abhängigkeit vom Vorschub (s. a. S. 404, Abs. 1c)

$$v_K = \frac{169 \cdot \dfrac{t^{0,14}}{s^{0,14}}}{5^{0,14} \cdot t^{0,28} \cdot s^{0,28}} = \frac{123}{s^{0,382}} \,. \tag{237}$$

Aus Gl. (234b) lassen sich die Grenzwerte für den Spanquerschnitt bestimmen, die den Schlankheitsgraden 2 : 1 und 20 : 1 entsprechen;

für $G = 2:1$ $\qquad F_2 = \frac{3,02}{2^{0,575}} = 2,02 \text{ mm}^2,$

für $G = 20:1$ $\qquad F_{20} = \frac{3,02}{20^{0,575}} = 0,53 \text{ mm}^2.$

Diese beiden Gleichungen zeigen, *daß der Bereich der Spanquerschnitte, die die Benutzung der Koppelschnittgeschwindigkeit v_K für die Ausnutzung von 10 PS gekoppelt mit einer Standzeit von 60 Min. gestatten, sehr klein ist. Der Schlankheitsgrad ist dabei von 2 : 1 auf 20 : 1 zu erhöhen.* Die zugehörigen Grenzwerte für die Koppelschnittgeschwindigkeit v_K werden gemäß Gl. (236)

für $G = 2:1$ $\qquad v_{K_2} = \frac{177}{2,02^{0,524}} = 122 \text{ m/min}.$

für $G = 20:1$ $\qquad v_{K_{20}} = \frac{177}{0,53^{0,524}} = 245 \text{ m/min}.$

Die Spanvolumina folgen aus der Multiplikation der obigen Werte:

für $G = 2:1$ $\qquad (F \cdot v)_2 = 2,02 \cdot 122 = 245 \text{ cm}^3/\text{min}.$

für $G = 20:1$ $\qquad (F \cdot v)_{20} = 0,53 \cdot 245 = 130 \text{ cm}^3/\text{min}.$

Man erkennt hieraus, daß das aus 10 PS erzielbare Spanvolumen bei Innehaltung von 60 Min. Standzeit für das Werkzeug sich in diesem Beispiel um 47% verringert bei Vergrößerung des Spanquerschnittes von 0,53 mm² auf 2,02 mm² und gleichzeitiger Änderung des Schlankheitsgrades von 2 : 1 auf 20 : 1, d. h. bei Arbeiten mit geometrisch unähnlichen Spanquerschnitten, die solche Koppelung von Leistung und Standzeit ermöglichen.

Will man dieselbe Spanquerschnittvergrößerung für 10-PS-Leistungsausnutzung mit geometrisch ähnlichen Spanquerschnitten, d. h. solchen mit konstantem Schlankheitsgrad, vornehmen und das Werkzeug der Standzeitänderung jeweils anpassen, so ergibt sich folgende Rechnung bei $G = 5:1$ aus Gl. (233):

$$v_N = \frac{186}{\left(\frac{G}{5}\right)^{0,16} \cdot F^{0,803}},$$

$$v_{N_1} = \frac{186}{2,02^{0,803}} = 105,5 \text{ m/min} \quad \text{und} \quad F \cdot v = 212 \text{ cm}^3/\text{min},$$

$$v_{N_2} = \frac{186}{0,53^{0,803}} = 314 \text{ m/min} \quad \text{und} \quad F \cdot v = 167 \text{ cm}^3/\text{min}.$$

Die Verminderung des minutlichen Spanvolumens ist also nur 21½% bei geometrisch ähnlichen Spanquerschnitten gegenüber 47% mit unähnlichen Spanquerschnitten! Änderung nach dem Prinzip der ähnlichen Spanquerschnitte ist also vorteilhafter.

b) Die Koppelschnittgeschwindigkeit in Abhängigkeit von Vorschub und Schnittiefe.

Dieser Vergleich zwischen geometrisch ähnlichen und unähnlichen Spanquerschnitten kann in einen Vergleich von Schnittiefe- und Vorschubbeziehungen umgerechnet werden. Für den Spanquerschnitt von

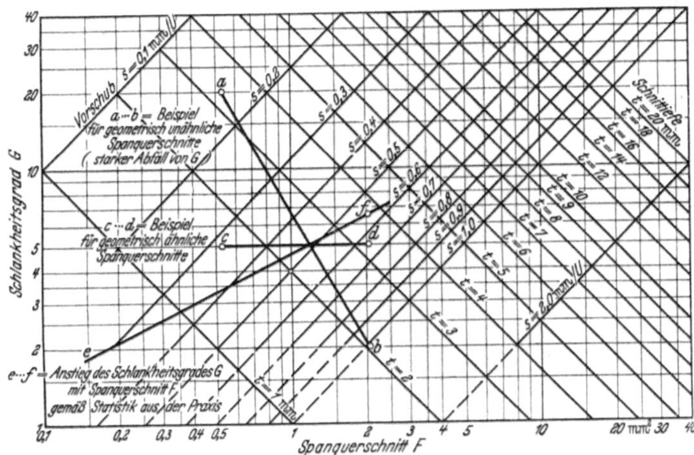

Abb. 255. Geometrisch ähnliche Spanquerschnitte liegen der Praxis näher als geometrisch unähnliche.

0,53 mm², der der Koppelschnittgeschwindigkeit v_K genügt und einen Schlankheitsgrad von $G = 20:1$ hat, ergibt sich mit

$$\text{Schnittiefe } t = \sqrt{G \cdot F} \quad \text{und} \quad \text{Vorschub } s = \sqrt{\frac{F}{G}},$$

$$t_a = \sqrt{20 \cdot 0{,}53} = 3{,}27 \text{ mm}, \qquad s_a = 0{,}163 \text{ mm/U}.$$

Für den Spanquerschnitt von 2,02 mm² und Schlankheitsgrad 2 : 1 ist

$$t_b = \sqrt{2 \cdot 2{,}02} = 2{,}01 \text{ mm}; \qquad s_b = 1{,}0 \text{ mm/U}.$$

Andererseits erhält man für dieselben Spanquerschnitte, jedoch beide vom Schlankheitsgrad $G = 5:1$:

$$t_c = \sqrt{5 \cdot 0{,}53} = 1{,}63 \text{ mm}; \qquad s_c = 0{,}326 \text{ mm/U},$$

$$t_d = \sqrt{5 \cdot 2{,}02} = 3{,}18 \text{ mm}; \qquad s_d = 0{,}635 \text{ mm/U},$$

Abb. 255 ist ein Diagramm, das allgemein den Zusammenhang zwischen Spanquerschnitt, Schlankheitsgrad, Vorschub und Schnittiefe zeigt. In diesem Diagramm sind drei Gerade gezeichnet ($a - b$, $c - d$ und $e - f$), die die Unterschiede zwischen geometrisch unähnlichen und geometrisch ähnlichen Spanquerschnitten sowie den Anstieg des Schlankheitsgrades gemäß Statistik aus der Praxis (s. S. 131) zeigen.

Die Linie $a - b$ stellt das eben berechnete Beispiel für geometrisch unähnliche Spanquerschnitte dar, wobei Punkt a für Schnittiefe t_a und Vorschub s_a für den Spanquerschnitt 0,53 mm² und $G = 20:1$ gilt, während Punkt b sich auf Schnittiefe t_b und Vorschub s_b für den Spanquerschnitt 2,02 mm² und $G = 2:1$ bezieht. Entlang Linie a--b bleibt die Leistungsausnutzung von 10 PS und die Standzeit von 60 Min. für mittelwertiges Hartmetall konstant bei zugehöriger „Koppelschnittgeschwindigkeit".

Linie c---d gilt in entsprechender Weise für geometrisch ähnliche Spanquerschnitte, wobei die Endpunkte für Schnittiefe t_c und Vorschub s_c bzw. Schnittiefe t_d und Vorschub s_d gelten bei Schlankheitsgrad $G = 5:1$.

Die Linie e---f entspricht dem Ergebnis der statistischen Untersuchung über die Zusammenordnung der in den Werkstätten meistens benutzten Vorschübe und Schnittiefen (s. Abb. 87), wonach der Schlankheitsgrad mit der Quadratwurzel des Spanquerschnittes *steigt*. Die Linie e---f ist für Vergleichszwecke in diesem Beispiel so gelegt, daß sie durch den Schnittpunkt a---b und c---d geht.

Als Schlußfolgerung aus Abb. 255 ergibt sich, daß der starke Abfall des Schlankheitsgrades (Linie a---b) mit ansteigendem Spanquerschnitt (der geometrisch unähnlichen Spanquerschnitte) *dem in der Praxis üblichen Anstieg des Schlankheitsgrades mit ansteigendem Spanquerschnitt widerspricht! Die Linie c---d* (der geometrisch ähnlichen Spanquerschnitte) *liegt dagegen zwischen diesen beiden Extremen und stellt daher den besten Weg für Veränderung von Spanquerschnitt und Schlankheitsgrad bzw. Vorschub und Schnittiefe dar.*

Es zeigt sich, daß Linie c---d „praxisnäher" ist als Linie a---b, was jedoch nicht besagt, daß die Linie der Praxis (e---f) unbedingt als maßgebend anzusehen ist. Es erscheint vielmehr erheblich logischer, die Linie c---d als die maßgebende anzusehen und anzunehmen, daß die Praxis danach strebt, die Zusammenordnung von Vorschub und Schnittiefe so vorzunehmen, wie es der Leistungsausnutzung bei geometrisch ähnlichen Spanquerschnitten (d. h. entlang der Linie c---d) entspricht, ohne sich darüber bisher Rechenschaft abgelegt zu haben. *In diesem Sinne können die hier abgeleiteten Zerspanungsgesetze für geometrisch ähnliche Spanquerschnitte als Grundlage für Verbesserungen der Praxis verwendet werden.*

Die Benutzung geometrisch ähnlicher Spanquerschnitte hat noch den Nebenvorteil, einfachere Gleichungen zu ergeben, da der Schlankheitsgrad oft als Konstante behandelt werden kann, so daß man den Spanquerschnitt als die unabhängige Veränderliche ansehen kann und nicht mit zwei Größen, wie z. B. auch Vorschub und Schnittiefe, getrennt zu rechnen hat.

Einen Überblick über die bisher mit Hilfe von Zahlenbeispielen abgeleiteten Beziehungen erhält man durch graphische Auftragung der beiden Schnittgeschwindigkeitslinien (v, v_N) für konstanten Schlankheitsgrad und der Linie für die sie koppelnde Schnittgeschwindigkeit (v_K) für veränderlichen Schlankheitsgrad [Gl. (232), (233) bzw. (236)].

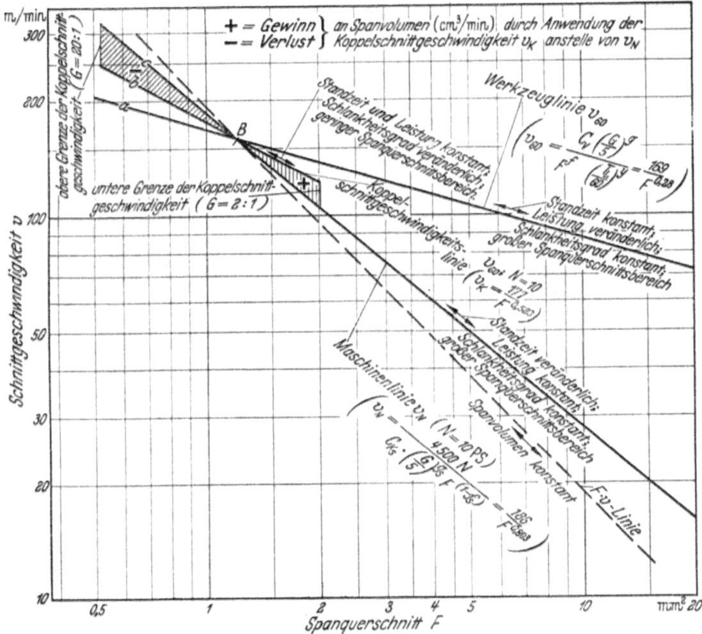

Abb. 256. Gewinn und Verlust bei Anwendung der Koppelschnittgeschwindigkeit (St 50.11; $\gamma = 10°$).

Abb. 256 erfaßt wiederum den Fall der Bearbeitung von St 50.11, $\gamma = 10°$, mit mittelwertigem Hartmetall, 10-PS-Maschinenleistung. Die drei Schnittgeschwindigkeitslinien gehen durch einen Punkt B, nämlich den Grundwert (s. S. 322). Die *Standzeit* bleibt konstant entlang der v_{60}-Linie (Linie a), während sich die Leistung N ändert, wie Abb. 249 zeigte, bei Änderung des Spanquerschnittes mit konstantem Schlankheitsgrad. Entlang der Linie b, der Koppelschnittgeschwindigkeit, bleibt *sowohl die Leistung als auch die Standzeit* konstant bei gleichzeitiger Spanquerschnitts- und Schlankheitsgradänderung. Entlang Linie c bleibt die *Leistung* konstant, jedoch ändert sich die Standzeit (vgl. Abb. 248).

Die v_K-Linie (Linie b) ist kurz, weil die T_L–N-Kopplung nur innerhalb eines verhältnismäßig kleinen Bereiches möglich ist, wenn man nicht zu extremen „G"-Werten gehen will. Der beschränkte Bereich ist ein weiterer Nachteil der Änderung nach geometrisch unähnlichen Spanquerschnitten; die Grenzen sind im Diagramm eingetragen.

Die Leistungsausnutzung einer 10-PS-Maschine bei Bearbeitung von St 50.11 mit einem Spanwinkel von $\gamma = 10°$ unter Gegenüberstellung des Einflusses ähnlicher und unähnlicher Spanquerschnittsänderungen ist aus der Tab. 89 ersichtlich (S. 352/53).

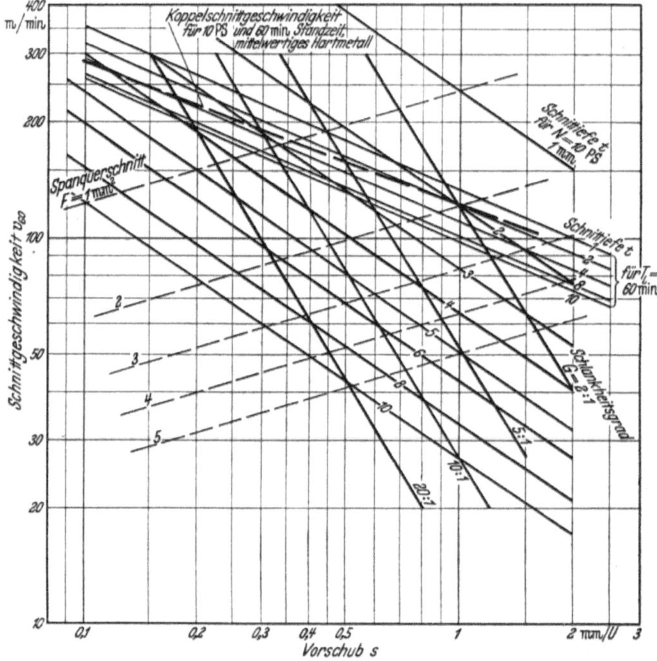

Abb. 257. Koppelschnittgeschwindigkeit in Abhängigkeit von Vorschub und Schnittiefe (St 50.11; $\gamma = 10°$).

Man erkennt, daß die Schnittiefe mit steigendem Vorschub bei geometrisch ähnlichen Spanquerschnitten für 10-PS-Leistungsausnutzung *steigt*, sie fällt aber bei geometrisch unähnlichen Spanquerschnitten, wie sie zur gleichzeitigen Ausnutzung von Leistung und Standzeit erforderlich sind. Weitere Schlüsse sind weiter unten nach Ableitung der verallgemeinerten Gleichungen für unähnliche Spanquerschnitte erörtert.

Die Koppelschnittgeschwindigkeit läßt sich natürlich auch in Abhängigkeit von Vorschub und Schnittiefe darstellen, wie in Abb. 257 gezeigt. Für St 50.11 mit $\gamma = 10°$, $T_L = 60$ Min. und 10 PS Leistung ergeben sich zwei Geradenscharen für die Schnittgeschwindigkeit in Abhängigkeit vom Vorschub, nämlich eine Geradenschar gemäß der Werkzeuglinie [Gl. (232)]:

$$v = \frac{169 \cdot \left(\frac{G}{5}\right)^g}{F^f \left(\frac{T_L}{60}\right)^y},$$

aus der man durch Einsetzen von $G = \frac{t}{s}$ und $F = t \cdot s$ und mit $f = 0{,}28$, $g = 0{,}14$ (Tab. 103) erhält:

$$v_{60} = \frac{135}{t^{0{,}14} \cdot s^{0{,}42}}. \tag{238}$$

Die andere Geradenschar folgt aus der Maschinenlinie für 10 PS [Gl. (217)]:

$$v_N = \frac{N}{242 \cdot F^{(1-f_s)} \cdot \left(\frac{G}{5}\right)^{g_s}};$$

für das obige Beispiel ergibt sich:

$$v_N = \frac{241}{t^{0{,}963} \cdot s^{0{,}643}}. \tag{239}$$

Aus den Exponenten der Schnittiefe in den Gln. (238) und (239) *erkennt man, daß die Schnittiefe zwar der ausschlaggebende Faktor ist hinsichtlich der leistungsausnutzenden Schnittgeschwindigkeit* (v_N), *aber erheblich weniger Einfluß auf die das Werkzeug und die Standzeit ausnutzende Schnittgeschwindigkeit hat* (v).

Beispielsweise erfordert eine Verdoppelung der Schnittiefe bei $s = 1{,}0$ mm/U Vorschub eine Herabsetzung der v_N-Schnittgeschwindigkeit auf den $2^{0{,}963} = 1{,}95$ten Teil, d. h. fast um 50%; dagegen würde es nur nötig sein, die Standzeitschnittgeschwindigkeit v auf den $2^{0{,}14} = 1{,}1$ten Teil herabzusetzen, d. h. um nur 9%. Will man also die Leistung ausnutzen, wenn Verdoppelung der Schnittiefe erforderlich ist, so ist eine erhebliche Standzeiterhöhung damit verbunden infolge der erforderlichen Herabsetzung der Schnittgeschwindigkeit.

Der oft anzutreffenden Ansicht, daß die Schnittiefe weniger „wichtig" wäre als der Vorschub, kann daher nicht beigepflichtet werden. Im Gegenteil: Da die Schnittiefe den Schnittdruck und damit die Leistung erheblich mehr beeinflußt als der Vorschub, ist sie die wichtigere Größe für Leistungsausnutzung. Sie kommt fast voll zur Wirkung infolge des Exponenten, der oft nahe bei 1,0 liegt, während der des Vorschubes geringer ist und somit seinen Einfluß mindert (vgl. S. 220).

Bei Schnittgeschwindigkeiten für konstante Standzeit liegen die Verhältnisse umgekehrt, d. h. der Vorschub wäre die wichtigere Größe, jedoch ist die Schnittgeschwindigkeit für konstante Standzeit nicht empfehlenswert für die Praxis, wie oben mehrfach erläutert worden ist (s. S. 341, Schlußfolgerungen 1 und 2).

Tabelle 89. *Vergleich der Leistungsausnutzung einer mit geometrisch ähnlichen und geometrisch*

	Ähnliche Spanquerschnitte (= konstanter Schlankheitsgrad) Schnittgeschwindigkeit gemäß „Maschinenlinie" (v_N)							
Spanquerschnitt F mm²	Schnittgeschwindigkeit v_N [1] m/min	Schlankheitsgrad G	Spanvolumen $F \cdot v_N$ cm³/min	Standzeit und Werkzeug	Schnittdruck P [2] kg	Vorschub s [3] mm/U	Schnitttiefe t mm	Anmerkung
0,53	310	5 : 1	165	< 60 Min., hochwertiges Hartmetall	145	0,326	1,63	
0,60	278	5 : 1	167		163	0,346	1,73	
0,80	222	5 : 1	177	> 60 Min., hochwertiges Hartmetall	203	0,400	2,00	
1,00	186	5 : 1	186		242	0,446	2,24	Normspanquerschnitt [6]
1,20	161	5 : 1	193	60 Min., mittelwertiges Hartmetall	282	0,49	2,45	„Grundwert" [7]
1,50	134	5 : 1	201	mehr als 60 Min., mittelwertiges Hartmetall	336	0,545	2,73	
2,00	106	5 : 1	212		425	0,632	3,16	
3,00	77,5	5 : 1	232		580	0,776	3,88	
4,00	61	5 : 1	244		740	0,896	4,48	
5,00	51	5 : 1	256		885	1,00	5,0	
							Vorschub steigt, wenn Schnittiefe steigt	
Leistungsausnutzung mit veränderlicher Standzeit und veränderlichem Werkzeug								

Die Koppelschnittgeschwindigkeit ergibt sich aus Gl. (238) und (239) durch Auflösen nach der Schnittiefe:

$$t = \left[\frac{135}{v \cdot s^{0,42}}\right]^{\frac{1}{0,14}} = \left[\frac{241}{v \cdot s^{0,643}}\right]^{\frac{1}{0,963}}. \tag{240}$$

Es war [vgl. Gl. (237)]:

$$v_K = \frac{123}{s^{0,382}}.$$

Die zum Vorschub s hierbei zugehörige Schnittiefe t folgt aus Gl. (240) durch Einsetzen von Gl. (237) (s. a. S. 404, Abs. 2):

$$t = \left[\frac{135 \cdot s^{0,382}}{123 \cdot s^{0,420}}\right]^{\frac{1}{0,14}} = \frac{1,98}{s^{0,27}}. \tag{241}$$

[1]) Gleichung: $v_N = \frac{186}{F^{0,803}}$ aus Gl. (219).

[2]) Gleichung: $P = \frac{4500 \cdot 10}{v_N}$ aus $N = \frac{v_N \cdot P}{4500}$. [3]) Gleichung: $s = \sqrt{\frac{F}{G}}$.

10-PS-Maschine bei Bearbeitung von St 50,11, $\gamma = 10°$ *unähnlichen Spanquerschnitten.*

Unähnliche Spanquerschnitte (= veränderlicher Schlankheitsgrad) Koppelschnittgeschwindigkeit (v_K)							
Schnittgeschwindigkeit v_K [4]) m/min	Schlankheitsgrad G [5])	Spanvolumen $F \cdot v_K$ cm³/min	Standzeit und Werkzeug	Schnittdruck P [2]) kg	Vorschub s [3]) mm/U	Schnitttiefe t mm	Anmerkung
245	20 : 1	130	60 Min., mittelwertiges Hartmetall	184	0,163	3,26	
231	16,6 : 1	138		195	0,19	3,16	
200	10,2 : 1	160		225	0,28	2,86	
177	6,85 : 1	177		254	0,385	2,6	
161	5 : 1	193		282	0,49	2,45	„Grundwert" [7])
143	3,37 : 1	240		315	0,67	2,34	
123	2,04 : 1	246		366	0,99	2,01	
nicht geeignet, da $G < 2:1$						Vorschub steigt, wenn Schnitttiefe fällt	
Leistungsausnutzung mit gleichbleibender Standzeit und gleichbleibendem Werkzeug							

Bei einer Verminderung des Vorschubes im Verhältnis von 10 : 1 erhöht sich die Koppelschnittgeschwindigkeit auf das $10^{0,382} = 2,41$fache, während die Schnittiefe sich nur auf das $10^{0,270} = 1,85$fache erhöht. Die Schnittiefe dürfte also nur von 1,98 mm bei $s = 1,0$ mm/U auf 3,68 mm bei $s = 0,1$ mm/U anwachsen, um die Leistung der Maschine und die Standzeit eines Werkzeuges gleichzeitig auszunutzen. *Die Bedingung der gleichzeitigen Ausnutzung von Werkzeug und Maschine beschränkt also die Wahl der Schnittiefe wesentlich, d. h. erfordert fast konstante Schnittiefe* (von rd. 2 mm bis rd. $3^1/_2$ mm in obigem Beispiel) für einen großen Änderungsbereich des Vorschubes von 1 mm auf 0,1 mm! (Vgl. auch Tab. 89.)

Die Änderungen, die eintreten bei strenger Konstanthaltung der Schnittiefe, können aus Diagramm 257 auch erkannt werden.

[4]) Gleichung: $v_K = \frac{177}{F^{0,524}}$ aus Gl. (245). [5]) Gleichung: $G = \frac{6,85}{F^{1,74}}$ aus Gl. (246).

[6]) Siehe S. 134. [7]) Gleichung: $F_N = 1,20\left(\frac{T_L}{60}\right)^{0,575}$ aus Gl. (209).

Schließlich ist noch die Änderung der Maschinenleistung in diese Untersuchungen einzubeziehen. Durch Gleichsetzen der Gln. (217) und (93) und Auflösen nach dem Schlankheitsgrad G erhält man für das Beispiel (St 50.11) (S. 344 1. Absatz):

$$G = \frac{3{,}27}{F^{1{,}74}} \cdot \left(\frac{N}{8}\right)^{3{,}33} \tag{242}$$

oder durch Auflösen nach dem Spanquerschnitt:

$$F = \frac{1{,}975}{G^{0{,}575}} \cdot \left(\frac{N}{8}\right)^{1{,}925}. \tag{243}$$

Die zugehörige Koppelschnittgeschwindigkeit v_K für beliebige Leistung

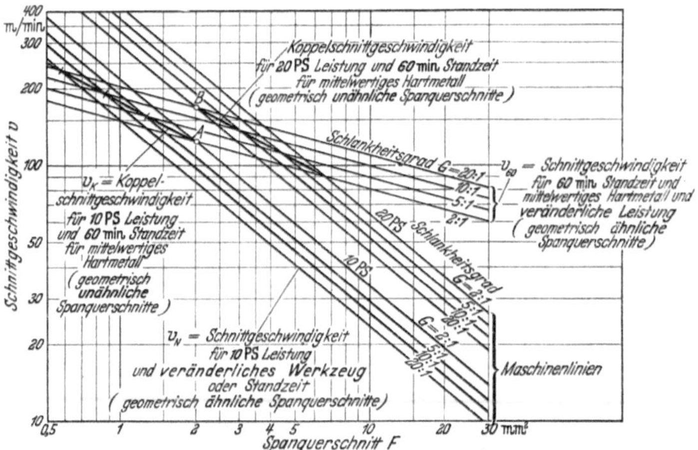

Abb. 258. Koppelschnittgeschwindigkeiten bei 10-PS- und 20-PS-Maschinenleistung (St 50.11; $\gamma = 10°$).

und $T_L = 60$ Min. Standzeit für mittelwertiges Hartmetall folgt dabei der Gleichung:

$$v_K = \frac{169 \cdot \left(\frac{G}{5}\right)^{0{,}14}}{F^{0{,}28}} = \frac{169 \cdot \left[\frac{3{,}27}{F^{1{,}74}}\left(\frac{N}{8}\right)^{3{,}33}\right]^{0{,}14}}{5^{0{,}14}\, F^{0{,}28}} = \frac{160}{F^{0{,}524}}\left(\frac{N}{8}\right)^{0{,}466}. \tag{244}$$

Abb. 258 ist ein Diagramm zur Erläuterung der Koppelschnittgeschwindigkeit bei Leistungen von 10 PS und 20 PS für St 50.11, $\gamma = 10°$, $T_L = 60$ Min. und mittelwertigem Hartmetall. Grundsätzlich ergeben sich natürlich dieselben Gesichtspunkte, wie oben erörtert. Jedoch ist aus dem Diagramm ersichtlich, daß die Änderung des Schlankheitsgrades eines Spanquerschnittes von $F = 2\,\text{mm}^2$ und $G = 2:1$ (Punkt A, Abb. 258) auf $G = 20:1$ eine Verdoppelung der Leistung verlangt, wenn in beiden Fällen die Schnittgeschwindigkeit so eingestellt sein soll, daß 60 Min. Standzeit beibehalten wird (Punkte A u. B, Abb. 258). Die Schnittgeschwindigkeit kann dabei von 123 m/min

(Punkt A) auf 167 m/min erhöht werden, was einer Erhöhung der Spanausbeute von 246 cm³/min auf 334 cm³/min (36%) entspricht, wobei die Leistung 100% zu erhöhen ist. *Schlanke Spanquerschnitte (20:1) sind im allgemeinen unwirtschaftlicher als weniger schlanke (5:1) wegen des größeren Schnittdruckes trotz der größeren zulässigen Schnittgeschwindigkeit des schlankeren Spanquerschnittes. Der Vorteil des schlanken Spanquerschnittes (höhere Schnittgeschwindigkeit oder Standzeit) wird teilweise zunichte gemacht durch den höheren Schnittdruck und Leistungsverbrauch* (vgl. S. 200).

c) Verallgemeinerte Gleichungen für gleichzeitige Leistungs- und Werkzeugausnutzung durch geometrisch unähnliche Spanquerschnitte.

(Koppelschnittgeschwindigkeit.)

Die bisherigen Ableitungen wurden der einfacheren Erläuterung wegen an Hand von Beispielen dargelegt; es ist daher erforderlich, sie nunmehr auch in allgemeine Formeln zu kleiden, damit ähnliche Untersuchungen auch auf beliebige Werkstoffe und Werkzeuge ausgedehnt werden können. *Die Gleichungen werden zu einfachen Exponentialformeln, wenn die im Anhang aufgeführten Zahlenwerte benutzt werden*[1].

Ausgangspunkt sind die beiden Schnittgeschwindigkeitsgleichungen, nämlich die des Werkzeuges *(erweitertes Schnittgeschwindigkeitsgesetz)* [Gl. (93), S. 320]

$$v = \frac{C_v \cdot \left(\frac{G}{5}\right)^g}{F^f \left(\frac{T_L}{60}\right)^y}$$

und die der Leistung *(erweitertes Schnittgeschwindigkeitsgesetz für Leistungsausnutzung)* [Gl. (217), S. 320]:

$$v_N = \frac{4500\,N}{C_{k_s} \left(\frac{G}{5}\right)^{g_s} F^{(1-f_s)}}.$$

Löst man beide Gleichungen nach $\frac{G}{5}$ auf und setzt das Ergebnis gleich, so erhält man:

$$\left(\frac{G}{5}\right) = \left[\frac{4500\,N}{v \cdot C_{k_s} \cdot F^{(1-f_s)}}\right]^{\frac{1}{g_s}} = \left[\frac{v \cdot F^f \left(\frac{T_L}{60}\right)^y}{C_v}\right]^{\frac{1}{g}}.$$

daraus folgt nach Zusammenfassungen und mit $g_N = g_s + g$:

$$\boxed{v_K = \left[\frac{4500\,N}{C_{k_s}}\right]^{\frac{g}{g_N}} \cdot \left[\frac{C_v}{\left(\frac{T_L}{60}\right)^y}\right]^{\frac{g_s}{g_N}} \cdot \frac{1}{F^{\frac{[f g_s + g(1-f_s)]}{g_N}}}.}\ * \qquad (245)$$

[1] Vgl. Anhang A, Tab. 103.

* Siehe S. 404 für zahlenmäßig ausgerechnete Gleichungen für v_K.

Gl. (245) stellt das allgemeine Gesetz der Koppelschnittgeschwindigkeit in Abhängigkeit vom Spanquerschnitt dar.

Der Schlankheitsgrad G, der dem Spanquerschnitt F in Gl. (245) zugeordnet sein muß, folgt aus dem früher abgeleiteten Grundwert F_N. Durch Auflösung der Gl. (209) nach G entsteht:

$$G = 5 \cdot \left[\frac{N}{C_N} \cdot \frac{\left(\frac{T_L}{60}\right)^y}{F^{f_N}} \right]^{\frac{1}{g_N}}. \qquad (246)$$

Setzt man den Grundwert F_N in Gl. (246) ein, so ergibt sich:

$$v_K = \left[\frac{C_{k_s}}{4500\,N}\right]^{\frac{f}{f_N}} \cdot \frac{C_v^{\left(\frac{1-f_s}{f_N}\right)} \cdot \left(\frac{G}{5}\right)^{\frac{g(1-f_s)+f g_s}{f_N}}}{\left(\frac{T_L}{60}\right)^{\frac{y(1-f_s)}{f_N}}}, \qquad (247)$$

Koppelschnittgeschwindigkeit in Abhängigkeit vom Schlankheitsgrad G.

In gleicher Weise kann man auch die Koppelschnittgeschwindigkeit in Abhängigkeit von Vorschub und Schnittiefe bringen (s. S. 404/05).

d) Schlußfolgerungen für geometrisch unähnliche Spanquerschnitte und Vergleich mit geometrisch ähnlichen Spanquerschnitten.

Aus den vorstehenden Ableitungen und den Beispielen der Tab. 89, lassen sich folgende Schlüsse ziehen in Ergänzung der Folgerungen für geometrisch ähnliche Spanquerschnitte (S. 341):

1. Abstimmung von Schnittgeschwindigkeit und Spanquerschnitt gemäß Maschinenlinie (s. Abb. 256) erlaubt größere Freiheit in der Wahl der Größen und in der Ausnutzung der Maschinen als eine Abstimmung gemäß der Linie der gekoppelten Schnittgeschwindigkeit, weil im ersteren Fall (Maschinenlinie) ein erheblich größerer Bereich von Spanquerschnitten nutzbar gemacht werden kann.

2. Abstimmung von Schnittgeschwindigkeit und Spanquerschnitt gemäß „Kopplungslinie" ist jedoch vorteilhaft, wenn die Schnittiefe, die abzunehmen ist, innerhalb des verhältnismäßig engen Bandes liegt, das aus der auszunutzenden Leistung und der Standzeit folgt (S. 404). In solchen Fällen ist es nicht erforderlich, das Werkzeug zu wechseln (oder mit einer Änderung der Standzeit zu rechnen), wenn der Vorschub in großen Grenzen geändert wird. Geringe Änderungen der Schnitttiefe gestatten (und verlangen) große Vorschubänderungen, was bei Einzweckmaschinen und Massenfertigung oft erwünscht ist.

3. Bei der Abstimmung von Schnittgeschwindigkeit und Spanquerschnitt gemäß „Maschinenlinie" *steigt* die verfügbare Schnittiefe mit

steigendem Vorschub, bei Abstimmung gemäß „Kopplungslinie" *fällt* die Schnittiefe mit steigendem Vorschub.

4. Solange der Schlankheitsgrad des Spanquerschnittes bei Abstimmung von F und v gemäß der „Kopplungslinie" größer ist als der Schlankheitsgrad bei Abstimmung von F und v gemäß der „Maschinenlinie", so lange ist das minutlich erzielbare Spanvolumen gemäß „Kopplungslinie" kleiner als das gemäß „Maschinenlinie". Dies ist die Folge des ungünstigen Einflusses eines hohen Schlankheitsgrades (z. B. 20:1) auf das Spanvolumen.

5. Der Schnittdruck bei Abstimmung von F und v gemäß „Kopplungslinie" ist größer als bei Abstimmung gemäß „Maschinenlinie", solange der Schlankheitsgrad größer ist. Dies ist die Folge des ungünstigen Einflusses eines hohen Schlankheitsgrades auf den Schnittdruck.

6. Die Schnittgeschwindigkeit bei Abstimmung von F und v gemäß „Kopplungslinie" ist kleiner als bei Abstimmung gemäß „Maschinenlinie", solange der Schlankheitsgrad größer ist. Dies ist die Folge der Nichtnutzbarmachung eines besserwertigen Werkzeuges bei Abstimmung gemäß „Kopplungslinie" trotz des günstigen Einflusses eines hohen Schlankheitsgrades auf die Schnittgeschwindigkeit.

7. Die gegenseitigen Beziehungen der Zerspanungsgrößen sind verwickelt, jedoch stellt das oben entwickelte Produktionsdiagramm (Abb. 253) ein wertvolles Hilfsmittel dar, um die Unübersichtlichkeit zu beheben. Es ist meines Erachtens das grundlegende Diagramm der einschneidigen Zerspanung und kann in seiner Bedeutung mit dem Eisen-Kohlenstoff-Diagramm verglichen werden.

Prägt man sich seine allgemeine Anordnung ein, so wird es wesentlich einfacher, die jeweils möglichen Abstimmungen der Zerspanungsgrößen zu übersehen, die zu erwartenden Änderungen zu erkennen und sie sich entsprechend zunutze zu machen in Forschung und Betrieb. Es würde sich empfehlen, derartige Zerspanungs- oder „Produktions"-diagramme für jeden in der Praxis vorkommenden Werkstoff mit verschiedenen Härten und Zusammensetzungen und für jede Werkzeugart mit verschiedenen Winkeln zu entwerfen und eine Art „Atlas der Zerspanung" anzulegen, aus dem gewünschte Daten und Zusammenhänge schnell zu ermitteln sind. Hierbei ist es erwähnenswert, daß manche Zerspanungsgesetze des Fräsens, Bohrens und Räumens auf die des Drehens zurückgeführt werden können, wie später dargelegt werden soll.

Die Entwicklung eines solchen Zerspanungsatlasses könnte durch wissenschaftliche Zusammenarbeit und Erfahrungsaustausch unterstützt werden. An vielen Stellen werden Untersuchungen angestellt ohne Kenntnis, ob an anderem Orte ähnliche Arbeiten durchgeführt werden oder längere Zeit schon abgeschlossen worden sind. Solche Doppelarbeit ist oft nützlich, weil sie im Falle übereinstimmender Ergebnisse eine gegenseitige Stärkung darstellt und im Falle widersprechender Ergebnisse zur nochmaligen Nachprüfung anregt. Sie muß aber dazu auch beachtet werden.

8. Einen Ausblick auf die Weiterentwicklung des Werkzeugmaschinenbaues und damit auf die der Fabrikationsmethoden kann man aus den oben dargelegten Schlußfolgerungen auch erhalten. Diese Entwicklung dürfte derselben Richtung folgen wie die anderer Zweige des Ingenieurwesens (Luftfahrt usw.), nämlich Ausnutzung der Leistung durch hohe Geschwindigkeiten und entsprechend geringere Kräfte. Das bedingt die Benutzung hochwertiger Werkzeuge und leistungsstarker und schwingungssicherer Maschinen in starrem Leichtbau.

Diese Auswirkungen der Zerspanungsgesetze, die an dieser Stelle erstmalig im Jahre 1927 erörtert wurden (zu gleicher Zeit mit C. Krug[1]), haben es mit sich gebracht, daß sich der Werkzeugmaschinenbau in zunehmendem Maße der Untersuchung der Schwingungserscheinungen zuwandte.

Bei den heutigen Geschwindigkeiten — die etwa 120000mal so groß sind wie diejenigen, die Nicolson bei seinen ersten Versuchen benutzte — können kritische Spindeldrehzahlen sich ergeben, die starke Schwingungen hervorrufen. Durch ungenaue Verzahnung, ungünstige Massenverteilung, Lagerverhältnisse, ungenügende Starrheit — die durchaus nicht dasselbe ist wie ungenügendes Gewicht, obgleich oft damit verwechselt — und durch eine große Anzahl anderer Einflußgrößen entstehen Überlagerungen und Resonanz mit oft erheblichen Amplituden.

Die heutigen Meßmittel, insbesondere die Anwendung von Dehnungsmeßstreifen, haben erhebliche neue Kenntnisse zutage gefördert, so daß die Konstruktion neuer Werkzeugmaschinen und die Entwicklung neuer Werkzeuge in diesem Sinne durch eine Vertikale im Produktionsdiagramm dargestellt werden kann, d. h. durch höhere Schnittgeschwindigkeiten und höhere Leistungen bei gegebenem Spanquerschnitt.

E. Beispiele aus der Praxis.

Die nachfolgenden Beispiele sind der Praxis entnommen und wurden so ausgewählt, daß die Anwendung der Zerspanungsgesetze für möglichst verschiedene Gebiete erörtert werden konnte. Es kann hier natürlich nur eine kleine Auswahl aus sehr vielen Fällen besprochen werden, da es zu den Berufsaufgaben des beratenden Ingenieurs gehört, Ergebnisse seiner industriellen Arbeiten so lange vertraulich zu behandeln, wie es den Belangen der an den Arbeiten interessierten Unternehmungen angemessen ist.

[1] Vgl. Masch.-Bau Betrieb 1927 S. 171 „Zum Begriff der Starrheit bei Werkzeugmaschinen“, dort Fußnote 4.

Die Beispiele sind so belassen worden, wie sie den jeweiligen Vorschlägen und Berichten, die teilweise schon mehrere Jahre zurückliegen, entsprechen; eine Umarbeit erschien nicht ratsam, weil die Beispiele dann nicht mehr die tatsächlichen Verhältnisse dargestellt hätten. Die Zahlenwerte sind auch weniger wichtig als die grundsätzlichen Gesichtspunkte der Beispiele.

a) Zerspanungszeitstudie für Messingbearbeitung auf Automaten.

Die Fülle der Gesichtspunkte, die bei der spanabhebenden Bearbeitung zu berücksichtigen sind, machen es dem Betriebspraktiker oft unmöglich, sich der Forschungsergebnisse zu bedienen. Es ist daher erforderlich, daß die bislang vorhandenen Erkenntnisse in solche Form gekleidet werden, daß sie ohne weitere Umstände benutzt werden können. Die Verwendung von Tabellen ist nicht immer praktisch, weil sie nicht die Übersicht gibt, die notwendig ist, um die Veränderung zu erkennen, die als Folge der Veränderung einer der Betriebsgrößen an den anderen Größen auftritt. Hierfür ist das Zerspanungsdiagramm am besten geeignet[1].

Das Zerspanungsdiagramm (Abb. 259) ist folgendermaßen aufgebaut: auf der x-Achse ist der Spanquerschnitt F von 0,1 bis 7 mm², auf der y-Achse die Schnittgeschwindigkeit von 20 bis 1000 m/min aufgetragen. Im Netz erkennt man zwei Gruppen von Linienbündeln; die steileren stellen Leistungslinien (Maschinenlinien), die flacheren Standzeitlinien (Werkzeuglinien) dar. Beide Gruppen bestehen aus voll ausgezogenen und strichpunktierten Linien, die erst gekennzeichneten gelten für Schnellstahlwerkzeug, die zweit gekennzeichneten für Hartmetallwerkzeug. Die Verwendung für Zeitstudienzwecke im Betrieb ist einfacher als die Erklärung, wie die Beispiele zeigen werden.

Beispiel 1. Auf einem Automaten mit 1,8 PS Leistung je Stahl (nach Abzug der inneren Maschinenverluste gemäß Wirkungsgrad) soll Messing bearbeitet werden. Die Schnittiefe sei 3 mm, der Durchmesser 15 mm. Maßgebend für die Berechnung bei Automaten ist das mit der größten Schnittiefe arbeitende Werkzeug bzw. bei Formstählen die größte Schnittbreite. Es sollen die verschiedenen Bearbeitungsmöglichkeiten ermittelt werden.

Da die Leistung der Bank mit 1,8 PS in diesem Beispiel bekannt ist, verwendet man die (steilere) Linie, an der die Bezeichnung 1,8 PS steht als Ausgangspunkt für die Zeitstudie. Die Linie ist der besseren

[1] Vgl. M. Kronenberg: The Science and Practice of Machining Brass. The Metal Industry London 7. Febr. 1936 S. 179ff. Hinsichtlich anderer Tabellen und Methoden für die Anwendung der Zerspanungsforschung im Betrieb vgl. des Verfassers weitere Aufsätze S. 418 ff.

Übersicht wegen etwas verstärkt gezeichnet, sie ist mit AB bezeichnet. Wenn man von rechts unten auf der Linie AB nach links oben geht, so gehört zu jedem Punkt dieser Linie eine verschiedene Zusammenordnung der Spanquerschnitte F und der Schnittgeschwindigkeiten v. Je mehr man nach links oben kommt, desto kleiner wird F und desto größer wird v. Beispielsweise ist am Punkt a der Linie AB der Span-

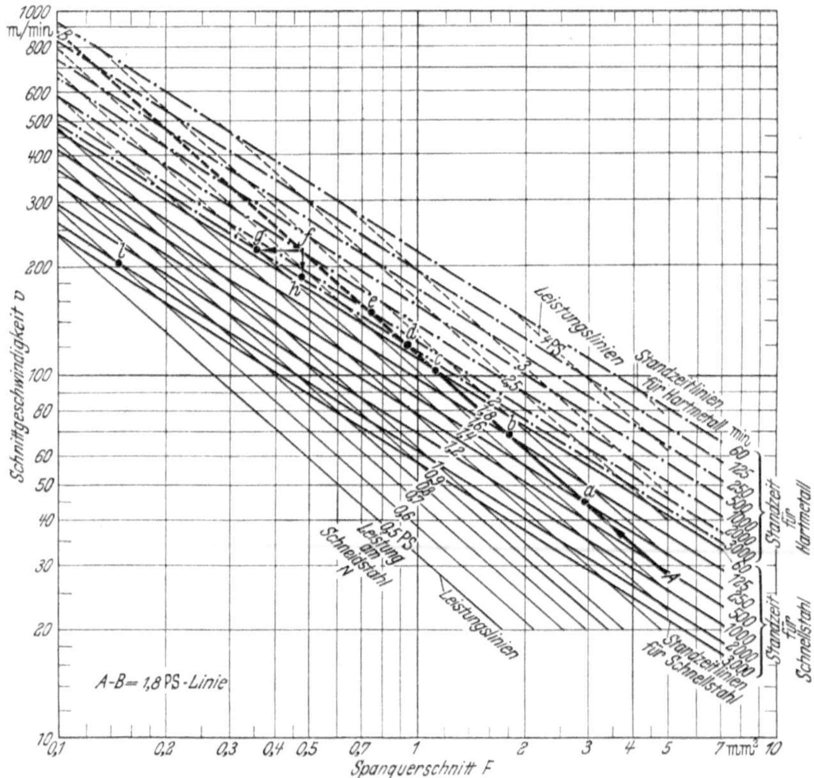

Abb. 259. Zerspanungsdiagramm für Messingbearbeitung auf Automaten.

querschnitt $F = 2{,}95$ mm², die zugehörige Schnittgeschwindigkeit 45 m/min. Am Punkt e der Linie AB ist F nur noch 0,75 mm², v aber 150 m/min. Bis jetzt zeigt also die Linie AB, daß bei 1,8 PS diese (und die übrigen auf AB liegenden) Zusammenordnungen von Spanquerschnitt F und Schnittgeschwindigkeit v bei Messing möglich sind.

An dieser Stelle ist eine Zwischenbemerkung über die minutliche Spanausbeute angebracht. Multipliziert man F mit v, so ergibt sich für Punkt a: $2{,}95 \cdot 45 = 132{,}5$ cm³/min, für Punkt e jedoch: $0{,}75 \cdot 150 = 75$ cm³/min. Das heißt, je weiter man auf AB nach links oben kommt, desto kleiner wird das erzielte Spanvolumen $F \cdot v$ (cm³/min) trotz gleicher Leistung 1,8 PS. Das ist die Folge des früher besprochenen Abfalles des spezifischen Schnittdruckes. Der größere Spanquerschnitt mit der kleineren (der 1,8-PS-Leistung entsprechenden) Schnittgeschwindigkeit ist anscheinend günstiger als die umgekehrte Zusammenordnung. Bisweilen ist dies auch in der Praxis richtig, jedoch muß berücksichtigt werden, daß größere Spanquerschnitte auch größere Schnittdrucke ergeben, die die Maschine stärker abnutzen, also höhere Abschreibungen usw. verlangen, die ferner auf das Werkstück, besonders bei kleinen Durchmessern, ungünstig wirken. Schließlich ist es meistens gar nicht möglich, „große" Spanquerschnitte besonders bei Messing, zu nehmen, weil die Vorschübe zu grob würden und eine unsaubere Oberfläche sich ergeben würde. Es ist also trotz dieser Erscheinung meist richtiger, mit großen Geschwindigkeiten und kleinen Spanquerschnitten zu arbeiten, als mit der umgekehrten Zusammensetzung, obgleich die Spanausbeute geringer ist.

Nun sei das Beispiel fortgesetzt. Beim Entlanggehen von a aus auf AB werden auch die Standzeitlinien geschnitten, die anzeigen, daß bei Punkt a die Verwendung von Schnellstahl 250 Min. Standzeit des Werkzeuges ergibt. Bei Punkt c ist die Grenze für Schnellstahl erreicht, weil darüber hinaus die Standzeit unter 60 Min. sinken würde. Von hier ab ist also Hartmetall zu verwenden, wodurch die Standzeit sofort auf über 3000 Min. emporschnellt. Welche Kombination ist aber nun die für die Praxis günstigste? Bei Punkt a wäre für 3 mm Schnitttiefe ein Vorschub von (2,95 : 3 =) 0,98 mm/U. erforderlich. Solch Vorschub wird oft zu groß sein, wenn eine saubere Oberfläche hergestellt werden soll. Auch bei den anderen Punkten ist der Vorschub noch zu grob, wenn man die Bearbeitung auf einem Automaten im Auge hat. Allgemein übliche Vorschubwerte auf Automaten sind:

für Längsdrehen: 0,1 bis 0,25 mm/U,
für Formdrehen: 0,01 bis 0,05 mm/U,
für Abstechen: 0,05 bis 0,1 mm/U.

Bei Punkt f ergibt sich jedoch 0,48 : 3 = 0,16 Vorschub bei 220 m/min Schnittgeschwindigkeit. Dieser Wert ist der bisher günstigste, weil der Vorschub für eine saubere Oberfläche klein genug ist, während ein noch kleinerer Vorschub aus Gründen des k_s-Anstieges eine ungünstigere Spanausbeute ergäbe. Die Standzeit ist 1000 Min.

Die angegebenen Zahlen sind reine Standzeit bei ununterbrochener Arbeit des betrachteten Werkzeuges. Die Benutzungsdauer des Werkzeuges im Automaten ist entsprechend den Pausen, in denen andere Werkzeuge arbeiten oder Schaltungen stattfinden, größer. Bei Automatenarbeit beträgt die Benutzungsdauer des Werkzeuges durchschnittlich das 3- bis 5fache der Standzeit.

Beispiel 2. Ergänzend sei angenommen, daß die Maschine nicht mehr als 4650 U/min ausführen könne, so daß eine Schnittgeschwindigkeit von 220 m/min bei 15 ∅ nicht mehr überschritten werden kann. Ferner sei eine Standzeit von 1000 Min. — bei Automatenarbeit — zu klein. Die Stähle sollen möglichst über mehrere Wochen nicht nachgeschliffen werden, also wird eine reine Standzeit von 3000 Min. verlangt. Was ergibt sich für diesen Fall aus der Abb. 259? Man bleibt wie bei Punkt *f* auf $v = 220$ und geht waagerecht bis zur Standzeitlinie für Hartmetall mit 3000 Min. (Punkt *g*).

Ergebnis: F ist auf 0,36 mm² zu verkleinern (angezeigt durch Pkt. *g*), der Vorschub also auf 0,12, dann gibt das Hartmetall 3000 Min Standzeit. Die Arbeitszeit wird dadurch zwar im Verhältnis der Vorschübe 0,16 : 0,12 = 1,33fach = 33% länger; aus dem Verlust wird aber durch Vermeidung der Umspannzeiten, Nachschleifzeiten usw. ein Zeitgewinn. Die Leistung wird nur mit 1,4 PS ausgenutzt.

Das Diagramm zeigt noch einen zweiten Weg zu 3000 Min. Standzeit. Nämlich: F beibehalten (wie bei Punkt *f*), aber v vermindern auf 185 m/min (Punkt *h*). Dieser Weg ist noch vorteilhafter als der eben genannte, weil die 3000-Min.-Standzeit durch nur 1,19fache = 19% Arbeitszeitverlängerung (220 : 185 = 1,19) statt durch 1,33fache Arbeitszeitverlängerung erzielt wird. Es werden rd. 1,5 PS ausgenutzt.

Man kann die Beispiele noch weitgehend ergänzen. Für Formdrehen auf einem Automaten dürften diese Vorschübe unter Umständen auch noch zu grob sein (die Beurteilung hängt vom jeweiligen Fall ab). Will man auf der betrachteten Maschine von maximal 1,8 PS Leistung mit

Tabelle 90.

	Punkt im Diagramm Abb. 259	v m/min	F mm²	s für $t = 3$ mm. mm/Uml.	T_L min	Werkzeug	N PS	Bemerkung
Zu Beispiel 1	*a*	45	2,95	0,98	250	SS	1,8	s zu grob
	b	70	1,8	0,6	125	SS	1,8	s zu grob
	c	105	1,14	0,38	60	SS	1,8	s zu grob
	d	122	0,95	0,32	3000	H	1,8	s zu grob
	e	150	0,75	0,25	2000	H	1,8	s zu grob
	f	220	0,48	0,16	1000	H	1,8	s zulässig; v max. der Maschine bei $d = 15$ ∅
Zu Beispiel 2	*g*	220	0,36	0,12	3000	H	1,4	33% Zeitverläng.
	h	185	0,48	0,16	3000	H	1,5	19% Zeitverläng.
	i	205	0,15	0,05	2000	SS	0,6	Formdrehen

v = Schnittgeschwindigkeit, F = Spanquerschnitt, s = Vorschub, t = Schnitttiefe, T_L = Standzeit, SS = Schnellstahl, H = Hartmetall, N = Leistung am Stahl.

$s = 0{,}05$ mm/U Vorschub formdrehen, so wäre $F = 3 \cdot 0{,}05 = 0{,}15\ \text{mm}^2$. Da die Maschine nicht über 220 m/min zuläßt, andererseits aber z. B. 2000 Min. Standzeit erreicht werden soll, so ergibt der Schnittpunkt der Senkrechten $F = 0{,}15$ mit der Standzeitlinie 2000 Min. bei Punkt i eine Schnittgeschwindigkeit von 205 m/min, die sogar mit Schnellstahl erreicht werden kann, wie die Standzeitlinie zeigt.

Tabelle 91. *Zerspanungs-Zeitstudienblatt.*

Arbeit:	Drehen von Messingteilen. 15 mm ⌀, 3 mm Schnittiefe.
Verfügbare Maschine:	Automat; 1,8 PS Leistung je Schneide.
Vorschätzung:	Vorschub (größter, zulässig für Oberfläche) $s_m = 0{,}20$ mm/U, Vorschub (nächstliegender, vorhanden an Maschine) $s_v = 0{,}16$ mm/U, Spanquerschnitt: $0{,}48\ \text{mm}^2$.

Vorgang Nr.	Zu ermitteln	Ergebnis	Schlußfolgerung
1	*Aus Zerspanungsdiagramm* (259): a) Schnittgeschwindigkeit v_N, für $F = 0{,}48\ \text{mm}^2$, $N = 1{,}8$ PS . b) Standzeit . . . . *Berechnen:* c) Drehzahl $n = \frac{1000 \cdot v}{D \pi}$ . . . . d) Schnittzeit für 10 mm Länge: $z = \frac{10 \cdot 60}{s \cdot n}$	$v_N = 220$ m/min $T_L = 1000$ Min. $n = 4650$ U/min $z = 0{,}8$ sek	Standzeit von 1000 Min. *unzureichend.* Untersuche: 3000 Min. Standzeit durch F-Verringerung
2	*Aus Zerspanungsdiagramm* (259): a) Spanquerschnitt und Vorschub für $T_L = 3000$ Min (bei gleicher Schnittgeschwindigkeit von 220 m/min) . . . b) Leistungsausnutzung . . . . *Berechnen:* c) Schnittzeit für 10 mm Länge: $z = \frac{10 \cdot 60}{s \cdot n}$	$F = 0{,}36\ \text{mm}^2$ $s = 0{,}12$ mm/U $N = 1{,}4$ PS $z = 1{,}075$ sek	Schnittzeit 30% größer als in Fall Nr. 1. *Unzufriedenstellend.* Untersuche: 3000 Min. durch v-Verringerung
3	*Aus Zerspanungsdiagramm* (259): a) Schnittgeschwindigkeit für $F = 0{,}48\ \text{mm}^2$ und $T_L = 3000$ Min. Standzeit . . . . b) Leistungsausnutzung . . . . *Berechnen:* c) Drehzahl $n = \frac{1000\, v}{D \cdot \pi}$ . . . . d) Schnittzeit für 10 mm Länge: $z = \frac{10 \cdot 60}{s \cdot n}$	$v = 185$ m/min $N = 1{,}5$ PS $n = 3930$ U/min $z = 0{,}956$ sek	200% Ersparnis in Zeit für Werkzeugwechsel gegenüber Fall Nr. 1. 11% bessere Schnittzeit als Fall Nr. 2 *Als Bestwert genehmigt*

4. *Werkstattanweisung:* Einrichten für $n = 3930$ U/min, $s = 0{,}16$ Vorschub, Hartmetall.

Zur besseren Übersicht sind die besprochenen Ergebnisse nochmals in Tab. 90 zusammengestellt. Die ausführliche Besprechung wurde für notwendig erachtet, weil nur die Benutzung von verständlichen Diagrammen Erfolg verspricht. Die Benutzung ist nach kurzer Einarbeitung sehr einfach, besonders wenn man sich ein Zerspanungs-Zeitstudienblatt, das mit den Beispielen der obigen Ableitungen in Tab. 91 wiedergegeben ist, ausarbeitet. Man verfährt dabei natürlich so, daß man nicht sämtliche Punkte der Leistungslinie nacheinander durchsieht, sondern schätzt zuerst den Vorschub, der eine saubere Oberfläche ergibt. Der Vorschub soll dabei jedoch nicht zu klein geschätzt werden, weil sonst unnötige Zeitverluste entstehen.

b) Zerspanungszeitstudie für Massenfertigung[1].

Die Anwendung der Zerspanungsforschung auf ein schweres Massenfertigungsteil möge an Hand des Diagramms Abb. 260 erläutert werden. Hier ist nicht der Spanquerschnitt zur Grundlage genommen, sondern Vorschub, Schnittiefe und Schlankheitsgrad sind als getrennte Größen behandelt. Das Diagramm soll benutzt werden, um die Abstimmung von Schnittgeschwindigkeit, Schnittiefe, Vorschub, Leistung, Werkzeugart und Standzeit für das Drehen von SAE X 1335-Stahl darzulegen.

Das Diagramm gilt für Schnellstahl ASME Nr. 4 (siehe Abb. 109) mit Kühlung von 20 l/min und für Hartmetall mit einem Spanwinkel von 6°, hierdurch tritt eine etwa 4proz. Erhöhung im Leistungsverbrauch ein.

In dem Mittelfeld des Diagramms Abb. 260 sind schräge Linien eingezeichnet für Schnittiefen von 0,8 mm bis 9,5 mm; die Vorschübe von 0,25 mm/U bis 1,5 mm/U sind auf der horizontalen Achse abgetragen. Im gleichen Netz sind außerdem schrägere Linien für die Schlankheitsgrade von 25 : 1 bis 2 : 1 vorhanden.

Die Felder rechts und links vom Mittelfeld beziehen sich auf Schnittgeschwindigkeit, PS-Leistung und Standzeit für Hartmetall bzw. Schnellstahl, wobei die Linien für die Schlankheitsgrade wiederholt sind. Das Diagramm kann auf verschiedene Weise benutzt werden, indem man entweder von einem angenommenen Vorschub ausgeht oder von einer angenommenen Leistung oder einer anderen Veränderlichen, z. B. der bei einem Fließband erforderlichen Schnittzeit.

Auf diesen letztgenannten Fall soll hier näher eingegangen werden. Es sei angenommen, daß eine Bearbeitungszeit von 1 Min. je Werkstück verlangt wird, um die am laufenden Band eingestellte Produktions-

---

[1] Auszug aus einem Vortrag des Verfassers vor der Tagung der American Society of Mechanical Engineers am 12./13. März 1941, Cleveland (Ohio). Vgl. Mech. Engng. Juni 1941 S. 425ff.

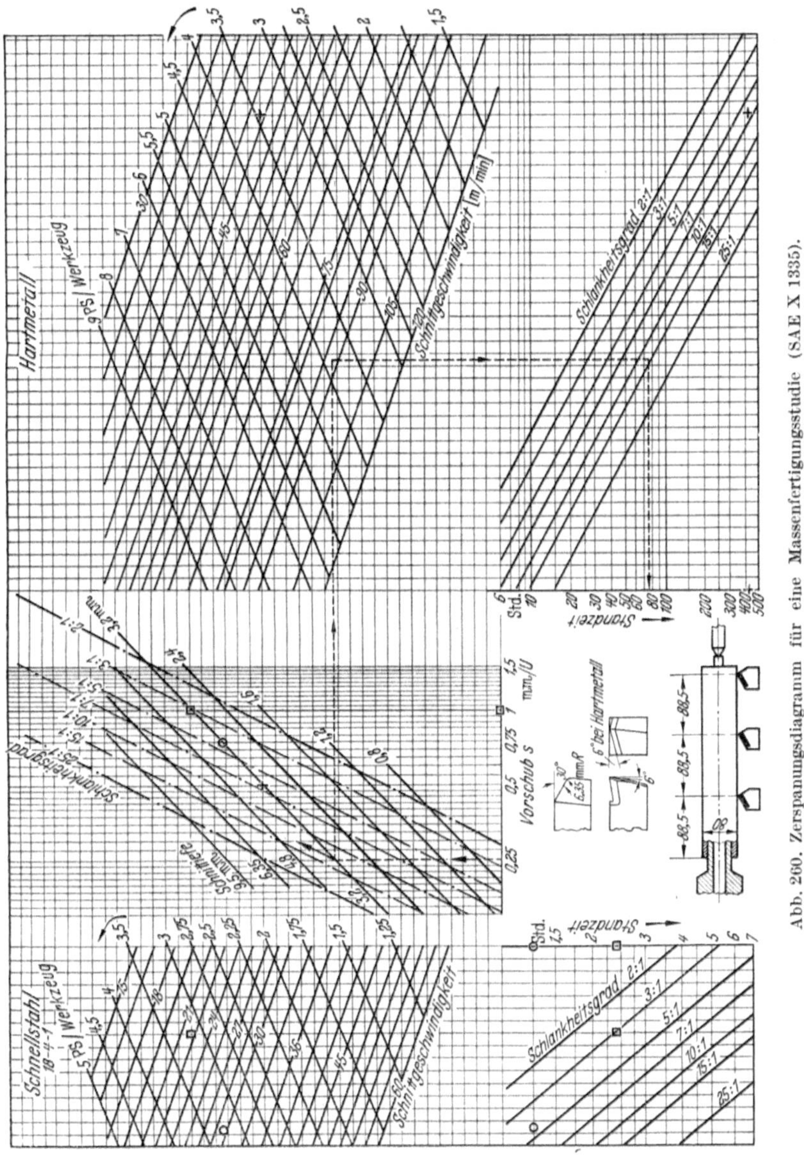

Abb. 260. Zerspanungsdiagramm für eine Massenfertigungsstudie (SAE X 1335).

zeit mit anderen im Betrieb vorhandenen Maschinen in Schritt zu bringen. Eine einfache Rechnung geht der Benutzung des Diagramms voraus, da zuerst die Beziehung zwischen Schnittgeschwindigkeit und Vorschub ermittelt werden muß, die 1 Min. Bearbeitungszeit ergibt.

Es sei:

Z	Bearbeitungszeit (1 Min.),	D	Durchmesser (mm),
L	Schnittlänge je Drehstahl (mm),	v	Schnittgeschwindigkeit (m/min),
s	Vorschub (mm/U),	n	U/min,

dann gilt:

$$Z = \frac{L}{s \cdot n} = \frac{L \cdot D \cdot \pi}{1000 \cdot v \cdot s}$$

und mit $Z = 1$:

$$v = \frac{L \cdot D \cdot \pi}{1000 \cdot s}. \tag{248}$$

Jedes Werkzeug habe eine Länge von $L = 88{,}5$ mm an einem (Außen-) Durchmesser von $D = 80$ mm zu zerspanen, daher ergibt sich:

$$v = \frac{22{,}2}{s}. \tag{249}$$

Das Produkt von Schnittgeschwindigkeit und Vorschub muß also in diesem Beispiel stets 22,2 sein. Man kann entweder den Vorschub annehmen und die Schnittgeschwindigkeit bestimmen, oder umgekehrt. Vier solcher Beispiele sind im Diagramm 260 für eine Schnittiefe von 3,2 mm behandelt.

Das erste Beispiel, das mit einer gestrichelten Linie eingezeichnet ist, gilt für $s = 0{,}25$ mm/U und ergibt für $t = 3{,}2$ mm und $v = 88{,}8$ m/min $\left[= \frac{22{,}2}{0{,}25}\right.$ gemäß Gl. (249)$\left.\right]$ eine Standzeit von etwa 70 Stunden für diesen sehr gut bearbeitbaren Werkstoff, wenn Hartmetall benutzt wird. Die erforderliche Leistung ist 3,9 PS je Stahl.

Das zweite Beispiel für $s = 0{,}5$ mm/U und daher $v = 44{,}4$ m/min ist mit +-Symbolen angedeutet, es ergibt 400 Stunden Standzeit, gleichfalls für Hartmetall. Die Leistung ist 3,4 PS je Stahl.

Das dritte Beispiel (○-Symbole) gilt für Schnellstahl, da die Schnittgeschwindigkeit für $s = 0{,}75$ mm/U $\left(\frac{22{,}2}{0{,}75} = 30 \text{ m/min}\right)$ schon wesentlich unter 50 m/min liegt, das als untere Grenze für Hartmetall gilt. Hier ergibt sich jedoch nur eine Standzeit von 1,1 Stunde, da diese Schnittgeschwindigkeit für solchen Schnitt hoch ist bei Schnellstahl. Eine Steigerung des Vorschubes (viertes Beispiel: □-Symbole) auf 1,0 mm/U und Herabsetzung der Schnittgeschwindigkeit auf 22,2 m/min gestattet 2,4 Stunden Standzeit.

In allen vier Beispielen ist die Schnittzeit 1 Min.; die beste Kombination ist die mit einem Vorschub von 0,5 mm/U, da hier die längste Standzeit erzielt werden kann. Die zu wählenden Maschinen müssen in allen vier Beispielen zwischen 3,2 und 3,9 PS je Drehstahl leisten können.

c) Zerspanungsuntersuchung neuer Arbeitsverfahren[1].

Ein besonderes Drehverfahren, das von Ing. MULKA vor einer Reihe von Jahren erfunden wurde, unterscheidet sich von üblichen Verfahren dadurch, daß bei ihm vier Werkzeuge im Kreise um die Längsachse des Werkstückes angeordnet sind, die sich nur in der radialen Richtung auf das Werkstück vorschieben. Ein Längsvorschub erübrigt sich, weil die Werkzeuge so breit sind, wie das Werkstück lang ist. Die Abb. 261 zeigt schematisch die Anordnung und Arbeitsweise der Werkzeuge. Das überstehende Stück des Werkstückes kennzeichnet den Abstechbutzen. Das Abstechen von der Stange besorgt ein besonderer Abstechstahl.

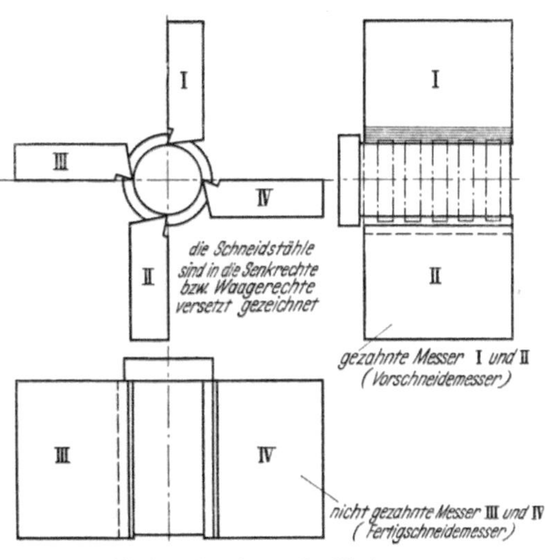

Abb. 261. Anordnung der Werkzeuge.

Die Radialbewegung der vier Werkzeuge wird durch vier Plankurven bewirkt, die, wie Abb. 262 zeigt, im inneren Umfang einer Trommel angeordnet sind. Die Trommel dreht sich um das sich drehende Werkstück, so daß die vier Supporte und damit die vier Werkzeuge gemäß der Steigung der Kurven nach innen geschoben werden. Ebenso werden zwei Abstechsupporte bewegt.

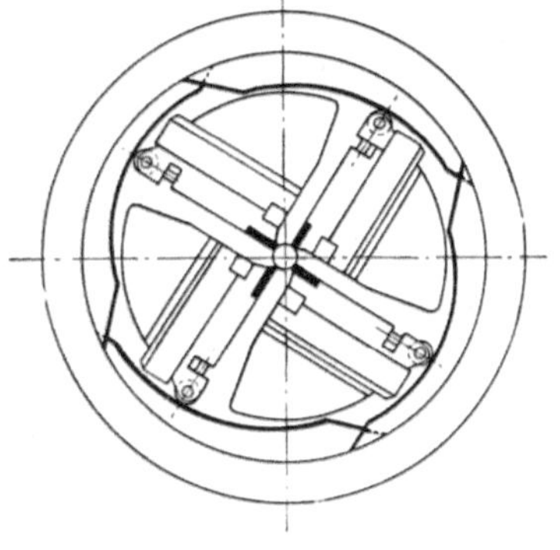

Abb. 262. Erzeugung des Vorschubes durch Plankurven.

Das Wesentliche dieses Verfahrens ist die gleichzeitige Bearbeitung des Werkstückes auf seiner ganzen Länge; außerdem dienen die vier Werkzeuge sozusagen auch noch als Lünetten, d. h. sie stützen das Werkstück an vier Linien auf der ganzen Länge ab. Durch diese Anordnung wird selbst ein Werkstück mit kleinem Durchmesser „stabil" gemacht, weil die verbiegend wirkenden Kräfte sich gegenseitig aufheben und weniger Neigung zu Schwingungen besteht.

---

[1] Aus einer Untersuchung für die Loewe-Gesfürel AG. Vgl. auch Masch.-Bau Betrieb Bd. 10 (1931) Heft 24.

Die vier Werkzeuge sind nicht alle gleich ausgebildet. Die Messer *I* und *II* der Abb. 261 sind gezahnt; man kann jedes dieser beiden Messer als eine Reihe nebeneinander liegender Drehstähle ansehen. Die Messer *III* und *IV* sind dagegen mit einer auf der ganzen Breite voll durchgehenden Schneide versehen. Beim radialen Vorschub eilen die Messer *I* und *II* ganz wenig voraus und schneiden infolge ihrer Zähne Nuten in das Werkstück, wie auch Abb. 261 erkennen läßt. Die dabei stehenbleibenden Teile werden durch die Vollmesser *III* und *IV* abgedreht. *Der Zerspanungsvorgang ist somit auf eine große Anzahl Schneiden aufgeteilt, so daß die Belastung jeder einzelnen Schneide trotz des großen Gesamtquerschnittes nur gering ist.* Auf jede Schneide entfällt also nur ein kleiner Spanquerschnitt, wodurch nach den Zerspanungsgesetzen hohe Schnittgeschwindigkeiten bei normaler Standzeit, oder hohe Standzeit bei normalen Schnittgeschwindigkeiten möglich sind.

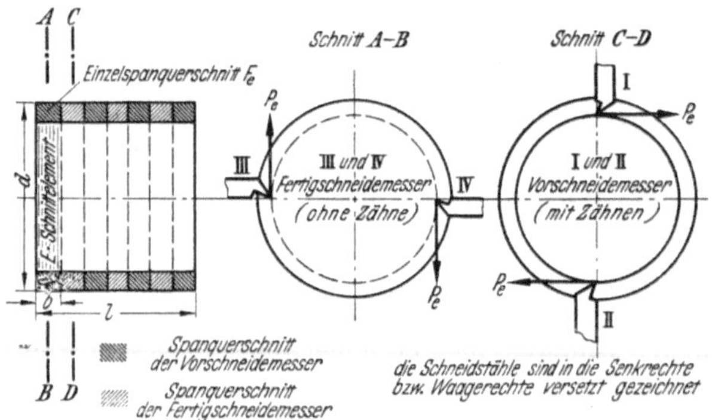

Abb. 263. Schema der Spanabnahme.

Für Konstruktion und Betrieb neuer Maschinen sind zerspanungstechnische Untersuchungen besonders wichtig. Erst sie gestatten es, wie dieses Beispiel zeigt, ohne Vorversuche festzustellen, welche Vorschübe und Zahnbreiten der Messer die kürzeste Arbeitszeit ergeben und verschaffen Aufklärung darüber, ob das Werkstück nicht durch die auftretenden Kräfte an seinem gefährdeten Querschnitt abgerissen wird. Wie bei andern Zerspanungsuntersuchungen ist es eine Hauptforderung, daß die Ableitungen aus den Zerspanungsgesetzen in solche Ergebnisse gekleidet werden, daß ihre Anwendung einfach ist, ohne der im Rahmen der Praxis notwendigen Genauigkeit Abbruch zu tun.

Der entstehende Schnittdruck. In Abb. 263 ist die Spanabnahme schematisch dargestellt. Die Spanquerschnitte der beiden Vorschneidemesser und diejenigen der beiden Fertigschneidemesser sind durch verschiedene Schraffur gekennzeichnet. Als *Schnittelement* sei der schmale Kreiszylinder bezeichnet, der von zwei sich gegenüberstehenden Messerzähnen bzw. von den beiden zahnbreiten Stellen der Fertigschneidemesser bearbeitet wird. Die ganze Länge des Werkstückes kann man so als die Zusammensetzung zahlreicher Schnittelemente ansehen. In der Abbildung ist das am weitesten links erzeugte Schnittelement E durch senkrechte Schraffur hervorgehoben.

An jedem Schnittelement greifen stets nur zwei Messer an, und zwar entweder die sich gegenüberstehenden Zähne der Vorschneidemesser oder die sich gegenüberstehenden Stellen der Fertigschneidemesser. Dabei führen die Vorschneidemesser „Furchenschnitte" (Spanbildung mit zwei Nebenschneiden) und die Fertigschneidemesser „Kammschnitte" (Spanbildung ohne Nebenschneiden) aus.

Es bezeichne:

b	Breite eines Zahnes an den Vorschneidemessern in mm,
s	Vorschub in mm/U,
d	Drehdurchmesser in mm,
d_g	Durchmesser des gefährdeten Querschnittes in mm,
F_e	Einzelspanquerschnitt jeder Schneide in mm² (zweimal an jedem Schnittelement),
P_e	Einzelschnittdruck, der durch Abnahme von F_e entsteht, in kg,
P	Gesamtschnittdruck, der durch Bearbeitung des ganzen Werkstückes entsteht, in kg,
P_1	Schnittdruck für $L = 1$ und $C_{k_s} = 1$ in kg,
P_{zul}	zulässiger Schnittdruck für den gefährdeten Querschnitt des Werkstückes in kg,
L	Länge des Werkstückes in mm,
C_{k_s}	Schnittdruck für einen Spanquerschnitt von 1 mm² in kg.

Der Schnittdruck P_e, der an jedem Spanquerschnitt F entsteht, ist für Stahl gemäß einfachem Schnittdruckgesetz [Gl. (130) u. Tab. 103]:

$$P_e = C_{k_s} F_e^{0,803} \text{ kg}. \tag{250}$$

Da an einem Schnittelement zwei Messer angreifen, ist der Einzelspanquerschnitt, der also für jede Schneide betrachtet wird:

$$F_e = \frac{s\,b}{2} \text{ mm}^2: \tag{251}$$

Um auf den gesamten entstehenden Schnittdruck P zu kommen, ist P_e mit der Anzahl der auftretenden Spanquerschnitte zu multiplizieren. Bei z Vorschneidezähnen ist die Anzahl der Schnittelemente um 1 größer als die doppelte Zahl der Vorschneidezähne, also $2z + 1$. Da in jedem Schnittelement zwei Spanquerschnitte vorkommen, so wird also die Zahl der auftretenden Spanquerschnitte:

$$2(2z + 1) \quad \text{(Zahl der Spanquerschnitte)}.$$

Um nicht mit der Anzahl der Spanquerschnitte rechnen zu müssen, wird die Beziehung zwischen z und L entwickelt: Die Länge L des Werkstücks ist bei der Breite b jedes Schnittelementes:

$$L = (2z + 1)\,b \text{ mm}.$$

Hieraus folgt umgekehrt:

$$2z + 1 = \frac{L}{b}.$$

Also ergibt sich für die Anzahl der Spanquerschnitte:

$$2(2z + 1) = \frac{2 \cdot L}{b}. \tag{252}$$

Der gesamte entstehende Schnittdruck ergibt sich nunmehr aus Gl. (250) durch Multiplikation mit der in Gl. (252) entwickelten Anzahl der auftretenden Spanquerschnitte[1] zu:

$$P = C_{k_s} F_e^{0,803} \frac{2 \cdot L}{b} \tag{253}$$

und mit Einsetzen von Gl. (251):

$$P = C_{k_s} \left(\frac{s\,b}{2}\right)^{0,803} \frac{2 \cdot L}{b}. \tag{254}$$

Um zu einer Darstellung zu kommen, die eine einfache Anwendung gestattet, teilt man diese Gleichung in zwei Teile, und zwar so, daß man die Größen s und b von den Größen L und C_{k_s} trennt. Setzt man in Gl. (254) $C_{k_s} = 1$ und $L = 1$, so erhält man eine Gleichung, die C_{k_s} und L nicht mit einbezieht, d. h. man hat den Wert der „Rumpfgleichung" nur noch mit der Länge L und mit C_{k_s} zu multiplizieren, um den Schnittdruck zu erhalten. Die Rumpfgleichung wird:

$$P_1 = \frac{s^{0,803} \cdot b^{0,803}}{2^{0,803} \cdot b},$$

$$P_1 = \frac{s^{0,803} \cdot 1,14}{b^{0,197}}. \tag{255}$$

Gl. (254) geht über in:

$$P = P_1 C_{k_s} L. \tag{256}$$

Aus Gl. (255) kann man für die vorkommenden Fälle von s und b nebenstehende einfache Tab. 92 aufstellen.

Tabelle 92.

Vorschub s mm/U	Breite der Vorschneidezähne b mm	Schnittdruck P_1 für $L = 1$ und $C_{k_s} = 1$ kg
0,06	5	0,0872
0,06	6	0,0843
0,06	7	0,0819
0,06	8	0,0798
0,103	5	0,1350
0,103	6	0,1305
0,103	7	0,1270
0,103	8	0,1235

Die Zahlen in der rechten Spalte brauchen nur mit C_{k_s} und L multipliziert zu werden, um den Schnittdruck zu bestimmen; sie zeigen, daß der Schnittdruck bei gleichem Vorschub s mit steigender Zahnbreite b fällt. Diese Erscheinung entspricht durchaus den beim üblichen Drehen auftretenden Verhältnissen, weil der Spanquerschnitt je Schneide mit breiterem Zahn größer wird und der spezifische Schnittdruck k_s

[1] Ähnliche Ableitungen gelten für Schnittdruckberechnungen bei Vielstahlbänken. Vgl. des Verfassers Aufsatz in „Werkzeugmaschine" 15. Juli 1928, S. 266.

dadurch sinkt. Jedoch wird der Vergrößerung des Spanquerschnittes je Schneide (nicht des gesamten abgenommenen Spanquerschnittes, der natürlich unverändert bleibt, da durch Vergrößerung von b die Anzahl der Zähne sinkt) durch die Schneidhaltigkeit des Werkzeuges eine Grenze gesetzt. Durch Berücksichtigung des Schlankheitsgrades G und der Unterschiede zwischen „Furchenschnitten" und „Kammschnitten" kann man noch weitere Verfeinerungen der Berechnungen erhalten. Davon soll jedoch hier abgesehen werden.

Der zulässige Schnittdruck. Bisher ist hier nur der *entstehende* Schnittdruck betrachtet worden. Natürlich darf der entstehende Schnittdruck nicht größer sein als der zulässige Schnittdruck, d. h.

$$P \leqq P_{zul}\,. \tag{257}$$

Während beim gewöhnlichen Langdrehen der zulässige Schnittdruck entweder durch die Stabilität des Werkstückes oder durch die Stabilität der Maschine bestimmt wird, bildet beim Arbeiten auf dem Starrautomaten Loewe-Mulka die Verwindung im gefährdeten Querschnitt des Werkstückes die Grenze für den zulässigen Schnittdruck. Die Beeinflussung des auftretenden Schnittdruckes liegt in der Hand des Zeitstudien-Ingenieurs, indem er den Vorschub s oder die Zahnbreite b oder beide Größen entsprechend bestimmt.

Der zulässige Schnittdruck P_{zul} für den Durchmesser d_g des gefährdeten Querschnitts des Werkstückes ergibt sich aus dem zulässigen Drehmoment $M_{d_{zul}}$. Für einen Kreisquerschnitt ist unter der vielfach üblichen Annahme für $k_d = 0{,}87\,k_z$:

$$M_{d_{zul}} = \frac{\pi}{16}\,d_g^3\,0{,}87\,k_z\,. \tag{258}$$

Da der zulässige Schnittdruck am Hebelarm $\frac{d_g}{2}$ wirkt, ergibt sich ferner:

$$M_{d_{zul}} = \frac{P_{zul}\,d_g}{2}\,. \tag{259}$$

Durch Gleichsetzen von Gl. (258) und Gl. (259) und Zusammenfassen der Konstanten erhält man:

$$P_{zul} = 0{,}341\,d_g^2\,k_z\,. \tag{260}$$

Sofern der gefährdete Querschnitt an der Abstechstelle des Werkstückes liegt, scheint es — wie Versuche zeigten — nicht notwendig zu sein, mit einem Sicherheitsfaktor in dieser Gleichung zu rechnen. Es handelt sich hier nicht um eine dauernde Belastung, der das Werkstück konstruktiv standhalten soll, sondern um einen Wert, der erst überschritten wird, wenn der ihm entsprechende kleinste Durchmesser erreicht wird. Im Interesse einer kurzen Arbeitszeit kann eine hohe Belastung zugelassen werden.

Anders liegt der Fall, wenn der gefährdete Querschnitt nicht am Ende des Werkstückes, sondern z. B. in der Mitte des fertigen Werkstückes liegt. Meist tritt jedoch die größte Beanspruchung an der Stelle auf, an der das Stück eingespannt ist, und meist liegt auch der kleine Durchmesser an den Enden der Werkstücke. Für abweichende Fälle muß mit einer Sicherheit gerechnet werden, um das Werkstück nicht zu zerstören. Um eine Überschreitung der durch Gl. (260) gegebenen zulässigen Belastung zu vermeiden, kann man zu dem Ausweg greifen, den *gefährdeten* Durchmesser nicht vollständig im Hauptarbeitsgang durch die vier Messer herzustellen, sondern im sogenannten Doppelarbeitsverfahren. Hierbei läßt man die vier Messer an der gefährdeten Stelle nur bis zu einem Durchmesser mit größerer zulässiger Belastung arbeiten und bearbeitet den restlichen Durchmesser gesondert mit den Werkzeugen im Abstechsupport, d. h. erst dann, wenn die Vollbelastung durch die vier Messer bereits aufgehört hat. Eine Arbeitszeitverlängerung tritt dadurch nicht ein, da man gleichzeitig mit diesem zweiten Arbeitsgang das Abstechen vornehmen kann. Natürlich muß man dabei zwei zusammenhängende Werkstücke vorsehen, bei denen das erste abgestochen wird, wenn am zweiten die vier Messer arbeiten. Im Beispiel ist das unten erläutert.

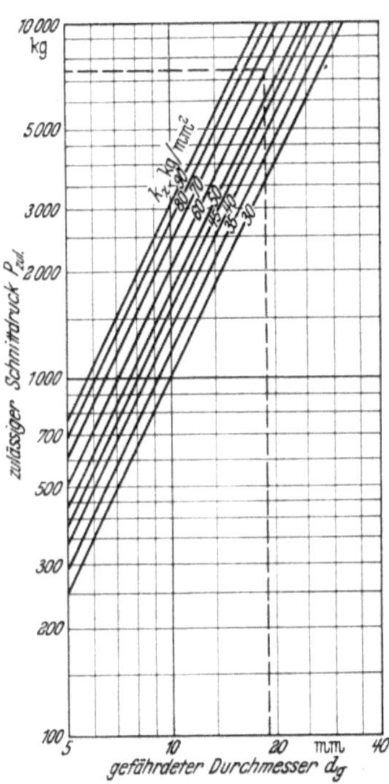

Abb. 264. Diagramm zur Ermittlung der zulässigen Belastung der gefährdeten Durchmesser.

Die Gl. (260) ist graphisch im doppellogarithmischen Netz in Abb. 264 dargestellt.

Die Ermittlung von s und b geht allgemein an Hand der entwickelten Gleichungen folgendermaßen vor sich:

1. Ermittle die gegebenen Größen:

nach Zeichnung: Länge L, Werkstoffestigkeit k_z, Keilwinkel β, gefährdeten Durchmesser d_g und aus Tab. 104 den Wert für C_{k_s}.

2. Bestimme P_{zul} an Hand des Diagramms, Abb. 264.

3. Bestimme P_1 aus Gln. (256) und (257) zu:

$$P_1 \leqq \frac{P_{zul}}{C_{k_s} \cdot L}.$$

4. Suche in der Tab. 92 einen Wert für P_1 auf, der unter dem eben ermittelten liegt, und lies neben ihm s und b ab.

Beispiel.

Bestimmung von s und b. Abb. 265 zeigt ein Werkstück, das auf dem Loewe-Mulka-Automaten hergestellt wurde.

1. Als gegebene Größen wurden festgestellt: $L = 230$ mm, $k_z = 60$ kg/mm², $\beta = 75°$, $d_g = 19$ mm, $C_{k_s} = 274$ (Tab. 104),
2. P_{zul} nach Abb. 264 für $d_g = 19$ mm:

$$P_{zul} = 7400 \text{ kg}.$$

3. $P_1 \overline{\overline{\lessgtr}} \dfrac{7400}{274 \cdot 230} \overline{\overline{\lessgtr}} 0{,}1170$ kg.

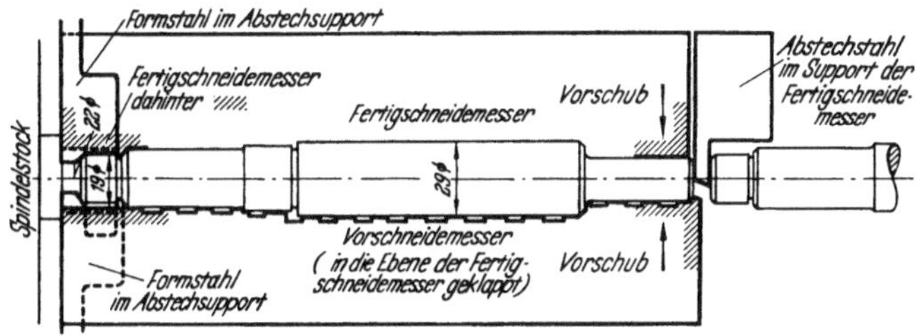

Abb. 265. Werkstück und Anordnung der Werkzeuge beim Doppelarbeitsverfahren.

4. Ergebnis aus Tab. 92: 0,103 mm/U Vorschub wäre zu groß, weil die P_1-Werte hierfür größer als 0,1170 kg sind. 0,06 mm/U ist zu klein, Arbeitszeit würde zu groß.

Daher: Doppelarbeitsverfahren und Festlegung, daß der gefährdete Durchmesser nur bis auf 22 mm bei der Bearbeitung überdreht werden darf. Dadurch ändert sich:

$$P_{zul} = 10000 \text{ kg},$$
$$P_1 \overline{\overline{\lessgtr}} 0{,}1580 \text{ kg}$$

aus Tab. 92 folgt:

$$s = 0{,}103 \text{ mm/U}, \quad b = 5 \text{ mm}$$

als günstigster Vorschub und günstigste Standzeit wegen der kleinen Zahnbreite b (hierfür ist $P_1 = 0{,}1350$ kg, also kleiner als 0,1580 kg). Wählt man bei $s = 0{,}103$ größere Werte für b, so wäre die Standzeit ungünstiger, der Schnittdruck jedoch kleiner, wie die Tab. 92 zeigt. Infolge des starren Baues der Maschine spielt die Möglichkeit, mit kleinerem Schnittdruck arbeiten zu können, keine Rolle, so daß die günstigere Standzeit bei $b = 5$ vorgezogen wurde.

Zeitermittlung. Die Schnittgeschwindigkeit wurde auf 20 m/min festgelegt, obgleich dies angesichts der kleinen Spanquerschnitte je Schneide

F_e nur ein geringer Wert ist. Nach den Zerspanungsgesetzen für 60 Min. Standzeit würde sich eine höhere Schnittgeschwindigkeit ergeben. Da aber die Standzeit für Schnellstahl sich mit der 6. bis 7. Potenz der Schnittgeschwindigkeitsverringerung erhöht, nutzt man bei Automaten vorteilhaft diese Erscheinung aus, um die Werkzeuge recht lange schneidhaltig zu halten. Die Standzeit der Werkzeuge war hoch, sie brauchten erst nach rd. 2000 Arbeitsstücken nachgeschliffen zu werden. Bei 42 Sek. Schnittzeit entspricht das einer reinen Standzeit von 24 Stunden oder mehr als drei Schichten.

Bei einem Rohdurchmesser der Stange von 32 mm ergeben sich 200 U/min für die Arbeitsspindel. Die Zeitermittlung ist aus Tab. 93 ersichtlich.

Tabelle 93.

Arbeitsgang	Arbeitsweg w mm	Vorschub s mm/U	Erforderliche Spindelumdrehungen $\frac{w}{s}$ U	Zeit Sek.
Schruppen von 32 Dmr. auf 22 Dmr.	5	0,103	48,5	
Zugabe für Kurvenauslauf	0,1	0,103	11,0	
Fertigdrehen des gefährdeten linken Butzens mit Formwerkzeug in den Abstechsupporten (fällt mit der Abstechzeit zusammen) 22 Dmr. vorgeschruppt	11	0,137	80,5	
	Erforderliche Umdrehungen für Arbeitsweg . . . . 140,0 =			$\frac{140 \cdot 60}{200} = 42$
Zeit für Leerweg im Schnellgang	Der Leerweg wird berechnet als Differenz zwischen 360° Umdrehung der Trommel und dem beim Arbeitsgang von der Trommel zurückgelegten Weg in Grad. Die Trommel legt bei 140 Werkstückumdrehungen Arbeitsgang $140 \cdot 0{,}368° = 51{,}5°$ zurück. Der Leerweg ist also 360° minus $51{,}5° = 308{,}5°$. Die Zeit für Schnellgang des Leerweges ergibt sich zu: $308{,}5° \cdot 0{,}039$ Sek. =			12
	Gesamtzeit:			54

Praktische Prüfung.

Das in Abb. 265 wiedergegebene Werkstück wurde auf der Maschine bearbeitet. Die Abstoppungen zeigten, daß die vorkalkulierte Zeit genau erreicht wurde. Das Werkstück wurde nach Abb. 265 im Doppelarbeitsverfahren hergestellt, d. h. die vier breiten Werkzeuge schruppten das

Werkstück fertig bis auf den linken Butzen, der zunächst nur auf 22 mm Durchmesser gedreht wurde. Er wurde von Formwerkzeugen in den Abstechsupporten auf 19 mm Durchmesser fertig bearbeitet, nachdem die Breitmesser ihre Arbeit vollendet hatten, also keine großen Schnittdrücke mehr vorhanden waren. Danach fiel die Stange weiter vor, so daß ein weiteres Werkstück gedreht werden konnte. Während des Schruppens dieses Werkstückes wurde das erste mit einem Abstechstahl abgestochen, der auf den Querschlitten neben den Breitmessern saß. Eine Arbeitszeitverlängerung tritt also durch dieses Verfahren nur beim ersten Stück jeder Stange ein, bei den weiteren Stücken fällt das Abstechen des vorhergehenden Teiles in die Fertigungszeit des nächsten.

Um die obigen Ableitungen zu prüfen, wurden weitere Versuche durchgeführt und die Werkstücke am gefährdeten Querschnitt sogleich bis auf 19 mm Durchmesser abgedreht, sie wurden — in Bestätigung obiger Berechnungen — dabei „abgewürgt". Die Oberfläche der im Doppelverfahren hergestellten Werkstücke war als fein geschruppt zu bezeichnen. Andere Werkstücke, die auf der Maschine bearbeitet worden waren, hatten eine als geschlichtet anzusehende Oberfläche.

Es wurde nicht für notwendig erachtet, einen besonderen Schlichtgang, der vom Revolverkopf aus an sich möglich wäre, einzuschalten.

Wegen der sehr kurzen Arbeitszeit ist der Leistungsbedarf der Maschine hoch. Messungen am Kilowattmeter ergaben als Spitzenbelastung, d. h. beim Schnittbeginn am größten Durchmesser des Werkstückes, 18,5 kW = rd. 25 PS. Während der Verringerung der Durchmesser sank der Leistungsbedarf entsprechend bis auf rd. 4 kW = $5^1/_2$ PS, die beim Schnellgang verbraucht wurden.

d) Zerspanungsuntersuchung neuer Maschinen[1].

Die aus den Zerspanungsgesetzen gezogenen Schlußfolgerungen zeigten (s. S. 342), daß es oft ratsam ist, hohe Leistungen durch hohe Geschwindigkeiten und kleine Kräfte zu erzielen; sie fanden u. a. ihre Bestätigung bei der Zerspanungsuntersuchung von Schnelläufer-Karusselldrehbänken, auf denen es möglich ist, Schnittgeschwindigkeiten bis zu 500 m/min bei 1000 mm Durchmesser zu erreichen, bis herunter zu 50 m/min bei 100 mm Durchmesser, bei Benutzung der größten Drehzahl von 160 U/min.

---

[1] Aus einer Untersuchung für die Niles Werke Berlin. Vgl. auch Versuche des Verfassers an Drehbänken mit Räderkasten und Flüssigkeitsgetriebe der Magdeburger Werkzeugmaschinenfabrik. Masch.-Bau Betrieb 1932 Nr. 20 S. 425ff. u. S. 517. Vgl. auch „Comparative test results of gear and hydraulic drives". Product Engng. Sept. 1936 S. 326ff.

Die Untersuchungen umfaßten Zerspanungsversuche und genaue Abbremsungen mit Sonder-Bremszaum für horizontale Drehmomente (Abb. 266). Bei solchen Untersuchungen ist es angebracht, sich zuvor einen theoretischen Überblick durch Vorbereitung von Diagrammen zu verschaffen, die die Leitung und Durchführung der Versuche sehr vereinfachen und abkürzen. Abb. 267 zeigt ein für den vorliegenden Fall entwickeltes Bremsdiagramm, das es ermöglicht, jede Ablesung schnell zu prüfen. Dadurch können auch Unstimmigkeiten in den Instrumenten schnell gefunden und abgestellt werden. Auf Grund dieses Diagramms

Abb. 266. *a* Bremszaum für horizontale Drehmomente; *b* Messung der Leistungsaufnahme.

wurde die Belastung, die an der Wiegeschale aufzulegen war, vorbestimmt und danach mit Hilfe der Handräder am Bremszaum die Planscheibenlast so lange nachgespannt, bis die Waage wieder im Gleichgewicht war. Im selben Augenblick wurde die eingeleitete Leistung am elektrischen Meßgerät, das rechts vorn in Abb. 266 zu sehen ist, abgelesen und die Drehzahl geprüft.

Bei diesen Versuchen konnten dann die Leerlaufverluste der Maschine bei verschiedenen Belastungen und Drehzahlen getrennt für Motor und Getriebe in einfacher Weise ermittelt werden. Der beste Wirkungsgrad ergab sich im vorliegenden Fall bei $n = 20{,}7$ U/min, weil dies die kleinste Drehzahl ist, die volle Leistungsausnutzung (20 PS) gestattete. Bei kleineren Drehzahlen kann — wie üblich — Vollast nicht mehr erreicht werden, weil der Zahldruck bei der kleinsten

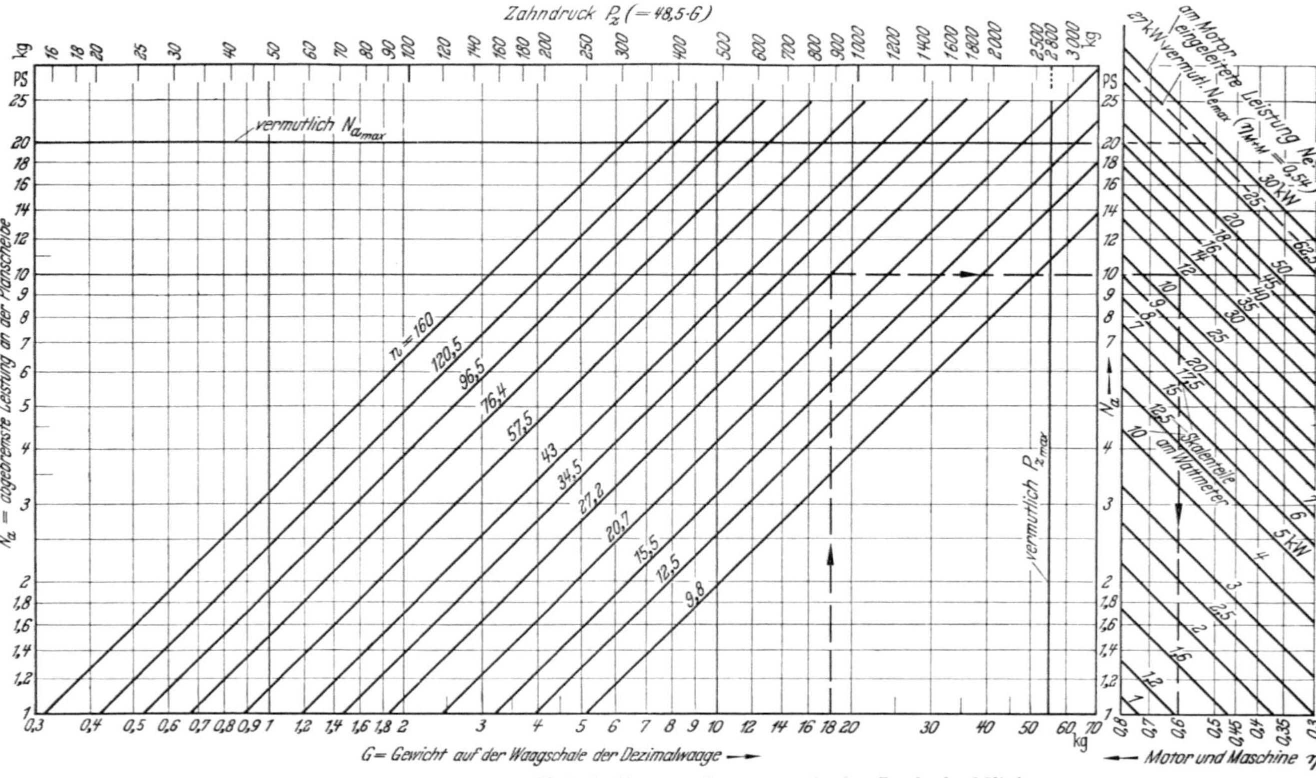

Abb. 267. Bremsdiagramm zur Vorherbestimmung der zu erwartenden Leerlaufverhältnisse.

Drehzahl bis auf 5000 kg im vorliegenden Fall zu steigern gewesen wäre. Bei Schnelläufern ist Ausnutzung mit hohem Zahndruck nicht erforderlich, da es dem Wesen solcher Maschinen entspricht, hohe Leistungen durch kleine Kräfte und hohe Geschwindigkeiten zu ermöglichen.

Der Wirkungsgrad ist, wirtschaftlich gesehen, lediglich eine Frage der Stromkosten und Abschreibungen. Technisch gesehen, gestattet die Maschine volle Ausnutzung der Leistung an der Planscheibe sowohl bei $n = 20{,}7$ U/min als auch bei allen höheren Drehzahlen.

Abb. 268. Zerspanungsmessungen beim Abdrehen großer Werkstücke. *a* Schnittdruck-Meßsupport; *b* Ablesen der drei Schnittdruckkomponenten; *c* Ablesen der Leistungsaufnahme.

Zerspanungsversuche wurden sowohl an Werkstücken aus Gußeisen als auch aus St 60.11 durchgeführt und der Schnittdruck mit dem nach meinen Angaben geänderten Wallichs-Schieß-Dreikomponenten-Schnittdruckmesser geprüft (Abb. 268, vgl. Abb. 134 und 134a S. 181). Die Leistungsaufnahme wurde gleichzeitig gemessen.

Das Ergebnis dieser Zerspanungsversuche auf Stahl ist in Abb. 269 graphisch wiedergegeben. Der Hauptschnittdruck P folgt recht genau dem früher abgeleiteten Schnittdruckgesetz für Stahl (s. S. 185), wie aus dem Exponenten 0,81 (gegenüber 0,803 nach Tab. 103) und dem C_{k_s}-Wert 260 hervorgeht. Jeder in Abb. 269 eingetragene Punkt ist der Mittelwert aus 3 bis 5 Zerspanungsversuchen, die bei dem jeweiligen Spanquerschnitt aus verschiedener Schnittiefe und Vorschub zusammengesetzt waren. Die geringe Streuung der Punkte mit Bezug auf die gezogene Mittellinie für P erklärt sich daraus. Der Spanwinkel war

15°, so daß sich der C_{k_s}-Wert gleichfalls gut in die Werte der Schnittdrucktafel (Anhang A, Tab. 104) einfügt.

Wesentlich abweichend ist jedoch das Verhalten des Vorschubdruckes P_2 und des Rückdruckes P_3 von den früher erwähnten Werten hinsichtlich der Exponenten des Spanquerschnittes (Tab. 68 u. 69). Es ist nicht bekannt, ob die in diesen Tabellen erwähnten Versuche werkstattsmäßig durchgeführt wurden, d. h. ob die Nebenschneide im Eingriff war (wie hier) oder nicht. Es erscheint auch möglich, daß der Einfluß der Maschinenbauart in diesen Unterschieden zum Ausdruck kommt.

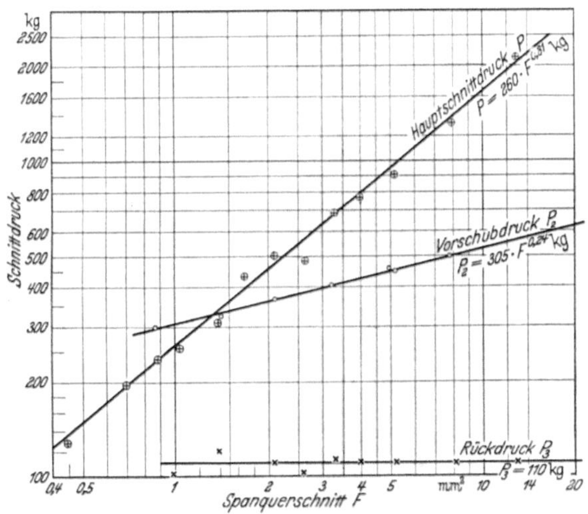

Abb. 269. Schnittdruckwerte bei Zerspanung von Stahl St 60.11 auf einer Karusselldrehbank.

Wenn man unterstellt, daß die Versuche an den verschiedenen Orten mit gleicher Sorgfalt ausgeführt worden sind wie die vorliegenden, so kommt man zu dem Schluß, daß eine Nachprüfung der Frage der Schnittdrücke der Seitenkomponenten am Platze ist[1]. Während Übereinstimmung von Versuchsergebnissen ihre Verläßlichkeit beweist, deutet Nichtübereinstimmung auf die Notwendigkeit weiterer Untersuchungen hin. Die Gleichungen der vorliegenden Versuche für St 60.11 lauten:

$$P = 260 \cdot F^{0,81},$$

$$P_2 = 305 \cdot F^{0,24},$$

$$P_3 = 110\,.$$

In Abb. 270 ist ein Vergleich gezogen zwischen dem erzielbaren Spangewicht bei Vollast der untersuchten Schnellauf-Karusselldreh-

[1] Zu den Fragen der Nebenkomponenten s. S. 221 ff. und auch KIENZLE zitiert S. 172, Fußnote 10, dort Abb. 1 bis 8.

bänke für hohe und niedrige Drehzahl und den Schnittdruckänderungen gegenübergestellt, die sich dabei ergeben.

Es zeigt sich, in Übereinstimmung mit Schlußfolgerung 4 (S. 342), daß das Spangewicht sich um 39% steigern läßt, wenn man mit niedriger Schnittgeschwindigkeit (55 m/min) und großem Spanquerschnitt fährt im Vergleich zu hoher Schnittgeschwindigkeit (231 m/min). Solche Erniedrigung der Schnittgeschwindigkeit wird jedoch erkauft mit 320% Schnittdrucksteigerung!

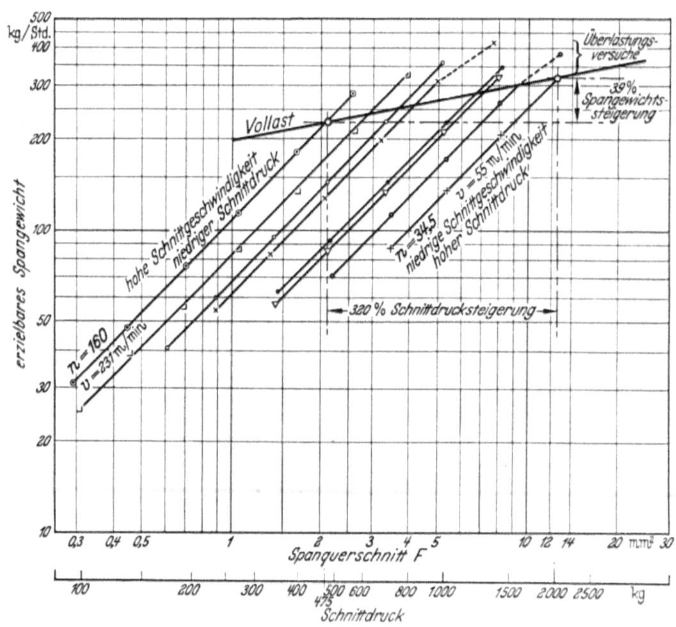

Abb. 270. Vergleich der Zerspanungsergebnisse für hohe und niedrige Drehzahlen.

Hieraus kann man folgern, daß die Verwendung hoher Drehzahlen bessere Genauigkeiten gestattet, da die Werkstücke und Maschinen erheblich weniger belastet und verformt werden. Es ergibt sich auch, daß die Lebenszeit der Maschine größer sein muß, wenn sie geringeren Schnittdrücken ausgesetzt ist, und daß die Platzkosten infolge längerer Lebenszeit günstiger ausfallen.

e) Heißzerspanungsversuche.

Abb. 271 zeigt den Abfall des Leistungsbedarfes bei Zerspanungsversuchen auf Stahl, die von mir auf Veranlassung der R.K. LeBlond Machine Tool Co. vorgenommen wurden, wobei die Werkstücke durch Gasheizung auf verschiedenen Temperaturen während des Drehens gehalten wurden. Man erkennt, daß z. B. bei 575 Spindelumdrehungen der Leistungsbedarf sich von 23,4 PS bei Raumtemperatur bis auf 13,2 PS verringerte, wenn die Temperatur kurz vor der Schnittstelle auf 760° C gehalten wurde. Das entspricht einem Abfall von etwa 44% für die Versuchsreihe mit einem Vorschub von 0,15 mm/U.

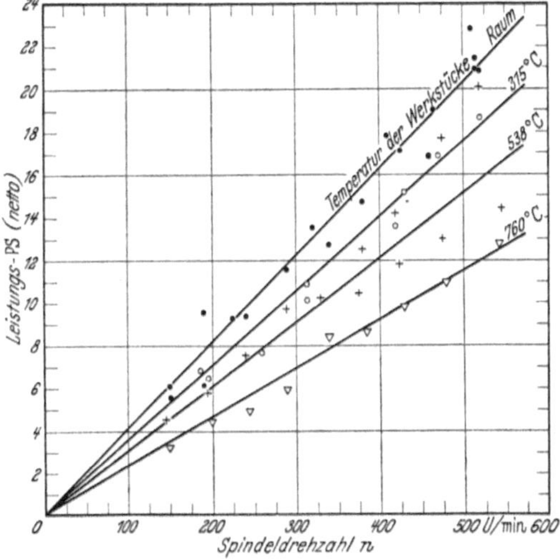

Abb. 271. Abfall des Leistungsbedarfes bei Heißzerspanung (Stahl C 1141; s = 0,15 mm/U).

Entsprechenderweise ergab sich auch eine wesentliche Verringerung des spezifischen Schnittdruckes, wie in Abb. 272 graphisch gezeigt ist. Verhältnismäßig am geringsten war die Verminderung bei den größeren Vorschüben (0,30 mm/U). Der spezifische Schnittdruck fiel hier von 250 kg/mm² bei Raumtemperatur auf 150 kg/mm² bei 760° C. Das ist eine 40proz. Verringerung. Bei einem Vorschub von 0,20 mm/U betrug der Abfall 46% und 44% bei 0,15 mm/U.

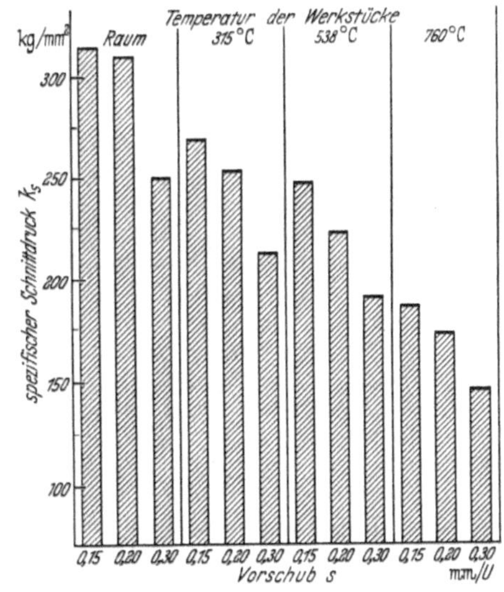

Abb. 272. Verringerung des spezifischen Schnittdruckes bei Heißzerspanung.

Weitere Versuche unter Einbeziehung der Int. Harvester Co, der Inhaber der Patente für Induktions-Heißzerspanung u. a. ergaben gleichfalls erhebliche Verminderungen in Schnittdruck und Leistungsaufnahme. Vor allem zeigte es sich, daß durch die Verminderung des Schnittdruckes sehr erhebliche Spanquerschnitte abgenommen werden konnten und daß infolge der dadurch verbesserten Schwingungszustände und anderer mitspielender Verhältnisse spiegelglatte Oberflächen erzeugt wurden.

Die Produktion konnte dabei auch wesentlich erhöht werden, jedoch sind Untersuchungen über die wirtschaftlichen Vorteile der Heißzerspanung noch nicht endgültig abgeschlossen. Der Aufwand an elektrischer Energie ist noch erheblich, und so ist die Gefahr, die von den weiß- oder rotheißen Spänen für den Bediener der Maschine entsteht.

Einige weitere Werte über den Einfluß der Heißzerspanung auf die Standzeit bei Bearbeitung von Chromnickelstählen sind in Abb. 273 zusammengestellt. Man erkennt, daß die Standzeit bei hochnickelhaltigen Stählen sich erhöht. Übrigens bieten die verschiedenen dort dargestellten Standzeiten in Kubikzoll für 0,75 mm Verschleißmarkenbreite bei Umrechnung in Minuten Standzeit keine Vergleichsgrundlage für die verschiedenen Metalle, da die Schnittgeschwindigkeiten verschieden waren.

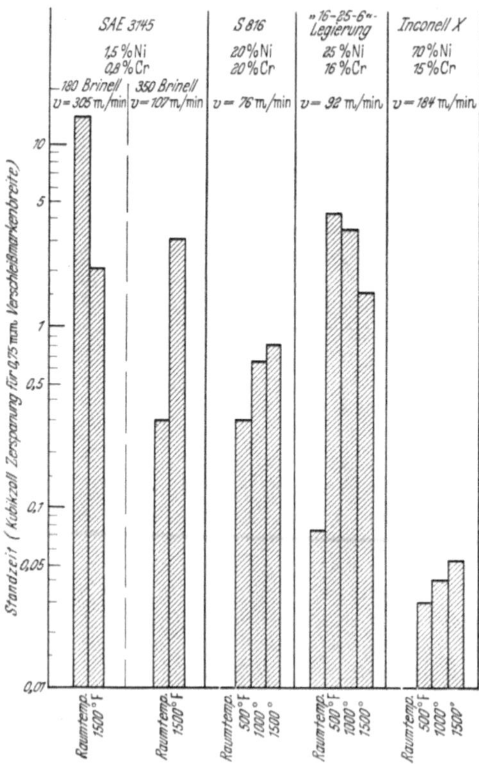

Abb. 273. Werkzeugstandzeiten bei Heißzerspanung verschiedener Chromnickelstähle.

f) Die logarithmische Drehzahlstufung.

Als festes Fundament des Werkzeugmaschinenbaues, und insbesondere des Drehbankbaues[1], wird die geometrische Abstufung der Drehzahlen angesehen. In den ersten Zeiten des wissenschaftlichen Durchdenkens des Werkzeugmaschinenbaues ist man von der früheren arithmetischen zur geometrischen Stufung übergegangen.

Die arithmetische Stufung entsteht durch Addition eines bestimmten Wertes zu der jeweils vorhergehenden Drehzahl, also z. B. bei einer Anfangsdrehzahl von $n_1 = 10$ und einem Sprung von 30 wären die Umdrehungen:

$$n_1 = 10\,,\quad n_2 = 40\,,\quad n_3 = 70\,,\quad n_4 = 100\,,\quad n_5 = 130\,,$$
$$n_6 = 160\,,\quad n_7 = 190\,,\quad n_8 = 220\,,\quad n_9 = 250\,,\quad n_{10} = 280\,.$$

[1] Diese Ausführungen beziehen sich sinngemäß auch auf Bohrmaschinen.

Bei der geometrischen Stufung entsteht durch Multiplikation mit z. B. 1,44 (Stufensprung φ):

$$n_1 = 10\,,\quad n_2 = 14{,}4\,,\quad n_3 = 20{,}8\,,\quad n_4 = 30{,}2\,,\quad n_5 = 43{,}6\,,$$
$$n_6 = 63{,}3\,,\quad n_7 = 92\,,\quad n_8 = 133\,,\quad n_9 = 193\,,\quad n_{10} = 280\,.$$

Bei einer Schnittgeschwindigkeit von $v = 20$ m/min würden die obigen beiden Stufungen folgende Drehdurchmesser „umfassen“:

Tabelle 94.

	Bei arithmetischer Stufung	Bei geometrischer Stufung
n_1	636—160 ∅	636—440 ∅
n_2	159— 92 ∅	439—307 ∅
n_3	91— 65 ∅	306—211 ∅
n_4	64— 50 ∅	210—147 ∅
n_5	49— 41 ∅	146—102 ∅
n_6	40— 35 ∅	101— 70 ∅
n_7	34— 30 ∅	69— 49 ∅
n_8	29— 27 ∅	48— 34 ∅
n_9	26— 24 ∅	33— 24 ∅
n_{10}	23— 0 ∅	23— 0 ∅

Die oben zugrunde gelegte Schnittgeschwindigkeit von $v =$ 20 m/min ist natürlich immer nur für die jeweiligen Größtdurchmesser zu erreichen.

Im einfach-logarithmischen Koordinatensystem (Abb. 274) ergibt die geometrische Stufung eine Gerade und die arithmetische Stufung eine nach unten offene Kurve.

Die *geometrische Stufung* wurde seinerzeit gewählt — und wird deswegen auch noch heute als die beste angesehen —, *weil bei ihr der Abfall der Schnittgeschwindigkeit von Stufe zu Stufe konstant ist.* Bezeichnet φ den Stufensprung, n_1 die kleinste, n_2 die darauffolgende Drehzahl, so ist bei der geometrischen Stufung:

$$\varphi = \frac{n_2}{n_1} = \frac{n_3}{n_2} = \frac{n_4}{n_3} = \cdots \text{konst.}$$

Der Schnittgeschwindigkeitsabfall A, der beim Übergang von einer Drehzahl zur nächsten bei gleichem Durchmesser eintritt, ergibt sich aus:

$$A = \frac{\varphi - 1}{\varphi} \cdot 100\,\%\,.$$

Er ist für die Normstufensprünge in Tab. 95 (S. 384) wiedergegeben.

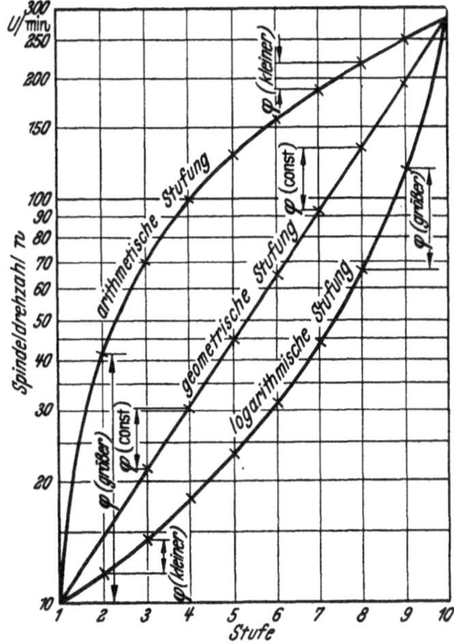

Abb. 274. Vergleich zwischen arithmetischer, geometrischer und logarithmischer Abstufung einer Bank bei gleichen Anfangs- und Enddrehzahlen ($n_1 = 10$, $n_{10} = 280$).

Tabelle 95[1].

Stufensprung φ	Schnittgeschwindigkeitsabfall A
1,06	etwa 5%
1,12	„ 10%
1,26	„ 20%
1,41	„ 30%
1,59	„ 40%
2,00	„ 50%

Bei der arithmetischen Stufung wird der Stufensprung φ mit wachsender Drehzahl, also mit fallenden Durchmessern, ständig kleiner, wie dies auch aus dem obigen Diagramm (Abb. 274) zu ersehen ist.

Bei ihr nimmt der Stufensprung φ zu den kleineren Drehzahlen, also größeren Durchmessern hin zu, d. h. der Abfall A der Schnittgeschwindigkeit wird immer größer. Man hat die arithmetische Stufung verlassen, weil bei ihr die Möglichkeit, bei großen Durchmessern die wirtschaftliche Schnittgeschwindigkeit zu erreichen, immer kleiner wird.

Wie liegen die Verhältnisse bei der geometrischen Stufung? Bei ihr ist φ konstant, also auch A; d. h. die Möglichkeit, die wirtschaftliche Schnittgeschwindigkeit zu erreichen, ist bei allen Durchmesserbereichen konstant, also proportional den Durchmessern.

Hiermit hat man sich bisher begnügt und die geometrische Stufung als das Idealbild angesehen. Ist den Erfordernissen der wirtschaftlichen Fertigung damit schon restlos gedient?

Die Bestrebungen zur Vervollkommnung der Maschinen sind hauptsächlich darauf gerichtet, φ konstant und so klein wie möglich zu erhalten. Durch immer feinere Abstufungen wird versucht, diesen Erfordernissen Rechnung zu tragen. Hieraus entstanden die Bänke mit Räderkastenantrieb, mit Regelmotor, Flanschmotor und mit stufenlosem Getriebe. Durch diese Bestrebungen wurden die Konstruktionen natürlich umständlicher und teurer. Im praktischen Betriebe kann man es aber oft sehen, daß feine Stufungen bei kleinen Durchmessern nicht verwendet werden und die Bänke unwirtschaftlich viel Amortisation verzehren. Die billigeren Bänke sind dagegen — vgl. weiter unten — sehr oft unwirtschaftlich gestuft, d. h., φ ist zu groß. Für die Fertigung werden Bänke benötigt, die ein wirtschaftliches Arbeiten gestatten und sich im Preise der Kaufkraft der Industrie anpassen.

Zur Klärung der Probleme gehen wir wieder von der oben angenommenen Bank mit $n_1 = 10$; $n_{10} = 280$; $d_1 = 636\ \varnothing$, $d_{10} = 22{,}7\ \varnothing$ aus und untersuchen, wie „weit" die jeweiligen Durchmesser auseinanderliegen, die der Schnittgeschwindigkeit $v = 20$ m/min entsprechen, d. h., welche Werkstoffzugabe oder Schnittiefe jeweils abzudrehen ist, um auf den nächsten „wirtschaftlichen" Durchmesser zu kommen. Die Tab. 96 zeigt das Ergebnis für die geometrisch gestufte Bank:

[1] Genauere Werte siehe des Verfassers Aufsatz: Bedeutung und Wesen der Drehzahlnormung: Werkzeugmaschine 28. Febr. 1929 S. 72—80, dort Tab. 3.

Tabelle 96. *Geometrische Drehzahlstufung.*

z Stufe	n U/min	d Durchmesser	$d_z - d_{z+1}$	$t_z = \frac{d_z - d_{z+1}}{2}$ * Schnittiefe
1	10	636		
			197	98,5
2	14,5	439		
			133	66,5
3	20,8	306		
			95,5	47,5
4	30,2	210,5		
			64,5	32,3
5	43,6	146		
			45	22,5
6	63,3	101		
			31,7	15,85
7	92	69,3		
			21,5	10,8
8	133	47,8		
			14,8	7,4
9	193	33		
			10,3	5,2
10	280	22,7		

Bei dem kleinsten Durchmesser (22,7) steht also schon nach 10,3 mm Vergrößerung des Durchmessers eine weitere Stufe (n_9) *zur Verfügung, bei 439 ∅ erst nach 197 mm* (n_1) *Durchmesservergrößerung!* Umgekehrt betrachtet, müßte man also vom größten Durchmesser (636) eine Schnitttiefe von 98,5 mm abdrehen, ehe man wieder die verlangte Schnittgeschwindigkeit (20 m) einstellen kann, während man sie bei 33 mm ∅ schon nach 5,15 mm Schnittiefe wieder erreicht.

Zum Vergleich ist dieselbe Rechnung auch für die arithmetische Stufung durchgeführt, wie sie Tab. 97 angibt.

Tabelle 97. *Arithmetische Drehzahlstufung.*

z Stufe	n Touren	d Durchmesser	$d_z - d_{z+1}$	$t_z = \frac{d_z - d_{z+1}}{2}$ Schnittiefe
1	10	636		
			477	238,5
2	40	159		
			68	34
3	70	91		
			27,4	13,7
4	100	63,6		
			14,6	7,3
5	130	49		
			9,2	4,6
6	160	39,8		
			6,2	3,1
7	190	33,6		
			4,6	2,3
8	220	29		
			3,5	1,75
9	250	25,5		
			2,8	1,4
10	280	22,7		

Die „notwendigen Schnittiefen, um die wirtschaftliche Schnittgeschwindigkeit wieder erreichen zu können", sind in Abb. 275 bis 277 als Schichten einer Welle dargestellt. Man sieht deutlich, wie sich diese zur Achse hin immer mehr verdichten. Die ungünstige arithmetische Stufung (Abb. 275) zeigt sich hier besonders deutlich, *fällt doch der ganze Durchmesserbereich von 636 bis 160 auf eine einzige Stufe!* Bei

* Vgl. S. 387.

der geometrischen Stufung (Abb. 276) ist in dieser Hinsicht ein wesentlicher Vorteil zu bemerken, da die Abnahme des Materials sich besser auf die Stufen verteilt. Auf Abb. 277 wird noch zurückzukommen sein.

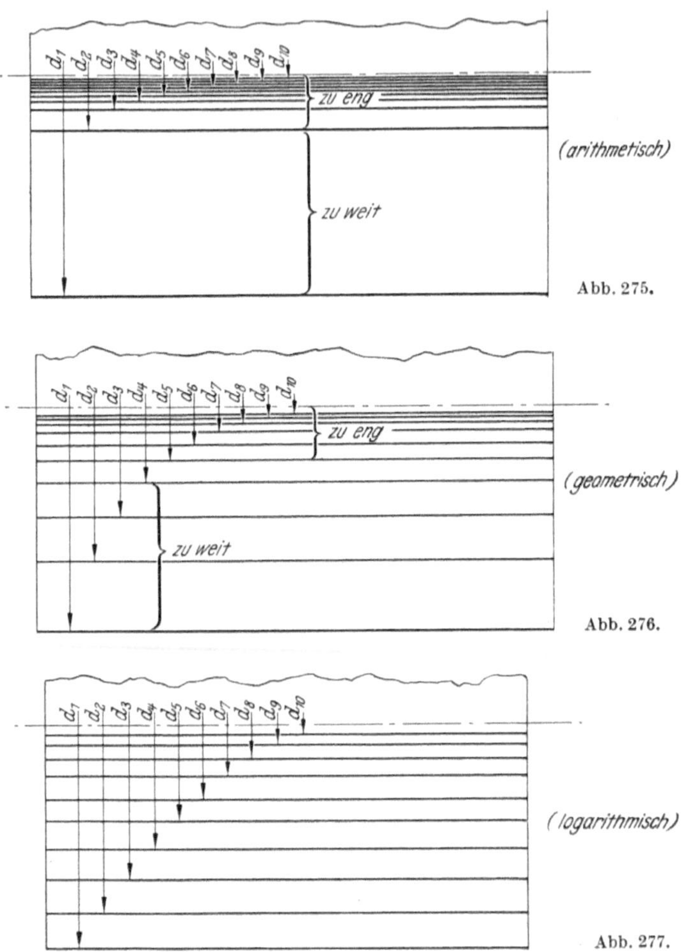

Abb. 275 bis 277. Aufeinanderfolge der mit derselben wirtschaftlichen Schnittgeschwindigkeit abzudrehenden Durchmesser (d_1 bis d_{10}) einer Welle bei arithmetischer Stufung (Abb. 275), geometrischer Stufung (Abb. 276), logarithmischer Stufung (Abb. 277) der Drehzahlen einer Bank.

Die Tab. 96 und 97 geben die Verhältnisse nur für bestimmte Beispiele wieder, so daß die allgemeine Ableitung auch vorgenommen werden muß.

Bezeichnet:

d_z den zur Drehzahl n_z bei der Schnittgeschwindigkeit v zugehörigen Durchmesser,

d_{z+1} den zur Drehzahl n_{z+1} ($> n_z$) bei derselben Schnittgeschwindigkeit v zugehörenden Durchmesser, so ist:

$$d_z = \frac{v}{\pi \cdot n_z},$$

$$d_{z+1} = \frac{v}{\pi \cdot n_{z+1}},$$

$$t_z = \frac{d_z - d_{z+1}}{2},$$

bezeichnet φ_z den Sprung zwischen der Stufe z und $z + 1$, so ist:

$$n_{z+1} = n_z \cdot \varphi_z;$$

es ergibt sich also:

$$d_{z+1} = \frac{v}{\pi \cdot n_z \cdot \varphi_z}$$

und

$$t_z = \frac{1}{2}\left(\frac{v}{\pi \cdot n_z} - \frac{v}{\pi \cdot n_z \cdot \varphi_z}\right),$$

$$t_z = \frac{1}{2}\,\frac{v}{\pi \cdot n_z}\left(1 - \frac{1}{\varphi_z}\right),$$

$$\underline{t_z = \frac{d_z}{2}\left(1 - \frac{1}{\varphi_z}\right).}$$

Ist $\varphi_z = \varphi$ konstant, so ist jeder Durchmesser um den gleichen Betrag abzudrehen, bis v wieder erreicht werden kann, z.B. für $\varphi = 1{,}67$ um

$$t_z = \frac{d}{2} \cdot \frac{0{,}67}{1{,}67} = \frac{d}{5}.$$

Für andere Werte von φ ergeben sich andere Beträge für t_z.

Besonders aufschlußreich wird die graphische Darstellung dieser Beziehungen im doppellogarithmischen Koordinatensystem (Abb. 278). Auf der x-Achse sind die Durchmesser d_z und auf der y-Achse die Schnittiefen t_z für verschiedene Werte von φ aufgetragen, der Schnittpunkt von φ mit d_z zeigt die erforderliche Schnittiefe t_z an der linken Achse an; man sieht, daß die erforderliche Schnittiefe mit steigendem φ und steigendem d auch steigt.

Selbst bei dem Stufensprung von $\varphi = 1{,}2$ sind bei 500 mm ∅ Schnittiefen von 42 mm erforderlich, um v wieder zu erreichen. Bei $\varphi = 1{,}6$ sind es schon 95 mm.

Anders verhält es sich bei kleinen Drehdurchmessern. So wäre z.B. bei einer Bank mit $\varphi = 1{,}2$ und bei $d_z = 12$ mm bereits nach 1,2 mm Schnittiefe wieder eine neue Stufe verfügbar, bei $\varphi = 1{,}4$ und $d_z = 10$ ∅ nach 1,4 mm usw.

Allgemein ersieht man aus diesem Diagramm, daß neue Drehzahlen bei den großen Durchmessern erst nach sehr großen Schnittiefen und bei den kleinen Durchmessern schon nach sehr kleinen Tiefen zur Verfügung stehen!

Mit Ausnahme von Sonderfällen sind aber die Materialzugaben der Werkstücke bei kleinen Drehdurchmessern größer und bei großen Drehdurchmessern kleiner, als sie diesen Abstufungen entsprechen. Mit anderen Worten:

Bei der geometrischen Stufung ist die Drehzahl bei großen Durchmessern nicht häufig genug und bei den kleinen Durchmessern meist zu häufig zu wechseln!

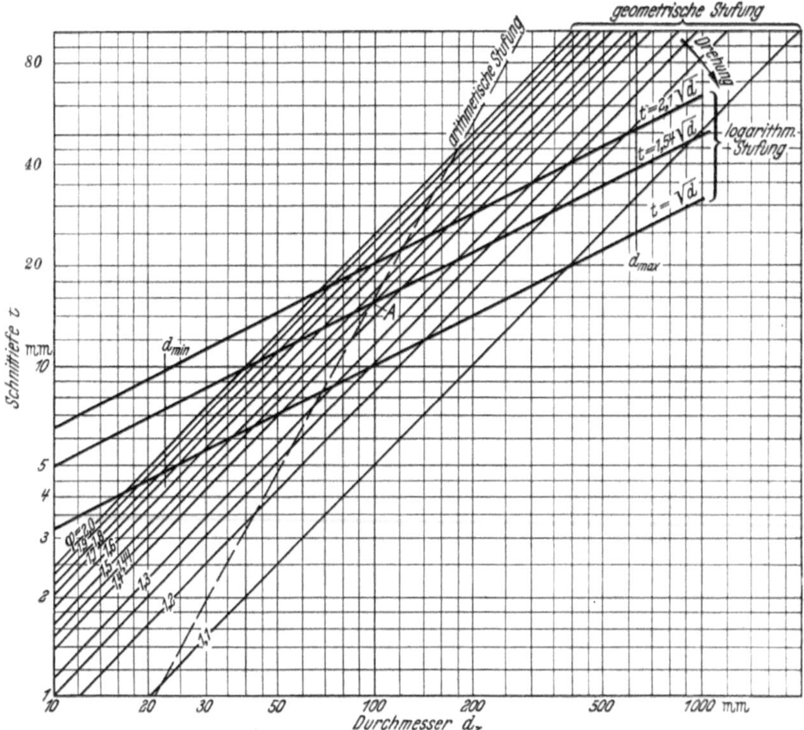

Abb. 278. Diagramm zur Ermittlung der Beziehungen zwischen arithmetischer, geometrischer und logarithmischer Stufung.

Wir benötigen bei kleinen Durchmessern keine so feine Stufung, da oft schon die Werkstoffzugabe, die mit einem Schnitt abzudrehen ist, Durchmesser umfaßt, für die zwei oder mehr Drehzahlen zur Verfügung stehen, während bei den großen Durchmessern viele Schnitte mit derselben Drehzahl bearbeitet werden müssen, die nicht der wirtschaftlichen Schnittgeschwindigkeit entsprechen. Im „Gebiet" der großen Durchmesser sind also mehr und im „Gebiet" der kleinen Durchmesser weniger Stufen erforderlich, als sie die geometrische Stufung vollbringen kann.

Bei der arithmetischen Stufung sind die Verhältnisse noch schlechter, wie gezeigt wurde. Wir müssen also nach einer neuen Abstufungsmethode Umschau halten, die eine Fortsetzung der Entwicklung in derselben Richtung darstellt, in der seinerzeit der Übergang von der arithmetischen zur geometrischen Stufung erfolgte.

Diese Stufung sei logarithmische Abstufung genannt.

Durch „Drehung" der φ-Geraden (Abb. 278) im Uhrzeigersinn, etwa um den Punkt A, kann man es erreichen, daß zu den großen Durchmessern kleinere und zu den kleinen Durchmessern größere Schnitttiefen zugeordnet werden. Eine kleine Drehung hat bei den großen Durchmessern schon eine wesentliche Abnahme und bei den kleinen Durchmessern, in mm gerechnet, keine wesentliche Zunahme der Schnitttiefen zur Folge. Dreht man die Gerade $\varphi = 1{,}44$ (der obigen Bank entsprechend) in die gezeichnete Lage (starke Linie), so ergibt sich für $d = 600$ ⌀ eine Abnahme der erforderlichen Schnittiefe von 98,5 auf 38,5 mm, für $d = 10$ ⌀ eine Zunahme von 1,5 mm auf 4,75 mm. Die Schnittiefe bei $d = 600$ ⌀ fällt also um 50 mm und nimmt bei $d = 10$ ⌀ nur um 3,25 mm zu.

Es ist jetzt der technische Sinn dieser Drehung zu erläutern.

Bei der geometrischen Abstufung war die Schnittiefenänderung zwischen zwei Stufen stets das gleiche Vielfache des Durchmessers, wie auch aus der 45°-Neigung der φ-Geraden hervorgeht. Die „gedrehten" Geraden verlaufen nicht mehr unter 45°, sondern unter einem kleineren Winkel, der jede gewünschte Größe annehmen kann. Der eine Grenzwert dieses Neigungswinkels wäre 0°, also horizontale Lage der φ-Geraden, d. h. für sämtliche Durchmesser gleiche Schnittiefen; dem kommt jedoch wegen der verschiedenen Materialzugaben der kleinen und großen Durchmesser kein technischer Sinn zu. Der andere Grenzwert ($> 45°$) ergibt arithmetische Stufung.

Die gedrehte Gerade schneidet von links nach rechts die ursprünglichen φ-Geraden, die verschiedene Werte von φ darstellen. Bei kleinen Durchmessern werden hohe φ-Werte, bei großen Durchmessern kleine φ-Werte geschnitten. *φ ist also bei der gedrehten Geraden nicht mehr konstant, sondern fällt mit wachsendem Durchmesser bzw. fallenden Drehzahlen ab.*

Bei der arithmetischen Stufung ist es umgekehrt, wie die gestrichelt eingezeichnete Linie erkennen läßt. Dort schneidet die Gerade bei kleinen Durchmessern die kleinen φ und bei großen Durchmessern die großen φ.

Die allgemeine Gleichung der Geraden ist:

$$y = a\,x + b\,.$$

Ähnlich den Ableitungen auf S. 112 setzt man hier:

$$y = \log t\,,$$
$$x = \log d_z\,.$$

Der Achsenabschnitt b auf der y-Achse ist nicht gezeichnet, da die Durchmesser nur bis $d_z = 10\ \varnothing$ aufgetragen sind. Er stellt jedoch sinngemäß die zu $d_z = 1$ gehörige Tiefe t_1 dar, also:

$$b = \log t_1 \text{ (für } d_z = 1)\,,$$

anderseits war:

$$t_z = \frac{d_z}{2}\left(1 - \frac{1}{\varphi_z}\right),$$

für $d_z = 1$ wird also:

$$t_1 = \frac{1}{2}\left(1 - \frac{1}{\varphi_1}\right),$$

so daß sich ergibt:

$$b = \log\left[\frac{1}{2}\left(1 - \frac{1}{\varphi_1}\right)\right].$$

Der Neigungsfaktor a der Geraden ergibt sich aus:

$$a = \frac{\log y_2 - \log y_1}{\log x_2 - \log x_1} = \frac{\log t_{10} - \log t_1}{\log 10 - \log 1}\,,$$

wenn t_{10} die zu $d_z = 10$ zugehörige Schnittiefe ist. Da

$$t_{10} = \frac{10}{2}\left(1 - \frac{1}{\varphi_{10}}\right)$$

ist, wird:

$$a = \log\frac{10}{2}\left(1 - \frac{1}{\varphi_{10}}\right) - \log\frac{1}{2}\left(1 - \frac{1}{\varphi_1}\right).$$

Für die in Abb. 278 verstärkt eingezeichnete gedrehte Gerade ist:

$$a = \log 4{,}88 - \log 1{,}54 = \tfrac{1}{2}\,.$$

Die Gleichung der Geraden wird also:

$$\log\ t = \frac{1}{2}\log d_z + \log\left[\frac{1}{2}\left(1 - \frac{1}{\varphi_1}\right)\right],$$

$$\underline{t = \frac{1}{2}\left(1 - \frac{1}{\varphi_1}\right)\sqrt{d_z}} = \underline{\frac{\sqrt{d_z}}{2}\left(1 - \frac{1}{\varphi_1}\right)}.$$

Für jede andere Drehung ergeben sich natürlich andere Wurzelwerte für d_z, so daß allgemein wäre:

$$\underline{t = \frac{\sqrt[1/a]{d_z}}{2}\left(1 - \frac{1}{\varphi_1}\right)}.$$

Es entstehen also unendlich viele Möglichkeiten für die logarithmische Stufung, je nach dem Grade der Drehung und je nachdem, welche Gerade gedreht wird.

Die weiteren Erörterungen sollen jedoch auf $a = \frac{1}{2}$ beschränkt werden. Die Gleichung der gedrehten Geraden ($\varphi = 1{,}44$) wird bei Ausdehnung bis auf den Koordinatenursprung:

$$\underline{t = 1{,}54 \sqrt{d_z}}\,.$$

In dieser Gleichung ist jede Schnittiefe von der des vorhergehenden Durchmessers abhängig, und zwar nicht mehr, wie bei der geometrischen Stufung, im konstanten Verhältnis zum Durchmesser, sondern im steigenden. Hiermit ist auch zugleich die Anzahl der Stufen z festgelegt, die notwendig sind, um von einem bestimmten Größtdurchmesser bis auf einen bestimmten Kleinstdurchmesser drehen zu können.

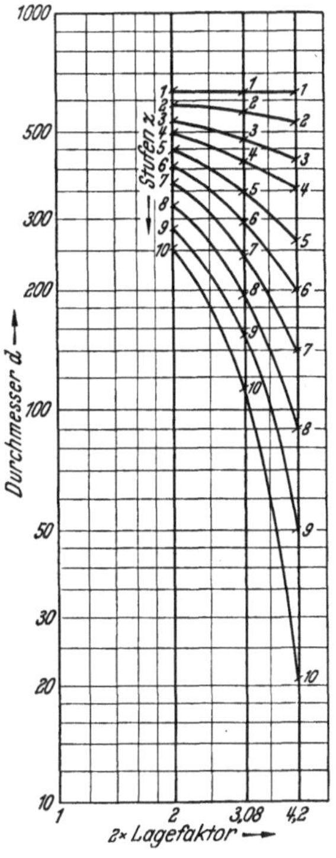

Abb. 279. Einfluß des Lagefaktors auf Stufenzahl bzw. Stufendichte.

Verschiebt man die Gerade parallel zu sich selbst (was der Drehung einer anderen φ-Geraden gleichkommt), so wird der Faktor 1,54 größer oder kleiner, je nachdem, ob die Verschiebung nach oben oder unten erfolgt. Mithin verändert sich auch die Zahl der benötigten Schaltstufen, und zwar sehr stark, mit dem Faktor 1,54, der der Lagefaktor L genannt sei; er stellt die Parallelverschiebung der gedrehten Geraden zu sich selbst dar. Im allgemeinen bedeutet eine Verschiebung nach „oben" (also eine Vergrößerung des Lagefaktors, d. h. ein Verschieben in größeren Schnittiefen) einen weiteren Abstand der Stufen voneinander und umgekehrt, wie Abb. 278 und 279 zeigen.

Den wesentlichen Einfluß des Lagefaktors auf die Stufenzahl zeigt nachstehende Gleichung für den vierten Durchmesser d_4 vom Größtdurchmesser aus gerechnet:

$$d_4 = d_1 - 1{,}54\sqrt{d_1} - 1{,}54\sqrt{d_1 - 1{,}54\sqrt{d_1}} - 1{,}54\sqrt{d_1 - 1{,}54\sqrt{d_1} - 1{,}54\sqrt{d_1 - 1{,}54\sqrt{d_1}}}\,.$$

In der Gleichung für d_2 (dem zweiten Durchmesser) kommt L einmal vor, in der für d_3 3mal, in derjenigen für d_4 7mal, in der für d_5 15mal, d. h. er kommt in jedem folgenden Durchmesser um einmal mehr als das Doppelte des vorangegangenen Durchmessers vor, bei d_{10} sind es bereits 511mal, bei d_{11} bereits 1023mal.

Für den praktischen Fall liegen die Verhältnisse umgekehrt, d. h. es sind der Größtdurchmesser, der Kleinstdurchmesser, die Grenzdrehzahlen und die Anzahl der Schaltstufen, die man beabsichtigt, gegeben. Hierfür muß dann der Lagefaktor und daraus φ bestimmt werden. Man könnte annehmen, daß man nur den Anfangswert und Endwert von φ zu ermitteln habe, und dann jede beliebige Steigung von φ, sei es durch

Tabelle 98.

z	φ_z	d_z	t_z
1		636	
	} 1,2		} 105
2		531	
	} 1,305		} 125 (Wendepunkt)
3		406	
	} 1,42		} 120
4		286	
	} 1,545		} 101
5		185	
	} 1,681		} 75
6		110	
	} 1,831		} 50
7		60	
	} 1,959		} 29,3
8		30,7	
	} 2,13		} 16,3
9		14,4	
	} 2,323		} 8,2
10		6,2	

Multiplikation des Anfangswertes mit einem konstanten Wert ψ oder durch Addition eines konstanten Wertes, ermitteln könnte. Geht man jedoch so vor, so erhält man Wendepunkte für t, d. h. t steigt zuerst und fällt erst dann, wodurch natürlich die erstrebte Regelmäßigkeit hinfällig würde. Die Tab. 98 zeigt ein solches Beispiel, und zwar für eine geometrische Steigerung von φ durch Multiplikation mit $\psi = 1{,}082$.

Soll die auf S. 383 angenommene Bank ($n_1 = 10$, $n_{10} = 280$, $d_1 = 636$, $d_{10} = 22{,}7$, $z = 10$) logarithmisch abgestuft werden, so ist zunächst aus dem Diagramm (Abb. 280) der Lagefaktor L zu bestimmen. Er ergibt sich zu $L = 2{,}08$.

Die Berechnung ergibt also nun folgende Werte für die logarithmische Abstufung der Bank:

Tabelle 99. *Logarithmische Drehzahlstufung.*

z	d_z	$2\,t = 4{,}16\,\sqrt{d_z}$	n_z	φ_z
1	636		10	
		} 105		} 1,20
2	531		12	
		} 96		} 1,22
3	435		14,64	
		} 86,6		} 1,242
4	348,4		18,25	
		} 77,6		} 1,29
5	270,8		23,55	
		} 68,5		} 1,338
6	202,3		31,5	
		} 59,4		} 1,415
7	142,9		44,6	
		} 50		} 1,539
8	92,9		68,6	
		} 40,2		} 1,759
9	52,7		120,5	
		} 30		} 2,321
10	22,7		280	

Im einfach-logarithmischen Koordinatensystem ergibt (Abb. 274) die *logarithmische* Stufung der Bank eine nach *oben* offene Kurve. Aus diesem Diagramm ist auch das Anwachsen von φ mit den steigenden Drehzahlen zu erkennen.

Eine mit solchem Antrieb ausgestattete Bank gestattet es nunmehr, die Schnittgeschwindigkeit dort fein zu stufen, wo es erforderlich ist (bei den großen Durchmessern), *und dort gröber, wo es weniger von Bedeutung oder oft überflüssig ist* (bei den kleinen Durchmessern).

Die Verteilung der Schnitte auf der Welle zeigen Abb. 275 bis 277 ebenfalls; man sieht, daß sich die Materialstärken so auf die Stufen verteilen, wie es die Zugaben am Werkstück und die Forderung nach günstiger Ausnutzung der Bank erfordern. Für die kleinen Durchmesser brauchen die Drehzahlen nicht enger zu liegen als etwa mit 5 mm, bei den großen Durchmessern mit 27,5 mm Schnittiefenabstand. Bei geometrischer Stufung würden entweder auf die kleinen Durchmesser zu viele Drehzahlen entfallen (bei Stufung mit dem Abstand wie bei den gezeichneten großen Durchmessern) oder auf die großen Durchmesser zuwenig (bei „weiter" Stufung); entweder würden also sehr viele Geschwindigkeiten notwendig sein oder bei wenig Geschwindigkeiten nur geringe Ausnutzungsmöglichkeiten vorliegen.

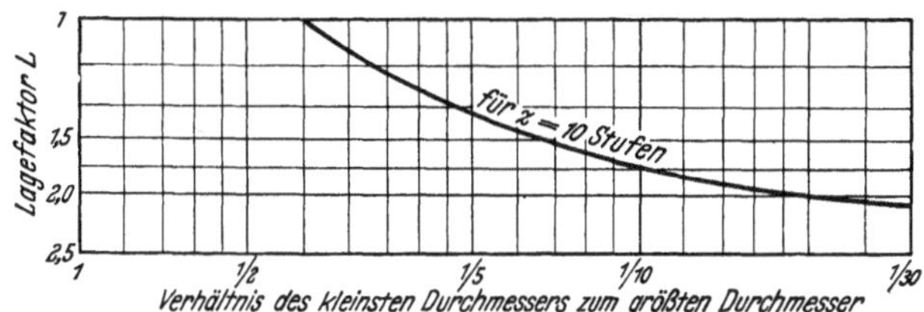

Abb. 280. Ermittlung des Lagefaktors für $z = 10$ Stufen.

Die logarithmische Stufung verhindert beides, sie erfüllt die oben aufgestellte Forderung: Bänke zu bauen, die wirtschaftlich über ihren ganzen Arbeitsbereich besser auszunutzen sind als bisher.

In Fällen, wo die Getriebe für logarithmische Drehzahlstufung schwer zu verwirklichen sind, kann man zur sogenannten „Auswahlstufung" greifen, wie sie GERMAR[1] aus obigen Ausführungen abgeleitet hat. Die Auswahlstufung ist ein guter Mittelweg zwischen dem theoretisch anzustrebenden und dem praktisch unschwer zu verwirklichenden Getriebe für wirtschaftliche Zerspanung auf Drehbänken und Bohrmaschinen.

g) Zerspanungsuntersuchungen mit Benutzung von Dehnungsmeßstreifen[2].

Um den Einfluß verschiedener Zerspanungsvorgänge auf die Beanspruchung von Drehbänken untersuchen zu können, sind von mir

[1] GERMAR: Getriebe für Normdrehzahlen S. 30 u. 63. Berlin: Springer 1932.

[2] Vgl. Abstracts of the Conference on Metal Cutting. Mass. Inst. of Technology, Paper Nr. 7, presented by M. KRONENBERG, 5. Juni 1952.

Versuche bei der R. K. LeBlond Machine Tool Co. unter Zuhilfenahme von Dehnungsmeßstreifen durchgeführt worden. Wie Abb. 281 erkennen läßt, wurden etwa 70 Dehnungsmeßstreifen an verschiedenen Stellen des Bettes, Schlittens, Reitstocks usw. angebracht. Die Beanspruchungen wurden mit dem im Hintergrund sichtbaren Röhrenmeßgerät an 12 Stellen gleichzeitig gemessen.

Die Untersuchungen umfaßten sowohl Schnittversuche als auch Schwingungserregungen; bei den letzteren lassen sich eingeleitete Schwingungsfrequenzen und Energien besser kontrollieren und auf ge-

Abb. 281. Drehbankuntersuchung mittels Dehnungsmeßstreifen und 12-Röhren-Gerät (The R. K. LeBlond Machine. Tool Co).

wünschten Werten halten als bei Zerspanungsvorgängen, die natürlich den wechselnden Einflüssen des Werkstoffes, Werkzeuges usw. unterworfen sind.

Die Maschinen wurden durch Schnittdruck und Leistung voll belastet und Messungen bei drei verschiedenen Stellungen des Schlittens auf dem Bett vorgenommen; nämlich bei Stellung nahe dem Spindelstock, bei Stellung auf halber Entfernung zwischen den Spitzen und bei Stellung nahe dem Reitstock.

Beispielsweise konnten die Schwingungen, die am Schlitten selbst erzeugt wurden, zu wesentlichen Amplituden angefacht werden, sobald die Dehnungen einen Wert von $^1/_{1000}$ mm je 25,4 mm (0,000040 Zoll je 1 Zoll) erreichten. Gewöhnlich waren solche Schwingungen von starkem Maschinenlärm begleitet. Dieser Wert wurde daher als Grundlage für Schwingungsvergleiche genommen. Größere Dehnungen wurden bereits als unzulässig angesehen.

Es zeigte sich, daß das Frequenzband unterhalb solcher Dehnungen erheblich schmaler wurde, wenn der Schlitten auf einem Spezial- (Gußeisen- oder Stahl-) Bett angebracht war anstatt auf einem anderen Bett. Auf diese Weise wurde das Frequenzband von einer Breite von 60 bis 180 Hertz (1 : 3) auf ein solches von einer Breite von nur 90 bis 120 Hertz (1 : 1,33) verringert.

Aus diesen und weiteren Versuchen ergibt sich, daß die Standzeit des Werkzeuges und die Oberflächengüte des Werkstückes erheblich verbessert werden können durch Erhöhung der Starrheit der Maschinen und Höherlegung der Grundfrequenz.

Schwingungen, die dem bloßen Auge oft verborgen bleiben, müssen in der Zukunft besser als bisher beherrscht werden und werden den Werkzeugmaschinenbau und -betrieb stark beeinflussen, wenn die Bearbeitung der in den Vordergrund kommenden Metalle, wie Titan, Tantal, Niobium usw., beherrscht werden soll.

Anhang A.

1. Bestwerte für Berechnungen.

Tabelle 100. *C_v-Bestwerte und Exponenten für Schnittgeschwindigkeitsberechnungen.*

Brinellhärte H kg/mm²	Zugfestigkeit k_z kg/mm²	Stahlbearbeitung[1] mit hochwertigem Hartmetall	mittelwertigem Hartmetall	älterem Hartmetall	Schnellstahl[3]	Gußeisen[2] sphäroidisch Mittelwerte für Hartmetall	flockenartig Mittelwerte für Hartmetall	Mittelwerte für Schnellstahl
100	35	361	282	150	85	—	240	50
125	44	283	213	113	64	—	200	40
150	53	224	169	90	51	—	160	35
175	61	183	138	73	42	220	130	30
200	70	150	113	60	34	125	100	25
225	79	133	100	53	30	90	80	20
250	87	113	85	45	26	70	60	—
275	96	101	76	41	23	65	45	—
						Legiertes Gußeisen		
300	105	89	67	36	20	65	70	—
325	117	84	63	33	—	—	—	—
350	122	76	57	30	—	—	—	—
375	123	68	51	27	—	—	—	—
400	140	63	47	25	—	—	—	—
Gleichungen für C_v . . .		$\frac{150000}{H^{1,30}}$	$\frac{113000}{H^{1,30}}$	$\frac{60000}{H^{1,30}}$	$\frac{34000}{H^{1,30}}$	—	—	—
Exponent f des Spanquerschnittes . .		0,28	0,28	0,28	0,28	0,20	0,20	0,20
Exponent g des Schlankheitsgrades . . .		0,14	0,14	0,14	0,14	0,10	0,10	0,10
Exponent y der Standzeit . .		0,30	0,30	0,167	0,15	0,25	0,25	0,25

[1] C_v-Werte für die höheren Brinellhärten beziehen sich auf legierte Stähle. Legierungseinflüsse auf die Schnittgeschwindigkeit können durch Berücksichtigung der Brinellhärte oft erfaßt werden. Vgl. S. 160 ff.

[2] Für sonstige Gußeisenwerte siehe Tab. 54.

[3] Siehe a. Anhang A Tab. 102 für C_v Werte verschiedener anderer Schnellstähle und für Kühlung.

Beitabellen für Schnittgeschwindigkeitsberechnungen

$$v = \frac{C_v \cdot \left(\frac{G}{5}\right)^g}{F^f \cdot \left(\frac{T_L}{60}\right)^y} \text{ m/min [Gl. (93) S. 134]}^2.$$

Beitabelle 100a — Einfluß des Spanquerschnittes

Spanquerschnitt F mm²	Divisionsfaktoren (F^f) — Hartmetall und Schnellstahl auf Stahl $F^{0,28}$	Gußeisen $F^{0,20}$	Nichteisenmetallen $F^{0,10}$
0,2	0,636	0,725	0,852
0,5	0,823	0,870	0,933
1,0	1,0	1,0	1,0
2	1,214	1,150	1,073
3	1,362	1,246	1,116
4	1,475	1,320	1,150
5	1,57[1]	1,380	1,175
10	1,91	1,585	1,26
15	2,14	1,72	1,312
20	2,32	1,825	1,35
30	2,55	1,98	1,45
50	3,0	2,19	1,48

Beitabelle 100b — Einfluß des Schlankheitsgrades

Schlankheitsgrad G	Multiplikationsfaktoren $\left(\frac{G}{5}\right)^g$ — Hartmetall und Schnellstahl auf Stahl $\left(\frac{G}{5}\right)^{0,14}$	Gußeisen $\left(\frac{G}{5}\right)^{0,10}$
2:1	0,88	0,912
3:1	0,93	0,95
4:1	0,968	0,978
5:1	1,0	1,0
6:1	1,026	1,018
7:1	1,048	1,034
8:1	1,068[1]	1,048
9:1	1,086	1,061
10:1	1,102	1,073
20:1	1,215	1,15

Beitabelle 100c — Einfluß der Standzeit

Standzeit T_L Min.	Divisionsfaktoren $\left(\frac{T_L}{60}\right)^y$ — Hartmetallwerkzeuge: Hoch- u. mittelwertige auf Stahl $\left(\frac{T_L}{60}\right)^{0,30}$	Hartmetallwerkzeuge: Ältere auf Stahl $\left(\frac{T_L}{60}\right)^{0,167}$	Hartmetallwerkzeuge: Ältere auf Gußeisen $\left(\frac{T_L}{60}\right)^{0,25}$	Schnellstahl auf Stahl $\left(\frac{T_L}{60}\right)^{0,15}$	Schnellstahl auf Gußeisen $\left(\frac{T_L}{60}\right)^{0,25}$
60	1,0	1,0	1,0	1,0	1,0
120	1,232[1]	1,123	1,19	1,11	1,19
240	1,566	1,261	1,415	1,232	1,415
480	1,865	1,415	1,68	1,368	1,68

[1] Beispiele s. S. 163 ff.

[2] Erweitertes Schnittgeschwindigkeitsgesetz. Für das einfache Schnittgeschwindigkeitsgesetz [Gl. (79) S. 112] setze $G = 5$, $T_L = 60$.

Tabelle 101. *Zusammenstellung der Zerspanungskonstanten und Exponenten für Nichteisenmetalle. (Bestwerte für Berechnungen.)*

Werkstoff	Werkzeug	Schnittgeschwindigkeit C_v m/min	$f = \frac{1}{\varepsilon_v}$	y	Schnittdruck C_{k_s} kg/mm²	$f_s = \frac{1}{\varepsilon_{k_s}}$	Leistung C_N PS/mm²	$f_N = \frac{1}{\varepsilon_N} = 1 - f_s - f$
Kupfer . .	Hartmetall	850	0,10	—	150	0,18	28,4	0,72
	Schnellstahl	45	0,23	0,13			1,5	0,59
Rotguß . .	Hartmetall	535	0,10	—	75	0,24	8,9	0,66
	Schnellstahl	60	0,23	0,25			1,0	0,53
Messing . .	Hartmetall	1000	0,10	—	75	0,16	16,7	0,74
	Schnellstahl	100	0,31	0,25			1,67	0,53
Aluminium (rein)	Hartmetall	1650	0,10	0,41	50	0,24	18,4	0,66
	Schnellstahl	77	0,29	0,41			0,85	0,47

Tabelle 102. *Zusammenstellung von Multiplikatoren für C_v bei Schnellstahlwerkzeugen. (Bestwerte für Berechnungen.)*

Schnellstahl Sorte	% W	% Cr	% V	% C	% Co	% M	Multipliziere C_v bei Trockenbearbeitung mit	bei Kühlung (Mittelwert) mit[1]	bei Kühlung (Höchstwert) mit
14-4-1	14	4	1	0,7 —0,8	—	—	0,83	1,04	1,17
18-4-1	18	4	1	0,7 —0,75	—	—	0,94	1,18	1,32
18-4-2	18	4	2	0,8 —0,85	—	0,75	1,00	1,25	1,40
18-4-3	18	4	3	0,85—1,1	—	—	1,08	1,35	1,51
18-4-2 + 10% Co	18	4	2	0,8 —0,85	10	0,75	1,28	1,60	1,80
20-4-2 + 18% Co	20	4	2	0,8 —0,85	18	1,00	1,33	1,67	1,86

Tabelle 103. *Zahlenwerte der einfachen und zusammengesetzten Exponenten. (Bestwerte für Berechnungen.)*[2]

Betrifft	Exponent	Stahl	Gußeisen
Schnittgeschwindigkeit	$f = \frac{1}{\varepsilon_v}$	**0,28**	**0,20**
	g	**0,14**	**0,10**
	$f + g (= p)$	0,42	0,30
	$f - g (= q)$	0,14	0,10
Standzeit	y für Hartmetall, hoch- und mittelwertig	**0,30**	**0,25**
	y für Hartmetall, älteres	**0,167**	**0,25**
	y für Schnellstahl	**0,15**	**0,25**

(Fortsetzung nächste Seite)

[1] Etwa 20 l/min. Temperatur der Kühlflüssigkeit vgl. S. 50 ff.

[2] f-Exponenten beziehen sich auf den Spanquerschnitt F, g-Exponenten auf den Schlankheitsgrad G.

Tabelle 103 (Fortsetzung)

Betrifft	Exponent	Stahl	Gußeisen
Schnittdruck	$f_s = \frac{1}{\varepsilon_{k_s}}$	**0,197**	**0,137**
	$1 - f_s$	**0,803**	**0,863**
	g_s	**0,160**	**0,120**
	$f_s + g_s (= p_s)$	0,357	0,257
	$f_s - g_s (= q_s)$	0,037	0,017
	$1 - f_s + g_s$	0,963	0,983
	$1 - f_s - g_s$	0,643	0,743
Leistung	$f_N (= 1 - f_s - f) = \frac{1}{\varepsilon_N}$	**0,523**	**0,663**
	$g_N (= g_s + g)$	**0,300**	**0,220**
	$\frac{1}{f_N} = \varepsilon_N$	1,925	1,51
	$\frac{1-f}{f_N}$	1,38	1,206
	$\frac{f}{f_N}$	0,540	0,301
	$\frac{f_s}{f_N}$	0,38	0,206
	$\frac{f_N}{g_N}$	1,74	3,01
	$\frac{g_s (1 - f) + g \cdot f_s}{f_N}$	0,272	0,165
Gekoppelte Standzeit-Leistungsbeziehungen	$f_N - g_N (= 1 - p_s - p)$	0,223	0,443
	$f_N + g_N (= 1 - q_s - q)$	0,823	0,883
	$\frac{f_N - g_N}{f_N + g_N}$	0,270	0,500
	$\frac{g}{g_N}$	0,466	0,455
	$\frac{g_s}{g_N}$	0,534	0,545
	$\frac{f \cdot g_s + g (1 - f_s)}{g_N}$	0,524	0,500
	$\frac{1 - f_s}{f_N}$	1,535	1,30
	$\frac{f \cdot g_s + g (1 - f_s)}{f_N}$	0,301	0,166
	$\frac{1}{f_N + g_N}$	1,22	1,13
	$\frac{1}{f_N - g_N}$	4,50	2,26
	$\frac{f \cdot g_s + g (1 - f_s)}{f_N + g_N}$	0,191	0,063
	$2 \left(\frac{f \cdot g_s + g (1 - f_s)}{f_N + g_N} \right)$	0,382	0,126
	$1 + \frac{f - g}{f_N + g_N}$	1,170	1,113
Schlankheitsgrad	5^{g}	1,252	1,175
	5^{g_s}	1,294	1,212
	5^{g_N}	1,62	1,425

Tabelle 104. *Praktische Schnittdrucktafel für Bearbeitung von Stahl (C_{k_s}-Werte).*

Spanwinkel γ	Keilwinkel β	Zugfestigkeit k_z (kg/mm²)									
		40	45	50	55	60	65	70	75	80	85
—15°	95°	270	284	299	310	324	338	349	360	370	381
—10°	90°	260	272	288	299	312	325	336	346	356	366
— 5°	85°	249	262	276	288	300	312	322	332	342	352
0°	80°	240	251	265	276	288	299	309	319	328	339
+ 5°	75°	228	240	253	264	274	285	295	305	315	323
+10°	70°	218	229	242	252	262	273	282	291	301	309
+15°	65°	208	219	231	240	250	260	269	278	286	294
+20°	60°	198	208	219	228	238	248	256	264	272	280
+25°	55°	186	195	206	215	224	233	241	249	256	264
+30°	50°	175	183	194	202	210	218	226	233	240	247

Beitabelle 104a.

Spanquerschnitt mm²	Multiplikationsfaktor $F^{(1-f_s)} = F^{0,803}$ (Stahl)
0,2	0,27
0,5	0,57
1,0	1,0
2	1,75
3	2,4
4	3,1
5	3,6
10	6,4
15	8,8
20	11,2
25	13,3
30	15,2
40	19,3
50	22,5

Beitabelle 104b.

Schlankheitsgrad $G = \frac{t}{s}$	Multiplikationsfaktor $\left(\frac{G}{5}\right)^{0,160}$ (Stahl)
2 : 1	0,86
3 : 1	0,92
4 : 1	0,96
5 : 1	1,00
6 : 1	1,03
7 : 1	1,06
8 : 1	1,08
9 : 1	1,10
10 : 1	1,12
20 : 1	1,25

Die Schnittdrucktafel 104 gibt den Schnittdruck (C_{k_s}) bei 1 mm² Spanquerschnitt und Schlankheitsgrad $G = 5:1$ an für Zugfestigkeiten von $k_z = 40$ bis $k_z = 85$ kg/mm² und für Spanwinkel von $-15°$ bis $+30°$.

Zur Ermittlung des Schnittdruckes für andere Spanquerschnitte multipliziere man die C_{k_s}-Werte (der Tab. 104) mit den Faktoren der Beitabellen 104a und 104b. Zwischenwerte für C_{k_s}-Werte sind graphisch aus Abb. 204 S. 272 zu entnehmen und solche für Beitabelle 104 der Abb. 282, S. 402.

Beispiele s. S. 275 im Text.

Tabelle 105. *Praktische Schnittdrucktafel für Bearbeitung von Gußeisen (C_{k_s}-Werte).*

Spanwinkel γ	Keilwinkel β	Brinellhärte H (kg/mm²)									
		100	120	140	160	180	200	220	240	260	280
−15°	95°	118	126	134	141	148	155	162	166	171	178
−10°	90°	114	123	129	137	144	150	156	161	166	172
− 5°	85°	110	119	125	133	139	145	150	155	161	166
0°	80°	106	114	121	128	134	139	145	149	155	160
+ 5°	75°	101	109	116	122	128	134	139	143	148	153
+10°	70°	97	104	110	117	122	127	133	137	142	146
+15°	65°	92	100	105	112	117	122	127	131	136	140
+20°	60°	88	94	100	106	111	116	120	124	128	133
+25°	55°	82	89	94	100	104	109	113	117	121	125
+30°	50°	77	83	88	93	98	102	106	109	113	117

Beitabelle 105 a.

Spanquerschnitt mm²	Multiplikationsfaktor $F^{(1-f_s)} = F^{0,863}$ (Gußeisen)
0,2	0,25
0,5	0,55
1,0	1,0
2	1,8
3	2,6
4	3,3
5	4,0
10	7,3
15	10,4
20	13,3
25	16,2
30	18,8
40	24,5
50	30

Beitabelle 105 b.

Schlankheitsgrad G	Multiplikationsfaktor $\left(\frac{G}{5}\right)^{0,120}$ (Gußeisen)
2 : 1	0,896
3 : 1	0,940
4 : 1	0,974
5 : 1	1,00
6 : 1	1,022
7 : 1	1,041
8 : 1	1,058
9 : 1	1,073
10 : 1	1,087
20 : 1	1,165

Die Schnittdrucktafel 105 gibt den Schnittdruck (C_{k_s}) bei 1 mm² Spanquerschnitt und Schlankheitsgrad $G = 5:1$ an für Brinellhärten von $H = 100$ bis $H = 280$ kg/mm² und Spanwinkel von $-15°$ bis $+30°$.

Zur Ermittlung des Schnittdruckes für andere Spanquerschnitte multipliziere man die C_{k_s}-Werte der Tab. 105 mit den Faktoren der Beitabellen 105a und 105b. Zwischenwerte für C_{k_s}-Werte sind graphisch aus Abb. 206, S. 276 zu entnehmen und solche für Beitabelle 105 der Abb. 282, S. 402.

Beispiele auf S. 276 im Text.

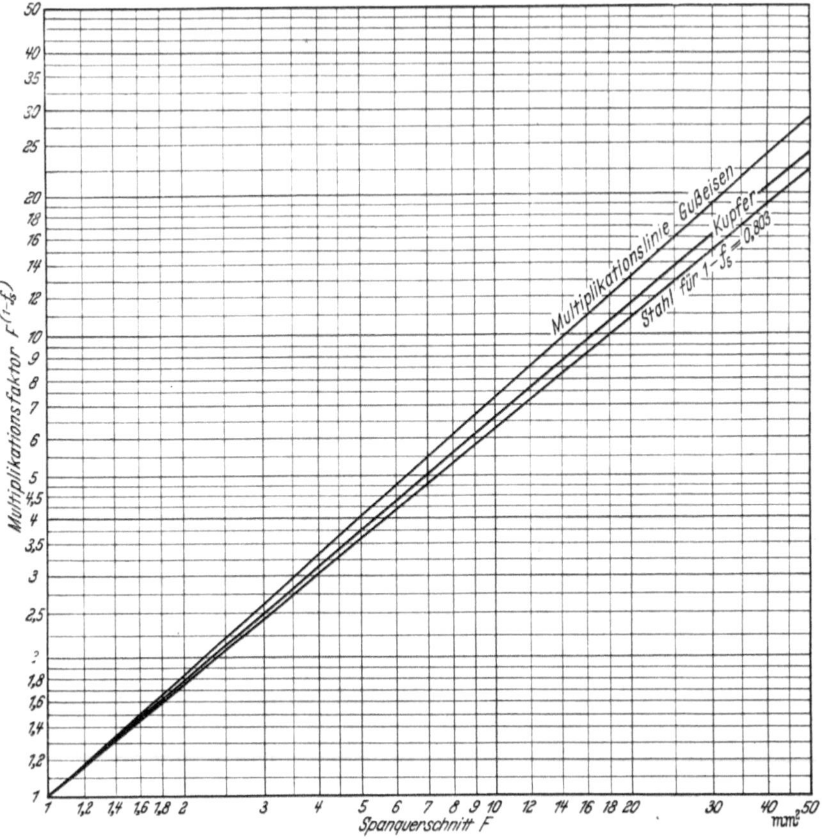

Abb. 282. Diagramm zur Ermittlung der Multiplikationsfaktoren $F^{(1-f_s)}$ für den Schnittdruck.

2. Zusammenstellung der wichtigsten Zerspanungsgleichungen für Stahl- und Gußeisenbearbeitung[1].

(Mit Bestwerten der Exponenten für Berechnungen.)

1. Erweitertes Schnittgeschwindigkeitsgesetz für Standzeitausnutzung[2] *(„Werkzeuglinie“):*

*

Stahl:	$v = \dfrac{C_v \cdot \left(\dfrac{G}{5}\right)^{0,14}}{F^{0,28}\left(\dfrac{T_L}{60}\right)^{y}}$ (m/min),	Seite 134 (93 S)
Gußeisen:	$v = \dfrac{C_v \cdot \left(\dfrac{G}{5}\right)^{0,10}}{F^{0,20}\left(\dfrac{T_L}{60}\right)^{y}}$ (m/min).	(93 G)

---

[1] [2] * siehe S. 403.

2. Erweitertes Schnittgeschwindigkeitsgesetz für Leistungsausnutzung[2] *(„Maschinenlinie“):*

		**	
Stahl:	$v_N = \dfrac{4500\,N}{C_{k_s} \cdot \left(\frac{G}{5}\right)^{0,16} \cdot F^{0,803}}$ (m/min).		Seite 320 (217 S)
Gußeisen:	$v_N = \dfrac{4500\,N}{C_{k_s} \cdot \left(\frac{G}{5}\right)^{0,12} \cdot F^{0,863}}$ (m/min).		(217 G)

3. Erweitertes Schnittdruckgesetz[2]*:*

		**	
Stahl:	$P = C_{k_s} \cdot \left(\frac{G}{5}\right)^{0,16} \cdot F^{0,803}$ (kg),		Seite 202 (144 S)
Gußeisen:	$P = C_{k_s} \cdot \left(\frac{G}{5}\right)^{0,12} \cdot F^{0,863}$ (kg).		(144 G)

4. Erweitertes Gesetz des nutzbaren Spanquerschnitts (Grundwert)[2]*:*

Stahl:	$F_N = \left[\dfrac{N}{C_N} \cdot \dfrac{\left(\frac{T_L}{60}\right)^{y}}{\left(\frac{G}{5}\right)^{0,30}}\right]^{1,925}$ (mm²),	Seite 312 (209 S)
Gußeisen:	$F_N = \left[\dfrac{N}{C_N} \cdot \dfrac{\left(\frac{T_L}{60}\right)^{y}}{\left(\frac{G}{5}\right)^{0,22}}\right]^{1,51}$ (mm²).	(209 G)

5. Erweitertes Gesetz des nutzbaren Spanvolumens[2]*:*

		*	
Stahl:	$(F \cdot v)_N = C_v \cdot \left[\dfrac{N}{C_N}\right]^{1,38} \cdot \dfrac{\left(\frac{T_L}{60}\right)^{0,38\,y}}{\left(\frac{G}{5}\right)^{0,272}}$ (cm³/min)[3],		Seite 313 (211 S)
Gußeisen:	$(F \cdot v)_N = C_v \cdot \left[\dfrac{N}{C_N}\right]^{1,206} \cdot \dfrac{\left(\frac{T_L}{60}\right)^{0,206\,y}}{\left(\frac{G}{5}\right)^{0,165}}$ (cm³/min)[4].		(211 G)

[1] Die Nummern dieser Gleichungen entsprechen denen im Text. Zusätze „S“ für Stahlbearbeitung; „G“ für Gußeisenbearbeitung. Nichteisenmetalle siehe Anhang A, Tab. 101. [2] Um die einfachen Gesetze aus den erweiterten zu erhalten, setze man $T_L = 60$ und $G = 5$. [3] kg/Std. = 0,47 cm³/min. [4] kg/Std. = 0,455 cm³/min.

* C_v-Werte und y-Werte siehe Anhang A, Tab. 100 und 102.

** C_{k_s}-Werte mit ausgerechneten Multiplikationsfaktoren für Spanquerschnitt und Schlankheitsgrad siehe Anhang A, Tab. 104 bis 105b.

3. Zusammenstellung der seltener vorkommenden Zerspanungsgleichungen für Stahl- und Gußeisenbearbeitung.

(*Mit Bestwerten der Exponenten für Berechnungen.*)

1. *Koppelschnittgeschwindigkeit* für *gleichzeitige* Standzeit- und Leistungs*ausnutzung*.

a) In Abhängigkeit von Spanquerschnitt und Leistung:

* Seite 355

Stahl: $$v_K = \left[\frac{4500\,N}{C_{k_s}}\right]^{0,466} \cdot \left[\frac{C_v}{\left(\frac{T_L}{60}\right)^y}\right]^{0,534} \cdot \frac{1}{F^{0,534}} \text{ (m/min)},$$ (245 S)

Gußeisen: $$v_K = \left[\frac{4500\,N}{C_{k_s}}\right]^{0,455} \cdot \left[\frac{C_v}{\left(\frac{T_L}{60}\right)^y}\right]^{0,545} \cdot \frac{1}{F^{0,500}} \text{ (m/min)}.$$ (245 G)

b) In Abhängigkeit von Schlankheitsgrad und Standzeit:

* Seite 356

Stahl: $$v_K = \left[\frac{C_{k_s}}{4500}\right]^{0,54} \cdot \frac{C_v^{1,535} \cdot \left(\frac{G}{5}\right)^{0,301}}{\left(\frac{T_L}{60}\right)^{1,535\,y}} \text{ (m/min)},$$ (247 S)

Gußeisen: $$v_K = \left[\frac{C_{k_s}}{4500}\right]^{0,30} \cdot \frac{C_v^{1,30} \cdot \left(\frac{G}{5}\right)^{0,166}}{\left(\frac{T_L}{60}\right)^{1,30\,y}} \text{ (m/min)}.$$ (247 G)

c) In Abhängigkeit vom Vorschub:

** Seite 346

Stahl: $$v_K = C_v \cdot \left(\frac{C_N}{N}\right)^{0,170} \cdot \frac{0,735}{s^{0,382}\left(\frac{T_L}{60}\right)^{1,17\,y}} \text{ (m/min)},$$ (237 S)

Gußeisen: $$v_K = C_v \cdot \left(\frac{C_N}{N}\right)^{0,113} \cdot \frac{0,900}{s^{0,126}\left(\frac{T_L}{60}\right)^{1,113\,y}} \text{ (m/min)}.$$ (237 G)

2. *Schnittiefe in Abhängigkeit vom Vorschub bei* (gleichzeitiger Standzeit- und Leistungsausnutzung gemäß) *Koppelschnittgeschwindigkeit.*

Seite 352

Stahl: $$t = 1,90\left[\frac{N\left(\frac{T_L}{60}\right)^y}{C_N}\right]^{1,22} \cdot \frac{1}{s^{0,27}} \text{ (mm)},$$ (241 S)

Gußeisen: $$t = 1,49\left[\frac{N\left(\frac{T_L}{60}\right)^y}{C_N}\right]^{1,13} \cdot \frac{1}{s^{0,50}} \text{ (mm)}.$$ (241 G)

* S. Fußnote bezgl. C_v und C_{k_s} auf S. 403. ** $C_N = \frac{C_v \cdot C_{k_s}}{4500}$.

3. *Vorschub in Abhängigkeit von der Schnittiefe bei* (gleichzeitiger Standzeit- und Leistungsausnutzung gemäß) *Koppelschnittgeschwindigkeit* [folgt aus Gl. (241)].

Stahl: $$s = 8{,}7 \left[\frac{N\left(\frac{T_L}{60}\right)^y}{C_N}\right]^{4,50} \cdot \frac{1}{t^{3,7}} \text{ (mm/U)},$$

Gußeisen: $$s = 2{,}23 \left[\frac{N\left(\frac{T_L}{60}\right)^y}{C_N}\right]^{2,26} \cdot \frac{1}{t^{2,0}} \text{ (mm/U)}.$$

4. *Schlankheitsgrad in Abhängigkeit vom Spanquerschnitt bei* (gleichzeitiger Standzeit- und Leistungsausnutzung gemäß) *Koppelschnittgeschwindigkeit.*

Seite 356

Stahl: $$G = 5 \left[\frac{N\left(\frac{T_L}{60}\right)^y}{C_N}\right]^{3,33} \cdot \frac{1}{F^{1,74}}, \qquad (246\ \text{S})$$

Gußeisen: $$G = 5 \left[\frac{N\left(\frac{T_L}{60}\right)^y}{C_N}\right]^{4,55} \cdot \frac{1}{F^{3,01}}. \qquad (246\ \text{G})$$

Anhang B.

Zahlen- und Umrechnungstafeln.

Tabelle 106. *Faktoren zur Umrechnung von englischen in metrische Größen.*

Zur Umrechnung von	in	multipliziere mit[1]
Atmospheres	kg/cm²	1,033
B.T.U. [British Thermal Unit = Britische Wärmeeinheit]	kg-Kalorien	0,252
	kg-Meter	107,566
B.T.U. per Sekunde	PS	1,434
Cubic foot [Kubikfuß]	cm³	28317,0
Cubic inch [Kubikzoll]	cm³	16,387
foot [Fuß]	m	0,305
foot-pounds	kg-m	0,138
Gallonen (amerikanische)	Liter	3,785
HP (Horse-Power)	PS	1,014
	kW	0,746
inch/min [Zoll per min]	cm/min	2,54
	Fuß/min	0,0833
Lbs [Pfund]	kg	0,454
Lbs/.001″ $\left[\text{Pfund per } \frac{1}{1000} \text{ Zoll}\right]$	kg/μ $\left[\text{kg per } \frac{1}{1000} \text{ mm}\right]$	0,018
Lbs/in² [Pfund per Quadratzoll]	kg/mm²	0,000703
in² [Quadratzoll]	cm²	6,452
in³/min/HP	cm³/min/PS	16,3
	kg/mm²	0,00362

[1] Gerundete Werte.

(Fortsetzung auf S. 406)

Tabelle 106 (Fortsetzung von S. 405).

Zur Umrechnung von	in	multipliziere mit[1]
HP/in³/min.	PS/cm³/min kg/mm²	0,0614 276,0
tons/in² [Tonnen per Quadratzoll]	kg/cm²	157,5
B.T.U./Lb/°F [Britische Wärmeeinheit per Pfund per 1° Fahrenheit]	Cal/g/°C	1,0
in [Zoll]	mm	25,4

[1] Gerundete Werte.

Tabelle 107.

Dimensionen von physikalischen Größen, die in der Zerspanungsforschung auftreten.

Benennung	Dimension	Amerikanische Bezeichnung
Geometrische Größen		
Länge	L	Length
Schnittiefe	L	Depth of cut
Durchmesser	L	Diameter
Fläche	L^2	Area
Volumen	L^3	Volume
Flächenträgheitsmoment	L^4	Moment of inertia of areas
Zeitgrößen		
Zeit	T	Time
Schwingungsfrequenz	T^{-1}	Frequency of vibration
Winkelgeschwindigkeit	T^{-1}	Angular velocity
Winkelbeschleunigung	T^{-2}	Angular acceleration
Geschwindigkeit	LT^{-1}	Linear velocity (Speed)
Beschleunigung	LT^{-2}	Acceleration
Kinematische Viskosität	L^2T^{-1}	Kinematic viscosity
Massengrößen		
Masse	M	Mass
Oberflächenspannung	MT^{-2}	Surface tension
Federkonstante Steifigkeit	MT^{-2}	Spring constant Stiffness
Polares Trägheitsmoment	$M^2L^2T^{-4}$	Polar moment of inertia
Viskositätskoeffizient	$ML^{-1}T^{-1}$	Viscosity coefficient
Spezifische Kraft Mechanische Spannung Elastizitätsmodul	$ML^{-1}T^{-2}$	Spec. force; pressure; Force/unit area; stress Modulus of elasticity
Dichte, spezifisches Gewicht σ	ML^{-3}	Density
Kraft	MLT^{-2} (=Masse × Beschl.)	Force
Drehmoment Arbeit	ML^2T^{-2}	Torque (Moment of force) Energy, Work
Leistung	ML^2T^{-3}	Power (Rate of doing work)
Massenträgheitsmoment	ML^2	Moment of inertia of solids
Wärmegrößen		
Temperatur	θ	Temperature
Wärmemenge	ML^2T^{-2}	Quantity of heat
Spezifische Wärme c	$L^2T^{-2}\theta^{-1}$	Specific heat (Thermal capacity)
Wärmeleitfähigkeit W	$MLT^{-3}\theta^{-1}$	Thermal conductivity
Spez. Wärme je Volumen $\sigma \cdot c$	$ML^{-1}T^{-2}\theta^{-1}$	Volumetric spec. heat
Vereinigter Wärmewert $\sigma \cdot c \cdot W = H$	$M^2T^{-5}\theta^{-2}$	Consolidated heat value
Entropie $= \frac{\text{Wärme}}{\text{abs.Temp.}}$	$ML^2T^{-2}\theta^{-1}$	Entropy

Tabelle 108. *Zehntausendstel Zoll*[1] *in Millimeter*[2].

Zoll	mm	Zoll	mm	Zoll	mm	Zoll	mm
,0010	,02540	,0060	,15240	,0110	,27940	,0160	,40640
,0011	,02794	,0061	,15494	,0111	,28194	,0161	,40894
,0012	,03048	,0062	,15748	,0112	,28448	,0162	,41148
,0013	,03302	,0063	,16002	,0113	,28702	,0163	,41402
,0014	,03556	,0064	,16256	,0114	,28956	,0164	,41656
,0015	,03810	,0065	,16510	,0115	,29210	,0165	,41910
,0016	,04064	,0066	,16764	,0116	,29464	,0166	,42164
,0017	,04318	,0067	,17018	,0117	,29718	,0167	,42418
,0018	,04572	,0068	,17272	,0118	,29972	,0168	,42672
,0019	,04826	,0069	,17526	,0119	,30226	,0169	,42926
,0020	,05080	,0070	,17780	,0120	,30480	,0170	,43180
,0021	,05334	,0071	,18034	,0121	,30734	,0171	,43434
,0022	,05588	,0072	,18288	,0122	,30988	,0172	,43688
,0023	,05842	,0073	,18542	,0123	,31242	,0173	,43942
,0024	,06096	,0074	,18796	,0124	,31496	,0174	,44196
,0025	,06350	,0075	,19050	,0125	,31750	,0175	,44450
,0026	,06604	,0076	,19304	,0126	,32004	,0176	,44704
,0027	,06858	,0077	,19558	,0127	,32258	,0177	,44958
,0028	,07112	,0078	,19812	,0128	,32512	,0178	,45212
,0029	,07366	,0079	,20066	,0129	,32766	,0179	,45466
,0030	,07620	,0080	,20320	,0130	,33020	,0180	,45720
,0031	,07874	,0081	,20574	,0131	,33274	,0181	,45974
,0032	,08128	,0082	,20828	,0132	,33528	,0182	,46228
,0033	,08282	,0083	,21082	,0133	,33782	,0183	,46482
,0034	,08636	,0084	,21336	,0134	,34036	,0184	,46736
,0035	,08890	,0085	,21590	,0135	,34290	,0185	,46990
,0036	,09144	,0086	,21844	,0136	,34544	,0186	,47244
,0037	,09398	,0087	,22098	,0137	,34798	,0187	,47498
,0038	,09652	,0088	,22352	,0138	,35052	,0188	,47752
,0039	,09906	,0089	,22606	,0139	,35306	,0189	,48006
,0040	,10160	,0090	,22860	,0140	,35560	,0190	,48260
,0041	,10414	,0091	,23114	,0141	,35814	,0191	,48514
,0042	,10668	,0092	,23368	,0142	,36068	,0192	,48768
,0043	,10922	,0093	,23622	,0143	,36322	,0193	,49022
,0044	,11176	,0094	,23876	,0144	,36576	,0194	,49276
,0045	,11430	,0095	,24130	,0145	,36830	,0195	,49530
,0046	,11684	,0096	,24384	,0146	,37084	,0196	,49784
,0047	,11938	,0097	,24638	,0147	,37338	,0197	,50038
,0048	,12192	,0098	,24892	,0148	,37592	,0198	,50292
,0049	,12446	,0099	,25146	,0149	,37846	,0199	,50546
,0050	,12700	,0100	,25400	,0150	,38100	,0200	,50800
,0051	,12954	,0101	,25654	,0151	,38354	,0201	,51054
,0052	,13208	,0102	,25908	,0152	,38608	,0202	,51308
,0053	,13462	,0103	,26162	,0153	,38862	,0203	,51562
,0054	,13716	,0104	,26416	,0154	,39116	,0204	,51816
,0055	,13970	,0105	,26670	,0155	,39370	,0205	,52070
,0056	,14224	,0106	,26924	,0156	,39624	,0206	,52324
,0057	,14478	,0107	,27178	,0157	,39878	,0207	,52578
,0058	,14732	,0108	,27432	,0158	,40132	,0208	,52832
,0059	,14986	,0109	,27686	,0159	,40386	,0209	,53086

[1] Nach Amer. Mach. 10. Febr. 1949. [2] Null vor dem Komma fortgelassen.

Zehntausendstel Zoll[1] in Millimeter.

Zoll	mm	Zoll	mm	Zoll	mm	Zoll	mm
,0210	,53340	,0260	,66040	,0310	,78740	,0360	,91440
,0211	,53594	,0261	,66294	,0311	,78994	,0361	,91694
,0212	,53848	,0262	,66548	,0312	,79248	,0362	,91948
,0213	,54102	,0263	,66802	,0313	,79502	,0363	,92202
,0214	,54356	,0264	,67056	,0314	,79756	,0364	,92456
,0215	,54610	,0265	,67310	,0315	,80010	,0365	,92710
,0216	,54864	,0266	,67564	,0316	,80264	,0366	,92964
,0217	,55118	,0267	,67818	,0317	,80518	,0367	,93218
,0218	,55372	,0268	,68072	,0318	,80722	,0368	,93472
,0219	,55626	,0269	,68326	,0319	,81026	,0369	,93726
,0220	,55880	,0270	,68580	,0320	,81280	,0370	,93980
,0221	,56134	,0271	,68834	,0321	,81534	,0371	,94234
,0222	,56388	,0272	,69088	,0322	,81788	,0372	,94488
,0223	,56642	,0273	,69342	,0323	,82042	,0373	,94742
,0224	,56896	,0274	,69596	,0324	,82296	,0374	,94996
,0225	,57150	,0275	,69850	,0325	,82550	,0375	,95250
,0226	,57404	,0276	,70104	,0326	,82804	,0376	,95504
,0227	,57658	,0277	,70358	,0327	,83058	,0377	,95758
,0228	,57912	,0278	,70612	,0328	,83312	,0378	,96012
,0229	,58166	,0279	,70866	,0329	,83566	,0379	,96266
,0230	,58420	,0280	,71120	,0330	,83820	,0380	,96520
,0231	,58674	,0281	,71374	,0331	,84074	,0381	,96774
,0232	,58928	,0282	,71628	,0332	,84328	,0382	,97028
,0233	,59182	,0283	,71882	,0333	,84582	,0383	,97282
,0234	,59436	,0284	,72136	,0334	,84836	,0384	,97536
,0235	,59690	,0285	,72390	,0335	,85090	,0385	,97790
,0236	,59944	,0286	,72644	,0336	,85344	,0386	,98044
,0237	,60198	,0287	,72898	,0337	,85598	,0387	,98298
,0238	,60452	,0288	,73152	,0338	,85852	,0388	,98552
,0239	,60706	,0289	,73406	,0339	,86106	,0389	,98806
,0240	,60960	,0290	,73660	,0340	,86360	,0390	,99060
,0241	,61214	,0291	,73914	,0341	,86614	,0391	,99314
,0242	,61468	,0292	,74168	,0342	,86868	,0392	,99568
,0243	,61722	,0293	,74422	,0343	,87122	,0393	,99822
,0244	,61976	,0294	,74676	,0344	,87376	,0394	1,00076
,0245	,62230	,0295	,74930	,0345	,87630	,0395	1,00330
,0246	,62484	,0296	,75184	,0346	,87884	,0396	1,00584
,0247	,62738	,0297	,75438	,0347	,88138	,0397	1,00838
,0248	,62992	,0298	,75692	,0348	,88392	,0398	1,01092
,0249	,63246	,0299	,75946	,0349	,88646	,0399	1,01346
,0250	,63500	,0300	,76200	,0350	,88900	,0400	1,01600
,0251	,63754	,0301	,76454	,0351	,89154	,0401	1,01854
,0252	,64008	,0302	,76708	,0352	,89408	,0402	1,02108
,0253	,64262	,0303	,76962	,0353	,89662	,0403	1,02362
,0254	,64516	,0304	,77216	,0354	,89916	,0404	1,02616
,0255	,64770	,0305	,77470	,0355	,90170	,0405	1,02870
,0256	,65024	,0306	,77724	,0356	,90424	,0406	1,03124
,0257	,65278	,0307	,77978	,0357	,90678	,0407	1,03378
,0258	,65532	.0308	,78232	,0358	.90932	,0408	1,03632
,0259	,65786	,0309	,78486	,0359	,91186	,0409	1,03886

[1] Nach Amer. Mach. 10. Febr. 1949.

Tabelle 109. *Vergleich von DIN- und SAE-Stahlsorten.*

Bezeichnung	Zugfestigkeit k_z (kg/mm²)	Streckgrenze kg/mm²	Brinellhärte	% C	% Mn	% P	% S	% Cr	% Ni	h = heiß gewalzt z = kalt gezogen
St 34.11 . .	34–42	19	—	0,12	—	—	—	—	—	
SAE 1010.	34	19	95	0,08 bis 0,13	0,3 bis 0,6	0,040	0,050	—	—	h
SAE 1010.	39	31	112			—	—	—	—	z
SAE 1015	46	28	137			0,040	0,050	—	—	h
SAE 1015	47	30	143			0,040	0,050	—	—	z
St 42.11 . .	42–50	23	—	0,25	—	—	—	—	—	
SAE 1020.	41	22	116	0,18 bis 0,23	0,3 bis 0,6	0,040	0,050	—	—	h
SAE 1020.	48	39	131			0,040	0,050	—	—	z
SAE 1025.	42	24	118	0,22 bis 0,28		0,040	0,050	—	—	h
SAE 1025.	55	47	156			0,040	0,050	—	—	z
St 50.11 . .	50–60	27	—	0,35	—	—	—	—	—	
SAE 1030.	53	31	149	0,28 bis 0,34	0,6 bis 0,9	0,040	0,050	—	—	h
SAE 1030.	59	48	166			0,040	0,050	—	—	z
SAE 1035	55	34	163	0,32 bis 0,38		0,040	0,050	—	—	h
SAE 1035	61	51	174			0,040	0,050	—	—	z
St 60.11 . .	60–70	30	—	0,45	—	—	—	—	—	
SAE 1040.	60	37	179	0,37 bis 0,44	0,6 bis 0,9	0,040	0,050	—	—	h
SAE 1040.	65	53	192			0,040	0,050	—	—	z
SAE 1045	64	39	187	0,43 bis 0,50		0,040	0,050	—	—	h
SAE 1045	69	57	202			0,040	0,050	—	—	z
St 70.11 . .	70–85	35	—	0,60	—	—	—	—	—	
SAE 1060	77	46	217	0,55 bis 0,65	0,6 bis 0,9	0,040	0,050	—	—	h
St 85 . . .	85–100	—	—	—	—	—	—	—	—	
SAE 1095	103	52	—	0,9 bis 1,05	0,25 bis 0,50	—	0,055	—	—	h
EN 15	55	—	162	0,10 bis 0,17	0,5	—	—	0,2	1,25 bis 1,75	
SAE 2115	49	33	—	0,10 bis 0,20	0,3 bis 0,6	—	—	0	1,25 bis 1,75	h
SAE 2115	65	60	175			—	—	0		z

(Fortsetzung auf S. 410)

Tabelle 109 (Fortsetzung).

Bezeichnung	Zugfestigkeit k_z (kg/mm²)	Streckgrenze kg/mm²	Brinellhärte	% C	% Mn	% P	% S	% Cr	% Ni	h = heiß gewalzt z = kalt gezogen
VCN 15 w .	70	—	206	0,25 bis 0,32	0,4 bis 0,8	—	—	0,3 bis 0,7	1,25 bis 1,75	
SAE 3125 .	64	40	164	0,20 bis 0,30	0,5 bis 0,8	—	—	0,45 bis 0,75	1,00 bis 1,50	h
SAE 3125 .	78	47	187			—	—			z
SAE 3130 .	70	44	178	0,25 bis 0,35		—	—		1,10 bis 1,40	h
SAE 3130 .	83	80	210			—	—			z
VCN 15 h .	70	—	206	0,32 bis 0,40	0,4 bis 0,8	—	—	0,3 bis 0,7	1,25 bis 1,75	
SAE 3140 .	79	52	228	0,35 bis 0,45	0,6 bis 0,9	—	—	0,45 bis 0,75	1,00 bis 1,50	h
SAE 3140 .	80	84	241			—	—			z
SAE X 3140	79	46	210			—	—	0,60 bis 0,90		h

Tabelle 111. *Zahn-*

Z	Modul 2	3	4	5	6	7	8	9	10	11	12	13	14	15	16	17	18
12—13	6,4	14,5	26	40	58	79	103	130	161	195	232	272	316	362	412	466	522
14	6,7	15	27	42	60	82	107	135	167	200	242	283	328	377	428	488	542
15—16	7,7	17	31	48	69	95	123	156	193	233	277	326	377	433	492	554	627
17—18	8,1	18	32,5	51	73	99	130	165	203	246	294	344	398	458	520	590	663
19—24	8,6	19	34	54	77	105	137	174	214	258	308	363	420	483	548	620	695
25—33	9	20	36	56	81	110	144	182	225	272	323	380	440	507	573	650	730
34—41	9,5	22	40	62	90	122	160	202	240	301	358	420	488	560	635	720	810
42—52	10	23	42	65	93	126	166	209	258	313	372	437	507	584	660	750	840
53—80	11	25	45	71	102	139	182	229	283	343	408	480	556	638	724	820	920
81—90	12	27	49	76	110	150	195	247	305	368	440	514	597	685	778	883	990

Man ermittelt den Zahndruck durch Multiplikation der Zahlen der Tab. 111 bei Rädern aus

Gußeisen mit 1 bis 4 Rohhaut mit 1 bis 3
Stahlguß mit 5 bis 10 Stahl mit 10 bis 15
Bronze mit 1 bis 6

Die Zahlen gelten, wenn die Zahnbreite $b = 10 \cdot$ Modul ist (Regelfall), die

Tabelle 110. *SAE-Nummernsystem für Stahlsorten.*

Art des Stahles	Anfangsnummer (Stellenzahl angedeutet mit *)	
Kohlenstoffstähle	1***	
Baustähle		10**
Automatenstähle (free cutting)		11**
Manganhaltig, 1% bis 1,6% (free cutting)		X 13**
Manganstähle (1,6% bis 1,9%)		T 13**
Nickelstähle	2***	
3,5% Nickel		23**
5,0% Nickel		25**
Nickelchromstähle	3***	
$1^1/_4$% Nickel, 0,60% oder 0,80% Chrom		31**
$1^3/_4$% Nickel, 1,00% Chrom		32**
3,5% Nickel, $1^1/_2$% Chrom		33**
3,0% Nickel, 0,80% Chrom		34**
Wärme- und korrosionsbeständig		303**
Molybdänstähle	4***	
Mit Chrom		41**
Mit Chromnickel		43**
Mit Nickel (bis 1,8% bzw. 3,5%)		46** und 48**
Chromstähle	5***	
Niedriger Chromgehalt (bis 0,65%)		50**
Mittlerer Chromgehalt (bis 1,05%)		51**
Wärme- und korrosionsbeständig		514** und 515**
Hoher Chromgehalt bis 1,45% (Lager)		521**
Chrom-Vanadium-Stähle	6***	61**
Chrom-Nickel-Molybdän-Stähle	8***	84** und 87**
Mangan-Silizium-Stähle	9***	92**

Ein X vor der SAE-Nummer zeigt Abänderung in der Zusammensetzung an.
Ein T vor der SAE-Nummer bei Manganstählen zur Unterscheidung von X 1300.
Die zwei letzten Stellen zeigen den Kohlenstoffgehalt in $^1/_{100}$% an.

drucktafel.

19	20	21	22	23	24	25	26	27	28	29	30	
582	645	718	780	855	928	1000	1090	1170	1265	1355	1450	
605	670	738	810	890	965	1048	1135	1220	1315	1410	1505	Zahndruck
698	772	850	935	1025	1110	1205	1305	1400	1515	1620	1740	für 1 kg je
736	818	898	988	1080	1170	1270	1375	1485	1595	1710	1830	1 mm^2 Be-
775	858	945	1040	1135	1235	1340	1450	1560	1680	1800	1930	anspruchung
812	900	990	1090	1190	1295	1400	1520	1640	1765	1890	2020	Zahnbreite
900	992	1042	1200	1320	1430	1550	1680	1810	1950	2080	2230	$=10 \cdot$ Modul
935	1035	1140	1280	1370	1545	1610	1745	1880	2030	2170	2320	
1025	1135	1250	1375	1507	1630	1770	1920	2070	2230	2380	2550	
1100	1220	1345	1475	1605	1760	1900	2060	2220	2380	2560	2750	

höheren Werte kommen für kleine, die kleineren für höhere Teilkreisgeschwindigkeiten in Betracht. In anderen Fällen ist proportional umzurechnen.

Will man den Modul bei *anhaltmäßiger* Prüfung der Zahnräder nicht berechnen, so kann man sich mit einem „Zahnabdruck“ (Abb. 283) behelfen, den man mit den nachstehenden Profilzeichnungen (Abb. 284 und 285) vergleicht.

Zur Umrechnung von „Modul“ in amerikanische Werte dient die Gleichung: Diametral pitch = 25,4 : Modul.

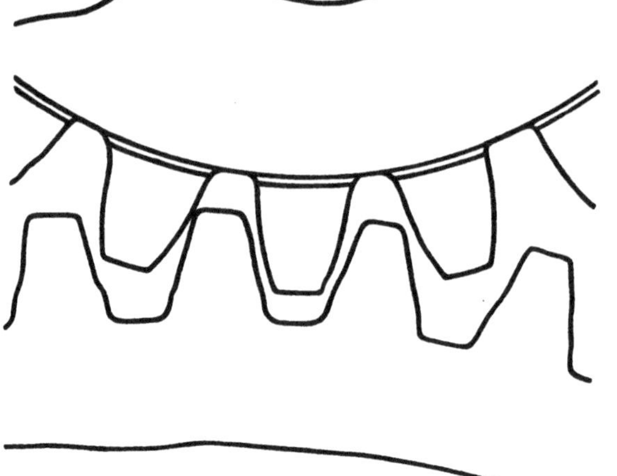

Abb. 283. „Zahnabdruck“

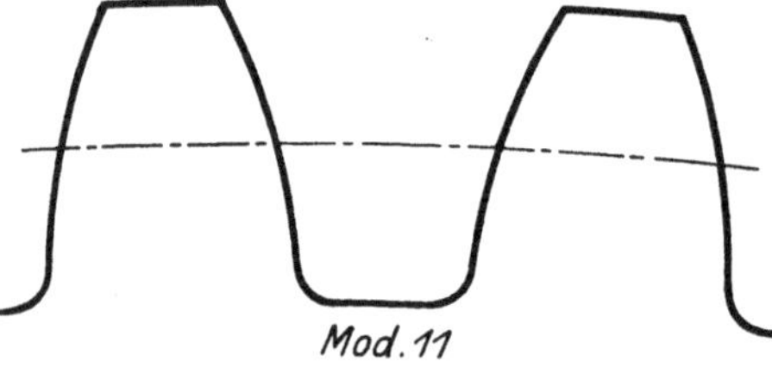

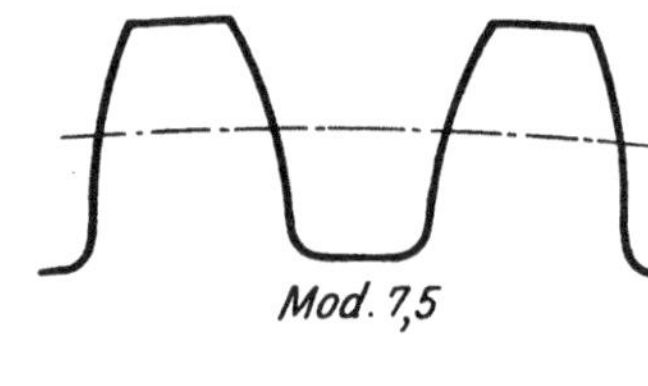

Mod. 7

Mod. 10

Mod. 6,5

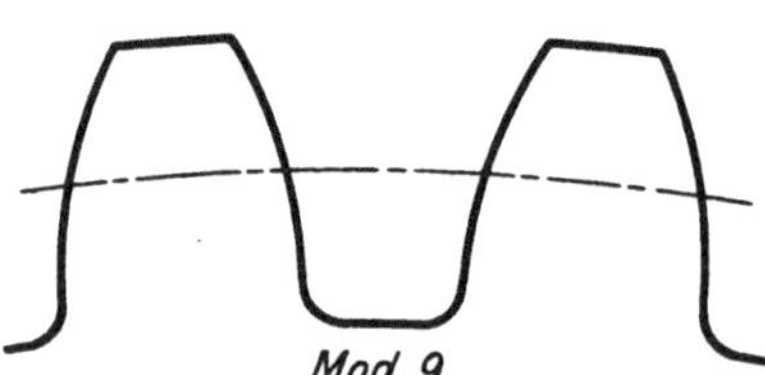

Mod. 6

Mod. 8

Mod. 5,75

Abb. 284. Zahnprofile für Mod. 11 bis 5,75.

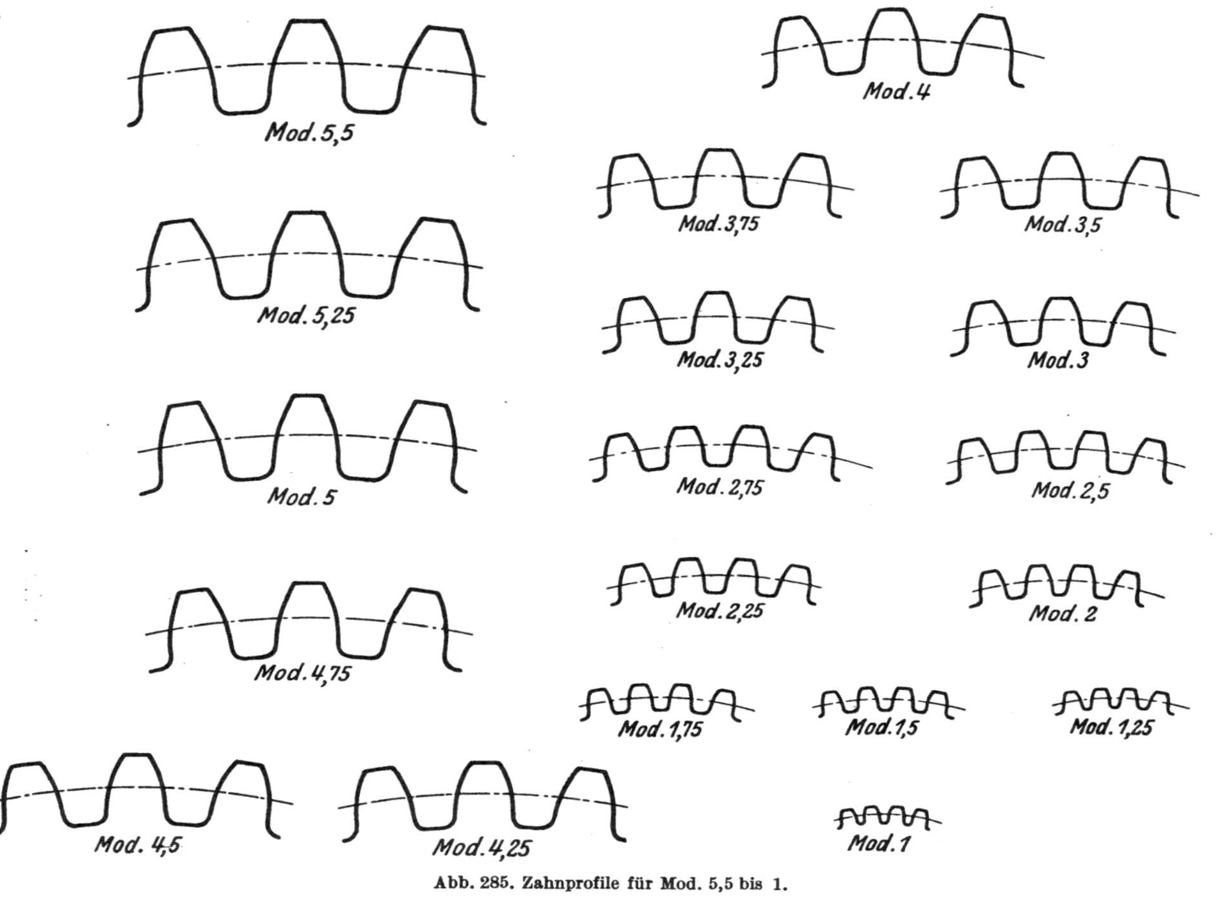

Abb. 285. Zahnprofile für Mod. 5,5 bis 1.

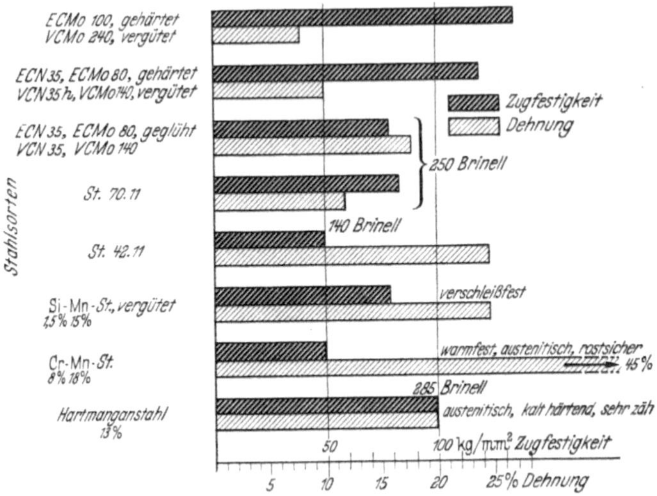

Abb. 286. Zugfestigkeit und Dehnung verschiedener Stahlsorten.

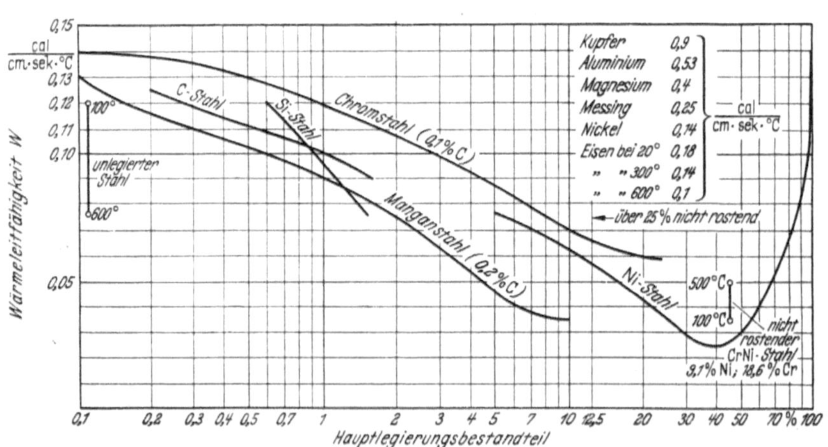

Abb. 287. Wärmeleitfähigkeit von Metallen.

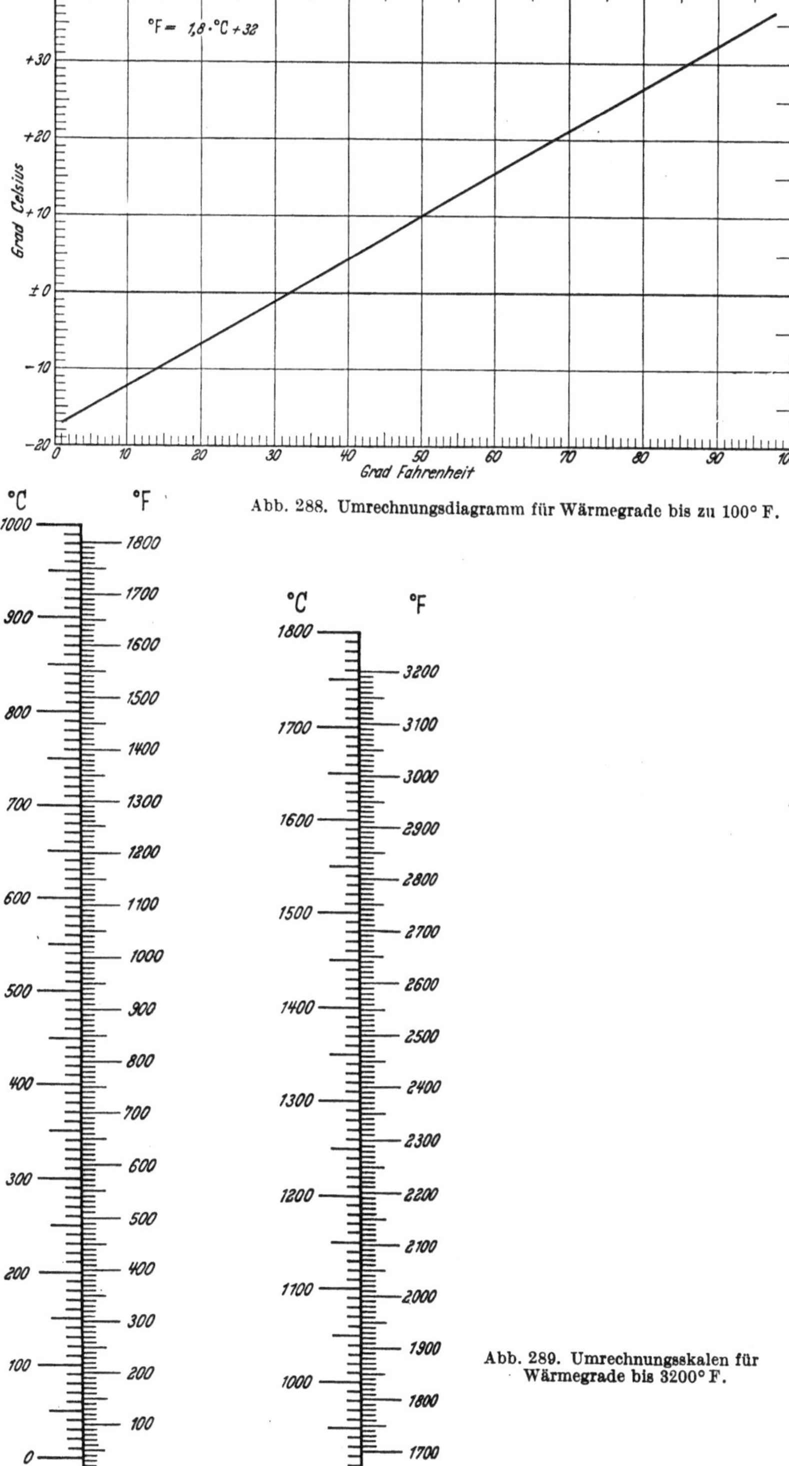

Abb. 288. Umrechnungsdiagramm für Wärmegrade bis zu 100° F.

Abb. 289. Umrechnungsskalen für Wärmegrade bis 3200° F.

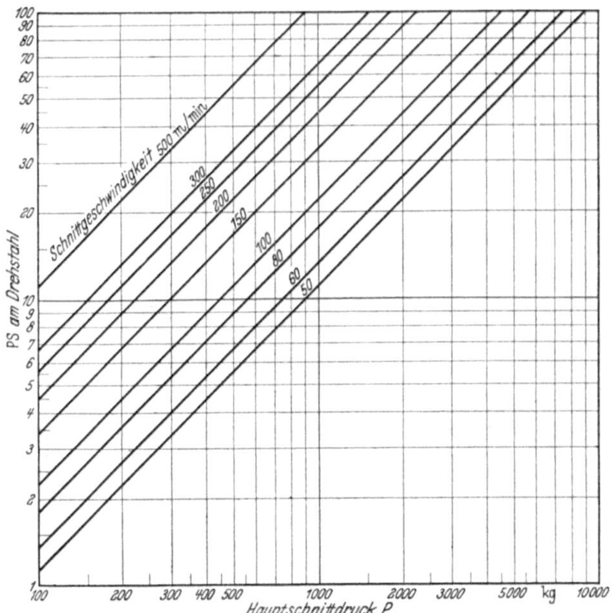

Abb. 290. Schnittdruck – Schnittgeschwindigkeit – Leistungs-Diagramm.

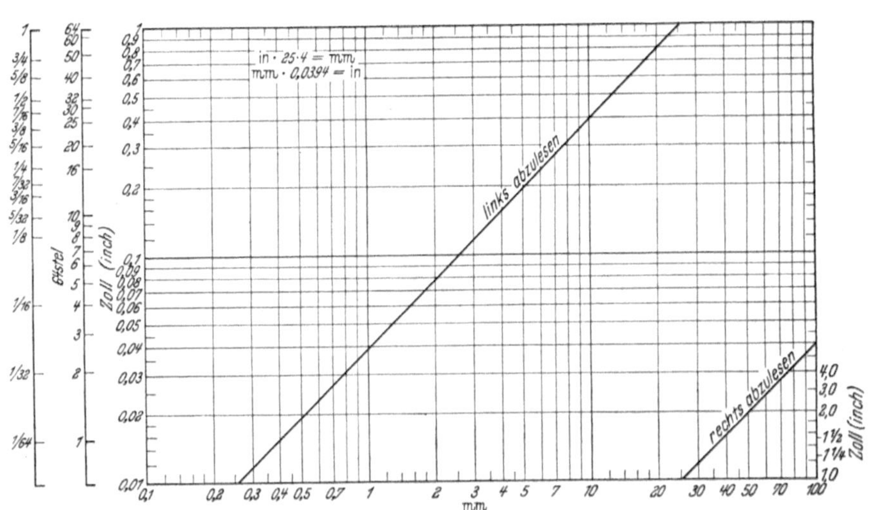

Abb. 291. Umrechnungsdiagramm für Zoll und Millimeter.

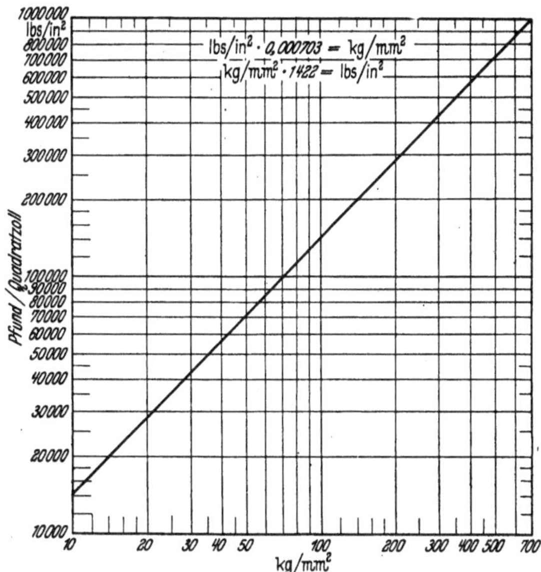

Abb. 292. Umrechnungsdiagramm für Pfund je Quadratzoll und Kilogramm je Quadratmillimeter.

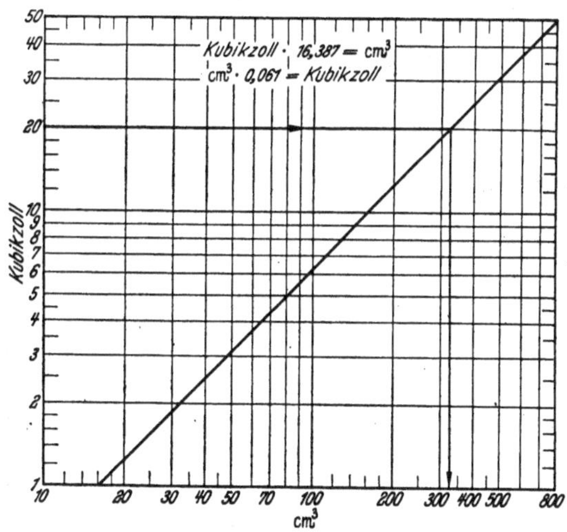

Abb. 293. Umrechnungsdiagramm für Kubikzoll und Kubikzentimeter.

Zusammenstellung zugehöriger Aufsätze des Verfassers.

a) In deutscher Sprache.

Jahr	Titel	Erschienen in
1954	Der irreführende Reibungsbeiwert der Zerspanung	Werkstattstechnik Heft 1
1952	Sonderwerkzeugmaschinen in USA	Werkst. u. Betr. Heft 9
1951	Die Beeinflussung der Werkzeugmaschinen durch Erwärmung, Belastung und Schwingungen	Industrielle Organisation Zürich, Heft 11 S. 339 ff.
1936	Einfluß der Form des Spanquerschnittes auf die Ausnutzung der Drehbank	Werkzeugmaschine Heft 4
1935	Untersuchung einer Gewindeschälmaschine	Werkzeugmaschine Heft 7
1935	Betrachtungen zur Leipziger Werkzeugmaschinenschau	Werkzeugmaschine Heft 8 u. 9
1935	Vergleichsversuche zwischen einer geschliffenen und einer geschabten Bettbahn	Schleif- u. Poliertechnik Heft 6 S. 114 ff.
1935	Die internationale Werkzeugmaschinenausstellung London 1935	Werkzeugmaschine Heft 1 u. 2
1934	Der zulässige Vorschub beim Bohren und die Ausnutzung der Bohrmaschine	Werkstattstechnik Heft 18 S. 357 ff.
1934	Druckluftverwendung bei Werkzeugmaschinen	Druckluft Heft 3 S. 88 ff.
1934	Neuere Flüssigkeitsgetriebe für Werkzeugmaschinen	Techn. Z. für praktische Metallbearbeitung, 24. Dez.
1934	Qualitätsfragen im Werkzeugmaschinenbau	Essener Anzeiger, Messeheft, Febr. S. 20
1933	Ölgetriebe in deutschen Werkzeugmaschinen	Werkzeugmaschine Heft 20
1933	Einfluß der Hartmetalle auf die Werkzeugmaschinen	Werkstattstechnik, Messeheft Nr. 5 S. 103 ff.
1932	Vergleichsversuche zwischen einer Drehbank mit Ölgetriebe und einer Drehbank mit Rädergetriebe	Maschinenbau Heft 20 S. 425 ff. u. 512
1932	Bearbeitungswerte beim Drehen von Messing	Messing-Blätter Heft 2
1931	Starr-Automat Loewe-Mulka mit neuartigem Zerspanungsverfahren	Maschinenbau Heft 24 S. 733 ff.

Jahr	Titel	Erschienen in
1931	Schnellstahl und Hartmetall	Werkzeugmaschine Heft 23 S. 469ff.
1931	Forschung und Praxis auf dem Gebiete der spanabhebenden Formung	Sparwirtsch., Wien, Heft 9 S. 355ff.
1931	Aufteilung des Spanquerschnittes in Vorschub und Schnittiefe	Werkstattstechnik Heft 18 S. 429ff.
1931	Drehzahlnormung in der Praxis	Werkstattstechnik Heft 5 S. 148ff.
1931	Ausgereifte Konstruktionen von Werkzeugmaschinen	Werkstattstechnik Heft 10, 11 u. 12
1930	Entwicklungstendenzen im Werkzeugmaschinenbau	Schweiz. techn. Z. Heft 7; Schweiz. Baublatt Heft 95; Monatsbl., Berliner B.V. des VDI Nr. 5; Dresdener B.V. Nr. 23
1930	Ziehschleifen und Läppen	Bergwerks-Zeitung Heft 41
1930	Rationalisierung und Werkzeugmaschine	Werkzeugmaschine Heft 18 u. 19
1930	Neuzeitliche Probleme des Werkzeugmaschinenbaus	Essener Anzeiger Heft 24 S. 11
1929	Versuche an einer Tischhobelmaschine mit Ölgetriebe	Werkzeugmaschine Heft 21 S. 613ff.
1929	Wichtiges von der Werkzeugmaschinenmesse Leipzig	Werkstattstechnik Heft 15 u. 17
1929	Wissenschaft und Praxis beim Bohren	Werkzeugmaschine Heft 12
1929	Zerspanungsversuche in Japan	Maschinenbau Heft 10 u. 11
1929	Bedeutung und Wesen der Drehzahlnormung	Werkzeugmaschine Heft 4
1928	Selbsttätige Leistungsüberwachung an Werkzeugmaschinen	Werkstattstechnik Heft 21 S. 597
1928	Stand des Werkzeugmaschinenbaues	Werkzeugmaschine Heft 13 u. 14
1928	Neue Zerspanungsuntersuchungen	Z. VDI Heft 34 S. 1198ff.; Maschinenbau Heft 5 S. 628ff.
1928	Maschinenkarte für Drehbänke	ADB-Mitt. Heft 12
1928	Betriebsanforderungen an den Drehbankbau	Werkstattstechnik Heft 4
1927	Änderungen der Härte der Werkstoffe bei Zerspanung (Bearbeitung der Untersuchungen von E. G. Herbert, Manchester, England)	Maschinenbau Heft 20 u. 21 S. 991ff. u. S. 1050ff.
1927	Zahlentafeln für Dreherei	Maschinenbau Heft 19
1927	Vorkalkulation und Zerspanungsforschung	Schweiz. techn. Z. Heft 38
1927	Werkstoff und Bearbeitungsziffer	VDI-Nachr. Heft 30 S. 9
1927	Theorie der Dreharbeit (Auszug aus Dissertation)	Werkstattstechnik S. 228ff.

Jahr	Titel	Erschienen in
1926	Vorschläge für Zerspanungsforschung	Wiss. Beirat des VDI
1926	a) Schnittdruck und Schnittgeschwindigkeit b) Neuere Schnittversuche in England	Maschinenbau, Sonderheft „Zerspanung" S. 46 u. 54
1925	Ausnutzung der Drehbänke	Eisenbahnwerk, Heft 20
1924	Umbau unwirtschaftlicher Drehbänke	Werkstattstechnik Heft 18
1922	Qualitätsnachweis für Werkzeugmaschinen	Betrieb 1921 Heft 12
1921	Die Bankbestimmungstafel	Betrieb 1920/21 Heft 18
1919	Arbeitsverteilung bei Massen- und Reihenfertigung	Betrieb Heft 3, Sonderheft für Zeitstudien S. 78ff.

b) In englischer Sprache.

Jahr	Titel	Erschienen in
1954	Evaluation and testing of machine tools (Paper presented before the Machine Tool Conference at Mass. Inst. of Technology, June 1954)	Abstracts of the M. I. T. Machine Tool Conference
1954	Management's stake in industrial research (Paper presented before the University of California at Berkeley and at Los Angeles)	Proc. 6th Annual Industrial Engineering Inst. U. of California 1954
1954	Temperature in Metal Cutting (Discussion at ASME Meeting, April 1953, Columbus Ohio)	Trans. Amer. Soc. Mech. Engrs. Febr. 1954, S. 227ff. u. 230
1953	Metal-Cutting Friction Coefficient needs Reinterpretation	Tool Engineer Okt. S. 49
1952	Reduce Machine Vibration (Paper presented before the Metal Cutting Conference held at Mass. Institute of Technology, June 1952)	Amer. Mach. 29. Sept. S. 101
1952	Make Research data useful to the shop man (Paper presented before the Metal Cutting Conference held at Mass. Inst. of Technology, June 1952)	Amer. Mach. 15. Sept. S. 145. Abstracts, M. I. T. Metal Cutting Conf. on Occasion of the Dedication of the Alfred P. Sloan Bldg.
1951	Thermal Distortion, Deflection and Vibration in Machine Tools	Modern Machine Shop, Okt. u. Nov. S. 178ff.
1951	Application of metal cutting research to shop practice	Modern Machine Shop, Jan. u. Febr. S. 74ff.
1950	Effect of American Standards on Lathe Spindle Deflections (Paper presented before the Annual Meeting of the Amer. Soc. Tool Engineers, Philadelphia)	Tool Engineer, Mai Seiten C 52ff.
1949	Math cuts cost of Machining Studies	Amer. Mach. 22. Sept.
1948	Tool angles govern cutting efficiency	Amer. Mach. 15. Jan.
1947	Tool Geometry of Face Milling Cutters	Machinery, Lond., 4. Dez. S. 628ff.

Jahr	Titel	Erschienen in
1946	Analysis of initial contact of Milling Cutter and Work in relation to Tool Life (Paper presented before the Semi-Annual Meeting, Amer. Soc. of Mech. Engrs., Cincinnati, October 1945)	Trans. Amer. Soc. Mech. Engrs., April S. 217 ff.
1945	Initial contact of Milling Cutter and Workpiece	Machinery, N. Y., Okt.; Machinery, Lond., Jan. 1946
1945	True Rake	Report from Cincinnati Milling, Jan./Febr.
1945	The inclination of the cutting edge and its relation to chip curling	Tool Engineer, März S. 12 ff.
1945	Using the impact factor in the prediction of tool life	Report from Cincinnati Milling, Nov./Dez.
1943	Cutting Angle Relationships on Metal-Cutting Tools (Paper presented before the Ann. Meeting of the Amer. Soc. of Mechanical Engrs., N. Y.)	Mech. Engng., Dez. S. 901
1941	Maximum Production of Artillery Shells (Paper presented before the Army-Navy Meeting, Cleveland, März 1941)	Mech. Engng. Juni S. 425 ff.; Machinery, N. Y. Mai S. 141; Machinery, Lond. Dez., Canadian Mach. and Mfg News, Nov. S. 46 ff.
1940	Machining with Single Point Tools (Condensed from three lectures delivered before the Educational Committee of the Cincinnati Chapter of Tool Engineers)	1. Trans. Amer. Soc. Met. Sept.; 2. Tool Engineer, Jan. u. Febr.; 3. Engng. Sept.; 4. Machinery Lloyd, England S. 31
1939	Discussion on the most effective combination of cutting variables	Trans. Amer. Soc. Mech. Engrs. Mai S. 320 ff.
1938	„Machine Tools" (Review of SCHLESINGER's book)	Mech. Engng. Okt. S. 780
1938	Power and Forces in Milling SAE 3150 Steel with Helical Mills	Trans. Amer. Soc. Mech. Engrs., Aug. S. 513 ff.
1938	Discussion on drilling	Trans. Amer. Soc. Mech. Engrs., Jan. S. 88 ff.
1937	Grinding of Cemented Carbide Cutters (together with H. ERNST) Presented before the Semi Annual Meeting Amer. Soc. Mech. Engrs., Detroit	1. Mech. Engng. April; 2. Machinery, Lond., 19. Aug.; 3. Abrasives, Aug. S. 22
1937	Facing with Hydraulic and Mechanical Drives	Product Engng. Febr. S. 66 ff.
1937	Research Helps Industry	Amer. Mach. 24. Febr. S. 162 ff.
1936	Comparative Test Results of Gear and Hydraulic Drives	Product Engng., Sept. S. 326 ff.

Jahr	Titel	Erschienen in
1936	The Science and Practice of Machining Brass	Metal Ind., Lond. Febr. S. 179 ff.
1935	Comparative Tests of Ground and Scraped Guide Ways	Machinery, Lond., 6. Juni S. 285 ff.
1935	Drilling Feeds	Machinery, Lond. 14. Febr.
1934	Developments in Metal Cutting Technique and their Practical Application	Machinery, Lond. 7. Juni S. 277 ff.
1932	Problems in Modern Machine Tool Design	Engng. Progr. 2 u. 3

c) In französischer Sprache.

Jahr	Titel	Erschienen in
1935	L'avance admissible au perçage et l'utilization de la perceuse	Métaux et Machines, editée par Sci. et Ind., März, S. 81 ff.
1934	Qualité et Quantité	La Machine Moderne, Paris, Januar, Februar, März
1934	La science de l'enlèvement des copeaux et son utilisation dans la practique	Sci. et Ind., März, S. 82 ff.
1931	Les machine-outils à commande hydraulique	La Machine Moderne, Paris, Sept. u. Nov. S. 665 u. S. 783
1931	Les tendances actuelles de l'évolution de la construction des machines-outils	La Machine Moderne, Paris, Febr./März S. 92

Namenverzeichnis.

Sachverzeichnis.